이제 **오르비**가
학원을 재발명합니다

대치 오르비학원 내신관/학습관/입시센터 | 주소 : 서울 강남구 삼성로 61길 15 (은마사거리 도보 3분)
대치 오르비학원 수능입시관 | 주소 : 서울 강남구 도곡로 501 SM TOWER 1층 (은마사거리 위치)
| 대표전화 : 0507-1481-0368

smart is sexy
Orbi.kr

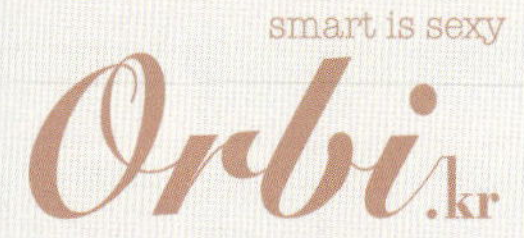

오르비학원은

모든 시스템이 수험생 중심으로 더 강화됩니다.

모든 시설이 최고의 결과가 나올 수 있도록 설계됩니다.

집중을 위해 오르비학원이 수험생 옆으로 다가갑니다.

오르비학원과 시작하면

원하는 대학문이 가장 빠르게 열립니다.

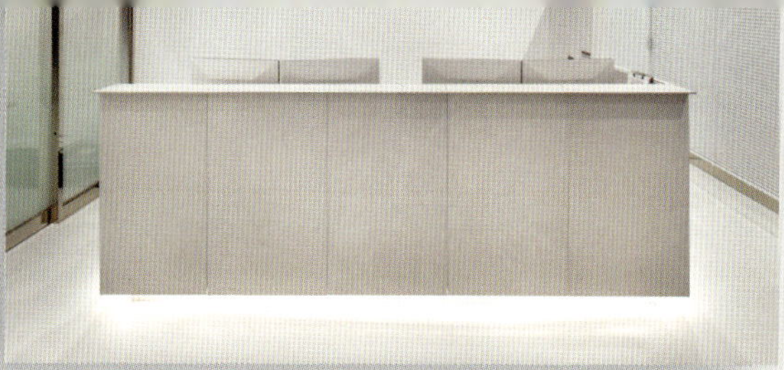

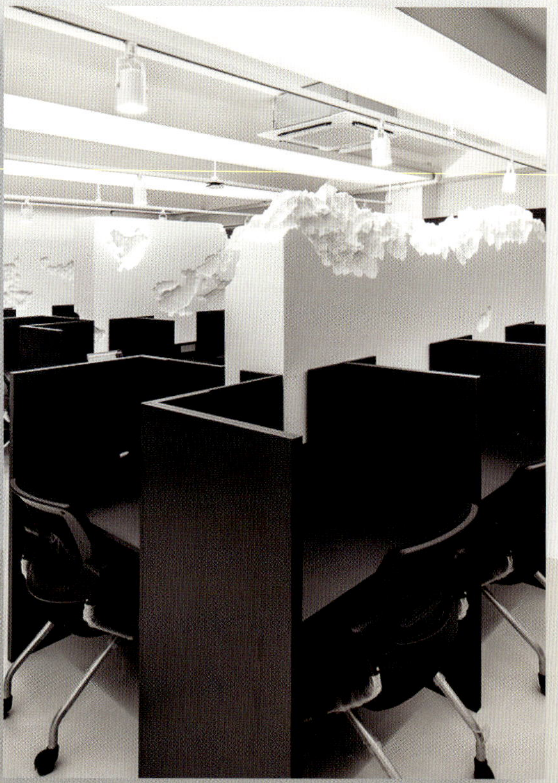

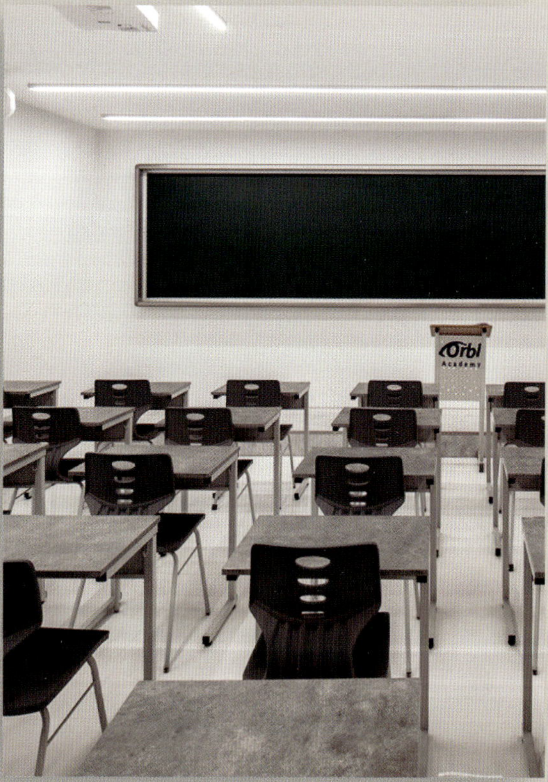

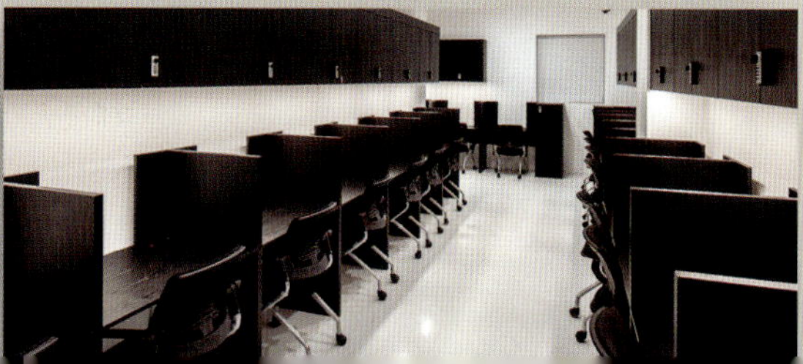

출발의 습관은 수능날까지 계속됩니다.
형식적인 상담이나
관리하고 있다는 모습만 보이거나
학습에 전혀 도움이 되지 않는
보여주기식의 모든 것을 배척합니다.

쓸모없는 강좌와 할 수 없는 계획을 강요하거나
무모한 혹은 무리한 스케줄로
1년의 출발을 무의미하게 하지 않습니다.
형식은 모방해도 내용은 모방할 수 없습니다.

개인의 능력을 극대화 시킬 모든 계획이 오르비학원에 있습니다.

수 능 대 비
수 학 I
만점완성 디올 수 학

Prologue

2026 만점완성 디올 수학 I 입니다.

1. 수능 전날까지 펼쳐볼 수 있는 All in one

최근 경향의 수능 수학 시험에서 변별력을 가지는 문항은 순수 교과 지식만으로 해결하기 어렵습니다. 이는 교과 개념뿐만 아니라 경험과 사고 경험을 통한 수학적 직관을 바탕으로 수리 추론을 요구하기 때문입니다. 따라서 본 교재는 수능 수학 영역에서 출제되는 추론형 문항을 체계적으로 정복할 수 있도록 도움을 주는 것을 목표로 집필되었습니다.

[Schema]는 특정 유형의 발전 양상부터 지금까지 출제된 배경지식, 심화개념, 미출제 Point까지 모든 것을 정리한 집합입니다. 디올은 저자들의 성공적 수험 습관이었던 단권화를 형상화한 작품으로 저자들의 Schema에 더불어 독자 분이 함께한 기출, N제, 모의고사에 대한 단권화 교재로 활용하신다면 수능에서 훌륭한 결과를 거두실 수 있을 거라 단언합니다.

2. 교과 개념과 심화 개념, N제 내 적용 학습을 한 Set 내에

수능 수학 1등급 혹은 100점을 위해 요구되는 추론과 해석은 결국 교과 지식이 바탕이 되어야 하기에 본 교재는 한 세트 내에 수능 수학 기출 문항이 안내하는 방향성을 안내하고 저자들의 수학적 직관을 배양하여 독자 분의 성공적인 피날레를 돕는 것을 목표로 집필되었습니다. 그에 따라 고인물 관점과 더불어 교과 개념도 심화개념과 시너지를 이룰 수 있도록 상세히 수록하였습니다.

3. 필요하다면 충분히 Deep하게

이과가 응시하던 수학 가형 시절 상위 1% 성적을 쟁취하고 각 분야에서 괄목하다 여길 수 있는 성과를 쟁취한 저자들이 서술하여 작품의 완결성과 신뢰성을 높였고, 저자들이 생각하기에 본 작품의 범위는 공통이지만 미적분, 기하, 확률과 통계의 Schema를 지니고 있을 때 유리한 부분이 다소 있다고 판단하여 미적분, 기하, 확률과 통계, 더 나아가 선형 대수학 등 전공 지식이 개념의 심층적 이해나 새로운 관점, Shortcut에 도움이 된다고 판단되면 수록하였습니다. 또한 교과서 상 할당된 분량이 적을지라도 이해에 도움이 된다고 판단된다면 충분히 자세히 서술하였습니다.

4. 대수적 사고와 기하적 사고의 종합적 배양

현행 수능 수학은 대수와 기하적 사고 중 어느 한 관점에 치우치기보다는 대수 관점과 기하적으로 바라볼 수 있는 관점을 자유롭게 전환할 수 있을 때 시간이 충분하도록 출제되고 있으며, 미적분, 기하에서 요구되는 관점은 선택이지만 선택이 아닙니다.

미적분 vs 기하 둘 중 하나만 또는 둘 다 선택하지 않는 체제로 선택하지 않은 과목의 태도에 대해서는 소홀하게 되는 경우가 많기에 적절히 미적분, 기하의 관점을 녹여냈습니다.

(도형 파트, 함수 파트 기존 교과 개념에 더해 추가로 수록)

5. 수1과 수2, 중학 수학, 고등 수학의 통합적 사고

현 체제 수능 수학은 꽤 많은 부분에서 고1 수학과 중등기하를 요구하기에 여러 교재를
유랑하지 않도록, 한 Set 내에 중등, 고등 수학의 만점에 필요한 모든 요소를 담았습니다.

수열의 함수적 해석, 함수의 수열적 해석 등 통합적 관점으로 현 수능을 정복하기에 적절하도
록 서술되어 있으며, 수열과 함수에 대한 이해는 특히 중요도가 높기에 가장 앞 부분에
배치 및 상술하여 학생 분들이 앞 부분 위주로 학습하여 뒷 부분 중요도가 높은 교과 내용
또는 심화개념에 소홀할 수 있는 점을 고려하여 서술했습니다.

[권장 독자 기준]
① 기본 개념서 or 개념 강좌 1회독 완료인 학생
② 수능 날 목표가 2등급 이상인 학생
③ 4 → 1 (등급 or %) 의 감각을 배양하고 싶은 학생
④ N제 또는 모의고사와 개념 학습의 간극을 메우고 싶은 학생.

6. 우리 모두는 완전히 노베는 아니기에

현행 교육과정상 수능 수학은 고3 한 시기에 응집되는 것이 아니라
초1~고2 11년의 기반 개념이 선행되기에 수능 대비에 있어 완전히 노베이스 학생은 거의
없으며 수능 수학 100점의 필요조건이 되는 수1, 수2 개념은 엄청나게 많지는 않습니다.

그에 따라 본 디올은 어떤 독자 분께는 친절하나 어떤 독자 분께는 친절하지 않을 수 있으
며 4등급 학생이 1등급 되기에, 1컷(4%) 학생이 1%에 들어오기에 적절하도록 구성하였습니다.

누군가에게는 발상적이라 여겨지는 것이 누군가에게는 당연의 경지인 것처럼
<u>당연하게 이겨낼 수 있겠다는 확신을 가지실 수 있도록</u> 구성하였습니다.

디올 교재는 여러 학생 분들의 의견을 수렴하고 오랜 기간 저자들의 회의를 거쳤으며
그에 따라 여러 번 수정하고 퇴고된 바 있습니다.

그에 따라 받은 고견 or 얻은 결론은 다음과 같습니다.
"시중 여러 교재들은 너무 방대하거나 기본적인 내용이다. 조금 더 Light했으면 좋겠다."
"마지막 날 정리할 때도 활용할 수 있도록 여러 번 펼쳐볼 수 있는 교재였으면 좋겠다."
"지면 상 서술의 한계를 넘어서면 조금 더 좋을 것 같다."
"출제 Point와 미출제 Point의 전수 제시는 좋지만 중요도가 추가되면 좋을 것 같다."

수능 수학은 교과 개념을 기반으로 한 수리 추론을 요구하는 문항들이 출제됩니다.
디올의 Insight가 여러분의 앞날을 비추는 등불과 같은 존재가 되기를,
성공적 피날레의 마침표가 되기를 기원합니다.

Contents

Chapter 2 기하

Theme 4 도형

Chapter 3 지수 · 로그함수

Theme 5 지수와 로그

Theme 6 지수 · 로그함수

Contents

1
Chapter

수열

Chapter 1

수열

1
Theme

수열 [귀납]

수열 [귀납]

수열 [귀납]
Schema 1

수열의 정의

[중요도 ★★★]

- 수열($number\ sequence$)은 정의역이 자연수이고 공역이 수인 열을 의미하며
  <u>함수의 일종</u>이다.

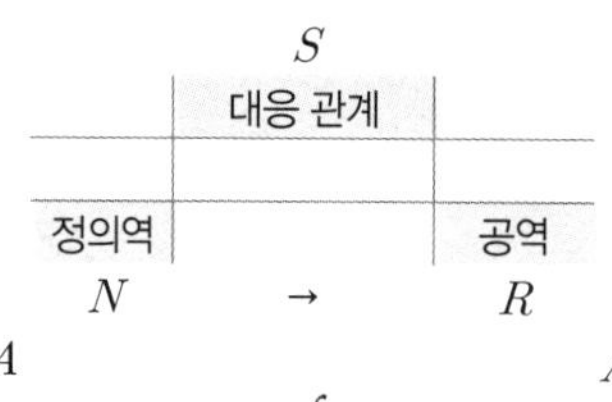

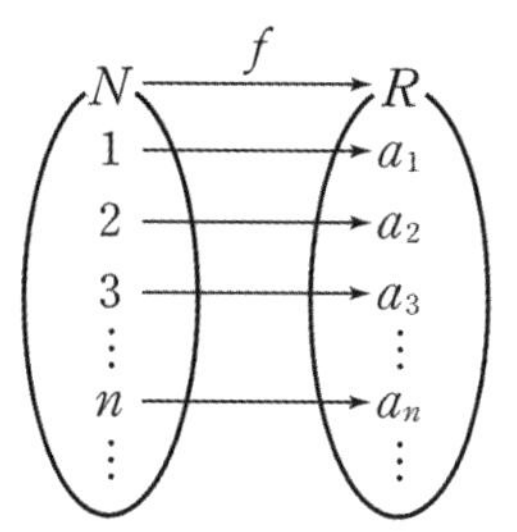

예 등차수열, 등비수열, 계차수열 등

- 수열을 이루는 각 수를 항이라고 한다.
  a는 수열을 명명하는 문자이며, 일반항 a_n은 수열 $\{a_n\}$의 n번째 항을 나타낸다.

예

$\{a_n\}$		제1항	제2항	제3항		제n항	
$\{n^2+1\}$	:	2	5	10	⋯	n^2+1	⋯

- 수열 자료는

① 나열 제한 조건
② 관계식
③ 구하는 대상

크게 3가지로 구성되고 유기적으로 요소 간 관점을 전환해가며 해석하는 게 유리하다.

점화식

[중요도 ★★★]
- 어떤 수열을 정의하는 방식에는 일반항과 점화식이 있다.

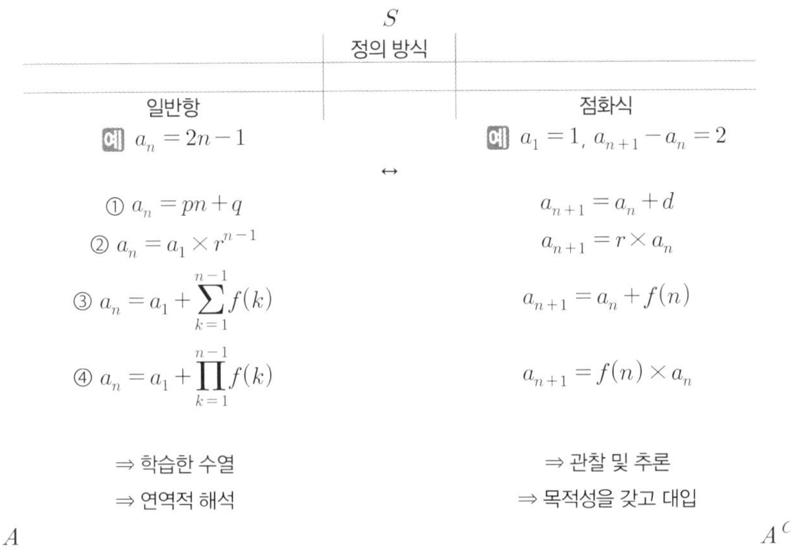

$\prod$
'곱'을 의미하는 product의 머리글자 P의 그리스 문자에 해당하는 기호이며, 부분곱을 나타내는 데에 쓰인다. 시그마(Σ)의 곱하기 버전

- 이웃하는 항들의 관계식을 점화식이라고 하며
  등차수열, 등비수열처럼 아는 정보가 많은 수열에 대해서는 일반항을
  규칙성을 직접 파악해야 하는 수열에 대해서는 점화식을 파악하는 게 유리할 수 있다.

① 등차수열의 점화식
$a_{n+1} - a_n = d$
$a_n + a_{n+2} = 2a_{n+1}$

② 등비수열의 점화식
$\dfrac{a_{n+1}}{a_n} = r$
$a_n \times a_{n+2} = (a_{n+1})^2$

③ 여러 가지 점화식

	점화식	구분
1)	$a_{n+1} - a_n$	더해서 관찰 가능
2)	$a_{n+1} + a_n$	빼서 관찰 가능
3)	$\dfrac{a_{n+1}}{a_n}$	곱해서 관찰 가능
4)	$a_n \times a_{n+1}$	나눠서 관찰 가능

수열 [귀납]

수열 [귀납]
Schema 3

주기성

[중요도 ★★★]

- 모든 자연수 n에 대해 a_n, a_{n+1}, a_{n+2}의 값에 대한 점화식을 알고

 a_n이 n의 값에 무관한 구조일 때, $a_k = a_l$, $a_{k+1} = a_{l+1}$인

 서로 다른 두 자연수 k, l이 존재한다면 $\{a_n\}$은 주기성을 갖는다.

 조건) 앞의 연속된 두 항과 뒤의 연속된 두 항

- 수열을 하나의 함수처럼 관찰했을 때, 차수 양상은 다음으로 분류된다.

S

	차수 양상	
동일		다름
예 $a_{n+2} = \begin{cases} a_{n+1} + a_n & (n \neq 3k) \\[2mm] \dfrac{1}{3} a_{n+1} & (n = 3k) \end{cases}$		$a_{n+1} = \begin{cases} a_n + \dfrac{1}{k+1} & (a_n \leq 0) \\[2mm] a_n - \dfrac{1}{k} & (a_n > 0) \end{cases}$

⇒ ∀ 항이 1차로 통일된 세팅   ⇒ 1차항과 0차항이 함께 제시됨

⇒ 적절히 첫 번째 설정   ⇒ 규칙 파악 or 차수 통일

A A^{C}

A의 경우 적절히 첫 번째 설정을 통해 주기성을 판단할 수 있고
A^{C}의 경우 적절히 규칙 파악 or 규칙 발견을 고려한 나열을 행할 수 있다.

이때 가능한 양상이라면 적절히 연립 및 동치 변형을 통해 A로 회귀시켜 첫 번째 설정을 행할
수 있다.

- $\{a_n\}$이 모든 자연수 n에 대해 $a_{n+2k} - a_{n+k} + a_n = 0$ 꼴이고

 어떤 자연수 k가 이 등식을 만족할 때, $f(x) = x^{2k} - x^k + 1$와 유사한 양상이고

 $x^{3k} + 1 = (x^k + 1)(x^{2k} - x^k + 1)$ 이므로 $a_{n+6k} = a_n$이다.

- 주기성을 갖는 수열 내 항은 <u>한 주기 내 항</u>으로 제한된다.
 (= 새로운 항이 등장하지 않는다.)

다시 말해, 한 주기 내 항 중 조건에 부합하는 항 내에서만 선택해도
일반성을 잃지 않고 그에 맞게 조건을 재구성할 수 있다.

주기성

예

모든 항이 자연수이고 다음 조건을 만족시키는 모든 수열 $\{a_n\}$에 대하여 a_9의 최댓값과 최솟값을 각각 M, m이라 할 때, $M+m$의 값은?

(가) $a_7 = 40$

(나) 모든 자연수 n에 대하여

$$a_{n+2} = \begin{cases} a_{n+1} + a_n & (a_{n+1}\text{이 }3\text{의 배수가 아닌 경우}) \\ \dfrac{1}{3}a_{n+1} & (a_{n+1}\text{이 }3\text{의 배수인 경우}) \end{cases}$$

이다.

수열 [귀납]

수열 [귀납]
Schema 3

주기성

Sol)

a_{n+1}을 기준으로 다음과 같이 분류됨을 알 수 있다.

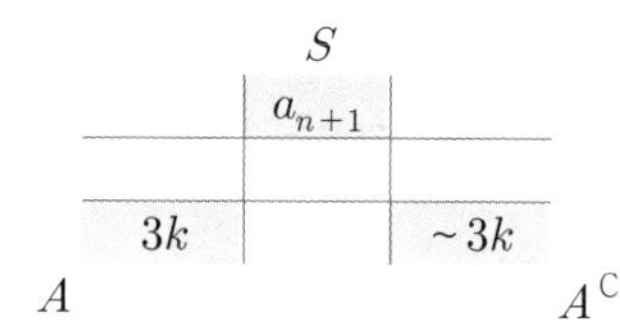

$3k$의 비례상수는 3이고 $\sim 3k$의 비례상수는 1 or 2이므로
정보의 위상이 높은 $3k$에 3을 할당할 수 있다.

		a_{n+1}	a_{n+2}	a_{n+3}	a_{n+4}	a_{n+5}	a_{n+6}
비례상수	:	3	1	4	5	9	3

$a_7 = 40$이고 $\sim 3k$이므로 시작점으로 세팅할 수 있는 항은 다음 3가지이다.

		a_{n+1}	a_{n+2}	a_{n+3}	a_{n+4}	a_{n+5}	a_{n+6}
			①	②	③		
비례상수	:	3	1	4	5	9	3
관계상수 ①				$\times 5$			
관계상수 ②					$\times \dfrac{9}{4}$		
관계상수 ③						$\times \dfrac{3}{5}$	

관계상수의 Max는 ×5이고 Min은 $\times \dfrac{3}{5}$ 이므로 구하는 값은 $40 \times (5 + \dfrac{3}{5}) = 224$이다.

Ans)

$$\therefore \ 40 \times \left(5 + \frac{3}{5}\right) = 224$$

주기성

예

함수 $g(x)$와 수열 $\{a_n\}$이 음이 아닌 모든 정수 k와
모든 자연수 m에 대하여

$$a_1 = 1,\ a_2 = 3,\ a_{2k+1} + 2a_m = g(m+k)$$ 를 만족시킬 때,

$$\sum_{k=1}^{10} g(k)$$ 의 값은?

예

수열 $\{a_n\}$이 다음 조건을 만족시킨다.

(가) a_1은 1이 아닌 양수이다.
(나) 모든 자연수 n에 대하여
$a_{2n-1} + a_{2n} = 1$이고 $a_{2n} \times a_{2n+1} = 1$이다.

$$\sum_{n=1}^{14} \left(|a_n| - a_n \right) = 10$$ 이 되도록 하는 모든 a_1의 값의 합은?

수열 [귀납]
Schema 3

주기성

Sol)

$m = 1$, $k = 0$을 대입하면 $g(1) = a_1 + 2a_1 = 3a_1 = 3$

$m = 1$, $m = 2$를 차례로 대입하면

$$g(k+1) = a_{2k+1} + 2a_1 = a_{2k+1} + 2$$

$$g(k+2) = a_{2k+1} + 2a_2 = a_{2k+1} + 6$$

$\therefore\ g(k+2) - g(k+1) = 4$

$\therefore$ 수열 $g(k)$는 공차가 4인 등차수열, $g(k) = 4k - 1$

Ans)

$$\sum_{k=1}^{10} g(k) = 10 \times \frac{g(1) + g(10)}{2} = 10 \times \frac{3 + 39}{2} = 210$$

Sol)

a_2로부터 양상을 관찰하면 다음을 알 수 있다.

		a_3	a_4	a_5	a_6	a_7	a_8
항		$\dfrac{1}{a_2} = \dfrac{1}{1-a_1}$	$1 - a_3 = -\dfrac{a_1}{1-a_1}$	$\dfrac{1}{a_4} = 1 - \dfrac{1}{a_1}$	$1 - a_5 = \dfrac{1}{a_1}$	$\dfrac{1}{a_6} = a_1$	$1 - a_7 = 1 - a_1$
$a_1 < 1$	부호	+	−	−	+	+	+
$a_1 > 1$		−	+	+	−	+	−

$\therefore$ 모든 자연수 n에 대하여 $\{a_n\}$은 $a_{n+6} = a_n$

$$|a_n| - a_n = \begin{cases} 0 & (a_n \geq 0) \\ -2a_n & (a_n < 0) \end{cases}$$ 이므로 구간 내 음수인 모든 항의 합이 -5이어야 한다.

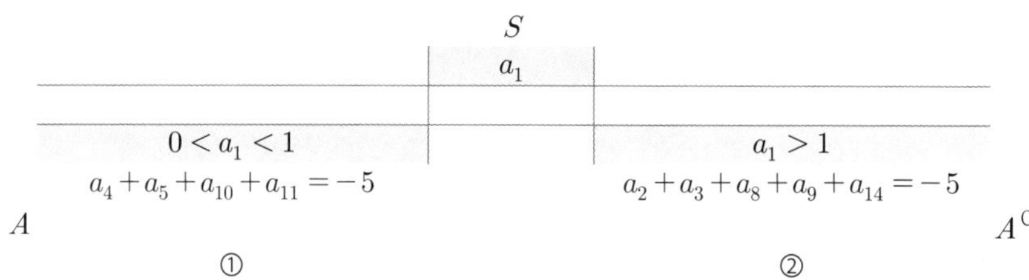

①에서 $a_1 = \dfrac{1}{3}$ or $a_1 = \dfrac{2}{3}$, ②에서 $a_1 = \dfrac{5}{3}$ or $a_1 = 2$

Ans)

$$\therefore \sum a_1 = \frac{1}{3} + \frac{2}{3} + \frac{5}{3} + 2 = \frac{14}{3}$$

주기성

예

수열 $\{a_n\}$은 $a_1 = 2$이고, 모든 자연수 n에 대하여

$$a_{n+1} = \begin{cases} \dfrac{a_n}{2 - 3a_n} & (n\text{이 홀수인 경우}) \\ 1 + a_n & (n\text{이 짝수인 경우}) \end{cases}$$

를 만족시킬 때, $\displaystyle\sum_{n=1}^{40} a_n$ 의 값은?

예

수열 $\{a_n\}$은 $a_1 = 4$이고, 모든 자연수 n에 대하여

$$a_{n+1} = \begin{cases} \dfrac{a_n}{2 - a_n} & (a_n > 2) \\ a_n + 2 & (a_n \leq 2) \end{cases}$$

이다. $\displaystyle\sum_{k=1}^{m} a_k = 12$를 만족시키는 자연수 m 의 최솟값은?

예

첫째항이 자연수인 수열 $\{a_n\}$이 모든 자연수 n에 대하여

$$a_{n+1} = \begin{cases} a_n - 2 & (a_n \geq 0) \\ a_n + 5 & (a_n < 0) \end{cases}$$

을 만족시킨다. $a_{15} < 0$이 되도록 하는 a_1의 최솟값을 구하시오.

수열 [귀납]

수열 [귀납]
Schema 3

주기성

Sol)

a_1로부터 순차대입하면 다음을 알 수 있다.

	a_2	a_3	a_4	a_5
항	$-\dfrac{1}{2}$	$\dfrac{1}{2}$	1	2
n의 홀짝성	짝	홀	짝	홀

$\therefore$ 모든 자연수 n에 대하여 $\{a_n\}$은 $a_{n+4}=a_n$ ($\because$ n의 홀짝성 및 a_n의 값 동일)

Ans)

$$\therefore \sum_{n=1}^{40} a_n = (a_1 + a_2 + a_3 + a_4) \times 10 = \left\{ 2 + \left(-\frac{1}{2} \right) + \frac{1}{2} + 1 \right\} \times 10 = 3 \times 10 = 30$$

Sol)

a_n과 S_n을 나열하여 관찰하면 다음을 알 수 있다.

n	1	2	3	4	5	6	7	8	9	10	11	12	$\cdots$
a_n	4	-2	0	2	4	-2	0	2	4	-2	0	2	$\cdots$
S_n	4	2	2	4	8	6	6	8	12	10	10	12	$\cdots$

Ans)

$\therefore$ 구하는 m의 최솟값은 9이다.

주기성

Sol)

a_1을 1부터 나열하여 규칙을 관찰하면

$a_1 \geq 0$이므로 $a_2 = a_1 - 2 = -1$

$a_2 < 0$이므로 $a_3 = a_2 + 5 = 4$

$a_3 \geq 0$이므로 $a_4 = a_3 - 2 = 2$

$a_4 \geq 0$이므로 $a_5 = a_4 - 2 = 0$

$a_5 \geq 0$이므로 $a_6 = a_5 - 2 = -2$

$a_6 < 0$이므로 $a_7 = a_6 + 5 = 3$

$a_7 \geq 0$이므로 $a_8 = a_7 - 2 = 1 = a_1$

$a_8 \geq 0$이므로 $a_9 = a_8 - 2 = -1 = a_2$

$\therefore$ 수열 $\{a_n\}$이 모든 자연수 n에 대하여 $a_{n+7} = a_n$, $a_{15} = a_8 = a_1 = 1$

을 기준으로 주기가 7이고 규칙성은

① 음수가 나올 때까지 -2
② 부호 변화 시점에 $+5$로 양수
③ 음수가 나올 때까지 -2

이므로 조건 $a_{15} = a_8 < 0$을 만족시킬 수 있는 항은 -1 or -2임을 알 수 있다.

	a_8	$a_9 = a_2$	a_1
항 ①	-1	4	6
항 ②	-2	3	5
	부호 변화		

Ans)

$\therefore$ $a_{15} < 0$이 되도록 하는 a_1의 최솟값은 5이다.

수열 [귀납]

수열 [귀납]
Schema 4

정수 조건

배수 판정

①2의 배수
일의 자리가 0, 2, 4, 6, 8 중 하나

②3의 배수
각 자릿수 합이 3의 배수

③4의 배수
십의 자리와 일의 자리로 이루어진 수가 4의 배수

④5의 배수
일의 자리가 0, 5 중 하나

⑤8의 배수
백의 자리, 십의 자리, 일의 자리로 이루어진 수가 8의 배수

⑥9의 배수
각 자릿수의 합이 9의 배수

[중요도 ★★★]

- 해석할 수 있는 정수 조건은 다음으로 분류된다.

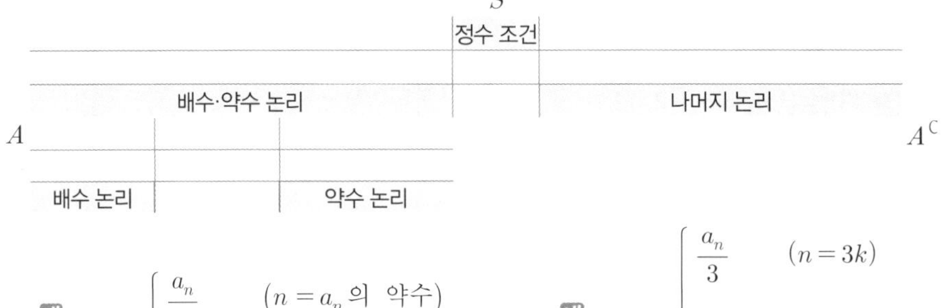

$$ \text{예} \quad a_{n+1} = \begin{cases} \dfrac{a_n}{n} & (n = a_n \text{의 약수}) \\ 3a_n + 1 & (n \neq a_n \text{의 약수}) \end{cases} $$

$$ \text{예} \quad a_{n+1} = \begin{cases} \dfrac{a_n}{3} & (n = 3k) \\ \dfrac{a_n^2 + 5}{3} & (n \neq 3k) \end{cases} $$

⇒ 약수와 배수 관점을 적절히 전환해가며 해석할 수 있다.

⇒ 모든 요소가 정수일 때, $a = kp + q$에서 $a = kn$이라면 q도 k의 배수여야 한다.

⇒ 3으로 나눈 나머지는 0, 1, 2로 분류됨

⇒ 3의 배수는 3, 그 외는 1, 2로 적절한 설정할 수 있다.

[규칙 파악 예시]

예 $a_{n+1} = \dfrac{a_n^2 + 5}{3}$ $(a_n \neq 3k,\ k$는 자연수$)$ 에서 a_n이 자연수라면, a_{n+1}도 자연수이다.

- 정수 조건과 부등식이 동시에 주어지면 해당 범위 내 존재하는 정수는 유한개이다.

예 $(n$은 자연수$)$

$n^2 + n - \dfrac{1}{3} < k < n^2 + n + \dfrac{2}{3}$ 을 만족시키는 자연수 k는 $n^2 + n$로 유일

- 정수 a는 $a = kp + q$ 형태로 몫과 나머지 논리를 활용할 수 있고 소인수분해를 통한 해석을 행할 수 있다.

예

소인수 3 \ 소인수 2	2^0	2^1	2^2
3^0			
3^1			
3^2			

예

모든 항이 자연수인 수열 $\{a_n\}$ 이 모든 자연수 n 에 대하여

$$a_{n+1} = \begin{cases} \dfrac{a_n}{n} & (n \text{이 } a_n \text{의 약수인 경우}) \\ 3a_n + 1 & (n \text{이 } a_n \text{의 약수가 아닌 경우}) \end{cases}$$

를 만족시킬 때, $a_6 = 2$ 가 되도록 하는 모든 a_1 의 값의 합은?

예

첫째항이 자연수인 수열 $\{a_n\}$이 모든 자연수 n에 대하여

$$a_{n+1} = \begin{cases} \dfrac{a_n}{3} & (a_n \text{이 } 3\text{의 배수인 경우}) \\ \dfrac{a_n^2 + 5}{3} & (a_n \text{이 } 3\text{의 배수가 아닌 경우}) \end{cases}$$

를 만족시킬 때, $a_4 + a_5 = 5$가 되도록 하는 모든 a_1 의 값의 합은?

수열 [귀납]
Schema 4

정수 조건

Sol)

$a_6 = 2$ 으로부터 a_1을 추적해가는 상황이므로

주어진 수열을 x와 y를 바꾼 역함수처럼 생각하면 다음과 같다.

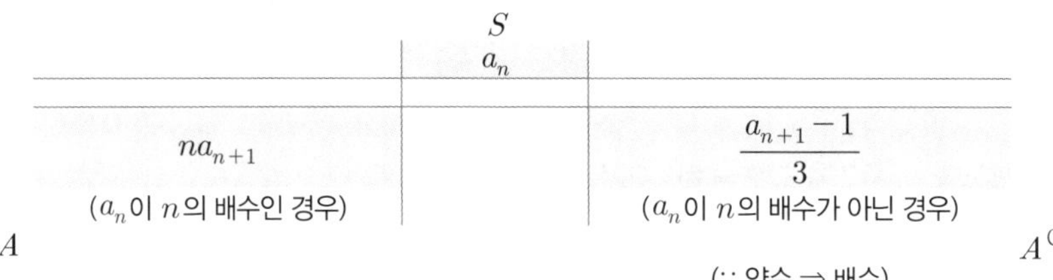

$$\begin{array}{c|c|c}
 & S & \\
 & a_n & \\
\hline
na_{n+1} & & \dfrac{a_{n+1}-1}{3} \\
(a_n \text{이 } n \text{의 배수인 경우}) & & (a_n \text{이 } n \text{의 배수가 아닌 경우}) \\
A & & A^{\,C} \\
 & & (\because \text{약수} \Rightarrow \text{배수})
\end{array}$$

따라서 $a_6 = 2$에서 A 루트로 쭉 추적해갈 수 있다.

	a_6	a_5	a_4	a_3	a_2	a_1
A	2	10	40	120	240	240

도출된 y 값들을 기준으로 $3k+1$ 구조를 만족하는 조합은 다음이다.

	a_6	a_5	a_4	a_3	a_2	a_1
A	2	10	40	120	240	240
		①				
			②			

따라서 조합 ①과 ②를 각각 생각하면 다음과 같다.

[조합 ①]

	a_6	a_5	a_4	a_3	a_2	a_1
A	2	10	40	120	240	240
B		①	3	9	18	18

[조합 ②]

	a_6	a_5	a_4	a_3	a_2	a_1
A	2	10	40	120	240	240
D			②	13	26	26

13은 $3k+1$에 해당하나 $k = 4$는 2의 배수이므로 여집합 영역으로 뻗을 수 없다.

Ans)

$$\therefore \sum a_1 = 18 + 26 + 240 = 284$$

정수 조건

Sol)

위 수열에 대해서 비례상수 3 대응을 통한 양상 관찰이, 아래 수열에 대해서는
1 or 2 대응을 행했을때 나머지를 파악할 수 있는 상황임을 알 수 있다.

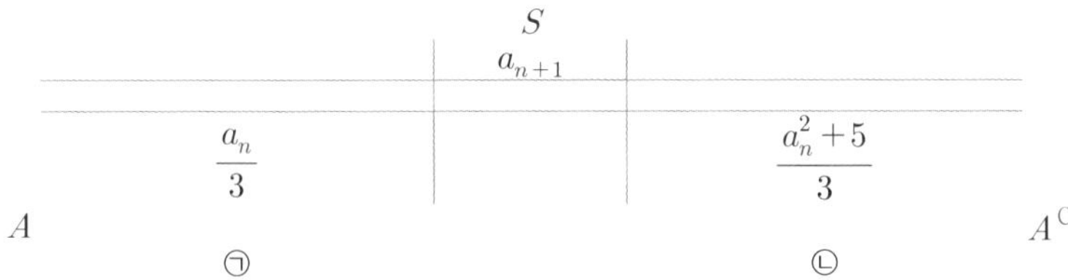

㉡에 1과 2를 대응했을 때 모두 자연수이므로 정의역과 치역은 모두 자연수이다.

$(a_4,\ a_5) = (3, 1)$ 조합은 불가능하므로 ㉡에서 경우가 도출되어야 하고 $(2, 3)$이 유일한 경우임을
알 수 있다.

주어진 수열을 x와 y를 바꾼 역함수처럼 생각하면 다음과 같다.

$a_1 = 2$에서 ⓐ 영역으로 쭉 추적해나갈 수 있다.

	a_4	a_3	a_2	a_1
A	2	6	18	54
	①		②	

2와 18은 $\sqrt{3a_{n+1}-5}$ 구조를 만족할 수 있으므로 ⓑ 영역으로 끌고갈 수 있다.

	a_4	a_3	a_2	a_1
A	2	6	18	54
A^C	①		②	7
New B		1	3	9
B^C			③	2

Ans)

$$\therefore \sum a_1 = 54 + 7 + 9 + 2 = 72$$

수열 [귀납]

수열 [귀납]
Schema 4

정수 조건

예

수열 $\{a_n\}$이 다음 조건을 만족시킨다.

> (가) 모든 자연수 k에 대하여 $a_{4k} = r^k$이다.
>   (단, r는 $0 < |r| < 1$인 상수이다.)
>
> (나) $a_1 < 0$이고, 모든 자연수 n에 대하여
> $$a_{n+1} = \begin{cases} a_n + 3 & (|a_n| < 5) \\ -\dfrac{1}{2}a_n & (|a_n| \geq 5) \end{cases} \text{이다.}$$

$|a_m| \geq 5$를 만족시키는 100 이하의 자연수 m의 개수를 p라 할 때, $p + a_1$의 값은?

정수 조건

예

수열 $\{a_n\}$이 모든 자연수 n에 대하여

$$\sum_{k=1}^{n} a_k = n^2 + cn \ (c \text{ 는 자연수})$$

를 만족시킨다. 수열 $\{a_n\}$의 각 항 중에서 3의 배수가 아닌 수를 작은 것부터 크기순으로 모두 나열하여 얻은 수열을 $\{b_n\}$이라 하자.

$b_{20} = 199$가 되도록 하는 모든 c의 값의 합을 구하시오.

정수 조건

수열 [귀납]
Schema 4

정수 조건

Sol)

$a_{4k} = r^k$에서 가장 간단한 항은 $a_4 = r$이고

상수 조건으로 제시된 $a_4 = r$과 $a_8 = r^2$ 사이 항들을 관찰하면 다음과 같다

a_4	a_5	a_6	a_7	a_8
r	$r+3$	$r+6$	$-\dfrac{1}{2}r - 3$	$-\dfrac{1}{2}r$

$\therefore r = -\dfrac{1}{2}$

$0 < |r| < 1$이므로 $0 < |r^2| < 1$이고 관계상수 양상이 동일할 것을 알 수 있다.

		a_{4k}	a_{4k+1}	a_{4k+2}	a_{4k+3}	$a_{4(k+1)}$
일반항	:	r^k	$r^k + 3$	$r^k + 6$	$-\dfrac{1}{2}r^k - 3$	$-\dfrac{1}{2}r^k$
관계상수			$+3$	$+3$	$\times \left(-\dfrac{1}{2}\right)$	$+3$

$\therefore |a_m| \geq 5$를 만족시키는 m 값은 $4k+2$이다.

a_1은 1개의 값으로 귀결되는 구해야 하는 대상이고

a_4는 상수 조건이므로 $a_4 = -\dfrac{1}{2}$으로부터 a_1 방향으로 추적을 행하자.

a_4	a_3	a_2	a_1
$-\dfrac{1}{2}$	$-\dfrac{7}{2}$	7	-14

$\therefore p = 24 + 2 \ (\because a_{4k+2 \ (1 \leq k \leq 24)}, \ a_1, \ a_2)$

Ans)
$\therefore p + a_1 = 12$

Sol)
$n = 1$ 대입과 $a_n = S_n - S_{n-1} \ (n \geq 2)$에서 $a_n = 2n - 1 + c$
$\{a_n\} : 1+c, \ 3+c, \ 5+c, \ \cdots, \ 55+c, \ 57+c, \ 59+c, \ \cdots$이고
c를 3으로 나눈 나머지 0, 1, 2로 분류해서 생각했을 때
b_{20}은 $57+c$ 또는 $59+c$ 이므로 $57 + c = 199$, $59 + c = 199$이다.

$\therefore c = 140$ 또는 $c = 142 \ (\because 3$으로 나눈 나머지는 0, 1, 2$)$

Ans)
$\therefore \sum c = 140 + 142 = 282$

정수 조건

예

두 집합 X, Y를

$X=\{\{a_n\}\mid\{a_n\}$은 모든 항이 자연수인 수열이고, $\log a_n+\log a_{n+1}=2n\}$,

$Y=\{a_4\mid\{a_n\}\in X\}$

라 하자. 집합 Y의 모든 원소의 합이 $p\times100$일 때, p의 값을 구하시오.

예

다음 조건을 만족시키는 모든 수열 $\{a_n\}$에 대하여 a_1의 최솟값을 m이라 하자.

(가) 수열 $\{a_n\}$의 모든 항은 정수이다.

(나) 모든 자연수 n에 대하여

$a_{2n}=a_3\times a_n+1$, $a_{2n+1}=2a_n-a_2$

이다.

$a_1=m$인 수열 $\{a_n\}$에 대하여 a_9의 값은?

수열 [귀납]

수열 [귀납]
Schema 4

정수 조건

Sol)

$\log a_n + \log a_{n+1} = 2n$에서 $a_n a_{n+1} = 10^{2n}$이고

$a_2 = 10^2 \times \dfrac{1}{a_1}$, $a_3 = 10^2 \times a_1$, $a_4 = 10^4 \times \dfrac{1}{a_1}$ 이다.

Y에서 $\{a_n\}$의 모든 항이 자연수이므로 $n(Y) = 9$이다.

($\because 100 = 2^2 \times 5^2$의 약수의 개수 $(2+1) \times (2+1) = 9$)

$\rightarrow a_4 = 10^4 \times \dfrac{1}{(100의\ 약수)}$

$\rightarrow \sum a_k = 21700$

소인수 5 ＼ 소인수 2	2^0	2^1	2^2
5^0	$a_4 = 10^4 \times 1 = 10000$	$a_4 = 10^4 \times \dfrac{1}{2} = 5000$	$a_4 = 10^4 \times \dfrac{1}{2^2} = 2500$
5^1	$a_4 = 10^4 \times \dfrac{1}{5} = 2000$	$a_4 = 10^4 \times \dfrac{1}{10} = 1000$	$a_4 = 10^4 \times \dfrac{1}{20} = 500$
5^2	$a_4 = 10^4 \times \dfrac{1}{25} = 400$	$a_4 = 10^4 \times \dfrac{1}{50} = 200$	$a_4 = 10^4 \times \dfrac{1}{100} = 100$

Ans)

$\therefore p = 217$

Sol)

$a_1 = m$과 조건을 엮어가기 위해 1을 대입하면 두 식은 다음과 같다.

① $a_2 = a_3 a_1 + 1$

② $a_3 = 2a_1 - a_2$

$\Rightarrow -2a_1 + a_1 a_3 + a_3 = -1 \ (\because ① + ②)$

$\Rightarrow (a_1 + 1)(a_3 - 2) = -3$

a_1이 최소인 경우는 $a_1 + 1$이 최소일 때와 동치이고

$a_1 + 1$와 $a_3 + 2$는 모두 정수이므로 $m + 1 = -3$이다.

$\therefore m = -4$, $a_1 = -4$, $a_3 = 3$

Ans)

$\therefore a_9 = 2a_4 + a_2 = 2(a_3 \times a_2 + 1) + a_2 = -53$

예

자연수 n의 양의 약수의 개수를 $f(n)$이라 하고, 36의 모든 양의 약수를 $a_1,\ a_2,\ a_3,\ \cdots,\ a_9$라 하자. $\displaystyle\sum_{k=1}^{9}\left\{(-1)^{f(a_k)}\times\log a_k\right\}$의 값은?

예

모든 항이 자연수인 수열 $\{a_n\}$이 다음 조건을 만족시킨다.

(가) 모든 자연수 n에 대하여

$$a_{n+1}=\begin{cases}\dfrac{1}{2}a_n+2n & (a_n\text{이 }4\text{의 배수인 경우})\\ a_n+2n & (a_n\text{이 }4\text{의 배수가 아닌 경우})\end{cases}$$

이다.

(나) $a_3 > a_5$

$50 < a_4 + a_5 < 60$이 되도록 하는 a_1의 최댓값과 최솟값을 각각 $M,\ m$이라 할 때, $M+m$의 값은?

수열 [귀납]

수열 [귀납]
Schema 4

정수 조건

Sol)

$36 = (2 \times 3)^2$의 양의 약수 개수는 $(2+1)^2$ 꼴이고
$f(n)$의 홀짝은 다음으로 분류된다.

소인수 2 소인수 3	2^0	2^1	2^2
3^0			
3^1			
3^2			

	S	
	$f(n)$	
짝		홀
A		A^{C}
제곱수		~제곱수

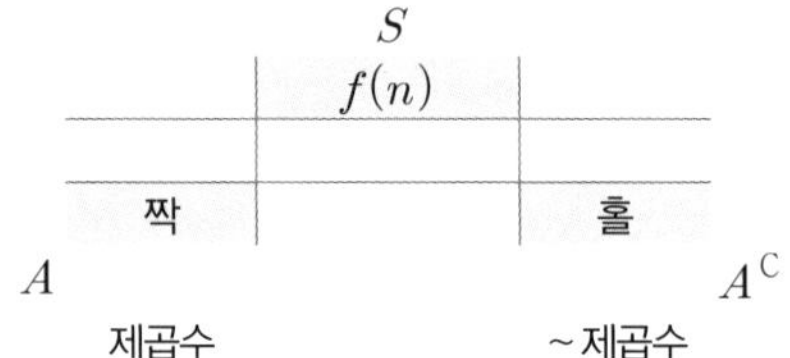

$$\to \sum_{k=1}^{9} \left\{ (-1)^{f(a_k)} \times \log a_k \right\} = \log \frac{2 \times 3 \times 6 \times 12 \times 18}{1 \times 4 \times 9 \times 36}$$

Ans)

$$\therefore \sum_{k=1}^{9} \left\{ (-1)^{f(a_k)} \times \log a_k \right\} = \log 2 + \log 3$$

Sol)

a_3와 a_5는 두 항 차이이고 $a_{n+1} = a_n + 2n$는 증가함수 양상임을 알 수 있다.

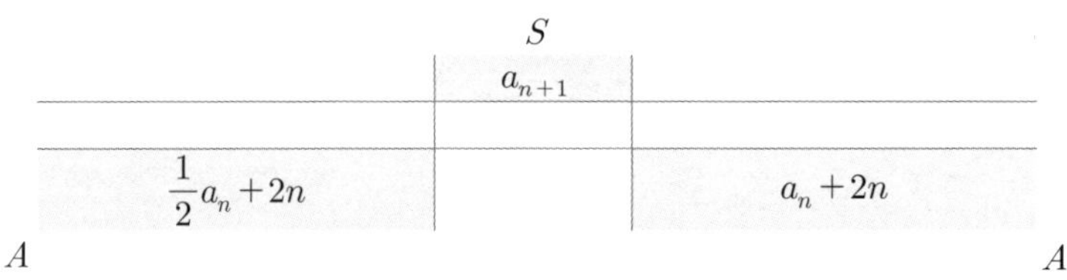

	S	
	a_{n+1}	
$\frac{1}{2}a_n + 2n$		$a_n + 2n$
A		A^{C}

공통 요소인 $2n$은 짝수 의미를 내포하고 짝 + 홀 = 홀이므로
a_3는 홀수일 수 없고, 가능한 a_3의 조합은 다음으로 압축된다.

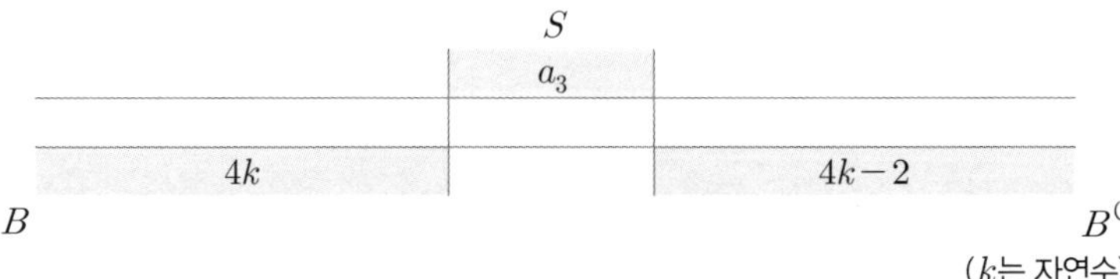

	S	
	a_3	
$4k$		$4k-2$
B		B^{C}

(k는 자연수)

그에 따라 항들의 조합은 다음으로 결정된다.

	a_3	a_4	a_5
조합 ①	$4k-2$	$4k+4$	$2k+10$
조합 ②	$4k$	$2k+6$	$k+11$
조합 ③	$4k$	$2k+6$	$2k+14$

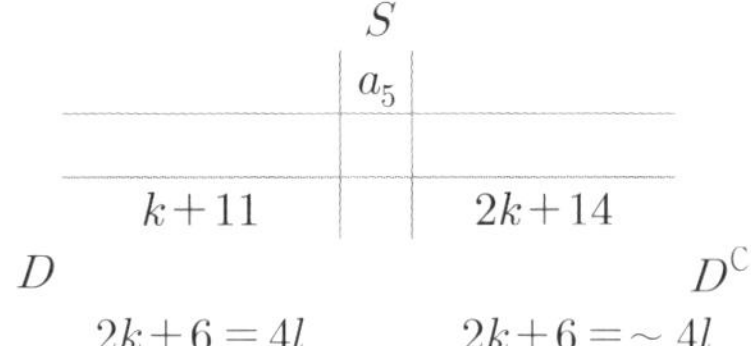

이를 만족시키는 조합은 ①에서 $k=7$, ②에서 $k=13$, ③에서 $k=8$이다.

$\therefore\ a_3=26$ (①), $a_3=52$ (②), $a_3=32$ (③)

주어진 수열을 x와 y를 바꾼 역함수처럼 생각하면 다음과 같다.

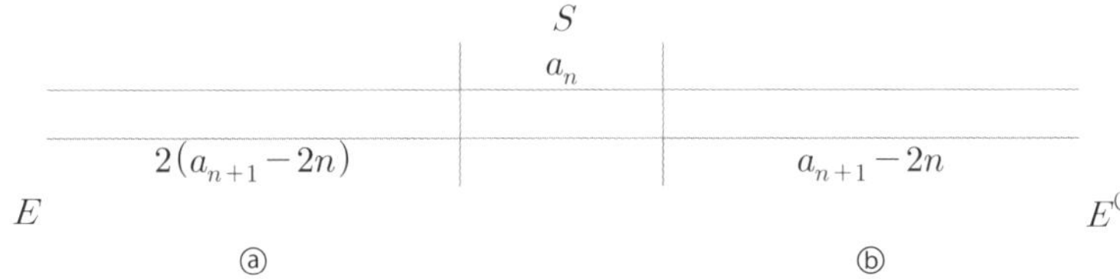

따라서 치역의 Max 는 정의역 중 Max 가 쭉 ⓐ를 타고갈 때 도출되고
치역의 Min 을 역추적하면 다음과 같다.

	a_3	a_2	a_1
조합 ①	26	44	42
조합 ②	26	22	40
조합 ③	32	56	54

$Ans\,)$

$\therefore\ M+m=188+40=228$

수열 [귀납]
Schema 5

홀짝 조건

[중요도 ★★★]

- 수열은 정의역이 자연수로 제한된 함수로 자연수의 특징 중 하나인
  홀짝성을 적절히 활용할 수 있다.

$$a_{n+1} = \begin{cases} f(a_n) & (n=2k-1) \\ \\ g(a_{n+1}) & (n=2k) \end{cases}$$ 꼴인 경우 각각 $2k-1$, $2k$를 대입했을 때

$$a_{2k+1} = g(a_{2k}) = g(f(a_{2k-1})) = (g \circ f)(a_{2k-1}) \text{이고}$$
$$a_{2(k+1)} = f(a_{2k+1}) = f(g(a_{2k})) = (f \circ g)(a_{2k}) \text{이다.}$$

그에 따라 $g \circ f$ 양상이나 $f \circ g$ 양상을 적절히 확인 후 관찰할 수 있다.

- 짝수를 표현할 수 있는 예시에는 $2k$, 0, 2가 있고
  홀수를 표현할 수 있는 예시에는 $2k-1$, $+1$, -1이 있다.

예

수열 $\{a_n\}$이 모든 자연수 n에 대하여

$$a_{n+1} = \begin{cases} \dfrac{1}{a_n} & (n \text{이 홀수인 경우}) \\ 8a_n & (n \text{이 짝수인 경우}) \end{cases}$$

이고, $a_{12} = \dfrac{1}{2}$ 일 때, $a_1 + a_4$의 값은?

예

모든 항이 자연수인 수열 $\{a_n\}$이 모든 자연수 n에 대하여

$$a_{n+2} = \begin{cases} a_{n+1} + a_n & (a_{n+1} + a_n \text{이 홀수인 경우}) \\ \dfrac{1}{2}(a_{n+1} + a_n) & (a_{n+1} + a_n \text{이 짝수인 경우}) \end{cases}$$

를 만족시킨다. $a_1 = 1$일 때, $a_6 = 34$가 되도록 하는 모든 a_2의 값의 합은?

홀짝 조건

예

모든 항이 자연수이고 다음 조건을 만족시키는 모든 수열 $\{a_n\}$에 대하여 a_1의 최댓값과 최솟값을 각각 M, m이라 할 때, $M-m$의 값은?

> (가) $a_5 = 63$
>
> (나) 모든 자연수 n에 대하여
>
> $$a_{n+2} = \begin{cases} a_{n+1} + a_n & (a_{n+1} \times a_n \text{이 홀수인 경우}) \\ a_{n+1} + a_n - 2 & (a_{n+1} \times a_n \text{이 짝수인 경우}) \end{cases}$$
>
> 이다.

예

모든 항이 자연수인 수열 $\{a_n\}$이 다음 조건을 만족시킬 때, 모든 a_1의 값의 합을 구하시오.

> (가) 모든 자연수 n에 대하여
>
> $$a_{n+1} = \begin{cases} a_n + 1 & (a_n \text{은 홀수}) \\ \dfrac{a_n}{2} & (a_n \text{은 짝수}) \end{cases}$$
>
> (나) $a_5 = 1$

수열 [귀납]
Schema 5

홀짝 조건

Sol)

a_{12}에서 $a_1 + a_4$의 양상을 추적해야 하는 상황이므로 a_n을 기준으로 다음과 같이 분류할 수 있음을 알 수 있다.

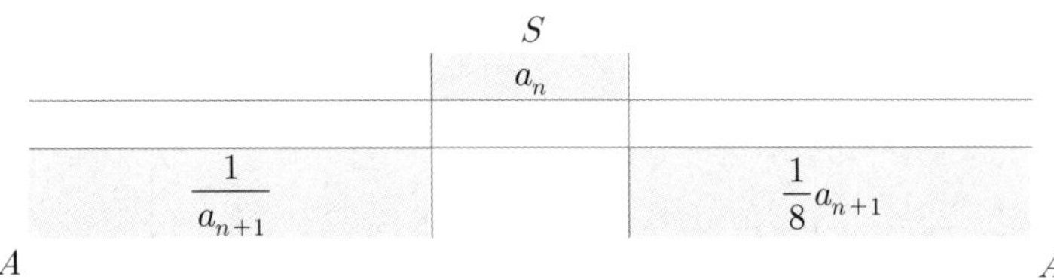

$n = 2k-1$일 때, $a_{2k} = \dfrac{1}{a_{2k-1}}$

$n = 2k$일 때, $a_{2k+1} = \dfrac{8}{a_{2k-1}}$이므로 $a_{2k+1} \times a_{2k-1} = 8$이다.

$\therefore a_{2k+3} = a_{2k-1}$이므로 주기는 4이다.

$\rightarrow a_{12} = a_4 = \dfrac{a_1}{8} = \dfrac{1}{2}$, $a_1 = 4$, $a_4 = \dfrac{1}{2}$

Ans)

$\therefore a_1 + a_4 = \dfrac{9}{2}$

Sol 1)

$a_{n+1}+a_n$을 기준으로 다음과 같이 분류됨을 알 수 있다.

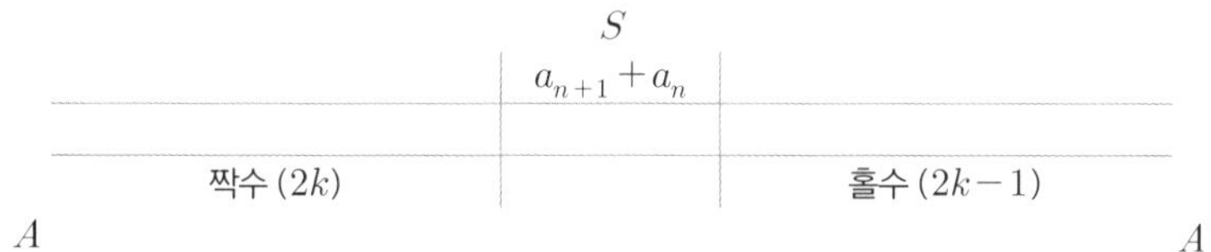

a_6이 짝수이므로 a_4+a_5도 짝수이고

a_4+a_5의 각 항이 모두 짝수이면 이전 항들도 모두 짝수여야 하므로 모순이다.

$\therefore a_4$와 a_5는 모두 홀수이다.

a_1과 a_4는 모두 홀수이므로 중간 항들의 조합은 다음으로 결정된다.

		a_1	a_2	a_3	a_4	a_5	a_6
조합 ①	:	홀	홀	홀	홀	홀	짝
조합 ②		홀	홀	짝	홀	홀	짝
조합 ③		홀	짝	홀	홀	홀	짝

[수식]

가장 간단한 자연수가 $a_1=1$로 설정되어 있으니 다음으로 두는 게 옳아보인다.

$$S$$
$$(a_2,\ a_3)$$
$(2k-1,\ k)$ $(2k,\ 2k+1)$
A A^C
①과 ②   ③

		a_1	a_2	a_3	a_4	a_5	a_6
조합 ①		1	$2k-1$	k	$\dfrac{3}{2}k-\dfrac{1}{2}$	$\dfrac{5}{4}k-\dfrac{1}{4}$	$\dfrac{11}{8}k-\dfrac{3}{8}$
조합 ②		1	$2k-1$	k	$3k-1$	$4k-1$	$\dfrac{7}{2}k-1$
조합 ③		1	$2k$	$2k+1$	$4k+1$	$3k+1$	$\dfrac{7}{2}k+1$

$\therefore$ 옳은 조합은 ①과 ②이다.

Ans)

$\therefore \sum a_2 = 49 + 19 = 68$

수열 [귀납]

수열 [귀납]
Schema 5

홀짝 조건

Sol 2)

$$a_{n+1} + a_n = b_n \text{ 과 } \frac{1}{2}(a_{n+1} + a_n) = \frac{1}{2}b_n \text{은 차수 양상이 동일하고}$$

$$\frac{1}{2}(a_{n+1} + a_n) = c_n \text{은 중점 or 평균 구조이므로}$$

적절히 선분 내에서 관찰할 수 있어 보인다.

		a_1	a_2	a_3	a_4	a_5	a_6
조합 ①	:	홀	홀	홀	홀	홀	짝

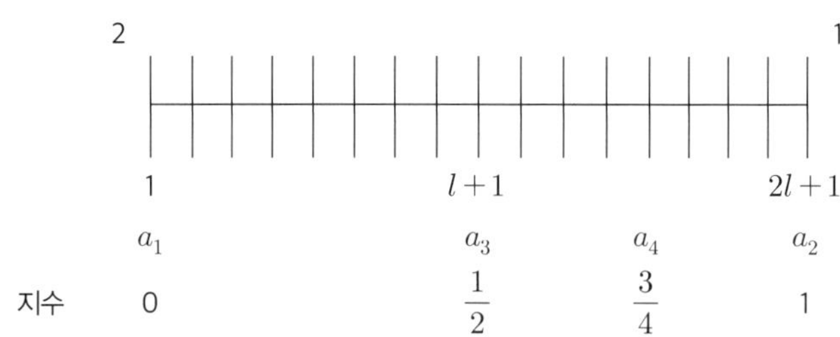

간격이 $2l$로 a_2을 세팅했을 때, a_3, a_4, a_5, a_6 모두

각각의 선분 내 중점에 찍히므로 $2l+1$과 $\frac{5}{8}l$ 간격인 지점이 a_6이다.

$$\therefore a_6 = \frac{11}{8}l - \frac{3}{8} = 34$$

$$\therefore l = 25$$

홀짝 조건

		a_1	a_2	a_3	a_4	a_5	a_6
조합 ②		홀	홀	짝	홀	홀	짝

$a_6 = a_4 + a_5 = 2a_2 + 3a_3 = 68$이므로

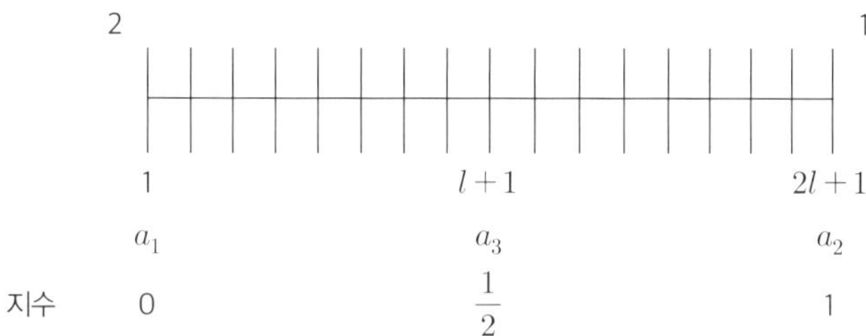

지수가 $\dfrac{7}{10}$ 인 지점이 $\dfrac{68}{5}$ 이므로 $\dfrac{7}{10} : \dfrac{63}{5} = 1 : a_2 - 1$이다.

$\therefore a_2 = 19$

		a_1	a_2	a_3	a_4	a_5	a_6
조합 ③		홀	짝	홀	홀	홀	짝

평균 구조가 아닌 a_3까지 순차적으로 더해지는 구조이므로
대수적으로 밀고 가는게 좋아 보인다.

$a_6 = \dfrac{1}{2}(a_5 + a_4) = \dfrac{7}{2}l + 1 = 34$이고 7과 11은 서로소 관계이므로
자연수 조건에 모순이다.

$\therefore$ 옳은 조합은 ①과 ②이다.

Ans)
$\therefore \sum a_2 = 49 + 19 = 68$

수열 [귀납]

수열 [귀납]
Schema 5

홀짝 조건

Sol)

$a_{n+2} = a_n \times a_{n+1}$을 기준으로 다음과 같이 분류됨을 알 수 있다.

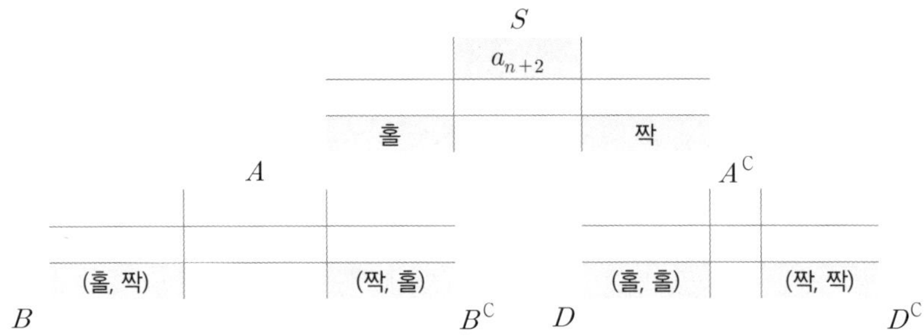

(가)에서 a_5가 홀수로 정의되어 있으므로 $(a_3,\ a_4)$는 A 영역에 해당하고
중간 항들의 조합은 다음으로 결정된다.

		a_1	a_2	a_3	a_4	a_5
조합 ①	:	짝	홀	홀	짝	홀
조합 ②		홀	홀	짝	홀	홀

따라서 조합은 다음이 유일하고

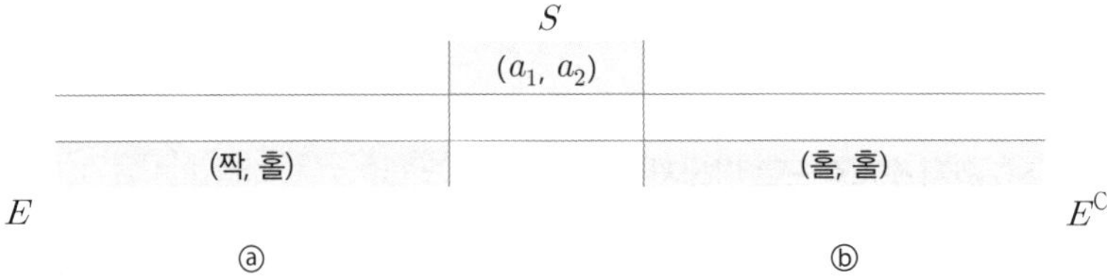

두 가지 케이스 모두 ⓐ를 1번, ⓑ를 2번 타고 가므로
짝수의 나머지를 0, 홀수의 나머지를 -1처럼 정방향으로 생각했을 때 나머지는 -9이다.

		a_1	a_2	a_3	a_4	a_5
조합 ①		0	-1	-3	-4	-9
조합 ②		-1	-1	-2	-5	-9

a_1은 2번, a_2는 3번 더해지므로 각각의 1차항을 k, l이라 하면
(짝, 홀)에서 $4k+6l-9=63$, $a_1=2k=36-3l$이므로 a_1은 $6 \leq a_1 \leq 30$인 $6w$이다.
(홀, 홀)에서 같은 이유로 $a_1=2k-1=35-3l$이므로 a_1은 $5 \leq a_1 \leq 29$인 $6w-1$이다.
(단, w는 자연수)

Ans)
$\therefore M-m = 30-5 = 25$

홀짝 조건

Sol)

a_5에서 역방향으로 a_1의 양상을 추적해야 하는 상황이므로 a_n을 기준으로 다음과 같이 분류할 수 있음을 알 수 있다.

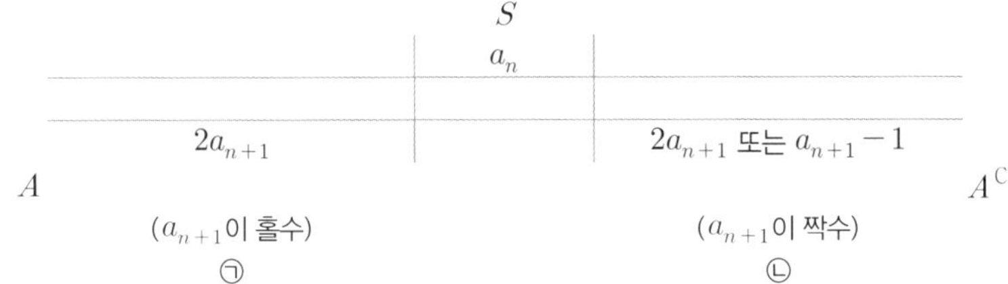

$a_5 = 1$에서 ㉠ 영역으로 쭉 추적해나가면 다음과 같다.

	a_5	a_4	a_3	a_2	a_1
A	1	2	4	8	16
		①	②	③	

$a_4 = 2$부터는 짝수에 속할 수 있으므로 ①~③에 대해 ㉡ 영역으로 끌고갈 수 있다.

	a_5	a_4	a_3	a_2	a_1
A	1	2	4	8	16
A^{C}		①	②	3	7
					6
New B			1	2	4
B^{C}				③	1

Ans)

$$\therefore \ \sum a_1 = 1 + 4 + 6 + 7 + 16 = 34$$

수열 [귀납]

수열 [귀납]
Schema 6

서로소 관계

[중요도 ★★]

- 연속된 두 자연수 n, $n+1$ $(n \geq 2)$ 를 보정할 수 있는 가장 작은 두 자연수는 $n+1$, n이고 다음은 서로소 관계에 있다.

  ① 서로 다른 두 소수
  ② 연속된 두 자연수
  ③ $k+1$과 $2k+1$ (단, k는 자연수)

- 어떤 자연수 ㉮와 서로소 관계에 있으면 0 열과 ㉮ 열을 기준으로 대칭성을 나타낸다.

예 25와 서로소 관계

```
 0  1  2  3  4  5  6  7  8  9 10 11 12 13 14 15 16 17 18 19 20 21 22 23 24  25
25 26 27 28 29 30 31 32 33 34 35 36 37 38 39 40 41 42 43 44 45 46 47 48 49  50
50 51 52 53 54 55 56 57 58 59 60 61 62 63 64 65 66 67 68 69 70 71 72 73 74  75
75 76 77 78 79 80 81 82 83 84 85 86 87 88 89 90 91 92 93 94 95 96 97 98 99 100
```

예 20과 서로소 관계

```
 0  1  2  3  4  5  6  7  8  9 10 11 12 13 14 15 16 17 18 19  20
20 21 22 23 24 25 26 27 28 29 30 31 32 33 34 35 36 37 38 39  40
40 41 42 43 44 45 46 47 48 49 50 51 52 53 54 55 56 57 58 59  60
60 61 62 63 64 65 66 67 68 69 70 71 72 73 74 75 76 77 78 79  80
80 81 82 83 84 85 86 87 88 89 90 91 92 93 94 95 96 97 98 99 100
```

수열 [귀납]
Schema 6

서로소 관계

예

자연수 k에 대하여 다음 조건을 만족시키는 수열 $\{a_n\}$이 있다.

$a_1 = 0$이고, 모든 자연수 n에 대하여

$$a_{n+1} = \begin{cases} a_n + \dfrac{1}{k+1} & (a_n \le 0) \\ a_n - \dfrac{1}{k} & (a_n > 0) \end{cases}$$

이다.

$a_{22} = 0$이 되도록 하는 모든 k의 값의 합은?

예

수열 $\{a_n\}$은 15와 서로소인 자연수를 작은 수부터 차례대로 모두 나열하여 만든 것이다. 예를 들면 $a_2 = 2$, $a_4 = 7$이다.

$\displaystyle\sum_{n=1}^{16} a_n$의 값은?

수열 [귀납]
Schema 6

서로소 관계

Sol)

a_n이 공통항으로 존재하고 0을 기준으로

상수항인 $\dfrac{1}{k+1}$ 와 $\dfrac{1}{k}$ 을 더하고 빼는 구조임을 알 수 있다.

분모 요소인 k와 $k+1$는 서로소 관계에 있으므로 $a_{2k+2} = 0$이고
a_1과의 항 번호 간격은 $2k+1$이다.

$\therefore a_{22} = 0$이 되도록 하는 k는 주기가 21의 약수이므로
가능한 자연수 k는 $2k+1 = 21$, $2k+1 = 7$, $2k+1 = 3$일 때 도출된다.

이때의 값들을 확인해보면 주어진 수열의 조건을 충족하는 것을 알 수 있다.

Ans)
$\therefore \sum k$은 $1+3+10 = 14$이다.

서로소 관계

Sol)

15보다 작은 15와 서로소인 자연수는 다음과 같다.

1행   0   1   2   3   4   5   6   7   8   9   10   11   12   13   14   15

2행

Ans)

$$\sum_{k=1}^{16} a_n = 1 + 2 + \cdots + 28 + 29 = (1+29) \times 8 = 240 \ (\because 1행과\ 2행은\ +15\ 차이)$$

수열 [귀납]

수열 [귀납]
Schema 7

관계 파악

[중요도 ★★★]

- 어떤 수열 내에서 관계가 성립할 때
  다음과 같이 변형 or 관계를 파악하고 양상을 추적해나갈 수 있다.

  ① 공통항 소거
  ② 특정항 소거
  ③ 공통 부분 관찰
  ④ 합차의 관찰

예

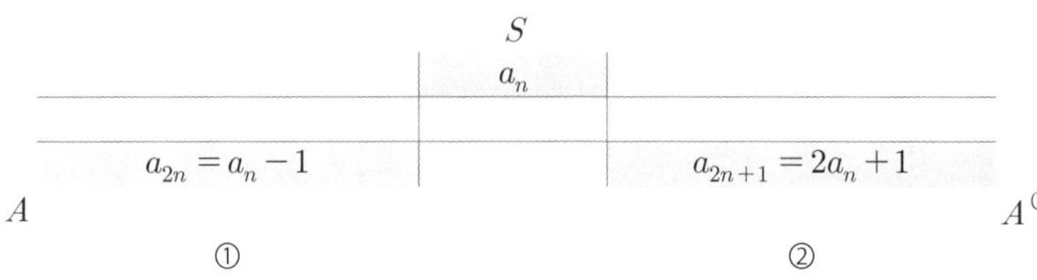

⇒ ①과 ②를 더했을 때, 연속된 두 항의 합은 3의 배수이므로
  New 수열 $b_n = 3a_n$을 정의해서 생각할 수 있다.

- 자료를 적절히 분류하거나 목적을 갖고 나열해서 해석할 수 있는 경우가 대다수이나
  항등식 내 관계를 파악하고 적절히 동치 변형했을 때 해석이 용이한 경우도 출제된다.

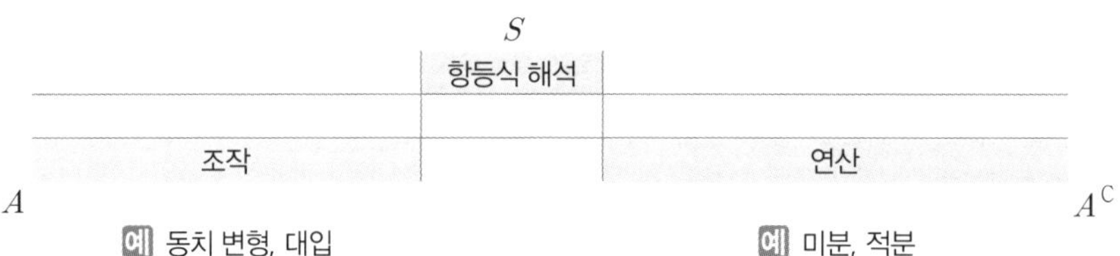

- 수열의 합과 일반항이 함께 출제되는 것처럼
  두 종류 이상의 문자로 주어진 항등식을 한 종류의 문자로 번역해서 해석하거나
  적절히 수식을 이항 or 연립해서 항등식 내 차수를 통일해서 해석할 수 있다.

예

수열 $\{a_n\}$은 $a_1 = 1$이고, 모든 자연수 n에 대하여

$$\begin{cases} a_{3n-1} = 2a_n + 1 \\ a_{3n} = -a_n + 2 \\ a_{3n+1} = a_n + 1 \end{cases}$$

을 만족시킨다. $a_{11} + a_{12} + a_{13}$의 값은?

예

수열 $\{a_n\}$이 모든 자연수 n에 대하여 다음 조건을 만족시킨다.

> (가) $a_{2n} = a_n - 1$
> (나) $a_{2n+1} = 2a_n + 1$

$a_{20} = 1$일 때, $\displaystyle\sum_{n=1}^{63} a_n$의 값은?

예

수열 $\{a_n\}$이 모든 자연수 n에 대하여 다음 조건을 만족시킨다.

> (가) $a_{2n+1} = -a_n + 3a_{n+1}$
> (나) $a_{2n+2} = a_n - a_{n+1}$

$a_1 = 1$, $a_2 = 2$일 때, $\displaystyle\sum_{n=1}^{16} a_n$의 값은?

예

수열 $\{a_n\}$이 모든 자연수 n에 대하여

$$a_{n+1} = \begin{cases} a_n & (a_n > n) \\ 3n - 2 - a_n & (a_n \leq n) \end{cases}$$

을 만족시킬 때, $a_5 = 5$가 되도록 하는 모든 a_1의 값의 곱은?

수열 [귀납]

수열 [귀납]
Schema 7

관계 파악

Sol)

관계가 $b_n = a_{3n-1} + a_{3n} + a_{3n+1} = 2a_n + 4$임을 알 수 있다.

Ans)

$$\therefore a_{11} + a_{12} + a_{13} = 2a_4 + 4 = 2a_1 + 6 = 8$$

Sol)

(가)와 (나)를 통해 $b_n = a_{2n} + a_{2n+1} = 3a_n$이고 b_n의 공비가 3임을 알 수 있다.

$\therefore$ For 구하는 값, 필요 요소 초항

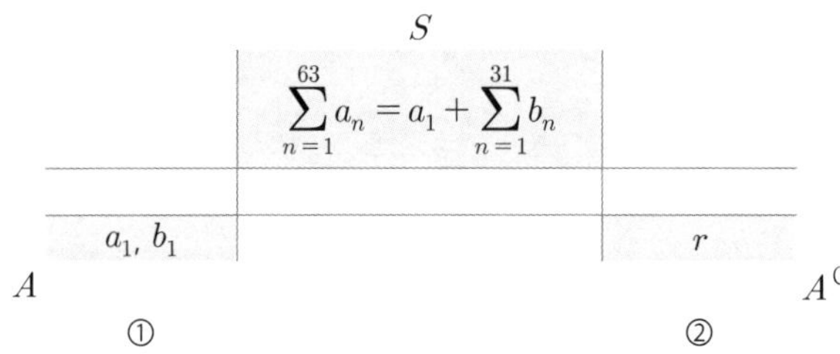

$\rightarrow 1 = a_{20} = a_{10} - 1 = a_5 - 2 = 2a_2 - 1 = 2a_1 - 3$

$\rightarrow a_1 = 2,\ b_1 = a_2 + a_3 = 3a_1 = 6$

Ans)

$$\therefore \sum_{n=1}^{63} a_n = \frac{2(3^6 - 1)}{3 - 1} = 728$$

관계 파악

Sol)

(가)와 (나)를 통해 $a_{2n+1} + a_{2n+2} = 2a_{n+1}$이고 구하는 대상이 S_{16}이므로

S_n으로 번역하면 $S_{2n+2} - a_1 - a_2 = 2(S_{n+1} - a_1)$이고

$S_{2n+2} = 2S_{n+1} + 1$임을 알 수 있다.

→ $S_4 = 2S_2 + 1 = 7$

→ $S_8 = 2S_4 + 1 = 15$

Ans)

∴ $S_{16} = 2S_8 + 1 = 31$

Sol)

정방향 역방향 모두 합이 $3n - 2$ 구조임을 알 수 있다.

구하는 값이 $\prod a_1$이므로 a_1 방향으로 추적하면 다음과 같다.

	a_4	a_3	a_2	a_1
A	5	5	5	5
				- 4
			- 1	
A^C		2	2	2
				- 1
S	10	7	4	1

Ans)

$\prod a_1 = 5 \times (-4) \times 2 \times (-1) = 40$.

수열 [귀납]

수열 [귀납]
Schema 8

방향성 파악

[중요도 ★★★]

- $a_{n+1} = f(a_n)$ 의 항을 추적해가는 과정에서
  초항에서 일반항 방향으로 추적할 때는 항이 하나로 결정되나
  어떤 항으로부터 초항 방향으로 추적해나갈 때 항은 여러 개 등장할 수 있다.

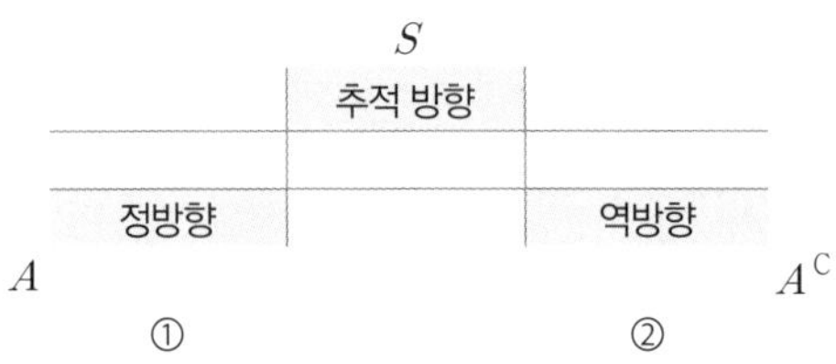

자료가 안내하는 방향에 따라 ①, ② 각각의 관점 또는 ①, ②를 유기적으로
함께 활용할 수 있으면 좋다.

- 역방향 추적을 행할 때 a_1이 등장하지 않으면 중간까지 진행된 항들은
  존재하지 않는 항으로 경우의 수 카운팅을 하지 않도록 주의하도록 하자.

- 시작점으로 제한 조건이 제시될 것이고, 수열의 귀납적 해석을 행할 때
  해석의 시작점은 조건의 정보 위상이 높은 항 또는 양상 변화 부근인 경우가 많다.

		제1항	제2항	제3항		제k항		제n항	
$\{a_n\}$	:	a_1	a_2	a_3	$\cdots$	a_k	$\cdots$	a_n	$\cdots$

생각의 방향성은

① $a_1 \rightarrow a_k$ (정방향)
② $a_k \rightarrow a_1$ (역방향)
③ $a_1 \leftarrow a_k \rightarrow a_n$ (양방향)

자료가 안내하는 바에 따라 설정할 수 있다.

예

첫째항이 짝수인 수열 $\{a_n\}$은 모든 자연수 n에 대하여

$$a_{n+1} = \begin{cases} a_n + 3 & (a_n \text{이 홀수인 경우}) \\ \dfrac{a_n}{2} & (a_n \text{이 짝수인 경우}) \end{cases}$$

를 만족시킨다. $a_5 = 5$일 때, 수열 $\{a_n\}$의 첫째항이 될 수 있는 모든 수의 합은?

예

다음 조건을 만족시키는 모든 수열 $\{a_n\}$에 대하여 $\displaystyle\sum_{k=1}^{100} a_k$의 최댓값과 최솟값을 각각 M, m이라 할 때, $M - m$의 값은?

> (가) $a_5 = 5$
> (나) 모든 자연수 n에 대하여
>
> $$a_{n+1} = \begin{cases} a_n - 6 & (a_n \geq 0) \\ -2a_n + 3 & (a_n < 0) \end{cases}$$
>
> 이다.

수열 [귀납]
Schema 8

방향성 파악

Sol)

정방향으로 추적하면 $a_1 = 4k$인 경우와 $a_1 = 4k+2$인 경우로 분류하여

역방향으로 추적하면 $a_5 = 5$이고 구조를 번역하여 추적할 수 있어 보이고

구하는 값이 $\sum a_1$이고 a_1이 짝수로 제한되어 있으며, $a_4 = 10$으로 일대일 대응되므로

a_1 방향으로 더 특수한 아래 수열을 주요 가지로 (A로) 두고 추적하면 다음과 같다.

	a_4	a_3	a_2	a_1
A	10	20	40	80
	①	②		
①		7	14	28
②			17	34

Ans)

$\therefore\ 28 + 34 + 80 = 142$

Sol)

주어진 조건 양상에서 a_5부터 같은 값이 2 간격으로 반복되므로
$n \geq 5$에서는 주기수열임을 알 수 있다.

	a_5	a_6	a_7	a_8	$\cdots$	a_{99}	a_{100}
$n \geq 5$	5	-1	5	-1	$\cdots$	5	-1

a_1은 미지 상태이고 a_5는 상수 조건이므로 $a_5 = 5$으로부터 역방향 추적을 행하자.

[*Setting*]

$$
\begin{array}{c|c}
 & S \\
 & a_n \\
\hline
a_{n+1} + 6 & -\dfrac{1}{2}a_{n+1} + \dfrac{3}{2} \\
(a_{n+1} \geq -6) & (a_{n+1} > 3) \\
A & \qquad A^C
\end{array}
$$

$\displaystyle\sum_{k=1}^{4} a_k$의 Max는 A를 쭉 타고갔을 때

$\displaystyle\sum_{k=1}^{4} a_k$의 Min은 구조 반복이 나타났을 때 등장하는 것을 알 수 있다.

	a_5	a_4	a_3	a_2	a_1	S_4
A	5	11	17	23	29	80
	①	②	③	④		
①		-1	5			8
②			-4	2	8	
③				-7		
④					-10	

Ans)

$\therefore \displaystyle\sum_{k=1}^{4} a_k$의 Max는 80, $\displaystyle\sum_{k=1}^{4} a_k$의 Min은 80이므로 $M - m = 72$이다.

수열 [귀납]

수열 [귀납]
Schema 8

방향성 파악

예

수열 $\{a_n\}$은 모든 자연수 n에 대하여

$$a_{n+2} = \begin{cases} 2a_n + a_{n+1} & (a_n \le a_{n+1}) \\ a_n + a_{n+1} & (a_n > a_{n+1}) \end{cases}$$

을 만족시킨다. $a_3 = 2$, $a_6 = 19$가 되도록 하는 모든 a_1의 값의 합은?

예

자연수 k에 대하여 다음 조건을 만족시키는 수열 $\{a_n\}$이 있다.

$a_1 = k$이고, 모든 자연수 n에 대하여

$$a_{n+1} = \begin{cases} a_n + 2n - k & (a_n \le 0) \\ a_n - 2n - k & (a_n > 0) \end{cases}$$

이다.

$a_3 \times a_4 \times a_5 \times a_6 < 0$이 되도록 하는 모든 k의 값의 합은?

예

수열 $\{a_n\}$은 $0 < a_1 < 1$이고, 모든 자연수 n에 대하여 다음 조건을 만족시킨다.

> (가) $a_{2n} = a_2 \times a_n + 1$
>
> (나) $a_{2n+1} = a_2 \times a_n - 2$

$a_8 - a_{15} = 63$일 때, $\dfrac{a_8}{a_1}$ 의 값은?

예

모든 항이 자연수인 수열 $\{a_n\}$이 다음 조건을 만족시킨다.

> (가) $a_1 < 300$
>
> (나) 모든 자연수 n에 대하여
> $$a_{n+1} = \begin{cases} \dfrac{1}{3}a_n & (\log_3 a_n \text{이 자연수인 경우}) \\ a_n + 6 & (\log_3 a_n \text{이 자연수가 아닌 경우}) \end{cases}$$
> 이다.

$\displaystyle\sum_{k=4}^{7} a_k = 40$이 되도록 하는 모든 a_1의 값의 합은?

수열 [귀납]

수열 [귀납]
Schema 8

방향성 파악

Sol)

제시된 상수 조건이 다음임을 알 수 있다.

a_3	a_4	a_5	a_6
2			19

조건에 의해 다음으로 분류됨을 알 수 있다.

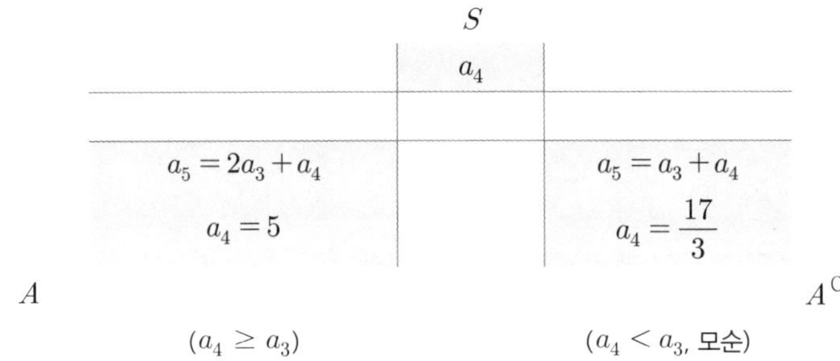

$$\therefore a_4 = 5$$

a_1은 미지 상태이고 a_3는 상수 조건이므로 $a_3 = 2$으로부터 역방향 추적을 행하자.

$[Setting]$

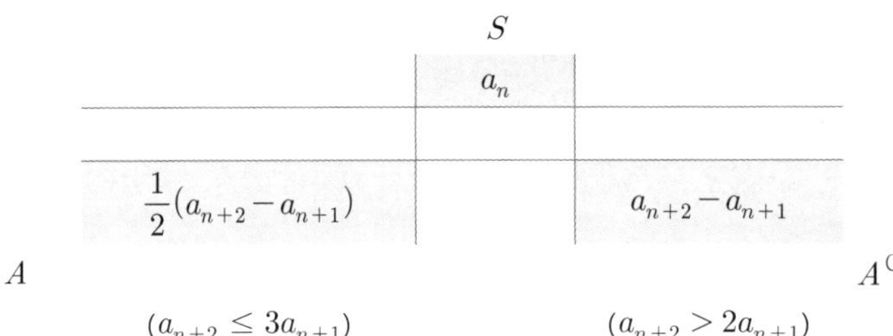

a_3	a_2	a_1
2	$\dfrac{3}{2}$	$\dfrac{1}{4}$
	3	$-\dfrac{1}{2}$

Ans)

$$\therefore \sum a_1 = \frac{1}{4} - \frac{1}{2} = -\frac{1}{4}$$

Sol)

$a_1 = k$이 제시되어 있고 a_3가 조건에 포함되며

n와 k에 대한 1차식 형태가 제시되어 있으므로

$n = 1$부터 $n = 3$까지 값과 부호를 관찰하면 다음과 같다.

	a_1	a_2	a_3
	k	-2	$2-k$
부호	$+$	$-$	$?$

조건에서 $a_3 \sim a_6$ 중 $-$ 가 홀수 개여야 하므로

음양 양상이 다음으로 분류됨을 알 수 있다.

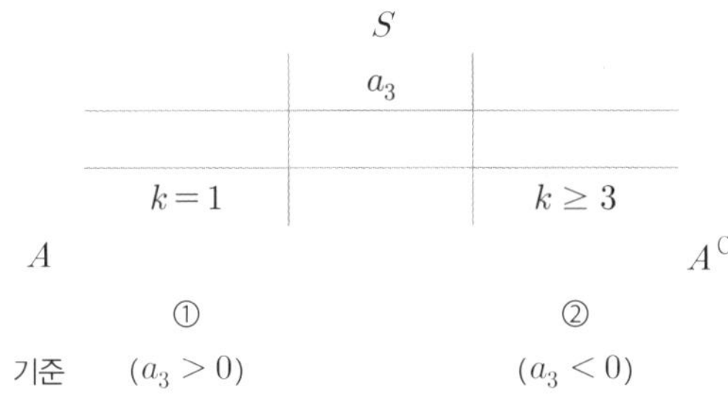

[Case ①]

	a_3	a_4	a_5	a_6
	1	-6	1	-10
부호	$+$	$-$	$+$	$-$

⇒ 조건을 만족하지 않는다.

[Case ②]

⇒ a_3의 부호는 $-$ 로 고정되고, $a_4 = 8 - 2k$이므로 다음으로 분류된다.

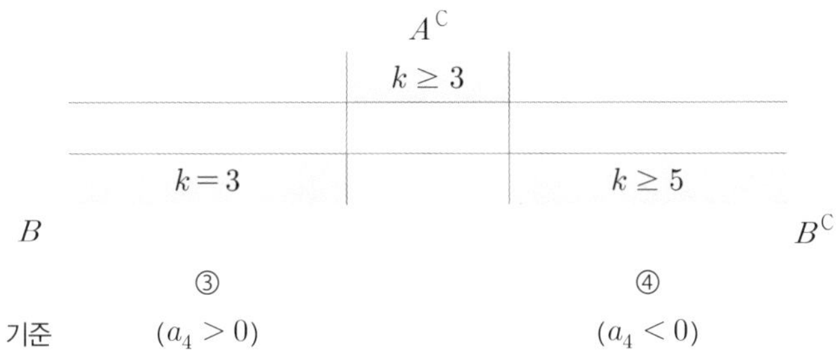

[Case ③]

	a_4	a_5	a_6
	2	- 9	- 2
부호	+	-	-

$\Rightarrow a_3 \sim a_6$ 중 - 가 3개이므로 부합한다.

[Case ④]

a_3의 부호는 - , a_4의 부호는 - 로 고정되고, $a_5 = 16 - 3k$이므로 다음으로 분류된다.

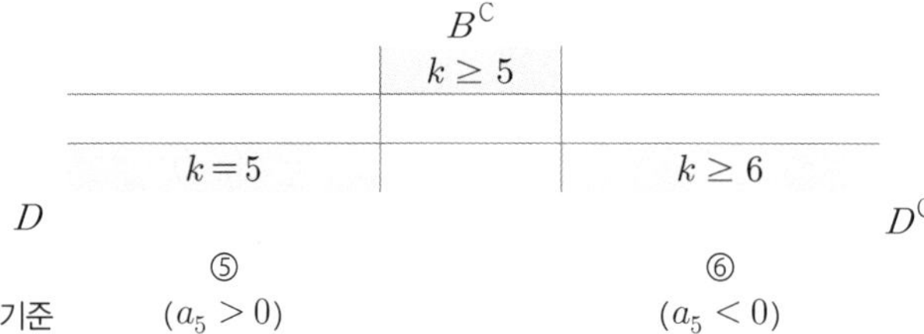

[Case ⑤]

	a_5	a_6
	1	- 14
부호	+	-

$\Rightarrow a_3 \sim a_6$ 중 - 가 3개이므로 부합한다.

[Case ⑥]

a_3의 부호는 - , a_4의 부호는 - , a_5의 부호는 - 이므로 a_6의 부호는 + 로 결정된다.

$\Rightarrow a_6 = 26 - 4k > 0$

$\Rightarrow 6 \leq k < \dfrac{13}{2}$

방향성 파악

	a_1	a_2	a_3	a_4	a_5	a_6
A	k	-2	$2-k$	-6	1	-10
①				$8-2k$	-9	-2
②					$16-3k$	-14
③						$26-4k$

①에서 $k=3$, ②에서 $k=5$, ③에서 $k=6$이므로 $\sum k = 3+5+6 = 14$이다.

Ans)

$\therefore \sum k = 3+5+6 = 14$

Sol)

① $63 = a_8 - a_{15} = a_2(a_4 - a_7) + 3 = a_2\{a_2(a_2 - a_3)+3\}+3$

② $a_2 = a_1 a_2 + 1$

③ $a_3 = a_1 a_2 - 2$

$\rightarrow (a_2)^2 + a_2 - 20 = 0$

$\therefore a_2 = -5 \text{ or } a_2 = 4$

②에서 $(1-a_1)a_2 = 1$이고 $0 < 1-a_1 < 1$이므로

$a_2 > 0$이고 $a_2 = 4$이다.

$\therefore a_1 = \dfrac{3}{4},\ a_2 = 4,\ a_4 = 14,\ a_8 = 69$

Ans)

$\therefore \dfrac{a_8}{a_1} = 69 \times \dfrac{4}{3} = 92$

수열 [귀납]

수열 [귀납]
Schema 8

방향성 파악

Sol)

위 수열은 $f(a_n)$이 점점 작아지고 아래 수열은 $f(a_n)$이 점점 커지므로

가능한 경우의 수는 최대 2개이고, $\displaystyle\sum_{k=4}^{7} a_k$의 항의 개수가 4이므로

가능한 조합은 2가지이다.

($\because$ 등비, 등차 간 전환이 있다면 4개 항 중 3개 항이 중복이므로 불가능하다.)

	a_4	a_5	a_6	a_7
조합 ①	1	7	13	19
조합 ②	27	9	3	1

기준 : $4 \leq n \leq 7$인 모든 자연수 n에 대하여 $\log_3 a_n$의 자연수 여부

구하는 값이 $\sum a_1$이므로 쭉 끌고나가면 다음과 같다.

[조합 ①, $4 \leq n \leq 7$ 내 $\log_3 a_n$이 모두 자연수가 아닌 경우]

	a_4	a_3	a_2	a_1
조합 ①	1	3	9	27

[조합 ②, $4 \leq n \leq 7$ 내 $\log_3 a_n$이 자연수인 n이 존재하는 경우]

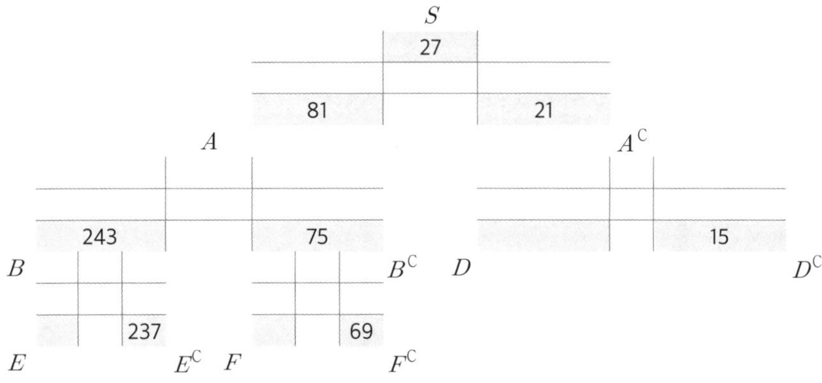

Ans)

$\therefore \sum a_1 = 27 + 237 + 69 = 333$

구조 반복

[중요도 ★★★]

- 수열의 진행 구조를 확인하며 목적성을 가진 나열을 행하다보면
  기존 뻗어나가던 구조와 동일한 구조가 나타나는 경우가 존재한다.

- 항이 여러 개 등장할 때 간결하고, 경우의 수 누락이 없도록
  정의역, 제한 조건, 여집합 구조 등을 세심하게 확인하며
  동일한 구조는 이전 구조처럼 생각하고 생략하며 관찰할 수 있다.

예

첫째항이 자연수인 수열 $\{a_n\}$이 모든 자연수 n에 대하여

$$a_{n+1} = \begin{cases} 2^{a_n} & (a_n \text{이 홀수인 경우}) \\ \dfrac{1}{2}a_n & (a_n \text{이 짝수인 경우}) \end{cases}$$

를 만족시킬 때, $a_6 + a_7 = 3$이 되도록 하는 모든 a_1의 값의 합은?

예

첫째항이 자연수인 수열 $\{a_n\}$이 모든 자연수 n에 대하여

$$a_{n+1} = \begin{cases} \dfrac{1}{2}a_n & \left(\dfrac{1}{2}a_n \text{이 자연수인 경우}\right) \\ (a_n - 1)^2 & \left(\dfrac{1}{2}a_n \text{이 자연수가 아닌 경우}\right) \end{cases}$$

를 만족시킬 때, $a_7 = 1$이 되도록 하는 모든 a_1의 값의 합은?

수열 [귀납]

수열 [귀납]
Schema 9

구조 반복

Sol)

a_n에 1과 2를 대입했을 때 자연수이고, a_1이 자연수이므로 모든 항은 자연수이다.

또한 둘 다 한 항 차이일 때 관계가 $\times 2$이므로 $(a_6,\ a_7) = (1,\ 2)$ or $(2,\ 1)$이다.

구하는 값이 $\sum a_1$이므로 쭉 추적해나가면 다음과 같다.

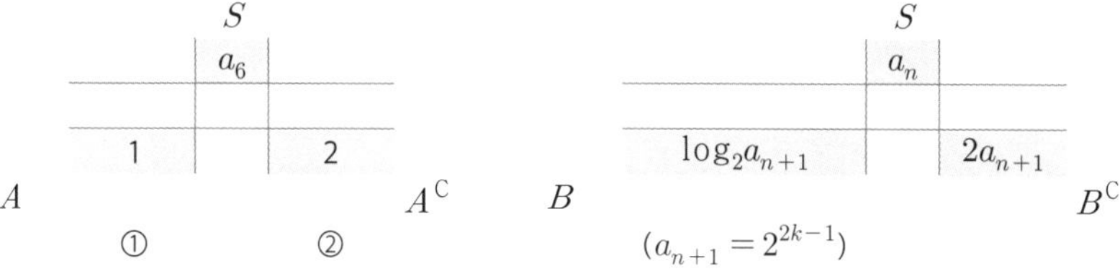

[①]

	a_6	a_5	a_4	a_3	a_2	a_1
A	1	2^1	2^2	2^3	2^4	2^5
					3	6
			1	2^1	2^2	2^3
					1	2^1

[②]

구조 반복의 형태이므로 A의 a_1을 A^C의 a_2처럼 생각할 수 있다.

	a_2	a_1
A^C	2^5	2^6
		5
	6	12
	2^3	2^4
		3
	2^1	2^2
		1

Ans)

$$\therefore \sum a_1 = \sum_{k=1}^{6} k + 12 + \sum_{k=1}^{4} 2^{k+2} = 153$$

구조 반복

Sol)

$a_7 = 1$부터 규칙을 추적해가면 다음과 같다.

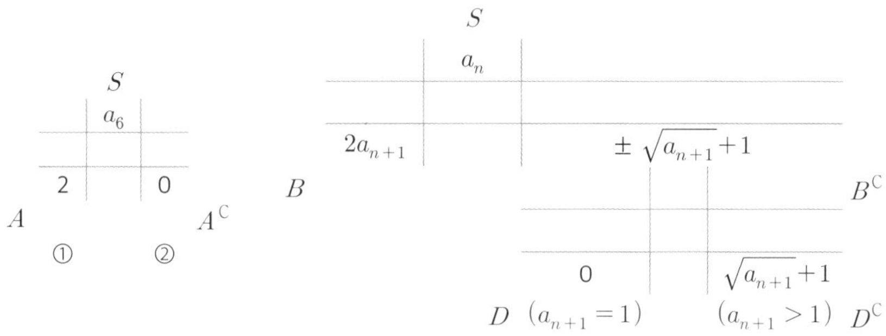

{a_n}의 전 항이 음이 아닌 정수로 제한되는 것을 고려하여
×2 루트로 쭉 추적하면 다음과 같다.

	a_7	a_6	a_5	a_4	a_3	a_2	a_1
A	1	2^1	2^2	2^3	2^4	2^5	2^6

$\sqrt{}$, +1 루트를 탈 수 있는 후보는 다음과 같다.

	a_7	a_6	a_5	a_4	a_3	a_2	a_1
A	1	2^1	2^2	2^3	2^4	2^5	2^6
	①		②		③		

항의 구조와 구조 반복을 고려하며 Table을 세팅하면 다음과 같다.

	a_7	a_6	a_5	a_4	a_3	a_2	a_1
A	1	2^1	2^2	2^3	2^4	2^5	2^6
①		0	1	2^1	2^2	2^3	2^4
②			3	6	12	24
③					5	10
④			0	1	2^1	2^2
⑤					3	6
⑥					0	1

Ans)

$$\therefore \sum a_1 = 1 + 4 + 6 + 10 + 16 + 24 + 64 = 125$$

수열 [귀납]

수열 [귀납]
Schema 10

2DT

[중요도 ★★★★]

- 수열에서 목적을 가진 나열을 행할 때
  경우를 빠트리지 않기 위한 기준을 명확히 확립하고
  뻗어나갈 수 있는 능력은 중요하다.

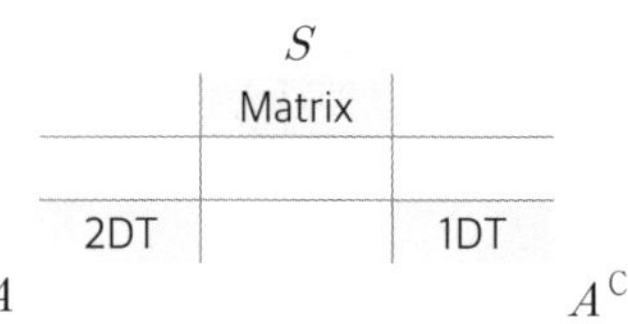

- 주어진 조건 내 유기성을 관찰하여 구조 내
  정방향, 역방향, 양방향 추적을 행할 수 있다.

- 실전에서는 무작정 뻗어나가는 것보다는 가로와 세로 내에 기준을 갖고
  정리하는 능력을 함양해두는 게 주관식으로 제시되더라도
  경우를 빠뜨리지 않고 소거 or 전수 카운팅하기에 유리하다.

예

차수	0	1	2	3	4
계수	2	3	2	2	1

1DT

	a_4	a_3	a_2	a_1
A	2	6	18	54
A^C	①		②	7
B		1	3	9
B^C			③	2

2DT

예

양수 k 에 대하여 $a_1 = k$ 인 수열 $\{a_n\}$ 이 다음 조건을 만족시킨다.

(가) $a_2 \times a_3 < 0$

(나) 모든 자연수 n 에 대하여

$$\left(a_{n+1} - a_n + \frac{2}{3}k\right)\left(a_{n+1} + ka_n\right) = 0 \text{ 이다.}$$

$a_5 = 0$ 이 되도록 하는 서로 다른 모든 양수 k 에 대하여 k^2 의 값의 합을 구하시오.

2DT

예

수열 $\{a_n\}$ 은

$$a_2 = -a_1$$

이고, $n \geq 2$ 인 모든 자연수 n 에 대하여

$$a_{n+1} = \begin{cases} a_n - \sqrt{n} \times a_{\sqrt{n}} & (\sqrt{n} \text{이 자연수이고 } a_n > 0 \text{인 경우}) \\ a_n + 1 & (\text{그 외의 경우}) \end{cases}$$

를 만족시킨다. $a_{15} = 1$ 이 되도록 하는 모든 a_1 의 값의 곱을 구하시오.

예

모든 항이 정수이고 다음 조건을 만족시키는 모든 수열 $\{a_n\}$ 에 대하여 $|a_1|$ 의 값의 합을 구하시오.

(가) 모든 자연수 n 에 대하여

$$a_{n+1} = \begin{cases} a_n - 3 & (|a_n| \text{이 홀수인 경우}) \\ \dfrac{1}{2} a_n & (a_n = 0 \text{ 또는 } |a_n| \text{이 짝수인 경우}) \end{cases}$$

이다.

(나) $|a_m| = |a_{m+2}|$ 인 자연수 m 의 최솟값은 3 이다.

수열 [귀납]

수열 [귀납]
Schema 10

2DT

Sol)

주어진 조건 양상을 통해 다음 상황임을 알 수 있다.

$$S$$

$$a_{n+1}$$

$$a_n = a_{n+1} + \frac{2}{3}k \qquad\qquad a_n = -\frac{1}{k}a_{n+1}$$

$$A \qquad\qquad\qquad\qquad\qquad\qquad A^{C}$$

$$① \qquad\qquad\qquad ②$$

이를 토대로 위상이 유사한 $a_5 = 0$과 $a_1 = k$로부터 양방향 추적해나가면 다음과 같다.

	a_1	a_2	a_3		a_3	a_4	a_5
A	k	$\dfrac{k}{3}$	$-\dfrac{k}{3}$		$\dfrac{4}{3}k$	$\dfrac{2}{3}k$	0
		$-k^2$	k^3		$\dfrac{2}{3}k$	0	
			$-\dfrac{k^2}{3}$		$-\dfrac{2}{3}$		

① $k^3 = \dfrac{4}{3}k$ or $\dfrac{2}{3}k$

→ $\sum k^2 = \dfrac{2}{3} + \dfrac{4}{3} = 2$

② $-\dfrac{k^2}{3} = -\dfrac{2}{3}$

→ $k^2 = 2$

③ $-\dfrac{k}{3} = -\dfrac{2}{3}$

→ $k^2 = 4$

Ans)

$\therefore \sum k^2 = \dfrac{2}{3} + \dfrac{4}{3} + 2 + 4 = 8$

2DT

Sol)

주어진 조건 양상을 통해 다음 상황임을 알 수 있다.

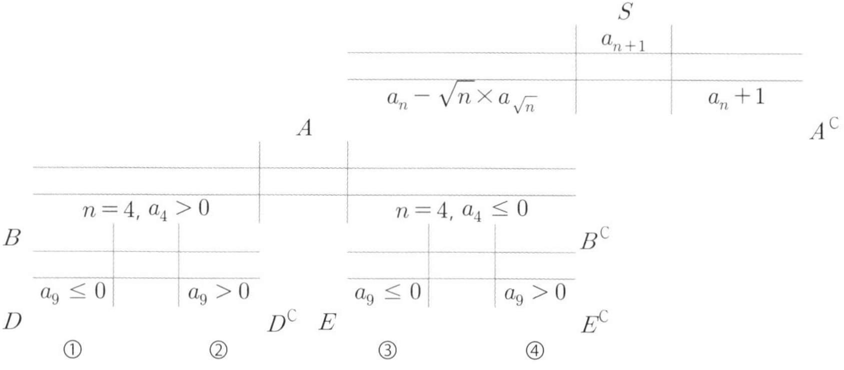

[①]

$a_4 = -a_1 + 2,$

$a_9 = a_1 + 6 \leq 0$

a_4	a_5		a_9		a_{15}
$-a_1+2$	a_1+2	$\cdots$	a_1+6	$\cdots$	a_1+12

$\therefore a_1 = -11$ 이고 이는 조건에 부합한다.

[②]

$a_9 = a_1 + 6 > 0$

a_9	a_{10}		a_{15}
a_1+6	$4a_1+3$	$\cdots$	$4a_1+8$

$\therefore a_1 = -\dfrac{7}{4}$ 이고 이는 조건에 부합한다.

[③]

$a_{15} = a_2 + 13 = -a_1 + 13$

$\therefore a_1 = 12$ 이고 이는 조건에 부합한다.

[④]

$a_4 = -a_2 + 2 \leq 0,$

$a_9 = -a_1 + 7 > 0,$

a_{10}		a_{15}
$2a_1+4$	$\cdots$	$2a_1+9$

$\therefore a_1 = -4$ 이고 조건에 부합하지 않는다.

Ans)

$\therefore (-11) \times (-\dfrac{7}{4}) \times 12 = 231$

수열 [귀납]

수열 [귀납]
Schema 10

2DT

Sol)

주어진 조건 양상을 통해 다음 상황임을 알 수 있고

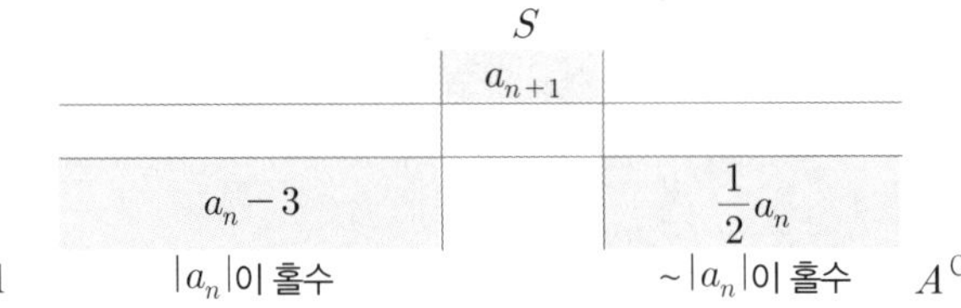

(나) 조건에 의해 다음과 같이 생각할 수 있다.

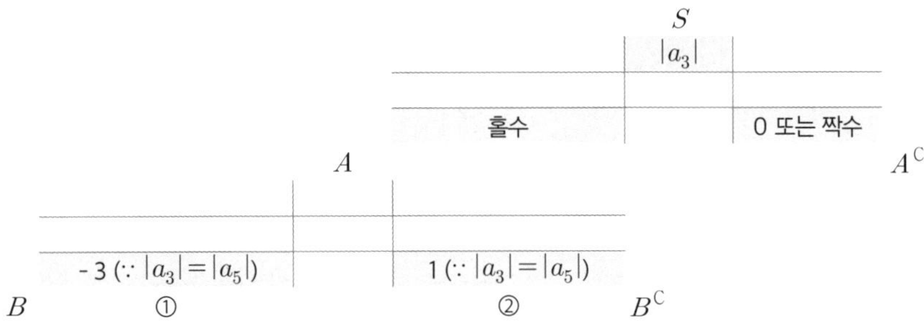

[조합 ①]

$|a_1| \neq |a_3|,\ |a_2| \neq |a_4|$

	a_2	a_3	a_4
B	- 6	- 3	- 6

[조합 ②]

$|a_1| \neq |a_3|,\ |a_2| \neq |a_4|$

	a_2	a_3	a_4
B	2	1	- 2

$\therefore$ 자연수 m 의 최솟값이 3이라는 제한 조건에 부합하지 않는다.

[조합 ③]

$|a_1| \neq |a_3|,\ |a_2| \neq |a_4|$

	a_1	a_2	a_3	a_4
D	6	3	0	0

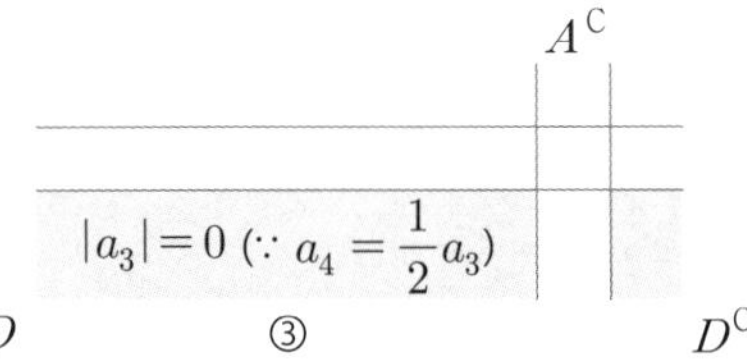

$\therefore$ ③은 자연수 m 의 최솟값이 3이라는 제한 조건에 부합한다.

2DT

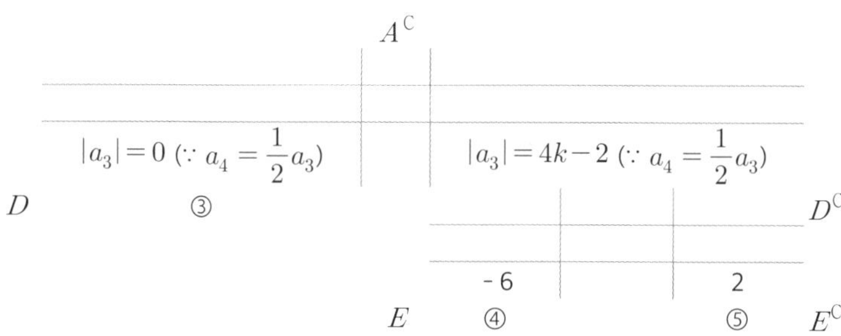

[조합 ④]

$|a_1| \neq |a_3|$, $|a_2| \neq |a_4|$, $|a_4| = 3$

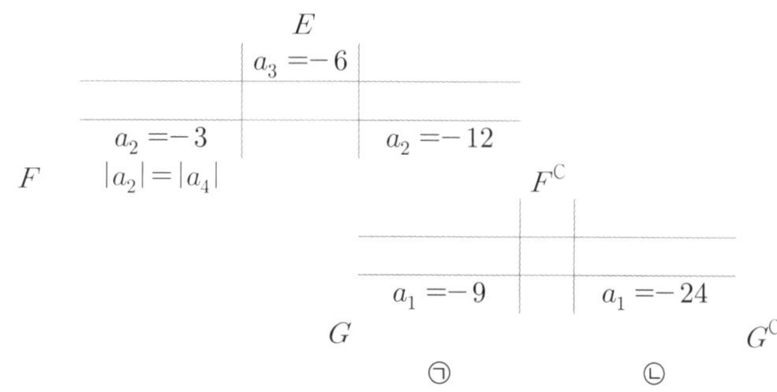

$\therefore$ ④ 중 ㉠과 ㉡ 모두 자연수 m의 최솟값이 3이라는 제한 조건에 부합한다.

[조합 ⑤]

$|a_1| \neq |a_3|$, $|a_2| \neq |a_4|$

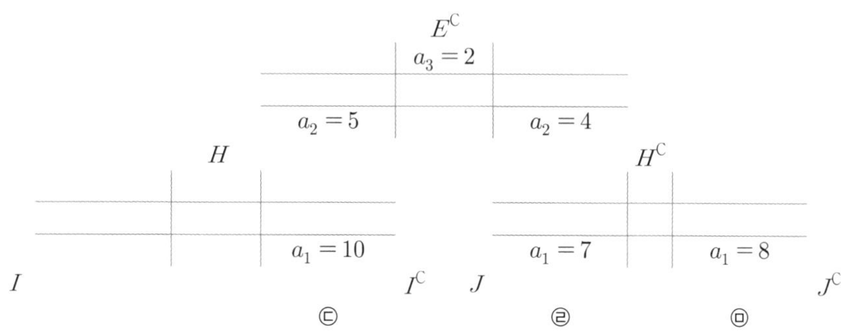

$\therefore$ ⑤ 중 ㉢, ㉣, ㉤ 모두 자연수 m의 최솟값이 3이라는 제한 조건에 부합한다.

$Ans\,)$

$\therefore \sum |a_1| = 6 + 7 + 8 + 9 + 10 + 24 = 64$

수열 [귀납]

수열 [귀납]
Schema 11

함수 관점

[중요도 ★★★]

- x를 a_n, y를 a_{n+1}와 같이 함수처럼 생각해서 그래프 양상으로 해석할 수 있다.

- 함수 해석과 유사하게 $a_{n+1} = f(a_n)$에서 기준선인 $y = x$나 $y = -x$를 도입하여 x 방향 해석, y 방향 해석을 행할 수 있다.

예

$a_{n+1} = 2a_n$: $y = 2x$와 $y = x$의 관계를 관찰하며 해석할 수 있다.

예

수열 $\{a_n\}$은 $|a_1| \leq 1$이고, 모든 자연수 n에 대하여

$$a_{n+1} = \begin{cases} -2a_n - 2 & \left(-1 \leq a_n < -\dfrac{1}{2} \right) \\[2mm] 2a_n & \left(-\dfrac{1}{2} \leq a_n \leq \dfrac{1}{2} \right) \\[2mm] -2a_n + 2 & \left(\dfrac{1}{2} < a_n \leq 1 \right) \end{cases}$$

을 만족시킨다. $a_5 + a_6 = 0$이고 $\displaystyle\sum_{k=1}^{5} a_k > 0$이 되도록 하는 모든 a_1의 값의 합은?

함수 관점

예

실수 전체의 집합에서 정의된 함수 $f(x)$가 다음 조건을 만족시킨다.

(가) $f(x) = \begin{cases} x+2 & (0 \leq x < 1) \\ -2x+5 & (1 \leq x \leq 2) \end{cases}$

(나) 모든 실수 x에 대하여 $f(-x) = f(x)$이고 $f(x) = f(x+4)$이다.

n이 자연수일 때, 함수 $y = \log_{2^n}(x+2n)$의 그래프와 함수 $y = f(x)$의 그래프가 만나는 서로 다른 모든 점의 개수를 a_n이라 하자. $a_1 + a_2 + a_3$의 값은?

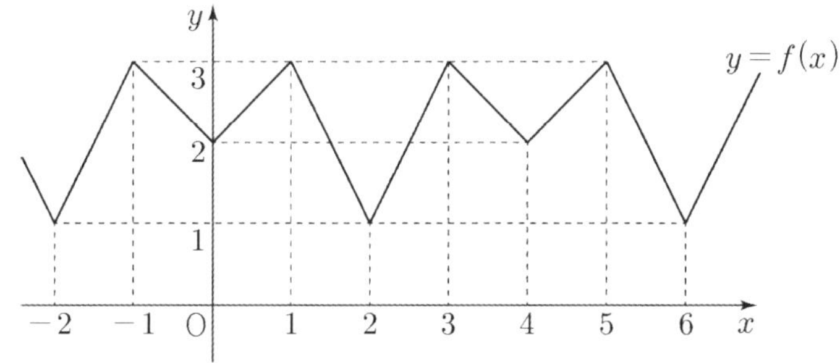

수열 [귀납]
Schema 11
함수 관점

Sol)

a_n을 x, a_{n+1}를 $f(x)$처럼 생각했을 때, $[-1, +1]$ 연속함수 양상이고
$a_5 + a_6 = 0 \Rightarrow x + f(x) = 0$은 $f(x) = -x$로 생각할 수 있으므로 $a_5 = 0$이다.

그래프 상 $f(x) = 0$이 되는 x 값은 -1, 0, 1이고
0의 치역은 -1, 0, 1이 다시 반복되는 구조 반복 형태이므로
$a_4 = 1$만 생각한 후 등장하는 항들을 기반으로 여집합 항을 생각할 수 있어 보인다.

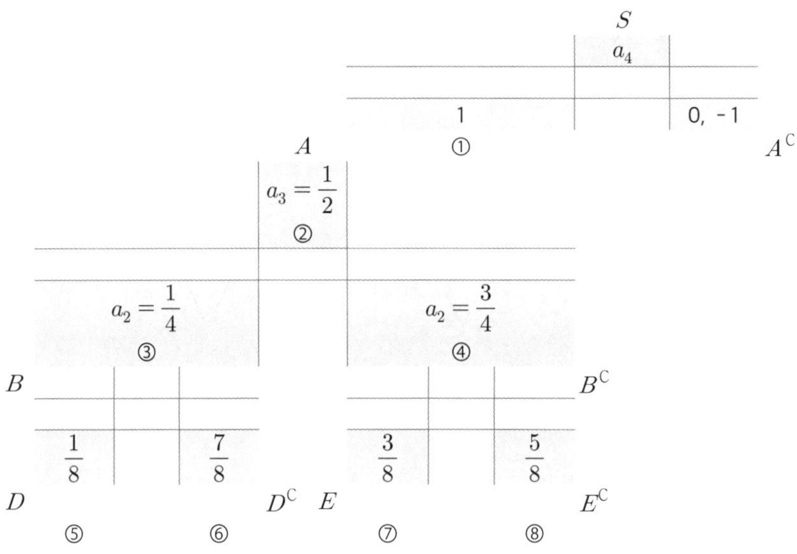

x가 1사분면에 있을 때, y도 1사분면에서 도출되므로 원점 대칭 구조로 도출되는 -1은
기각되겠고, Table 내에서 밀어서 생각했을 때 ①~④의 합임을 알 수 있다.

	a_5	a_4	a_3	a_2	$\sum a_1$
A	0	1	$\dfrac{1}{2}$	$\dfrac{1}{4}$	1
				$\dfrac{3}{4}$	1
A^C		0			1
B^C			0		$\dfrac{1}{2}$
D^C				0	1

Ans)

$$\therefore \text{①~⑧의 합} = \sum_{k=1}^{8} \frac{k}{8} = \frac{9}{2}$$

함수 관점

$+\alpha$)

a_n을 x, a_{n+1}를 $f(x)$처럼 생각했을 때, $[-1, +1]$ 연속함수 양상이고

$a_5 + a_6 = 0 \Rightarrow x + f(x) = 0$은 $f(x) = -x$로

다음 그래프 양상처럼 생각할 수 있다.

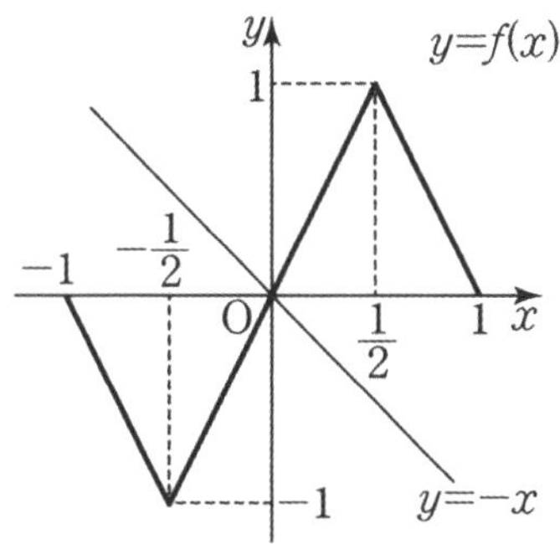

이를 토대로 $f_{n+1}(x) = (f \circ f_n)(x)$의 양상의 x와 y의 관계처럼 관찰하면
그래프 양상은 다음임을 알 수 있다.

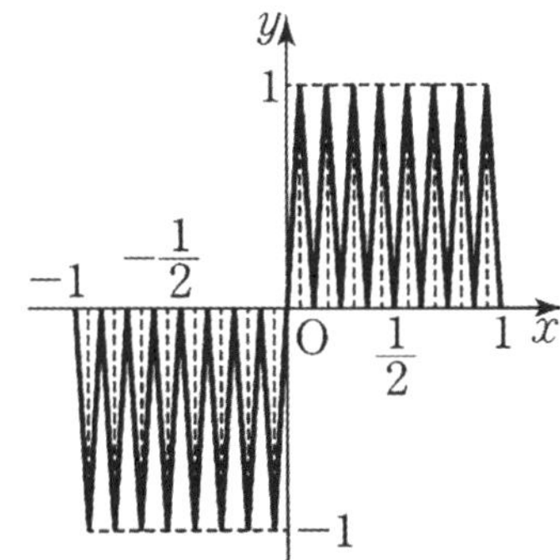

x축과의 교점은 $\dfrac{k}{8}$ 꼴이고 x 좌표가 양수인 것만 정의되므로

구하는 값은 $\displaystyle\sum_{k=1}^{8} \dfrac{k}{8} = \dfrac{9}{2}$ 이다.

Ans)

$\therefore$ ①~⑧의 합 $= \displaystyle\sum_{k=1}^{8} \dfrac{k}{8} = \dfrac{9}{2}$

수열 [귀납]
Schema 11

함수 관점

Sol)

[$n=1$일 때]

함수 $y=f(x)$의 그래프와 함수 $y=\log_2(x+2)$의 그래프가
만나는 점의 개수는 5개다.

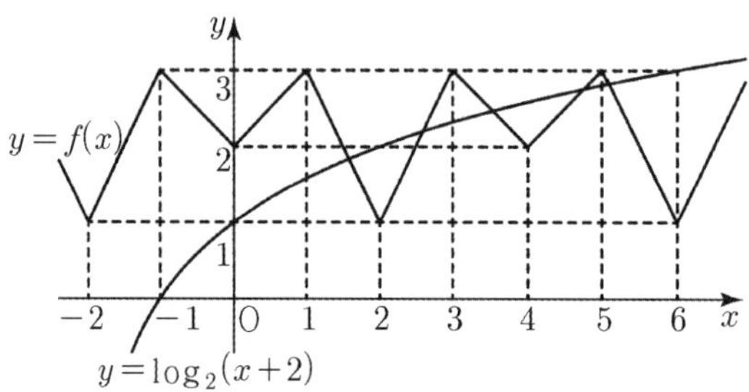

[$n=2$일 때]

$1 \le f(x) < 2$일 때, $0 \le x < 12$에서 함수 $y=f(x)$의 그래프와

함수 $y=\log_4(x+4)$의 그래프가 만나는 모든 점의 개수는 $2 \times \dfrac{12}{4} = 6$개다.

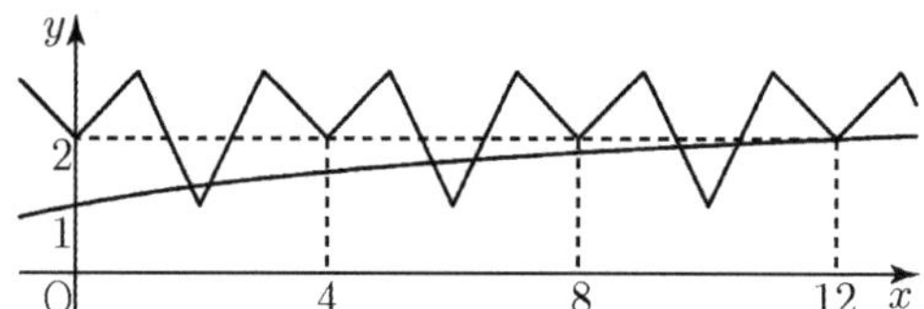

$2 \le f(x) \le 3$일 때, $12 \le x \le 60$에서 함수 $y=f(x)$의 그래프와 함수

$y=\log_4(x+4)$의 그래프가 만나는 모든 점의 개수는 $4 \times \dfrac{60-12}{4} = 48$개다.

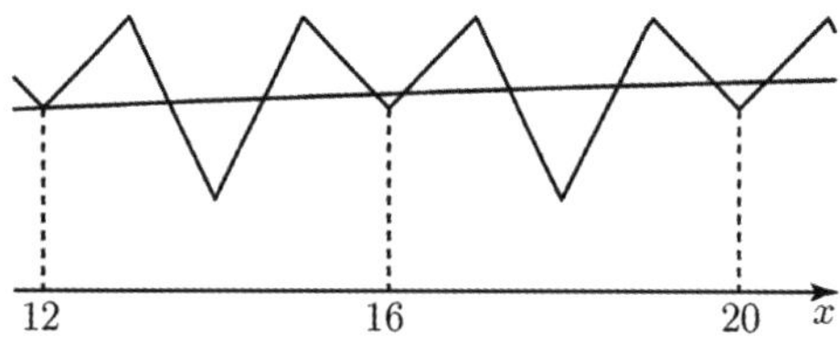

[$n=3$일 때]

$1 \le f(x) < 2$일 때, $y=f(x)$의 그래프와 함수 $y=\log_8(x+6)$의 그래프와

만나는 모든 점의 개수는 $2 \times \dfrac{58-2}{4} = 28$개이고

$2 \le f(x) \le 3$일 때, $y=f(x)$의 그래프와 함수 $y=\log_8(x+6)$의 그래프가

만나는 모든 점의 개수는 $4 \times \dfrac{506-58}{4} = 448$개다.

$Ans)$

$\therefore a_1 + a_2 + a_3 = 5 + 54 + 476 = 535$

수열 [귀납]

수열 [귀납]
Schema 12

수학적 귀납법

[중요도 ★★]

- 수열의 귀납적 정의(수학적 귀납법)에 대해 정확히 알고 있는지 질문하는 문항이 출제된다.

- 수열 $\{a_n\}$을 첫째항 a_1과 두 항 a_n, a_{n+1} 사이의 관계식과 같이
  귀납적으로 정의할 수 있고, 이 관계식에 $n = 1, 2, 3, \cdots$을 대입하면
  수열 $\{a_n\}$의 모든 항을 구할 수 있다.

  즉, a_1일 때, a_n일 때, a_{n+1}일 때 성립함을 보이면
  모든 자연수 n에 대한 정보가 성립함을 규명할 수 있다.

- 이를 토대로 발전시켜서 함수의 귀납적 정의에 대해 자료가 제시되더라도
  유사하게 해석할 수 있다.

- 수학적 귀납법에 대한 빈칸 자료는 (가)와 (나) 근처 조건이나 구하는 값으로부터
  역추적했을 때 구하는 것을 간결하게 구해낼 수 있고,
  그 외에 조건 독해에 있어 $+\alpha$를 요할 때 순방향 추적을 행할 수 있다.

수학적 귀납법

예

수열 $\{a_n\}$의 일반항은

$$a_n = (2^{2n} - 1) \times 2^{n(n-1)} + (n-1) \times 2^{-n}$$

이다. 다음은 모든 자연수 n에 대하여

$$\sum_{k=1}^{n} a_k = 2^{n(n+1)} - (n+1) \times 2^{-n} \ \cdots\cdots (*)$$

임을 수학적 귀납법을 이용하여 증명한 것이다.

(i) $n=1$일 때, (좌변)$=3$, (우변)$=3$이므로
     $(*)$이 성립한다.

(ii) $n=m$일 때, $(*)$이 성립한다고 가정하면

$$\sum_{k=1}^{m} a_k = 2^{m(m+1)} - (m+1) \times 2^{-m}$$

이다. $n=m+1$일 때,

$$\sum_{k=1}^{m+1} a_k = 2^{m(m+1)} - (m+1) \times 2^{-m}$$

$$+ (2^{2m+2} - 1) \times \boxed{(\text{가})} + m \times 2^{-m-1}$$

$$= \boxed{(\text{가})} \times \boxed{(\text{나})} - \frac{m+2}{2} \times 2^{-m}$$

$$= 2^{(m+1)(m+2)} - (m+2) \times 2^{-(m+1)}$$

이다. 따라서 $n=m+1$일 때도 $(*)$이 성립한다.

(i), (ii)에 의하여 모든 자연수 n에 대하여

$$\sum_{k=1}^{n} a_k = 2^{n(n+1)} - (n+1) \times 2^{-n}$$

이다.

위의 (가), (나)에 알맞은 식을 각각 $f(m)$, $g(m)$이라 할 때,
$\dfrac{g(7)}{f(3)}$의 값은?

수열 [귀납]

수열 [귀납]
Schema 12

수학적 귀납법

Sol)

$n = m$일 때, (*)이 성립한다고 가정하면 $\displaystyle\sum_{k=1}^{m} a_k = 2^{m(m+1)} - (m+1) \times 2^{-m}$

이다. $n = m+1$일 때, $\displaystyle\sum_{k=1}^{m+1} a_k = \sum_{k=1}^{m} a_k + a_{m+1}$

$= 2^{m(m+1)} - (m+1) \times 2^{-m} + \{2^{2(m+1)} - 1\} \times 2^{(m+1)m} + m \times 2^{-(m+1)}$

$= 2^{m(m+1)} - (m+1) \times 2^{-m} + (2^{2m+2} - 1) \times \boxed{2^{m(m+1)}} + m \times 2^{-m-1}$

$= \boxed{2^{m(m+1)}} \times \boxed{2^{2m+2}} - \dfrac{m+2}{2} \times 2^{-m}$

$= 2^{(m+1)(m+2)} - (m+2) \times 2^{-(m+1)}$이다.

$\therefore$ 따라서 $n = m+1$일 때도 (*)이 성립한다.

(ⅰ), (ⅱ)에 의하여 모든 자연수 n에 대하여

$\displaystyle\sum_{k=1}^{n} a_k = 2^{n(n+1)} - (n+1) \times 2^{-n}$이다.

따라서 $f(m) = 2^{m(m+1)}$, $g(m) = 2^{2m+2}$이므로

$\dfrac{g(7)}{f(3)} = \dfrac{2^{16}}{2^{12}} = 2^4 = 16$

Ans)

$\therefore \dfrac{g(7)}{f(3)} = \dfrac{2^{16}}{2^{12}} = 2^4 = 16$

수학적 귀납법

예

다음은 모든 자연수 n에 대하여

$$\sum_{k=1}^{n} \frac{(-1)^{k-1}\,{}_n\mathrm{C}_k}{k} = \sum_{k=1}^{n} \frac{1}{k} \qquad \cdots\cdots (*)$$

이 성립함을 수학적 귀납법을 이용하여 증명한 것이다.

(i) $n=1$일 때 (좌변)$=1$, (우변)$=1$이므로 $(*)$이
성립한다.

(ii) $n=m$일 때 $(*)$이 성립한다고 가정하면

$$\sum_{k=1}^{m} \frac{(-1)^{k-1}\,{}_m\mathrm{C}_k}{k} = \sum_{k=1}^{m} \frac{1}{k}$$

이다. $n=m+1$일 때,

$$\sum_{k=1}^{m+1} \frac{(-1)^{k-1}\,{}_{m+1}\mathrm{C}_k}{k}$$

$$= \sum_{k=1}^{m} \frac{(-1)^{k-1}\,{}_{m+1}\mathrm{C}_k}{k} + \boxed{\text{(가)}}$$

$$= \sum_{k=1}^{m} \frac{(-1)^{k-1}({}_m\mathrm{C}_k + {}_m\mathrm{C}_{k-1})}{k} + \boxed{\text{(가)}}$$

$$= \sum_{k=1}^{m} \frac{1}{k} + \sum_{k=1}^{m+1} \left\{ \frac{(-1)^{k-1}}{k} \times \frac{\boxed{\text{(나)}}}{(m-k+1)!(k-1)!} \right\}$$

$$= \sum_{k=1}^{m} \frac{1}{k} + \sum_{k=1}^{m+1} \left\{ \frac{(-1)^{k-1}}{\boxed{\text{(다)}}} \times \frac{(m+1)!}{(m-k+1)!\,k!} \right\}$$

$$= \sum_{k=1}^{m} \frac{1}{k} + \frac{1}{m+1}$$

$$= \sum_{k=1}^{m+1} \frac{1}{k}$$

이다. 따라서 $n=m+1$일 때도 $(*)$이 성립한다.

(i), (ii)에 의하여 모든 자연수 n에 대하여 $(*)$이
성립한다.

위의 (가), (나), (다)에 알맞은 식을 각각 $f(m)$, $g(m)$,
$h(m)$이라 할 때, $\dfrac{g(3)+h(3)}{f(4)}$의 값은?

수열 [귀납]

수열 [귀납]
Schema 12

수학적 귀납법

Sol)

$n=1$일 때 (좌변)$=1$, (우변)$=1$이므로 ($*$)이 성립한다.

$n=m$일 때 ($*$)이 성립한다고 가정하면

$$\sum_{k=1}^{m} \frac{(-1)^{k-1}{}_m C_k}{k} = \sum_{k=1}^{m} \frac{1}{k}$$

이다. $n=m+1$일 때,

$$\sum_{k=1}^{m+1} \frac{(-1)^{k-1}{}_{m+1}C_k}{k}$$

$$= \sum_{k=1}^{m} \frac{(-1)^{k-1}{}_{m+1}C_k}{k} + \boxed{\frac{(-1)^m}{m+1}}$$

$$= \sum_{k=1}^{m} \frac{(-1)^{k-1}\left({}_m C_k + {}_m C_{k-1}\right)}{k} + \boxed{\frac{(-1)^m}{m+1}}$$

$$= \sum_{k=1}^{m} \frac{1}{k} + \sum_{k=1}^{m+1} \left\{ \frac{(-1)^{k-1}}{k} \times \frac{\boxed{m!}}{(m-k+1)!(k-1)!} \right\}$$

$$= \sum_{k=1}^{m} \frac{1}{k} + \sum_{k=1}^{m+1} \left\{ \frac{(-1)^{k-1}}{\boxed{m+1} \times \dfrac{(m+1)!}{(m-k+1)!k!}} \right\}$$

$$= \sum_{k=1}^{m} \frac{1}{k} + \frac{1}{m+1} = \sum_{k=1}^{m+1} \frac{1}{k}$$

이다. 따라서 $n=m+1$일 때도 ($*$)이 성립한다.

$$f(m) = \frac{(-1)^m}{m+1}, \; g(m) = m!, \; h(m) = m+1 \text{이므로} \; \frac{g(3)+h(3)}{f(4)} = 50$$

Ans)

$$\frac{g(3)+h(3)}{f(4)} = 50$$

수학적 귀납법

예

3이상의 자연수 n에 대하여 집합
$$A_n = \{(p,\ q)\,|\,p < q\text{이고 } p,\ q\text{는 } n\text{이하의 자연수}\}$$
이다. 집합 A_n의 모든 원소 $(p,\ q)$에 대하여 q의 값의
평균을 a_n이라 하자. 다음은 3이상의 자연수 n에 대하여
$a_n = \dfrac{2n+2}{3}$ 임을 수학적 귀납법을 이용하여 증명한 것이다.

(i) $n = 3$일 때, $A_3 = \{(1, 2), (1, 3), (2, 3)\}$이므로

$\qquad a_3 = \dfrac{2+3+3}{3} = \dfrac{8}{3}$ 이고 $\dfrac{2 \times 3 + 2}{3} = \dfrac{8}{3}$ 이다.

$\qquad$ 그러므로 $a_n = \dfrac{2n+2}{3}$ 가 성립한다.

(ii) $n = k \ (k \ge 3)$일 때, $a_k = \dfrac{2k+2}{3}$ 가 성립한다고

$\qquad$ 가정하자. $n = k+1$ 일 때,

$\qquad\qquad A_{k+1} = A_k \cup \{(1, k+1), (2, k+1), \cdots, (k, k+1)\}$

$\qquad$ 이고 집합 A_k의 원소의 개수는 $\boxed{\text{(가)}}$ 이므로

$$a_{k+1} = \frac{\boxed{\text{(가)}} \times \dfrac{2k+2}{3} + \boxed{\text{(나)}}}{{}_{k+1}C_2}$$

$$= \frac{2k+4}{3} = \frac{2(k+1)+2}{3}$$

$\qquad$ 이다. 따라서 $n = k+1$ 일 때도 $a_n = \dfrac{2n+2}{3}$ 가

$\qquad$ 성립한다.

(i), (ii)에 의하여 3 이상의 자연수 n에 대하여

$a_n = \dfrac{2n+2}{3}$ 이다.

위의 (가), (나)에 알맞은 식을 각각 $f(k)$, $g(k)$라 할 때,
$f(10)+g(9)$ 의 값은?

수열 [귀납]

수열 [귀납]
Schema 12

수학적 귀납법

Sol)

집합 A_k의 원소의 개수는 k 이하의 자연수 중에서 2개를 선택하는 조합의 수와 같으므로

$$\boxed{(\text{가})} = {}_kC_2 = \frac{k(k-1)}{2}$$

집합 $\{(1,\ k+1),\ (2,\ k+1),\ \cdots,\ (k,\ k+1)\}$에서 $k+1$이 k개이므로
그 합은 $k(k+1)$ 즉, $\boxed{(\text{나})} = k(k+1)$ 이다.

그러므로 $f(k) = \dfrac{k(k-1)}{2},\ g(k) = k(k+1)$

따라서 $f(10) + g(9) = 45 + 90 = 135$ 이다.

Ans)
$f(10) + g(9) = 135$

예

상수 $k\,(k>1)$에 대하여 다음 조건을 만족시키는 수열 $\{a_n\}$이 있다.

> 모든 자연수 n에 대하여 $a_n < a_{n+1}$이고
> 곡선 $y=2^x$ 위의 두 점 $\mathrm{P}_n\!\left(a_n,\,2^{a_n}\right)$, $\mathrm{P}_{n+1}\!\left(a_{n+1},\,2^{a_{n+1}}\right)$을 지나는 직선의 기울기는 $k\times 2^{a_n}$이다.

점 P_n을 지나고 x축에 평행한 직선과 점 P_{n+1}을 지나고 y축에 평행한 직선이 만나는 점을 Q_n이라 하고 삼각형 $\mathrm{P}_n\mathrm{Q}_n\mathrm{P}_{n+1}$의 넓이를 A_n이라 하자.

다음은 $a_1=1$, $\dfrac{A_3}{A_1}=16$일 때, A_n을 구하는 과정이다.

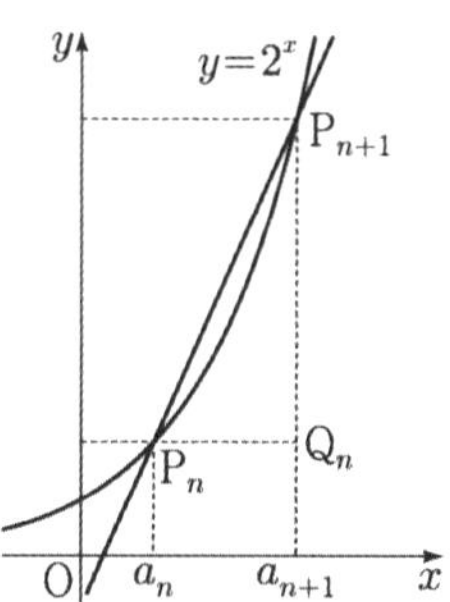

> 두 점 P_n, P_{n+1}을 지나는 직선의 기울기가 $k\times 2^{a_n}$이므로
> $$2^{a_{n+1}-a_n} = k\left(a_{n+1}-a_n\right)+1$$
> 이다. 즉, 모든 자연수 n에 대하여 $a_{n+1}-a_n$은 방정식 $2^x = kx+1$의 해이다.
> $k>1$이므로 방정식 $2^x = kx+1$은 오직 하나의 양의 실근 d를 갖는다. 따라서 모든 자연수 n에 대하여 $a_{n+1}-a_n = d$이고, 수열 $\{a_n\}$은 공차가 d인 등차수열이다.
> 점 Q_n의 좌표가 $\left(a_{n+1},\,2^{a_n}\right)$이므로
> $$A_n = \frac{1}{2}\left(a_{n+1}-a_n\right)\left(2^{a_{n+1}}-2^{a_n}\right)$$
> 이다. $\dfrac{A_3}{A_1}=16$이므로 d의 값은 $\boxed{\text{(가)}}$이고,
> 수열 $\{a_n\}$의 일반항은
> $$a_n = \boxed{\text{(나)}}$$
> 이다. 따라서 모든 자연수 n에 대하여 $A_n = \boxed{\text{(다)}}$이다.

위의 (가)에 알맞은 수를 p, (나)와 (다)에 알맞은 식을 각각 $f(n)$, $g(n)$이라 할 때, $p+\dfrac{g(4)}{f(2)}$의 값은?

수열 [귀납]
Schema 12

수학적 귀납법

Sol)

$\dfrac{A_3}{A_1}=16$ 이므로 $\dfrac{2^{a_3+d}-2^{a_3}}{2^{1+d}-2}=\dfrac{2^{1+3d}-2^{1+2d}}{2^{1+d}-2^1}=16$ 에서 $d=2$

$2^x=kx+1$ 에서 $2^2=2k+1$, $k=\dfrac{3}{2}$

$a_1=1$ 이고, $d=2$ 이므로 $a_n=2n-1$ 이므로 $f(2)=3$

$A_n=\dfrac{1}{2}\times2\times\left(2^{2n+1}-2^{2n-1}\right)=3\times2^{2n-1}$ 이므로 $g(4)=3\times2^7$

$p+\dfrac{g(4)}{f(2)}=2+\dfrac{3\times2^7}{3}=130$

Ans)

$p+\dfrac{g(4)}{f(2)}=2+\dfrac{3\times2^7}{3}=130$

2
Theme

수열 [연역]

수열 [연역]

등차수열

[중요도 ★★★★]

- 연속한 두 항의 차가 일정한 수열을 등차수열이라 한다.

  예 $\{2n+1\}$: 3, 5, 7, 9, 11, $\cdots$

- 첫째 항을 초항이라고 하며, a라 표기하고
  연속된 두 항에서 뒤 항에서 앞 항을 뺀 값을 공차라고 하며, d라 표기한다.

  등차수열의 해석은 관계 vs 일반항을 활용할 수 있으며
  일반항 a_n은 초항과 공차로 구성된다.

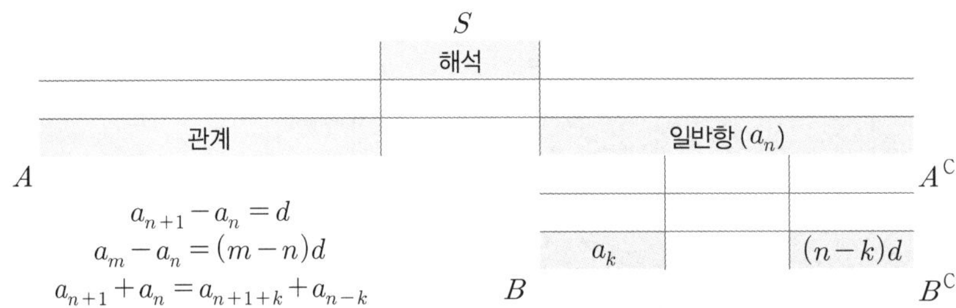

- **[일반항, a_n]**
  등차수열은 등간격, 직선 내 정의역의 특징을 가지므로
  시작점을 a_1 or a_k으로 자료 내 조건의 위상에 따라 $Setting$할 수 있다.

  ① $a_n = a_1 + (n-1)d$
  ② $a_n = a_k + (n-k)d$
  ③ $a_n = S_n - S_{n-1}$ $(n \geq 1)$

- **[공차, d]**
  공차를 직선 내 기울기처럼 해석할 수 있다

  ① $d = \dfrac{a_n - a_1}{n-1}$

  ② $d = \dfrac{a_n - a_k}{n-k}$

등차수열

예

공차가 2인 수열 $\{a_n\}$의 첫째항부터 제n항까지의 합을 S_n이라 하자.
$S_k=-16$, $S_{k+2}=-12$를 만족시키는 자연수 k에 대하여 a_{2k}의 값을 구하시오

예

두 수열 $\{a_n\}$, $\{b_n\}$이 모든 자연수 k에 대하여

$$b_{2k-1}=\left(\frac{1}{2}\right)^{a_1+a_3+\cdots+a_{2k-1}}$$

$$b_{2k}=2^{a_2+a_4+\cdots+a_{2k}}$$

을 만족시킨다. $\{a_n\}$은 등차수열이고,

$$b_1\times b_2\times b_3\times\cdots\times b_{10}=8$$

일 때, $\{a_n\}$의 공차는?

예

공차가 d $(0<d<1)$인 등차수열 $\{a_n\}$이 다음 조건을 만족시킨다.

> (가) a_5는 자연수이다.
> (나) 수열 $\{a_n\}$의 첫째항부터 제n항까지의 합을 S_n이라 할 때,
> $$S_8=\frac{68}{3}$$ 이다.

a_{16}의 값은?

수열 [연역]

수열 [연역]
Schema 1

등차수열

Sol)

$a_{k+1} + a_{k+2} = 4$고 항 간 간격이 2이므로 $a_{k+1} = 1$이다.

$$S_k = \frac{k(2a_1 + 2(k-1))}{2} = -16$$이므로 $k = 4$이다.

$$\therefore a_{2k} = 1 + 2(k-1)$$

Ans)

$$\therefore a_{2k} = 1 + 2(k-1) = 7$$

Sol)

해석을 위해 밑을 정수인 2로 통일하고 관찰하면

$$b_{2k-1} = 2^{-(a_1 + a_3 + \cdots + a_{2k-1})}, \quad b_{2k} = 2^{a_2 + a_4 + \cdots + a_{2k}}$$이다.

$$\therefore b_{2k-1} \times b_{2k} = 2^{(a_2 - a_1 + a_4 - a_3 + \cdots + a_{2k} - a_{2k-1})} = 2^{kd}$$

$$\therefore b_1 \times b_2 \times \cdots \times b_{10} = 2^{d \sum_{k=1}^{5} k} = 2^{15d}$$

Ans)

$$\therefore d = \frac{1}{5}$$

수열 [연역]
Schema 1

등차수열

등차수열

Sol)

$a_n = a + (n-1)d$ (단, n은 자연수) 이고 $S_8 = \dfrac{8(2a+7d)}{2} = 4(2a+7d) = \dfrac{68}{3}$ 이므로

$a_5 = \dfrac{1}{2}d + \dfrac{17}{6}$ 이다.

$\therefore a_5 = 3, \ d = \dfrac{1}{3} \ (\because 0 < d < 1)$

Ans)

$a_{16} = 3 + 11 \times \dfrac{1}{3} = \dfrac{20}{3} \ (\because \text{간격 } 11)$

등차수열

수열 [연역]

수열 [연역]
Schema 2

등차수열의 합

[중요도 ★★★]

- 등차수열의 합은 크게 2가지 관점을 활용하여 나타낼 수 있다.

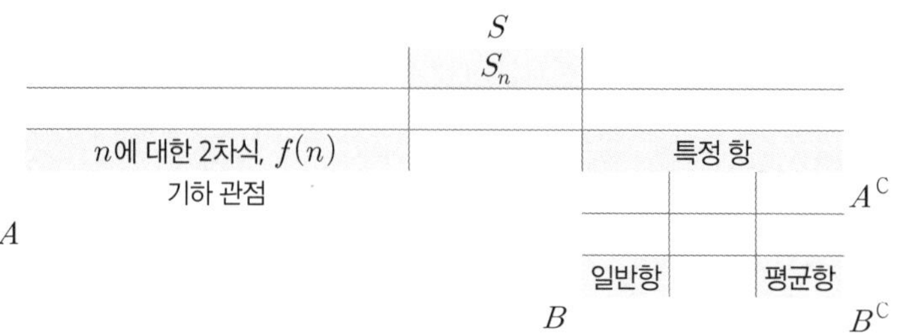

① $S_n = \dfrac{n\{2a_1 + (n-1)d\}}{2} \Rightarrow n$에 대한 2차식, 상수항 ×

② $S_n = na_{\frac{n+1}{2}}$

$\Rightarrow n \times \dfrac{\text{시작 항} + \text{끝 항}}{2} = (\text{항의 개수}) \times (\text{평균})$

$\Rightarrow$ 항의 개수가 홀수인 경우, (항의 개수)×(가운데 항) = (등차수열의 합)

③ $S_n = An^2 + Bn \left(A = \dfrac{d}{2} \right)$

$\Rightarrow$ 정의역이 자연수, 원점을 지나는 2차함수

④ $S_n = \dfrac{d}{2}n(n-k)$

$\Rightarrow n = k$일 때 n 좌표 0, 2차항의 계수는 $\dfrac{d}{2}$

- 일반항을 합으로 나타낸 변화율 변수처럼 해석할 수 있다.

[변화율 관점]

$a_n = \dfrac{S_n - S_{n-1}}{n - (n-1)}$

$\Rightarrow (n, S_n)$과 $(n-1, S_{n-1})$의 평균변화율

$\Rightarrow$ 직각삼각형의 기울기

$\Rightarrow \left(n - \dfrac{1}{2}\right)$에서 접선의 기울기

$\Rightarrow \left(n - \dfrac{1}{2}\right)$의 배수

등차수열의 합

- 등차수열의 합을 미분해서 관찰할 수 있다.

$$f(n) = S_n = An^2 + Bn$$
$$f'(n) = a_n = 2An + B - A$$

(∵ 이차함수 성질)

- 등차수열의 합이 일반항처럼 제시되는 경우 New b_n을 정의해서 생각할 수 있다.

예 $\{S_{3n+1}\} = \{b_n\}$

$\Rightarrow b_n = S_{3n+1}$은 $\{S_{3n+1}\}$의 n번째 항
$\Rightarrow b_n = S_{3n+1}$은 $\{S_n\}$의 $3n+1$번째 항

- $S_p = S_q$는 다음 두 정보를 내포한다.
  ① $S_{p+q} = 0$ ② $a_{\frac{p+q+1}{2}} = 0$

- 수열 $\{a_n\}$이 공차가 d인 등차수열이고 $S_n = \sum_{k=1}^{n} a_k$일 때

$$\sum_{k=1}^{2n-1} S_k = (2n-1)S_n + d\sum_{k=1}^{n-1} k^2 \text{이다.}$$

(∵ 이차함수 성질)

예

등차수열 $\{a_n\}$, $\displaystyle\sum_{n=1}^{5} S_n$

a_1	a_2	a_3	a_4	a_5
a_1	a_2	a_3	a_4	a_5
a_1	a_2	a_3	a_4	a_5
a_1	a_2	a_3	a_4	a_5
a_1	a_2	a_3	a_4	a_5

$$= \sum_{n=1}^{5} S_n$$

a_1	a_2	a_3	a_4	a_5
a_1	a_2	a_3	a_4	a_5
a_1	a_2	a_3	a_4	a_5
a_1	a_2	a_3	a_4	a_5
a_1	a_2	a_3	a_4	a_5

$$= 5S_3 + 5d$$

수열 [연역]

수열 [연역]
Schema 2

등차수열의 합

예

공차가 d_1, d_2인 두 등차수열 $\{a_n\}$, $\{b_n\}$의 첫째항부터 제 n항까지의 합을 각각 S_n, T_n이라 하자.

$$S_n T_n = n^2(n^2 - 1)$$

일 때, <보기>에서 항상 옳은 것을 모두 고른 것은?

<보 기>

ㄱ. $a_n = n$이면 $b_n = 4n - 4$이다.
ㄴ. $d_1 d_2 = 4$
ㄷ. $a_1 \neq 0$이면 $a_n = n$이다.

예

첫째항이 50이고 공차가 -4인 등차수열의 첫째항부터 제 n항까지의 합을 S_n이라 할 때, $\displaystyle\sum_{k=m}^{m+4} S_k$의 값이 최대가 되도록 하는 자연수 m의 값은?

등차수열의 합

예

수열 $\{a_n\}$에 대하여 첫째항부터 제 n항까지의 합을 S_n이라 하자.

수열 $\{S_{2n-1}\}$은 공차가 -3인 등차수열이고, 수열 $\{S_{2n}\}$은 공차가 2인 등차수열이다.

$a_2 = 1$일 때, a_8의 값은?

예

등차수열 $\{a_n\}$의 첫째항부터 제 n항까지의 합을 S_n이라 하자. $a_3 = 42$일 때,

다음 조건을 만족시키는 4 이상의 자연수 k의 값은?

(가) $a_{k-3} + a_{k-1} = -24$

(나) $S_k = k^2$

예

첫째항이 b (b는 자연수)이고 공차가 -4인 등차수열 $\{a_n\}$이 있다.

모든 자연수 n에 대하여 $\left| \sum_{k=1}^{n} a_k \right| \geq 14$를 만족시키는 모든 b의 값을 작은 수부터 크기순으로

나열할 때, m번째 수를 b_m이라 하자.

$\sum_{m=1}^{10} b_m$의 값은?

수열 [연역]

수열 [연역]
Schema 2

등차수열의 합

Sol)

ㄱ. (○)

$a_n = n$이면 $S_n = \dfrac{n(n+1)}{2}$이고 $S_n T_n = n^2(n^2-1)$이므로

$T_n = 2n(n-1)$이다.

$\therefore\ T_n - T_{n-1} = b_n = 4n-4\ (n \geq 2)$

$b_1 = T_1 = 0$ 이므로 참이다.

ㄴ. (○)

등차수열의 합에서 이차항의 계수는 $\dfrac{d}{2}$이고 $S_n T_n = n^2(n^2-1)$이므로

$\dfrac{d_1}{2} \times \dfrac{d_2}{2} = 1$이고 참이다.

ㄷ. (×)

$S_1 T_1 = a_1 b_1 = 0$이므로 $b_1 = 0$이고 $T_n = \dfrac{d_2}{2}n(n-1)$, $S_n = \dfrac{2}{d_2}n(n+1)$이다.

$\rightarrow d_2 = 4$일 때만 성립한다

Ans)

$\therefore$ 옳은 것은 ㄱ, ㄴ이다.

Sol)

$$S_n = \frac{n\{2\times 50 + (n-1)\times(-4)\}}{2}$$
$$= -2n^2 + 52n$$
$$= -2(n-13)^2 + 2\times 13^2$$

이므로 S_n의 값은 $n = 13$일 때 Max이다.

$\therefore \displaystyle\sum_{k=m}^{m+4} S_k$의 값은 $m = 11$일 때 Max이다.

Ans)

$\therefore m = 11$

등차수열의 합

Sol)

$$S_{2n} = S_2 + 2(n-1)$$

$$S_{2n-1} = S_1 + (-3)(n-1)$$

$$a_8 = S_8 - S_7 = 15 + S_2 - S_1$$

Ans)

$$\therefore a_8 = 16$$

Sol)

$$a_{k-2} = \frac{a_{k-3} + a_{k-1}}{2} = \frac{-24}{2} = -12$$

$$S_k = \frac{k(a_1 + a_k)}{2} = \frac{k(a_3 + a_{k-2})}{2} = \frac{k\{42 + (-12)\}}{2} = 15k$$

Ans)

$$\therefore k = 15$$

Sol)

$|S_n| \geq 14$이고 $S_n = \dfrac{n\{2b + (n-1) \times (-4)\}}{2} = -2n\left(n - \dfrac{b+2}{2}\right)$이므로 b는 홀수이다.

$$\left(\because\ b = 2k \ \Rightarrow\ S_{\frac{b+2}{2}} = 0\right)$$

$y = -2x\left(x - \dfrac{b+2}{2}\right)$의 그래프는 다음과 같으므로

$S_{\frac{b+1}{2}} \geq 14$, $S_{\frac{b+3}{2}} \leq -14$ 를 모두 만족시켜야 한다.

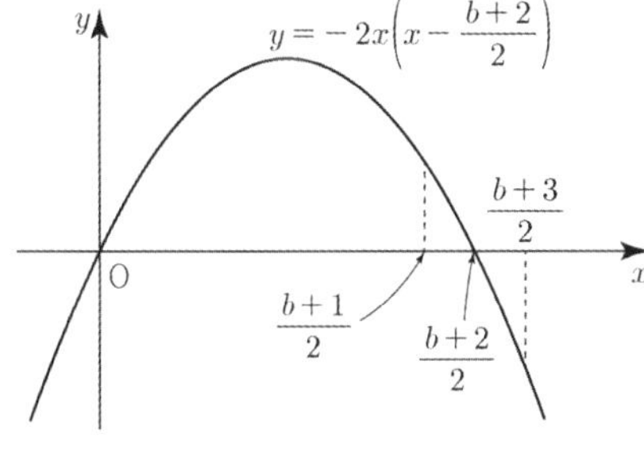

$$\therefore b \geq 27$$

Ans)

$$\therefore \sum_{m=1}^{10} b_m = \sum_{m=1}^{10} (2m + 25) = 2 \times \frac{10 \times 11}{2} + 250 = 360$$

수열 [연역]
Schema 3

선형성

[중요도 ★★★]

- 등차수열은 자연수를 정의역으로 하는 1차함수이고,
  1차함수는 직선이므로 선형성이 성립한다.

- 1차함수는 x축과 단 하나의 교점을 가지므로 절댓값이 포함된 등차수열에서
  '0'의 항을 찾는 것 ⇔ 부호 변화 지점 색출과 동치이다.

- 자연수 정의역에서 실수 정의역으로 확장하더라도 선형성에 있어서
  일반성을 잃지 않으므로 적절히 선분 내에서 관찰할 수 있다.

① $\dfrac{ma_p + na_q}{m+n} = a_{\frac{mp+nq}{m+n}}$ ($\because$ 내분)

② $\dfrac{ma_p - na_q}{m-n} = a_{\frac{mp-nq}{m-n}}$ ($\because$ 외분)

③ $\dfrac{a_p + a_q}{2} = a_{\frac{p+q}{2}}$ ($\because$ 중점)

④ $2a_{n+1} = a_n + a_{n+2}$ ($\because$ 귀납적 정의)

- 등차수열 $\{a_n\}$에 대하여 $|a_m| = |a_{m+k}|$ 꼴이 나타나면 다음이 성립한다.

① $a_m a_{m+k} < 0$

② $a_m + a_{m+k} = 0$

③ $a_{\frac{2m+k}{2}} = 0$

선형성

예

등차수열 $\{a_n\}$ 이 다음 조건을 만족시킨다.

> (가) $a_6 + a_7 = -\dfrac{1}{2}$
>
> (나) $a_l + a_m = 1$ 이 되도록 하는 두 자연수 l, m $(l < m)$ 의
>   모든 순서쌍 $(l,\, m)$ 의 개수는 6 이다.

등차수열 $\{a_n\}$ 의 첫째항부터 제14항까지의 합을 S 라 할 때, $2S$ 의 값을 구하시오.

예

공차가 3인 등차수열 $\{a_n\}$ 이 다음 조건을 만족시킬 때, a_{10}의 값은?

> (가) $a_5 \times a_7 < 0$
>
> (나) $\displaystyle\sum_{k=1}^{6} |a_{k+6}| = 6 + \sum_{k=1}^{6} |a_{2k}|$

수열 [연역]

수열 [연역]
Schema 3

선형성

Sol 1) 기하

$(n,\ a_n)$ 의 집합으로 구성된 그래프는 조건 (나)에 의해 $(7,\ \dfrac{1}{2})$ 기준 점대칭이고

(가)에 의해 $(6,\ -\dfrac{1}{2})$ 을 지난다.

$$\therefore \sum_{n=1}^{14} a_n = \frac{(a_1 + a_{14})}{2} \cdot 14 = 7(a_7 + a_8) = \frac{35}{2}$$

Sol 2) 대수

(나)-(가)를 하면 $(l+m-13)d = \dfrac{3}{2}$

$l+m-13 = \dfrac{3}{2d}$ 이므로 $2d = -3,\ -1,\ 1,\ 3$ 이고

$l+m = 10,\ 12,\ 14,\ 16$

$a_l + a_m = 1$ 을 만족시키는 순서쌍 $(l,\ m)$ 의 개수가 6 이 되려면

$l+m = 14$ 이고 $a_6 + a_8 = 1$ 이므로 $d = \dfrac{3}{2}$

$$\therefore \sum_{n=1}^{14} a_n = \frac{(a_1 + a_{14})}{2} \cdot 14 = 7(a_6 + a_9) = 7\left(1 + \frac{3}{2}\right) = \frac{35}{2}$$

Ans)

$\therefore 2S = 35$

Sol)

기울기(공차)가 양수이므로 $[a_1,\ a_5]$는 양수, $[a_7,\ a_{12}]$는 음수이다.

즉, $[a_1,\ a_{12}]$는 다음 양상임을 알 수 있다.

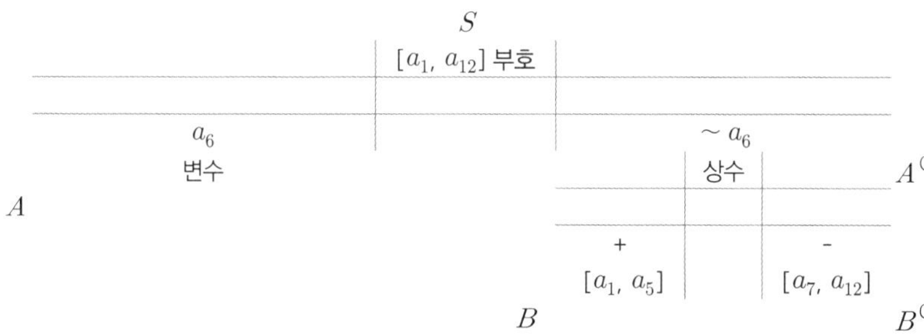

(나)를 전개하면 다음과 같다.

$$\Rightarrow a_7 + a_9 + a_{11} = 6 - a_2 - a_4 + |a_6|$$
$$\Rightarrow 5a_6 + 3 = |a_6|$$

$a_6 \geq 0$이면 $a_6 = -\dfrac{3}{4}$ 이므로 모순

$a_6 < 0$이면 $a_6 = -\dfrac{1}{2}$ 이므로 부합한다.

$$\therefore\ a_{10} = a_6 + 4d = -\dfrac{1}{2} + 12 = \dfrac{23}{2}$$

수열 [연역]
Schema 4

대칭성

[중요도 ★★★]

- 등차중항은 직사각형의 관점에서 x 좌표, y 좌표 모두 중점이다.
  즉, 점대칭의 성질을 적절히 활용할 수 있다.

$$S_n = na_{\frac{n+1}{2}}$$

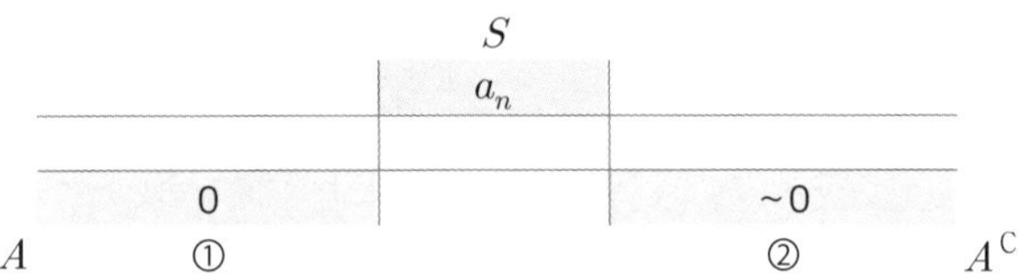

① $a_n = 0 \iff S_{2n-1} = 0$

$\Rightarrow$ 등차수열 $\{a_n\}$ 에 대하여 $\displaystyle\sum_{k=1}^{2n-1} a_k = (2n-1)a_n$ 이므로 $S_n = \displaystyle\sum_{k=1}^{2n-1} a_k = n(a_1 + a_{2n})$ 이다.

② $n > 0$ 이므로 부등식에 있어서 다음이 성립한다.

$\Rightarrow a_n > 0 \iff S_{2n-1} > 0$

$\Rightarrow a_n < 0 \iff S_{2n-1} < 0$

- y 좌표는 기준선을 $y = 0$ 으로 $Setting$ 하면 간격변수처럼 관찰할 수 있다.

  그에 따라 두 항의 비를 알면 적절히 기하적으로
  $a_n = 0$ 의 특수 Point (닮음의 중심) 를 파악할 수 있다.

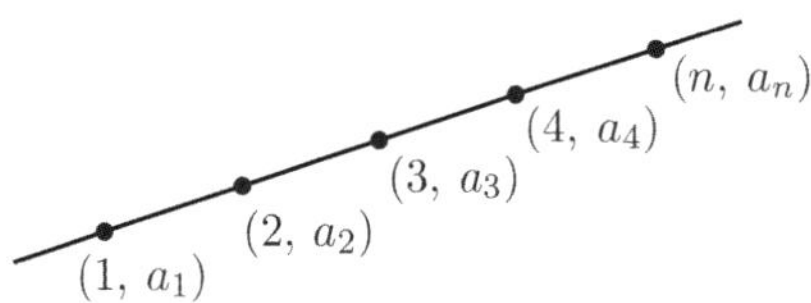

> 예 3은 양극단의 중점
> a_3는 양극단의 중점
> $a_2 = 3a_4 \Rightarrow a_1 = 0$
> $a_3 = 2a_5 \Rightarrow a_1 = 0$

- 네 자연수 n, m, p, q 에 대해 $n + m = p + q$ 이면 $a_n + a_m = a_p + a_q$ 이다.

대칭성

예

공차가 정수인 등차수열 $\{a_n\}$에 대하여

$$a_3 + a_5 = 0, \quad \sum_{k=1}^{6}\left(\left|a_k\right| + a_k\right) = 30$$

일 때, a_9의 값을 구하시오.

예

공차가 양수인 등차수열 $\{a_n\}$이 다음 조건을 만족시킬 때, a_{14}의 값은?

(가) $\displaystyle\sum_{n=1}^{2m-1} a_n = 0$을 만족시키는 자연수 m이 존재한다.

(나) $2\displaystyle\sum_{n=1}^{15} a_n = \sum_{n=1}^{15}\left|a_n\right| = 90$

예

공차가 자연수 d이고 모든 항이 정수인 등차수열 $\{a_n\}$이 다음
조건을 만족시키도록 하는 모든 d의 값의 합을 구하시오.

(가) 모든 자연수 n에 대하여 $a_n \neq 0$이다.

(나) $a_{2m} = -a_m$이고 $\displaystyle\sum_{k=m}^{2m}\left|a_k\right| = 128$인 자연수 m이 존재한다.

수열 [연역]

수열 [연역]
Schema 4

대칭성

Sol)

$a_3 + a_5 = 0$이므로 $a_4 = 0$이고 $(n,\ a_n) = (4,\ 0)$을 기준으로 점대칭이다.

d의 음양을 기준으로 양수인 항이 달라지므로
d를 기준으로 분류할 수 있다.

$d > 0,\ d = 5\ (\because 2 \times (d + 2d) = 30)$

$d < 0,\ d = -\dfrac{5}{2},\ d$는 정수이므로 모순 $(\because 2 \times (3a_2) = 30)$

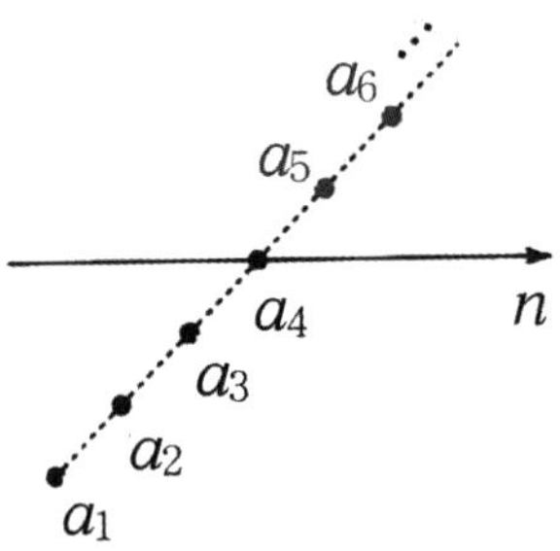

$$\therefore \sum_{n=1}^{14} a_n = \frac{(a_1 + a_{14})}{2} \cdot 14 = 7(a_6 + a_9) = 7\left(1 + \frac{3}{2}\right) = \frac{35}{2}$$

Ans)

$\therefore a_9 = a_4 + 5d = 25$

Sol)

(가)에서 $\displaystyle\sum_{n=1}^{2m-1} a_n = 0$이므로 $a_m = 0$ 이다.

$$2\sum_{n=1}^{15} a_n = \sum_{n=1}^{15} |a_n| = 90 > 0$$이므로 다음이 도출된다.

① 중항은 $a_{7.5}$

② $d > 0$

③ $15(8 - m)d = (m - 1)md$

m 은 자연수이므로 $m = 6$이고 $\displaystyle\sum_{n=1}^{15} a_n = 30d = 45$이므로 $d = \dfrac{3}{2}$ 이다.

Ans)

$\therefore a_{14} = a_6 + 8d = 0 + 12 = 12$

대칭성

Sol)

$a_{2m} = -a_m$에서 $a_{\frac{3}{2}m} = 0$이고 $2a_m = -md$이므로

(가)에 의해 m은 홀수이고, d는 짝수이다.

$m = 2l-1$(l은 자연수)라 하면 $a_{4l-2} = -a_{2l-1}$에서
$a_{3l-1} = a_{4l-2} - (l-1)d = -a_{2l-1} - (l-1)d = -a_{3l-2}$이고 $d > 0$이므로
$1 \leq n \leq 3l-2$일 때 $a_n < 0$,
$n \geq 3l-1$일 때 $a_n > 0$이다.

$$\sum_{k=m}^{2m} |a_k| = \sum_{k=2l-1}^{4l-2} |a_k|$$
$$= -a_{2l-1} - a_{2l} - a_{2l+1} - \cdots - a_{3l-2} + a_{3l-1} + a_{3l} + a_{3l+1} + \cdots + a_{4l-2}$$
$$= -a_{2l-1} - (a_{2l-1} + d) - (a_{2l-1} + 2d) - \cdots - \{a_{2l-1} + (l-1)d\}$$
$$+ (a_{2l-1} + ld) + \{a_{2l-1} + (l+1)d\} + \cdots + \{a_{2l-1} + (2l-1)d\}$$

$$= l \times (|a_{2l-1}| + |a_{3l-1}|)$$
$$= l^2 d = 128$$

l은 자연수이고 d는 짝수이므로 l은 8의 약수로 귀결된다.

→ 모든 순서쌍 (l, d)는 $(1, 128),\ (2, 32),\ (4, 8),\ (8, 2)$이다.
→ $\sum d = 2 + 8 + 32 + 128 = 170$

Ans)
$\therefore \sum d = 2 + 8 + 32 + 128 = 170$

수열 [연역]

수열 [연역]
Schema 5

간격 조건

[중요도 ★★★]

- 등차수열에 대해 새롭게 정의된 수열이 등장할 수 있다.

  이때 시작점인 a_k 값은 수열 변화에 따라 변할 수 있으나

  등차수열을 기하적으로 관찰하면 직선이므로 간격은 상수 조건이다.

① $\triangle_x$

② $\triangle_y$

③ $\dfrac{\triangle_x}{\triangle_y}$

→ x에 대한 정보, y에 대한 정보 2가지 이상으로 해석할 수 있다.

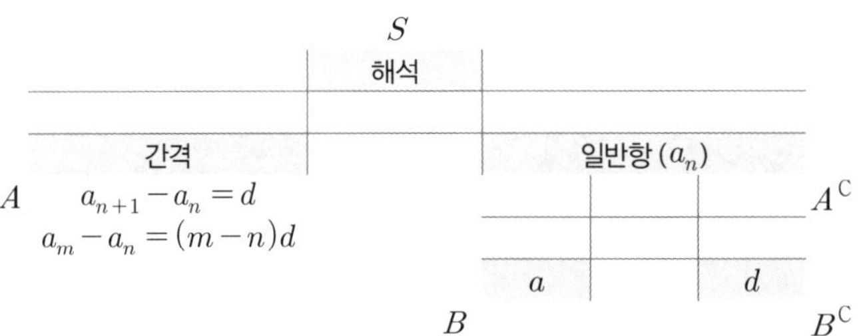

예

a_n의 공차 d_1, b_n의 공차 d_2

① 수열 $\{a_n + b_n\}$: 공차 $d_1 + d_2$
② 수열 $\{a_n - b_n\}$: 공차 $d_1 - d_2$

- 새롭게 정의되는 수열이 합의 형태로 주어졌을 때 간격 정보를 내포할 수 있다.

$$
\begin{array}{lcl}
① & a_{n+1} + a_n = pn + q & \leftrightarrow & a_{n+2} - a_n = p \\[2mm]
② & a_n + a_{n+1} + a_{n+2} = pn + q & \leftrightarrow & a_{n+3} - a_n = p \\[2mm]
③ & a_{n+1} = pa_n + q^{n+1} & \leftrightarrow & \dfrac{a_{n+1}}{p^{n+1}} - \dfrac{a_n}{p^n} = \left(\dfrac{q}{p}\right)^{n+1}
\end{array}
$$

간격 조건

예

공차가 d인 등차수열 $\{a_n\}$이 다음 조건을 만족시키도록 하는
모든 자연수 d의 값의 합을 구하시오.

> (가) $a_8 = 2a_5 + 10$
> (나) 모든 자연수 n에 대하여 $a_n \times a_{n+1} \geq 0$이다.

예

$a_2 = -4$ 이고 공차가 0이 아닌 등차수열 $\{a_n\}$에 대하여 수열 $\{b_n\}$을
$b_n = a_n + a_{n+1}$ $(n \geq 1)$이라 하고, 두 집합 A, B를

$$A = \{a_1,\ a_2,\ a_3,\ a_4,\ a_5\},\ B = \{b_1,\ b_2,\ b_3,\ b_4,\ b_5\}$$

라 했을 때,

$n(A \cap B) = 3$이 되도록 하는 모든 수열 $\{a_n\}$에 대하여 a_{20}의 값의 합은?

수열 [연역]
Schema 5

간격 조건

Sol)

(가)에서 $a_1 + 7d = 2(a_1 + 4d) + 10$, $a_1 = -d - 10 < 0$

$a_n < 0$을 만족시키는 자연수 n의 최댓값을 k라 하면 $a_{k+1} \geq 0$, $a_k \times a_{k+1} \leq 0$

$\rightarrow a_{k+1} = 0 \ (\because a_k \times a_{k+1} \geq 0)$

$\rightarrow k = \dfrac{10}{d} + 1 \ (\because a_{k+1} = (-d - 10) + kd = 0)$

$\rightarrow d$는 10의 약수

Ans)

$\therefore 1 + 2 + 5 + 10 = 18$

Sol)

b_n의 공차는 a_n의 공차의 2배이고

a_n의 공차를 d라 하면 $a_n = -4 + (n-2)d$이고

$b_n = -8 - d + 2d(n-1)$이다.

$\rightarrow n(A \cap B) = 3$이 가능한 $A \cap B$은 $\{a_1,\ a_3,\ a_5\}$이다.

$\rightarrow a_1 = b_k\ (k = 1,\ 2,\ 3)$

$\rightarrow 2 = (k-1)d$

$\rightarrow k$가 2일 때 a_{20}은 32,

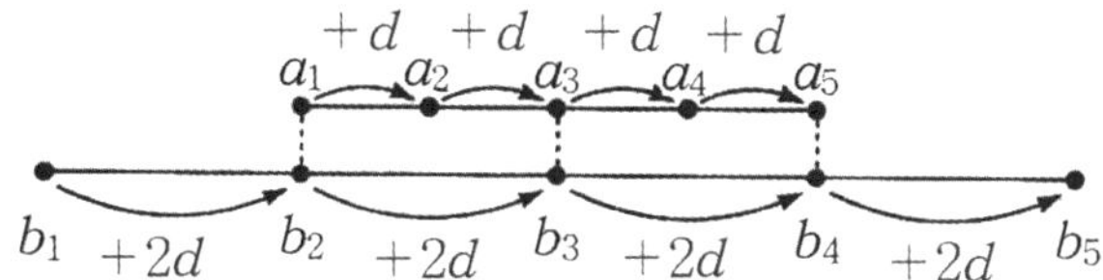

$\rightarrow k$가 3일 때 a_{20}은 14

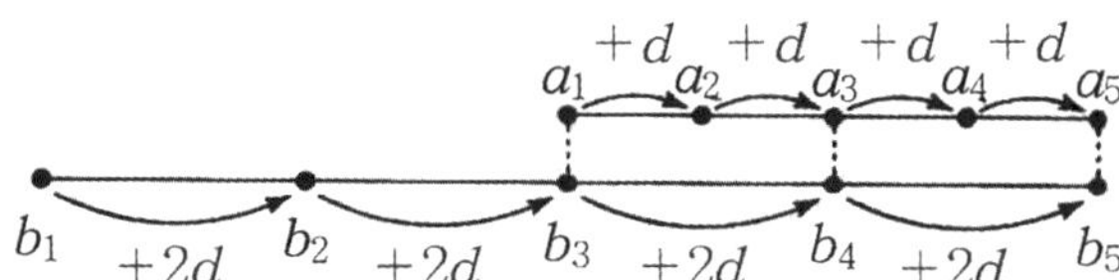

Ans)

$\therefore 32 + 14 = 46$

수열 [연역]

수열 [연역]
Schema 6

정수 조건

[중요도 ★★★]
- 정수 조건은 배수 논리, 약수 논리와 연결될 수 있다.

- 정수 m을 자연수 n으로 나눌 때 몫을 q, 나머지를 r로 생각하면
$m = qn + r$이고 적절한 상황에서 $qn + r \fallingdotseq r$ 처럼 생각할 수 있다.

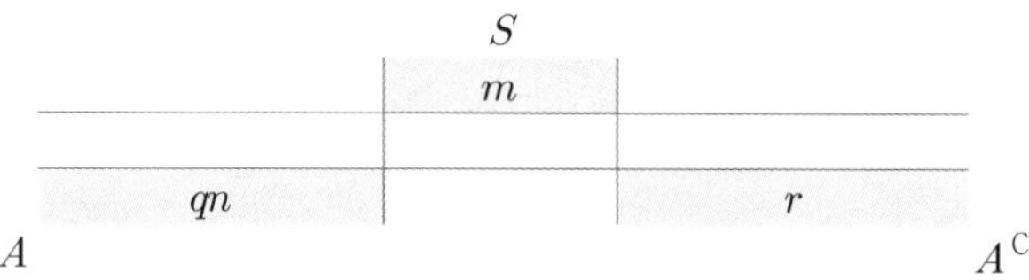

이때 q의 설정은 양변을 자유롭게 이항해가며 설정할 수 있다.

→ 확인해야 하는 나머지 경우의 수를 동치 변형을 통해 줄일 수 있다.

예

공차가 음의 정수인 등차수열 $\{a_n\}$에 대하여

$a_6 = -2$, $\displaystyle\sum_{k=1}^{8} |a_k| = \sum_{k=1}^{8} a_k + 42$일 때, $\displaystyle\sum_{k=1}^{8} a_k$의 값은?

정수 조건

예

모든 항이 자연수인 등차수열 $\{a_n\}$의 첫째항부터 제 n항까지의 합을 S_n이라 하자.

a_7이 13의 배수이고 $\displaystyle\sum_{k=1}^{7} S_k = 644$일 때, a_2의 값을 구하시오.

예

수열 $\{a_n\}$의 첫째항부터 제 n항까지의 합을 S_n이라 하자. 두 자연수 p, q에 대하여 $S_n = pn^2 - 36n + q$일 때, S_n이 다음 조건을 만족시키도록 하는 p의 최솟값을 p_1이라 하자.

> 임의의 두 자연수 i, j에 대하여 $i \neq j$이면 $S_i \neq S_j$이다.

$p = p_1$일 때, $|a_k| < a_1$을 만족시키는 자연수 k의 개수가 3이 되도록 하는 모든 q의 값의 합은?

수열 [연역]

수열 [연역]
Schema 6

정수 조건

Sol)

a_6과 공차가 모두 정수이므로 모든 항은 정수로 구성된다.

자료를 관찰했을 때 $\dfrac{\displaystyle\sum_{k=1}^{8} a_k - \sum_{k=1}^{8} |a_k|}{2} = -21 = -7 \times 3$이고

등차수열의 합 = (항의 개수)×(평균)이므로 (항의 개수)=3, (평균)= -7이다.

$(\because$ 항의 개수 자연수, $\displaystyle\sum_{k=1}^{6} k = 21)$

Ans)

$\therefore \displaystyle\sum_{k=1}^{8} a_k = 8 \times \left(\dfrac{23 - 12}{2} \right) = 44$

Sol)

등차수열의 합이므로 $S_n = pn^2 + qn$ 형태이고

$\displaystyle\sum_{n=1}^{7} S_n = \sum_{n=1}^{7} \left(pn^2 + qn \right) = 140p + 28q = 644$이다.

$\rightarrow 5p + q = 23$

$a_7 = S_7 - S_6 = 13p + q = 8p + 23$이고

$S_1 = p + q = -4p + 23 \geq 1$이므로 $p \leq \dfrac{11}{2}$이다.

① 모든 항이 자연수
② $a_7 = 13k$에서 k는 자연수
③ 간격 $d = 2p$도 자연수

이므로 $8p + 23 = 13k$를 색출하면 $k = 2$, $p = 4$가 유일하다.

$(\because 4d = 13k - 23 \Rightarrow 13r - 23$이 4의 배수인 경우는 $r = 3$이 유일)

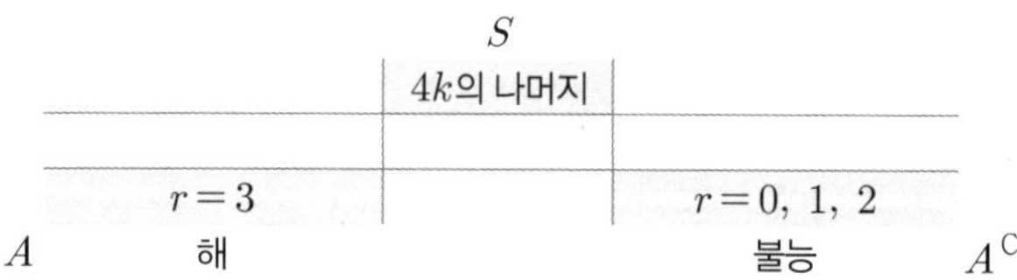

Ans)

$\therefore a_2 = 3p + q = -2p + 23 = 19$

정수 조건

$Sol)$

$$S_i - S_j = (\pi^2 - 36i + q) - (pj^2 - 36j + q) = (i-j)(\pi + pj - 36) \neq 0$$

$$\rightarrow i + j \neq \frac{36}{p}$$

36의 약수 중 1, 2, 3, 4가 존재하므로 p의 최솟값은 5

$p = p_1 = 5$일 때 $S_n = 5n^2 - 36n + q$이고

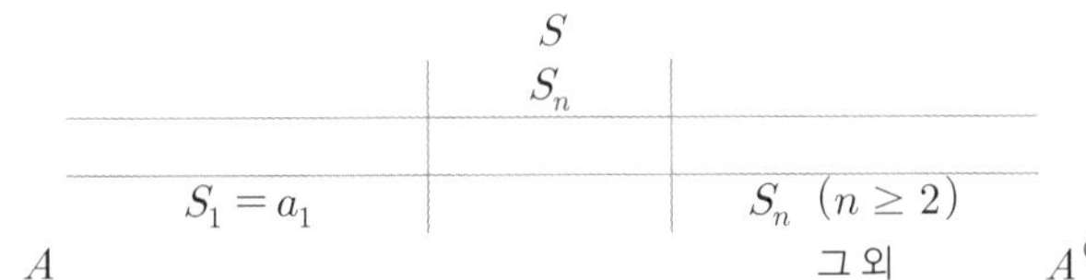

이므로 분류해서 생각하면 A, $a_1 = S_1 = q - 31$
A^{C}, $a_n = S_n - S_{n-1} = 10n - 41$

$\rightarrow k$의 값은 3, 4, 5
$\rightarrow 11 < a_1 \leq 19$
$\rightarrow 42 < q \leq 50$

$Ans)$

$$\therefore \sum q = 43 + 44 + \cdots + 50 = \frac{8 \times (43 + 50)}{2} = 372$$

수열 [연역]
Schema 7

최대와 최소

[중요도 ★★★]

- 절댓값이나 부등식 관련 조건은 최대 최소와 관련이 있는 경우가 많다.

① $|x| \geq 0$

② $-|x| \leq x \leq |x|$

$$\Leftrightarrow |x| - x \geq 0 \Rightarrow \frac{|x| - x}{2} \geq 0$$

$$\Leftrightarrow |x| + x \geq 0 \Rightarrow \frac{|x| + x}{2} \geq 0$$

이러한 성질을 활용해

수열 $\{a_n\}$의 양수인 항들의 합과 음수인 항들의 합을 0을 기준으로 나타낼 수 있다.

① $\displaystyle \sum_{k=1}^{n} (a_k + |a_k|) = 2 \times \sum_{k=1}^{n} Max\,(a_k,\ 0)\ = 2 \times (\Sigma 양수)$

② $\displaystyle \sum_{k=1}^{n} (a_k - |a_k|) = 2 \times \sum_{k=1}^{n} Min\,(a_k,\ 0)\ = 2 \times (\Sigma 음수)$

- 모든 자연수 n에 대하여 $S_n \leq S_k$인 경우

① k가 1개 : 대칭축 or 가장 대칭축 근처

② k가 2개 : 대칭축 기준 대칭

- 등차수열의 합(S_n)의 Max와 Min 조건은 다음과 같이 해석할 수 있다.

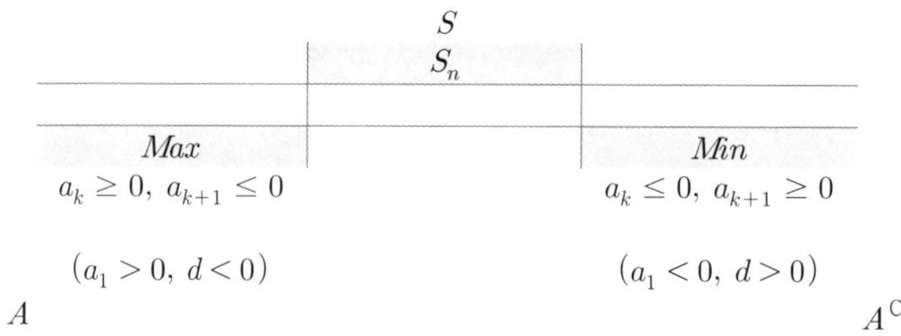

- 최댓값, 최솟값을 도출해야 하는 세팅에서

① $\dfrac{a+b}{2} \geq \sqrt{ab} \geq \dfrac{2ab}{a+b}$ (단, 등호는 $a = b$일 때)

② $|a+b| \leq |a| + |b|$ (단, 등호는 $ab \geq 0$일 때)

가 성립한다. ($\because$ 절대부등식의 성질)

최대와 최소

- a와 b 중 Max 또는 Min을 선택하는 함수가 종종 출제된다.

$$Max(a,\ b) = \begin{cases} a & (a \geq b) \\ b & (a < b) \end{cases} = \frac{a+b+|a-b|}{2}$$

$$Min(a,\ b) = \begin{cases} a & (a \leq b) \\ b & (a > b) \end{cases} = \frac{a+b-|a-b|}{2}$$

$Max(a,\ b) =$ 평균 $+$ 간격의 절반
$Min(a,\ b) =$ 평균 $-$ 간격의 절반

와 같이 기하적으로 해석할 수 있다.

예

첫째항이 a이고 공차가 -4인 등차수열 $\{a_n\}$의 첫째항부터 제 n항까지의 합을 S_n이라 하자. 모든 자연수 n에 대하여 $S_n < 200$일 때, 자연수 a의 최댓값은?

예

첫째항이 -45이고 공차가 d인 등차수열 $\{a_n\}$이 다음 조건을 만족시키도록 하는 모든 자연수 d의 값의 합은?

> (가) $|a_m| = |a_{m+3}|$ 인 자연수 m이 존재한다.
>
> (나) 모든 자연수 n에 대하여 $\displaystyle\sum_{k=1}^{n} a_k > -100$이다.

수열 [연역]

수열 [연역]
Schema 7

최대와 최소

Sol)

$$S_n = \frac{n\{2a-4(n-1)\}}{2} = -2n^2 + (a+2)n$$

$\to\ -2n^2 + (a+2)n < 200$

$\to\ D = (a+2)^2 - 4 \times 2 \times 200 < 0$

$\to\ -42 < a < 38$

Ans)

$\therefore a$의 최댓값은 37

Sol)

(가)에서 $a_m + a_{m+3} = 0$이므로 $(2m+1)d = 90$이고 m이 자연수이므로 d도 자연수이다.

(나)에서 모든 자연수에 대해 $\displaystyle\sum_{k=1}^{n} a_k > -100$ 이므로 $\min\left[\displaystyle\sum_{k=1}^{n} a_k\right] > -100$이어야 하고

$a_{m+1.5} = 0$이고 $a_{m+1} < 0$이므로 $\displaystyle\sum_{k=1}^{m+1} a_k > -100$을 만족한다.

$\to$ 함수 $y = \displaystyle\sum_{k=1}^{n} a_k$에 대한 그래프 대칭축 $n = m+1$

$\to\ \displaystyle\sum_{k=1}^{m+1} a_k = (m+1)a_{\frac{m+2}{2}} = -\frac{45(m+1)^2}{2m+1} > -100$

m은 자연수이고 덩어리가 점점 커지므로 범위 내 순차대입하면 1 or 2로 한정된다.

	S 전수	
$m=1$ $d=30$		$m=2$ $d=18$
A		A^C

Ans)

$\therefore \sum d = 30 + 18 = 48$

$+\alpha$)

$a_{m+1.5} = 0$이 대칭의 중심이고 $n = m$일 때 $f(n) = -\dfrac{3d}{2}$이므로

y 관점에서 a_1이 $-\dfrac{3}{2}d$인 경우, $-\dfrac{5}{2}d$인 경우, $\cdots$ 로도 양상 관찰을 행할 수 있다.

예

첫째항이 60인 등차수열 $\{a_n\}$에 대하여 수열 $\{T_n\}$을

$$T_n = |a_1 + a_2 + a_3 + \cdots + a_n|$$

이라 하자. 수열 $\{T_n\}$이 다음 조건을 만족시킨다.

(가) $T_{19} < T_{20}$
(나) $T_{20} = T_{21}$

$T_n > T_{n+1}$을 만족시키는 n의 최솟값과 최댓값의 합은?

예

첫째항이 50, 공차가 정수인 등차수열 $\{a_n\}$에 대하여 수열 $\{T_n\}$을

$$T_n = |a_1 + a_2 + a_3 + \cdots + a_n|$$

이라 하자. 수열 $\{T_n\}$이 다음 조건을 만족시킨다.

(가) $T_{16} < T_{17}$
(나) $T_{17} > T_{18}$

$T_n > T_{n+1}$을 만족시키는 n의 최댓값은?

수열 [연역]
Schema 7

최대와 최소

Sol)

$T_{20} = T_{21}$ 이므로 $\left| \dfrac{20(120+19d)}{2} \right| = \left| \dfrac{21(120+20d)}{2} \right|$

$\rightarrow T_n = \left| \dfrac{-3n^2+123n}{2} \right|$

$(n,\ f(n))$ 에서 $n = x$ 처럼 생각하면

$\rightarrow T_{41} < T_{42}$

$\therefore n$ 의 값은 21, 22, 23, $\cdots$,40

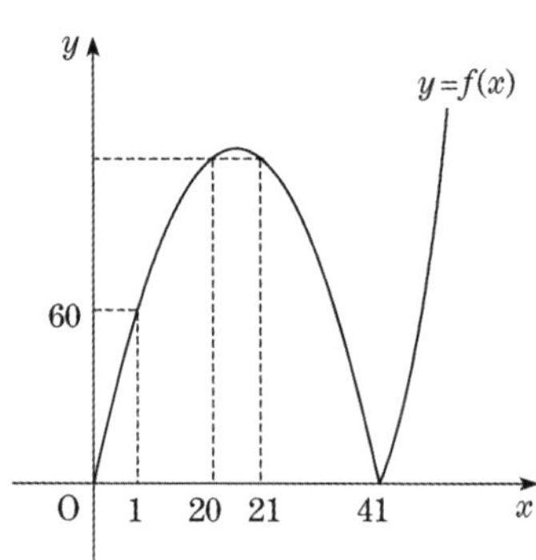

Ans)
$\therefore 21+40 = 61$

Sol)
$T_{16} < T_{17},\ T_{17} > T_{18}$ 이므로 $a_{17} > 0,\ a_{18} < 0$

$\rightarrow -\dfrac{25}{8} < d < -\dfrac{50}{17},\ d = -3$

$\rightarrow T_n = \left| \dfrac{n\{100+(n-1)(-3)\}}{2} \right| = \dfrac{|3n^2-103n|}{2}$

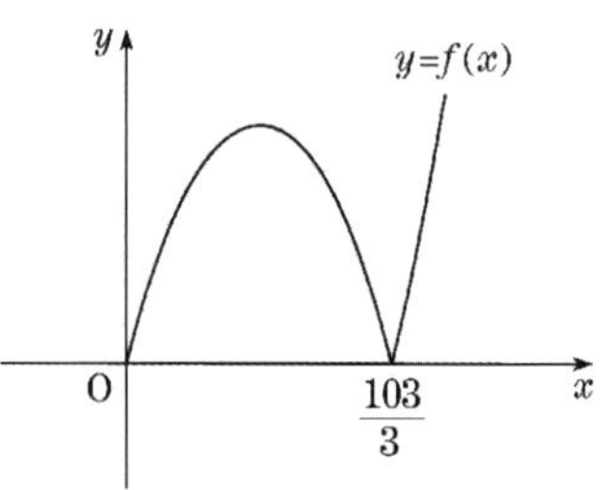

$(n,\ f(n))$ 에서 $n = x$ 처럼 생각하면

$\rightarrow T_{34} < T_{35}$

$\therefore T_n > T_{n+1}$ 을 만족하는 n 의 값은 17, 18, 19, $\cdots$,33 $(\because T_{34} < T_{35})$

Ans)
$\therefore n$ 의 최댓값은 33이다.

최대와 최소

예

등차수열 $\{a_n\}$의 첫째항부터 제 n항까지의 합을 S_n이라 하자.
S_n이 다음 조건을 만족시킬 때, a_{13}의 값을 구하시오.

(가) S_n은 $n=7$, $n=8$에서 최솟값을 갖는다.

(나) $|S_m| = |S_{2m}| = 162$인 자연수 m $(m>8)$이 존재한다.

예

모든 항이 양수이고 다음 조건을 만족시키는 모든 수열 $\{a_n\}$에 대하여
$a_4 + a_6$의 최솟값은?

(가) 모든 자연수 n에 대하여 $2a_{n+1} = a_n + a_{n+2}$이다.

(나) $a_3 \times a_{22} = a_7 \times a_8 + 10$

수열 [연역]
Schema 7

최대와 최소

Sol)

(가)에 의해 $a_8 = S_8 - S_7 = 0$, $a_1 = -7d$, $S_9 \geq S_8$, $d \geq 0$

(나)에 의해 $d > 0$

$\therefore -S_m = S_{2m} = 162 \ (\because m > 8)$

$$\rightarrow -\frac{m\{2a_1 + (m-1)d\}}{2} = \frac{2m\{2a_1 + (2m-1)d\}}{2}$$

$\rightarrow 14d - (m-1)d = -28d + 2(2m-1)d, \ m = 9$

$\rightarrow d = 6, \ a_1 = -42$

Ans)

$\therefore a_{13} = 30$

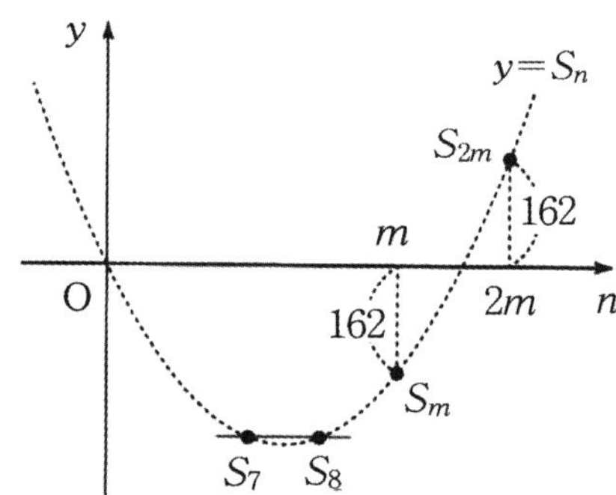

최대와 최소

Sol)

(나)에 의해 $a_3 \times a_{22} = (a_5 - 2d)(a_5 + 17d)$

$a_7 \times a_8 + 10 = (a_5 + 2d)(a_5 + 3d) + 10$

$\rightarrow (a_5 - 2d)(a_5 + 17d) = (a_5 + 2d)(a_5 + 3d) + 10$

$\rightarrow 10da_5 = 40d^2 + 10$

$\therefore a_5 = 4d + \dfrac{1}{d}$

(가)에 의해 $a_4 + a_6 = 2a_5 = 8d + \dfrac{2}{d} \geq 2\sqrt{8d \times \dfrac{2}{d}} = 8$

Ans)

$\therefore a_4 + a_6$의 최솟값은 8이다.

수열 [연역]

수열 [연역]
Schema 8

등비수열

[중요도 ★★★★]

- 연속한 두 항의 비가 일정한 수열을 등비수열이라 하고 정의역이 자연수인 지수함수이다.

- 첫째 항을 초항이라고 하며, a라 표기하고
  연속된 두 항에서 뒤 항에서 앞 항을 나눈 값을 공비라고 하며, r 이라 표기한다.

  등비수열의 해석은 관계 vs 일반항을 활용할 수 있으며
  일반항 a_n은 특정 항과 항 간 비율로 구성된다.

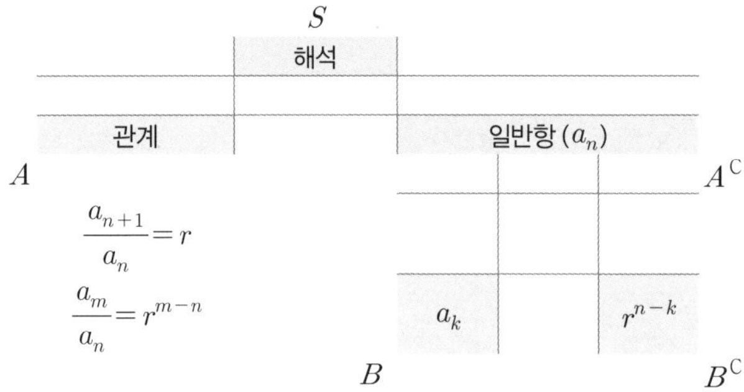

- **[일반항, a_n]**
  등비수열의 시작점을 a_1 or a_k으로 정보의 위상이 높은 항으로 $Setting$할 수 있다.

  ① $a_n = a_1 \times r^{n-1}$
  ② $a_n = a_k \times r^{n-k}$
  ③ $a_n = \dfrac{\prod a_n}{\prod a_{n-1}}$
  ④ 대칭인 항의 곱 일정

- **[공비, r]**
  공비를 밑으로 하는 지수함수 위 기울기처럼 해석할 수 있다.

  ① $S_n = a_1 \times \dfrac{r^n - 1}{r - 1} \ (r \neq 1)$

- 지수함수는 기하급수적으로 증가하는 특징을 가지므로
  제한 조건을 통해 자료가 압축될 수 있고, 그에 따라 특이 Point가 생성될 수 있다.

- 등비수열 $\{a_n\}$와 $\{b_n\}$의 합이나 차로 정의된 수열은 공비가 r로 유지된다.

- $r > 0$이면 모든 항의 부호가 동일하고
  $r < 0$이면 홀수 번째 항끼리 부호가 같고, 짝수 번째 항끼리 부호가 같다.

등비수열

예

수열 $\{a_n\}$이 다음 조건을 만족시킨다.

(가) $|a_1| = 2$

(나) 모든 자연수 n에 대하여 $|a_{n+1}| = 2|a_n|$ 이다.

(다) $\displaystyle\sum_{n=1}^{10} a_n = -14$

$a_1 + a_3 + a_5 + a_7 + a_9$의 값을 구하시오.

예

그림과 같이 세 원 C_1, C_2, C_3은 직선 $y = \sqrt{3}\,x$와 x축에 동시에 접하고, 원 C_2는 두 원 C_1, C_3과 각각 외접하고 있다. 세 원 C_1, C_2, C_3의 반지름의 길이는 이 순서대로 등비수열을 이루고 원 C_1의 중심과 원 C_3의 중심 사이의 거리는 12일 때, 세 원의 넓이의 합은 $\dfrac{q}{p}\pi$이다. $p+q$의 값을 구하시오.

(단, 세 원 C_1, C_2, C_3의 중심은 제 1사분면에 있고, p와 q는 서로소인 자연수이다.)

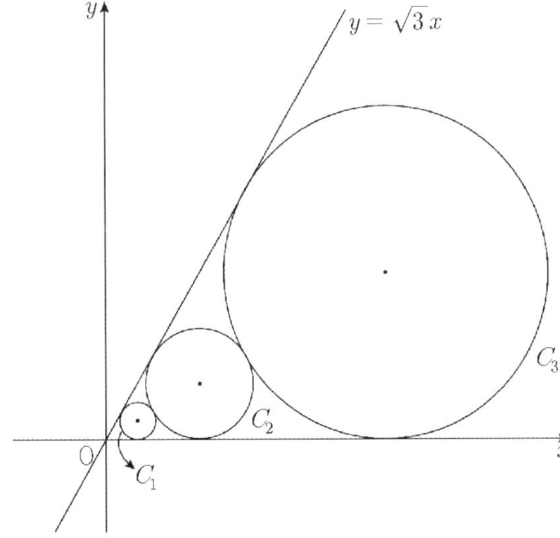

수열 [연역]

수열 [연역]
Schema 8

등비수열

Sol)

$$\sum_{k=1}^{10} |a_k| = \sum_{k=1}^{10} 2^k = \frac{2(2^{10}-1)}{2-1} = 2^{11}-2$$

(다)에서 $\displaystyle\sum_{k=1}^{10} a_k = -14$이고 $2 \times \displaystyle\sum_{k=1}^{n} Min\,(a_k,\,0) = -14 - 2046$이므로

$\sum a_l = -1030$과 동치이다. (단, a_l은 음수이다.)

→ 음수인 항 $a_1 = -2$, $a_2 = -4$, $a_{10} = -1024$

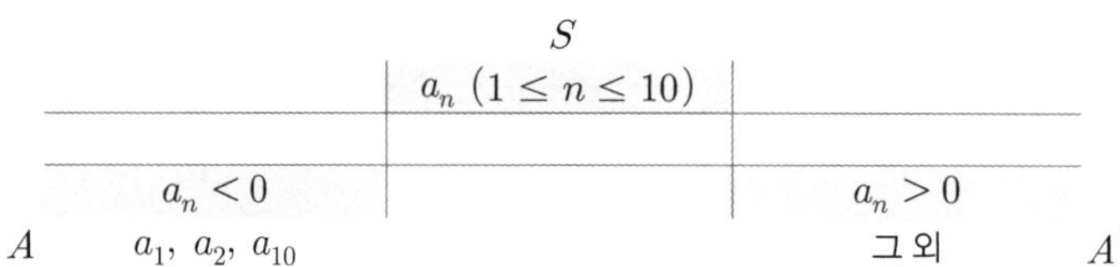

$$S$$

	$a_n\ (1 \le n \le 10)$	
$a_n < 0$		$a_n > 0$
A $a_1,\ a_2,\ a_{10}$		그 외 A^{C}

Ans)

$$\therefore\ a_1 + a_3 + a_5 + a_7 + a_9 = (-2) + 2^3 + 2^5 + 2^7 + 2^9 = 678$$

Sol)

원 C_1의 중심과 원 C_3의 중심 사이의 거리는 12이므로 $a+2ar+ar^2=12$

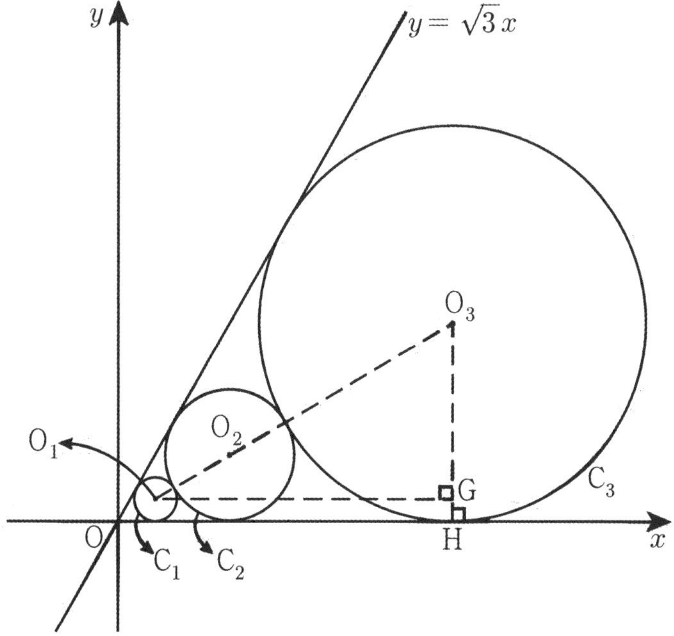

$\angle O_3O_1G = 30°$ 이므로 $\overline{O_1O_3}=2\overline{O_3G}$ 이고 $a(1+2r+r^2)=2a(r^2-1)$ 이다.

$\therefore r=3,\ a=\dfrac{3}{4}$ ($\because$ 두 식 연립)

$\therefore$ 세 원의 넓이의 합 $=\left(\dfrac{3}{4}\right)^2\pi+\left(\dfrac{9}{4}\right)^2\pi+\left(\dfrac{27}{4}\right)^2\pi=\dfrac{819}{16}\pi$

Ans)

$\therefore p+q=835$

수열 [연역]

수열 [연역]
Schema 9
등비수열의 합

중요도 ★★★]

- 등비수열의 합은 $S_n = a_1 \times \dfrac{r^n - 1}{r - 1} = \dfrac{(\text{시작 항}) \times \{(\text{공비})^{\text{항의 개수}} - 1\}}{\text{공비} - 1} = \dfrac{a_{n+1} - a_1}{r - 1}$ 이고

  3가지 관점을 자유자재로 활용할 수 있다.

- 등비수열의 합과 일반항은 다음 관계를 갖는다.

  ① $S_n = pr^n - p$
  $\Leftrightarrow a_n = (pr - p)r^{n-1}$

  ② $S_n = pr^n + q$
  $\Leftrightarrow a_n = (pr + p)r^{n-1}$

- 등비수열의 합을 재구성해도 결합법칙에 의해 r로 묶이므로 등비 성질을 나타낸다.

  ① $S_{(k+1)n} - S_{kn} = r^{kn} \times S_n$
  → S_n의 간격이 n일 경우 배율이 k이다.
  → 간격이 동일한 등비수열의 합도 등비수열이다.

  ② $\dfrac{S_{2n}}{S_n} = r^n + 1$

  ③ $\dfrac{S_{3n}}{S_n} = r^{2n} + r^n + 1$

- 등비수열의 합은 (양극단 항의 곱)×Σ(등비수열 역수)이다.

  → $\displaystyle\sum_{k=1}^{n} a_k = (a_1 a_n) \times \sum_{k=1}^{n} \dfrac{1}{a_k}$

등비수열의 합

예

등비수열 $\{a_n\}$의 첫째항부터 제 n항까지의 합을 S_n이라 하자. 모든 자연수 n에 대하여

$$S_{n+3} - S_n = 13 \times 3^{n-1}$$

일 때, a_4의 값을 구하시오.

예

첫째항이 2인 등비수열 $\{a_n\}$의 첫째항부터 제 n항까지의 합 S_n이 다음 조건을 만족시킬 때, a_4의 값을 구하시오.

(가) $S_{12} - S_2 = 4S_{10}$
(나) $S_{12} < S_{10}$

수열 [연역]
Schema 9

등비수열의 합

Sol)

$\forall_n,\ S_{n+3} - S_n = 13 \times 3^{n-1}$ 에서 합 간 간격이 3이므로 일반항으로 바꾸면

$\to a_{n+3} + a_{n+2} + a_{n+1} = 13 \times 3^{n-1}$

$\to ar^n(1+r+r^2) = 13 \times 3^{n-1}$

$\to a \times \left(\dfrac{r}{3}\right)^n \times (1+r+r^2) = 13 \times 3^{-1}$ ······ ㉠

a와 r은 상수이고 n을 변수로 하는 함수로 관찰할 때

밑이 1이어야 하므로 $r = 3$이고 이를 ㉠에 대입하면 $a_1 = \dfrac{1}{3}$ 이다.

Ans)

$\therefore a_4 = a_1 r^3 = \dfrac{1}{3} \times 3^3 = 9$

Sol)

$S_{12} - S_{10} = 2r^{10}(1+r) < 0$

$\therefore r < -1$

$S_{12} - S_2 = 4S_{10}$

$\to r^2 = 4,\ r = -2$

$\therefore a_4 = 2 \times (-2)^3 = -16$

등비수열의 합

예

$r > 1$인 실수 r에 대하여 전체집합

$$U = \{ r^k \,|\, k\text{는 } 102 \text{ 이하의 자연수}\}$$

의 부분집합 A가 다음 조건을 만족시킨다.

(가) $\{r,\ r^{31},\ r^{100}\} \subset A$

(나) A의 원소들을 작은 수부터 차례대로 배열한 수열은 등비수열이다.

(다) U의 모든 원소들의 합은 집합 A의 모든 원소들의 합의 91배이다.

---

r의 값은?

예

수열 $\{a_n\}$이 다음 조건을 만족시킨다.

(가) 네 수 $a_1,\ a_3,\ a_5,\ a_7$은 이 순서대로 공비가 양수인 등비수열을 이룬다.

(나) 8 이하의 모든 자연수 n에 대하여 $a_n \times a_{9-n} = 75$이다.

$a_1 + a_2 = \dfrac{10}{3}$, $\displaystyle\sum_{k=1}^{8} a_k = \dfrac{400}{3}$ 일 때, $a_3 + a_8$의 값은?

수열 [연역]
Schema 9

등비수열의 합

Sol)

A의 원소들을 작은 수부터 차례대로 배열한 수열은 등비수열이고 $r > 1$이므로
첫째항은 r이다.

공비를 r^a (a는 자연수)라 하면 일반항은 $r(r^a)^{n-1}$ $(n \geq 2)$이고
$r^{31} \in A$, $r^{100} \in A$이므로 a는 30과 99의 공약수이다.

(다)에서 $a = 3$이고 U의 원소들의 합은 $\dfrac{r(r^{102}-1)}{r-1}$ 이다.

A의 원소들의 합은 첫째항이 r, 공비가 r^3인 등비수열의 제 34항까지의 합과 같으므로
$\dfrac{r\{(r^3)^{34}-1\}}{r^3-1}$ 이고 $\dfrac{r(r^{102}-1)}{r-1} = 91 \times \dfrac{r(r^{102}-1)}{r^3-1}$ 이다.

이를 풀면 $r^2 + r - 90 = (r+10)(r-9) = 0$, $r = 9$이다.

Ans)
$r = 9$

등비수열의 합

Sol)

$a_n \times a_{9-n} = 75$이므로

$$\sum_{k=1}^{8} a_k = \left(a + ar + ar^2 + ar^3\right) + \left(\frac{75}{ar^3} + \frac{75}{ar^2} + \frac{75}{ar} + \frac{75}{a}\right) = \left(a_1 + a_2\right)\left(1 + r + r^2 + r^3\right)$$

$a_1 + a_2 = \dfrac{10}{3}$, $\displaystyle\sum_{k=1}^{8} a_k = \dfrac{400}{3}$ 이므로 $\dfrac{10}{3}\left(1 + r + r^2 + r^3\right) = \dfrac{400}{3}$

$\rightarrow r^3 + r^2 + r - 39 = (r - 3)\left(r^2 + 4r + 13\right) = 0$

$\therefore r = 3$

$\rightarrow a_1 + a_2 = a + \dfrac{75}{ar^3} = a + \dfrac{75}{27a} = \dfrac{10}{3}$

$\therefore a = \dfrac{5}{3}$

Ans)

$a_3 + a_8 = ar + \dfrac{75}{a} = 5 + 45 = 50$

수열 [연역]

수열 [연역]
Schema 10

번역

[중요도 ★★★]

- 등차수열 또는 등비수열의 합 S_n과 일반항 a_n이 혼재되어 제시될 때
  적절히 하나로 몰아서 생각하는 게 유리하다.

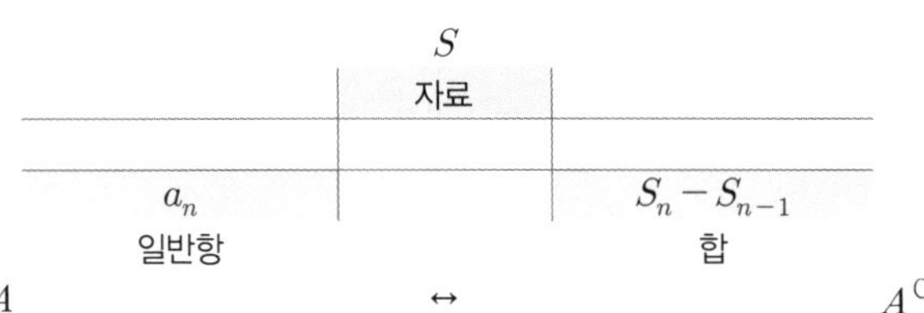

예 $(S_n \to a_n)$ $S_{n+1} - S_{n-2} = a_{n+1} + a_n - a_{n-1} = 3a_n$ (등차수열)

예 $(a_n \to S_n)$ $a_7 + a_8 = S_8 - S_6$

- 등차수열의 $+$를 $-$처럼, 등비수열의 $\times$를 $\div$처럼
  $\log$를 활용하여 등비수열의 $\times$를 등차수열의 $+$로
  자유롭게 연산 기호 간 전환해서 생각할 수 있으면 유리하다.

① $+ \to -$
② $\times \to \div$
③ $\times \to +$ $by \log$

예

공차가 양수인 등차수열 $\{a_n\}$ 이 다음 조건을 만족시킨다

> (가) 수열 $\{a_n\}$ 의 모든 항은 정수이다.
> (나) $a_7,\ a_8,\ a_k$ 가 이 순서대로 등비수열을 이루도록 하는
>   8 보다 큰 자연수 k 가 존재한다.

$a_k = 144$ 가 되도록 하는 모든 k 의 값의 합은?

예

첫째항이 자연수이고 공차가 음의 정수인 등차수열 $\{a_n\}$ 과 첫째항이 자연수이고
공비가 음의 정수인 등비수열 $\{b_n\}$ 이 다음 조건을 만족시킬 때, $a_7 + b_7$ 의 값은?

(가) $\displaystyle\sum_{n=1}^{5}\left(a_n + b_n\right) = 27$

(나) $\displaystyle\sum_{n=1}^{5}\left(a_n + |b_n|\right) = 67$

(다) $\displaystyle\sum_{n=1}^{5}\left(|a_n| + |b_n|\right) = 81$

예

공차가 d 이고 모든 항이 자연수인 등차수열 $\{a_n\}$ 이 다음 조건을 만족시킨다.

(가) $a_1 \leq d$

(나) 어떤 자연수 $k\,(k \geq 3)$에 대하여 세 항 $a_2,\ a_k,\ a_{3k-1}$이
   이 순서대로 등비수열을 이룬다.

$90 \leq a_{16} \leq 100$일 때, a_{20}의 값은?

예

수열 $\{a_n\}$에 대하여 첫째항부터 제 n항까지의 합을 S_n이라 했을 때
수열 $\{S_{2n-1}\}$은 공차가 -3인 등차수열이고,
수열 $\{S_{2n}\}$은 공차가 2인 등차수열이다. $a_2 = 1$일 때, a_8의 값은?

수열 [연역]

수열 [연역]
Schema 10

번역

Sol)
조건에 의해 a_1 은 정수이고 d 는 자연수이므로 공비 $r > 1$ 이다.
$\{a_n\}$ 은 등차수열이므로 $a_8 - a_7 = d$, $a_k - a_8 = (k-8)d$ 이고
a_8 은 a_7 과 a_k 의 등비중항이므로 $a_8 - a_7 = a_7(r-1)$, $a_k - a_8 = a_7 r(r-1)$ 이다.

→ $r = k - 8$
→ $k > 9$

$a_k = a_7 r^2$ 이므로 $a_7(k-8)^2 = 12^2$ 가 되게 하는 k 값의 합과 동치이고
우변이 제곱수이므로 a_7 도 제곱수이고, 12^2 의 약수이다.

∴ $a_7 = 1,\ 2^2,\ 3^2,\ 4^2,\ 6^2$

Ans)
∴ $\sum k = 20 + 14 + 12 + 11 + 10 = 67$

Sol)
(가) - (나)에서 $\sum\limits_{n=1}^{5}(b_n - |\,b_n\,|) = -40$ 이므로 $\{b_n\}$ 에서 음수인 항들의 합이 -20 이다.

→ $b_2 + b_4 = -20$
→ $br(1 + r^2) = -20$

b 는 20의 약수 중 하나이므로 $b = 2,\ r = -2$ 또는 $b = 10,\ r = -1$
$r = -1$ 인 경우 (나)의 좌변은 5의 배수 우변은 5의 배수가 아니므로
$b = 2,\ r = -2$ 이다.

(가)에서 $5a_3 + 11b_1 = 27$, (나)에서 $5a_3 + 31b_1 = 67$

∴ $a_3 = 1,\ b_1 = 2$

(다)에서 $a_1 + a_2 + a_3 - a_4 - a_5 + 62 = 81$

∴ $d = -3$

Ans)
∴ $a_7 + b_7 = -11 + 128 = 117$

Sol)
$\{a+(k-1)d\}^2 = (a+d)\{a+(3k-2)d\}$ ($\because$ (나))

$\rightarrow d\{k^2-5k+3\} = a(k+1) \leq d(k+1)$
$\rightarrow k^2-6k+2 \leq 0, \ k^2-5k+3 > 0$

$\therefore k = 5$ ($\because k$는 자연수)
$\therefore d = 2a$

$a_{16} = a+15d = 31a$

$\therefore a = 3, \ d = 6$

Ans)
$\therefore a_{20} = a+19d = 117$

Sol)
구하는 바 a_8는 $S_8 - S_7$과 동치이므로
$S_8 = S_2 + 3 \times 2 = a_1 + 7$
$S_7 = S_1 + 3 \times (-3) = a_1 - 9$

Ans)
$\therefore a_8 = S_8 - S_7 = (a_1 + 7) - (a_1 - 9) = 16$

수열 [연역]

수열 [연역]
Schema 11

계차수열

[중요도 ★★★]

- $a_{n+1} - a_n = f(n)$과 같이 제시되는 경우

  각각에 주목해서 관찰할 수도 있으나 간격 관점으로 해석할 수 있다.

- $a_{n+1} + a_n = f(n)$ 꼴로 제시될 경우 $a_n + a_{n-1} = f(n-1)$이므로

  $a_{n+1} - a_{n-1} = f(n) - f(n-1)$처럼 생각할 수 있고 2 간격 수열이므로

  홀짝에 따라 분류할 수 있다.

- $a_{n+1} - ka_n = f(n)$ 꼴로 제시될 경우 $\dfrac{a_{n+1}}{k^{n+1}} = \dfrac{a_n}{k^n} + \dfrac{f(n)}{k^{n+1}}$ 꼴이므로

  $b_n = \dfrac{a_n}{k^n}$을 정의해서 조금 더 간단한 꼴로 생각할 수 있다.

예

수열 $\{a_n\}$이 모든 자연수 n에 대하여 다음 조건을 만족시킨다.

> (가) $\displaystyle\sum_{k=1}^{2n} a_k = 17n$
>
> (나) $|a_{n+1} - a_n| = 2n - 1$

$a_2 = 9$일 때, $\displaystyle\sum_{n=1}^{10} a_{2n}$의 값은?

예

수열 $\{a_n\}$은 $a_1 = 12$이고, 모든 자연수 n에 대하여

$$a_{n+1} + a_n = (-1)^{n+1} \times n$$

을 만족시킨다. $a_k > a_1$인 자연수 k의 최솟값은?

계차수열

예

공차가 정수인 두 등차수열 $\{a_n\}$, $\{b_n\}$과 자연수 m $(m \geq 3)$이
다음 조건을 만족시킨다.

(가) $|a_1 - b_1| = 5$

(나) $a_m = b_m$, $a_{m+1} < b_{m+1}$

$\displaystyle\sum_{k=1}^{m} a_k = 9$일 때, $\displaystyle\sum_{k=1}^{m} b_k$의 값은?

예

좌표평면에서 그림과 같이 길이가 1 인 선분이 수직으로 만나도록 연결된 경로가 있다.
이 경로를 따라 원점에서 멀어지도록 움직이는 점 P 의 위치를 나타내는 점 A_n 을 다음과 같은
규칙으로 정한다.

(i) A_0 은 원점이다.

(ii) n 이 자연수일 때, A_n 은 점 A_{n-1} 에서 점 P 가

경로를 따라 $\dfrac{2n-1}{25}$ 만큼 이동한 위치에 있는 점이다.

예를 들어, 점 A_2 와 A_6 의 좌표는 각각 $\left(\dfrac{4}{25},\, 0\right)$, $\left(1,\, \dfrac{11}{25}\right)$ 이다.

자연수 n 에 대하여 점 A_n 중 직선 $y = x$ 위에 있는 점을 원점에서 가까운 순서대로 나열할 때,
두 번째 점의 x 좌표를 a 라 하자. a 의 값을 구하시오.

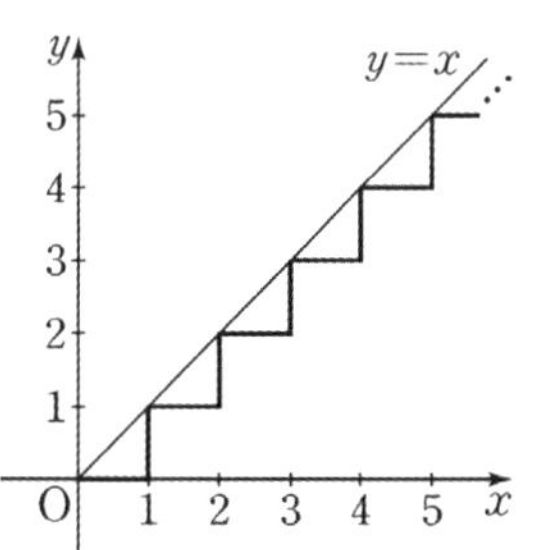

수열 [연역]

수열 [연역]
Schema 11

계차수열

Sol)

(가)에 의해 $a_{2n-1} + a_{2n} = \sum_{k=1}^{2n} a_k - \sum_{k=1}^{2(n-1)} a_k = 17 \ \ (n \geq 2)$

(나)에 의해 $|a_{2n} - a_{2n-1}| = 2(2n-1) - 1 = 4n - 3 \ \ (n \geq 1)$

한 칸 간격이 4씩 넓어지고, 각각의 합은 일정하므로
$g(n) = f(n) - 8.5$는 0을 기준으로 $+$, $-$ 를 반복하고
$f(2n)$은 주기 1 당 2 씩 증가한다.

$\therefore \ \{a_n\}$은 초항이 9, 공차가 2인 수열

Ans)

$\therefore \ \displaystyle\sum_{n=1}^{10} a_{2n} = \frac{10 \times (18 + 9 \times 2)}{2} = 180$

Sol)

$a_{n+1} + a_n = (-1)^{n+1} \times n$이므로 간격이 2인 계차수열이고

$n = 2k-1$일 때 $a_{2k+1} - a_{2k-1} = -(4m-1)$ (불능)

$n = 2k$일 때 $a_{2(k+1)} - a_{2k} = 4m + 1$이다.

$\therefore \ a_{2n} - a_2 = \displaystyle\sum_{k=1}^{n-1} (a_{2(k+1)} - a_{2k}) = (2n+1)(n-1) - 11$

$\therefore \ a_k > a_1$을 만족시키는 k의 최솟값은 8

Ans)

$\therefore \ k$의 최솟값은 8이다.

$+\alpha$)

간격으로 해석할 수도 있고 $\dfrac{a_{n+1}}{(-1)^{n+1}} - \dfrac{a_n}{(-1)^n} = n$으로 나눠서 정리한 후

$a_n = (-1)^n \times \left(\dfrac{n(n-1)}{2} - 12 \right)$로 구할 수도 있다.

계차수열

Sol)

$b_n - a_n = c_n$이라 하면 $|c_1| = 5$, $c_m = 0$, $c_{m+1} > 0$임을 알 수 있다.

간격은 모두 자연수이고 5의 약수는 1과 5 뿐이므로 $m = 6$이다. ($\because m \geq 3$)

$\displaystyle\sum_{k=1}^{m} a_k = 9$이고 $\displaystyle\sum_{k=1}^{6} c_k = -15$이므로 $\displaystyle\sum_{k=1}^{m} b_k = -6$이다. ($\because - \sum$(간격))

Ans)

$\therefore \displaystyle\sum_{k=1}^{m} b_k = -6$

Sol)

㉮ 점 P 가 경로를 따라 이동한 거리는

$$\sum_{k=1}^{n} \frac{2k-1}{25} = \frac{1}{25}\left\{ 2 \times \frac{n(n+1)}{2} - n \right\} = \frac{n^2}{25} = \left(\frac{n}{5} \right)^2$$

A_n 이 $y = x$ 에 있으므로 ㉮는 $2k$ 꼴이고

$\left(\dfrac{n}{5} \right)^2$ 이 짝수이면 $\dfrac{n}{5}$ 도 짝수이므로 $\dfrac{n}{5} = 2m$ 에서 $n = 10m$ 이다.

$\therefore n = 20$ 일 때이므로 점 A_{20} 이다.

점 A_0 에서 점 A_n 까지 ㉮가 $\left(\dfrac{20}{5} \right)^2 = 4^2 = 16$ 이므로 점 A_{20} 의 x 좌표는 8 이다.

Ans)

$\therefore a = 8$

수열 [연역]

3
Theme

수열의 합

수열의 합

수열의 합
Schema 1

시그마 연산

[중요도 ★★★]

- $\{a_n\}$의 n번째 항까지의 합을 기호로 다음과 같이 나타낸다.

$$S_n = \sum_{k=1}^{n} a_k = a_1 + a_2 + a_3 + \cdots + a_n$$

- 합의 기호 Σ(sum or $sigma$) 밑에는 각 항수를 대입할 문자($index$)를 지정하고, 더하기를 시작할 ⓐ 첫 항을 지정한다

① ⓐ는 1이 아닌 상수일 수 있다
② ⓐ에 지정 문자가 아닌 다른 문자가 들어가면 그 문자는 상수로 처리한다.

- 합의 기호 위에는 마지막 항을 지정한다.

예 제n항까지의 합 : $S_n = \sum_{k=1}^{n} a_k$

- 합의 기호 오른쪽에는 일반항을 써준다.
  항수가 들어갈 문자는 앞에서 지정한 문자와 같게 해야 한다.

예 $a_n = n^2 + 1, \ \sum_{k=1}^{n} (k^2 + 1)$

- 합의 기호는 다음과 같이 연산할 수 있다.

① $\displaystyle\sum_{k=1}^{n} (a_k + b_k) = \sum_{k=1}^{n} a_k + \sum_{k=1}^{n} b_k$

② $\displaystyle\sum_{k=m}^{n} a_k = \sum_{k=1}^{n} a_k - \sum_{k=1}^{m-1} a_k \ (\text{단, } 2 \le m \le n)$

③ $\displaystyle\sum_{k=1}^{n} ca_k = c \sum_{k=1}^{n} a_k$

④ $\displaystyle\sum_{k=1}^{n} c = cn$

⑤ $\displaystyle\sum_{k=1}^{n} (a_k + |a_k|) = 2 \sum_{k=1}^{n} Max(a_k, \, 0)$

⑥ $\displaystyle\sum_{k=1}^{n} (a_k - |a_k|) = 2 \sum_{k=1}^{n} Min(a_k, \, 0)$

[중요도 ★★★]

- 조건 해석 및 마무리 연산 시 다음을 알고 활용할 수 있다.

① $\displaystyle\sum_{k=1}^{n} k = \frac{n(n+1)}{2}$

예 $\displaystyle\sum_{k=1}^{n} 10 = 55$

② $\displaystyle\sum_{k=1}^{n} (2k-1) = n^2 = (항\ 수)^2$

예 $\displaystyle\sum_{k=1}^{5} (2k-1) = 25$

③ $\displaystyle\sum_{k=1}^{n} 2k = n(n+1) = (항\ 수)\times(항\ 수+1)$

예 $\displaystyle\sum_{k=1}^{5} 2k = 30$

④ $\displaystyle\sum_{k=1}^{n} k^2 = \frac{n(n+1)(2n+1)}{6} = \frac{n(n+1)}{2} \times \frac{2n+1}{3}$

예 $\displaystyle\sum_{k=1}^{10} k^2 = 385$

⑤ $\displaystyle\sum_{k=1}^{n} k^3 = \left\{ \frac{n(n+1)}{2} \right\}^2$

예 $\displaystyle\sum_{k=1}^{10} k^3 = 3025$

예

$a_1 = 2$ 인 수열 $\{a_n\}$ 과 $b_1 = 2$ 인 등차수열 $\{b_n\}$ 이 모든 자연수 n 에 대하여

$\displaystyle\sum_{k=1}^{n} \frac{a_k}{b_{k+1}} = \frac{1}{2} n^2$ 을 만족시킬 때, $\displaystyle\sum_{k=1}^{5} a_k$ 의 값은?

예

자연수 n 에 대하여 직선 $x = n$ 이 직선 $y = x$ 와 만나는 점을 P_n,

곡선 $y = \dfrac{1}{20} x \left(x + \dfrac{1}{3} \right)$ 과 만나는 점을 Q_n, x 축과 만나는 점을 R_n 이라 하자.

두 선분 $\mathrm{P}_n \mathrm{Q}_n$, $\mathrm{Q}_n \mathrm{R}_n$ 의 길이 중 작은 값을 a_n 이라 할 때, $\displaystyle\sum_{n=1}^{10} a_n$ 의 값은?

수열의 합

수열의 합
Schema 2

합의 공식

Sol)

등식의 양변에 $n=1$ 을 대입하면 $b_2=4$ 이고 $b_2-b_1=2$ 이므로 $b_n=2+2(n-1)=2n$

$$\rightarrow \sum_{k=1}^{n}\frac{a_k}{2(k+1)}=\frac{1}{2}n^2$$

$$\rightarrow \sum_{k=1}^{n}\frac{a_k}{k+1}=n^2$$

$S_n-S_{n-1}=a_n \ (n\geq 2)$ 이므로 $a_n=(n+1)(2n-1) \ (n\geq 2)$ 이고 $a_1=2$

Ans)

$$\sum_{k=1}^{5}a_k=\sum_{k=1}^{5}\left(2k^2+k-1\right)=120$$

Sol)

$$\overline{P_nQ_n}=n-\frac{1}{20}n\left(n+\frac{1}{3}\right),\ \overline{Q_nR_n}=\frac{1}{20}n\left(n+\frac{1}{3}\right)\text{이므로}$$

$\overline{P_nQ_n}>\overline{Q_nR_n}$ 을 만족하는 a_n은

$$\to\ n-\frac{1}{20}n\left(n+\frac{1}{3}\right)>\frac{1}{20}n\left(n+\frac{1}{3}\right)$$

$$\to\ a_n=\begin{cases}\overline{Q_nR_n}=\dfrac{1}{20}n\left(n+\dfrac{1}{3}\right) & (1\le n\le 9)\\[2ex]\overline{P_nQ_n}=n-\dfrac{1}{20}n\left(n+\dfrac{1}{3}\right) & (n\ge 10)\end{cases}$$

Ans)

$$\sum_{n=1}^{10}a_n=\sum_{n=1}^{9}\frac{1}{20}n\left(n+\frac{1}{3}\right)+a_{10}=\frac{1}{20}\times\frac{9\times10\times19}{6}+\frac{1}{60}\times\frac{9\times10}{2}=\frac{119}{6}$$

수열의 합

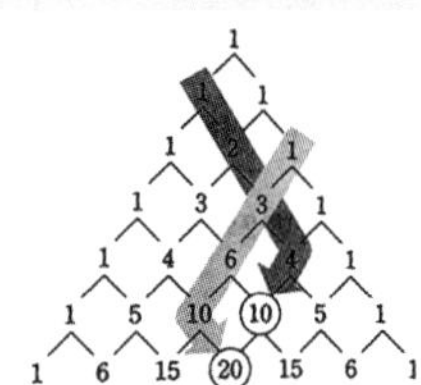

연속된 수 합의 논증

수열의 합
Schema 3

Telescoping

[중요도 ★★★]
- 부분분수, 연속된 항의 조합을 적절히 소거 후 상수값만 남길 수 있다.

[부분분수]

① $\displaystyle\sum_{k=1}^{n} \frac{1}{\sqrt{k}+\sqrt{k+1}} = \sqrt{n+1}-1 \ \left(\text{by } \frac{1}{A\times B} = \frac{1}{B-A}\left(\frac{1}{A}-\frac{1}{B}\right)\right)$

② $\displaystyle\sum_{k=1}^{n} \frac{1}{k(k+1)} = 1 - \frac{1}{n+1} = \frac{n}{n+1}$

③ $\displaystyle\sum_{k=1}^{n} \frac{1}{k(k+2)} = \frac{1}{2}\left(\frac{1}{1} + \frac{1}{2} - \frac{1}{n+1} - \frac{1}{n+2}\right)$

④ $\displaystyle\sum_{k=1}^{n} \frac{1}{k(k+1)(k+2)} = \frac{1}{2}\sum_{k=1}^{n} \frac{1}{k(k+1)} - \frac{1}{2}\sum_{k=1}^{n} \frac{1}{(k+1)(k+2)}$

⑤ (등차수열) $\displaystyle\sum_{k=1}^{n} \frac{1}{\sqrt{a_k}+\sqrt{a_{k+1}}} = \frac{1}{d}\left(\sqrt{a_{n+1}} - \sqrt{a_1}\right)$

[Σ연속된 정수]

① $\displaystyle\sum_{k=1}^{n} k(k+1)(k+2) = \frac{n(n+1)(n+2)(n+3)}{4}$

② $\displaystyle\sum_{k=1}^{n} k(k+1)(k+2)(k+3) = \frac{n(n+1)(n+2)(n+3)(n+4)}{5}$

③ $\displaystyle\sum_{k=1}^{n} k(k+1)(k+2)\cdots(k+r-1) = \frac{n(n+1)(n+2)\cdots(n+r)}{r+1}$

[Σ연속된 항]

① $\displaystyle\sum_{k=1}^{n} k(a_k - a_{k+1}) = \sum_{k=1}^{n}(ka_k - (k+1)a_{k+1} + a_{k+1})$

② $\displaystyle (-1)^n a_{n+1} - a_1 = \sum_{k=1}^{n}(-1)^k \times (a_{k+1}+a_k)$ ⋯ 연속된 두 항의 조작

③ $\displaystyle (-1)^{n+1} a_{n+1} + a_1 = \sum_{k=1}^{n}(-1)^{k+1} \times (a_{k+1}+a_k)$

④ $\displaystyle a_1 - a_2 + a_3 - a_4 + \cdots + a_{2n} = \sum_{k=1}^{n}(a_{2k-1} - a_{2k})$

⑤ $\displaystyle a_1 - a_2 + \cdots + a_{2n} - a_{2n+1} = a_1 - \sum_{k=1}^{n}(a_{2k} - a_{2k+1})$

Telescoping

예

n이 자연수일 때, x에 대한 이차방정식

$$x^2 - (2n-1)x + n(n-1) = 0$$

의 두 근을 α_n, β_n이라 하자. $\displaystyle\sum_{n=1}^{81} \frac{1}{\sqrt{\alpha_n} + \sqrt{\beta_n}}$ 의 값을 구하시오

예

수열 $\{a_n\}$이 모든 자연수 n에 대하여

$$\sum_{k=1}^{n} \frac{1}{(2k-1)a_k} = n^2 + 2n$$

을 만족시킬 때, $\displaystyle\sum_{n=1}^{10} a_n$의 값은?

수열의 합

수열의 합
Schema 3

Telescoping

Sol)

이차방정식 $x^2 - (2n-1)x + n(n-1) = 0$에서 $x = n$ 또는 $x = n-1$이므로

$$\sum_{n=1}^{81} \frac{1}{\sqrt{\alpha_n} + \sqrt{\beta_n}} = \sum_{n=1}^{81} (\sqrt{n} - \sqrt{n-1})$$
$$= (\sqrt{1} - 0) + (\sqrt{2} - \sqrt{1}) + (\sqrt{3} - \sqrt{2}) + \cdots + (\sqrt{81} - \sqrt{80})$$
$$= \sqrt{81} - 0 = 9$$

Ans)

$$\therefore \sum_{n=1}^{81} \frac{1}{\sqrt{\alpha_n} + \sqrt{\beta_n}} = 9$$

Sol)

$n = 1$일 때, $\dfrac{1}{a_1} = 1^2 + 2 \times 1 = 3$

$n \geq 2$일 때, $\dfrac{1}{(2n-1)a_n} = \sum_{k=1}^{n} \dfrac{1}{(2k-1)a_k} - \sum_{k=1}^{n-1} \dfrac{1}{(2k-1)a_k} = 2n+1$

$$\therefore a_n = \frac{1}{(2n-1)(2n+1)}$$

$$\therefore \sum_{n=1}^{10} a_n = \sum_{n=1}^{10} \frac{1}{(2n-1)(2n+1)} = \frac{1}{2} \sum_{n=1}^{10} \left(\frac{1}{2n-1} - \frac{1}{2n+1} \right) = \frac{1}{2} \left(1 - \frac{1}{21} \right) = \frac{10}{21}$$

Ans)

$$\therefore \sum_{n=1}^{10} a_n = \sum_{n=1}^{10} \frac{1}{(2n-1)(2n+1)} = \frac{1}{2} \sum_{n=1}^{10} \left(\frac{1}{2n-1} - \frac{1}{2n+1} \right) = \frac{1}{2} \left(1 - \frac{1}{21} \right) = \frac{10}{21}$$

$+\alpha$)

$$\sum_{k=1}^{n} \frac{1}{(2k-1)a_k} = n^2 + 2n$$이므로 $d = 2$이고

$n = 1$일 때, $\dfrac{1}{a_1} = 1^2 + 2 \times 1 = 3$ 이므로 $\dfrac{1}{(2n-1)a_n} = 2n+1$ 이다.

$(\because$ 상수항이 없는 2차식, (2차항 계수)$= \dfrac{d}{2})$

Telescoping

예

함수 $f(x) = x^2 + x - \dfrac{1}{3}$ 에 대하여 부등식

$$f(n) < k < f(n) + 1 \quad (n = 1, 2, 3, \cdots)$$

을 만족시키는 정수 k의 값을 a_n이라 하자.

$\displaystyle\sum_{n=1}^{100} \dfrac{1}{a_n} = \dfrac{q}{p}$ 일 때, $p+q$의 값을 구하시오. (단, p와 q는 서로소인 자연수이다.)

예

수열 $\{a_n\}$의 일반항은 $a_n = \log_2 \sqrt{\dfrac{2(n+1)}{n+2}}$ 이다. $\displaystyle\sum_{k=1}^{m} a_k$의 값이
100 이하의 자연수가 되도록 하는 모든 자연수 m의 값의 합은?

예

수열 $\{a_n\}$ 은 등차수열이고, 수열 $\{b_n\}$ 은 모든 자연수 n 에 대하여

$$b_n = \sum_{k=1}^{n} (-1)^{k+1} a_k$$

를 만족시킨다. $b_2 = -2$, $b_3 + b_7 = 0$ 일 때, 수열 $\{b_n\}$ 의 첫째항부터 제9 항까지의 합은?

수열의 합

수열의 합
Schema 3

Telescoping

Sol)

$n^2+n-\dfrac{1}{3}<k<n^2+n+\dfrac{2}{3}$ 을 만족시키는 자연수 k는 n^2+n 이므로

$$\sum_{n=1}^{100}\frac{1}{a_n}=\sum_{n=1}^{100}\frac{1}{n(n+1)}=\sum_{n=1}^{100}\left(\frac{1}{n}-\frac{1}{n+1}\right)=1-\frac{1}{101}$$

Ans)

$p+q=101+100=201$

Sol)

$a_n=\dfrac{1}{2}\{1+\log_2(n+1)-\log_2(n+2)\}$ 이므로

$$\sum_{k=1}^{m}a_k=\sum_{k=1}^{m}\frac{1}{2}\{1+\log_2(k+1)-\log_2(k+2)\}=\frac{1}{2}\{m+1-\log_2(m+2)\}\le 100$$

$f(m)=m+1-\log_2(m+2)$ 가 짝수인 자연수가 되어야 하므로

$m=2^{2q+1}-2$ (q는 자연수) 로 생각하자.

$\therefore\ 2^{2q}-q-1\le 100$

$q=4$일 때, $2^{2q}=256$ 이므로 가능한 q의 값은 4 미만의 자연수로 제한된다.

$\therefore\ q=1,\ 2,\ 3$

$\therefore\ m=6,\ 30,\ 126$

Ans)

$\sum m=6+30+126=162$

Telescoping

Sol)

등차수열 $\{a_n\}$ 의 첫째항을 a, 공차를 d 라 하면

$b_2 = -2$ 에서 $a_1 - a_2 = -2$ 이고 $d = 2$

$b_3 + b_7 = 0$ 에서 $(a+d) + (a+3d) = 0$ 이므로 $a = -4$

b_n 은 $n = 2k-1$ 일 때, 초항이 a, 공차가 d 인 등차수열이고

$n = 2k$ 일 때, 초항이 $-d$, 공차가 $-d$ 인 등차수열이므로

$b_{2k} + b_{2k+1} = a$ 이다.

Ans)

$$\sum_{k=1}^{9} b_k = 5a = -20$$

수열의 합

수열의 합
Schema 4

기하 관점

[중요도 ★★★]

- 평행이동, 삼각형 관점 등으로 여러 시그마의 형태를 해석할 수 있다.

($\because \Sigma$는 이산적 합, $\int$ 는 연속적 합으로 유사하게 생각할 수 있음)

① $\displaystyle\sum_{k=1}^{n}\left(\sum_{l=k}^{n}a_l\right) = \sum_{l=1}^{n}a_l + \sum_{l=2}^{n}a_l + \sum_{l=3}^{n}a_l + \cdots + \sum_{l=n}^{n}a_l = \sum_{k=1}^{n}ka_k$

② $\displaystyle\sum_{k=1}^{n}\left(\sum_{l=1}^{k}a_l\right) = \sum_{l=1}^{1}a_l + \sum_{l=1}^{2}a_l + \sum_{l=1}^{3}a_l + \cdots + \sum_{l=1}^{n}a_l = \sum_{k=1}^{n}(n-k+1)a_k$

③ $\displaystyle\sum_{k=1}^{n}(a_{k-1}+a_k) = 2S_n - a_n - a_1$

④ $\displaystyle\sum_{k=1}^{n}(a_{2k-1}+a_{2k}) = S_{2n},\quad \sum_{k=1}^{n}(a_{3k-2}+a_{3k-1}+a_{3k}) = S_{3n}$

⑤ $\displaystyle\sum_{k=p}^{n}a_k = \sum_{k=p+q}^{n+q}a_{k-q}$

예

등차수열 $\{a_n\}$, $\displaystyle\sum_{n=1}^{5}S_n$

$$
\begin{array}{ccccc}
a_1 & a_2 & a_3 & a_4 & a_5 \\
a_1 & a_2 & a_3 & a_4 & a_5 \\
a_1 & a_2 & a_3 & a_4 & a_5 \\
a_1 & a_2 & a_3 & a_4 & a_5 \\
a_1 & a_2 & a_3 & a_4 & a_5
\end{array}
$$

$$= \sum_{n=1}^{5}S_n$$

$$
\begin{array}{ccccc}
a_1 & a_2 & a_3 & a_4 & a_5 \\
a_1 & a_2 & a_3 & a_4 & a_5 \\
a_1 & a_2 & a_3 & a_4 & a_5 \\
a_1 & a_2 & a_3 & a_4 & a_5 \\
a_1 & a_2 & a_3 & a_4 & a_5
\end{array}
$$

$$= 5S_3 + 5d$$

기하 관점

예

자연수 n 에 대하여 다음 조건을 만족시키는 가장 작은 자연수 m 을 a_n 이라 할 때, $\displaystyle\sum_{n=1}^{10} a_n$ 의 값은?

> (가) 점 A 의 좌표는 $\left(2^n,\ 0\right)$ 이다.
>
> (나) 두 점 $\mathrm{B}(1,\ 0)$ 과 $\mathrm{C}\left(2^m,\ m\right)$ 을 지나는 직선 위의 점 중 x 좌표가
>
> $\quad 2^n$ 인 점을 D 라 할 때, 삼각형 ABD 의 넓이는 $\dfrac{m}{2}$ 보다 작거나 같다.

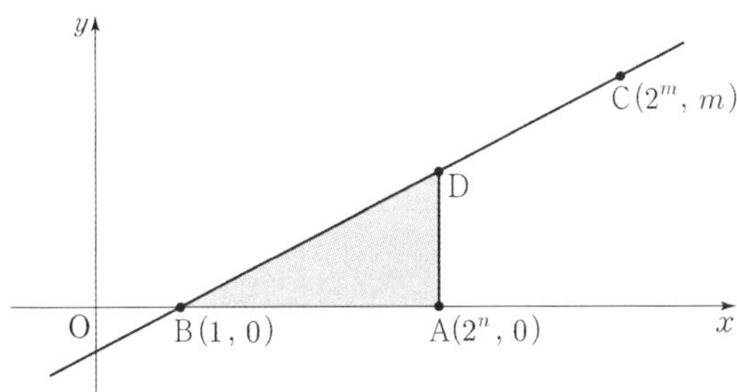

예

함수 $f(x)$ 가 다음 조건을 만족시킨다.

> (가) $-1 \le x < 1$ 에서 $f(x) = |2x|$ 이다.
> (나) 모든 실수 x 에 대하여 $f(x+2) = f(x)$ 이다.

자연수 n 에 대하여 함수 $y = f(x)$ 의 그래프와 함수 $y = \log_{2n} x$ 의

그래프가 만나는 점의 개수를 a_n 이라 하자. $\displaystyle\sum_{n=1}^{7} a_n$ 의 값을 구하시오.

수열의 합

수열의 합
Schema 4

기하 관점

Sol)

점 C에서 x축에 수선의 발을 내렸을 때 x축과의 교점을 H라 하면
△BAD와 △BHC는 닮음 관계에 있으므로

$$\rightarrow \frac{1}{2} \times (2^n - 1) \times \frac{m}{2^m - 1}(2^n - 1) \le \frac{m}{2}$$

$$\rightarrow (2^n - 1)^2 \le 2^m - 1$$

2 이상의 모든 자연수 n에 대하여 $(2^n - 1)^2 \le 2^{2n} - 1$이므로
$2n \le m$이고 $a_1 = 1$, $a_n = 2n$ $(n \ge 2)$이다.

Ans)

$$\sum_{n=1}^{10} a_n = a_1 + \sum_{n=2}^{10} 2n = 1 + \frac{9(4+20)}{2} = 109$$

Sol)

곡선 $y = \log_{2n} x$는 점 $(4n^2, 2)$를 지난다.

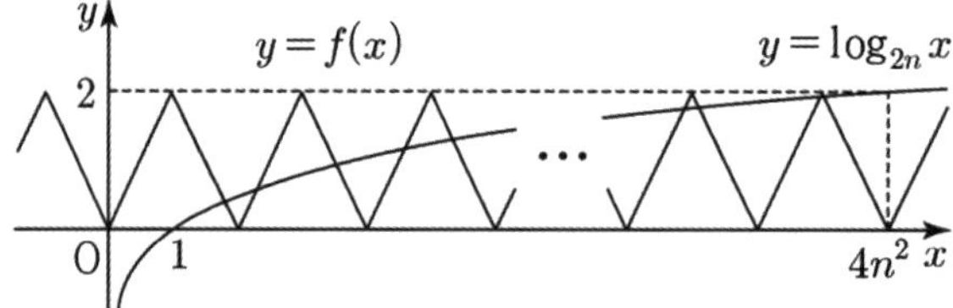

$\therefore$

$[k, k+1]$에서 $y = \log_{2n} x$ 와 함수 $y = f(x)$의 그래프가 만나는 점의 개수는 1개
(단, $1 \le k \le 4n^2 - 1$)

$$\therefore \ a_n = 4n^2 - 1$$

Ans)

$$\sum_{n=1}^{7} a_n = \sum_{n=1}^{7} (4n^2 - 1) = 4 \times \frac{7 \times 8 \times 15}{6} - 7 = 553$$

예

그림과 같이 자연수 n 에 대하여 좌표평면 위의 곡선 $y = 2^x$ 위를 움직이는 점 $\mathrm{P}_n(n,\ 2^n)$ 이 있다. 점 P_n 을 지나고 기울기가 -1 인 직선이 곡선 $y = \log_2 x$ 와 만나는 점을 Q_n 이라 하자. 삼각형 $\mathrm{P}_n \mathrm{OQ}_n$ 의 넓이를 S_n 이라 할 때, $2\displaystyle\sum_{n=1}^{5} S_n$ 의 값은? (단, O 는 원점이다.)

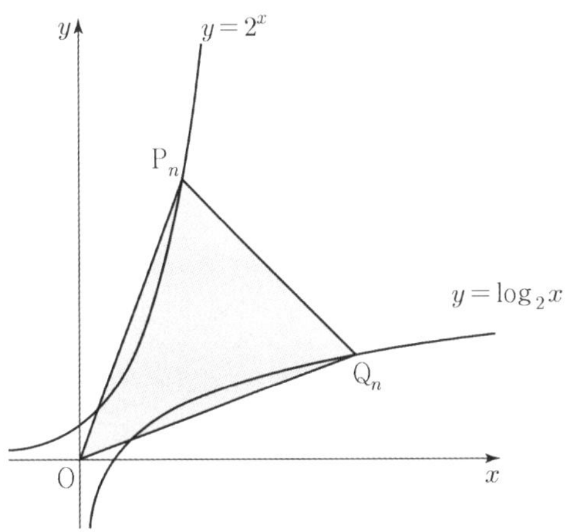

예

자연수 n 에 대하여 함수 $y = \left|\, 2^{\,|\,x-n\,|} - 2n \,\right|$ 의 그래프가 직선 $y = 15$ 와 제1 사분면에서 만나는 점의 개수를 a_n 이라 할 때, $\displaystyle\sum_{n=1}^{20} a_n$ 의 값은?

수열의 합

수열의 합
Schema 4

기하 관점

Sol)

직선 $\mathrm{P}_n\mathrm{Q}_n$ 의 방정식은 $x+y-2^n-n=0$ 이므로

원점 O 와 직선 $\mathrm{P}_n\mathrm{Q}_n$ 사이의 거리는 $\dfrac{2^n+n}{\sqrt{2}}$,

선분 $\mathrm{P}_n\mathrm{Q}_n$ 의 길이는 $\sqrt{2}\,(2^n-n)\,(\because 2^n>n)$

$$\therefore\ S_n=\frac{1}{2}\times\frac{2^n+n}{\sqrt{2}}\times\sqrt{2}\,(2^n-n)=\frac{4^n-n^2}{2}$$

Ans)

$$2\sum_{n=1}^{5}S_n=\sum_{n=1}^{5}\left(4^n-n^2\right)=\frac{4\left(4^5-1\right)}{4-1}-\frac{5\times6\times11}{6}=1309$$

Sol)

$f(2n-x)=\left|\,2^{|n-x|}-2n\,\right|=\left|\,2^{|x-n|}-2n\,\right|=f(x)$ 이고
$f(n)=\left|\,1-2n\,\right|=2n-1,\ f(0)=\left|\,2^n-2n\,\right|=2^n-2n$ 이므로
개형은 다음과 같다.

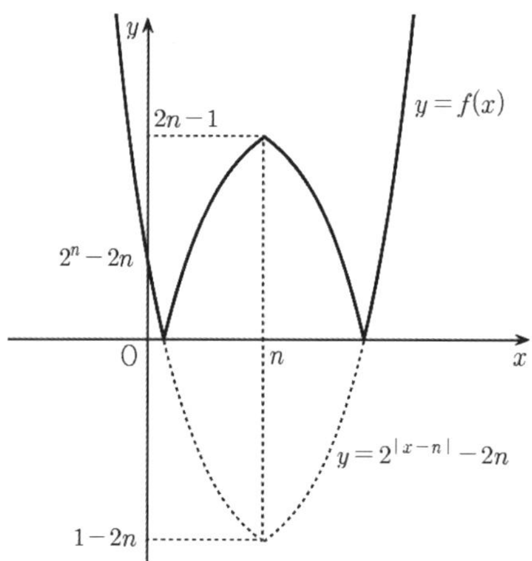

$y=f(x)$ 의 그래프와 직선 $y=15$ 의 제1 사분면에서의 교점의 개수가
a_n 이므로 다음과 같이 분류해서 생각하는 게 타당해 보인다.

기하 관점

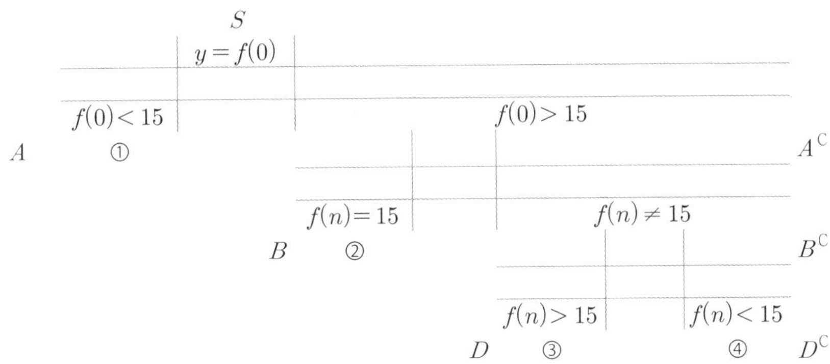

상수함수를 옮겨가며 생각하면

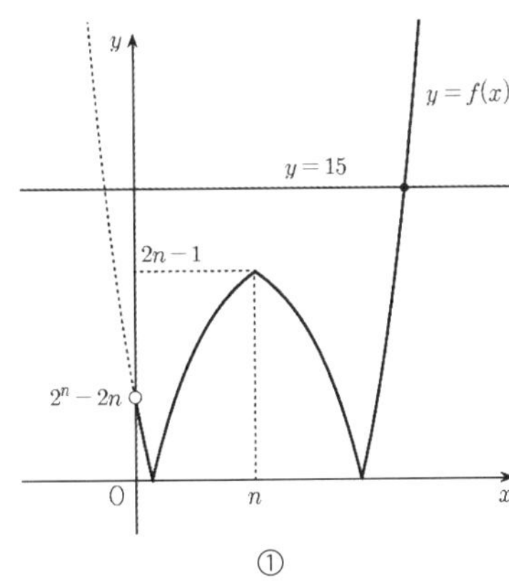

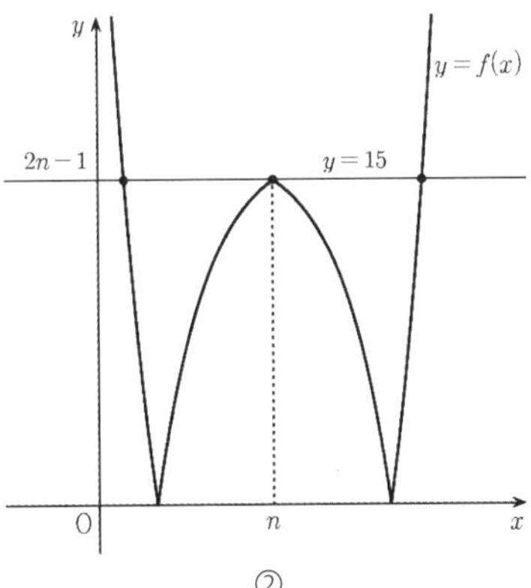

①에서 $a_k = 1$ $(k = 1,\ 2,\ 3,\ 4)$, ②에서 $a_8 = 3$

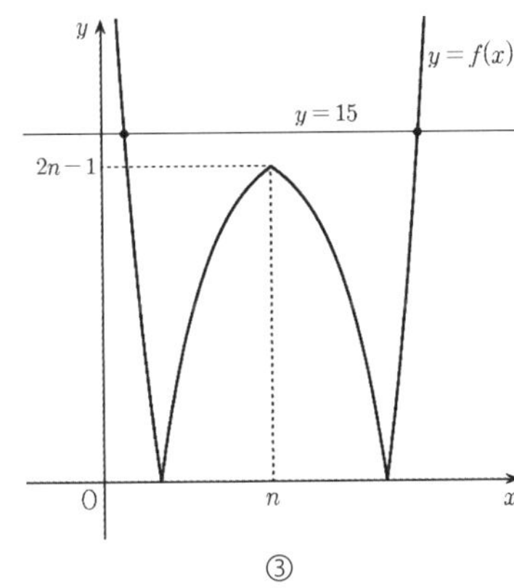

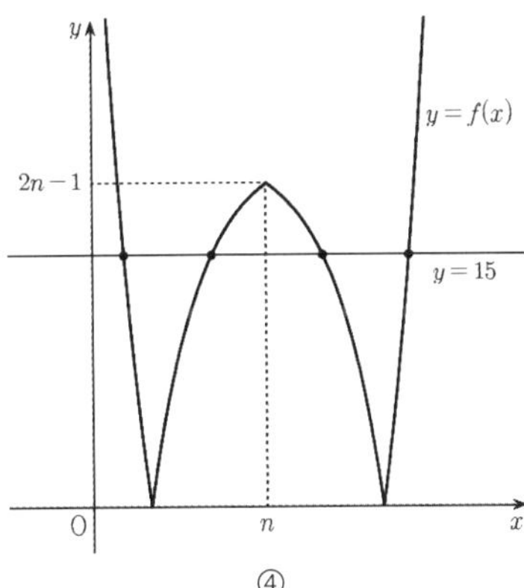

③에서 $a_k = 2$이고 $(k = 5,\ 6,\ 7)$, ④에서 $a_k = 4$ $(k > 9)$ 이다.

$$a_n = \begin{cases} 1 & (n = 1,\ 2,\ 3,\ 4) \\ 2 & (n = 5,\ 6,\ 7) \\ 3 & (n = 8) \\ 4 & (n = 9,\ 10,\ 11,\ \cdots) \end{cases}$$

$$Ans)$$
$$\sum_{n=1}^{20} a_n = 1 \times 4 + 2 \times 3 + 3 \times 1 + 4 \times 12 = 61$$

수열의 합

2
Chapter

기하

Chapter 2

기하

4
Theme

도형

도형

도형
Schema 1

간격변수

[중요도 ★★★★]

- 교육과정 상 다뤄지는 함수는 크게 다항함수와 초월함수로 분류할 수 있다.

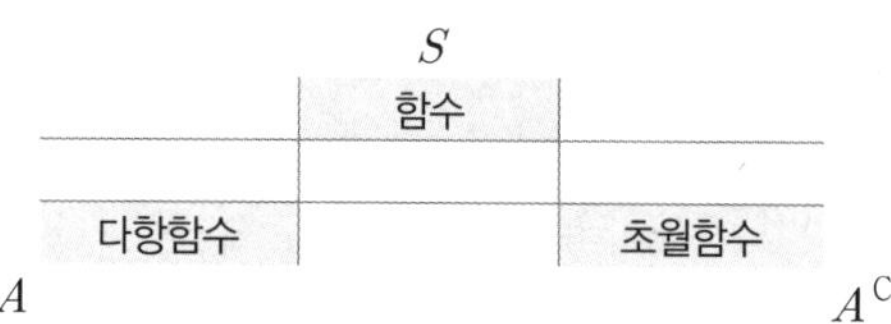

초월함수는 대수적으로 표현할 수 없는 함수로
다항식 연산, 좌표 연산이 가능할 수도 있으나 가능하지 않을 수도 있다.

초월함수와 삼각형, 원 등 도형과의 관계가 제시될 때
간격을 하나의 변수로 설정해서 해석할 수 있다는 것 또한 염두에 두도록 하자.

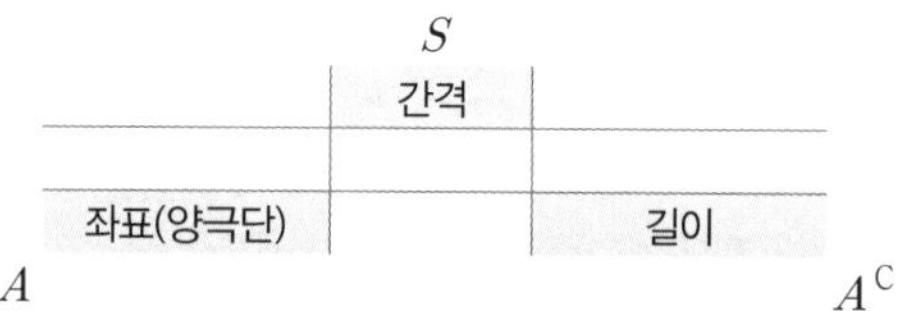

- 간격변수는 양극단과 길이 정보를 내포하며
  변화 양상을 내포하므로 적절히 관계를 파악하는 수단으로 활용할 수 있다.

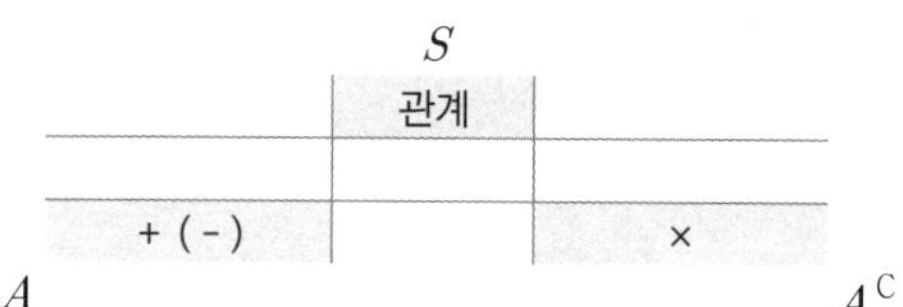

- 직선 위 3개의 점은 닮음 비를 활용하여 연산할 수 있다.

① $\triangle_x$ 비

② $\triangle_y$ 비

③ $\dfrac{\triangle_x}{\triangle_y}$ 비

예

상수 k에 대하여 그림과 같이 직선 $x = k\,(k > 1)$이 두 함수 $y = \log_2 x$, $y = \log_a x\,(a > 2)$의 그래프와 만나는 점을 각각 A, B라 하고, 점 B를 지나고 x축에 평행한 직선이 함수 $y = \log_2 x$의 그래프와 만나는 점을 C라 하자. 함수 $y = \log_2 x$의 그래프가 x축과 만나는 점을 D라 할 때, 삼각형 ACB와 삼각형 BCD의 넓이의 비는 $3 : 2$이다. 상수 a의 값은?

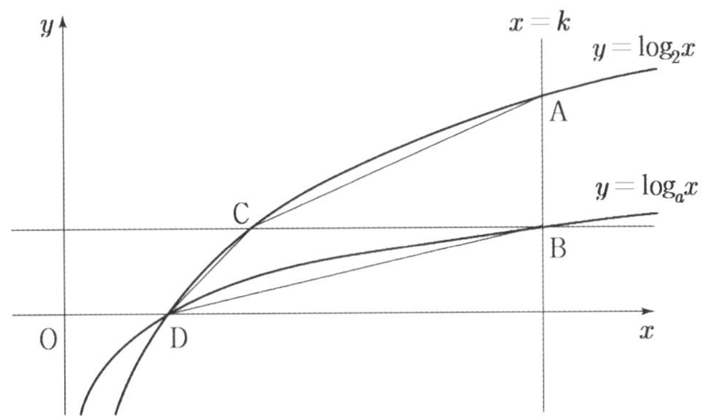

예

그림과 같이 양수 k에 대하여 점 $\mathrm{A}(k, 0)$을 지나고 x축에 수직인 직선이 두 곡선 $y = 2^x$, $y = 4^x$과 만나는 점을 각각 B, C라 하자. 점 C를 지나고 x축과 평행한 직선이 곡선 $y = 2^x$과 만나는 점을 D라 하자. 삼각형 BDC의 넓이가 삼각형 OAB의 넓이의 3배일 때, 삼각형 BDC의 넓이는? (단, 점 O는 원점이다.)

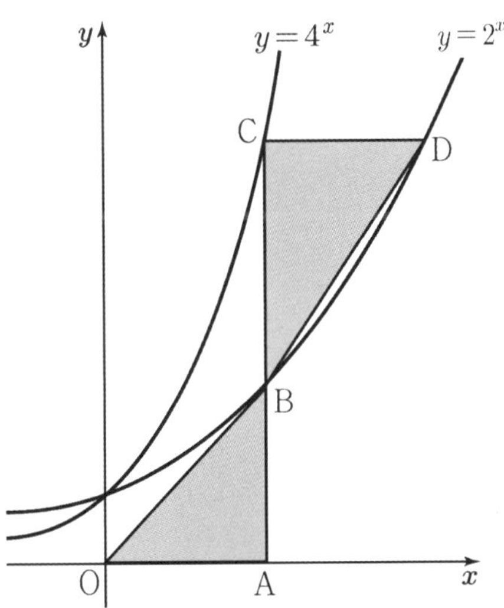

도형

도형
Schema 1

간격변수

Sol)

직선 $x=k$ 가 x 축과 만나는 점을 E라 하면

$\overline{AB} : \overline{BE} = 3 : 2$ 이고 같은 x 간격 당 배율이 $\times \frac{5}{2}$ 이므로 $a = 2^{\frac{5}{2}}$ 이다.

Ans)

$\therefore a = 2^{\frac{5}{2}} = 4\sqrt{2}$

Sol)

$y = 2^x$ 는 $+2$ 당 $\times 4$ 이고 $y = 4^x$ 는 $+1$ 당 $\times 4$ 이므로 등간격($\overline{OA} = \overline{CD}$)이다.

$\therefore$ 높이 비 $1 : 3$

$y = 2^x$ 는 $+1$ 당 $\times 2$ 이고 $y = 4^x$ 는 $+1$ 당 $\times 4$ 이고
세로 간격 비 $1 : 2^2$ 이므로 $\triangle_x = 2$ 이다.

Ans)

$\therefore$ (삼각형 BDC 의 넓이) $= \frac{1}{2} \times 2 \times 12 = 12$

예

그림과 같이 함수 $y=8^x$의 그래프가 두 직선 $y=a$, $y=b$와 만나는 점을 각각 A, B라 하고, 함수 $y=4^x$의 그래프가 두 직선 $y=a$, $y=b$와 만나는 점을 각각 C, D라 하자. 점 B에서 직선 $y=a$에 내린 수선의 발을 E, 점 C에서 직선 $y=b$에 내린 수선의 발을 F라 하자. 삼각형 AEB의 넓이가 20일 때, 삼각형 CDF의 넓이는?

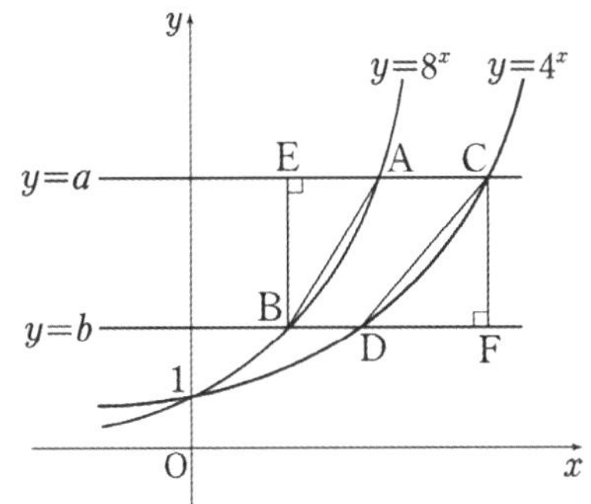

예

$a>1$인 실수 a에 대하여 곡선 $y=\log_a x$와 원 $C:\left(x-\dfrac{5}{4}\right)^2+y^2=\dfrac{13}{16}$의 두 교점을 P, Q라 하자. 선분 PQ가 원 C의 지름일 때, a의 값은?

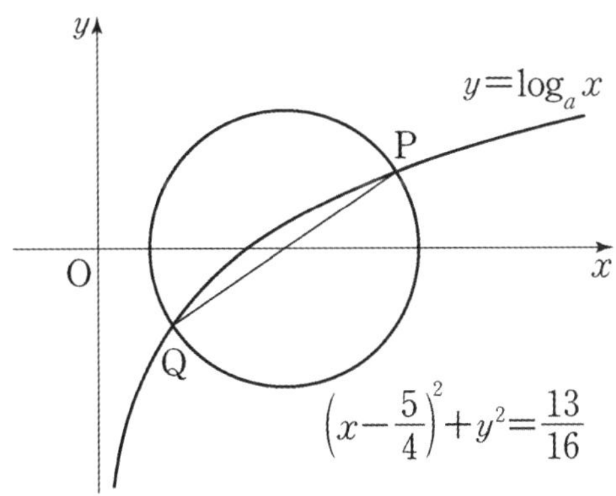

도형

도형
Schema 1

간격변수

Sol)

B → A 관계는 x 방향으로 $\times 2^3$일 때, y 방향으로 $+1$이고

D → C 관계는 x 방향으로 $\times 2^2$일 때, y 방향으로 $+1$이므로 $\dfrac{\overline{\mathrm{DF}}}{\overline{\mathrm{AE}}} = \dfrac{3}{2}$ 이다.

Ans)

$\therefore \triangle \mathrm{CDF} = 20 \times \dfrac{3}{2} = 30$

Sol)

선분 PQ의 중점이 원 C 의 중심 $\left(\dfrac{5}{4},\ 0 \right)$ 이므로 $x_1 + x_2 = \dfrac{5}{2}$ 이고

P와 Q의 Δy 가 동일하고 x 방향으로 $\times a$일 때, y 방향으로 $+1$씩 변화하므로

x_1과 x_2는 역수 관계이다. $\therefore x_1 = 2,\ x_2 = \dfrac{1}{2}$

원의 지름이 $\dfrac{\sqrt{13}}{2}$ 이고 $\triangle x = \dfrac{3}{2}$ 이므로 $\triangle y = 1$이다.

Q → P 관계는
x 방향으로 $\times 4$일 때, y 방향으로 $+1$이므로 $a = 4$이다

($\because$ 밑이 a인 로그는 x 방향으로 $\times a$일 때, y 방향으로 $+1$)

Ans)
$\therefore a = 4$

각변수

[중요도 ★★★★]

– 상황의 이해, 해석을 위해 각변수를 설정할 수 있다.

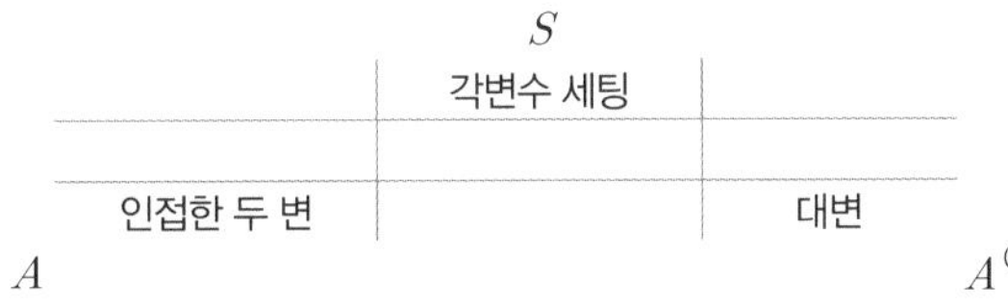

각변수 세팅을 통해 관찰할 수 있는 대표적인 상황들에는 다음이 있다.

① 삼각비
② 피타고라스 정리
③ 닮음 관계
④ 원주각과 중심각
⑤ 사인법칙·코사인법칙

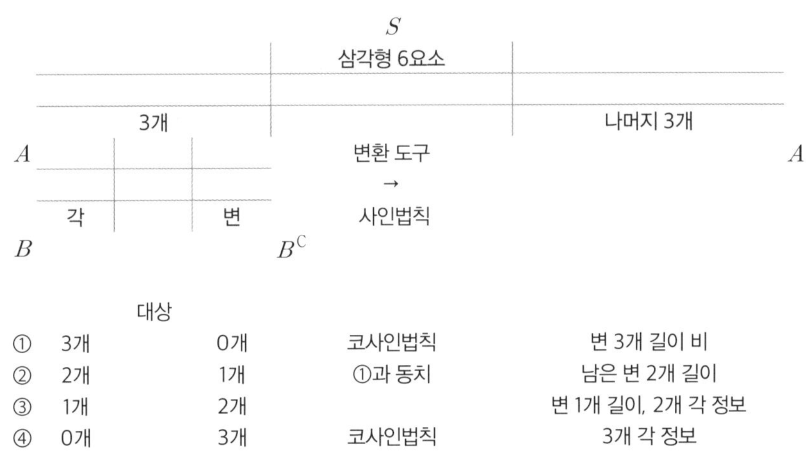

	대상		변환 도구	나머지 3개
①	3개	0개	코사인법칙	변 3개 길이 비
②	2개	1개	①과 동치	남은 변 2개 길이
③	1개	2개		변 1개 길이, 2개 각 정보
④	0개	3개	코사인법칙	3개 각 정보

각의 요소

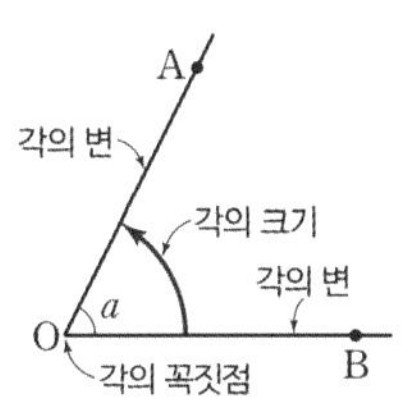

삼각형의 6요소

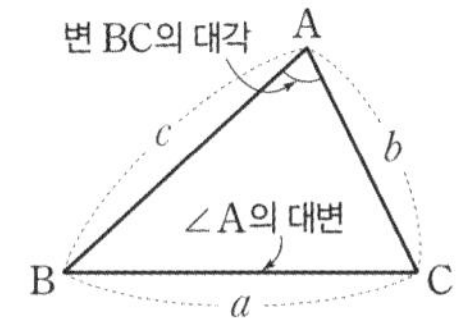

도형

도형
Schema 3

평면도형

[중요도 ★★★★]

- 중등 도형, 고1 도형에서 활용되는 기반 지식들 중
  도움이 되는 것들은 전제 지식으로 알고 활용하는 게 필수적이다.

[각]

① **각의 종류**

- $\angle a$와 $\angle c$, $\angle b$와 $\angle d$와 같이 서로
  마주 보는 각을 맞꼭지각이라 하고
  맞꼭지각의 크기는 서로 같다.

- $\angle a$와 $\angle e$, $\angle b$와 $\angle f$와 같이 서로 같은
  위치에 있는 각을 동위각이라 한다.

- $\angle b$와 $\angle h$, $\angle c$와 $\angle e$와 같이 서로 엇갈린
  위치에 있는 각을 엇각이라고 한다.

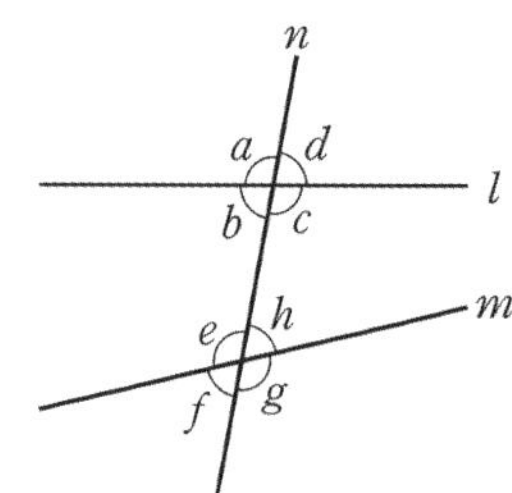

② **평행선과 직선**

- $\angle a = \angle b$
  평행하는 두 직선과 두 직선과 만나는 직선과의
  관계에서 동위각과 엇각의 크기는 각각 같다.

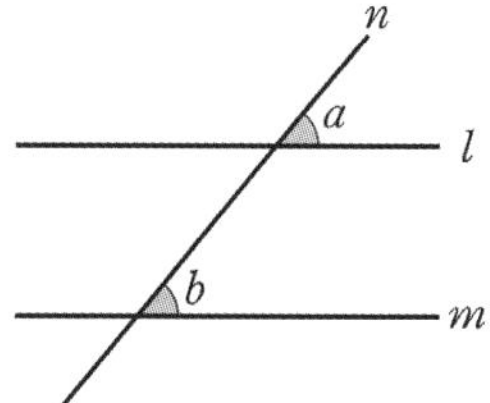

[수직]

① **직교**

- 두 직선 AB와 CD의 교각이 직각일 때 두 직선은
  직교한다라 하고 $\overleftrightarrow{AB} \perp \overleftrightarrow{CD}$ 라고 나타낸다.

- 직교하는 두 직선 AB와 CD는 서로 수직이고,
  한 직선을 다른 직선의 수선이라고 한다.

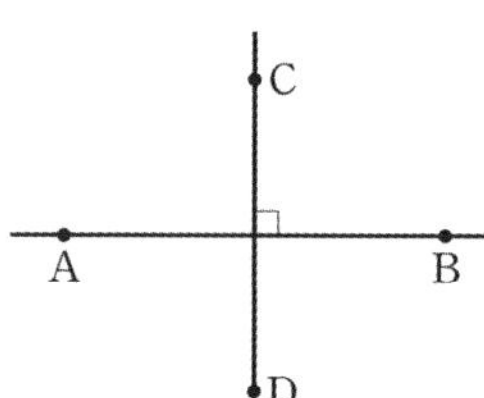

② **수직이등분**

- 직선 l이 선분 AB의 중점 M을 지나고
  $\overline{AB}$에 수직일 때 l을 $\overline{AB}$의 수직이등분선이라 한다.
  ($\overline{AM} = \overline{BM}$, $l \perp \overline{AB}$)

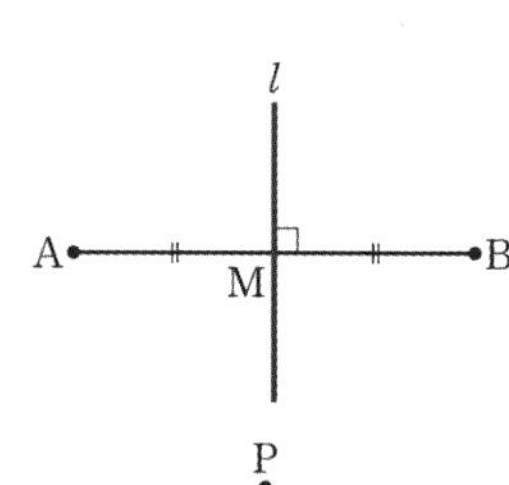

③ **수선의 발**

- 직선 l 위에 있지 않은 점 P에서 l에 수선을 그어 생기는 교점을 H라
  할 때, H를 점 P에서 l에 내린
  수선의 발이라고 한다.
  $\overline{PH}$는 P와 l 위의 점을 잇는 선분 중에 길이가 가장 짧다.

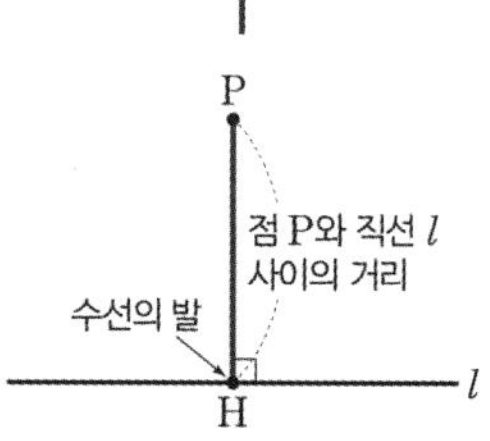

내각과 외각

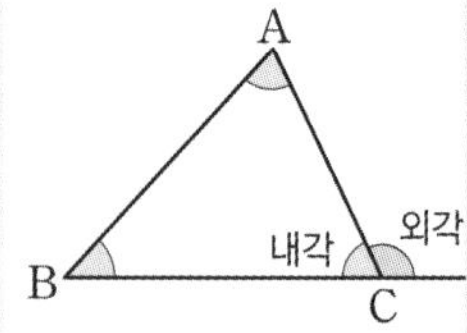

평면도형

[각의 이등분선]

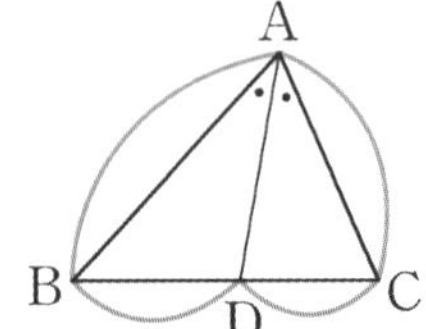

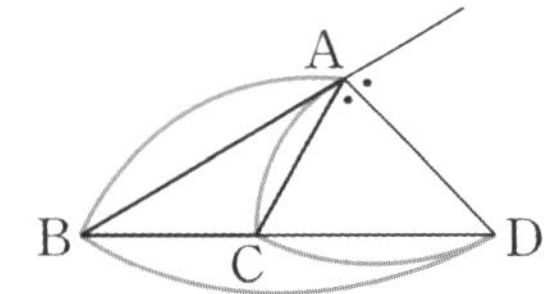

① $\overline{AB} : \overline{AC} = \overline{BD} : \overline{CD}$

② $\overline{AD}^2 = \overline{AB} \times \overline{AC} - \overline{BD} \times \overline{CD}$

$\overline{AB} : \overline{AC} = \overline{BD} : \overline{CD}$

[평행선과 직선]

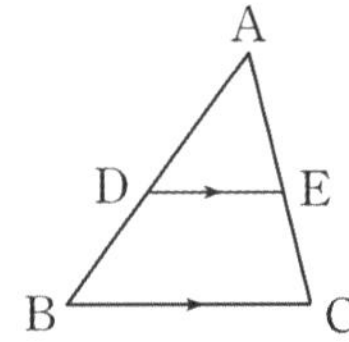

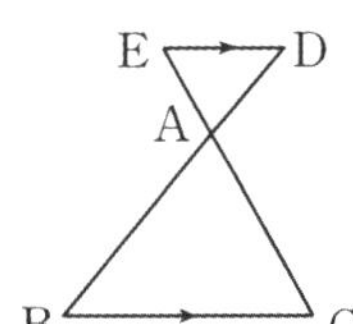

- $\overline{AB} : \overline{AD} = \overline{AC} : \overline{AE} = \overline{BC} : \overline{DE} \ \cdots \ ㉠$

- $\overline{AD} : \overline{DB} = \overline{AE} : \overline{EC} \ \cdots \ ㉡$

- ㉠이거나 ㉡이면 $\overline{BC} \ /\!/ \ \overline{DE}$ 이다.

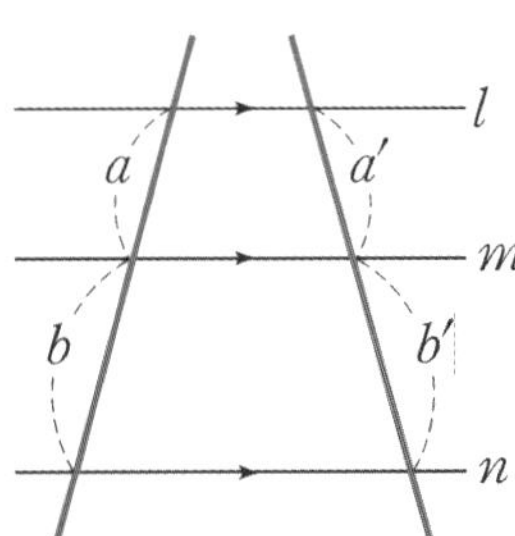

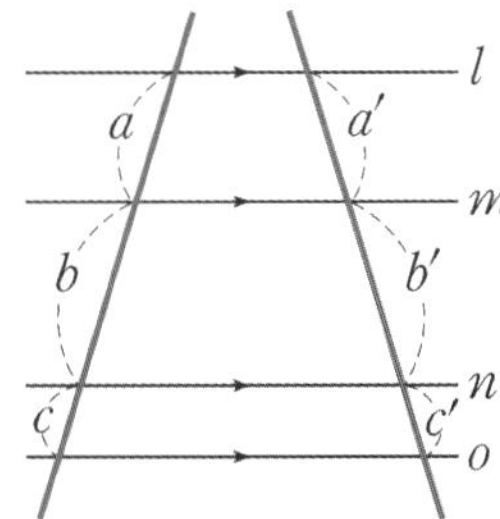

$$a : b = a' : b'$$

$$a : b : c = a' : b' : c'$$

$$a : b + c = a' : b' + c'$$

[평행선과 넓이]

$l \ /\!/ \ m$ 이면 $\triangle ABC$와 $\triangle DBC$는 밑변 BC가 공통이고, 높이가 h로 같으므로 두 삼각형의 넓이는 서로 같다.

$l \ /\!/ \ m$ 이면 $\triangle ABC = \triangle DBC$

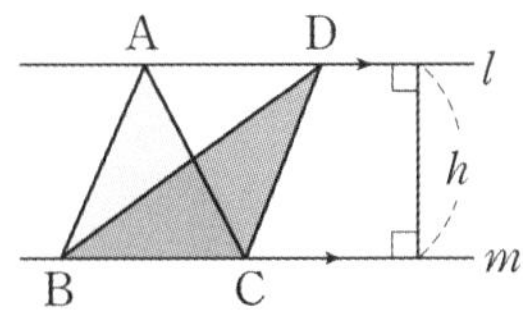

도형

평면도형

[두 점 사이 거리]

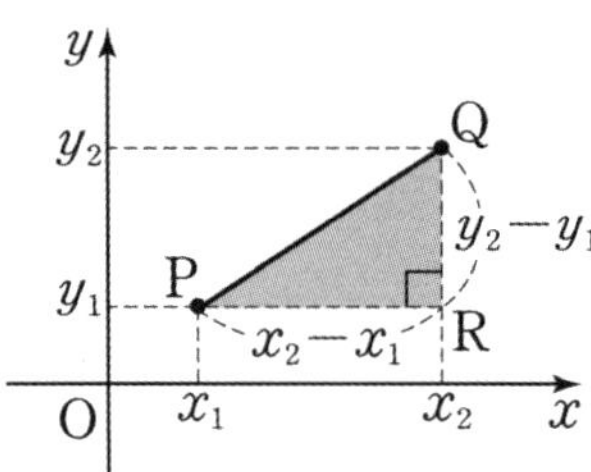

$$\overline{PQ}= \sqrt{(x_2-x_1)^2+(y_2-y_1)^2}$$

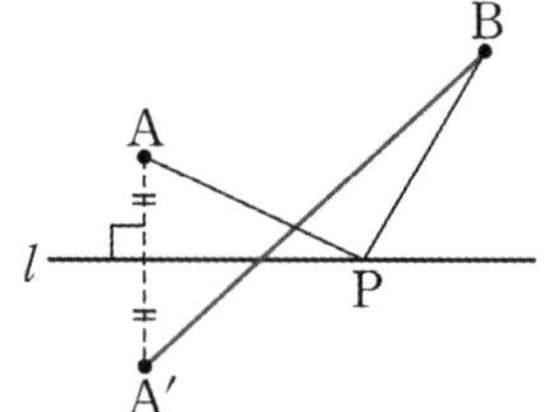

$$\overline{AP}+\overline{BP} \geq \overline{A'B}$$

[내분과 외분]

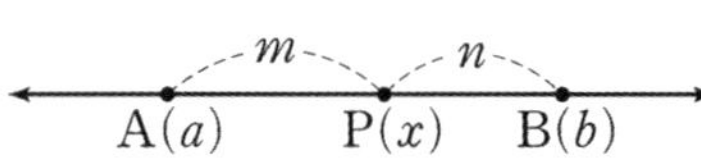

$$x = \frac{mb+na}{m+n}$$

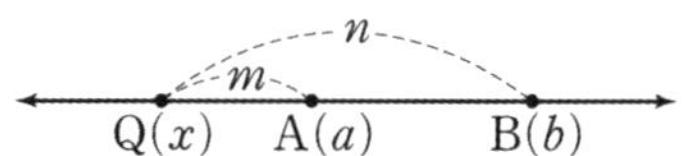

$$x = \frac{mb-na}{m-n}$$

[점과 직선 사이 거리]

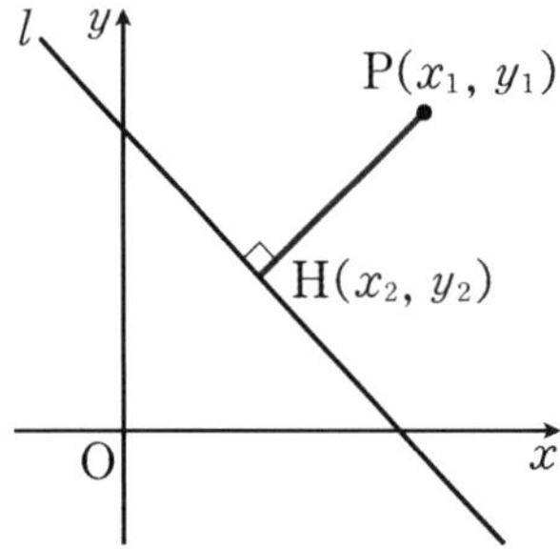

$$\overline{PH}= \frac{|ax_1+by_1+c|}{\sqrt{a^2+b^2}}$$

평면도형

[삼각형]

$\triangle ABC$에서 다음 정보들은 자유자재로 적용할 수 있으면 좋다.

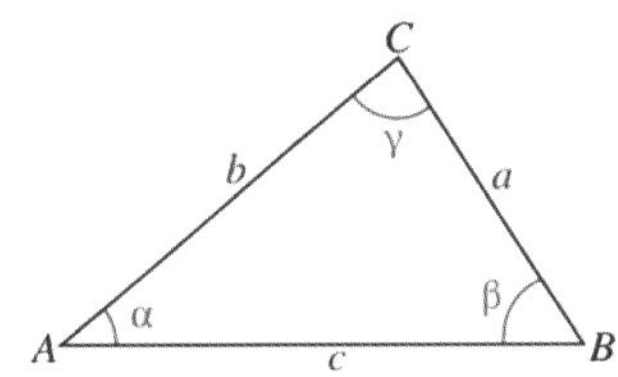

① $\sin(\alpha+\beta)=\sin\gamma$ $\qquad\qquad$ $\cos(\alpha+\beta)+\cos\gamma=0$

② $\sin(\dfrac{\alpha+\beta}{2})=\cos\dfrac{\gamma}{2}$ $\qquad\qquad$ $\cos(\dfrac{\alpha+\beta}{2})=\sin\dfrac{\gamma}{2}$

③ $\alpha\le\beta\le\gamma$ $\qquad\Rightarrow\qquad$ $\sin\alpha\le\sin\beta\le\sin\gamma$

$\qquad\qquad\qquad\qquad\qquad\qquad$ $\cos\alpha\ge\cos\beta\ge\cos\gamma$

$\qquad\qquad\qquad\qquad\qquad\qquad$ $a\le b\le c$

④ $a:b:c$ $\qquad\qquad=\qquad$ $\sin\alpha:\sin\beta:\sin\gamma$

⑤ $\sin\alpha+\sin\beta>\sin\gamma$

⑥ $\tan\alpha+\tan\beta+\tan\gamma=\tan\alpha\tan\beta\tan\gamma$

[삼각형의 닮음 조건]

①	SSS	
	세 쌍의 대응변의 길이 비가 같음	
②	SAS	
	두 쌍의 대응변의 길이 비가 같고, 끼인각의 크기가 같은 경우	
③	AA	
	두 쌍의 대응각의 길이가 각각 같음	
		$\triangle ABC\backsim\triangle A'B'C'$

닮음인 관계
한 도형을 일정한 비율로 확대하거나 축소한 도형이 다른 도형과 합동인 경우

대응변의 길이 비와 대응각의 크기가 각각 같다.

S와 A의 의미
S : Side (변)
A : Angle (각)

도형

꼭지각과 밑각

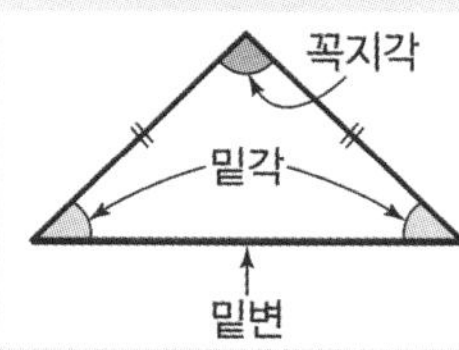

도형
Schema 3

평면도형

[직각삼각형]

① 닮음 by 수선

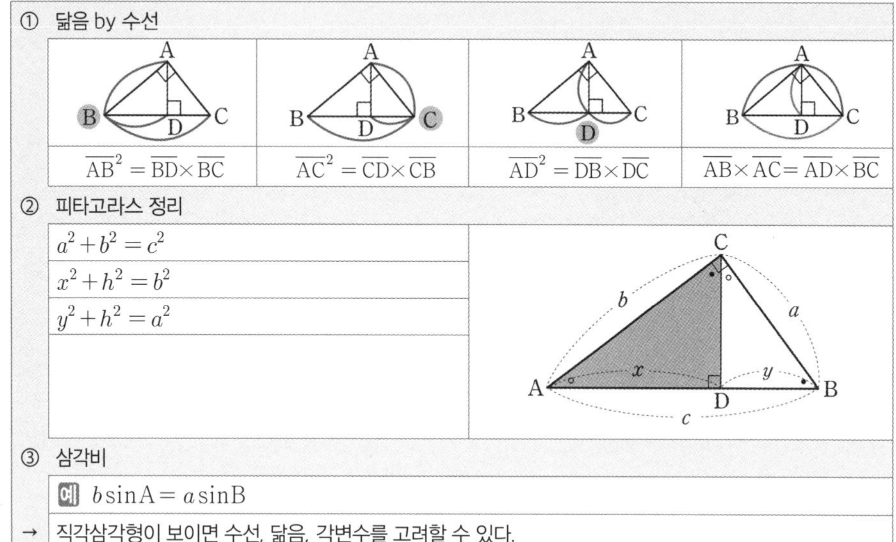

$\overline{AB}^2 = \overline{BD} \times \overline{BC}$	$\overline{AC}^2 = \overline{CD} \times \overline{CB}$	$\overline{AD}^2 = \overline{DB} \times \overline{DC}$	$\overline{AB} \times \overline{AC} = \overline{AD} \times \overline{BC}$

② 피타고라스 정리

$$a^2 + b^2 = c^2$$
$$x^2 + h^2 = b^2$$
$$y^2 + h^2 = a^2$$

③ 삼각비

예 $b\sin A = a\sin B$

→ 직각삼각형이 보이면 수선, 닮음, 각변수를 고려할 수 있다.

[직각삼각형의 합동 조건]

① RHA 합동

빗변의 길이와 한 예각의 크기가 각각 같음

② RHS 합동

빗변의 길이와 다른 한 변의 길이가 각각 같음

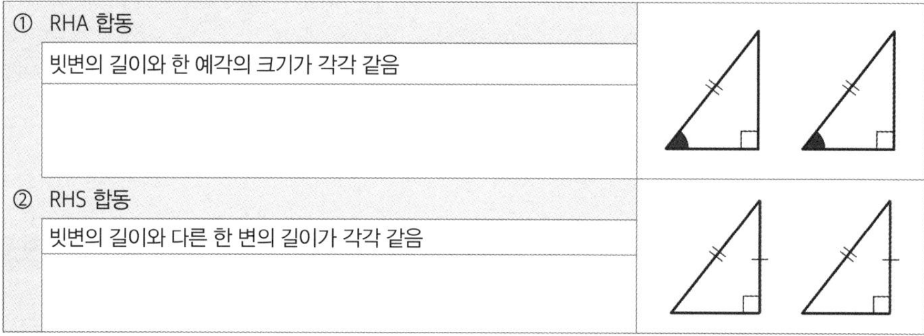

[이등변삼각형]

성질
① 두 밑각의 크기는 같다.
② 꼭지각의 이등분선은 밑변을 수직이등분한다.
③ 두 내각의 크기가 같은 삼각형은 이등변삼각형이다.

$\triangle ABD \equiv \triangle ACD$ (SAS)

활용
① 삼각비 by 밑변으로의 수선
② 평균 논리 by 회전이동

$\angle x = 3 \angle a$

평면도형

[정삼각형]

① 모든 각 크기, 변 길이 동일

② $h = \dfrac{\sqrt{3}}{2}a,\ S = \dfrac{\sqrt{3}}{4}a^2$

③ 특수 비

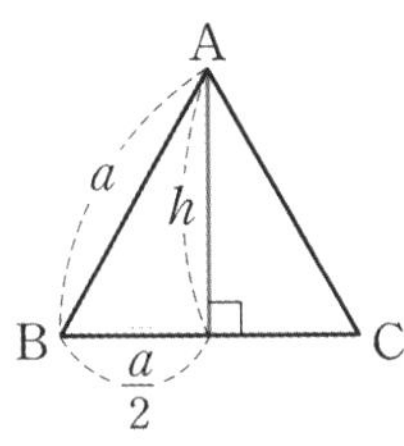

높이와 빗변

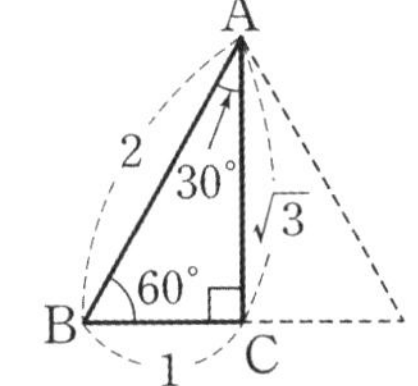

$$\overline{AB} : \overline{BC} : \overline{CA} = 2 : 1 : \sqrt{3}$$

[삼각형의 3심]

① 외심

- 외심에서 세 꼭짓점에 이르는 거리 R로 동일
- 세 변에 내린 수선의 발이 세 변을 수직이등분

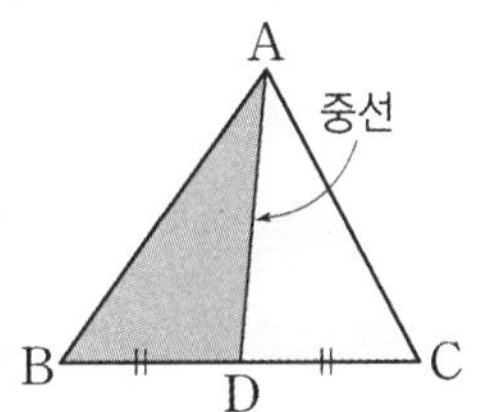

② 내심

- 내심에서 세 변에 이르는 거리 동일
- 원 밖의 점에서 두 접점까지의 거리 동일

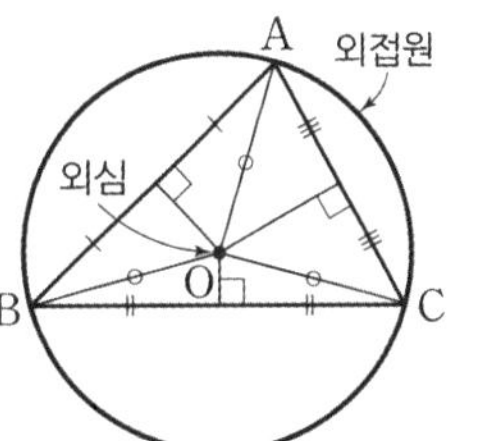

③ 무게중심

- $\overline{AG} : \overline{GD} = \overline{BG} : \overline{GE} = \overline{CG} : \overline{GF} = 2 : 1$
- 중선에 의한 6개의 삼각형 넓이 동일
- $\triangle ABG = \triangle ACG$

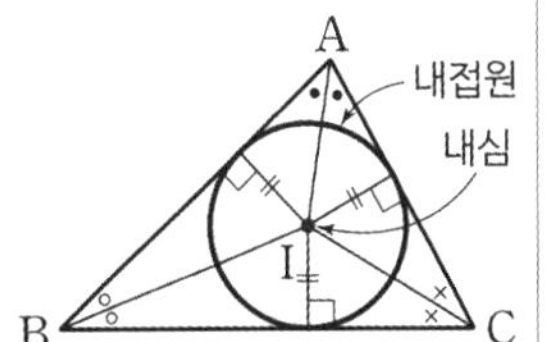

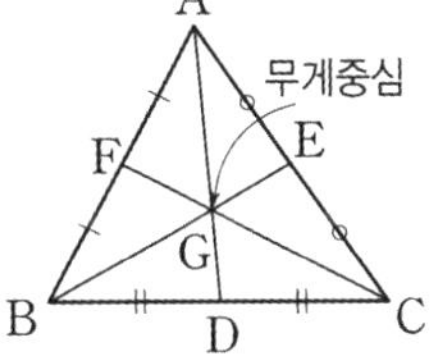

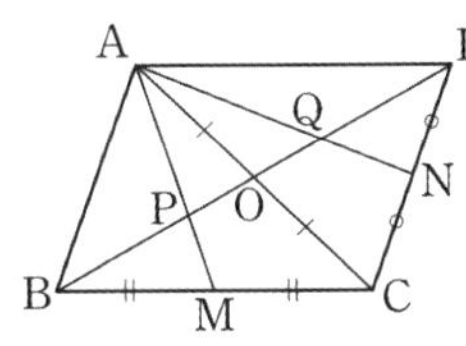
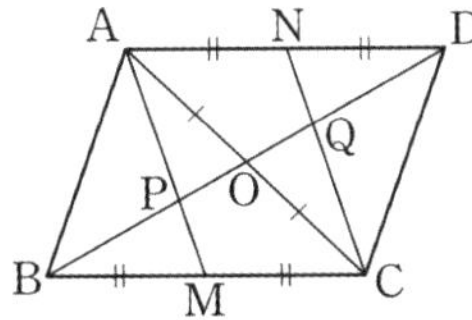

$$\overline{BP} = \overline{PQ} = \overline{QD} = \dfrac{1}{3}\overline{BD}$$

(평행사변형 ABCD)

중선

삼각형에서 한 꼭짓점과 그 대변의 중점을 연결한 선분

도형

도형
Schema 3

평면도형

[우산 정리]

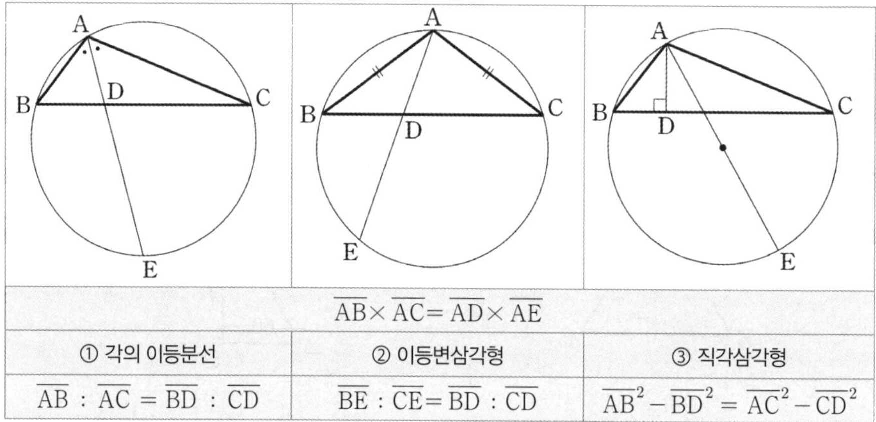

$$\overline{AB} \times \overline{AC} = \overline{AD} \times \overline{AE}$$

① 각의 이등분선	② 이등변삼각형	③ 직각삼각형
$\overline{AB} : \overline{AC} = \overline{BD} : \overline{CD}$	$\overline{BE} : \overline{CE} = \overline{BD} : \overline{CD}$	$\overline{AB}^2 - \overline{BD}^2 = \overline{AC}^2 - \overline{CD}^2$

[스튜어트 정리]

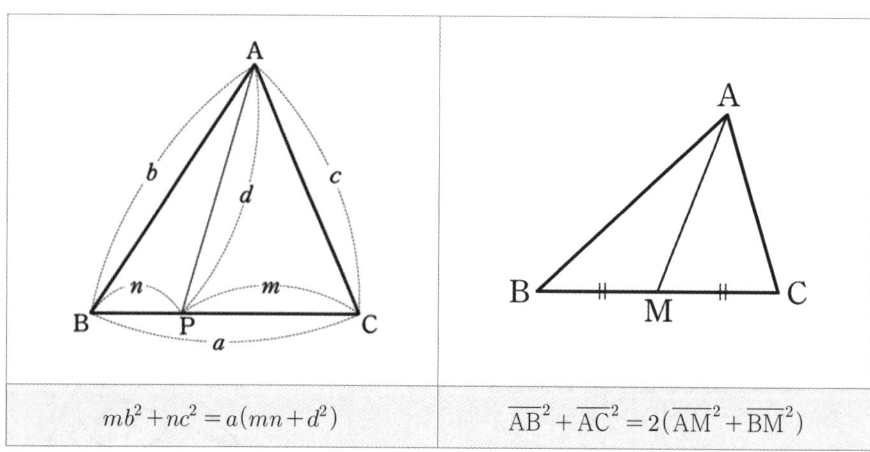

$mb^2 + nc^2 = a(mn + d^2)$	$\overline{AB}^2 + \overline{AC}^2 = 2(\overline{AM}^2 + \overline{BM}^2)$

평면도형

[사각형]

출제되는 사각형은 다음으로 분류된다.

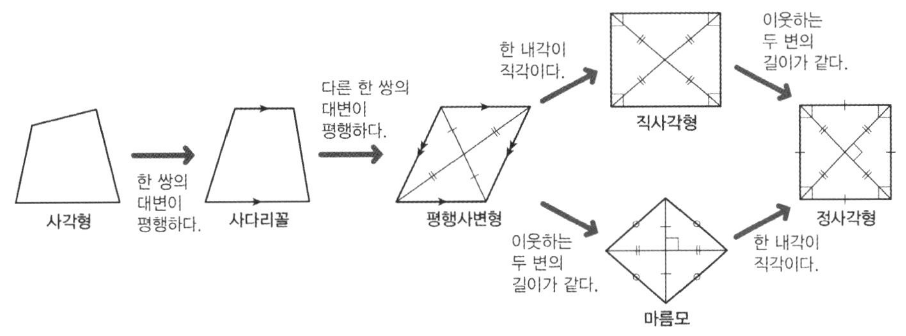

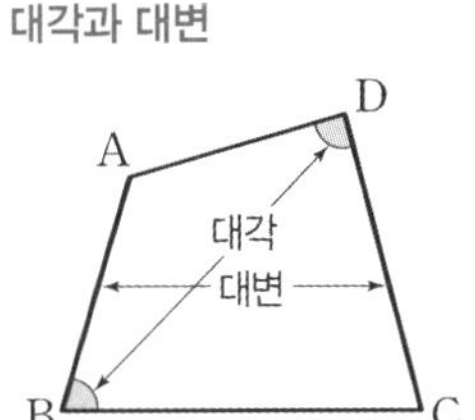

[평행사변형]

① 두 쌍의 대변의 길이는 각각 같다.

② 두 쌍의 대각의 크기는 각각 같다.

③ 두 대각선은 서로를 이등분한다.

④ 두 쌍의 대변이 각각 평행하거나 한 쌍의
　 대변이 평행하고 그 길이가 같으면 평행사변형이다.

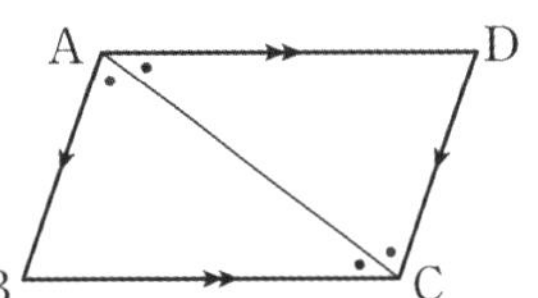

[직사각형]

① 네 내각의 크기가 같은 사각형

② 두 대각선은 길이가 같고 서로를 이등분한다.

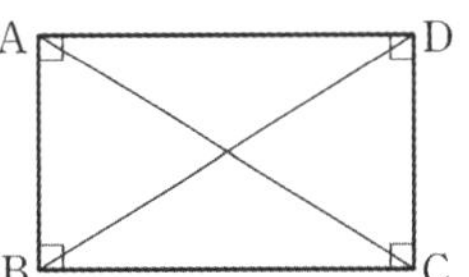

[마름모]

① 네 변의 길이가 같은 사각형

② 두 대각선은 길이가 같고 서로를 수직이등분한다.

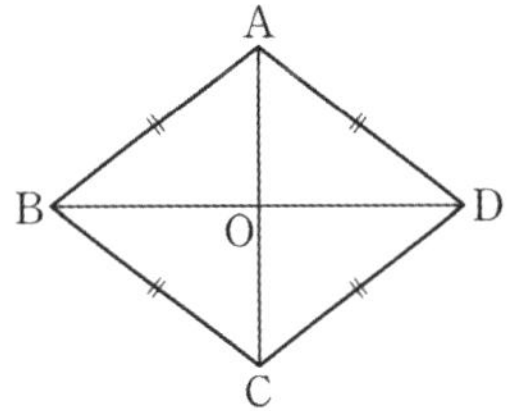

도형

도형
Schema 3

평면도형

[등변사다리꼴]

① 밑변의 양 끝각의 크기가 같은 사다리꼴
② 두 대각선의 길이가 같다.

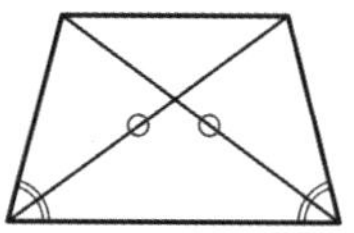

[정사각형]

① 네 변의 길이가 같고 네 내각의 크기가 같은 사각형
② 길이가 같고, 서로 다른 것을 수직이등분한다.

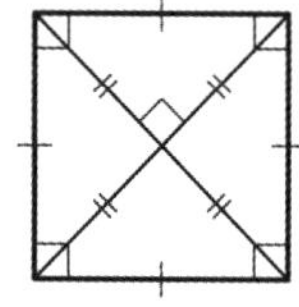

[사각형의 성질]

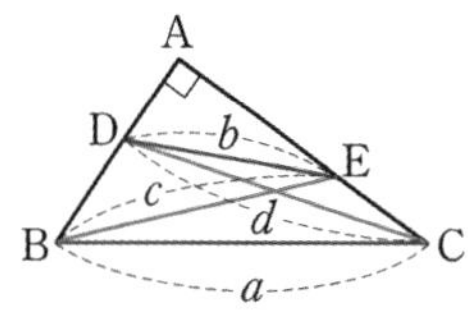
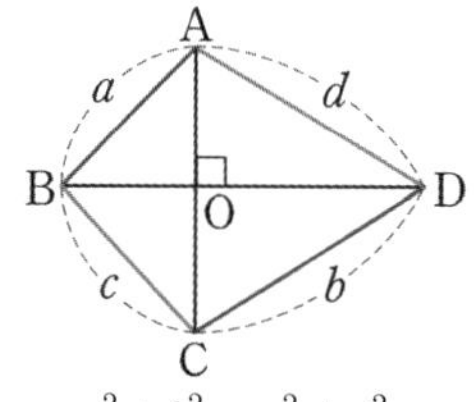
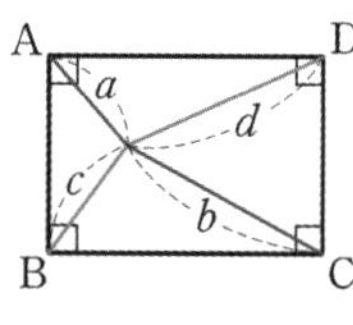

$$a^2 + b^2 = c^2 + d^2$$

[다각형의 성질]

① 한 꼭짓점에서 내각과 외각의 크기의 합은 180°

② n각형의 내각의 합은 $(n-2)\pi$

③ n각형의 대각선의 개수는 $\dfrac{n(n-3)}{2}$

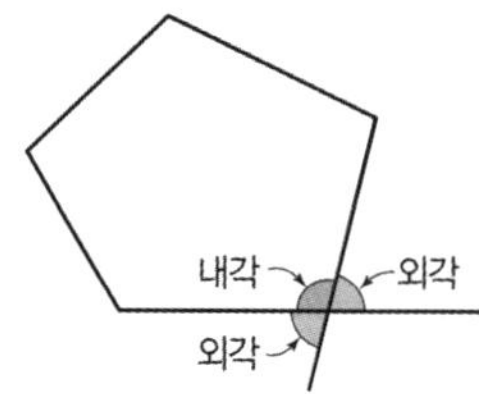

평면도형

[원의 성질]

① 원에서 현의 수직이등분선은 그 원의 중심을 지난다.

② 원의 중심에서 현에 내린 수선은 그 현을 이등분한다.

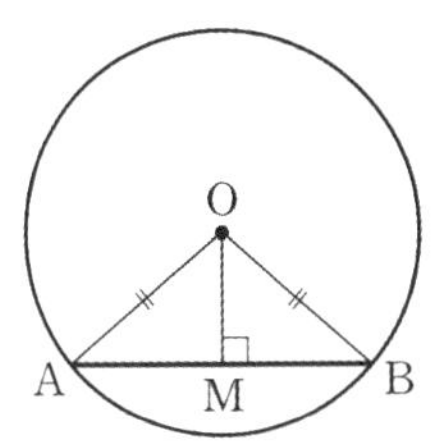
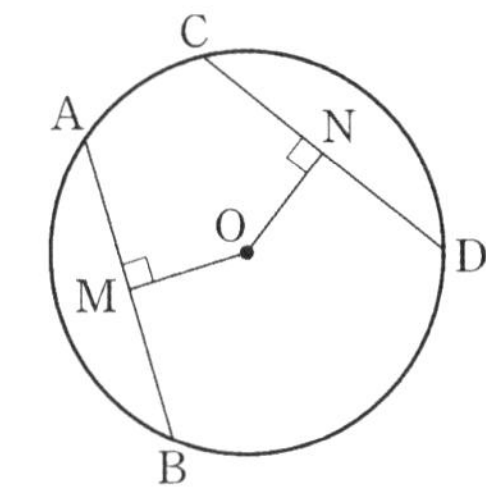
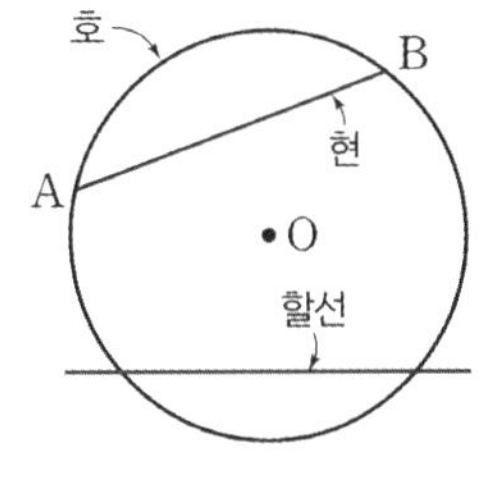

③ 한 원에서 중심으로부터 같은 거리에 있는 두 현의 길이는 같다.

④ 한 원에서 길이가 같은 두 현은 원의 중심으로부터 같은 거리에 있다.

⑤ 한 원에서 길이가 같은 호에 대한 원주각의 크기는 같다.

⑥ 한 원에서 크기가 같은 원주각에 대한 호의 길이는 같다.

→ 원주각, 중심각, 현의 길이, 호의 길이에 대한 동치 조건 전환이 중요하다.

→ 현이 제시될 경우 수선의 발을 내리거나 역으로 법선을 그리는 게 중요하다.

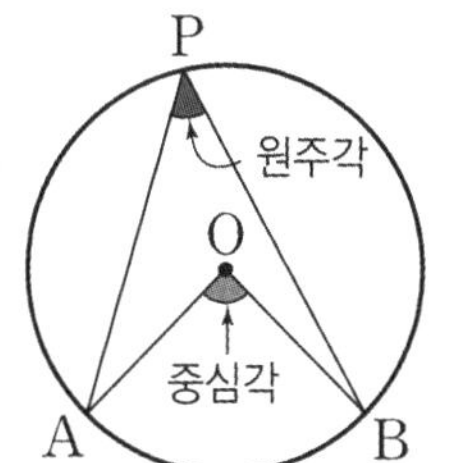
원주각과 중심각

[원주각과 중심각]

① 한 호에 대한 원주각의 크기는 모두 같다.

② 한 호에 대한 원주각의 크기는 그 호에

대한 중심각의 크기의 $\dfrac{1}{2}$ 이다.

③ 한 원에서 길이가 같은 호에 대한 원주각의 크기는 같다.

④ 한 원에서 크기가 같은 원주각에 대한 호의 길이는 같다.

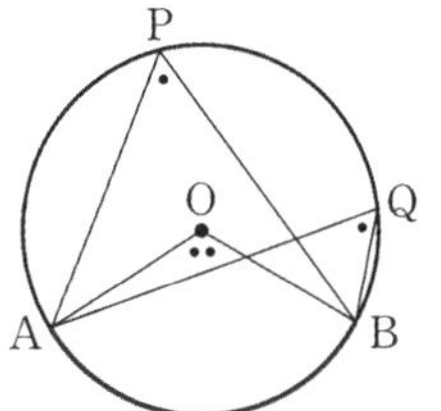

$$\angle\,\text{APB} = \angle\,\text{AQB}$$

[내접사각형]

원에 내접하는 사각형에서 한 쌍의 대각의 크기의 합은 180°이다.

$pf)$

$$\angle\,\text{A} = \frac{1}{2}\angle a, \quad \angle\,\text{C} = \frac{1}{2}\angle b$$

$$\angle\,\text{A} + \angle\,\text{C} = \frac{1}{2}(\angle a + \angle b) = 180°$$

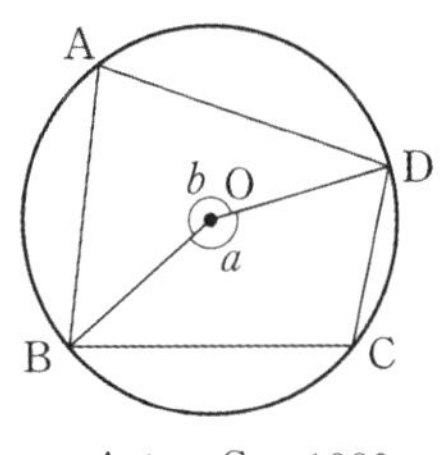

$$\angle\,\text{A} + \angle\,\text{C} = 180°$$

원에 내접하는 사각형의 두 쌍의 대변의 길이의 곱의
합은 두 대각선의 길이의 곱과 같다.

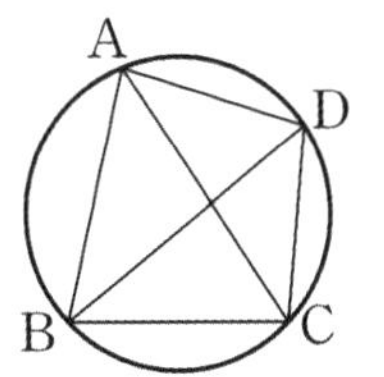

$$\overline{\text{AB}}\cdot\overline{\text{CD}} + \overline{\text{AD}}\cdot\overline{\text{BC}} = \overline{\text{AC}}\cdot\overline{\text{BD}}$$

도형

도형
Schema 3

평면도형

[접선과 할선]

① 접선

직선 l이 원 O와 한 점에서 만날 때, 직선 l은 원 O에 접한다고 하고,
직선 l을 원 O의 접선, 만나는 점 T를 접점이라 한다.

직선 l이 원 O의 접선일 때, 반지름 OT는 접선 l에 수직이다.

② 할선

직선 m이 원 O와 두 점에서 만날 때, 직선 m을 원 O의 할선이라 한다.

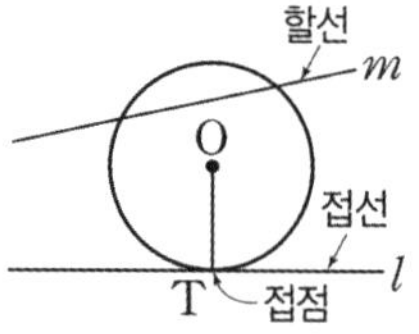

$$\overline{OT} \perp l$$

[접선의 길이]

원 밖의 한 점에서 그 원에 그은 두 접선의 길이는 같다.

$pf)$

$\angle \mathrm{PAO} = \angle \mathrm{PBO} = 90°,\ \overline{\mathrm{OP}}$ 공통, $\overline{\mathrm{OA}} = \overline{\mathrm{OB}}$

$\therefore \triangle \mathrm{PAO} \equiv \triangle \mathrm{PBO}\ (\because \mathrm{RHS}$ 합동$)$

$\therefore \overline{\mathrm{PA}} = \overline{\mathrm{PB}}$

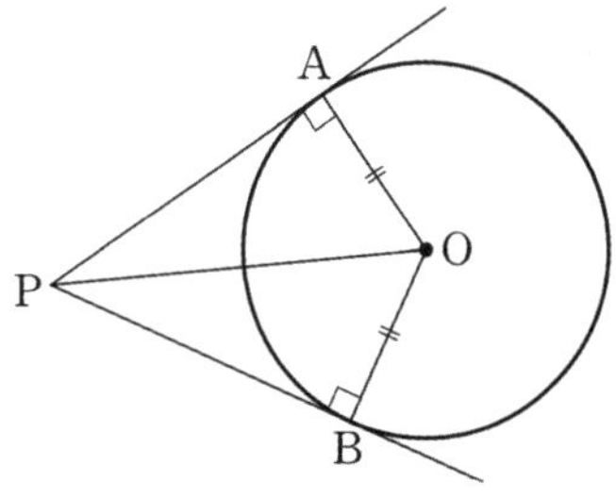

$$\overline{\mathrm{PA}} = \overline{\mathrm{PB}}$$

[접현각]

원의 접선과 그 접점을 지나는 현이 이루는 각의 크기는
그 각의 내부에 있는 호의 원주각의 크기와 같다.

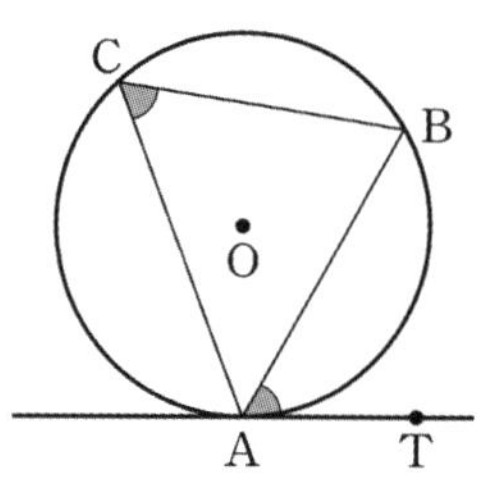

$$\angle \mathrm{BAT} = \angle \mathrm{BCA}$$

[부채꼴]

① 호의 길이 : $l = r\theta$

② 넓이 : $S = \dfrac{1}{2}rl = \dfrac{1}{2}r^2\theta$

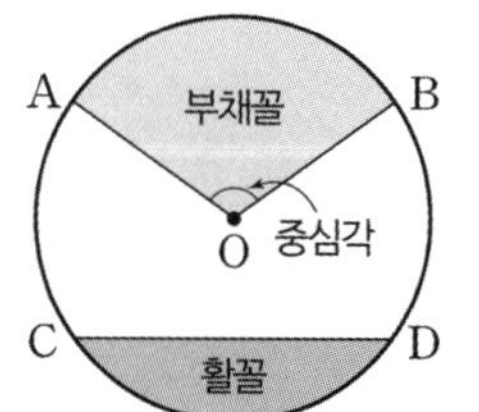

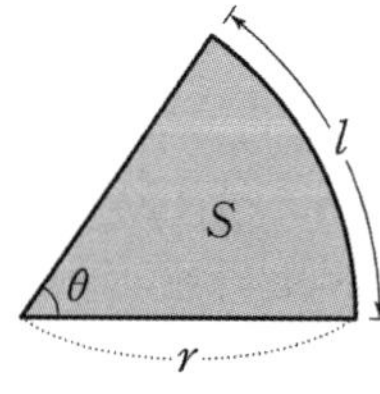

[할선 정리]

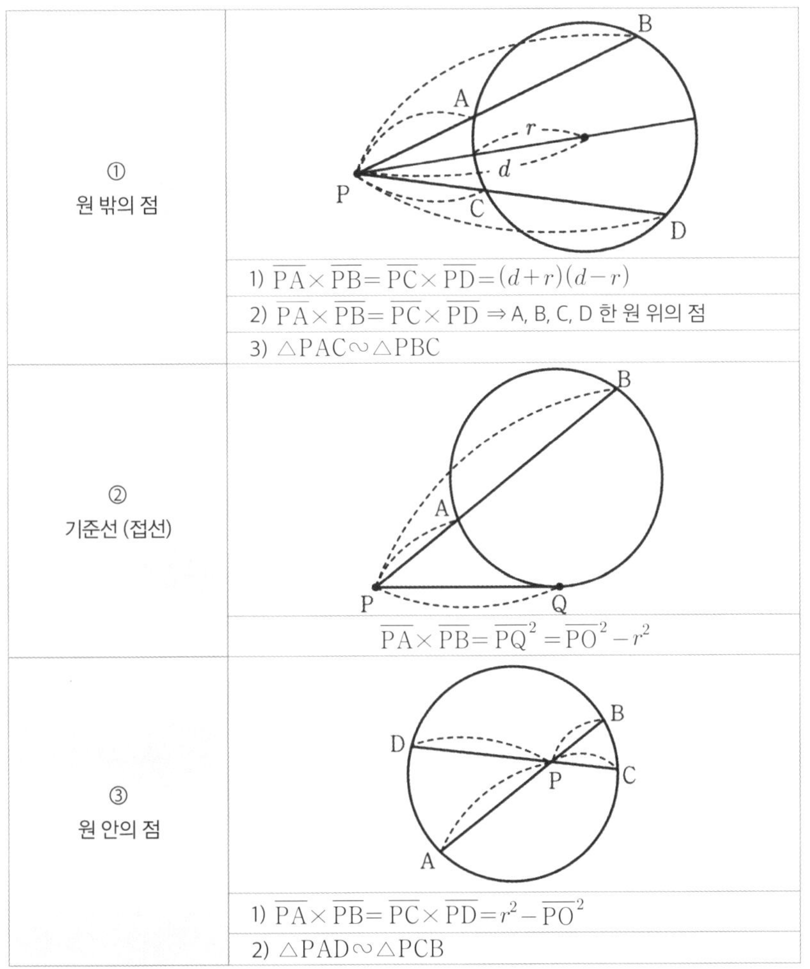

① 원 밖의 점	1) $\overline{PA} \times \overline{PB} = \overline{PC} \times \overline{PD} = (d+r)(d-r)$ 2) $\overline{PA} \times \overline{PB} = \overline{PC} \times \overline{PD} \Rightarrow$ A, B, C, D 한 원 위의 점 3) $\triangle PAC \backsim \triangle PBC$
② 기준선 (접선)	$\overline{PA} \times \overline{PB} = \overline{PQ}^2 = \overline{PO}^2 - r^2$
③ 원 안의 점	1) $\overline{PA} \times \overline{PB} = \overline{PC} \times \overline{PD} = r^2 - \overline{PO}^2$ 2) $\triangle PAD \backsim \triangle PCB$

→ 닮음 관계 파악

[원 간 관계]

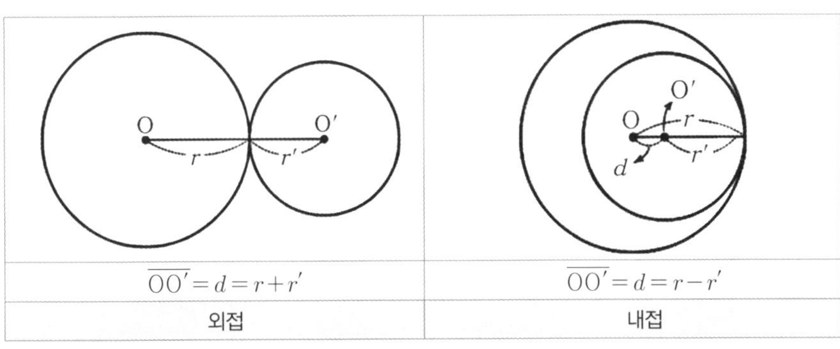

$\overline{OO'} = d = r + r'$	$\overline{OO'} = d = r - r'$
외접	내접

→ 중심 간 보조선

도형

도형
Schema 3
평면도형

[도형의 이동]

방정식 $f(x, y) = 0$에 대한 도형에 대해

① $y = x$에 대해 대칭이동 : $f(y, x) = 0$

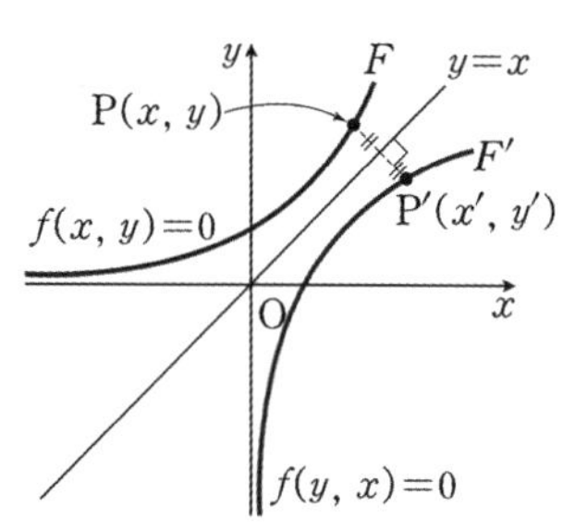

② $y = -x$에 대해 대칭이동 　　　: $f(-y, -x) = 0$

③ $x = a$에 대해 대칭이동 　　　: $f(2a-x, y) = 0$

④ $y = b$에 대해 대칭이동 　　　: $f(x, 2b-y) = 0$

⑤ (a, b)에 대해 대칭이동 　　　: $f(2a-x, 2b-y) = 0$

⑥ x에 대해 $\times a$ 확대 　　　: $f(\dfrac{x}{a}, y) = 0$

⑦ y에 대해 $\times b$ 확대 　　　: $f(x, \dfrac{y}{b}) = 0$

⑧ x에 대해 $\times a$, y에 대해 $\times b$ 확대 　: $f(\dfrac{x}{a}, \dfrac{y}{b}) = 0$

→ 기본형을 기반으로 결과 함수를 해석할 수 있다.

예

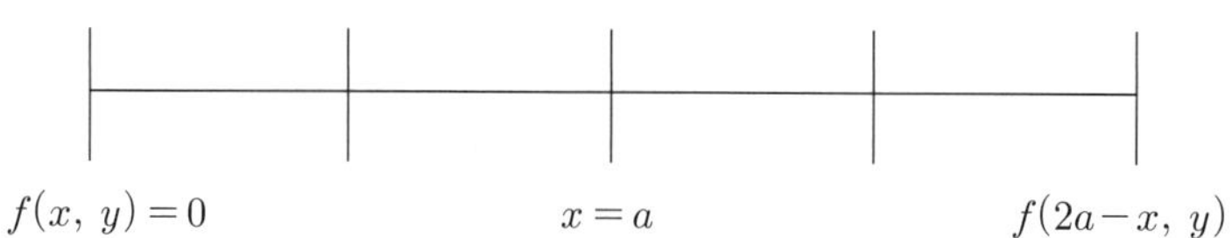

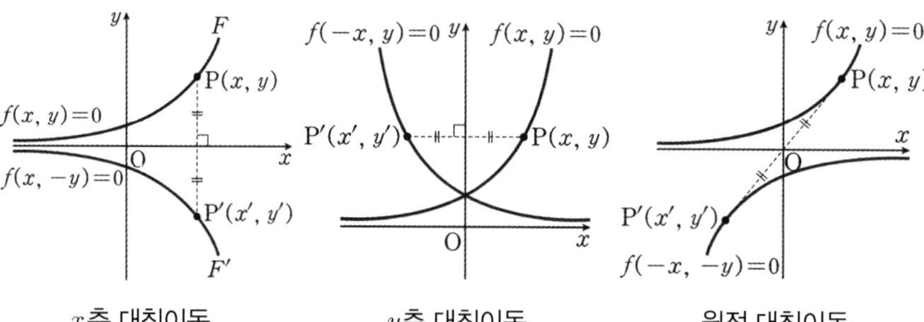

| x축 대칭이동 | y축 대칭이동 | 원점 대칭이동 |

도형

3 Chapter

지수 · 로그함수

Chapter 3

지수·로그함수

지수·로그함수

5
Theme

지수와 로그

지수와 로그

지수와 로그
Schema 1

실근의 개수

[중요도 ★★★]

- 실수 a와 자연수 n $(n > 1)$ 에 대하여
  방정식 $x^n = a$를 만족시키는 x를 a의 n제곱근이라 한다.

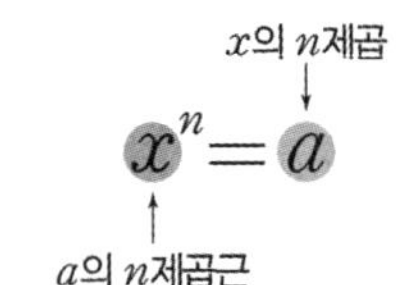

- 거듭제곱근의 성질을 정리하면 다음과 같다. ($a > 0$, $b > 0$, m, n은 2 이상의 자연수)

① $\sqrt[n]{a}\,\sqrt[n]{b} = \sqrt[n]{ab}$

② $\dfrac{\sqrt[n]{a}}{\sqrt[n]{b}} = \sqrt[n]{\dfrac{a}{b}}$

③ $(\sqrt[n]{a})^m = \sqrt[n]{a^m}$

④ $\sqrt[m]{\sqrt[n]{a}} = \sqrt[mn]{a}$

- n의 홀짝을 기준으로 다항함수 그래프와 직선의 교점을 통해
  실근의 개수를 알아낼 수 있다.

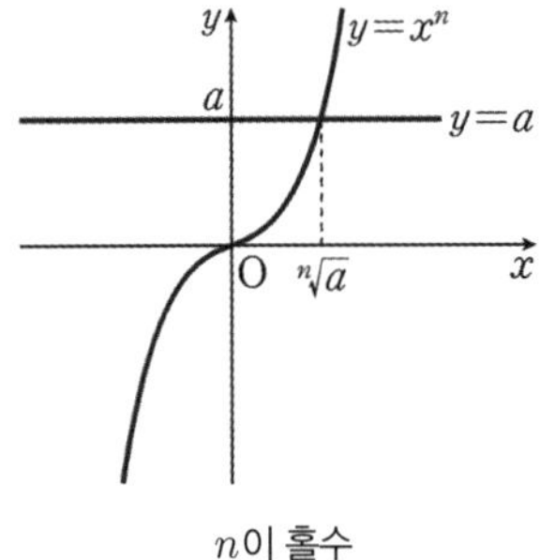

n이 홀수

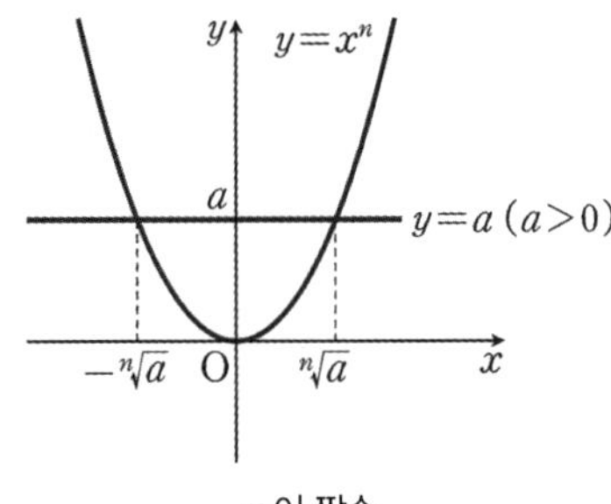

n이 짝수

[실근의 개수]

n		$a > 0$	$a = 0$	$a < 0$	개수
	짝수	$\pm\sqrt[n]{a}$	0		접할 때 1개, 그 외 1 ± 1개
	홀수	$\sqrt[n]{a}$	0	$\sqrt[n]{a}$	1개

[분류 체계]

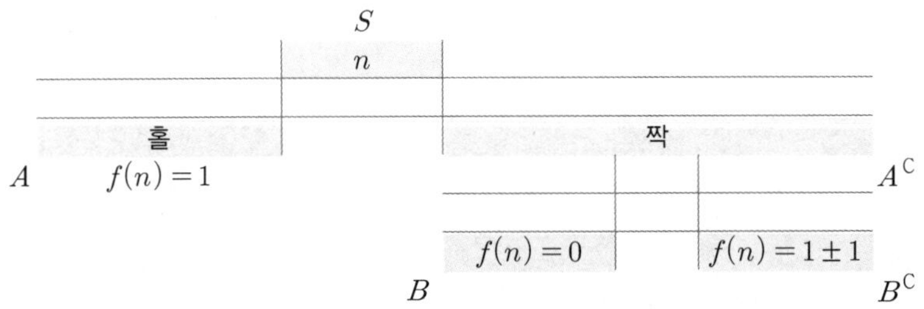

(n제곱근 중 실수인 것의 개수를 $f(n)$이라 정의)

예

자연수 n $(n \geq 2)$에 대하여 $m - 2n$의 n제곱근 중에서 실수인 것의 개수를
$f(n)$이라 할 때, $f(2) + f(3) + f(4) = 3$을 만족시키는 모든 자연수 m의 값의 합은?

예

2 이상의 자연수 n에 대하여 $-(n-k)^2 + 8$의 n제곱근 중 실수인 것의 개수를
$f(n)$이라 하자.

$$f(3) + f(4) + f(5) + f(6) + f(7) = 7$$

을 만족시키는 모든 자연수 k의 값의 합은?

예

$2 \leq n \leq 10$인 자연수 n에 대하여 $n^2 + 1$의 n제곱근 중 실수인 것의 개수를
$f(n)$, $n^2 - 8n + 12$의 n제곱근 중 실수인 것의 개수를 $g(n)$이라 하자.
$f(n) = 2g(n)$을 만족시키는 모든 자연수 n의 값의 합은?

지수와 로그

지수와 로그
Schema 1

실근의 개수

Sol)

n의 홀짝을 기준으로 다음과 같이 분류된다.

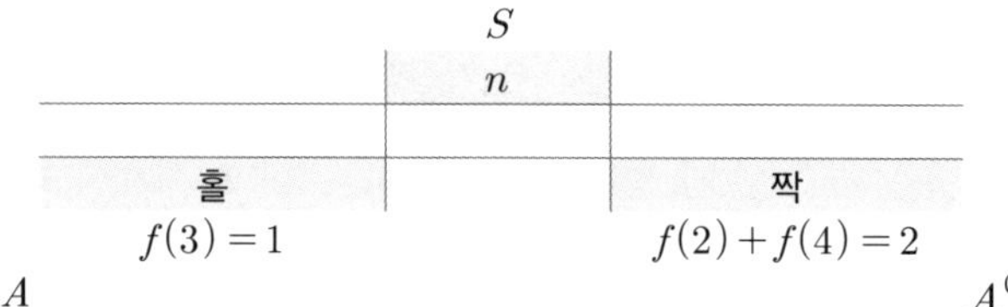

$m-4$의 제곱근 중에서 실수인 것의 개수는 $m > 4$이면 2, $m = 4$이면 1, $m < 4$이면 0

$m-8$의 네제곱근 중에서 실수인 것의 개수는 $m > 8$이면 2, $m = 8$이면 1, $m < 8$이면 0

$f(2)+f(4) = 2$이려면 $(f(2),\, f(4)) = (2,\, 0)$이고 $4 < m < 8$

Ans)

$$\therefore \sum m = 5+6+7 = 18$$

Sol)

n의 홀짝을 기준으로 다음과 같이 분류된다.

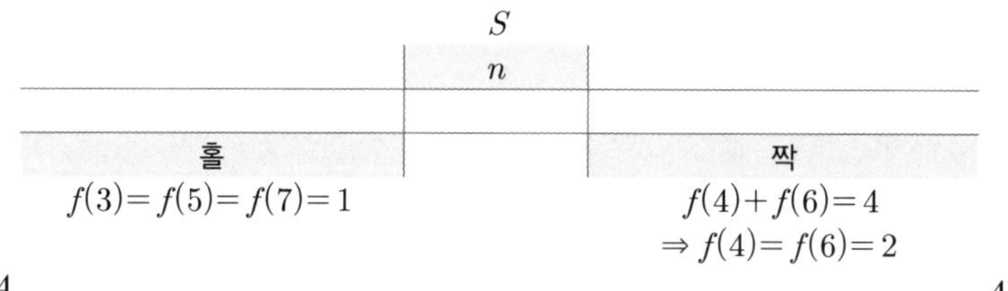

즉, $-(4-k)^2+8 > 0 \cap -(6-k)^2+8 > 0$이므로 $k = 4$ 또는 $k = 5$ 또는 $k = 6$ 이다.

Ans)

$$\therefore \sum k = 4+5+6 = 15$$

Sol)

n의 홀짝을 기준으로 다음과 같이 분류된다.

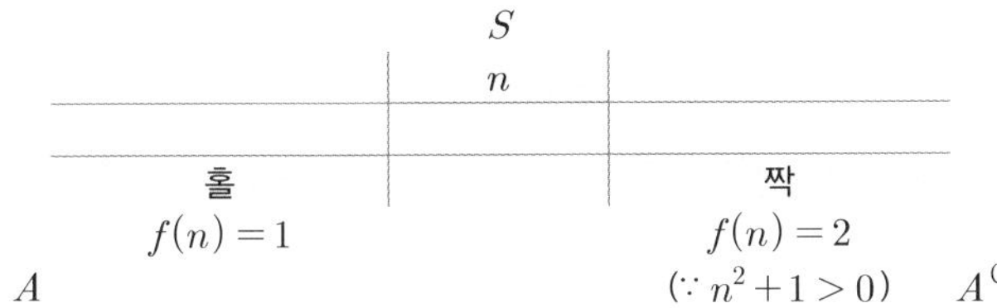

$$n^2 - 8n + 12 = (n-2)(n-6) \text{ 에서 } g(n) = \begin{cases} 0 & (n=4) \\ 1 & (n=2, 3, 5, 6, 7, 9) \\ 2 & (n=8, 10) \end{cases} \text{이고}$$

$f(n) = 2 \cap g(n) = 1$ 이어야 하므로 $n = 2$ 또는 $n = 6$ 이다.

Ans)

$$\therefore \sum n = 2 + 6 = 8$$

지수와 로그

지수와 로그
Schema 2

지수의 확장

[중요도 ★★★]
- 지수가 자연수일 때의 지수법칙을 정수, 유리수인 지수로의 확장을 위해 다음을 정의한다.

(단, a는 0이 아닌 실수, n은 자연수)

① $a^0 = 1$

② $a^{-n} = \dfrac{1}{a^n}$

- 지수법칙을 정수, 유리수, 실수 범위까지 확장해서 생각할 수 있다.

1) 정수 지수 (a, b가 0이 아닌 실수이고 m, n이 정수일 때)

① $a^m \times a^n = a^{m+n}$

② $a^m \div a^n = a^{m-n}$

③ $(a^m)^n = a^{mn}$

④ $(ab)^n = a^n b^n$

2) 유리수 지수 ($a > 0$, $b > 0$이고 r, s가 유리수)

① $a^r \times a^s = a^{r+s}$

② $a^r \div a^s = a^{r-s}$

③ $(a^r)^s = a^{rs}$

④ $(ab)^r = a^r b^r$

3) 실수 지수 ($a > 0$, $b > 0$이고 x, y가 실수)

① $a^x \times a^y = a^{x+y}$

② $a^x \div a^y = a^{x-y}$

③ $(a^x)^y = a^{xy}$

④ $(ab)^x = a^x b^x$

예

두 집합 $A = \{3, 4\}$, $B = \{-9, -3, 3, 9\}$ 에 대하여 집합 X 를

$$X = \{x \mid x^a = b,\ a \in A,\ b \in B,\ x \text{ 는 실수}\}$$

라 할 때, X 의 원소 중 양수인 모든 원소의 곱이 $3^{\frac{p}{q}}$ 이다. $p+q$의 값은?

(단, p와 q는 서로소인 자연수이다.)

예

자연수 m 에 대하여 집합 A_m 을

$$A_m = \left\{ (a, b) \ \middle| \ 2^a = \frac{m}{b},\ a,\ b \text{ 는 자연수} \right\}$$

라 할 때, $n(A_m) = 1$ 이 되도록 하는 두 자리 자연수 m 의 개수는?

예

함수 $f(x) = -(x-2)^2 + k$에 대하여 다음 조건을 만족시키는 자연수 n의 개수가 2일 때, 상수 k의 값은?

> $\sqrt{3}^{\,f(n)}$의 네제곱근 중 실수인 것을 모두 곱한 값이 -9이다.

지수와 로그

지수와 로그
Schema 2

지수의 확장

Sol)

$a = 3$일 때, $\sqrt[3]{-9}$, $\sqrt[3]{-3}$, $\sqrt[3]{3}$, $\sqrt[3]{9}$ 이고 $a = 4$일 때, $\pm\sqrt[4]{3}$, $\pm\sqrt[4]{9}$ 이므로

모든 원소의 곱의 값은 $3^{\frac{1}{3}+\frac{2}{3}+\frac{1}{4}+\frac{1}{2}} = 3^{\frac{7}{4}} = \sqrt[4]{3^7}$

Ans)

$\therefore 3^{\frac{7}{4}}, \ p+q = 11$

Sol)

A_m은 $m = 2^a \times b$인 자연수의 순서쌍을 원소로 갖는 집합이므로

$n(A_m) = 1$ 이 되기 위해서 $m = 2^1 \times (홀수)$ 이어야 한다.

즉, $5, 7, 9, \cdots, 49$ 의 개수와 같다.

Ans)

$\therefore$ 두 자리 자연수 m 의 개수는 23개이다.

Sol)

$\sqrt{3}^{f(n)} > 0$이므로 $\sqrt{3}^{f(n)}$의 네제곱근 중 실수인 것은

$\sqrt[4]{\sqrt{3}^{f(n)}} = 3^{\frac{f(n)}{8}}$, $-\sqrt[4]{\sqrt{3}^{f(n)}} = 3^{\frac{f(n)}{8}}$ 이다.

$$\therefore\ -3^{\frac{f(n)}{4}} = -9\ \ f(n) = 8$$

$f(n) = 8 \cap$ 대칭축 2이므로 $n = 1$ 또는 $n = 3$이다.

($\because$ 그래프 or 자연수의 존재성)

$\rightarrow f(1) = -1 + k = 8$

Ans)

$\therefore$ 상수 k의 값은 $k = 9$이다.

지수와 로그

지수와 로그
Schema 3

로그 연산

로그의 제한 조건
로그의 밑 a는 1이 아닌 양수,
진수 N은 양수로 제한된다.

[중요도 ★★★]

- $a > 0$, $a \neq 1$일 때, 양수 N에 대하여 $a^x = N$을 만족시키는
  실수 x는 오직 하나 존재하고 이 수 x를 $\log_a N$으로 나타내고
  a를 밑으로 하는 N의 로그라고 한다.
  이때 N을 $\log_a N$의 진수라고 한다.

[로그]

$$a^x = N \Leftrightarrow x = \log_a N$$

- 10을 밑으로 하는 로그를 상용로그라 하고
  양수 N에 대하여 $\log_{10} N$은 보통 밑 10을 생략하여 $\log N$으로 나타낸다.

- 로그는 다음과 같은 성질을 갖는다.

[로그의 성질]

① $\log_a 1 = 0$, $\log_a a = 1$ $(a > 0,\ a \neq 1,\ M > 0,\ N > 0)$

② $\log_a MN = \log_a M + \log_a N$

③ $\log_a \dfrac{M}{N} = \log_a M - \log_a N$

④ $\log_a M^k = k \log_a M$ (단, k는 실수)

- 로그는 다음과 같이 제한 조건 내 분수라는 특징을 갖는다.

[밑변환 ①] $(a > 0,\ a \neq 1,\ b > 0,\ c > 0,\ c \neq 1)$

$$\log_a b = \frac{\log_c b}{\log_c a}$$

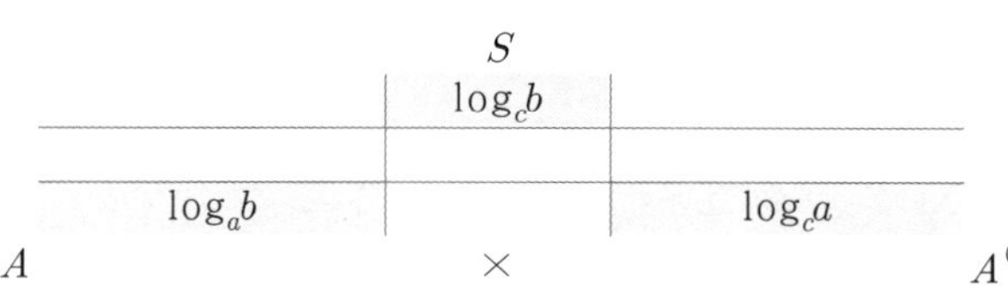

⇒ 3개 요소 중 2개를 알면 여사건 요소를 필요하면 알아낼 수 있다.

[밑변환 ②] $(a > 0,\ a \neq 1,\ b > 0)$

① $\log_a b = \dfrac{1}{\log_b a}\log_a b \times \log_a c$

② $\log_a b \times \log_b c = \log_a c$

③ $a^{\log_c b} = b^{\log_c a}$

④ $\log_{a^m} b^n = \dfrac{n}{m}\log_a b$

- 로그 A와 B에 관련된 연산에 있어 A와 B 각각의 값을 모르더라도

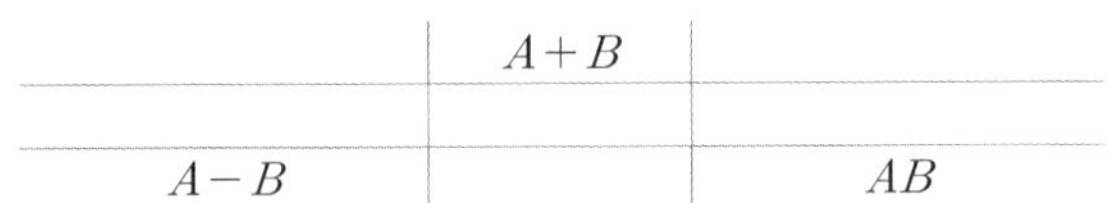

3개 중 2개를 알면 곱셈 공식에 의해 여사건 요소를 알아낼 수 있다.

- 로그 A, B, C 간 등식 이 등장했을 때 다음을 활용해 연산할 수 있다.

① $A = B = C = k$로 변형 후 연산

② $\dfrac{b}{a} = \dfrac{d}{c} = k \qquad \Rightarrow \qquad \dfrac{b+d}{a+c} = k$

$\qquad\qquad p \qquad\qquad \Rightarrow \quad q$

③ 3개 요소가 유사한 구조로 등장했을 때 모두 더하거나 곱해서 정리하여 연산

예 $A + B,\ A + C,\ B + C$

$\quad AB,\ AC,\ BC$

지수와 로그

지수와 로그
Schema 3

로그 연산

예

네 양수 a, b, c, k가 다음 조건을 만족시킬 때, k^2의 값은?

> (가) $3^a = 5^b = k^c$
>
> (나) $\log c = \log(2ab) - \log(2a+b)$

예

자연수 n에 대하여, $2^{\frac{1}{n}} = a$ $2^{\frac{1}{n+1}} = b$ 라 할 때

$\left\{ \dfrac{3^{\log_2 ab}}{3^{(\log_2 a)(\log_2 b)}} \right\}^5$ 이 자연수가 되도록 하는 모든 n의 값의 합은?

로그 연산

예

자연수 n에 대하여 $4\log_{64}\left(\dfrac{3}{4n+16}\right)$ 의 값이 정수가 되도록 하는

1000 이하의 모든 n의 값의 합은?

지수와 로그

지수와 로그
Schema 3

로그 연산

Sol)

$3^a = 5^b = k^c = d\,(d>1)$ 라 두면 $a = \log_3 d,\ b = \log_5 d,\ c = \log_k d$

(나)에서 $\log c = \log \dfrac{2ab}{2a+b}$ 이므로 $c(2a+b) = 2ab$

$\rightarrow \log_k d\left(2\log_3 d + \log_5 d\right) = 2\log_3 d \log_5 d$

$\rightarrow \dfrac{1}{\log_d k} \times \dfrac{2}{\log_d 3} + \dfrac{1}{\log_d k} \times \dfrac{1}{\log_d 5} = \dfrac{2}{\log_d 3} \times \dfrac{1}{\log_d 5}$

$\rightarrow 2\log_d 5 + \log_d 3 = 2\log_d k$

Ans)

$\therefore k^2 = 75$

Sol)

지수법칙에 의하여 $\left\{ \dfrac{3^{\log_2 ab}}{3^{(\log_2 a)(\log_2 b)}} \right\}^5 = \left\{ \dfrac{3^{\left(\frac{1}{n} + \frac{1}{n+1}\right)}}{3^{\left(\frac{1}{n} \times \frac{1}{n+1}\right)}} \right\}^5 = 3^{\frac{10}{n+1}}$

$3^{\frac{10}{n+1}}$ 이 자연수가 되도록 하려면 $n+1$은 10의 약수가 되어야 한다.

Ans)

$\therefore$ 모든 n의 값의 합은 $1+4+9 = 14$이다.

로그 연산

Sol)

$$4\log_{64}\left(\frac{3}{4n+16}\right)=\log_{8}\left(\frac{3}{4n+16}\right)^{2} \Rightarrow \left(\frac{3}{4n+16}\right)^{2}=8^{m}$$

$$\therefore n=3k-1 \ (1 \leq k \leq 333)$$

$$\rightarrow \left(\frac{1}{4k+4}\right)^{2}=2^{3m}$$

$$\rightarrow 16(k+1)^{2}=2^{-3m}$$

$$\rightarrow (k+1)^{2}=2^{2},\ 2^{8},\ 2^{14}$$

$$\rightarrow k=1 \ \text{또는} \ k=15 \ \text{또는} \ k=127$$

Ans)

$\therefore$ 모든 n의 값의 합은 $2+44+380=426$이다.

지수와 로그

지수와 로그
Schema 4

정수 조건

[중요도 ★★★]

- 로그($\log_a x$)에 대한 정수 조건이 제시될 경우

  $\log_a x = N,\ \ x = a^N$와 같은 지수 꼴로 변형하여 해석할 수 있다.

  [진수 제한]

  → 자연수 $n = p^\alpha \times q^\beta$, p, q가 소수인 자연수, 유리수 m,

  $\log_n m$가 무리수가 아니면 $\log_n m$는 정수이다.

- **[자연수 조건]**

  $a^{\frac{p}{q}}$ ($a > 1$ 자연수, p, q 정수) 이 자연수일 조건은

  ① 소인수분해를 행한 후
  ② 모든 지수가 0 이상의 정수

  를 만족하면 된다.

  즉, $a = k^n$꼴로 나타낸 후 (k는 제곱 꼴이 아님, n는 자연수)

  $n \times \dfrac{p}{q}$가 음이 아닌 정수인 것과 동치이다.

- 간격이 $\varDelta$로 동일한 자연수의 개수를 세는 공식은 $\dfrac{n_{Max} - n_{Min}}{\varDelta} + 1$이다.

정수 조건

- $n = p^{\alpha} \times q^{\beta}$, p, q가 소수인 자연수이고 α, β가 양의 정수일 때

1) n의 모든 양의 약수의 개수

$(\alpha+1)(\beta+1)$

	p^0	p^1	$\cdots$	p^{α}
q^0				
q^1				
$\cdots$				
q^{β}				

2) n의 모든 양의 약수의 합

$(1+p+\cdots+p^{\alpha})(1+q+\cdots+q^{\beta})$

3) n의 모든 양의 약수의 곱

$n^{\frac{(\alpha+1)(\beta+1)}{2}}$

- 두 수 A, B의 최대공약수가 G, 최소공배수가 L일 때 $G \times L = A \times B$이다.

- A의 배수이면서 $A \times B$의 약수의 개수를 구해야 할 경우
  B의 약수의 개수로 바꿔 연산할 수 있다.

지수와 로그

지수와 로그
Schema 4

정수 조건

예

2 이상의 자연수 n에 대하여 $n^{\frac{4}{k}}$ 의 값이 자연수가 되도록 하는 자연수 k의 개수를 $f(n)$이라 하자. 예를 들어 $f(6)=3$이다. $f(n)=8$을 만족시키는 n의 최솟값을 구하시오.

예

다음 조건을 만족시키는 최고차항의 계수가 1인 이차함수 $f(x)$가 존재하도록 하는 모든 자연수 n의 값의 합을 구하시오.

> (가) x에 대한 방정식 $(x^n-64)f(x)=0$은 서로 다른 두 실근을 갖고, 각각의 실근은 중근이다.
> (나) 함수 $f(x)$의 최솟값은 음의 정수이다.

정수 조건

예

2 이상 100 이하의 자연수 n 에 대하여 집합

$$\{\log_n k \mid k\text{는 자연수},\ 1 \le k \le n \}$$

의 원소 중 유리수의 개수를 $f(n)$ 이라 하자. 예를 들어 $f(3)=2$, $f(4)=3$ 이다. $f(n) \ge 5$ 가 되는 모든 자연수 n 의 값의 합을 구하시오.

예

$\log_2\left(-x^2+ax+4\right)$ 의 값이 자연수가 되도록 하는 실수 x 의 개수가 6 일 때, 모든 자연수 a 의 값의 곱을 구하시오.

지수와 로그

지수와 로그
Schema 4

정수 조건

Sol)

$f(n)$은 ㉠ <u>지수 내 분자</u>의 약수의 개수이고

a와 b를 n의 소인수라 할 때 n의 약수의 개수는 $n = a^x b^y$일 때 $(x+1)(y+1)$이므로

만족하는 조합은 $(x,\ y) = (3,\ 1)$이다.

$\therefore$ ㉠의 min $2^3 \times 3^1 = 24$

Ans)

$\therefore$ n의 최솟값은 $2^6 = 64$이다.

Sol)

$(x^n - 64)f(x) = 0$의 서로 다른 실근은 모두 중근이므로 n은 짝수이고

$f(x) = (x - \alpha)(x + \alpha)$라 하면 $f(x)$의 최솟값은 $f(0) = -\alpha^2$이다. ($\because$ 대칭축 $x = 0$)

(가)에서 $\alpha^n = 64 = 2^6$이고 (나)에서 α^2은 정수이므로 $\alpha^2 = 2^{\frac{12}{n}}$ 이 정수이고

정수 조건을 만족시키기 위해 n은 12의 약수여야 한다.

$\therefore$ 12의 약수 $\cap$ 짝수

	2^0	2^1	2^2
3^0			
3^1			

Ans)

$\therefore$ 모든 자연수 n의 값의 합은 $2 + 4 + 6 + 12 = 24$이다.

Sol)

$\log_n k = \dfrac{q}{p}$ (p, q는 정수, $p \neq 0$)라 하면 $\log_n k = \dfrac{q}{p} \times 1 = \dfrac{q}{p} \log_m m = \log_{m^p} m^q$

이므로 $n = m^p \Rightarrow k = m^q$이다.

① $n = 2^p$

$\log_n k$가 유리수가 되기 위해서는 $k = 1, 2, 2^2, \cdots, 2^{p-1}, 2^p$이므로 $f(2^p) = p+1$ 이고
$f(n) \geq 5$를 만족하는 자연수 n 은 $2^4, 2^5, 2^6$

② $n = 3^p$

동일 논리로 만족하는 자연수 n 은 3^4 $(\because n \leq 100)$

Ans)

$\therefore$ 모든 자연수 n 의 값의 합은 $2^4 + 3^4 + 2^5 + 2^6 = 193$ 이다.

Sol)

진수 조건에 의하여 $f(x) = -\left(x - \dfrac{a}{2}\right)^2 + \dfrac{a^2}{4} + 4 > 0$이고 $\log_2\left(-x^2 + ax + 4\right)$ 의 값이

연수가 되는 실수 x의 개수가 6 이므로 $y = f(x)$ 의 그래프는 $y = 2^1$, $y = 2^2$, $y = 2^3$ 과 각각
2개의 점에서 만나고 $y = 2^n$ $(n \geq 4)$와는 만나지 않는다.

$\rightarrow 2^3 < \dfrac{a^2}{4} + 4 < 2^4$ 이고, a가 자연수이므로 $a = 5, 6$

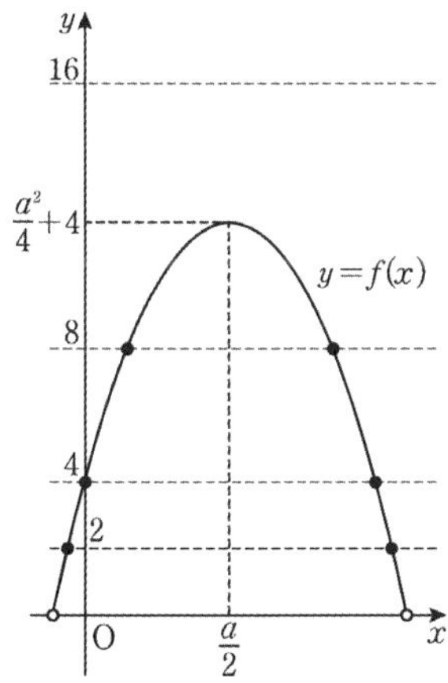

Ans)

$\therefore$ 모든 자연수 a 의 값의 곱은 $5 \times 6 = 30$ 이다.

지수와 로그

6

Theme

지수 · 로그함수

지수 · 로그함수

지수 ·로그함수
Schema 1

그래프 해석

[중요도 ★★★★]

- a가 1이 아닌 양수일 때, 실수 x에 대하여 a^x의 값은 하나로 정해지고
  x에 a^x을 대응시키면 $y = a^x \ (a > 0, \ a \neq 1)$ 은 x에 대한 함수이고
  이 함수를 a를 밑으로 하는 지수함수라고 한다.

- 지수함수는 다음과 같은 특징을 갖는다.

[지수함수의 기본형]

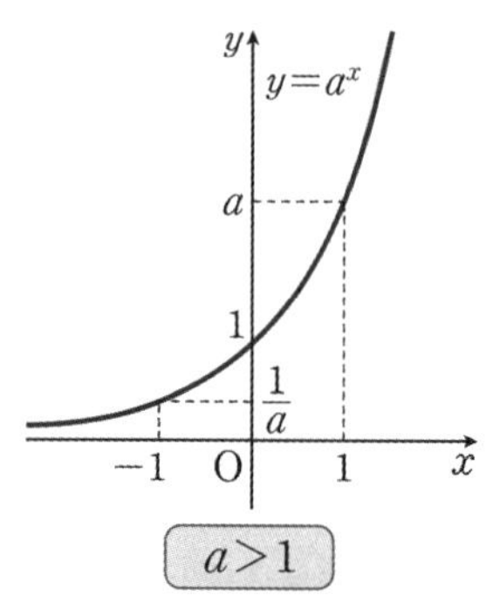

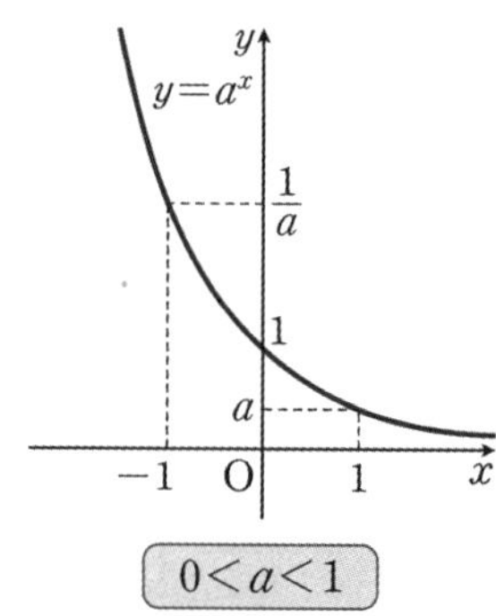

① 정의역	:	실수 전체의 집합
② 치역	:	양의 실수 전체의 집합
③ 오목·볼록성	:	아래로 볼록
④ 정점	:	$(0, \ 1)$
⑤ 평행이동	:	확대와 동일 양상
⑥ 점근선	:	$y = 0$
⑦ 최대·최소	:	기본형에서는 존재하지 않음 ⇒ 구간 제한 or 변형될 경우 생성
⑧ 극대·극소	:	기본형에서는 존재하지 않음 ⇒ New 요소 발생 시 생성됨
⑨ 밑의 관찰	:	$x = 1$과의 교점의 y 좌표

- 지수함수의 해석 기준이 될 수 있는 Point는 다음과 같다.

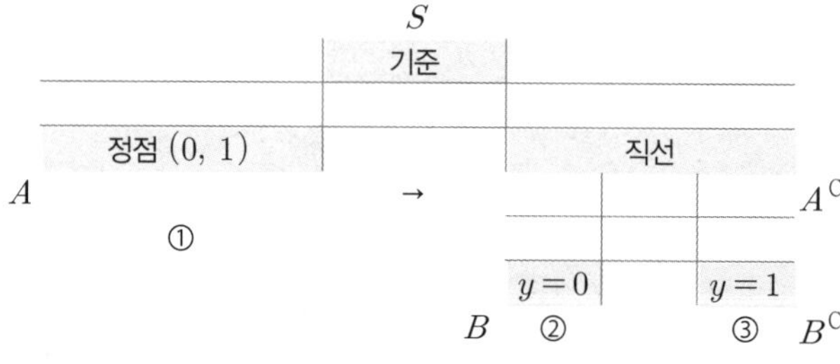

∴ ① 불변 지점

   ② 간격 해석의 기준선

   ③ 영역 구분의 기준선

그래프 해석

- 지수함수 $y = a^x$ $(a > 0,\ a \neq 1)$은 실수 전체의 집합에서 양의 실수 전체의 집합으로의 일대
  일대응이므로 역함수를 갖는다. 이 지수함수 $y = a^x$의 역함수
  $y = \log_a x$ $(a > 0,\ a \neq 1)$를 a를 밑으로 하는 로그함수라고 한다.

- 로그함수는 다음과 같은 특징을 갖는다.

[로그함수]

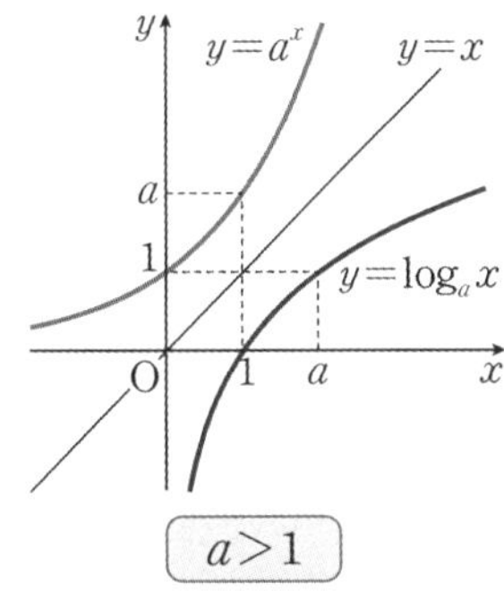

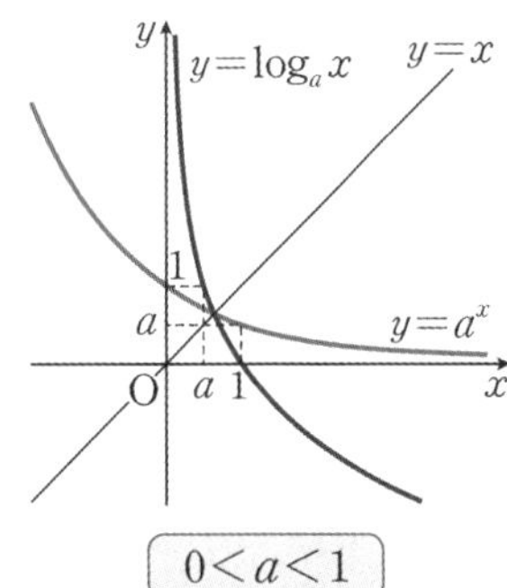

① 정의역   :   양의 실수 전체의 집합

② 치역   :   실수 전체의 집합

③ 오목·볼록성   :   위로 볼록

④ 정점   : $(0,\ 1)$

⑤ 평행이동   :   확대와 동일 양상

⑥ 점근선   : $x = 0$

⑦ 최대·최소   :   기본형에서는 존재하지 않음 ⇒ 변형될 경우 생성됨

⑧ 극대·극소   :   기본형에서는 존재하지 않음 ⇒ New 요소 발생 시 생성됨

⑨ 밑의 관찰   : $y = 1$과의 교점의 x 좌표

- 로그함수의 해석 기준이 될 수 있는 Point는 다음과 같다.

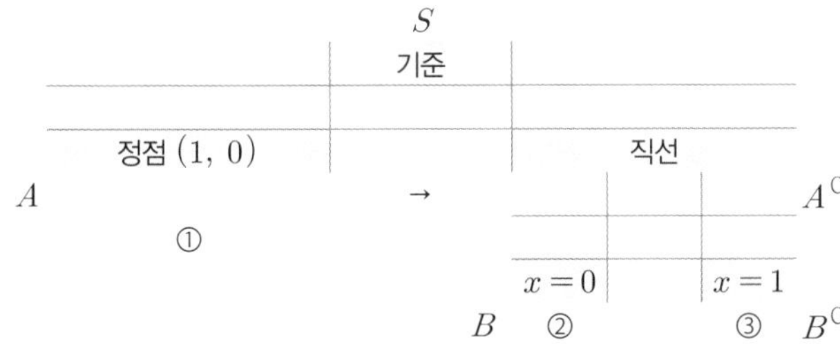

∵ ① 불변 지점

   ② 간격 해석의 기준선

   ③ 영역 구분의 기준선

지수 · 로그함수

지수 · 로그함수
Schema 1

그래프 해석

- 지수함수의 밑이 변해도 정점 $(0, 1)$는 변하지 않고

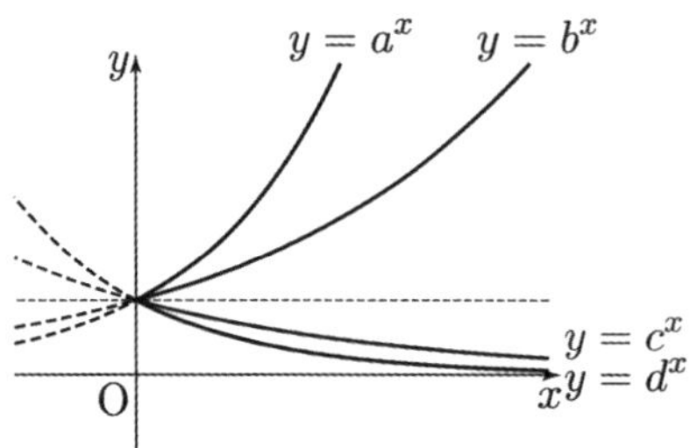

밑의 대소 비교를 행할 때 적절히 y축과 평행한 직선을 활용할 수 있다.

정점 오른쪽에 직선을 그을 경우, 위에 있는 그래프의 밑이 더 크고
정점 왼쪽에 직선을 그을 경우, 위에 있는 그래프의 밑이 더 작다.

- 지수함수 $y = a^x$를 x 방향으로 $+b$, y 방향으로 $+c$으로 평행이동한 그래프는
  기본형에 비해 치역, 정점, 점근선의 변화에 유의하여 해석할 수 있다.

  ① 치역   : $y > c$
  ② 정점 $(b, c+1)$
  ③ 점근선   : $y = c$

- 로그함수의 밑이 변해도 정점 $(1, 0)$는 변하지 않고

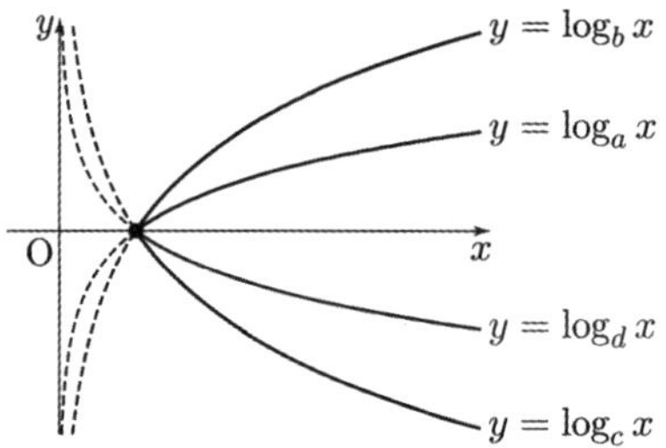

밑의 대소 비교를 행할 때 적절히 x축과 평행한 직선을 활용할 수 있다.

정점 위에 직선을 그을 경우, 오른쪽에 있는 그래프의 밑이 더 크고
정점 아래에 직선을 그을 경우, 왼쪽에 있는 그래프의 밑이 더 작다.

- 로그함수 $y = \log_a x$를 x 방향으로 $+b$, y 방향으로 $+c$으로 평행이동한 그래프는
  기본형에 더해 정의역, 정점, 점근선의 변화에 유의하여 해석할 수 있다.

  ① 치역   : $x > b$
  ② 정점   : $(b+1, c)$
  ③ 점근선   : $x = b$

그래프 해석

예

함수 $y = \log_2 4x$ 의 그래프 위의 두 점 A, B 와 함수 $y = \log_2 x$ 의 그래프 위의 점 C 에 대하여, 선분 AC 가 y 축에 평행하고 삼각형 ABC 가 정삼각형일 때, 점 B 의 좌표는 (p, q) 이다. $p^2 \times 2^q$ 의 값은?

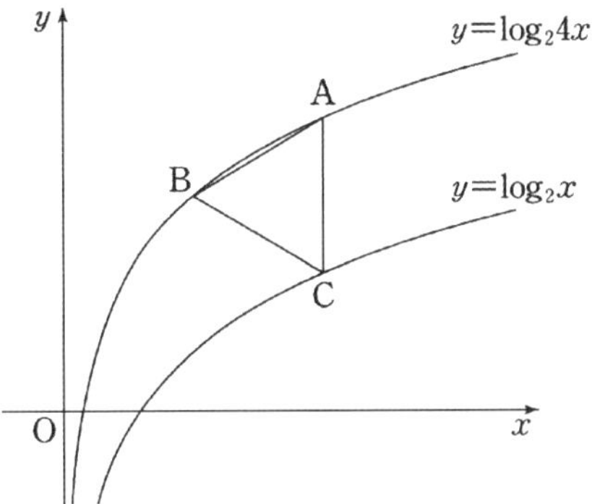

예

곡선 $y = 2^{ax+b}$ 과 직선 $y = x$ 가 서로 다른 두 점 A, B에서 만날 때, 두 점 A, B에서 x축에 내린 수선의 발을 각각 C, D라 하자.
$\overline{AB} = 6\sqrt{2}$ 이고 사각형 ACDB의 넓이가 30일 때, $a+b$의 값은?

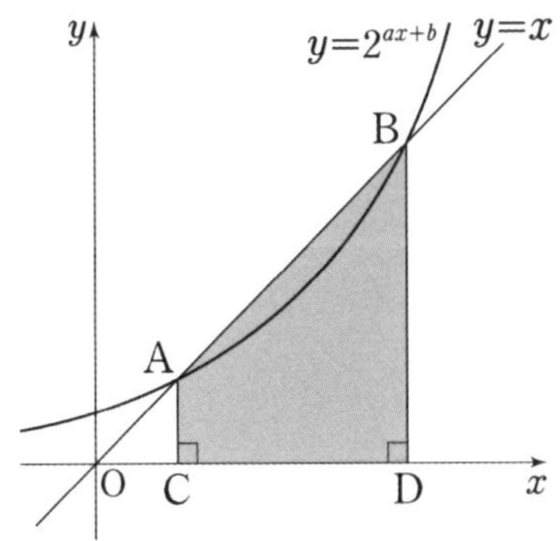

(단, a, b는 상수이다.)

지수 · 로그함수

지수 ·로그함수
Schema 1

그래프 해석

Sol)

두 함수는 y축 방향으로 $+2$만큼 평행이동한 관계이므로 $\overline{AC}=2$이고
$\overline{AC}$의 중점을 M이라 하면 $\overline{BM}=\sqrt{3}$ 이다.

B $\to$ A 관계는
x 방향으로 $\sqrt{3}$만큼 $+$일 때, y 방향으로 1만큼 $+$이므로
원래 p 값은 $\sqrt{3}$ 이고 그에 따라 $q=\log_2 4\sqrt{3}$ 이다.

($\because$ 밑이 2인 로그는 x 방향으로 $\times 2$일 때, y 방향으로 $+1$)

Ans)

$$\therefore\ p^2\times 2^q=(\sqrt{3})^2\times 2^{\log_2 4\sqrt{3}}=3\times 4\sqrt{3}=12\sqrt{3}$$

Sol)

점 A에서 선분 BD에 수선의 발 H를 내리면 $\triangle_x=6$ ($\because 45°$)
$\triangle$ABH의 넓이는 18이므로 여집합 직사각형의 넓이 $2\times 6 \Rightarrow \overline{AC}=\overline{OC}=2$
$1:4$ 닮음이므로 차수는 $1:3$

$$\therefore\ 2a+b=1,\ 8a+b=3$$

Ans)

$$\therefore\ a+b=\frac{1}{3}+\frac{1}{3}=\frac{2}{3}$$

그래프 해석

예

함수 $f(x) = -2^{|x-a|} + a$의 그래프가 x축과 두 점 A, B에서 만나고 $\overline{AB} = 6$이다.
함수 $f(x)$가 $x = p$에서 최댓값 q를 가질 때, $p + q$의 값은? (단, a는 상수이다.)

예

두 상수 a, b $(1 < a < b)$에 대하여 좌표평면 위의 두 점 $(a, \log_2 a)$, $(b, \log_2 b)$를 지나는
직선의 y절편과 두 점 $(a, \log_4 a)$, $(b, \log_4 b)$를 지나는 직선의 y절편이 같다.
함수 $f(x) = a^{bx} + b^{ax}$에 대하여 $f(1) = 40$일 때, $f(2)$의 값은?

지수 · 로그함수

지수 ·로그함수
Schema 1

그래프 해석

Sol)

$f(x) = -2^{|x-a|} + a$ 는 $y = -2^{|x|}$ 의 기본형을 기준으로 a 만큼 평행이동한 그래프이므로

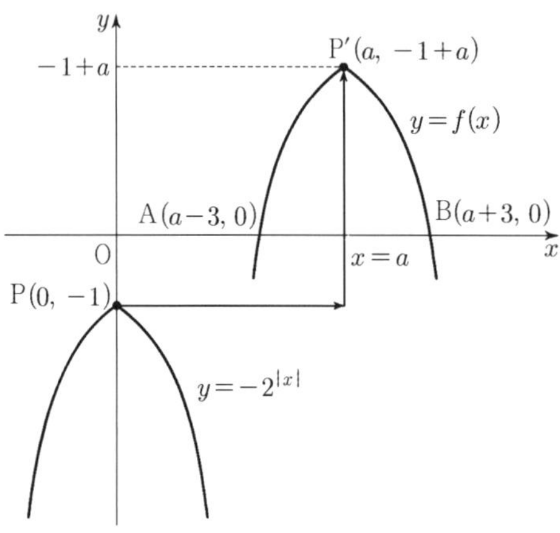

$\therefore a = 8 \ (\because f(a+3) = 0)$

$\therefore p = 8, \ q = 7$

Ans)

$\therefore p + q = 15$

Sol)

$\triangle_x$ 가 동일하고 $\triangle_y$ 가 $1 : 2$ 이므로 두 직선의 교점은 O$(0, 0)$ 이다.

→ 닮음의 중심 O

$\therefore a^b = b^a \ (\because \dfrac{\log_2 a - 0}{a - 0} = \dfrac{\log_2 b - 0}{b - 0})$

→ $a^b + b^a = 40 \ (\because f(1) = 40)$

Ans)

$\therefore f(2) = a^{2b} + b^{2a} = 800$

그래프 해석

예

그림과 같이 1보다 큰 두 실수 a, k에 대하여 직선 $y=k$가 두 곡선 $y=2\log_a x+k$, $y=a^{x-k}$과 만나는 점을 각각 A, B라 하고, 직선 $x=k$가 두 곡선 $y=2\log_a x+k$, $y=a^{x-k}$과 만나는 점을 각각 C, D라 하자. $\overline{AB}\times\overline{CD}=85$이고 삼각형 CAD의 넓이가 35일 때, $a+k$의 값을 구하시오.

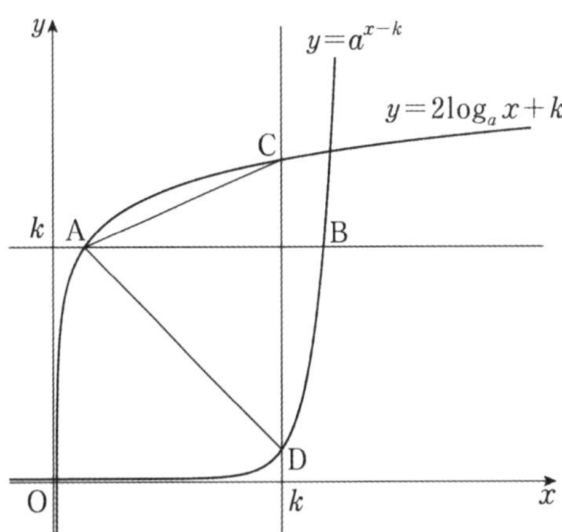

예

자연수 n에 대하여 곡선 $y=2^x$ 위의 두 점 A_n, B_n이 다음 조건을 만족시킨다.

> (가) 직선 $A_n B_n$의 기울기는 3이다.
> (나) $\overline{A_n B_n}=n\times\sqrt{10}$

중심이 직선 $y=x$ 위에 있고 두 점 A_n, B_n을 지나는 원이 곡선 $y=\log_2 x$와 만나는 두 점의 x좌표 중 큰 값을 x_n이라 하자. $x_1+x_2+x_3$의 값은?

지수 · 로그함수

지수 ·로그함수
Schema 1

그래프 해석

Sol)

$A(1,\ k)$, $B(\log_a k + k,\ k)$, $C(k,\ 2\log_a k + k)$, $D(k,\ 1)$이 상수 조건으로 제시되어 있다.

주어진 조건은 $2 \times \square ADBC = \overline{AB} \times \overline{CD} = 85$와 동일하고

AB와 CD가 만나는 점을 $E(k, k)$라 하면 다음을 알 수 있다.

	S	
	$\square ADBC$	
$\triangle CAD$		$\triangle CBD$
A		$A^{\,C}$
①		②
넓이 35		$\dfrac{15}{2}$
간격 비 14	:	3

단위 간격을 $\triangle$라 두면

$$\frac{1}{2} \times \overline{AE} \times \overline{CD} = \frac{1}{2} \times \overline{AE} \times (\overline{CE} + \overline{DE})$$
$$= \frac{1}{2} \times 14\triangle \times (6\triangle + 14\triangle)$$
$$= 35$$

$$\therefore \ \triangle = \frac{1}{2}$$

$\rightarrow k = \overline{AE} + 1 = 8$

$\rightarrow \overline{BE} = \log_a k = \log_a 8 = \dfrac{3}{2},\ a = 4$

Ans)

$\therefore \ a + k = 12$

Sol)

$\triangle_x$가 n, $\triangle_y$가 $3n$이므로 $\triangle_y = x_n - \dfrac{x_n}{2^n} = \dfrac{3n \times 2^n}{2^n - 1}$이다.

$(\because y = 2^x$는 x 방향으로 $+n$일 때, y 방향으로 $\times 2^n)$

Ans)

$\therefore \ x_1 + x_2 + x_3 = 6 + 8 + \dfrac{72}{7} = \dfrac{170}{7}$

그래프 해석

예

그림과 같이 $a > 1$인 실수 a에 대하여 두 곡선 $y = a^{-2x} - 1$, $y = a^x - 1$이 있다.
곡선 $y = a^{-2x} - 1$과 직선 $y = -\sqrt{3}\,x$가 서로 다른 두 점 O, A에서 만난다.
점 A를 지나고 직선 OA에 수직인 직선이 곡선 $y = a^x - 1$과 제 1사분면에서 만나는 점을
B라 하자. $\overline{OA} : \overline{OB} = \sqrt{3} : \sqrt{19}$일 때, 선분 AB의 길이를 구하시오. (단, O는 원점이다.)

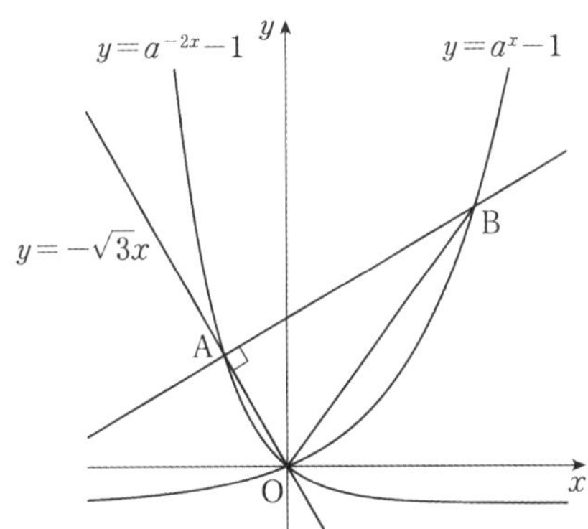

예

그림과 같이 곡선 $y = 2^{x-m} + n \ (m > 0,\ n > 0)$과 직선 $y = 3x$가 서로 다른 두 점 A, B에서
만날 때, 점 B를 지나며 직선 $y = 3x$에 수직인 직선이 y축과 만나는 점을 C라 하자.
직선 CA가 x축과 만나는 점을 D라 하면 점 D는 선분 CA를 $5 : 3$으로 외분하는 점이다.
삼각형 ABC의 넓이가 20일 때, $m + n$의 값을 구하시오.
(단, 점 A의 x좌표는 점 B의 x좌표보다 작다.)

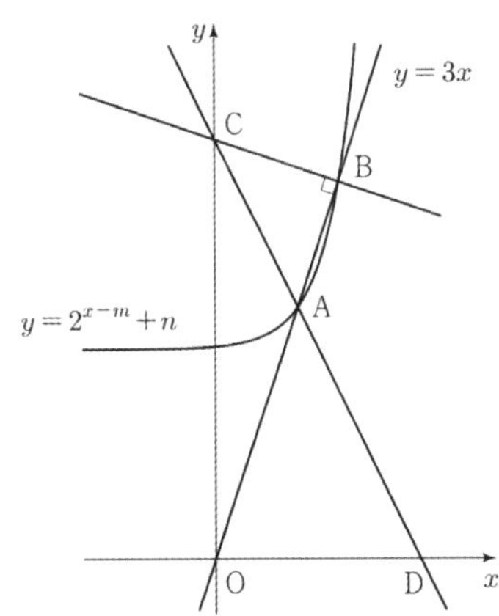

지수 ·로그함수
Schema 1

그래프 해석

Sol)

$\overline{\text{OA}} : \overline{\text{AB}} = \sqrt{3} : 4$이고 단위 간격을 $\triangle$라 두면 $A(-\sqrt{3}\,\triangle,\ 3\triangle)$, $B(3\sqrt{3}\,\triangle,\ 7\triangle)$

① $3\triangle = a^{2\sqrt{3}\,\triangle} - 1$ ($\because$ 그래프 위 점)
② $7\triangle = a^{3\sqrt{3}\,\triangle} - 1$ ($\because$ 그래프 위 점)

→ $(3\triangle + 1)^3 = (7\triangle + 1)^2$
→ $\triangle = 1$ ($\because \triangle > 0$)

Ans)

$\therefore \overline{\text{AB}} = 8\triangle = 8$

Sol)

$\overline{\text{CA}} : \overline{\text{AD}} = 2 : 3$이고 단위 간격을 $\triangle$라 두면 $A(2\triangle,\ 6\triangle)$, $B(3\triangle,\ 9\triangle)$, $C(0,\ 10\triangle)$

$\therefore \overline{\text{AB}} = \overline{\text{BC}} = \sqrt{10}\,\triangle,\ \triangle = 2$ ($\because$ 삼각형의 넓이)

$12 = 2^{4-m} + n,\ 18 = 2^{6-m} + n$ ($\because$ A와 B 그래프 위 점)

$\therefore m = 3,\ n = 10$

Ans)

$\therefore m + n = 13$

그래프 해석

예

그림과 같이 두 상수 a $(a>1)$, k에 대하여 두 함수 $y=a^{x+1}+1$, $y=a^{x-3}-\dfrac{7}{4}$ 의 그래프와 직선 $y=-2x+k$가 만나는 점을 각각 P, Q라 하자. 점 Q를 지나고 x축에 평행한 직선이 함수 $y=-a^{x+4}+\dfrac{3}{2}$ 의 그래프와 점 R에서 만나고 $\overline{PR}=\overline{QR}=5$일 때, $a+k$의 값은?

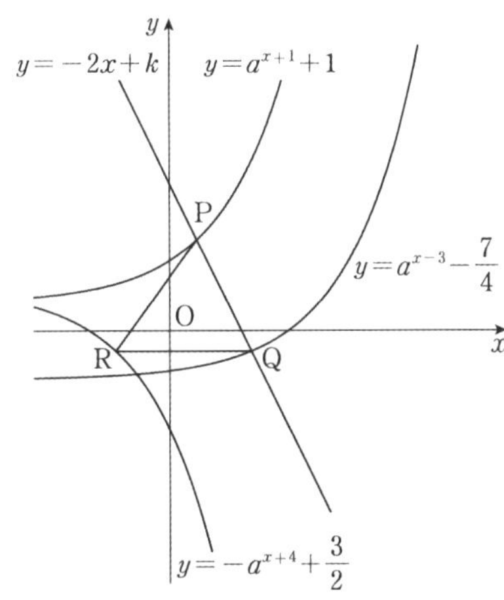

예

그림과 같이 곡선 $y=2^x$ 위에 두 점 $P(a, 2^a)$, $Q(b, 2^b)$이 있다. 직선 PQ의 기울기를 m이라 할 때, 점 P를 지나며 기울기가 $-m$인 직선이 x축, y축과 만나는 점을 각각 A, B라 하고, 점 Q를 지나며 기울기가 $-m$인 직선이 x축과 만나는 점을 C라 하자.

$\overline{AB}=4\overline{PB}$, $\overline{CQ}=3\overline{AB}$일 때, $90\times(a+b)$의 값을 구하시오. (단, $0<a<b$)

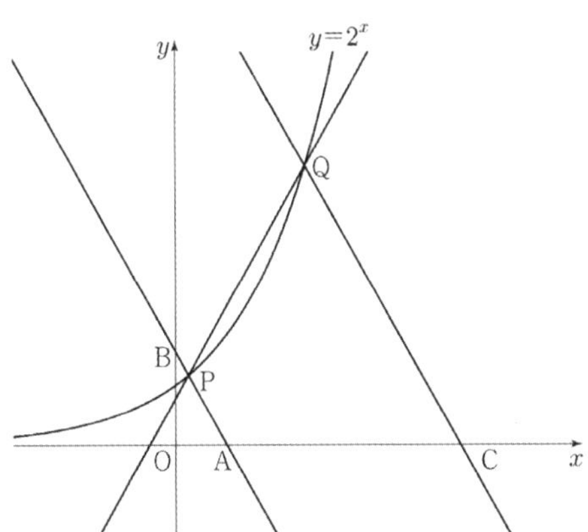

지수 · 로그함수

지수 ·로그함수
Schema 1

그래프 해석

Sol)

$$\overline{OA} : \overline{OB} = \sqrt{3} : \sqrt{19}$$

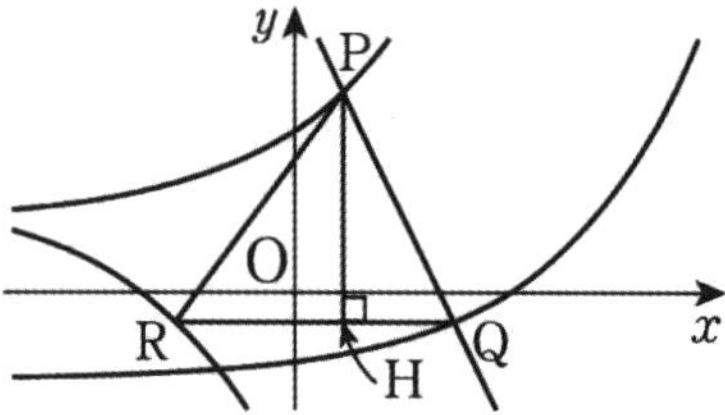

$\overline{HQ} = \triangle$ 라 두면 $\overline{PH} = 2\triangle$, $\overline{HR} = 5 - \triangle$ 이므로 $\triangle = 2$ ($\because 3 : 4 : 5$)

$P(m+3, \; a^{m+4}+1)$, $Q\!\left(m+5, \; a^{m+2}-\dfrac{7}{4}\right)$, $R\!\left(m, \; -a^{m+4}+\dfrac{3}{2}\right)$ 에서

① $(-a^{m+4}+1)-\left(-a^{m+4}+\dfrac{3}{2}\right)=4$ } ($\because y$ 간격 4)

② $a^{m+2}-\dfrac{7}{4}=-a^{m+4}+\dfrac{3}{2}$ ($\because$ Q와 R의 y 좌표 동일)

$\rightarrow a=\dfrac{3}{2}, \; m=-2$

$y=-2x+k$ 와 로그함수 위 P가 만나므로 $k=\dfrac{21}{4}$

Ans)

$$\therefore \; a+k=\dfrac{3}{2}+\dfrac{21}{4}=\dfrac{27}{4}$$

그래프 해석

Sol)

P에서 x축에 내린 수선의 발을 D, Q에서 x축에 내린 수선의 발을 E라 하자.

$\overline{OD}$를 단위 간격 $\triangle$로 잡으면 $\overline{AD} = \overline{DO'} = 3\triangle$ ($\because \overline{AB} = 4\overline{PB}$, O'은 닮음의 중심)

$\triangle PDA \backsim \triangle QEC$이므로 $\overline{O'E} = 12\triangle$, $b = a + 2$

($\because \log_2$는 x 방향으로 $\times 4$일 때, y 방향으로 $+2$, $1:4$ 닮음)

$\therefore$ 간격$(b-a) = 2$

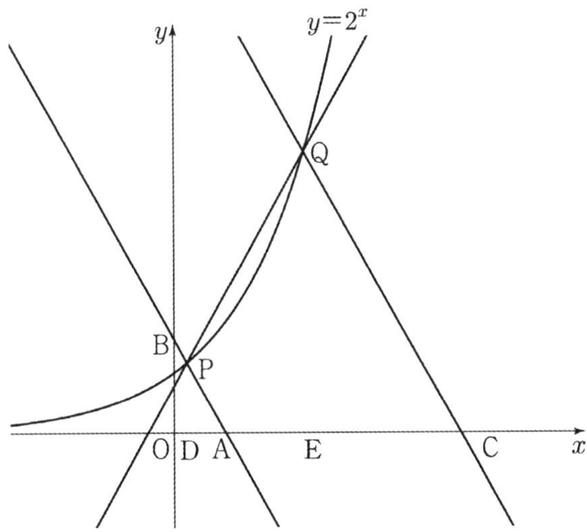

Ans)

$\therefore\ 90(a+b) = 10 \times 11 \times ($간격$) = 220$

지수 · 로그함수

지수 ·로그함수
Schema 2

범주 통일

[중요도 ★★★]

- 지수·로그함수는 함수 간 대수적 연산이 가능한 경우와 그렇지 않은 경우로 분류된다.

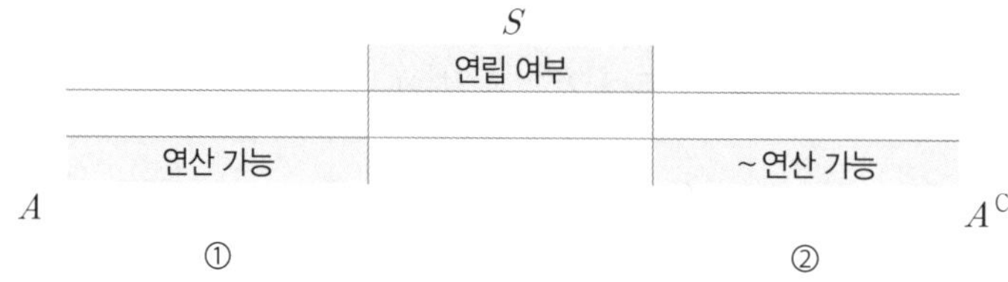

① 연산 가능

일반적으로 지수·로그 방정식은 풀 수 없으나

$\triangle_x$와 $\triangle_y$가 주어진 경우 중 일부 연산할 수 있고

적절히 밑 통일 후 다항함수 연산처럼 생각할 수 있다.

기준 직선을 도입해서 (초월함수) = (다항함수) 연산처럼 행할 수 있다.

② 연산 불가능

관계식을 알 때, 구하는 대상에 대해서만 질문하거나

대소 비교, 간격 연산, 대칭성과 같은 기하적 특징에 대해 질문하는 경우도 다수이다.

값이 도출되지 않는 경우 관계식과 더불어 구하는 대상도 조건처럼 생각할 수 있다.

- 연산이 불가한 합답형 문항의 경우
  적절히 좌변과 우변의 의미의 범주를 맞춰 해석할 수 있다.

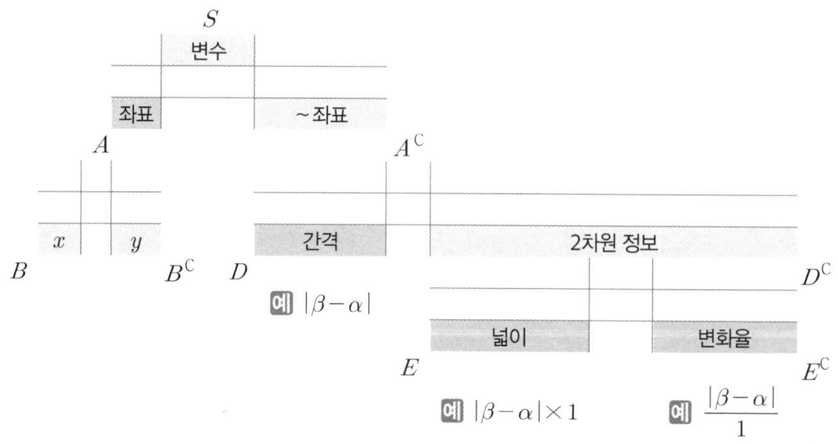

범주 통일

예

함수 $y = k \times 3^x \, (0 < k < 1)$ 의 그래프가 두 함수 $y = 3^{-x}$,

$y = -4 \times 3^x + 8$ 의 그래프와 만나는 점을 각각 P, Q 라 하자.

점 P 와 점 Q 의 x 좌표의 비가 $1 : 2$ 일 때, $35k$ 의 값을 구하시오.

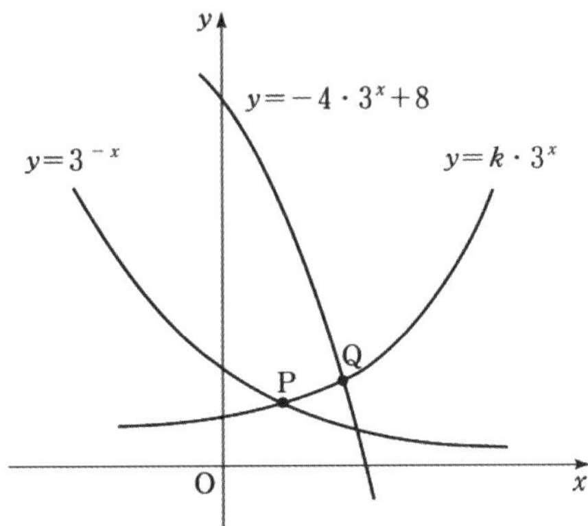

예 [수능 기출]

곡선 $y = \left(\dfrac{1}{5}\right)^{x-3}$ 과 직선 $y = x$ 가 만나는 점의 x 좌표를 k 라 하자.

실수 전체의 집합에서 정의된 함수 $f(x)$ 가 다음 조건을 만족시킨다.

$x > k$ 인 모든 실수 x 에 대하여 $f(x) = \left(\dfrac{1}{5}\right)^{x-3}$ 이고 $f(f(x)) = 3x$ 이다.

$f\left(\dfrac{1}{k^3 \times 5^{3k}}\right)$ 의 값은?

지수 · 로그함수

지수 ·로그함수
Schema 2

범주 통일

Sol)

P 의 x 좌표를 α 라 하면 $k \cdot 3^{\alpha} = 3^{-\alpha}$ 이고 $\left(3^{\alpha}\right)^2 = 3^{2\alpha} = \dfrac{1}{k}$

점 Q 의 x 좌표는 2α 이므로 $k \cdot 3^{2\alpha} = -4 \cdot 3^{2\alpha} + 8$

$\rightarrow k \cdot \dfrac{1}{k} = -4 \cdot \dfrac{1}{k} + 8$

$\rightarrow k = \dfrac{4}{7}$

Ans)

$\therefore 35k = 20$

Sol)

$\left(\dfrac{1}{5}\right)^{k-3} = k \rightarrow k^3 \times 5^{3k} = \left(\dfrac{1}{5}\right)^{3k-9} \times 5^{3k} = 5^9 \rightarrow \dfrac{1}{k^3 \times 5^{3k}} = \left(\dfrac{1}{5}\right)^9$

Ans)

$\therefore f\left(\dfrac{1}{k^3 \times 5^{3k}}\right) = f(f(12)) = 36$

범주 통일

예

함수 $y = 2^x - 1$ 의 그래프 위의 서로 다른 두 점 P, Q 의 x 좌표를
각각 a, b 라 할 때,

$$A = \frac{2^a - 1}{a}, \ B = \frac{2^b - 1}{b}, \ C = \frac{2^b - 2^a}{b - a}$$

의 대소 관계를 옳게 나타낸 것은? (단, $0 < a < b < 1$)

① $A < B < C$
② $A < C < B$
③ $B < A < C$
④ $B < C < A$
⑤ $C < A < B$

예

그림은 함수 $f(x) = 2^x - 1$ 의 그래프와 직선 $y = x$ 이다. 곡선 $y = f(x)$ 위에 임의로 두 점을
잡아 그 두 점의 x 좌표를 각각 a, $b\,(0 < a < b)$ 라 할 때, <보기>에서 항상 옳은 것을 모두 고
른 것은?

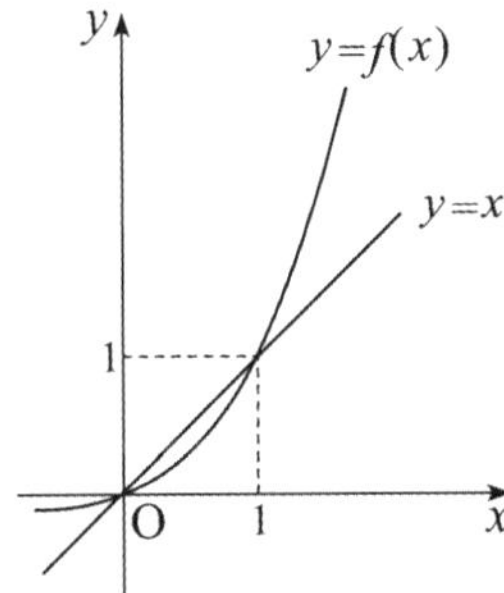

<보 기>

ㄱ. $0 < a < 1$ 이면 $f(a) < a$ 이다.
ㄴ. $b - a < 2^b - 2^a$
ㄷ. $b(2^a - 1) < a(2^b - 1)$

지수 ·로그함수
Schema 2

범주 통일

Sol)

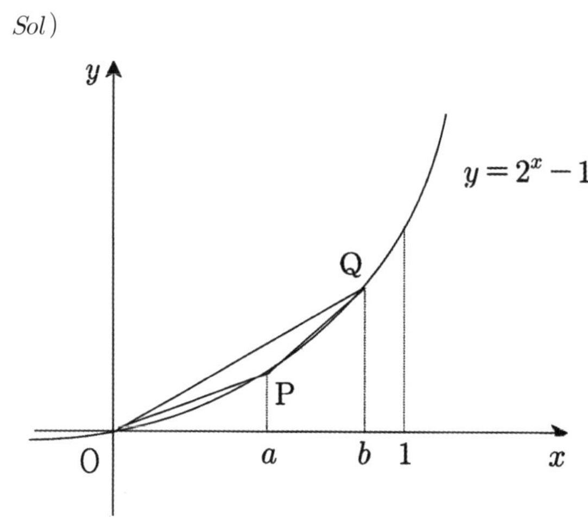

Ans)

$\therefore$ ① $A < B < C$

Sol)

ㄱ. $\triangle_y$ 처럼 관찰하면 옳음을 알 수 있다. (○)

ㄴ. $b - a > 2^b - 2^a \Rightarrow \dfrac{2^b - 2^a}{b - a} > 1$ 이고 그래프 상 기울기가

1보다 작은 경우가 가능하므로 불능이다. (×)

ㄷ. $b(2^a - 1) < a(2^b - 1) \Rightarrow \dfrac{2^a - 1}{a} < \dfrac{2^b - 1}{b}$ 이고

전구간 아래로 볼록이므로 옳다. (○)

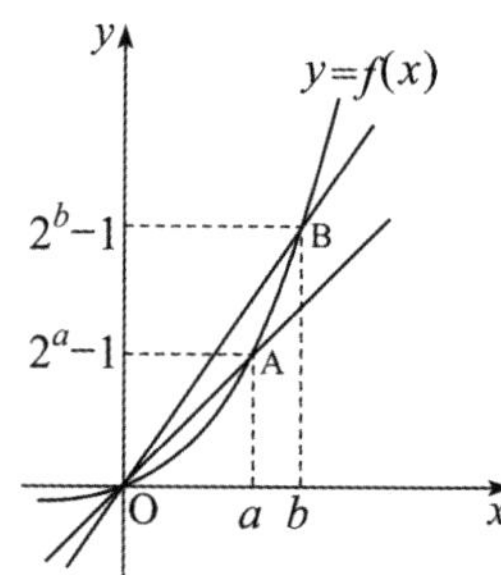

Ans)

$\therefore$ 옳은 것은 ㄱ, ㄷ이다.

예

좌표평면에서 두 곡선 $y = |\log_2 x|$ 와 $y = \left(\dfrac{1}{2}\right)^x$ 이 만나는 두 점을 $\mathrm{P}(x_1, y_1)$, $\mathrm{Q}(x_2, y_2)$ $(x_1 < x_2)$ 라 하고, 두 곡선 $y = |\log_2 x|$ 와 $y = 2^x$ 이 만나는 점을 $\mathrm{R}(x_3, y_3)$ 이라 하자. 옳은 것만을 <보기>에서 있는 대로 고르시오.

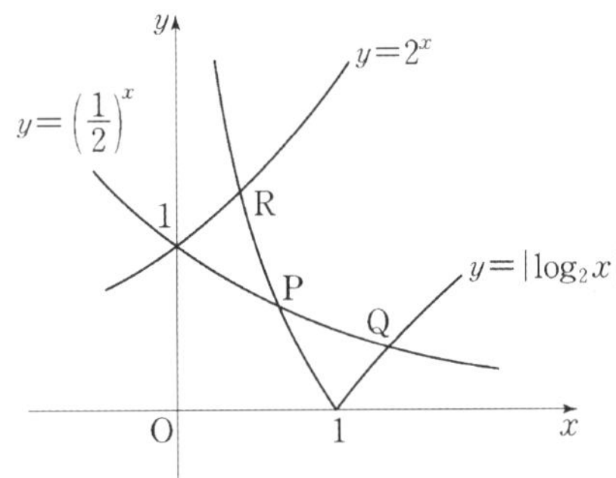

<보 기>

ㄱ. $\dfrac{1}{2} < x_1 < 1$

ㄴ. $x_2 y_2 - x_3 y_3 = 0$

ㄷ. $x_2(x_1 - 1) > y_1(y_2 - 1)$

예

두 곡선 $y = 2^x$ 과 $y = -2x^2 + 2$ 가 만나는 두 점을 $(x_1, \ y_1)$, $(x_2, \ y_2)$ 라 하자. $x_1 < x_2$ 일 때, <보기>에서 옳은 것만을 있는 대로 고르시오.

<보 기>

ㄱ. $x_2 > \dfrac{1}{2}$

ㄴ. $y_2 - y_1 < x_2 - x_1$

ㄷ. $\dfrac{\sqrt{2}}{2} < y_1 y_2 < 1$

지수 · 로그함수

지수 ·로그함수
Schema 2

범주 통일

Sol)

ㄱ. (○)

$y = -\log_2 x$의 그래프 위의 점 $\left(\dfrac{1}{2},\, 1\right)$과 $\mathrm{P}(x_1,\, y_1)$의 위치를 비교하면

$y_1 < 1$이므로 $\dfrac{1}{2} < x_1 < 1$

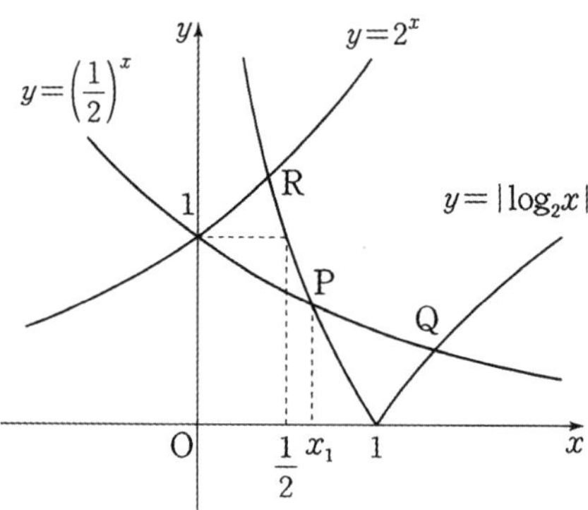

ㄴ. (○)

$y = 2^x$와 $y = -\log_2 x$의 교점 $\mathrm{R}(x_3,\, y_3)$와 $y = \log_2 x$와 $y = \left(\dfrac{1}{2}\right)^x$의 교점 $\mathrm{Q}(x_2,\, y_2)$는 직선

$y = x$에 대해 대칭이므로 $x_3 = y_2,\; x_2 = y_3$

$\therefore\ x_2 y_2 - x_3 y_3 = 0$

ㄷ. (×)

정점 $(1,\, 0)$과의 기울기 관점으로 해석했을 때

$\dfrac{y_3 - 0}{x_3 - 1} < \dfrac{y_1 - 0}{x_1 - 1}$ 이고 $x_3 = y_2,\; x_2 = y_3$이므로 $\dfrac{x_2}{y_2 - 1} < \dfrac{y_1}{x_1 - 1}$ 이다.

$\therefore\ x_2(x_1 - 1) < y_1(y_2 - 1)\ \left(\because x_1 - 1 < 0,\ y_2 - 1 < 0\right)$

Ans)

$\therefore$ 옳은 것은 ㄱ, ㄴ이다.

Sol)

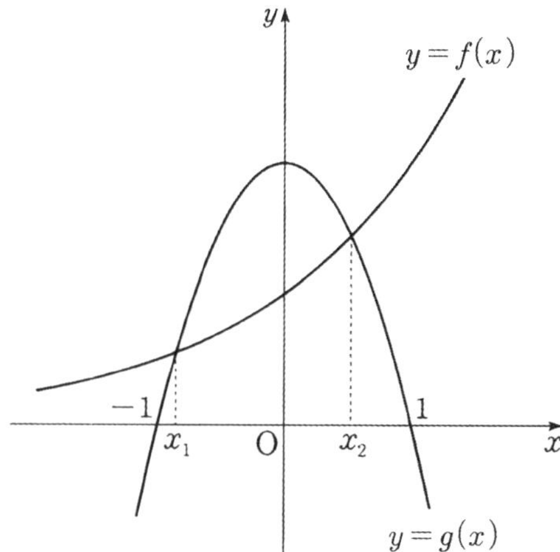

ㄱ. (○)

$0 < x < x_2$에서 $-2x^2+2 > 2^x$, $x_2 < x < 1$에서 $-2x^2+2 < 2^x$이고

$x = \dfrac{1}{2}$일 때, $-2\left(\dfrac{1}{2}\right)^2+2 = \dfrac{3}{2}$, $x = \dfrac{1}{2}$일 때 $2^{\frac{1}{2}} = \sqrt{2}$이므로 $\dfrac{3}{2} > \sqrt{2}$ $\therefore \dfrac{1}{2} < x_2$

ㄴ. (○)

두 점 $(0, 1)$, (x_2, y_2)를 잇는 직선의 기울기는 1보다 작으므로 $\dfrac{y_2-1}{x_2} < 1$

두 점 $(0, 1)$, (x_1, y_1)을 잇는 직선의 기울기는 1보다 작으므로 $\dfrac{y_1-1}{x_1} < 1$

두 식을 더하면 $x_1 + y_2 - 1 < x_2 + y_1 - 1$ $\therefore y_2 - y_1 < x_2 - x_1$

ㄷ. (○)

$-1 < x_1 < -\dfrac{1}{2}$, $\dfrac{1}{2} < x_2 < 1$이므로 $-\dfrac{1}{2} < x_1 + x_2 < \dfrac{1}{2}$

$y_2 - y_1 = 2^{x_2} - 2^{x_1} > 0$이므로 $x_1 + x_2 < 0$

$y_1 y_2 = 2^{x_1} \times 2^{x_2} = 2^{x_1 + x_2}$ 에서 밑이 1보다 크므로 $2^{-\frac{1}{2}} < y_1 y_2 < 2^0$

$\therefore \dfrac{\sqrt{2}}{2} < y_1 y_2 < 1$

Ans)

$\therefore$ 옳은 것은 ㄱ, ㄴ, ㄷ이다.

지수 · 로그함수

지수 ·로그함수
Schema 3

관계 해석

[중요도 ★★★]

- 지수함수와 로그함수가 함께 출제되었을 경우
  관계를 찾는게 중요하고, 대칭축 기준 등간격 논리를 함께 생각할 수 있다.

- 지수·로그함수와 직선이 함께 제시되었을 때에는 간격을 변수로 생각할 수 있고,
  직선이 축과 평행하거나 연산 방향성이 명확할 경우 좌표를 도입해서 생각할 수 있다.

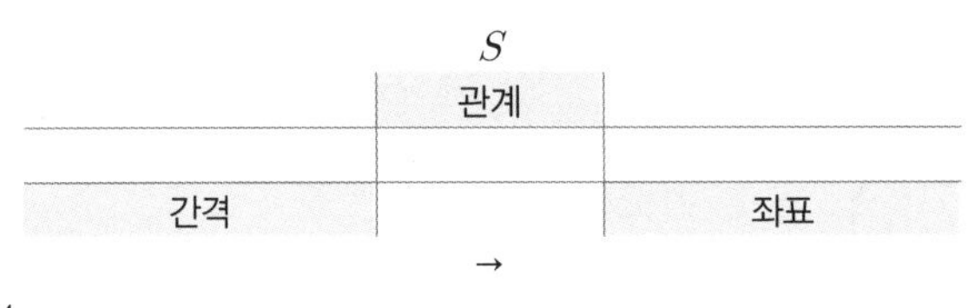

- 평행·대칭이동의 결과로 도출된
  원함수(기본함수)와 결과함수를 관찰하는 기준선은 다음 2가지이다.

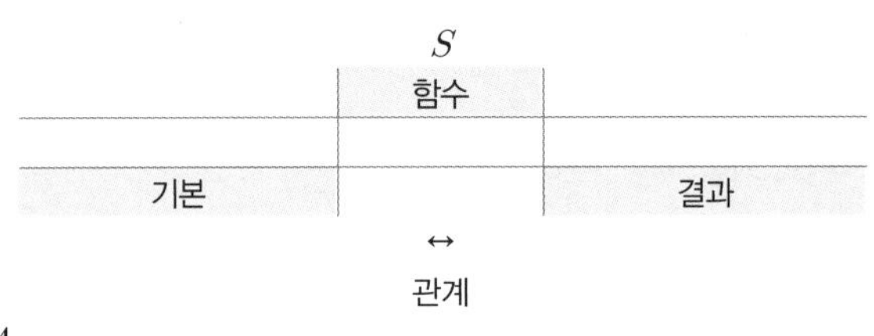

① 점근선
② 대칭축

- 지수함수에서 y 좌표의 확대는 x 좌표의 평행이동과 동치이고
  로그함수에서 x 좌표의 확대는 y 좌표의 평행이동과 동치이다.

- 90° 회전이동을 행하면 밑이 같은 지수함수와 로그함수를 겹칠 수 있고
  중심과의 거리가 같은 두 점에 대해 대수적 연산을 행할 수 있다.

관계 해석

- 관계에 있어 대칭성을 활용할 수 있는 경우 활용할 수 있다.

<table>
<tr><td></td><td colspan="2">S</td><td></td></tr>
<tr><td></td><td colspan="2">대칭성</td><td></td></tr>
<tr><td></td><td>선대칭</td><td>점대칭</td><td></td></tr>
</table>

A

$$\forall_x,\ f(x) = f(2a-x) \qquad \forall_x,\ f(x) + f(2a-x) = 2b$$

A^C

$\Leftrightarrow \quad y = f(x)$는 $x = a$에 대해 대칭 $\qquad y = f(x)$는 점 $(a,\ b)$에 대해 대칭

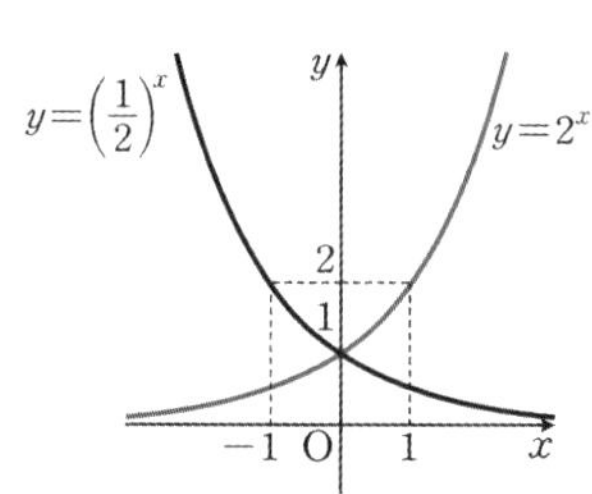

$x = 0$ 대칭

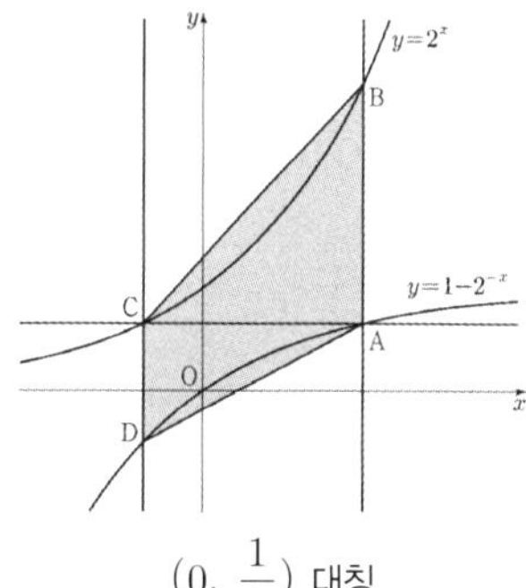

$\left(0,\ \dfrac{1}{2}\right)$ 대칭

지수 · 로그함수

지수 ·로그함수
Schema 3

관계 해석

- 지수함수와 로그함수가 만나는 경우 밑의 범위에 따라 분류할 수 있다.

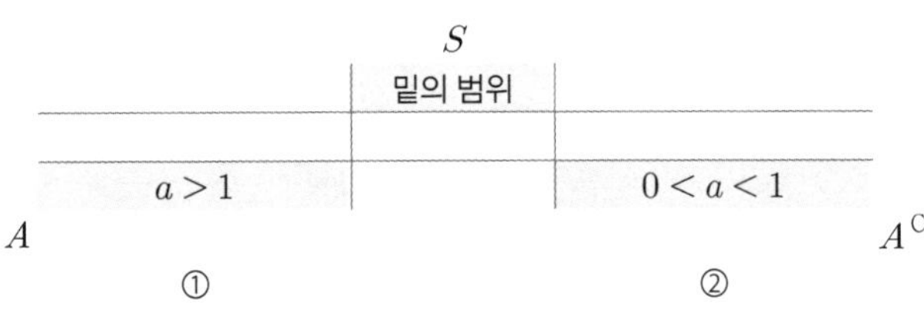

① $a > 1$

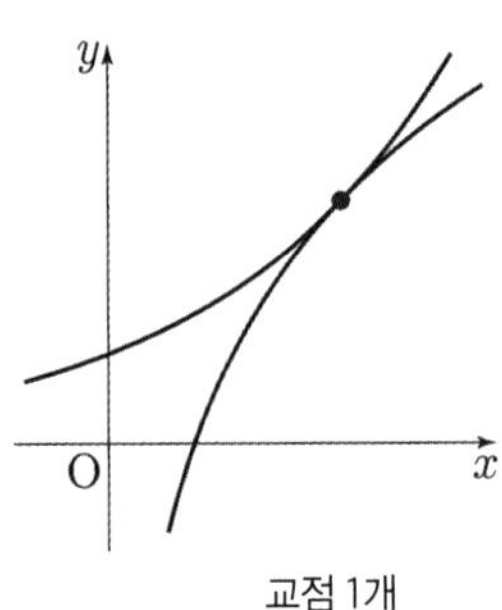

교점은 $y = x$ 위에 존재하므로 지수함수와 로그함수 간 관계에서
<u>주목하는 함수와 $y = x$의 실근의 개수</u>로 바꿔서 생각할 수 있다.

② $0 < a < 1$

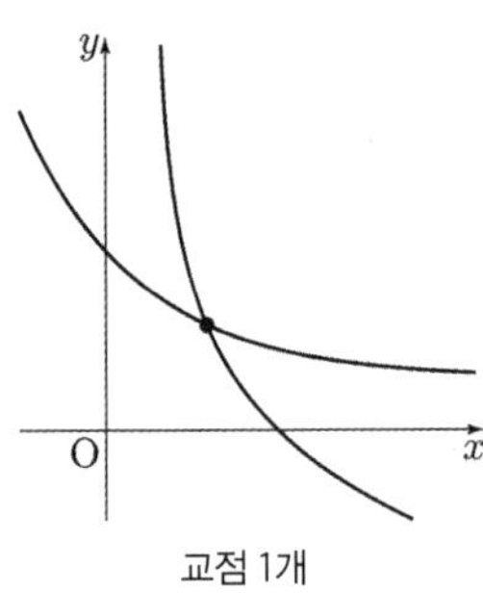

교점 중 하나는 $y = x$ 위에 존재하고
그 외 두 교점이 존재한다면, $y = x$ 대칭인 두 점이다.

⇒ $y = x$와 만나는 점이 중앙값이다.

예

$a > 2$인 실수 a에 대하여 그림과 같이 직선 $y = -x + 5$가 세 곡선 $y = a^x$, $y = \log_a x$, $y = \log_a(x-1) - 1$과 만나는 점을 각각 A, B, C라 하자.

$\overline{AB} : \overline{BC} = 2 : 1$일 때, $4a^3$의 값을 구하시오.

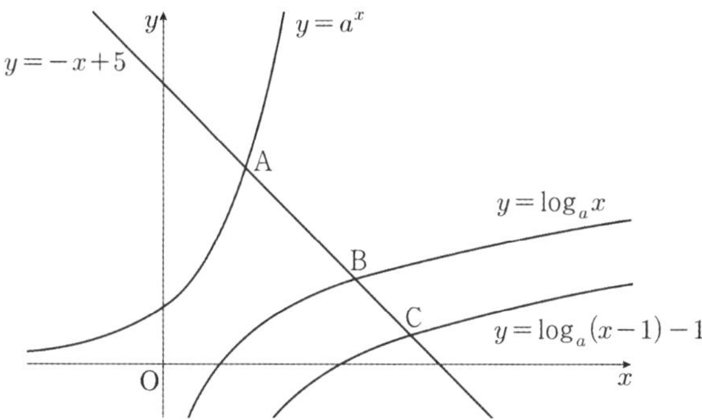

예

$a > 1$인 실수 a에 대하여 직선 $y = -x + 4$가 두 곡선

$$y = a^{x-1}, \ y = \log_a(x-1)$$

과 만나는 점을 각각 A, B라 하고, 곡선 $y = a^{x-1}$이 y축과 만나는 점을 C라 하자. $\overline{AB} = 2\sqrt{2}$일 때, 삼각형 ABC의 넓이는 S이다. $50 \times S$의 값을 구하시오.

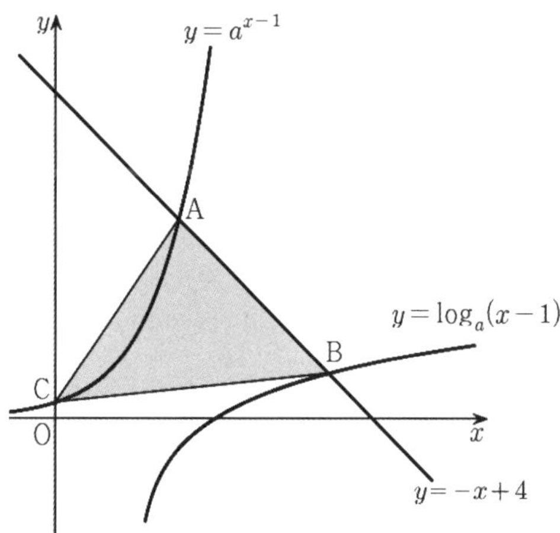

지수 · 로그함수

지수 ·로그함수
Schema 3

관계 해석

Sol)

$y = \log_a x$를 기본형으로 x, y 각각 1씩 평행이동한 곡선이 $y = \log_a(x-1)-1$이므로

$\overline{BC} = \sqrt{2}$, $\overline{AB} = 2\sqrt{2}$ ($\because \overline{AB} : \overline{BC} = 2 : 1$)

$\overline{AB}$의 $\triangle_x$는 2이고 중점은 $\left(\dfrac{5}{2}, \dfrac{5}{2}\right)$이므로 $A\left(\dfrac{3}{2}, \dfrac{7}{2}\right)$

$\therefore a^{\frac{3}{2}} = \dfrac{7}{2}$, $a^3 = \dfrac{49}{4}$

Ans)

$\therefore 4a^3 = 49$

Sol)

두 함수는 모두 x축의 방향으로 1만큼 평행이동한 함수이므로
대칭축도 x축의 방향으로 1만큼 평행이동한 함수이다.

$\therefore \overline{AB}$의 $\triangle_x$는 2이고 중점은 $\left(\dfrac{5}{2}, \dfrac{3}{2}\right)$이므로 $A\left(\dfrac{3}{2}, \dfrac{5}{2}\right)$

$\therefore \dfrac{5}{2} = a^{\frac{3}{2}-1}$, $a = \dfrac{25}{4}$

$C\left(0, \dfrac{4}{25}\right) \to \overline{AB}$ 거리가 높이이므로

$$\overline{CH} = \dfrac{\left| 0 + \dfrac{4}{25} - 4 \right|}{\sqrt{2}} = \dfrac{48\sqrt{2}}{25}$$

$$S = \dfrac{1}{2} \times \overline{AB} \times \overline{CH} = \dfrac{96}{25}$$

Ans)

$\therefore 50 \times S = 50 \times \dfrac{96}{25} = 192$

관계 해석

예

$a > 2$인 실수 a에 대하여 기울기가 -1인 직선이 두 곡선

$$y = a^x + 2, \; y = \log_a x + 2$$

와 만나는 점을 각각 A, B라 하자. 선분 AB를 지름으로 하는 원의 중심의

y좌표가 $\dfrac{19}{2}$ 이고 넓이가 $\dfrac{121}{2}\pi$일 때, a^2의 값을 구하시오.

예

그림과 같이 곡선 $y = 1 - 2^{-x}$ 위의 제1사분면에 있는 점 A를 지나고 y축에 평행한
직선이 곡선 $y = 2^x$과 만나는 점을 B라 하자. 점 A를 지나고 x축에 평행한 직선이 곡선
$y = 2^x$과 만나는 점을 C, 점 C를 지나고 y축에 평행한 직선이 곡선 $y = 1 - 2^{-x}$과 만나는
점을 D라 하자. $\overline{AB} = 2\overline{CD}$ 일 때, 사각형 ABCD의 넓이는?

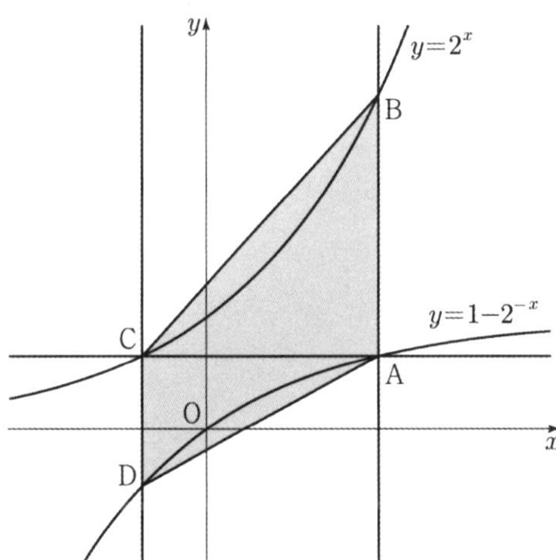

지수 · 로그함수

지수 ·로그함수
Schema 3

관계 해석

Sol)

두 함수 내 정점의 평균변화율 $\dfrac{\triangle_y}{\triangle_x}=-1$이므로

두 함수는 $y=-x+2$ 직선을 기준으로 선대칭이다.

$\therefore$ 원의 중심 $C\left(\dfrac{15}{2},\ \dfrac{19}{2}\right)$ ($\because$ 중심 $y=-x+2$ 위)

관찰이 용이한 $y=-x$ 위 상황으로 환원해서 생각하자.

$\rightarrow A'\left(\dfrac{15}{2}-\dfrac{11}{2},\ \dfrac{15}{2}+\dfrac{11}{2}\right)=A'(2,\,13)$ ($\because r=\dfrac{11\sqrt{2}}{2},\ \triangle_x=\dfrac{11}{2}$)

$\rightarrow A(2,\,15)$

Ans)

$\therefore a^2=13$

Sol)

$y = 1 - 2^{-x}$는 기본 함수 $y = 2^x$를 원점 대칭 후 $+1$만큼 평행이동한 함수이므로

$(0, \dfrac{1}{2})$ 점대칭이고 기본 함수의 점근선은 x축, 결과함수의 점근선은 $y = 1$이므로

단위 간격 $\triangle_y$는 $\dfrac{1}{3}$이다. ($\because \overline{AB} = 2\overline{CD}$, $\triangle_x$ 동일)

$\rightarrow \square ABCD = \dfrac{1}{2} \times (\overline{AB} + \overline{CD}) \times \overline{AC}$

$\rightarrow \square ABCD = \dfrac{1}{2} \times (\dfrac{7}{3} + \dfrac{7}{6}) \times \log_2 \dfrac{9}{2}$

Ans)

$\therefore \square ABCD = \dfrac{7}{2} \log_2 3 - \dfrac{7}{4}$

지수 · 로그함수

지수 ·로그함수
Schema 4

실근의 개수

[중요도 ★★★]

- 방정식 $f(x)=0$의 실근은 함수 $f(x)$의 그래프와 x축의 교점의 x좌표와 같다.
  따라서 방정식 $f(x)=0$의 서로 다른 실근의 개수는

  ① $f(x)$의 그래프와 x축의 교점의 개수를 조사하여 구할 수 있다.
  ② $y=g(x)$의 그래프와 $y=h(x)$의 그래프의 교점의 개수를 조사하여 구할 수 있다.

  (단, $f(x)=g(x)-h(x)$)

- x에 대한 방정식 $f(x)=t$의 서로 다른 실근의 개수는
  함수 $f(x)$의 그래프와 직선 $y=t$가 만나는 서로 다른 교점의 개수와 동일하고

  $f(x)$가 지수·로그함수와 같이 연속함수인 경우
  실근의 개수는 극값, 점근선과 밀접한 관계를 갖는다.

- $y=a^x$와 $y=\log_a x$는 $a>1$이면 증가함수이고, $0<a<1$이면 감소함수이므로
  닫힌구간 $[m,\ n]$ 내에서

  ① $a>1$이면 $x=m$일 때 최솟값, $x=n$일 때 최댓값
  ② $0<a<1$이면 $x=m$일 때 최댓값, $x=n$일 때 최솟값

  을 갖는다.

실근의 개수

예

두 자연수 a, b에 대하여 함수

$$f(x)=\begin{cases} 2^{x+a}+b & (x \leq -8) \\ -3^{x-3}+8 & (x > -8) \end{cases}$$

이 다음 조건을 만족시킬 때, $a+b$의 값은?

> 집합 $\{f(x)\,|\,x \leq k\}$의 원소 중 정수인 것의 개수가 2가 되도록 하는 모든 실수
> k의값의 범위는 $3 \leq k < 4$이다.

예

자연수 n에 대하여 함수 $f(x)$를

$$f(x)=\begin{cases} |3^{x+2}-n| & (x < 0) \\ |\log_2(x+4)-n| & (x \geq 0) \end{cases}$$

이라 하자. 실수 t에 대하여 x에 대한 방정식 $f(x)=t$의 서로 다른 실근의
개수를 $g(t)$라 할 때, 함수 $g(t)$의 최댓값이 4가 되도록 하는 모든 자연수
n의 값의 합을 구하시오.

지수 ·로그함수
Schema 4

실근의 개수

Sol)

$3 \leq k < 4$ 범위이므로 경계값을 생각하면 $f(3) = 7$, $f(4) = 5$ 이고 $5 \not\in \{f(x) \,|\, x \leq k\}$ 이다.

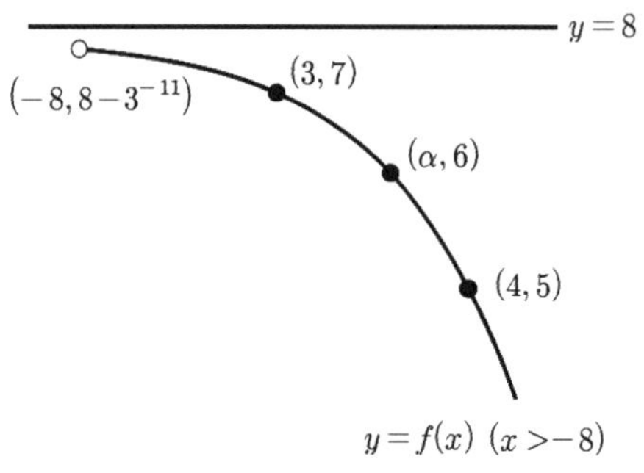

$3 < x < 4$ 에서 $f(x) = 6$ 인 실수 x 는 오직 하나로 결정되어야 하므로
$\{6, 7\} \subset \{f(x) \,|\, x \leq k\}$ 이고 $y = f(x)\ (x \leq -8)$ 의 점근선이 $y = 5$ 로 결정된다.

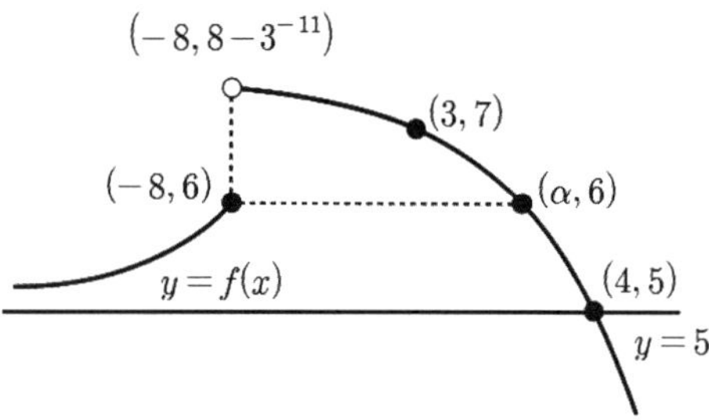

$\therefore a = 8$, $b = 5$

Ans)

$\therefore a + b = 13$

Sol)

그래프 양상은 다음으로 분류된다.

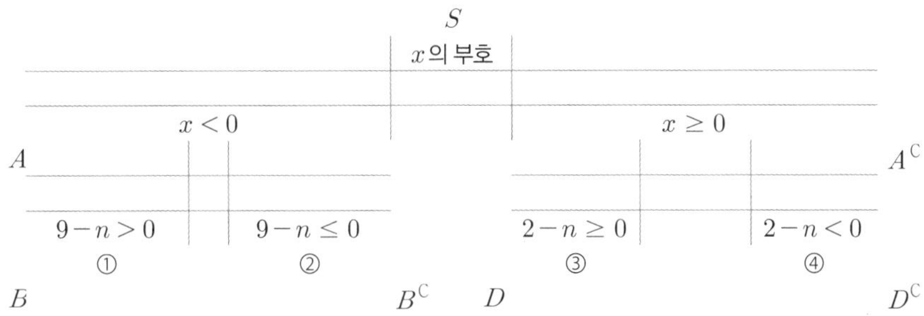

$f(x)=t$ 의 실근의 개수 최댓값은 ①에서 2개, ②에서 1개, ③에서 1개, ④에서 2개이고
함수 $g(t)$ 의 최댓값이 4이므로 $2 < n < 9$ 이어야 한다.

($\because$ 절댓값 내 두 원함수는 모두 증가함수)

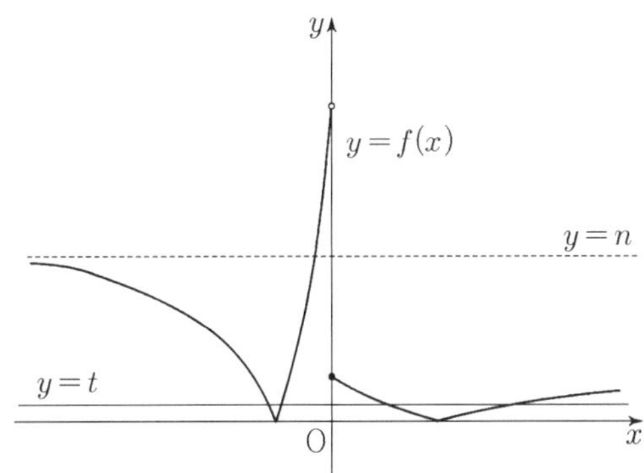

Ans)

$\therefore 3+4+5+6+7+8 = 33$

$+\alpha$)

절댓값 함수 양상도 어렵지 않으니 위와 같이 $y=n$ 과의 관계로 해석할 수도 있고
$x < 0$ 에서 $p(x) = 3^{x+2}$, $x \geq 0$ 에서 $q(x) = \log_2(x+4)$ 으로
기본형 함수를 그려둔 후 동치 변형한 $y = n \pm k$ 의 교점의 개수 양상으로 생각할 수 있다.

지수 · 로그함수

지수 ·로그함수
Schema 4

실근의 개수

예

두 상수 a, b $(b > 0)$에 대하여 함수 $f(x)$를

$$f(x) = \begin{cases} 2^{x+3} + b & (x \leq a) \\ 2^{-x+5} + 3b & (x > a) \end{cases}$$

라 하자. 다음 조건을 만족시키는 실수 k의 최댓값이 $4b + 8$일 때, $a + b$의 값은? (단, $k > b$)

> $b < t < k$인 모든 실수 t에 대하여 함수 $y = f(x)$의 그래프와
> 직선 $y = t$의 교점의 개수는 1이다.

예

두 자연수 a, b에 대하여 함수 $f(x)$는

$$f(x) = \begin{cases} \dfrac{4}{x-3} + a & (x < 2) \\ |5\log_2 x - b| & (x \geq 2) \end{cases}$$

이다. 실수 t에 대하여 x에 대한 방정식 $f(x) = t$의 서로 다른 실근의 개수를 $g(t)$라 하자. 함수 $g(t)$가 다음 조건을 만족시킬 때, $a + b$의 최솟값을 구하시오.

> (가) 함수 $g(t)$의 치역은 $\{0, 1, 2\}$이다.
> (나) $g(t) = 2$인 자연수 t의 개수는 6이다.

실근의 개수

예

양수 a에 대하여 $x \geq -1$에서 정의된 함수 $f(x)$는

$$f(x) = \begin{cases} -x^2 + 6x & (-1 \leq x < 6) \\ a\log_4(x-5) & (x \geq 6) \end{cases}$$

이다. $t \geq 0$인 실수 t에 대하여 닫힌구간 $[t-1,\, t+1]$에서의 $f(x)$의 최댓값을 $g(t)$라 하자. 구간 $[0,\, \infty)$에서 함수 $g(t)$의 최솟값이 5가 되도록 하는 양수 a의 최솟값을 구하시오.

예

함수

$$f(x) = \begin{cases} 2^x & (x < 3) \\ \left(\dfrac{1}{4}\right)^{x+a} - \left(\dfrac{1}{4}\right)^{3+a} + 8 & (x \geq 3) \end{cases}$$

에 대하여 곡선 $y = f(x)$ 위의 점 중에서 y좌표가 정수인 점의 개수가 23일 때, 정수 a의 값은?

지수 · 로그함수

지수 ·로그함수
Schema 4

실근의 개수

Sol)

$f_1(x) = 2^{x+3} + b,\ f_2(x) = 2^{-x+5} + 3b$ 두 그래프를 관찰했을 때

$y = t$와의 교점이 항상 1개이려면 점근선 $y = 3b$에서 $x \le a$에서 경계값이 존재해야 한다.

$\rightarrow\ 2^{a+3} + b = 3b$

실수 k의 최댓값이 $4b+8$이므로 $x > a$에서 경계값이 $4b+8$이어야 한다.

$\rightarrow\ 2^{-a+5} + 3b = 4b + 8$

$\therefore\ a = 1,\ b = 8$

Ans)
$\therefore\ a + b = 9$

Sol)

그래프 양상은 다음으로 분류된다.

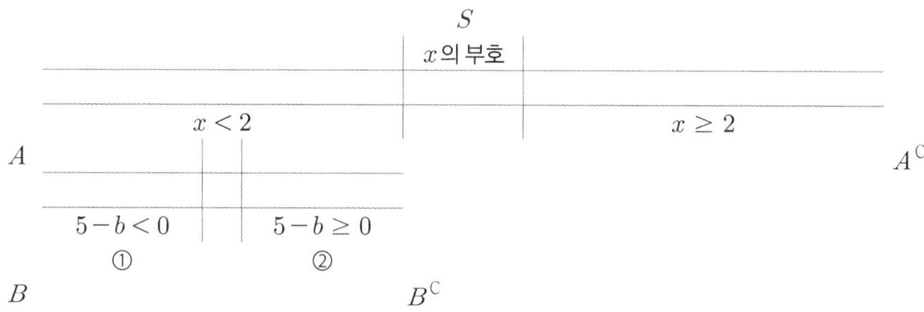

①에서 $f(x)=t$ 의 실근의 개수 최댓값은 2개이므로 세 점에서 만나지 않아야 한다.

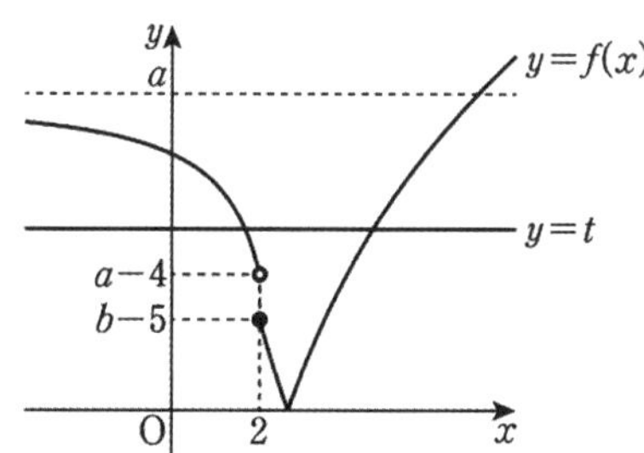

$\to a-4 \geq b-5$

$\to a \geq 7,\ b=8\ (\because (\text{나}))$

②에서 $g(t)=2$ 의 가능 범주는 $(a-4,\ a)$ 이므로 불능이다. ($\because$ *Max* 3개)

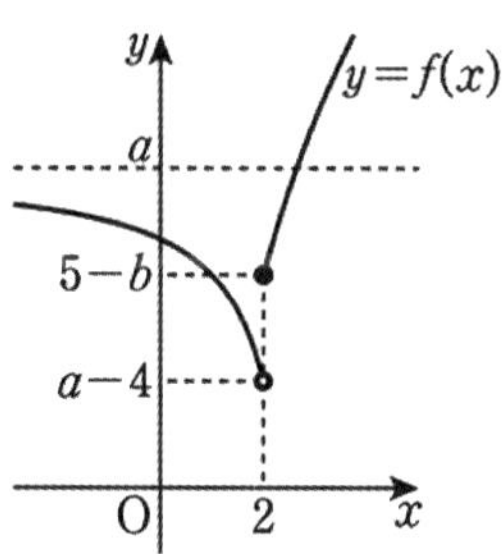

Ans)

$\therefore a+b$ 의 최솟값은 15 이다.

지수 ·로그함수
Schema 4

실근의 개수

Sol)

$y = f(x)$ 그래프 양상을 기준으로 2 간격과 $k = 5$ 경계선을 고려하며
$g(x)$을 생각하면 다음과 같다.

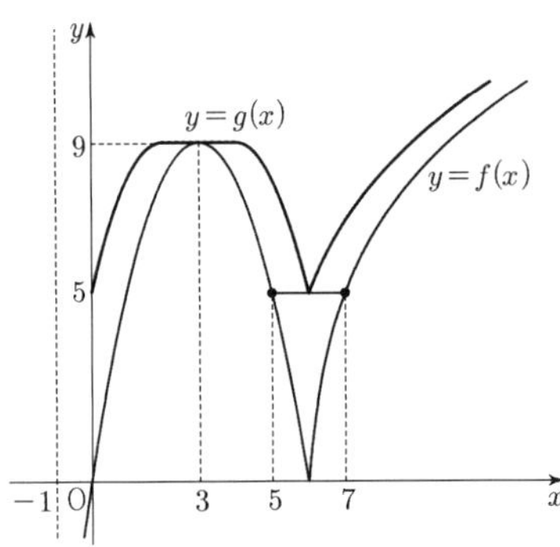

→ $t > 5$에서 $g(t)$의 최솟값이 5 이상

∴ $x \geq 6$에서 $f(7) \geq 5$

Ans)

∴ a의 최솟값은 10이다.

Sol)

두 그래프 양상은 $(3, 8)$ 정점을 공유하며 $x = 3-$ 그래프는 상수
$x = 3+$에서는 점근선과 함수 그래프 양상이 변수임을 알 수 있다.

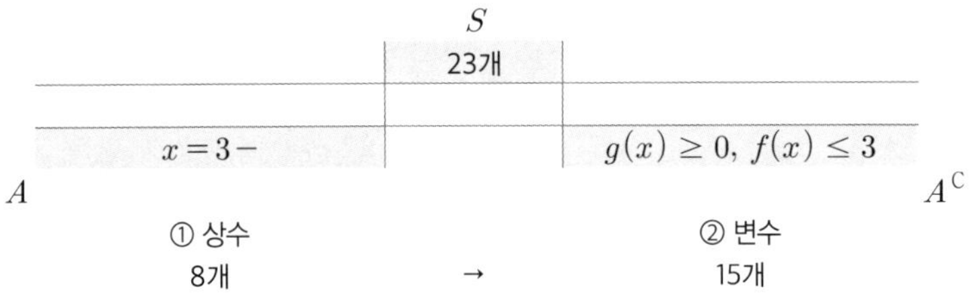

	S	
	23개	
$x = 3-$		$g(x) \geq 0,\ f(x) \leq 3$
A		A^{C}
① 상수		② 변수
8개	→	15개

→ $-8 \leq -\left(\dfrac{1}{4}\right)^{3+a} + 8 < -7$ (∵ 점근선)

→ $15 < \left(\dfrac{1}{4}\right)^{3+a} \leq 16$

→ $-5 \leq a < -4$

Ans)

∴ 정수 a의 값은 -5이다.

실근의 개수

예

$m \leq -10$인 상수 m에 대하여 함수 $f(x)$는

$$f(x)=\begin{cases} \left|\, 5\log_2(4-x)+m \,\right| & (x \leq 0) \\ 5\log_2 x+m & (x > 0) \end{cases}$$

이다. 실수 t $(t>0)$에 대하여 x에 대한 방정식 $f(x)=t$의 모든 실근의 합을 $g(t)$라 하자. 함수 $g(t)$가 다음 조건을 만족시킬 때, $f(m)$의 값을 구하시오.

$t \geq a$인 모든 실수 t에 대하여 $g(t)=g(a)$가 되도록 하는 양수 a의 최솟값은 2이다.

지수 ·로그함수
Schema 4

실근의 개수

Sol)

그래프 양상은 다음으로 분류된다.

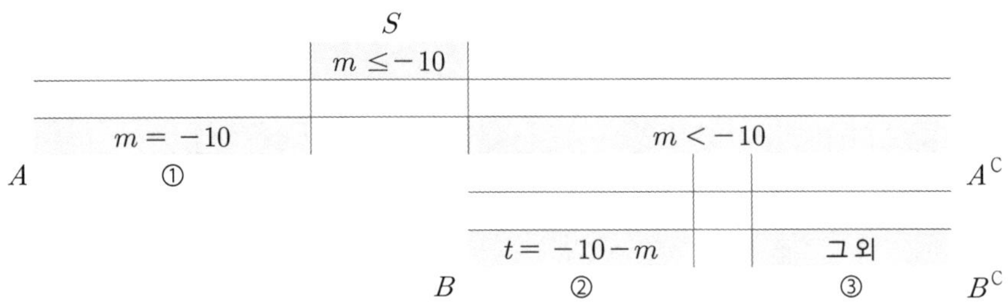

①에서 모든 실수 t에 대하여 $g(t) = 4$이므로 불능이다.

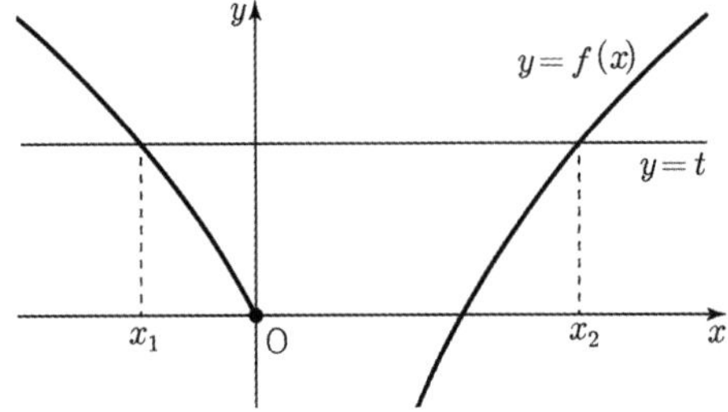

②에서 $x_1 + x_3 = 4$이므로 $g(t) = 4$이다. ($\because$ *Max* 3개)

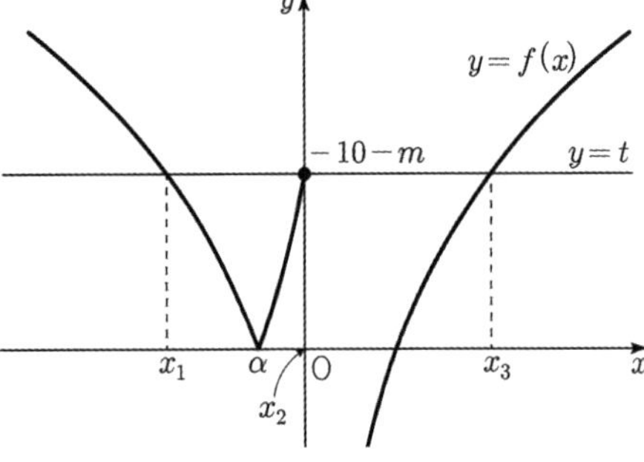

③에서 $t = (-10 - m) +$ 이면 동일 양상이므로 $t = (-10 - m) -$ 양상을 관찰하자.

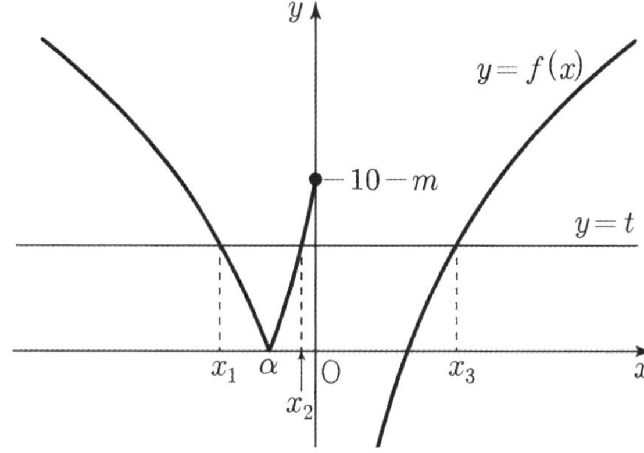

$\rightarrow g(t) = x_1 + x_2 + x_3 = x_2 + 4 < 4$

$\therefore g(t) = g(a)$ 가 되도록 하는 a의 최솟값은 $-10 - m$

Ans)
$\therefore f(m) = f(-12) = 8$

지수 ·로그함수
Schema 5

방·부등식의 해석

[중요도 ★★★]

- 지수·로그함수는 초월함수이므로 일반적으로는 대수적 연산이 불가하다.
  그에 따라 기준을 통일해서 연산하거나 연산이 가능한 형태로 바꿔주는 게 중요하며

① 밑 통일 ② 적절한 치환 을 활용해서 해석할 수 있다.

예

$a^x + a^{-x} = t$로 치환하면 제한된 정의역 $t = a^x + a^{-x} \geq 2\sqrt{a^x \times a^{-x}} = 2$ 내 방정식

- 지수·로그함수는 1:1 함수이므로 다음 성질을 활용하여 방·부등식 연산이 가능하다.

[지수함수]

① $a^{x_1} = a^{x_2} \Leftrightarrow x_1 = x_2$ $\qquad\qquad (a > 0,\ a \neq 1)$
② $a^{x_1} < a^{x_2} \Leftrightarrow x_1 < x_2$ $\qquad\qquad (a > 1)$
③ $a^{x_1} < a^{x_2} \Leftrightarrow x_1 > x_2$ $\qquad\qquad (0 < a < 1)$

[로그함수]

① $\log_a x_1 = \log_a x_2 \Leftrightarrow x_1 = x_2$ $\qquad\qquad (a > 0,\ a \neq 1)$
② $\log_a x_1 < \log_a x_2 \Leftrightarrow x_1 < x_2$ $\qquad\qquad (a > 1)$
③ $\log_a x_1 < \log_a x_2 \Leftrightarrow x_1 > x_2$ $\qquad\qquad (0 < a < 1)$

- 2차식이 등장할 경우 이차함수에 대한 내용을 활용해서 해석할 수 있다.

① 근과 계수와의 관계
지수방정식 $a^{2x} + b \times a^x + c = 0$의 두 실근이 α, β일 때

1) $a^\alpha + a^\beta = -b$
2) $a^{\alpha+\beta} = c$

(단, 치환 시 두 실근은 모두 양수이다.)

로그방정식 $(\log_a x)^2 + b \times \log_a x + c = 0$의 두 실근이 α, β일 때

1) $\log_a \alpha\beta = -b$
2) $\log_a \alpha \times \log_a \beta = c$

② 근의 분리
방정식 $ax^2 + bx + c = 0$의 근과 제한 조건을 비교하여 이차식의 계수를 완성할 수 있다.

방·부등식의 해석

예

다음 조건을 만족시키는 모든 자연수 k의 값의 합은?

$\log_2 \sqrt{-n^2+10n+75} - \log_4 (75-kn)$ 의 값이 양수가 되도록 하는
자연수 n의 개수가 12이다.

예

이차함수 $y=f(x)$의 그래프와 일차함수 $y=g(x)$의 그래프가 그림과 같을 때, 부등식
$\left(\dfrac{1}{2}\right)^{f(x)g(x)} \geq \left(\dfrac{1}{8}\right)^{g(x)}$ 을 만족시키는 모든 자연수 x의 값의 합은?

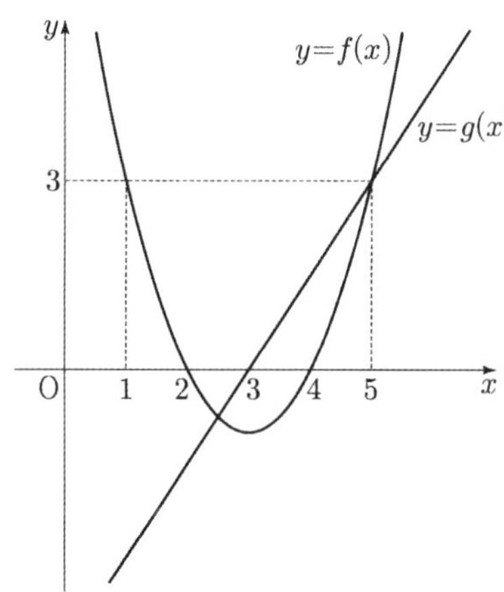

지수 · 로그함수

지수 ·로그함수
Schema 5

방·부등식의 해석

Sol)

진수 조건에 의하여 $\sqrt{-n^2+10n+75}>0$, $75-kn>0$이므로

$$1 \le n < 15 , \ n < \frac{75}{k}$$

$\log_2 \sqrt{-n^2+10n+75} - \log_4 (75-kn) > 0$ 이므로 $-n^2+10n+75 > 75-kn$

$$\therefore 1 \le n < k+10$$

$\dfrac{75}{k} = k+10$일 때 k 값이 5이므로 분류해서 생각하면

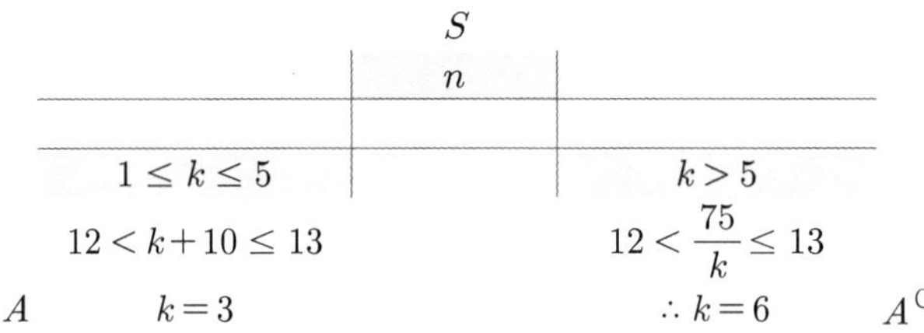

	S	
	n	
$1 \le k \le 5$		$k > 5$
$12 < k+10 \le 13$		$12 < \dfrac{75}{k} \le 13$
A \quad $k=3$		$\therefore k=6$ \quad A^{C}

Ans)

$\therefore k$의 값의 합은 $6+3=9$이다.

Sol)

$$\left(\frac{1}{2}\right)^{f(x)g(x)} \geq \left(\frac{1}{8}\right)^{g(x)} \text{에서} \left(\frac{1}{2}\right)^{f(x)g(x)} \geq \left(\frac{1}{2}\right)^{3g(x)}, \ g(x)\{f(x)-3\} \leq 0 \text{이므로}$$

다음과 같이 부호가 분류된다.

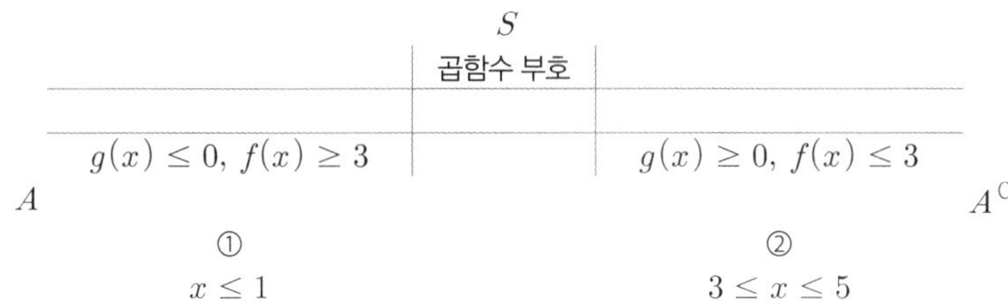

$$\therefore x = 1, \ 3, \ 4, \ 5$$

Ans)

$\therefore$ 모든 자연수 x의 값의 합은 $1+3+4+5 = 13$이다.

지수 · 로그함수

지수 · 로그함수

4
Chapter

삼각함수

Chapter 4

삼각함수

삼각함수

7
Theme

삼각함수

삼각함수

삼각함수
Schema 1

일반각과 호도법

[중요도 ★★★]

- 평면 위 두 반직선 $\overrightarrow{OX}$와 $\overrightarrow{OP}$에 의하여 ∠XOP가 정해질 때
  ∠XOP의 크기는 $\overrightarrow{OP}$가 고정된 $\overrightarrow{OX}$의 위치에서 O를 중심으로
  $\overrightarrow{OP}$의 위치까지 회전한 양으로 정의된다.

① $\overrightarrow{OX}$: 시초선

② $\overrightarrow{OP}$: 동경

③ ∠XOP $= 360 \times n + \alpha°$

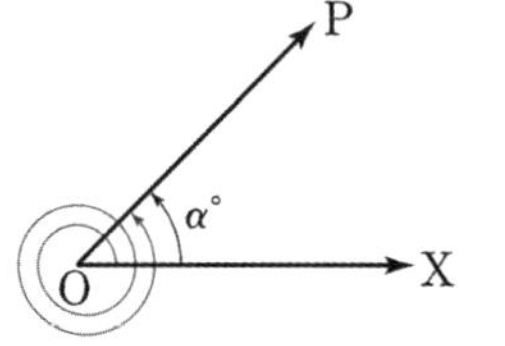
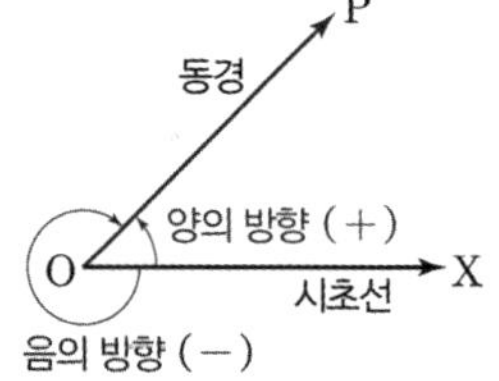

시초선 $\overrightarrow{OX}$와 동경 $\overrightarrow{OP}$가 나타내는 한 각의 크기를 $\alpha°$라 할 때
∠XOP $= 360 \times n + \alpha°$의 꼴로 나타낼 수 있고 이를 $\overrightarrow{OP}$의 일반각이라고 한다.

예

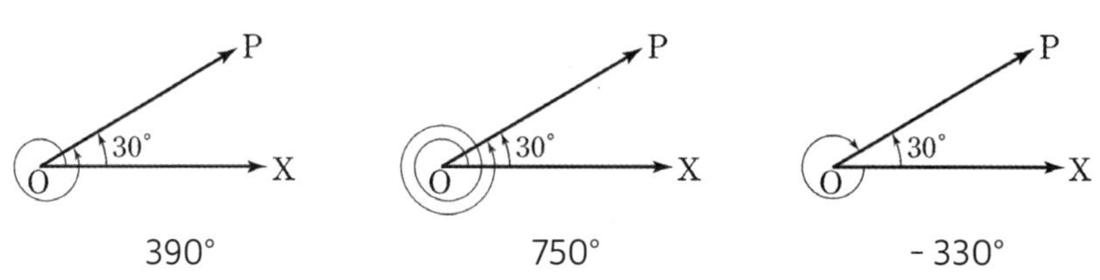

390°　　　　750°　　　　- 330°

- 반지름의 길이가 r인 원 O에서 길이가 r인 호 AB의 중심각의
  크기를 $\alpha°$라 했을 때 $\alpha°$의 크기 $\dfrac{180}{\pi}$를 1라디안이라 하고, 이를
  단위로 각의 크기를 나타내는 방법을 호도법이라고 한다.

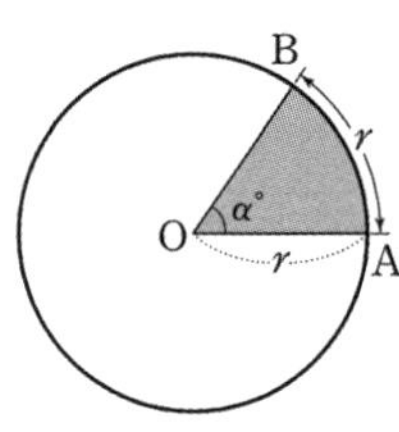

$$(\because r : 2\pi r = \alpha° : 360°)$$

- 단위원 내 두 동경의 위치 관계는 다음과 같이 해석할 수 있다.

① 방향 동일 : $\alpha - \beta = 2n\pi$
② 방향 반대 : $\alpha - \beta = (2n+1)\pi$
③ x축 대칭 : $\alpha + \beta = 2n\pi$
④ y축 대칭 : $\alpha + \beta = (2n+1)\pi$
⑤ $y = x$ 대칭 : $\alpha + \beta = 2n\pi + \dfrac{\pi}{2}$
⑥ $y = -x$ 대칭 : $\alpha + \beta = 2n\pi - \dfrac{\pi}{2}$

사분면의 각

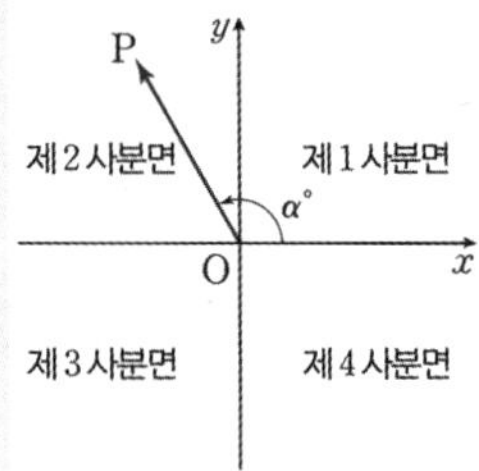

동경 OP가 나타내는 각은
제 2사분면의 각이다.

일반각의 n
하나의 고정된 상수가 아니라
임의의 정수를 의미하므로
정수의 집합처럼 생각하도록
하자.

[중요도 ★★★]

- 원점을 중심으로 하고 반지름의 길이가 r인 원 O 위의 점 $P(x,\ y)$에 대하여 동경 OP가

  나타내는 일반각 중 하나를 θ라 했을 때, 비의 값 $\dfrac{x}{r}$, $\dfrac{y}{r}$, $\dfrac{y}{x}$ $(x \neq 0)$은

  r의 값과 관계없이 θ의 값에 따라 각각 하나씩 결정되고,

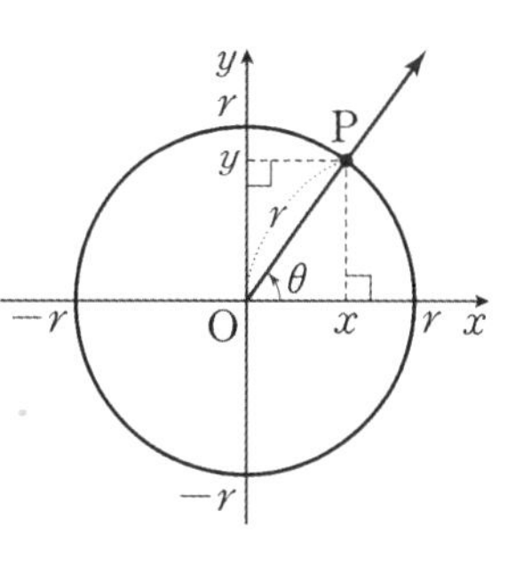

삼각함수	대응 관계
① 사인함수 $\sin\theta = \dfrac{y}{r}$	$\theta \rightarrow \dfrac{y}{r}$
② 코사인함수 $\cos\theta = \dfrac{x}{r}$	$\theta \rightarrow \dfrac{x}{r}$
③ 탄젠트함수 $\tan\theta = \dfrac{y}{x}$ $(x \neq 0)$	$\theta \rightarrow \dfrac{y}{x}$

이와 같은 함수들을 θ에 대한 삼각함수라고 한다.

- 중심이 원점이고 반지름의 길이가 r인 원 위의 점 $P(x,\ y)$에 대해 동경 OP가

  나타내는 각이 θ일 때 $\cos\theta = \dfrac{x}{r}$, $\sin\theta = \dfrac{y}{r}$이므로 $P(r\cos\theta,\ r\sin\theta)$이고

  이를 반지름이 1인 단위원으로 옮겨 생각하면 $P(\cos\theta,\ \sin\theta)$이다.

  ① $\cos\theta$: 단위원의 x 좌표
  ② $\sin\theta$: 단위원의 y 좌표
  ③ $\tan\theta$: 기울기, $\dfrac{\sin\theta}{\cos\theta}$

[삼각함수 간 관계]
① $\sin^2\theta + \cos^2\theta = 1$ $(\because$ 단위원 위의 점 $P(x,\ y))$
② $(\sin\theta + \cos\theta)^2 = 1 + 2\sin\theta\cos\theta$
③ $(\sin\theta - \cos\theta)^2 = 1 - 2\sin\theta\cos\theta$

삼각함수

삼각함수
Schema 3

각변환과 단위원

각 사분면에서 값의 + 부호

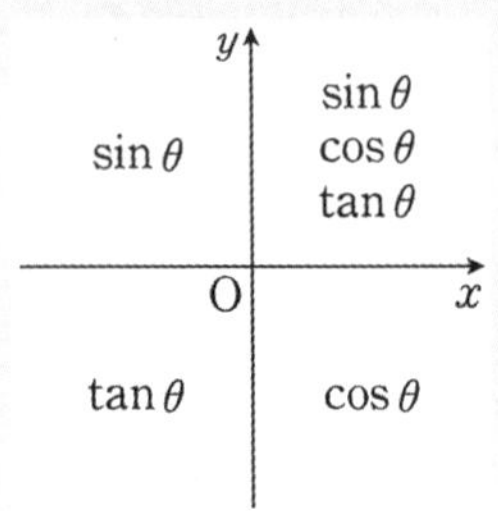

각변환과 사분면

각변환에 있어 제 1사분면에서만 생각해도 제 2, 3, 4 사분면의 각일 때도 동일한 결과가 나타난다.

.

[중요도 ★★★★]

- 각 θ에 대한 삼각함수의 값의 부호는 θ를 나타내는 동경이 위치한 사분면에 따라 다음과 같이 결정된다.

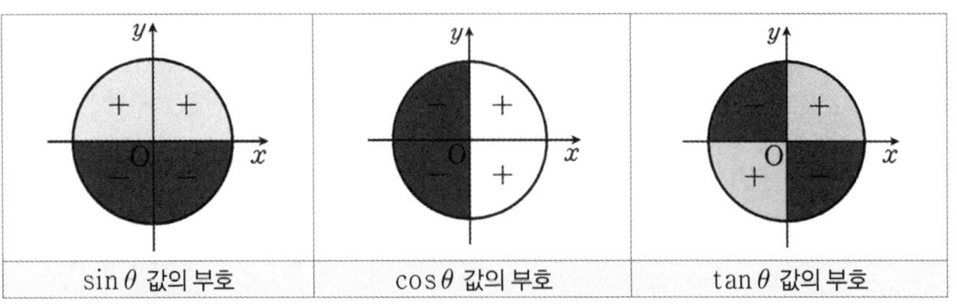

$\sin\theta$ 값의 부호	$\cos\theta$ 값의 부호	$\tan\theta$ 값의 부호

- 삼각함수의 각변환과 단위원을 통한 해석을 정리하면 다음과 같다.

① $-x$의 삼각함수
$$\sin(-x)=-\sin x, \quad \cos(-x)=\cos x, \quad \tan(-x)=-\tan x$$

→ 각 θ와 각 $-\theta$는 합이 0이므로 두 각의 평균이 0이다.

→ 각 θ를 나타내는 동경과 각 $-\theta$를 나타내는 동경은 각의 평균인 0을 나타내는 동경, x축에 대해 대칭이다.

② $\pi \pm x$의 삼각함수
$$\sin(\pi+x)=-\sin x, \quad \sin(\pi-x)=\sin x$$
$$\cos(\pi+x)=-\cos x, \quad \cos(\pi-x)=-\cos x$$
$$\tan(\pi+x)=\tan x, \quad \tan(\pi-x)=-\tan x$$

→ 각 θ와 각 $\pi-\theta$는 합이 π이므로 두 각의 평균이 $\dfrac{\pi}{2}$이다.

→ 각 θ를 나타내는 동경과 각 $\pi-\theta$를 나타내는 동경은 각의 평균인 $\dfrac{\pi}{2}$을 나타내는 동경, y축에 대해 대칭이다.

→ 각 θ와 각 $\pi+\theta$는 차가 π이므로 양의 방향으로 180° 회전했을 때 동경과 같다.

→ 각 $\pi+\theta$를 나타내는 동경은 각 θ를 나타내는 동경을 양의 방향으로 180° 회전했을 때 동경과 같고, 서로 원점 대칭이다.

→ $|\sin(n\pi\pm\theta)|=\sin\theta, \ |\cos(n\pi\pm\theta)|=\cos\theta, \ |\tan(n\pi\pm\theta)|=\tan\theta$
(단, n은 정수, θ는 예각으로 간주)

각변환과 단위원

③ $\dfrac{\pi}{2} \pm x$의 삼각함수

$$\sin\left(\dfrac{\pi}{2}+x\right)=\cos x, \qquad \sin\left(\dfrac{\pi}{2}-x\right)=\cos x$$

$$\cos\left(\dfrac{\pi}{2}+x\right)=-\sin x, \quad \cos\left(\dfrac{\pi}{2}-x\right)=\sin x$$

→ 각 θ와 각 $\dfrac{\pi}{2}-\theta$는 합이 $\dfrac{\pi}{2}$이므로 두 각의 평균이 $\dfrac{\pi}{4}$이다.

→ 각 θ를 나타내는 동경과 각 $\dfrac{\pi}{2}-\theta$를 나타내는 동경은 각의 평균인 $\dfrac{\pi}{4}$을 나타내는
   동경에 대해 대칭이고, 직선 $y=x$축에 대해 대칭이다.

→ 각 θ와 각 $\dfrac{\pi}{2}+\theta$는 차가 $\dfrac{\pi}{2}$이므로 양의 방향으로 90° 회전했을 때 동경과 같다.

→ 각 $\dfrac{\pi}{2}+\theta$를 나타내는 동경은 각 θ를 나타내는 동경을 양의 방향으로 90° 회전했을
   때 동경과 같고, 두 삼각형의 합동 관계를 통해 각변환을 확인할 수 있다.

→ $\left|\sin\left(\dfrac{(2n-1)\pi}{2}\pm\theta\right)\right| = \cos\theta,\ \left|\cos\left(\dfrac{(2n-1)\pi}{2}\pm\theta\right)\right| = \sin\theta,$
   $\left|\tan\left(\dfrac{(2n-1)\pi}{2}\pm\theta\right)\right| = \dfrac{1}{\tan\theta}$

(단, n은 정수, θ는 예각으로 간주)

- 기본 단위원을 토대로 결과함수
  $y=a\sin(bx+c)+d$를 해석할 수 있다.

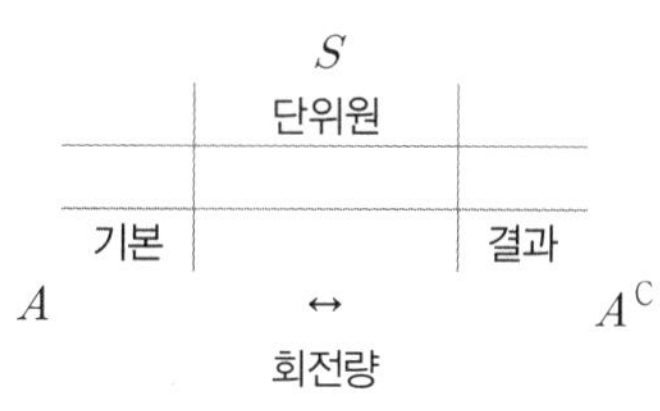

단위원의 해석
각 θ를 예각으로 간주하고 기하적 상황을 동경의 회전과 직선을 통해 파악한다.

삼각함수

삼각함수
Schema 3

각변환과 단위원

예

좌표평면 위의 원점 O에서 x축의 양의 방향으로 시초선을 잡을 때,
원점 O와 점 $P(5, a)$를 지나는 동경 OP가 나타내는 각의 크기를 θ, 선분 OP의 길이를
r라 하자. $\sin\theta + 2\cos\theta = 1$일 때, $a+r$의 값은? (단, a는 상수이다.)

예

그림과 같이 좌표평면에서 직선 $y=2$가 두 원 $x^2+y^2=5$, $x^2+y^2=9$와
제2사분면에서 만나는 점을 각각 A, B라 하자. 점 $C(3, 0)$에 대하여
$\angle COA = \alpha$, $\angle COB = \beta$라 할 때, $\sin\alpha \times \cos\beta$의 값은?

(단, O는 원점이고, $\dfrac{\pi}{2} < \alpha < \beta < \pi$)

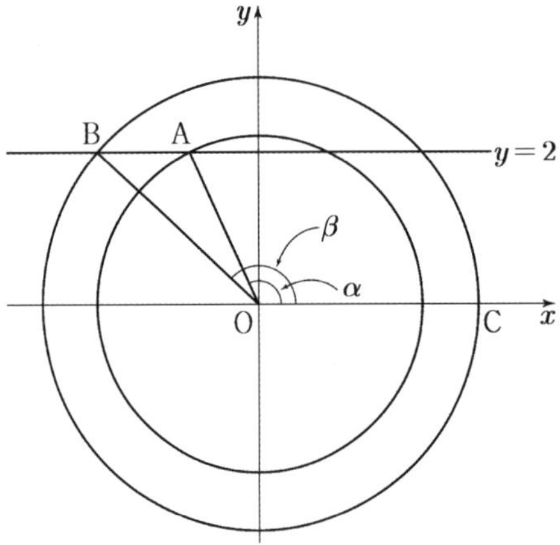

각변환과 단위원

예

좌표평면에서 곡선 $y = \sqrt{x}\ \ (x > 0)$ 위의 점 P에 대하여 동경 OP가 나타내는
각의 크기를 θ라 하자. $\cos^2\theta - 2\sin^2\theta = -1$일 때,
선분 OP의 길이는? (단, O는 원점이고, x축의 양의 방향을 시초선으로 한다.)

예

좌표평면에서 제1사분면에 점 P가 있다. 점 P를 직선 $y = x$에 대하여
대칭이동한 점을 Q라 하고, 점 Q를 원점에 대하여 대칭이동한 점을 R라 할 때,
세 동경 OP, OQ, OR가 나타내는 각을 각각 α, β, γ라 하자.

$\sin\alpha = \dfrac{1}{3}$일 때, $9\left(\sin^2\beta + \tan^2\gamma\right)$의 값을 구하시오.

(단, O는 원점이고, 시초선은 x축의 양의 방향이다.)

삼각함수

삼각함수
Schema 3

각변환과 단위원

Sol)

$\sin\theta + 2\cos\theta = 1$ 에서 $\dfrac{a}{r} + \dfrac{10}{r} = 1$ 이고, $\sin^2\theta + \cos^2\theta = 1$ 에서 $\left(\dfrac{a}{r}\right)^2 + \left(\dfrac{5}{r}\right)^2 = 1$

$\therefore a = -\dfrac{15}{4}, \ r = \dfrac{25}{4}$

Ans)

$\therefore a + r = \dfrac{5}{2}$

Sol)

$\sin\alpha = \dfrac{2}{\sqrt{5}}, \ \cos\beta = -\dfrac{\sqrt{5}}{3}$

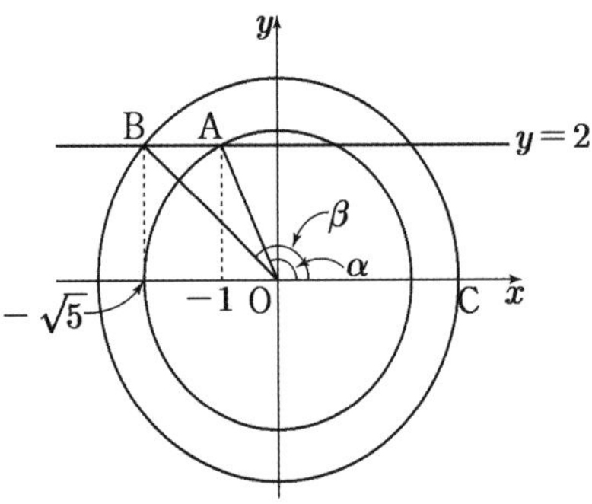

Ans)

$\therefore \sin\alpha \times \cos\beta = \dfrac{2}{\sqrt{5}} \times \left(-\dfrac{\sqrt{5}}{3}\right) = -\dfrac{2}{3}$

Sol)

$$\cos^2\theta - 2\sin^2\theta = \frac{t^2}{t^2+t} - \frac{2t}{t^2+t} = -1 \ (\because \sin\theta = \frac{\sqrt{t}}{\sqrt{t^2+t}},\ \cos\theta = \frac{t}{\sqrt{t^2+t}})$$

$$\therefore t = \frac{1}{2},\ \mathrm{P}\left(\frac{1}{2},\ \frac{\sqrt{2}}{2}\right)$$

Ans)

$$\therefore \overline{\mathrm{OP}} = \sqrt{\left(\frac{1}{2}\right)^2 + \left(\frac{\sqrt{2}}{2}\right)^2} = \frac{\sqrt{3}}{2}$$

Sol)

$$\mathrm{A}(2\sqrt{2},\ 1),\ \mathrm{B}(1,\ 2\sqrt{2}),\ \mathrm{C}(-1,\ -2\sqrt{2})$$

$$\therefore \sin\beta = \frac{2\sqrt{2}}{3},\ \tan\gamma = \frac{(-2\sqrt{2})}{(-1)} = 2\sqrt{2}$$

Ans)

$$\therefore 9\left(\sin^2\beta + \tan^2\gamma\right) = 9 \times \left(\frac{8}{9} + 8\right) = 80$$

삼각함수

삼각함수
Schema 4

삼각함수의 그래프

[중요도 ★★★★]

- 삼각함수 자료의 해석 방식에는 단위원과 그래프가 있다.

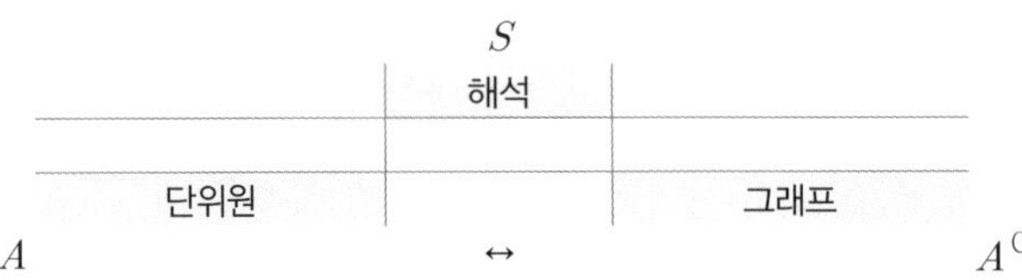

[단위 그래프]

① $\sin\theta = \dfrac{y}{r}$　　　　　　　　　$\{y \mid -1 \leq y \leq 1\}$

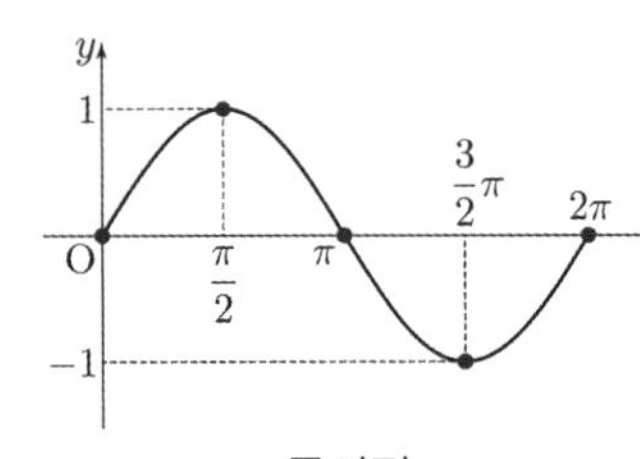

특이점

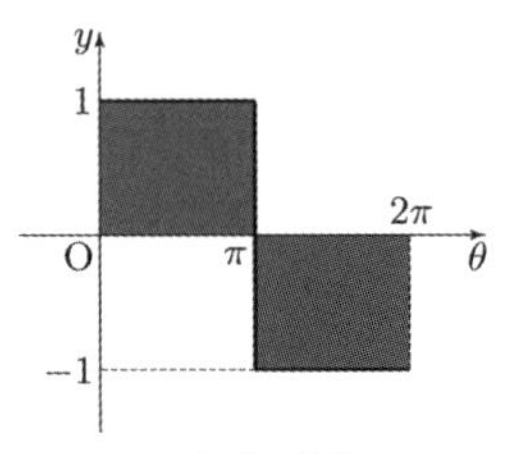

영역 제한

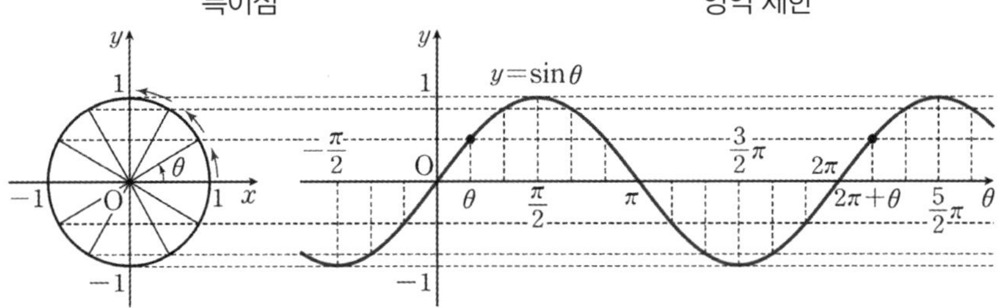

단위원과 그래프

② $\cos\theta = \dfrac{x}{r}$　　　　　　　　　$\{y \mid -1 \leq y \leq 1\}$

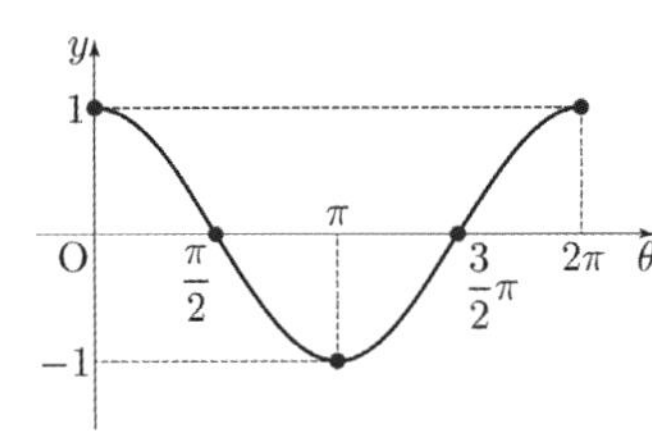

특이점

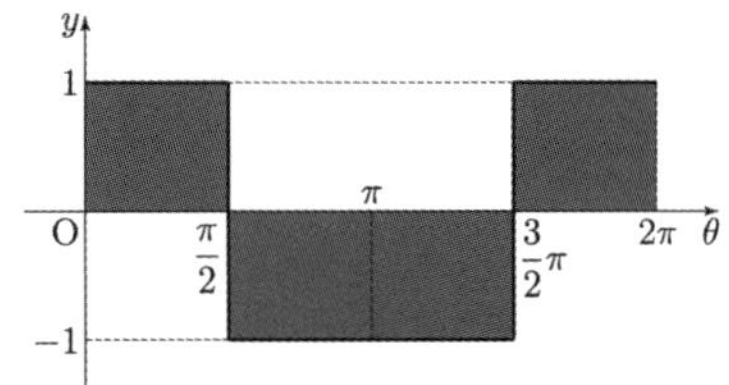

영역 제한

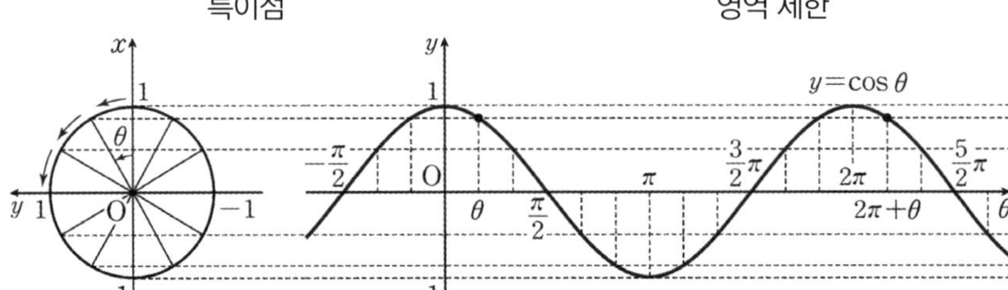

단위원과 그래프

삼각함수의 그래프

③ $\tan\theta = \dfrac{y}{x} = \dfrac{t}{1} \ (x \neq 0)$

- 점근선 : $\theta = n\pi + \dfrac{\pi}{2}$

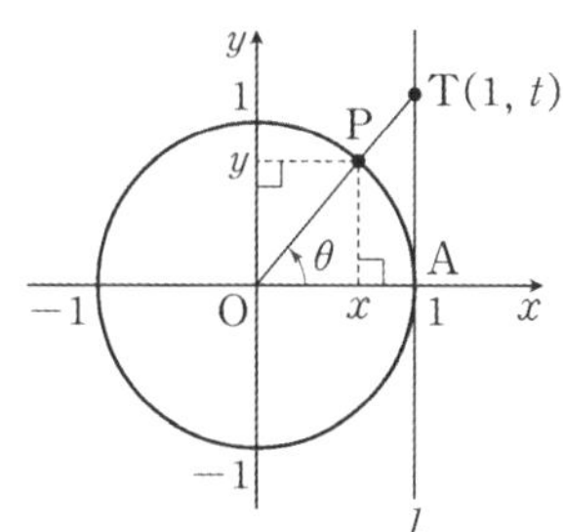

$n\pi + \dfrac{\pi}{2}$ 제외 실수 전체 집합

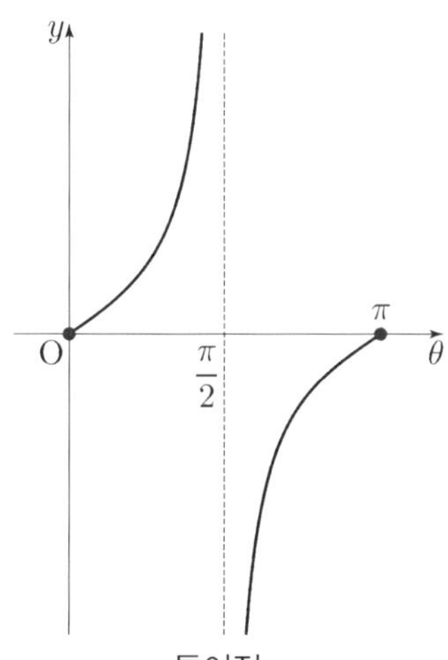

특이점

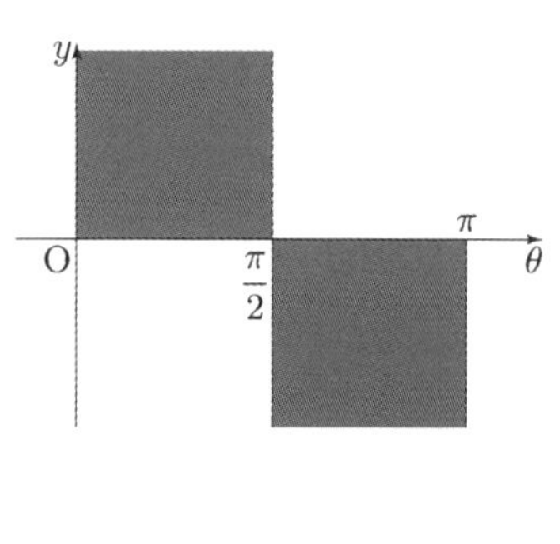

영역 제한

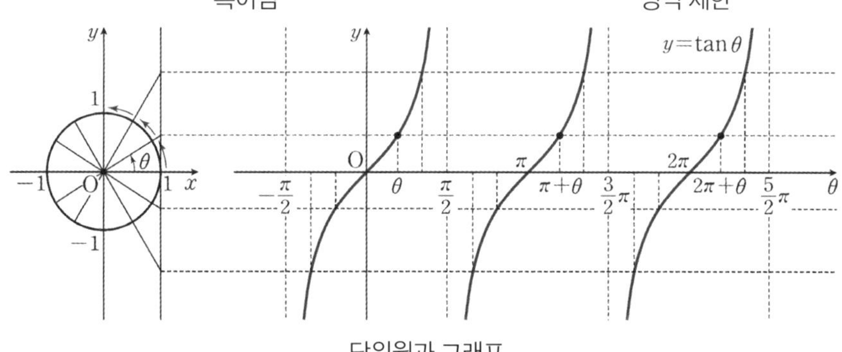

단위원과 그래프

→ $x = 1$에서 y 값이 $y = \tan\theta$이고, $y = \tan\theta$의 해는 기울기

→ 각이 $\dfrac{\pi}{2}$인 두 직선의 기울기 곱은 -1

→ $y = \tan\theta$에서 반 주기의 함숫값 곱은 -1

삼각함수

삼각함수
Schema 4

삼각함수의 그래프

- 기본 그래프의 요소를 토대로 결과 그래프
  $y = a\sin(bx+c)+d$를 해석할 수 있고

  $y = a\sin(bx+c)+d$을 기하적으로 해석할 때

  $|a|$는 극값 간 세로 간격의 절반이고 d는 $\dfrac{M+m}{2}$으로 해석할 수 있다.

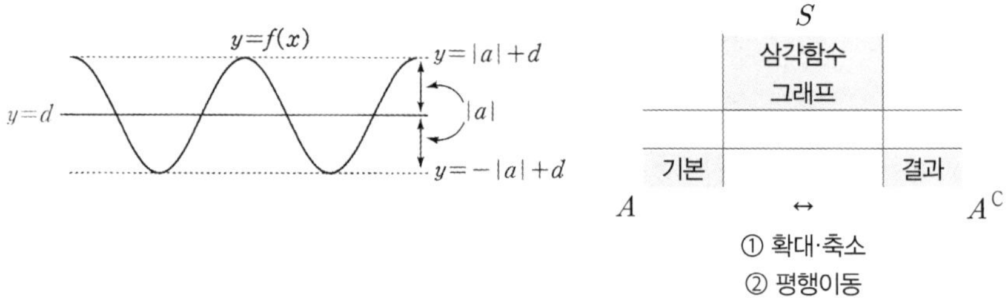

[기본 그래프]

	$y = \sin x$	$y = \cos x$	$y = \tan x$
① 대칭성 (선)	$x = \dfrac{2n-1}{2}\pi$	$x = n\pi$	$-$
② 대칭성 (점)	$(n\pi,\ 0)$	$\left(\dfrac{2n-1}{2}\pi,\ 0\right)$	$\left(\dfrac{n\pi}{2},\ 0\right)$
③ 치역 구간	$[-1,\ 1]$	$[-1,\ 1]$	$-$
④ 주기	2π	2π	π
⑤ 점근선	$-$	$-$	$x = n\pi + \dfrac{\pi}{2}$

(n : 정수, $-$: 해당 없음)

[그래프 작성 요소]

	$y = a\sin(bx+c)+d$	$y = a\cos(bx+c)+d$	$y = a\tan(bx+c)+d$
① 중심축	$x = \dfrac{2n-1}{2}\pi - \dfrac{c}{b}$	$x = n\pi - \dfrac{c}{b}$	$-$
② 치역 구간	$[-|a|+d,\ |a|+d]$	$[-|a|+d,\ |a|+d]$	$-$
③ 주기	$\dfrac{2\pi}{|b|}$	$\dfrac{2\pi}{|b|}$	$\dfrac{\pi}{|b|}$
④ 평행이동	$x : -\dfrac{c}{b}$ $y : +d$	$x : -\dfrac{c}{b}$ $y : +d$	$-$
⑤ 점근선	$-$	$-$	$x = n\pi + \dfrac{\pi}{2} - \dfrac{c}{b}$

(n : 정수, $-$: 해당 없음)

삼각함수의 그래프

[상하 폭 변화]

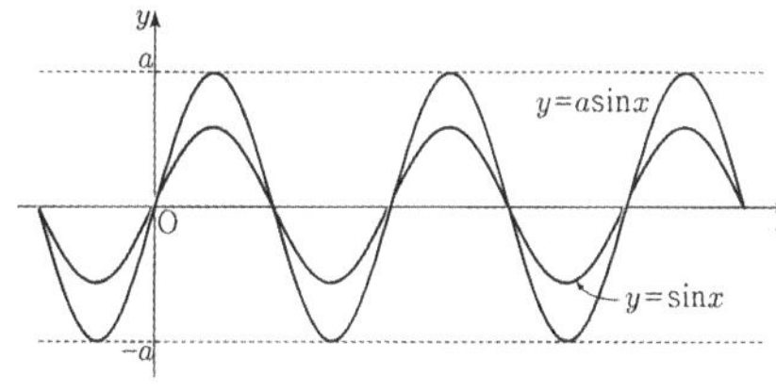

$a > 1$

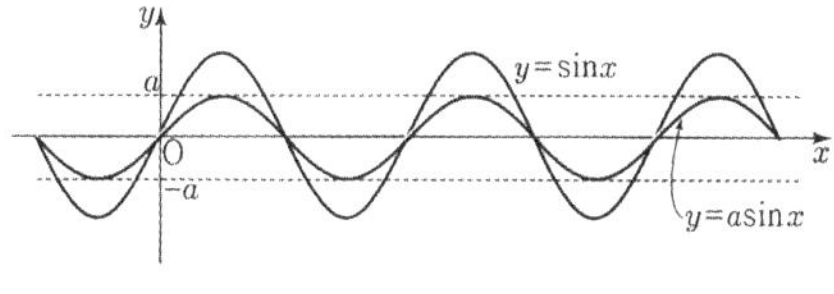

$0 < a < 1$

[좌우 폭 변화]

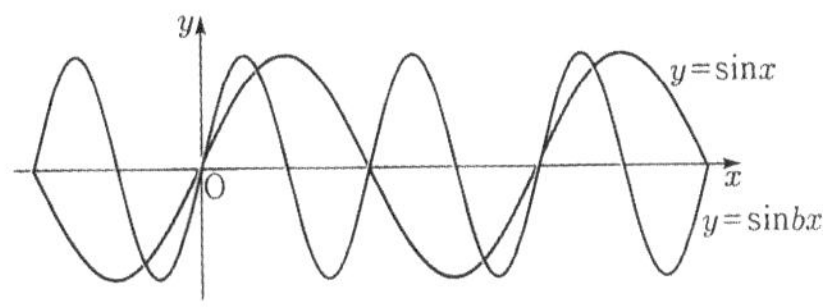

$b > 1$

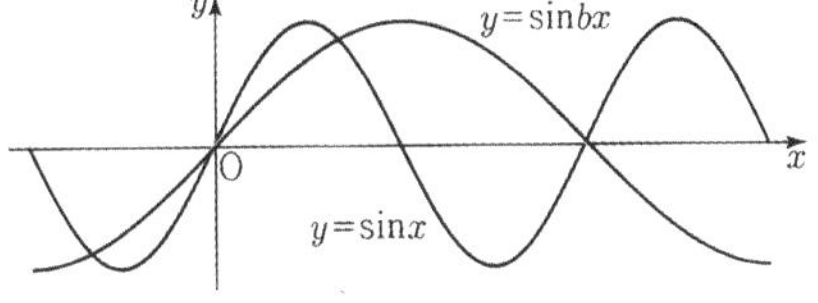

$0 < b < 1$

[간격 비]

① 8칸

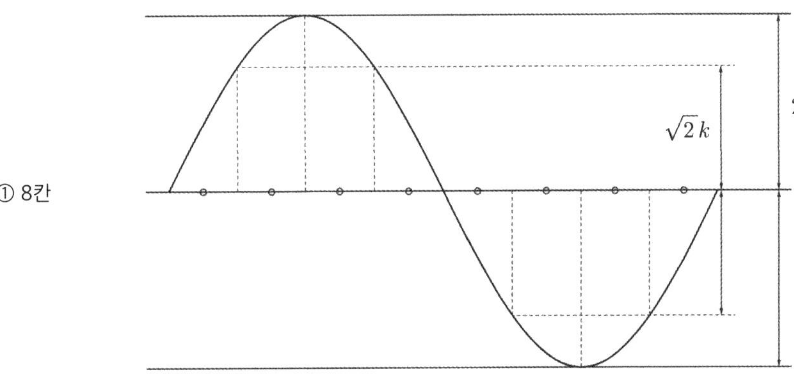

② 12칸

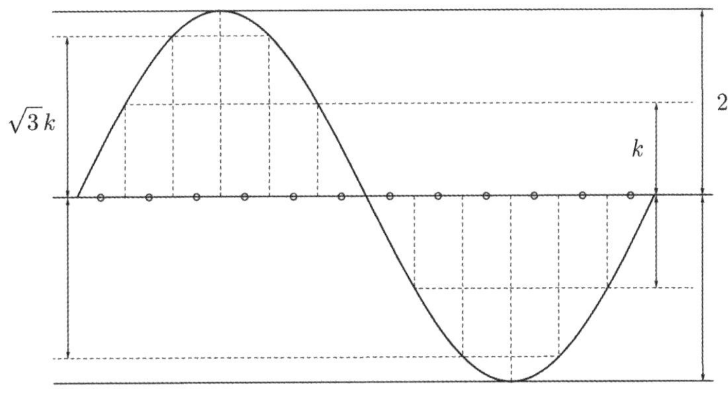

삼각함수

삼각함수
Schema 4

삼각함수의 그래프

예

그림과 같이 두 상수 a, b에 대하여 함수

$$f(x)=a\sin\frac{\pi x}{b}+1 \ \left(0 \le x \le \frac{5}{2}b\right)$$

의 그래프와 직선 $y=5$가 만나는 점을 x 좌표가 작은 것부터 차례로 A, B, C라 하자.
$\overline{BC}=\overline{AB}+6$이고 삼각형 AOB의 넓이가 $\dfrac{15}{2}$일 때, a^2+b^2의 값은?
(단, $a>4$, $b>0$이고, O는 원점이다.)

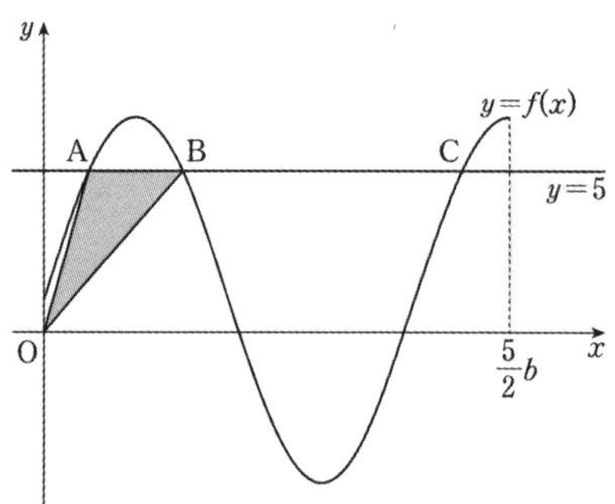

예

양수 a에 대하여 $0 \le x \le 3$에서 정의된 두 함수

$$f(x)=a\sin\pi x, \ g(x)=a\cos\pi x$$

가 있다. 두 곡선 $y=f(x)$와 $y=g(x)$가 만나는 서로 다른 세 점을 꼭짓점으로 하는
삼각형의 넓이가 2일 때, a^2의 값을 구하시오.

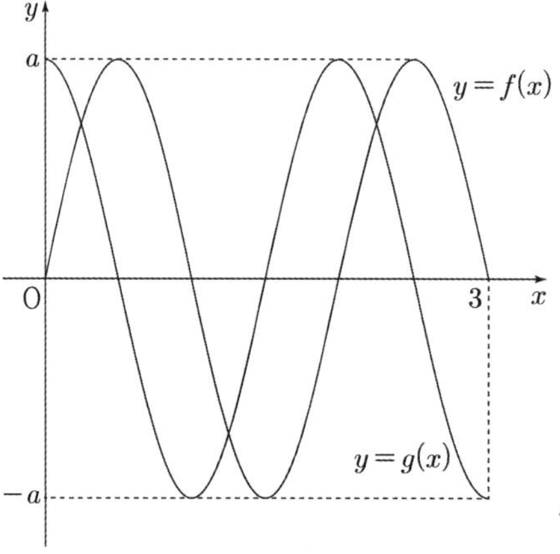

삼각함수의 그래프

예

닫힌구간 $[0, 12]$에서 정의된 두 함수

$$f(x) = \cos\frac{\pi x}{6}, \quad g(x) = -3\cos\frac{\pi x}{6} - 1$$

이 있다. 곡선 $y = f(x)$와 직선 $y = k$가 만나는 두 점의 x 좌표를 α_1, α_2라 할 때, $|\alpha_1 - \alpha_2| = 8$이다. 곡선 $y = g(x)$와 직선 $y = k$가 만나는 두 점의 x 좌표를 β_1, β_2라 할 때, $|\beta_1 - \beta_2|$의 값은? (단, k는 $-1 < k < 1$인 상수이다.)

예

양수 a에 대하여 집합 $\left\{ x \mid -\dfrac{a}{2} < x \le a, \ x \ne \dfrac{a}{2} \right\}$에서 정의된 함수

$$f(x) = \tan\frac{\pi x}{a}$$

가 있다. 그림과 같이 함수 $y = f(x)$의 그래프 위의 세 점 O, A, B를 지나는 직선이 있다. 점 A를 지나고 x축에 평행한 직선이 함수 $y = f(x)$의 그래프와 만나는 점 중 A가 아닌 점을 C라 하자. 삼각형 ABC가 정삼각형일 때, 삼각형 ABC의 넓이는? (단, O는 원점이다.)

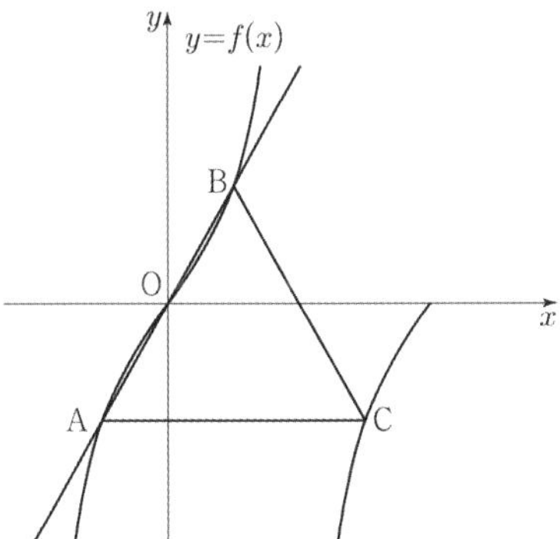

삼각함수

삼각함수
Schema 4

삼각함수의 그래프

Sol)

$\overline{\text{AB}}=3\ (\because \frac{1}{2}\times\overline{\text{AB}}\times 5=\frac{15}{2})$, 한 주기가 12이므로 $b=6$

$a\sin\frac{\pi}{4}+1=5,\ a=4\sqrt{2}\ (\because f\left(\frac{3}{2}\right)=5,\ \times\frac{1}{8}$ 지점$)$

Ans)

$\therefore\ a^2+b^2=\left(4\sqrt{2}\right)^2+6^2=32+36=68$

Sol)

주기가 2이고 두 함수는 평행이동하면 합동이므로 양상은 다음과 같다.

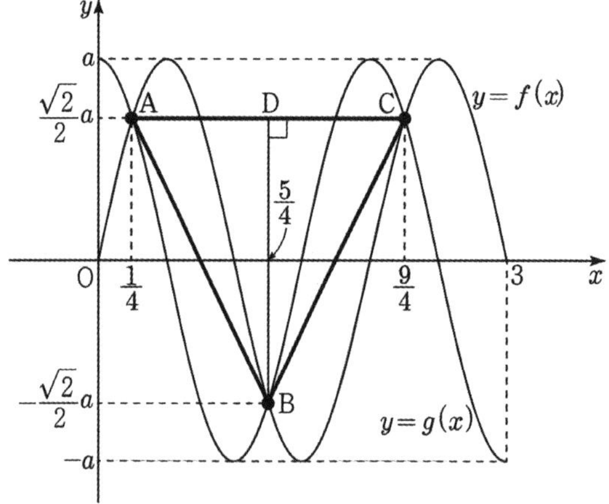

$\therefore\ \triangle\text{ABC}=\frac{1}{2}\times\overline{\text{AC}}\times\overline{\text{BD}}=\frac{1}{2}\times 2\times\sqrt{2}\,a=2$

Ans)

$\therefore\ a^2=2$

Sol)
$\alpha_1 = 2,\ \alpha_2 = 10\ (\because\ |\alpha_1 - \alpha_2| = 8,\ \text{한 주기가 } 12)$

$f(2) = f(10) = \cos\dfrac{\pi}{3} = \dfrac{1}{2}$ 이고 $-3\cos\dfrac{\pi x}{6} - 1 = \dfrac{1}{2}$ 의 해가 $\beta_1,\ \beta_2$

$\rightarrow x = 4$ 또는 $x = 8$

Ans)
$\therefore\ |\beta_1 - \beta_2| = 4$

Sol)
$\overline{\text{AC}} = a\ (\because\ \text{한 주기 } a),$
$\text{A}\left(\dfrac{a}{4},\ \dfrac{\sqrt{3}}{4}a\right) \rightarrow\ a = \dfrac{4}{\sqrt{3}}$

Ans)
$\therefore$ 삼각형 ABC의 넓이는 $\dfrac{\sqrt{3}}{4} \times \left(\dfrac{4}{\sqrt{3}}\right)^2 = \dfrac{4\sqrt{3}}{3}$ 이다.

삼각함수

삼각함수
Schema 5

방·부등식의 해석

[중요도 ★★★]

- 방정식 $f(x) = 0$의 실근은 함수 $f(x)$의 그래프와 x축의 교점의 x좌표
  와 같다. 따라서 방정식 $f(x) = 0$의 서로 다른 실근의 개수는

  ① $f(x)$의 그래프와 x축의 교점의 개수를 조사하여 구할 수 있다.
  ② $y = g(x)$의 그래프와 $y = h(x)$의 그래프의 교점의 개수를 조사하여 구할 수 있다.

  $$(\text{단, } f(x) = g(x) - h(x))$$

- 방·부등식 해석에 있어 적절히 대칭성(점, 선)을 활용할 수 있다.

- 방정식 $a\sin bx = t$을 함수 $y = a\sin bx$와 $y = t$의 관계로 바꿔 생각할 때
  그래프 간 나타나는 간격 비는 다음과 같다.

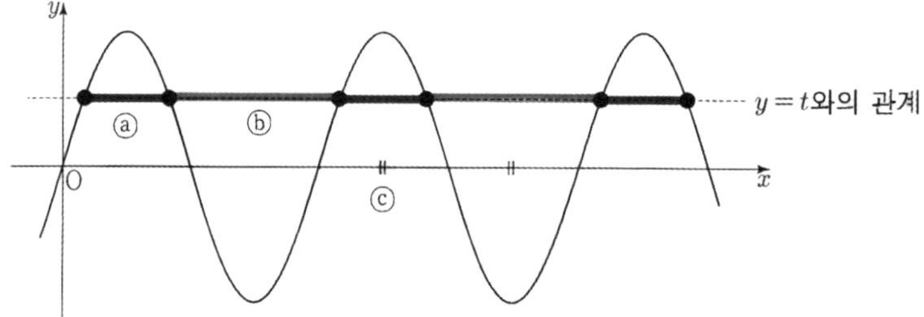

	한 주기 (2ⓒ)			반 주기 (ⓒ)	간격 증가 비
	짧은 선분	긴 선분	짧 : 긴		
	ⓐ	ⓑ			
$t = \dfrac{a}{2}$	$\dfrac{2\pi}{b} \times \dfrac{1}{3}$	$\dfrac{2\pi}{b} \times \dfrac{2}{3}$	$4 : 8$	$1 : 2 : 2 : 1$	$1 \to 5 \to 13 \to 17$
$t = \dfrac{\sqrt{2}}{2}a$	$\dfrac{2\pi}{b} \times \dfrac{1}{4}$	$\dfrac{2\pi}{b} \times \dfrac{3}{4}$	$3 : 9$	$1.5 : 1.5 : 1.5 : 1.5$	$1 \to 3 \to 9 \to 11$
$t = \dfrac{\sqrt{3}}{2}a$	$\dfrac{2\pi}{b} \times \dfrac{1}{6}$	$\dfrac{2\pi}{b} \times \dfrac{5}{6}$	$2 : 10$	$2 : 1 : 1 : 2$	$1 \to 2 \to 7 \to 11$

- 합성함수가 등장할 경우 제한 범위와 대응 관계를 고려하여
  치환해서 해석하거나 단위원을 활용해 해석할 수 있다.

- 삼각함수의 최대·최소를 구할 때 각변환을 활용한 각 통일 및
  삼각함수를 통일한 후 해석한다.

  이때 $\sin^2\theta + \cos^2\theta = 1$ 관계식을 활용하면 함수 간 전환이 가능하므로
  1차식이 남아있는 삼각함수 방향으로 통일하는 게 유리하다.

방·부등식의 해석

예

닫힌구간 $[0,\ 2\pi]$ 에서 정의된 함수 $f(x)$ 는

$$f(x)=\begin{cases} \sin x & \left(0 \le x \le \dfrac{k}{6}\pi\right) \\ 2\sin\left(\dfrac{k}{6}\pi\right)-\sin x & \left(\dfrac{k}{6}\pi < x \le 2\pi\right) \end{cases}$$

이다. 곡선 $y=f(x)$ 와 직선 $y=\sin\left(\dfrac{k}{6}\pi\right)$ 의 교점의 개수를 a_k 라 할 때,

$a_1+a_2+a_3+a_4+a_5$ 의 값은?

예

닫힌구간 $[0, 2\pi]$ 에서 정의된 함수

$$f(x)=\begin{cases} \sin x-1 & (0 \le x < \pi) \\ -\sqrt{2}\sin x-1 & (\pi \le x \le 2\pi) \end{cases}$$

가 있다. $0 \le t \le 2\pi$ 인 실수 t 에 대하여 x 에 대한 방정식 $f(x)=f(t)$ 의

서로 다른 실근의 개수가 3 이 되도록 하는 모든 t 의 값의 합은 $\dfrac{q}{p}\pi$ 이다.

$p+q$ 의 값을 구하시오. (단, p 와 q 는 서로소인 자연수이다.)

예

5 이하의 두 자연수 $a,\ b$ 에 대하여 열린구간 $(0,\ 2\pi)$ 에서 정의된 함수
$y=a\sin x+b$ 의 그래프가 직선 $x=\pi$ 와 만나는 점의 집합을 A 라 하고,
두 직선 $y=1$, $y=3$ 과 만나는 점의 집합을 각각 B, C 라 하자.
$n(A\cup B\cup C)=3$ 이 되도록 하는 $a,\ b$ 의 순서쌍 $(a,\ b)$ 에 대하여
$a+b$ 의 최댓값을 M, 최솟값을 m 이라 할 때, $M\times m$ 의 값을 구하시오.

삼각함수

삼각함수
Schema 5

방·부등식의 해석

Sol)

기본 함수인 $y = \sin x$를 뼈대로 $k = 1\ (x = \dfrac{\pi}{6}) \rightarrow k = 5\ (x = \dfrac{5\pi}{6})$ 순으로 추적해보자.

[Case 1, $x = \dfrac{\pi}{6}$ **]**

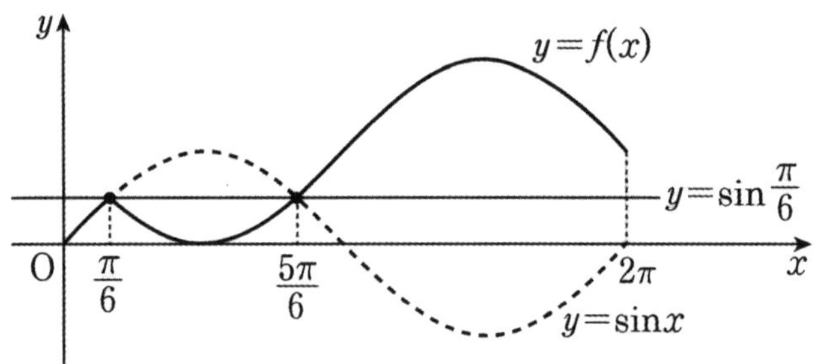

$\therefore a_1 = 2,\ a_5 = 2\ (\because$ 같은 양상$)$

[Case 2, $x = \dfrac{\pi}{3}$ **]**

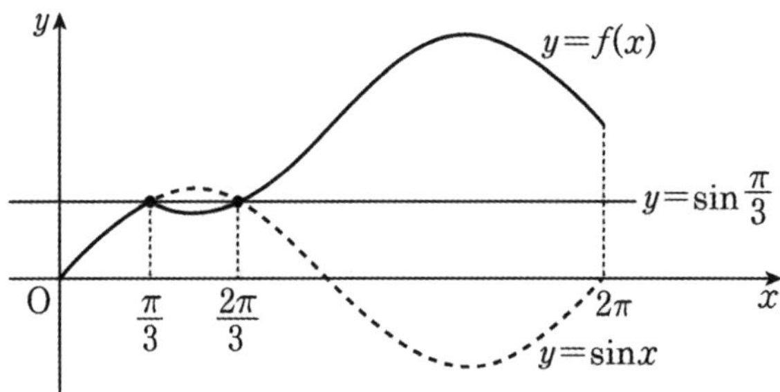

$\therefore a_2 = 2,\ a_4 = 2\ (\because$ 같은 양상$)$

$\rightarrow a_3 = 1\ (\because$ 극점$)$

Ans)

$\therefore a_1 + a_2 + a_3 + a_4 + a_5 = 2 + 2 + 1 + 2 + 2 = 9$

방·부등식의 해석

Sol)

방정식 $f(x)=f(t)$ 의 서로 다른 실근은 곡선 $y=f(x)$ 와 직선 $y=f(t)$ 의
교점의 x 좌표이므로

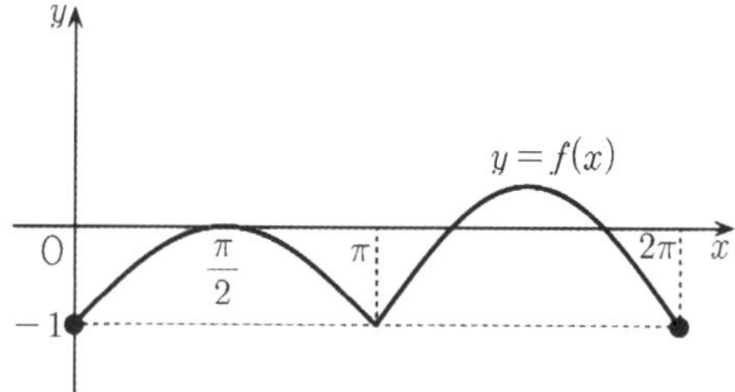

교점의 개수가 3인 경우는 $f(t)=0$ 또는 $f(t)=-1$ 이다.

$$\sum t = 0 + \frac{\pi}{2} + \pi + 2\pi + 3\pi = \frac{13}{2}\pi \ (\because \text{두 교점} = 2 \times \frac{3}{2}\pi)$$

Ans)

$$\therefore p+q = 2+13 = 15$$

Sol)

$x=\pi$ 와 만나는 점의 집합은 $y=b$ 와의 교점과
동치이므로 그래프를 토대로 상수함수 $y=b$ 를
옮겨가며 찰하면

$b=1$ 일 때 $3 \le a \le 5$, $b=2$ 일 때 $a=1$,
$b=3$ 일 때 $3 \le a \le 5$
$b=4$ 일 때 $a=2$,
$b=5$ 일 때 $a=3$

$$\therefore m=3, \ M=8$$

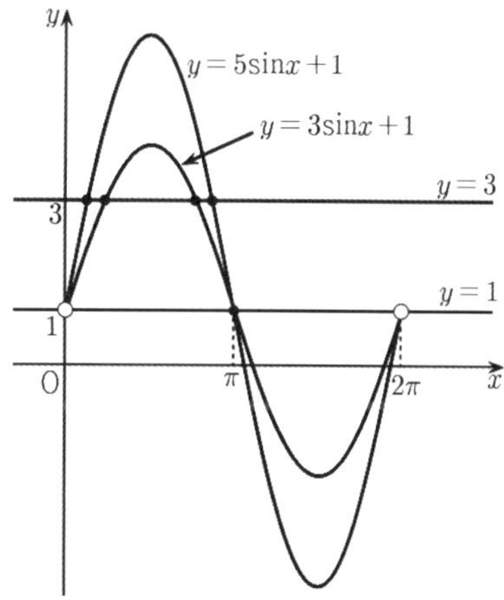

Ans)

$$\therefore M \times m = 8 \times 3 = 24$$

삼각함수

삼각함수
Schema 5

방·부등식의 해석

예

두 함수

$$f(x) = x^2 + ax + b, \; g(x) = \sin x$$

가 다음 조건을 만족시킬 때, $f(2)$의 값은? (단, a, b는 상수이고, $0 \le a \le 2$이다.)

(가) $\{g(a\pi)\}^2 = 1$

(나) $0 \le x \le 2\pi$일 때, 방정식 $f(g(x)) = 0$의 모든 해의 합은 $\dfrac{5}{2}\pi$이다.

예

닫힌구간 $[-2\pi, \; 2\pi]$에서 정의된 두 함수

$$f(x) = \sin kx + 2, \; g(x) = 3\cos 12x$$

에 대하여 다음 조건을 만족시키는 자연수 k의 개수는?

실수 a가 두 곡선 $y = f(x)$, $y = g(x)$의 교점의 y좌표이면
$\{x \mid f(x) = a\} \subset \{x \mid g(x) = a\}$ 이다.

예

$-1 \leq t \leq 1$인 실수 t에 대하여 x에 대한 방정식

$$\left(\sin\frac{\pi x}{2}-t\right)\left(\cos\frac{\pi x}{2}-t\right)=0$$

의 실근 중에서 집합 $\{x\,|\,0 \leq x < 4\}$에 속하는 가장 작은 값을 $\alpha(t)$,
가장 큰 값을 $\beta(t)$라 하자. <보기>에서 옳은 것만을 있는 대로 고른 것은?

<보 기>

ㄱ. $-1 \leq t < 0$인 모든 실수 t에 대하여 $\alpha(t)+\beta(t)=5$이다.

ㄴ. $\{t\,|\,\beta(t)-\alpha(t)=\beta(0)-\alpha(0)\}=\left\{t\,\middle|\,0 \leq t \leq \dfrac{\sqrt{2}}{2}\right\}$

ㄷ. $\alpha(t_1)=\alpha(t_2)$인 두 실수 t_1, t_2에 대하여 $t_2-t_1=\dfrac{1}{2}$이면 $t_1 \times t_2=\dfrac{1}{3}$이다.

예

두 상수 a, b $(a > 0)$에 대하여 함수 $f(x)=|\sin a\pi x+b|$가
다음 조건을 만족시킬 때, $60(a+b)$의 값을 구하시오.

(가) $f(x)=0$이고 $|x| \leq \dfrac{1}{a}$인 모든 실수 x의 값의 합은 $\dfrac{1}{2}$이다.

(나) $f(x)=\dfrac{2}{5}$이고 $|x| \leq \dfrac{1}{a}$인 모든 실수 x의 값의 합은 $\dfrac{3}{4}$이다.

삼각함수

삼각함수
Schema 5

방·부등식의 해석

Sol)

(나)에서 $f(t) = 0$, $t = g(\theta)$ $(0 \le \theta \le 2\pi)$를 만족하는 단위원 위 θ처럼 생각하자.

$f(t) = 0$를 만족하는 t의 개수는 Max 2개이므로
$f(t) = 0$은 두 실근 -1, α를 가지고 $0 < \alpha < 1$이다.

$$\therefore f(-1) = b - a + 1 = 0, \; 0 < -b < 1 \; (\because (-1) \times \alpha = b) \qquad \cdots\cdots \; \text{㉠}$$

(가)에서 $g(a\pi) = -1$ 또는 $g(a\pi) = 1$이므로 $a = \dfrac{1}{2}$ or $\dfrac{3}{2}$ 이고 ㉠에 의해

$0 < a < 1$이므로 $a = \dfrac{1}{2}$ 이다.

$$\therefore a = \frac{1}{2}, \; b = -\frac{1}{2}$$

Ans)

$$\therefore f(2) = 4 + 2a + b = \frac{9}{2}$$

Sol)

$y = f(x)$, $y = g(x)$는 $0 < x < \dfrac{\pi}{24}$ 에서 적어도 하나의 교점을 가지므로 이를 α라 하면

$$\{x \mid f(x) = f(\alpha)\} = \left\{ \alpha, \; \frac{\pi}{k} - \alpha, \; \frac{2\pi}{k} + \alpha, \; \frac{3\pi}{k} - \alpha, \; \cdots \right\}$$

$$\{x \mid g(x) = g(\alpha)\} = \left\{ \alpha, \; \frac{\pi}{6} - \alpha, \; \frac{\pi}{6} + \alpha, \; \frac{2\pi}{6} - \alpha, \; \cdots, \; \frac{12\pi}{6} - \alpha \right\} \text{ 임을 알 수 있다.}$$

$A \subset B$를 만족하기 위해서는 $\dfrac{\pi}{k} - \alpha \in B$여야 하고

이는 $\dfrac{1}{k} = \dfrac{n}{6}$ 에서 $k = \dfrac{6}{n}$ 이므로 k는 6의 약수여야 한다.

Ans)

$\therefore k$는 4가지이다.

방·부등식의 해석

Sol)

ㄱ. (○)

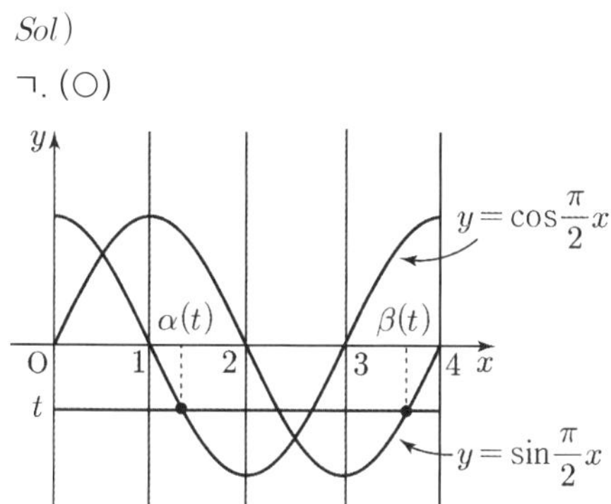

주어진 t의 범위에서 점 $(t,\ \alpha(t))$는 곡선 $y=\sin\dfrac{\pi x}{2}$ 위에 있고 점 $(t,\ \beta(t))$는 곡선

$y=\cos\dfrac{\pi x}{2}$ 에 있다. 이때 $\alpha(t)$와 $\beta(t)$는 직선 $x=\dfrac{5}{2}$ 에 대해 대칭이므로

$\dfrac{\alpha(t)+\beta(t)}{2}=\dfrac{5}{2}$ 이므로 $\alpha(t)+\beta(t)=5$이다.

ㄴ. (○)

$t=0$일 때, $\alpha(0)=0$, $\beta(0)=3$이고, $t>\dfrac{\sqrt{2}}{2}$ 일 때는 $\beta(t)-\alpha(t)>3$이므로

$\beta(t)-\alpha(t)=3$을 만족하는 t의 범위는 $0\le t\le\dfrac{\sqrt{2}}{2}$ 이다.

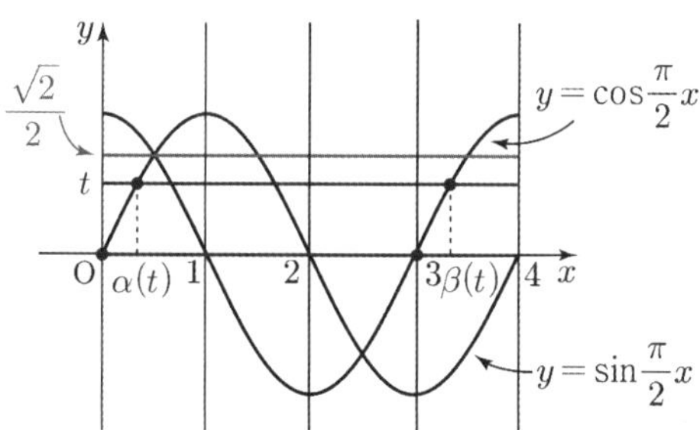

ㄷ. (×)

$\alpha(t_1)=\alpha(t_2)=k$라 하면, t_1과 t_2는 $\sin\dfrac{k\pi}{2}$ 또는 $\cos\dfrac{k\pi}{2}$ 이다.

$\sin\dfrac{k\pi}{2}=t_1$, $\cos\dfrac{k\pi}{2}=t_2$라 하면, $t_2-t_1=\cos\dfrac{k\pi}{2}-\sin\dfrac{k\pi}{2}=\dfrac{1}{2}$ 이고,

$\left\{\cos\dfrac{k\pi}{2}\right\}^2-2\cos\dfrac{k\pi}{2}\sin\dfrac{k\pi}{2}+\left\{\sin\dfrac{k\pi}{2}\right\}^2=\dfrac{1}{4}$, $\cos\dfrac{k\pi}{2}\sin\dfrac{k\pi}{2}=\dfrac{3}{8}=t_2\times t_1$

Ans)

ㄱ, ㄴ

삼각함수

삼각함수
Schema 5

방·부등식의 해석

Sol)

$f(x)=0$ 이고 $-\dfrac{1}{a} \le x \le \dfrac{1}{a}$ 인 모든 실수 x 의 값의 합이 $\dfrac{1}{2}$ 이므로

$\dfrac{1}{2a}=\dfrac{1}{2}$ 또는 $\dfrac{1}{a}=\dfrac{1}{2}$ 이다.

$a=1$ 이면 (나)를 만족시키지 않으므로 $a=2$ 이고

함수 $y=f(x)$ 의 그래프와 직선 $y=\dfrac{2}{5}$ 가 세 점에서 만나야 하므로

$f\left(\dfrac{1}{4}\right)=\left|\,\sin\dfrac{\pi}{2}+b\,\right|=|\,1+b\,|=\dfrac{2}{5}$ 이고 함수 $y=f(x)$ 의 그래프와 x 축이

만나야 하므로 $b=-\dfrac{3}{5}$ 이다.

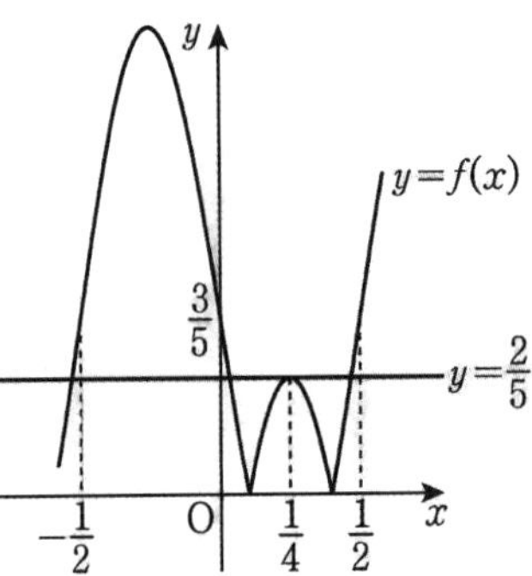

Ans)

$\therefore\ 60(a+b)=60\left(2-\dfrac{3}{5}\right)=60\times\dfrac{7}{5}=84$

삼각함수

8
Theme

삼각함수의 활용

삼각함수의 활용

삼각함수의 활용
Schema 1

요소 세팅

[중요도 ★★★]

- 도형 해석 자료에서 주로 설정하는 변수는 좌표 이외의 변수인 경우가 많다.

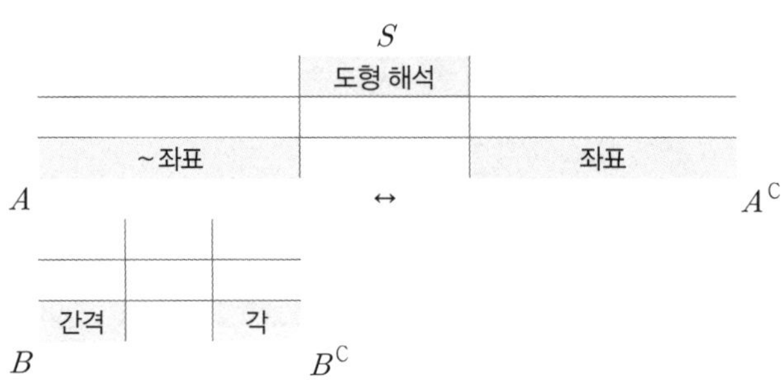

기준이나 목적성을 갖고 변수와 보조선을 세팅한 이후에는
단순 연산으로 끝나는 문항도 많고, 바꿔말해 기하적 이해와 요소 설정이
중요 Point로 작용한다.

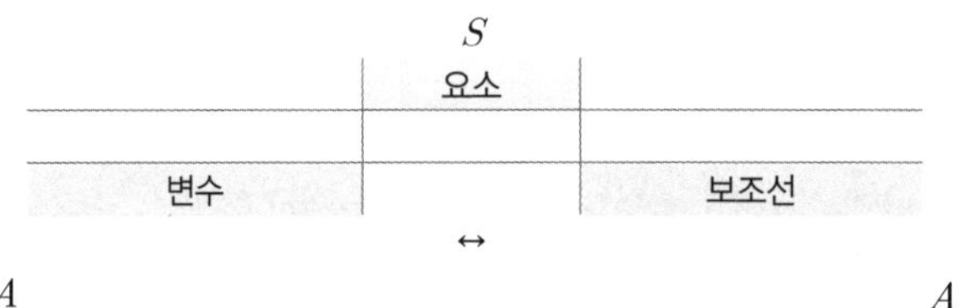

- 조건에 따라 각과 길이를 적절히 자료에 표현할 수 있다.

- 구하는 목적지(간격, 각)를 바탕으로 포함한 삼각형을 색출하거나
  목적지로 향하는 보조선, 변수를 교재 내 기준들을 갖고 세팅하도록 하자.

목적성의 기준은 다음 삼각형의 결정 조건이다.

[결정 조건]

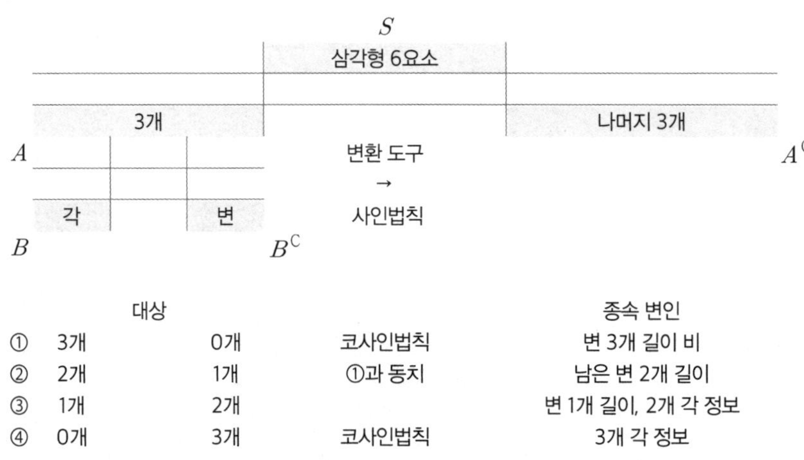

	대상			종속 변인
①	3개	0개	코사인법칙	변 3개 길이 비
②	2개	1개	①과 동치	남은 변 2개 길이
③	1개	2개		변 1개 길이, 2개 각 정보
④	0개	3개	코사인법칙	3개 각 정보

삼각형의 6요소

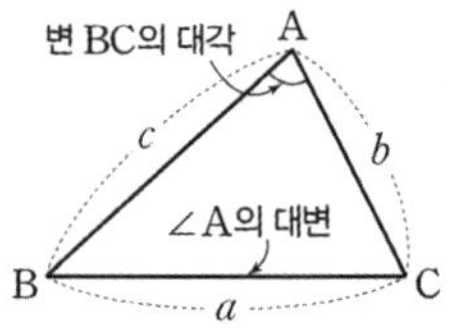

△ABC의 6요소는
∠A, ∠B, ∠C, a, b, c이
다.

[중요도 ★★★★]

- 삼각형의 넓이는 주어진 요소에 따라 다양한 관점으로 구할 수 있다.

[삼각형 넓이]

	요소		수식
①	수직	:	$S = \dfrac{1}{2} \times \triangle_x \times \triangle_y$
②	끼인각	:	$S = \dfrac{1}{2} \times a \times b \times \sin\theta$
③	세 변	:	$S = \sqrt{s(s-a)(s-b)(s-c)}$ (단, $s = \dfrac{a+b+c}{2}$)
④	내접원	:	$S = \dfrac{1}{2} \times (a+b+c) \times r$
⑤	외접원	:	$S = \dfrac{abc}{4R} = 2R^2 \sin A \sin B \sin C$

→ 삼각형의 넓이 비 정보가 주어지면

① 끼인각 동일, 한 변의 길이 비
② 밑변 동일, 높이 비
③ 높이 동일, 밑변 길이 비
④ 두 변의 곱 비

길이 비 정보로 변환할 수 있다.

- 교육과정 상 등장하는 삼각형에 대한 대표적인 법칙으로 사인법칙과 코사인법칙이 있다.
바꿔말해 도형과 삼각형으로 출제되는 자료는 사인법칙 or 코사인법칙으로 해석할 수 있다.

[사인법칙]

$$\frac{a}{\sin A} = \frac{b}{\sin B} = \frac{c}{\sin C} = 2R$$

→ 1) 대변과 대각이 주어질 때 활용
2) 두 각과 한 변
3) 외접원의 반지름 정보

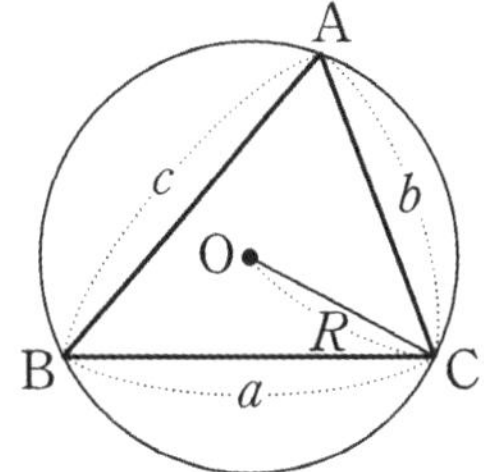

	대변 (S)	
÷	=	÷
대각 (A)		R
	×	

→ 3개 중 2개를 알면 여사건 요소 결정

→ $AR = S$

→ 사인 비 = 변의 비

→ 3개 중 1개가 상수이면 여사건 두 요소의
비율관계 결정

삼각함수의 활용

삼각함수의 활용
Schema 2

삼각법 공식

[코사인법칙]

① $a^2 = b^2 + c^2 - 2bc\cos A$

② $b^2 = c^2 + a^2 - 2ca\cos B$

③ $c^2 = a^2 + b^2 - 2ab\cos B$

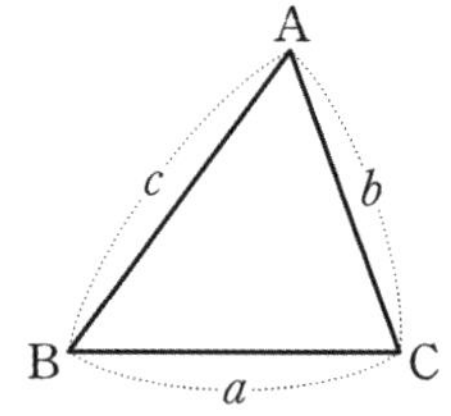

→ 1) 세 변의 길이가 주어질 때
    2) 두 변의 길이와 그 끼인각의 크기가 주어질 때
    3) 두 변의 길이와 끼인각 외 각의 크기가 주어질 때

	제곱의 합 $(a^2 + b^2)$	
곱 (ab)		합 $(a+b)$
		차 $(a-b)$

→ 3개 중 2개를 알면 여사건 요소 결정

→ 곱 (ab) 은 삼각형의 넓이 조건과 연결될 수 있음

→ 합차는 두 변의 길이 관계 조건과 연결될 수 있음

→ 제곱의 합 $(a^2 + b^2)$은 2×곱 $(2ab)$보다 항상 크거나
    같고 합 $(a+b)$은 $2\sqrt{ab}$ 보다 항상 크거나 같다.

- 삼각형의 내각은 $0 < \theta < \pi$ 범위 내에 있으므로
   $\cos\theta$에 대한 동치 조건 $\cos A = \cos B$이 제시되면 $A = B$ 이다.

삼각법 공식

예

$\overline{AB}=6$, $\overline{AC}=8$인 예각삼각형 ABC에서 $\angle A$의 이등분선과 삼각형 ABC의
외접원이 만나는 점을 D, 점 D에서 선분 AC에 내린 수선의 발을 E라 하자.
선분 AE의 길이를 k라 할 때, $12k$의 값을 구하시오.

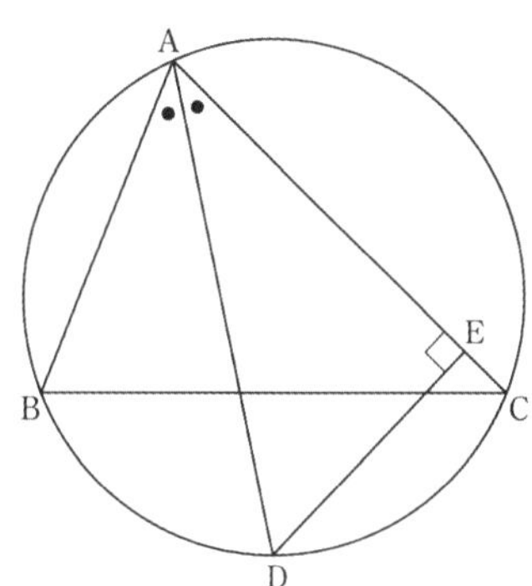

예 [수능 기출]

그림과 같이 사각형 $ABCD$가 한 원에 내접하고
$\overline{AB}=5$, $\overline{AC}=3\sqrt{5}$, $\overline{AD}=7$, $\angle BAC=\angle CAD$일 때,
이 원의 반지름의 길이는?

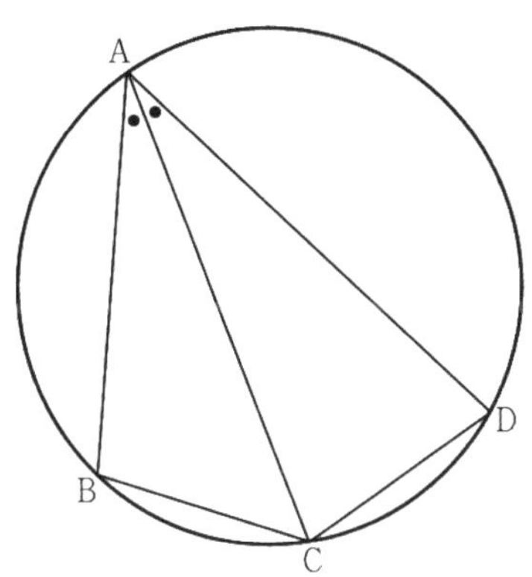

삼각함수의 활용

삼각함수의 활용
Schema 2

삼각법 공식

Sol)

호 BD와 호 DC에 대한 원주각의 크기가 같으므로 $\angle CBD = \angle CAD = \angle DAB = \angle DCB$
이고 점 D에서 $\overrightarrow{AB}$에 수선의 발 H를 내렸을 때,
$\triangle DHB \equiv \triangle DEC$ ($\because$ RHS)이므로 $6 + \overline{CE} = 8 - \overline{CE} = k$이다.

Ans)

$\therefore 12k = 84$

Sol)

점 C에서 $\overline{AD}$에 수선의 발 H를 내리고, $\overline{AH}$ 위에 $\triangle CHD \equiv \triangle CHE$인
점 E를 정의하면 $\triangle CAB \equiv \triangle CAE$이다. ($\because$ 원주각 동일)

$\therefore \sin\theta = \dfrac{\sqrt{5}}{5}$ ($\because \overline{CH} = 3$)

Ans)

$\therefore R = \dfrac{5\sqrt{2}}{2}$ ($\because \dfrac{\overline{BC}}{\sin\theta} = 2R$)

예

그림과 같이 $\overline{\mathrm{AB}}=3$, $\overline{\mathrm{BC}}=\sqrt{13}$, $\overline{\mathrm{AD}}\times\overline{\mathrm{CD}}=9$, $\angle\mathrm{BAC}=\dfrac{\pi}{3}$ 인 사각형 ABCD 가 있다. 삼각형 ABC의 넓이를 S_1, 삼각형 ACD의 넓이를 S_2라 하고, 삼각형 ACD의 외접원의 반지름의 길이를 R이라 하자. $S_2=\dfrac{5}{6}S_1$일 때, $\dfrac{R}{\sin(\angle\mathrm{ADC})}$ 의 값은?

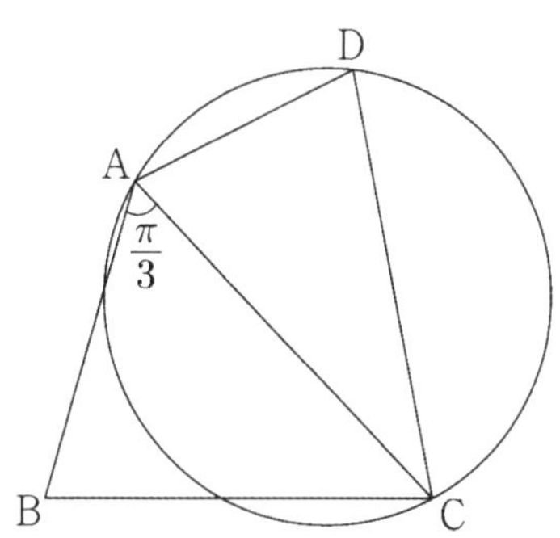

예

그림과 같이 선분 BC를 지름으로 하는 원에 두 삼각형 ABC와 ADE가 모두 내접한다. 두 선분 AD와 BC가 점 F에서 만나고 $\overline{\mathrm{BC}}=\overline{\mathrm{DE}}=4$, $\overline{\mathrm{BF}}=\overline{\mathrm{CE}}$, $\sin(\angle\mathrm{CAE})=\dfrac{1}{4}$ 이다. $\overline{\mathrm{AF}}=k$일 때, k^2의 값은?

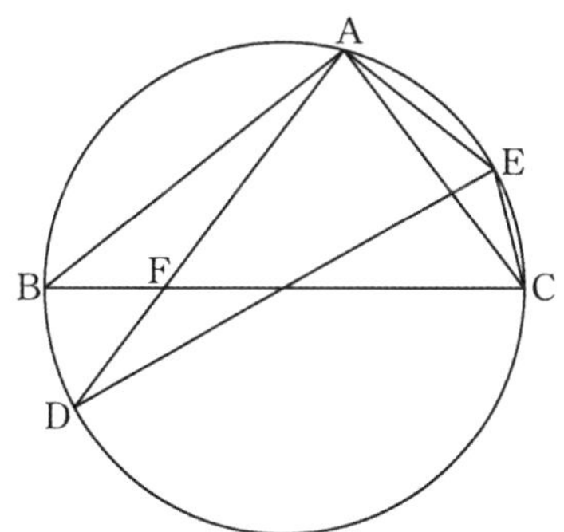

삼각함수의 활용

삼각함수의 활용
Schema 2

삼각법 공식

Sol)

구하는 각인 $\angle \mathrm{ADC}$를 θ라고 설정하면

① $\overline{\mathrm{AB}}=3$, $\overline{\mathrm{BC}}=\sqrt{13}$, $\angle \mathrm{BAC}=\dfrac{\pi}{3}$ $\Rightarrow$ $\overline{\mathrm{AC}}=4$ $\quad(\because 3$요소, 코사인법칙$)$

② $S_1=\dfrac{1}{2}\times 3\times 4\times \sin\dfrac{\pi}{3}=3\sqrt{3}$ $\Rightarrow$ $S_2=\dfrac{5\sqrt{3}}{2}$ $\quad\left(\because \text{조건 } S_2=\dfrac{5}{6}S_1\right)$

③ $\dfrac{1}{2}\times \overline{\mathrm{AD}}\times \overline{\mathrm{CD}}\times \sin(\angle \mathrm{ADC})=\dfrac{5\sqrt{3}}{2}\Rightarrow \sin\theta=\dfrac{5\sqrt{3}}{9}$ $\quad(\because \text{조건, } \overline{\mathrm{AD}}\times\overline{\mathrm{CD}}=9)$

④ $R=\dfrac{18}{5\sqrt{3}}$ $\quad\left(\because \dfrac{\overline{\mathrm{AC}}}{\sin\theta}=2R, \text{ 사인법칙}\right)$

Ans)

$$\therefore \frac{R}{\sin(\angle \mathrm{ADC})}=\frac{\dfrac{18}{5\sqrt{3}}}{\dfrac{5\sqrt{3}}{9}}=\frac{54}{25}$$

Sol)

주어진 각인 $\angle \mathrm{CAE}$를 θ라고 설정하면

① $\sin\theta = \dfrac{1}{4}$, $\overline{\mathrm{BC}} = 4$ $\Rightarrow$ $\overline{\mathrm{CE}} = 1$ (∵ 사인법칙)

② $\angle \mathrm{CAE} = \angle \mathrm{BAD}$ $\Rightarrow$ $\overline{\mathrm{BD}} = \overline{\mathrm{CE}} = \overline{\mathrm{DE}}$ (∵ 원주각과 현의 관계)

③ $k \times \overline{\mathrm{FD}} = \overline{\mathrm{BF}} \times \overline{\mathrm{FC}} = 1 \times 3$ (∵ *WTS*, 할선정리)

$\overline{\mathrm{BC}}$와 $\overline{\mathrm{DE}}$의 교점은 중심 O이므로

④ $\overline{\mathrm{BD}}^2 + \overline{\mathrm{OD}}^2 = 2 \times (\overline{\mathrm{FD}}^2 + \overline{\mathrm{BF}}^2)$ $\Rightarrow$ $\overline{\mathrm{FD}}^2 = \dfrac{3}{2}$ (∵ 중선 정리)

Ans)

∴ $k^2 = 6$ (∵ ③, ④)

삼각함수의 활용

삼각함수의 활용
Schema 3

길이 비

[중요도 ★★★]

- 삼각형의 넓이 비 조건은 길이 비 조건을 내포한다.

- 삼각형은 직각삼각형과 일반적인 삼각형으로 분류된다.

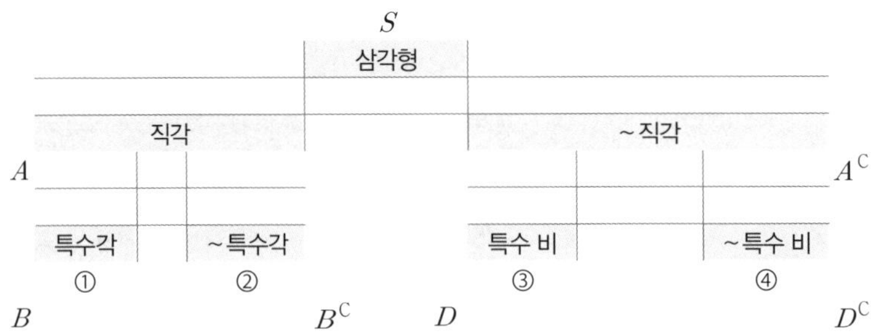

①에 대한 정보는 알고 활용할 수 있다.

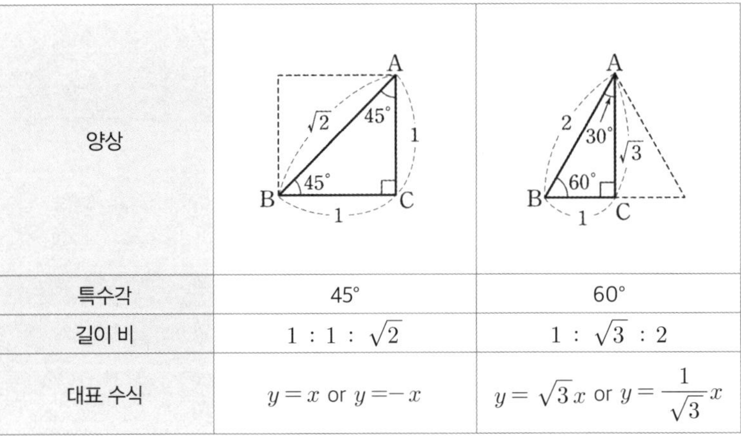

양상		
특수각	45°	60°
길이 비	$1 : 1 : \sqrt{2}$	$1 : \sqrt{3} : 2$
대표 수식	$y = x$ or $y = -x$	$y = \sqrt{3}\,x$ or $y = \dfrac{1}{\sqrt{3}}x$

$\Rightarrow \dfrac{\pi}{4}$ 가 일반적인 삼각형에서 나타났을 때, 수선의 발을 도입하면

$1:1$ 길이 비가 나타나므로 1차원 정보를 2차원으로 확장할 수 있다.

길이 비

- 특수각 양상이 아닐 때, 삼각형 내 길이 비로 주로 등장하는
  피타고라스 비는 다음으로 분류할 수 있다.

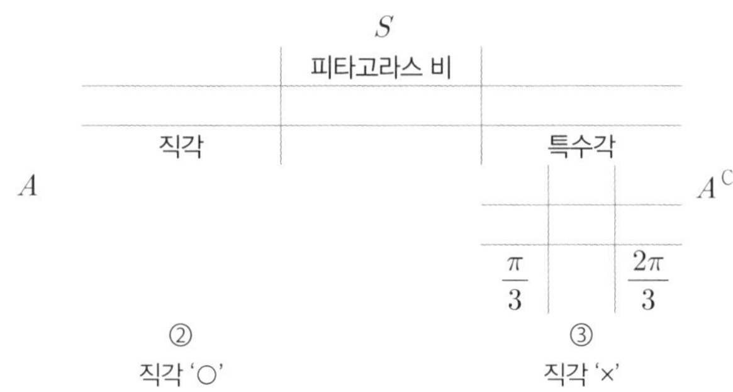

- ② 중 빈출되는 일부 피타고라스 비는 알고 활용할 수 있다.

1) $3 : 4 : 5$
2) $5 : 12 : 13$
3) $8 : 15 : 17$
4) $7 : 24 : 25$

- ②의 피타고라스 비를 조합하여
  ③ 중 일부 특수 비에 대한 정보를 끌어낼 수 있다.

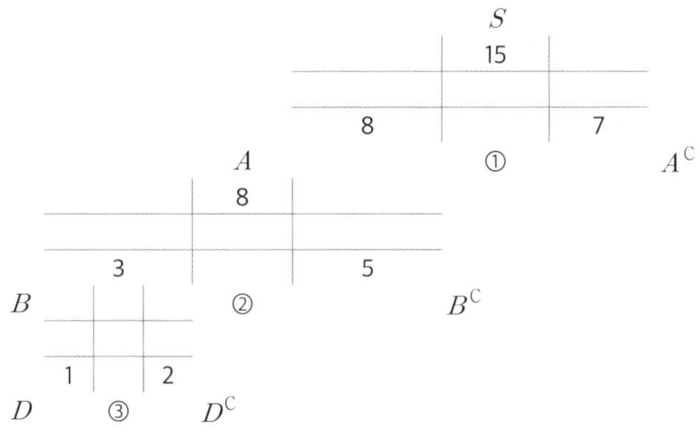

삼각함수의 활용

삼각함수의 활용
Schema 3

길이 비

관계 ①		
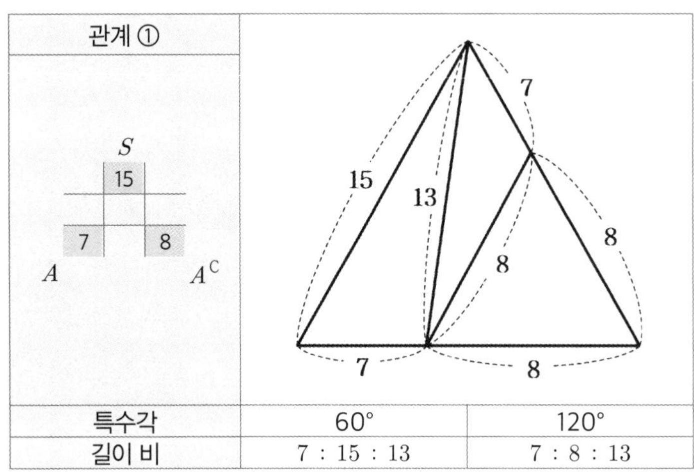		
특수각	60°	120°
길이 비	7 : 15 : 13	7 : 8 : 13

관계 ②		
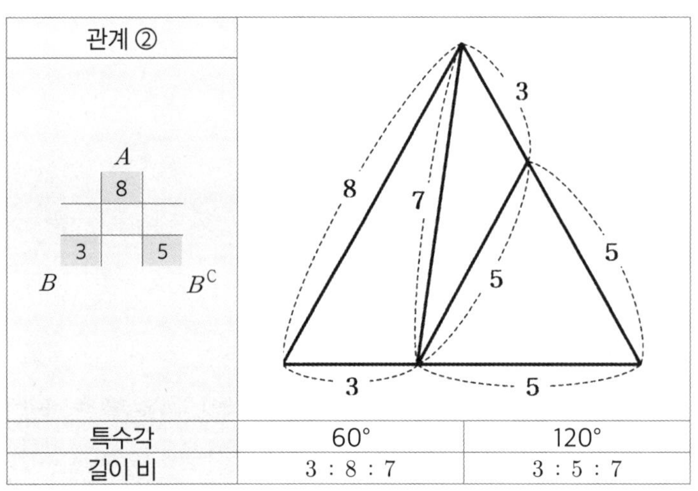		
특수각	60°	120°
길이 비	3 : 8 : 7	3 : 5 : 7

관계 ③		
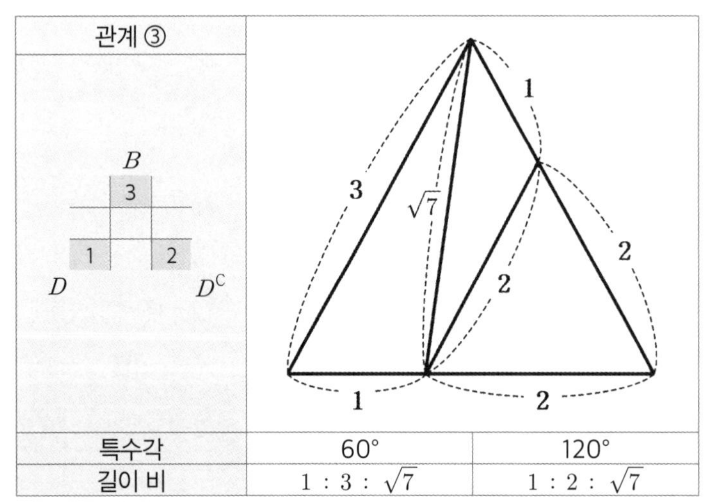		
특수각	60°	120°
길이 비	$1 : 3 : \sqrt{7}$	$1 : 2 : \sqrt{7}$

- ①~③의 여집합인 ④가 등장하는 경우
  사인법칙, 코사인법칙, 삼각형의 특징을 활용하거나
  수선의 발을 내려 직각삼각형으로 해석할 수 있다.

[직각삼각형과 변의 길이]

① 닮음 by 수선

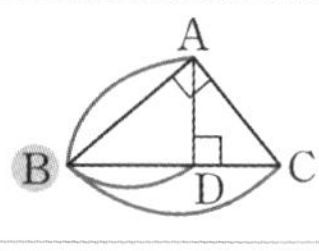 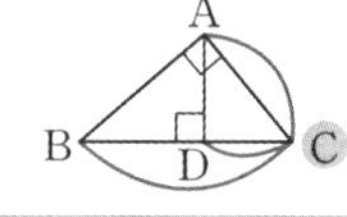 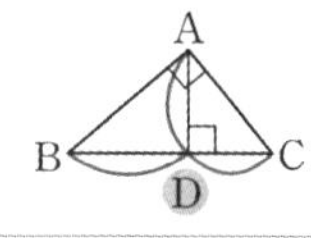 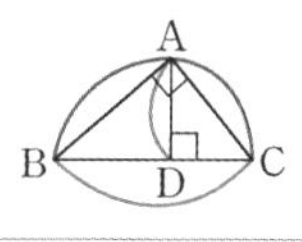

$\overline{AB}^2 = \overline{BD} \times \overline{BC}$	$\overline{AC}^2 = \overline{CD} \times \overline{CB}$	$\overline{AD}^2 = \overline{DB} \times \overline{DC}$	$\overline{AB} \times \overline{AC} = \overline{AD} \times \overline{BC}$

② 피타고라스 정리

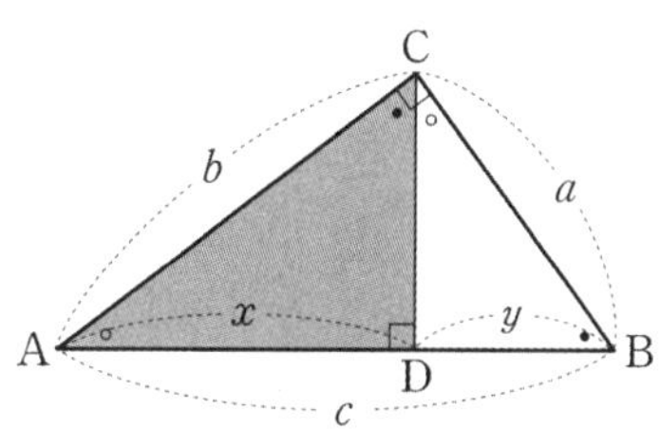

$a^2 + b^2 = c^2$
$x^2 + h^2 = b^2$
$y^2 + h^2 = a^2$

③ 삼각비

예 $b\sin A = a\sin B$

삼각함수의 활용

삼각함수의 활용
Schema 3

길이 비

예] [수능 기출]

$\angle A = \dfrac{\pi}{3}$ 이고 $\overline{AB} : \overline{AC} = 3 : 1$인 삼각형 ABC가 있다.

삼각형 ABC의 외접원의 반지름의 길이가 7일 때, 선분 AC의 길이는?

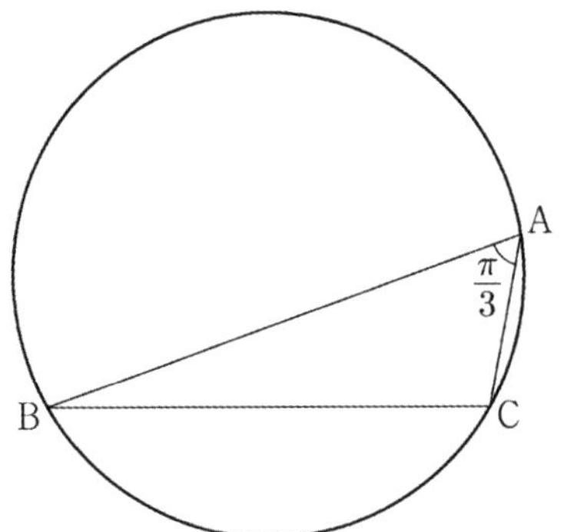

길이 비

🔲 **[수능 기출]**

그림과 같이 삼각형 ABC 에서 선분 AB 위에 $\overline{\text{AD}} : \overline{\text{DB}} = 3 : 2$ 인 점 D 를 잡고,

점 A 를 중심으로 하고 점 D 를 지나는 원을 O, 원 O 와 선분 AC 가 만나는 점을 E 라 하자.

$\sin A : \sin C = 8 : 5$ 이고, 삼각형 ADE 와 삼각형 ABC 의 넓이의 비가 $9 : 35$ 이다.

삼각형 ABC 의 외접원의 반지름의 길이가 7 일 때,

원 O 위의 점 P 에 대하여 삼각형 PBC 의 넓이의 최댓값은? (단, $\overline{\text{AB}} < \overline{\text{AC}}$)

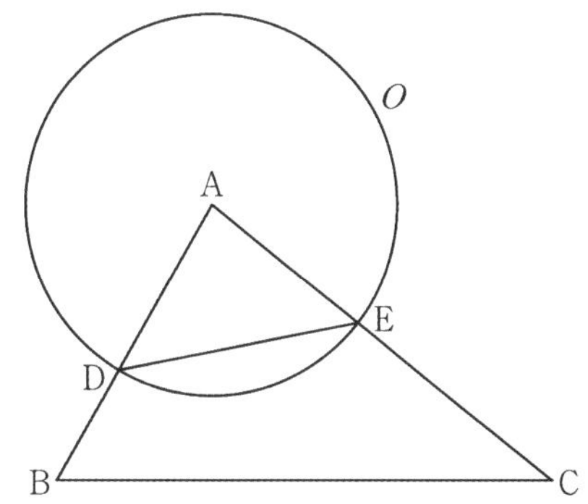

삼각함수의 활용

삼각함수의 활용
Schema 3

길이 비

Sol)

ABC 에서 사인법칙에 의하여 $\dfrac{\overline{BC}}{\sin\dfrac{\pi}{3}} = 2 \times 7$ 이므로 $\overline{BC} = 7\sqrt{3}$

피타고라스 길이 비에 의해 $\overline{BC} : \overline{AC} = \sqrt{7} : 1$ 이므로 $\overline{AC} = \sqrt{21}$

Ans)
$\therefore \overline{AC} = \sqrt{21}$

Sol)

주어진 그림에서 $\overline{AD} : \overline{DB} = 3 : 2$ 이고 끼인각이 공통인

두 삼각형 ADE, ABC 의 넓이의 비가 $9 : 35$ 이므로 $\overline{AE} : \overline{EC} = 3 : 4$ 이다.

$\sin A : \sin C = 8 : 5$ 이므로 대변의 길이 비 $\overline{BC} : \overline{AB} = 8 : 5$ 이고

삼각형 ABC 의 길이 비가 $5 : 7 : 8$ 이므로 비례상수 7의 대각 $\angle ABC = 60\,^{\circ}$ 이다.

삼각형 ABC 의 외접원의 반지름의 길이가 7 이므로 사인법칙에 의하여

$$\frac{\overline{AC}}{\sin(\angle ABC)} = 14, \quad \overline{AC} = 7\sqrt{3}$$ 이다.

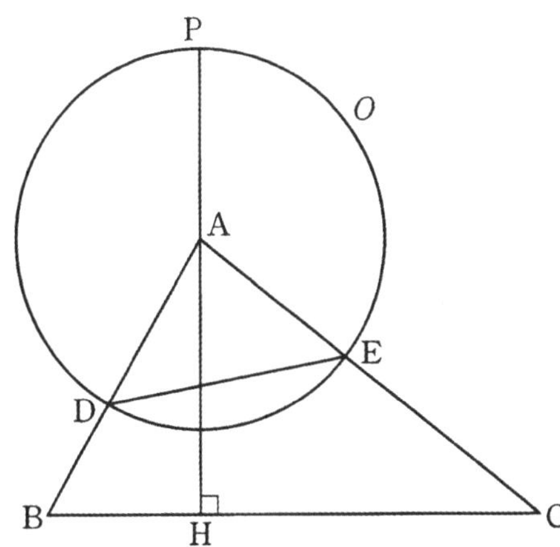

$$\triangle PBC \text{ 의 넓이의 최댓값} \quad = \frac{1}{2} \times (\overline{AP} + \overline{AH}) \times \overline{BC} \leq \frac{1}{2} \times \left(3\sqrt{3} + \frac{15}{2}\right) \times 8\sqrt{3}$$
$$= 36 + 30\sqrt{3}$$

Ans)

$\therefore 36 + 30\sqrt{3}$

삼각함수의 활용

삼각함수의 활용
Schema 4

수선 해석

[중요도 ★★★]

- 평행하지 않은 선분을 해석할 때 적절히 수선의 발을 내릴 수 있다.
 이때 삼각형 내부에 선분을 내릴 수도 있으나
 적절히 연장하여 연장선 내에서 해석할 수 있다.

[수선의 발]

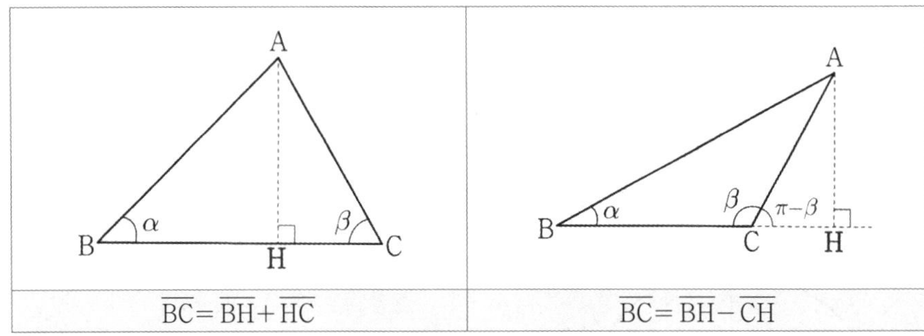

| $\overline{BC} = \overline{BH} + \overline{HC}$ | $\overline{BC} = \overline{BH} - \overline{CH}$ |

→ 대변의 양 끝에 있는 각의 정보가 주어지면 수선의 발이 필수 보조선이다.
→ 있는 그대로의 각을 토대로 $\sin$, $\cos$ 설정을 고려하여 수선을 내린다.

- 직각삼각형 내 수선의 발을 내리면 두 닮음인 두 삼각형이 생기고
 각변수 세팅이 핵심 태도가 된다.

- 이등변삼각형에서 <u>수선의 발</u>은 필수 보조선으로
 수선의 발을 내렸을 때 두 삼각형이 합동 관계에 있어 변수 결정을 행할 수 있다.

[이등변삼각형]

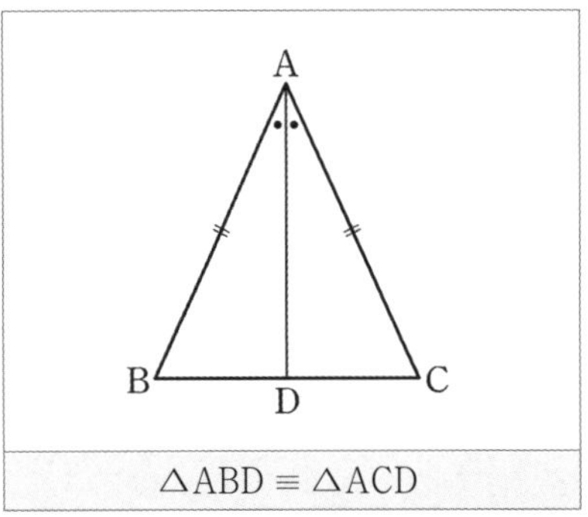

$\triangle ABD \equiv \triangle ACD$

중점 D에서 법선을 작도했을 때, 그 법선 위의 점 E에서
$\triangle EBD \equiv \triangle ECD$ 이다.

- 원 내부 현의 중점으로부터 법선을 작도하면 그 수선 위에
 <u>원의 중심이 존재하고</u> 현을 밑변으로 하는
 원 내부 삼각형 넓이의 최댓값과 관련이 있는 원 위의 점 P가 존재한다.

수선 해석

예

그림과 같이 $\overline{AB}=4$, $\overline{AC}=5$ 이고 $\cos(\angle BAC)=\dfrac{1}{8}$ 인 삼각형 ABC가 있다. 선분 AC 위의 점 D 와 선분 BC 위의 점 E 에 대하여

$$\angle BAC = \angle BDA = \angle BED$$

일 때, 선분 DE 의 길이는?

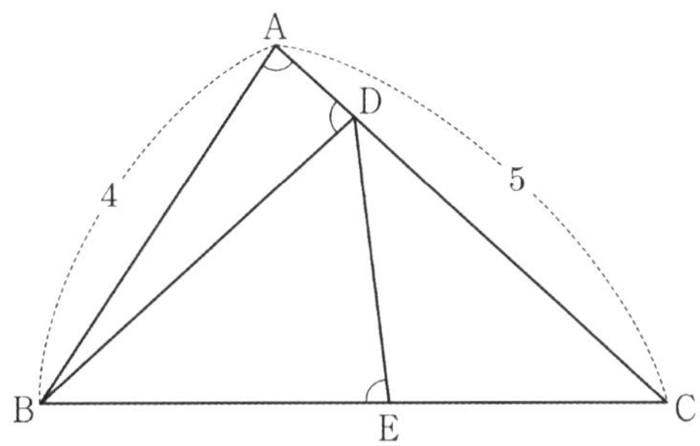

예

그림과 같이 선분 AB를 지름으로 하는 반원의 호 AB 위에 두 점 C, D가 있다.
선분 AB의 중점 O에 대하여 두 선분 AD, CO가 점 E에서 만나고,
$\overline{CE}=4$, $\overline{ED}=3\sqrt{2}$, $\angle CEA=\dfrac{3}{4}\pi$이다. $\overline{AC}\times\overline{CD}$ 의 값은?

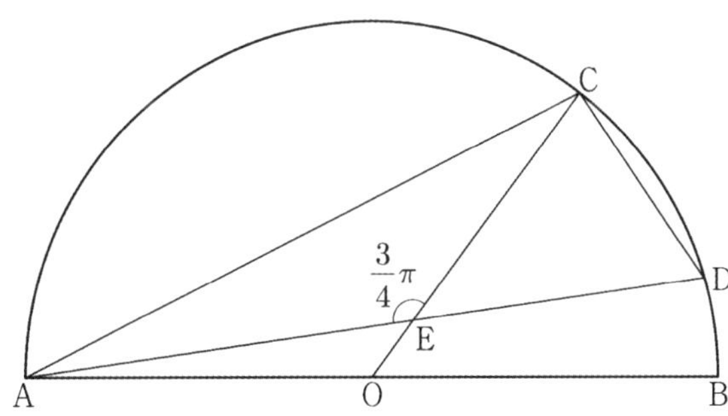

삼각함수의 활용

삼각함수의 활용
Schema 4

수선 해석

Sol)

$\overline{AB}=4$, $\overline{AC}=5$, $\cos(\angle BAC)=\dfrac{1}{8}$ (두 변과 끼인각)이므로 $\overline{BC}=6$이고

$\triangle ABD$는 이등변삼각형이므로 $\overline{BD}=4$, $\overline{AD}=1$이다. ($\because$ 수선의 발)

$\therefore \overline{CD}=4 \Rightarrow \triangle BCD$ 이등변삼각형

점 D에서 선분 BC에 내린 수선의 발을 H라 하면 직각삼각형 DBH에서
$\overline{BH}=3$, $\overline{DH}=\sqrt{7}$

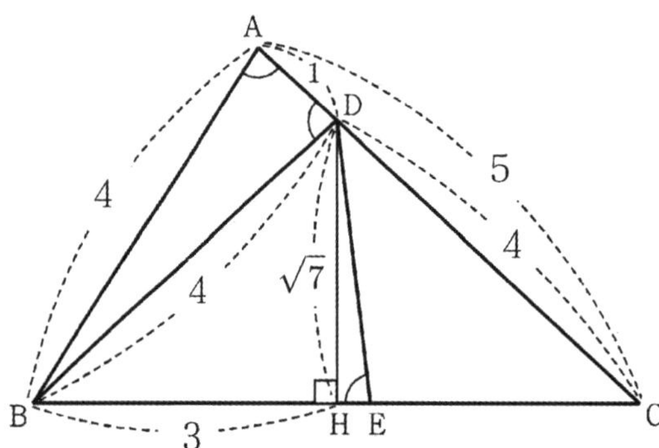

$\therefore \sin(\angle DEH) = \dfrac{3\sqrt{7}}{8} = \dfrac{\overline{DH}}{\overline{DE}} = \dfrac{\sqrt{7}}{\overline{DE}}$

Ans)

$\therefore \overline{DE} = \dfrac{8}{3}$

Sol)

점 C에서 $\overline{\mathrm{DE}}$에 내린 수선의 발을 H, 점 D에서 $\overline{\mathrm{CE}}$에 내린 수선의 발을 H′라 하자.

$\overline{\mathrm{AC}} \times \overline{\mathrm{CD}} = 2R \times Sin\,\theta \times \overline{\mathrm{CD}} = 4\sqrt{2}\,R$이고 $\left(\because \angle \mathrm{CED} = \dfrac{\pi}{4},\ Sin\ \text{법칙} \right)$

$\overline{\mathrm{CE}} = \overline{\mathrm{CH'}} + \overline{\mathrm{H'D}}$이므로 $R^2 = (R-1)^2 + 3^2$이다. ($\because$ 간격 비 $1:1$)

Ans)

$\therefore\ 4\sqrt{2} \times 5 = 20\sqrt{2}$ ($\because$ 피타고라스 비 $3:4:5$)

삼각함수의 활용

삼각함수의 활용
Schema 5

원과 삼각형

[중요도 ★★★]

- 삼각형과 관련된 반지름에 대한 정보는 크게 외접원과 내접원으로 분류된다.

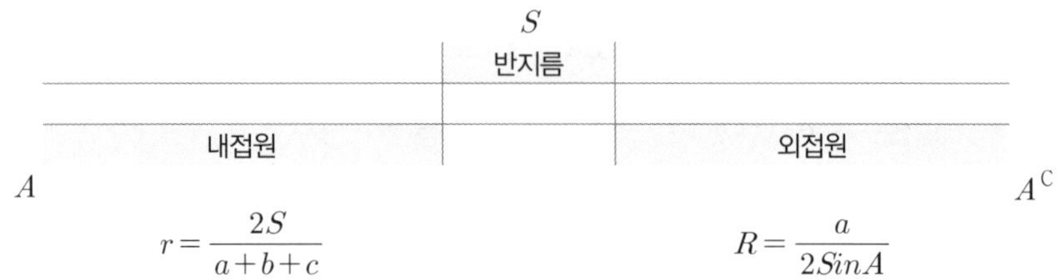

- 한 원 내 두 지름이 자료에 공존하면 지름 간 교점은 원의 중심이다.

- 두 원이 외접하거나 내접할 때에는 중심 간 보조선을 작도한 후 출발하도록 하자.
  그 이후 적절히 <u>할선 정리</u>와 <u>닮음 관계</u>를 활용할 수 있다.

- 두 원이 서로 다른 두 점에서 만나는 경우 공통현이 필수 보조선이고
  공통현의 길이가 상수 조건이므로 타 요소들의 비율관계를 얻어낼 수 있다.

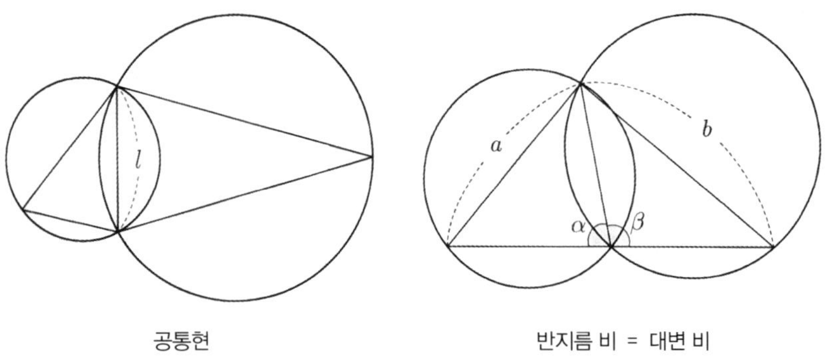

- 한 점으로터 동일한 거리의 점들, 반원, 한 현으로부터의 두 원주각, 원주각과 중심각
  등이 주어졌을 때 외접원에 대한 정보를 활용할 수 있다.

- 원과 삼각형의 관계에서는 여러 요소를 활용해 닮은 삼각형을 찾는 것으로
  귀결되는 자료가 다수이다.

  이때 삼각형의 두 변의 길이를 x, y라 하면 다음 정보들이 각각 대응된다.

① $x+y$ 삼각형의 둘레
② xy 삼각형의 넓이
③ x^2+y^2과 xy 코사인법칙

원과 삼각형

예

그림과 같이 $\overline{BC}=3$, $\overline{CD}=2$, $\cos(\angle BCD)=-\dfrac{1}{3}$, $\angle DAB>\dfrac{\pi}{2}$ 인

사각형 ABCD에서 두 삼각형 ABC와 ACD는 모두 예각삼각형이다.

선분 AC를 $1:2$로 내분하는 점 E에 대하여 선분 AE를 지름으로 하는 원이

두 선분 AB, AD와 만나는 점 중 A가 아닌 점을 각각 P_1, P_2라 하고,

선분 CE를 지름으로 하는 원이 두 선분 BC, CD와 만나는 점 중 C가 아닌 점을

각각 Q_1, Q_2라 하자. $\overline{P_1P_2}:\overline{Q_1Q_2}=3:5\sqrt{2}$ 이고 삼각형 ABD의 넓이가 2일 때,

$\overline{AB}+\overline{AD}$ 의 값은? (단, $\overline{AB}>\overline{AD}$)

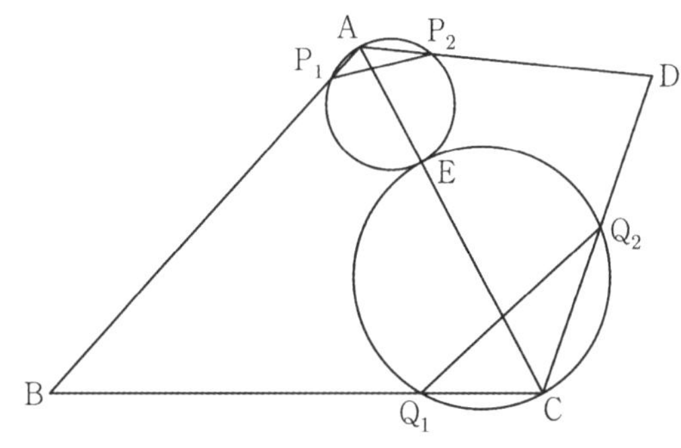

삼각함수의 활용

삼각함수의 활용
Schema 5

원과 삼각형

Sol)

$\overline{\mathrm{AB}} = x$, $\overline{\mathrm{AD}} = y$ 라 하면 $2 = \dfrac{1}{2} \times x \times y \times \sin A$

$\angle \mathrm{BCD} = \theta$ 라 하면 $\cos\theta = -\dfrac{1}{3}$ 이므로 $\sin\theta = \sqrt{1 - \cos^2\theta} = \dfrac{2\sqrt{2}}{3}$

$\overline{\mathrm{BD}}^2 = 3^2 + 2^2 - 2 \times 3 \times 2 \times \cos\theta$ 이고 $\overline{\mathrm{BD}}^2 = x^2 + y^2 - 2xy \times \cos A$ 이므로
$(x+y)^2 = 17 + 2xy(1 + \cos A)$

$\overline{\mathrm{P_1P_2}} : \overline{\mathrm{Q_1Q_2}} = 3 : 5\sqrt{2}$ 이므로 $\overline{\mathrm{P_1P_2}} = 3k$, $\overline{\mathrm{Q_1Q_2}} = 5\sqrt{2}\,k$ 라 하면

$\dfrac{5\sqrt{2}\,k}{\sin\theta} = \dfrac{5\sqrt{2}\,k}{\dfrac{2\sqrt{2}}{3}} = \dfrac{15k}{2} = 2 \times 2R \qquad \therefore\ 2R = \dfrac{15}{4}k$

$\triangle \mathrm{AP_1P_2}$ 에서 사인법칙에 의하여 $\dfrac{3k}{\sin A} = 2R = \dfrac{15}{4}k$, $\sin A = \dfrac{4}{5}$

$xy = 5$, $\cos A = -\dfrac{3}{5}$ 이므로 $(x+y)^2 = 17 + 2 \times 5 \times \left(1 - \dfrac{3}{5}\right) = 21$

Ans)
$\therefore\ \overline{\mathrm{AB}} + \overline{\mathrm{AD}} = x + y = \sqrt{21}$

원과 삼각형

예

그림과 같이 한 평면 위에 있는 두 삼각형 ABC, ACD 의
외심을 각각 O, O' 이라 하고 $\angle ABC = \alpha$, $\angle ADC = \beta$ 라 할 때,

$$\frac{\sin \beta}{\sin \alpha} = \frac{3}{2}, \quad \cos(\alpha + \beta) = \frac{1}{3}, \quad \overline{OO'} = 1$$

이 성립한다. 삼각형 ABC 의 외접원의 넓이가 $\dfrac{q}{p}\pi$ 일 때,

$p+q$ 의 값을 구하시오. (단, p 와 q 는 서로소인 자연수이다.)

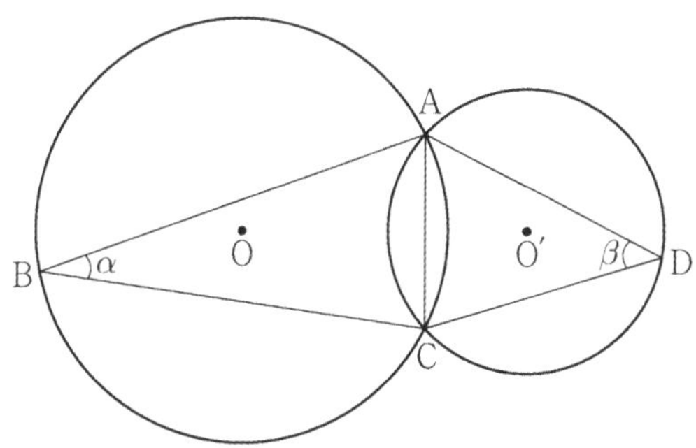

예

그림과 같이 $\overline{BC} = \dfrac{36\sqrt{7}}{7}$, $\sin(\angle BAC) = \dfrac{2\sqrt{7}}{7}$, $\angle ACB = \dfrac{\pi}{3}$ 인 삼각형 ABC 가 있다.

삼각형 ABC 의 외접원의 중심을 O, 직선 AO 가 변 BC 와 만나는 점을 D 라 하자.

삼각형 ADC 의 외접원의 중심을 O' 이라 할 때,

$\overline{AO'} = 5\sqrt{3}$ 이다. $\overline{OO'}^2$ 의 값은? $\left(\text{단, } 0 < \angle BAC < \dfrac{\pi}{2}\right)$

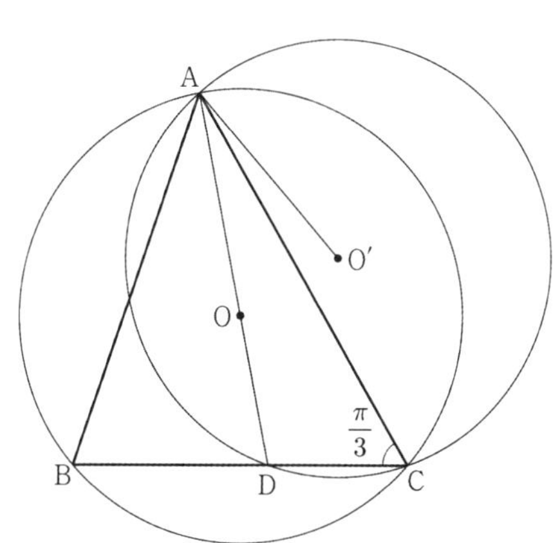

삼각함수의 활용

삼각함수의 활용
Schema 5

원과 삼각형

Sol)

$\dfrac{\sin\beta}{\sin\alpha}=\dfrac{3}{2}$ 이므로 사인법칙에 의하여 두 원의 반지름의 길이의 비는 $3:2$이다.

각각의 반지름의 길이를 $3r$, $2r$라 하면 삼각형 $\mathrm{AOO'}$에서 코사인법칙에서

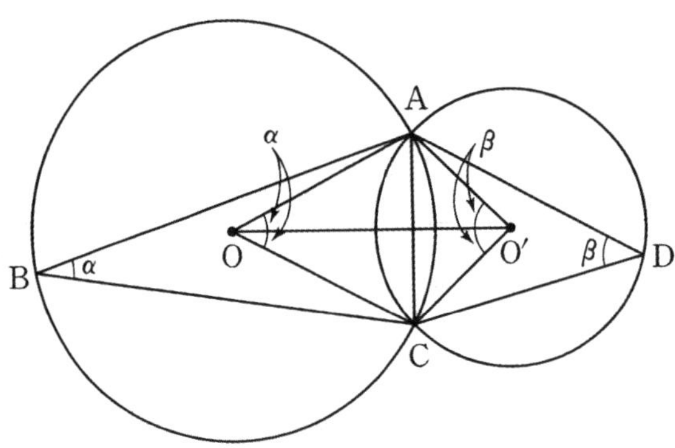

$$1=9r^2+4r^2-12r^2\cos\left(\pi-(\alpha+\beta)\right)=17r^2,\ r^2=\frac{1}{17},$$

$$\therefore\ S=9r^2\pi=\frac{9}{17}\pi,\ p+q=26$$

Ans)

$$\therefore\ p+q=26$$

원과 삼각형

Sol)

삼각형 ABC의 외접원을 C_1, 삼각형 ADC의 외접원을 C_2라 하자.

원 C_1의 반지름의 길이를 R이라 하면 삼각형 ABC에서 사인법칙에 의하여

$$\frac{\overline{\text{BC}}}{\sin(\angle\text{BAC})} = \frac{\dfrac{36\sqrt{7}}{7}}{\dfrac{2\sqrt{7}}{7}} = 18 = 2R, \ R = 9$$

원 C_2에서 $\angle\text{AO}'\text{D}$는 호 AD의 중심각, $\angle\text{ACD}$는 호 AD의 원주각이므로

$\angle\text{AO}'\text{D} = 2\angle\text{ACD} = \dfrac{2}{3}\pi$ 이등변삼각형 $\text{O}'\text{AD}$에서 $\angle\text{AO}'\text{D} = \dfrac{2}{3}\pi$이므로

$\angle\text{DAO}' = \dfrac{\pi}{6}$, $\overline{\text{OA}} = R = 9$, $\overline{\text{AO}'} = 5\sqrt{3}$ $\angle\text{OAO}' = \dfrac{\pi}{6}$ 이므로

삼각형 AOO'에서 코사인법칙에 의하여

$$\overline{\text{OO}'}^2 = 9^2 + (5\sqrt{3})^2 - 2\times 9\times 5\sqrt{3}\times\cos\frac{\pi}{6} = 81 + 75 - 135 = 21$$

Ans)

$\therefore \overline{\text{OO}'}^2 = 21$

삼각함수의 활용

삼각함수의 활용
Schema 6

내접사각형

[중요도 ★★★]
- 원에 내접하는 사각형은 두 보조선을 작도했을 때, 닮은 삼각형 2쌍이 나타난다.

[내부의 점]

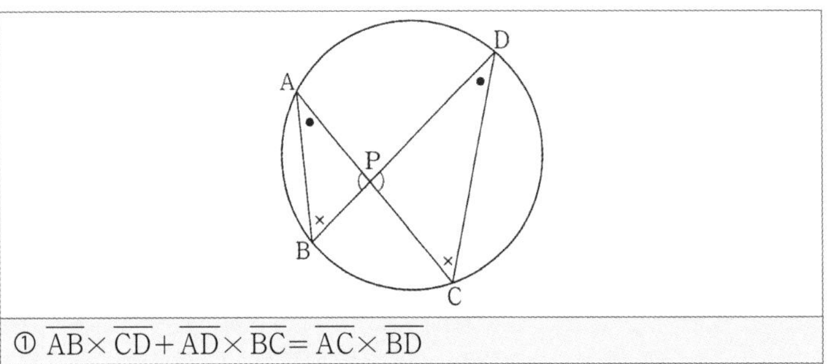

① $\overline{AB} \times \overline{CD} + \overline{AD} \times \overline{BC} = \overline{AC} \times \overline{BD}$
② 내접사각형의 두 대각의 합 π
③ $\overline{PA} \times \overline{PC} = \overline{PB} \times \overline{PD}$

[외부의 점]

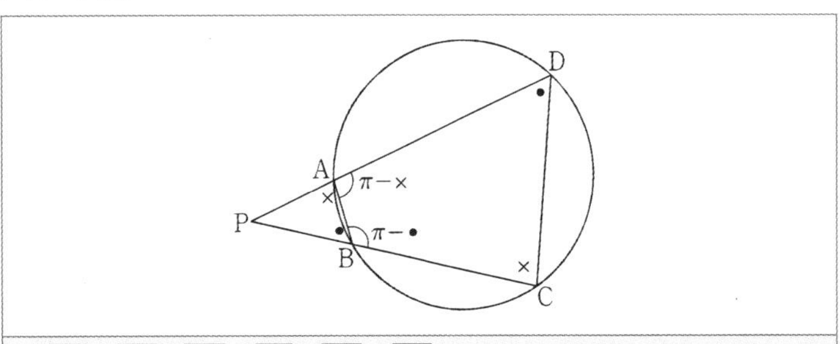

① $\overline{AB} \times \overline{CD} + \overline{AD} \times \overline{BC} = \overline{AC} \times \overline{BD}$
② 두 대각의 합 π
③ $\overline{PA} \times \overline{PD} = \overline{PB} \times \overline{PC}$

[각의 이등분선]

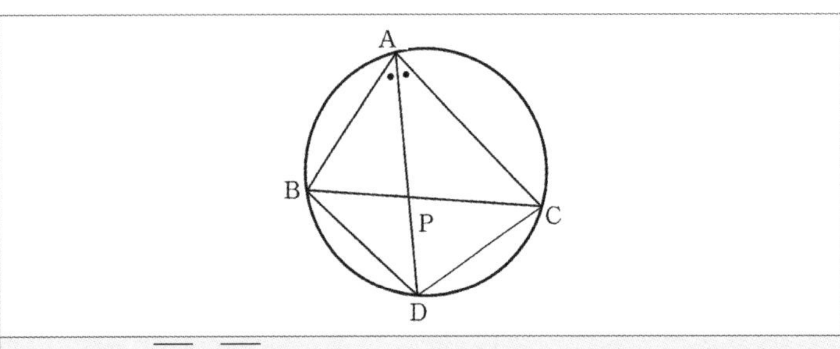

① $\cos\angle\cdot = \dfrac{\overline{AB} + \overline{AC}}{2\overline{AD}}$
② $\overline{AD}^2 - \overline{BD}^2 = \overline{AB} \times \overline{AC}$
③ $\overline{PA} \times \overline{PD} = \overline{PB} \times \overline{PC}$

- 원에 내접하는 사각형에서 한 쌍의 변이 평행하면
  해당 사각형은 등변사다리꼴이다.

내접사각형

예

그림과 같이 예각삼각형 ABC가 한 원에 내접하고 있다. $\overline{AB}=6$이고,

$\angle ABC = \alpha$라 할 때 $\cos\alpha = \dfrac{3}{4}$이다. 점 A를 지나지 않는 호 BC 위의 점 D에 대하여

$\overline{CD}=4$이다. 두 삼각형 ABD, CBD의 넓이를 각각 S_1, S_2라 할 때, $S_1 : S_2 = 9 : 5$이다.

삼각형 ADC의 넓이를 S라 할 때, S^2의 값은?

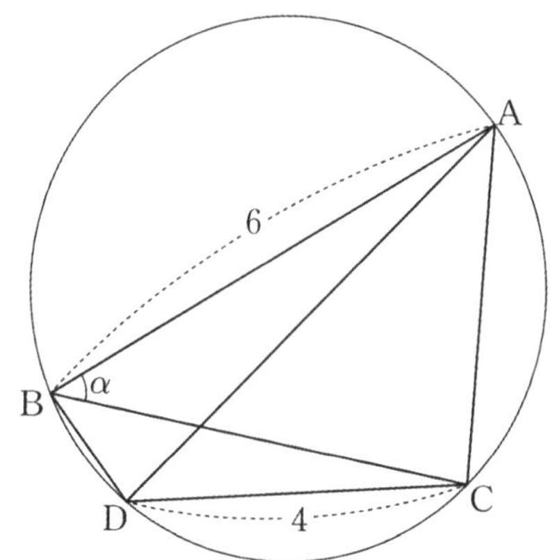

삼각함수의 활용

삼각함수의 활용
Schema 6

내접사각형

Sol)

$\angle \mathrm{BAD} = \angle \mathrm{BCD} = \theta$, $\overline{\mathrm{AD}} = a$, $\overline{\mathrm{CB}} = b$라 하면

$$S_1 = \frac{1}{2} \times \overline{\mathrm{AB}} \times \overline{\mathrm{AD}} \times \sin\theta = \frac{1}{2} \times 6 \times a \times sin\theta = 3a\sin\theta$$

$$S_2 = \frac{1}{2} \times \overline{\mathrm{CB}} \times \overline{\mathrm{CD}} \times \sin\theta = \frac{1}{2} \times b \times 4 \times sin\theta = 2b\sin\theta$$

$S_1 : S_2 = 9 : 5$이므로 $3a : 2b = 9 : 5$이고

$\angle \mathrm{ABC}$와 $\angle \mathrm{ADC}$는 같은 호에 대한 원주각이므로 $\angle \mathrm{ABC} = \angle \mathrm{ADC} = \alpha$라 하면

$\triangle \mathrm{ABC}$에서 $\overline{\mathrm{AC}}^2 = 6^2 + (5k)^2 - 2 \times 6 \times 5k \times cos\alpha$

$\triangle \mathrm{ADC}$에서 $\overline{\mathrm{AC}}^2 = (6k)^2 + 4^2 - 2 \times 6k \times 4 \times cos\alpha$

두 식에 의해 $k = 1$이고 $a = 6k = 6$

$$\rightarrow \sin\alpha = \sqrt{1 - \cos^2\alpha} = \sqrt{1 - \left(\frac{3}{4}\right)^2} = \frac{\sqrt{7}}{4}$$

$$S = \frac{1}{2} \times \overline{\mathrm{AD}} \times \overline{\mathrm{CD}} \times \sin\alpha = \frac{1}{2} \times 6 \times 4 \times \frac{\sqrt{7}}{4} = 3\sqrt{7}$$

Ans)

$$\therefore S^2 = \left(3\sqrt{7}\right)^2 = 63$$

내접사각형

예

좌표평면 위의 두 점 $O(0, 0)$, $A(2, 0)$과 y좌표가 양수인 서로 다른 두 점 P, Q가 다음 조건을 만족시킨다.

> (가) $\overline{AP} = \overline{AQ} = 2\sqrt{15}$ 이고 $\overline{OP} > \overline{OQ}$ 이다.
>
> (나) $\cos(\angle OPA) = \cos(\angle OQA) = \dfrac{\sqrt{15}}{4}$

사각형 $OAPQ$의 넓이가 $\dfrac{q}{p}\sqrt{15}$ 일 때, $p \times q$의 값을 구하시오.

(단, p와 q는 서로소인 자연수이다.)

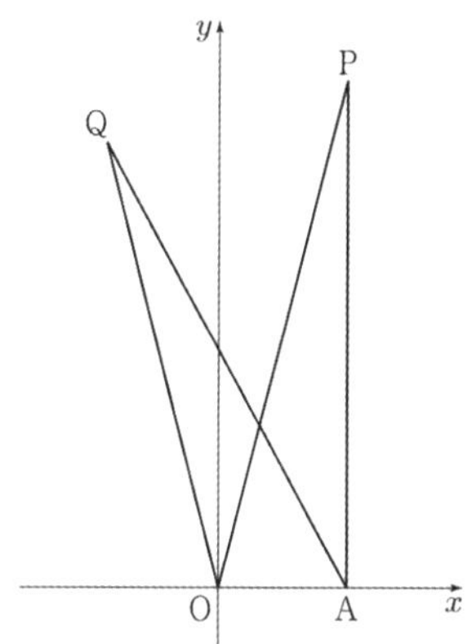

삼각함수의 활용

삼각함수의 활용
Schema 6

내접사각형

Sol)

$\cos(\angle OPA) = \cos(\angle OQA) = \dfrac{\sqrt{15}}{4}$ 이므로 네 점 O, A, P, Q는 한 원 위에 존재

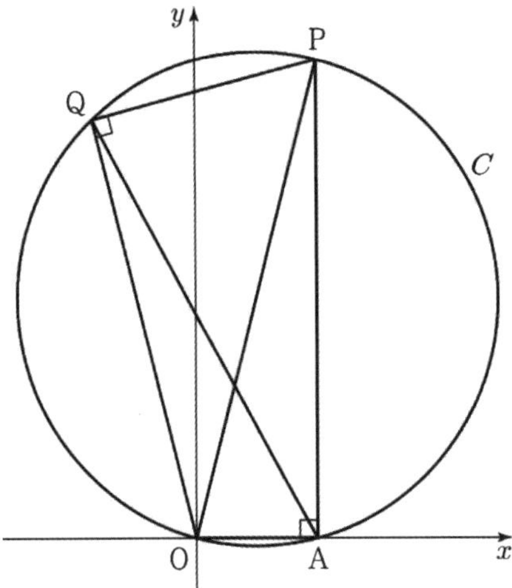

$\overline{OP} = k_1$, $\overline{OQ} = k_2$라 할 때

$\triangle OAP : 2^2 = k_1^2 + \left(2\sqrt{15}\right)^2 - 2 \times k_1 \times 2\sqrt{15} \times \dfrac{\sqrt{15}}{4}$

$\triangle OAQ : 2^2 = k_2^2 + \left(2\sqrt{15}\right)^2 - 2 \times k_2 \times 2\sqrt{15} \times \dfrac{\sqrt{15}}{4}$ 이므로

$x^2 - 15x + 56 = (x-7)(x-8) = 0$ 에서 $k_1 = 8$, $k_2 = 7$

① $\triangle OAP : \dfrac{\overline{OA}}{\sin(\angle OPA)} = 8 = 2R$ (∵ 사인법칙)

$$\left(\because \sin(\angle OPA) = \sqrt{1 - \left(\dfrac{\sqrt{15}}{4}\right)^2} = \dfrac{1}{4}\right)$$

→ 선분 OP는 원 C의 지름

② $\dfrac{1}{2} \times 2 \times 2\sqrt{15} + \dfrac{1}{2} \times 7 \times \sqrt{15} = \dfrac{11}{2}\sqrt{15}$ (∵ □OAPQ = △OAP + △OPQ)

Ans)

$\therefore p \times q = 22$

내접사각형

예

그림과 같이 한 원에 내접하는 사각형 ABCD에 대하여 $\overline{\mathrm{AB}}=4$, $\overline{\mathrm{BC}}=2\sqrt{30}$, $\overline{\mathrm{CD}}=8$이다.

$\angle \mathrm{BAC}=\alpha$, $\angle \mathrm{ACD}=\beta$라 할 때, $\cos(\alpha+\beta)=-\dfrac{5}{12}$이다.

두 선분 AC와 BD의 교점을 E라 할 때, 선분 AE의 길이는? $\left(\text{단, } 0<\alpha<\dfrac{\pi}{2},\ 0<\beta<\dfrac{\pi}{2}\right)$

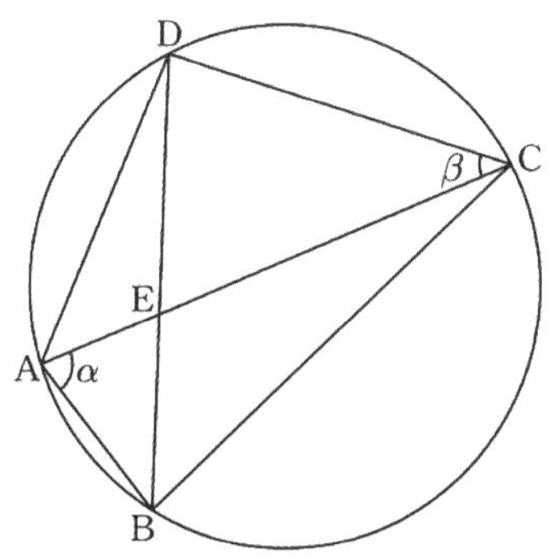

예

그림과 같이 $\overline{\mathrm{AB}}=3$, $\overline{\mathrm{BC}}=2$, $\overline{\mathrm{AC}}>3$이고 $\cos(\angle\mathrm{BAC})=\dfrac{7}{8}$인 삼각형 ABC가 있다.

선분 AC의 중점을 M, 삼각형 ABC의 외접원이 직선 BM과 만나는 점 중 B가 아닌 점을 D라 할 때, 선분 MD의 길이는?

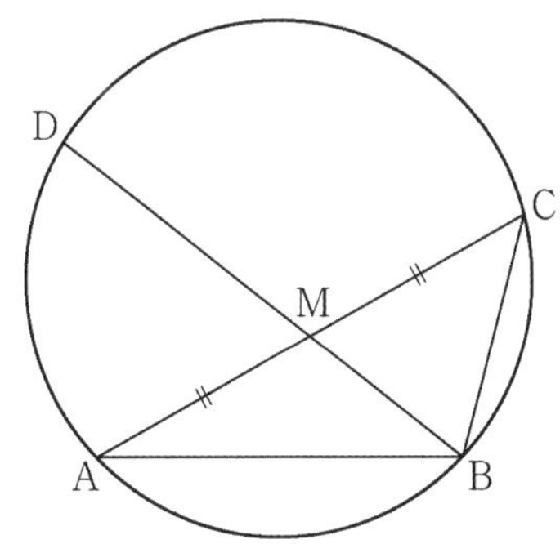

삼각함수의 활용

삼각함수의 활용
Schema 6

내접사각형

Sol)

구하는 것이 선분 AE 의 길이이므로 선분 AE 를 포함하는 $\triangle \mathrm{ABE}$ 를 주목해야 하고
$\triangle \mathrm{ABE}$ 를 주목하기 위해 선분 AB 의 길이를 알고 있으므로
선분 BE 의 길이를 알면 끝나는 것을 알 수 있다.

($\because$ 삼각형의 결정 조건)

WTS) $\overline{\mathrm{BE}}$

① $\overline{\mathrm{BE}} : \overline{\mathrm{CE}} = 1 : 2$

② $\angle \mathrm{BEC} = \alpha + \beta$ ($\because \angle \mathrm{BDC} = \angle \mathrm{BAC} = \alpha$)

$\therefore \overline{\mathrm{BE}} = 3\sqrt{2}$ ($\because \cos(\alpha + \beta) = -\dfrac{5}{12}$ 와 두 변)

WTS) $\overline{\mathrm{AE}}$

① $\overline{\mathrm{BE}} = 3\sqrt{2}$

② $\overline{\mathrm{AB}} = 4$

③ $\cos(\angle \mathrm{ABE}) = \cos(\pi - (\alpha + \beta)) = -\cos(\alpha + \beta) = \dfrac{5}{12}$

$\therefore \overline{\mathrm{AE}} = 2\sqrt{2}$ ($\because$ 여집합 변들과 대각)

Ans)

$\therefore \overline{\mathrm{AE}} = 2\sqrt{2}$

내접사각형

Sol)

구하는 것이 선분 MD의 길이이므로 다음 중 하나를 활용할 수 있어 보인다.

① 선분 MD를 포함하는 삼각형
② $\overline{MA} \times \overline{MC} = \overline{MB} \times \overline{MD}$ ($\because$ 닮음)

두 관점 모두 선분 AM의 길이를 도출해야 하므로 삼각형을 관찰했을 때 $\angle BAC$와 두 변의
길이를 알고 있으므로 선분 AC의 길이를 알 수 있다.

WTS) $\overline{AM}$

$$\overline{BC}^2 = \overline{AB}^2 + \overline{AC}^2 - 2 \times \overline{AB} \times \overline{AC} \times \cos \angle BAC$$

$$\therefore \overline{AC} = 4, \ \overline{AM} = 2$$

WTS) $\overline{MD}$

① $\overline{MB} \times \overline{MD} = 4$
② $\overline{MB}^2 = \overline{AB}^2 + \overline{AM}^2 - 2 \times \overline{AB} \times \overline{AM} \times \cos\theta$ ($\because$ 여집합 두 변과 끼인각)

$$\therefore \frac{\sqrt{10}}{2} \times \overline{MD} = 4$$

Ans)

$$\therefore \overline{MD} = \frac{8}{\sqrt{10}} = \frac{4\sqrt{10}}{5}$$

삼각함수의 활용

Letter

[Letter ①]
안녕하세요 대표저자 이현우입니다.

본 교재를 집필하며 필자가 가장 중점을 둔 부분은 독자분의 불안 or 부담 경감입니다.
어렸을 적 지방에서 학습을 행했고, 조금 자라서 대치동에서 강의를 하며 느낀 점은
지방과 대치의 교육적 여건 차이가 꽤나 크나, 인프라 차이가 크지는 않다는 것이네요.
동어 반복 아닌가..? 라고 생각하실 수 있으나 전자 단어는 경제적 의미를 내포하고, 후자 단어는
계시는 곳이 지방이건 교육 특구이건 현존하는 컨텐츠(교재 or 인강)로 우직하게 잘 공부하신다면
ⓐ 96점-100점 구간이 불가능하지 않다라는 의미를 내포합니다.

그에 따라 본 교재는 한 세트 내에 ⓐ 도달의 모든 것, 더 명료하게는 ⓑ 4 → 1의 모든 것을 목표로
집필하였습니다.

지도한 지역과 과목 특성상 인·현강 모두 표본집단의 수준이 다소 높았고 그에 따라 감사하게도
1등급 or 만점을 쟁취해 돌아온 다수의 제자 분들께 "어떤 수학 교재가 있었으면 좋을 것 같니"
라고 질문했을 때 받은 답을 요약하면 다음과 같습니다

① 쌤 때와 다르게 컨텐츠 자체는 많아진 듯하다.
② 오히려 어느 정도 학습 의지가 있는 학생이 공부하기에 분량이 방대해서 방향 고민이 있었다.
③ 부담이 되지 않는 선 내에서 정답이라는 확신을 주는 컨텐츠가 있었으면 좋겠다.

받은 고견들을 최대한 고려함에 따라 다소 압축적 서술이 행해졌고 살짝 막연한 부분도 있으셨을 수
있으리라 소고됩니다. 이는 의도된 바로 수능 날 수학 과목은 결국 독자 분이 쌓아온 Schema를 바탕
으로 주체적으로 이겨내셔야 하기에 ⓑ에 있어서 너무 친절하게 떠먹여주는 서술보다 사고 확장 및
훈련 여지를 남겨두는 것이 상위권 목표 학생께는 도움이 될 것으로 판단하였고 서술량을 필요 이상
으로 늘려 금전적 부담을 드리고 싶지 않았습니다.

충분히 교재 내 서술에 대해 사고 증진을 행하시고 제자분들의 성공적 수험 습관 중 하나였던 기출 학
습을 통한 Schema 추출 및 N제, 모의고사 등 학습한 내용 그리고 얻어갈 태도에 대한 단권화 매체로
본 교재를 활용하신다면 바라시는 바의 도달 확률이 비약적으로 상승할 것으로 생각됩니다.

전 수험생 집단을 대상으로 했을 때 불가피하게 집단 내 비율 차는 있을 수 있겠으나 언제나 필자는
함께한 표본집단 분들의 안녕 그리고 개체 관점을 중요하게 생각하기에 본 교재로 학습한 독자분이
아름다운 마무리를 맺고 잘 이겨내실 수 있길 소망하고 아무쪼록 다소 어려울 수도 있는 교재 완독하
시느라 너무너무 고생 많으셨습니다.

언제나 행복하세요.

[Letter ②]

안녕하세요 대표저자 김지수입니다. 저는 선생님 컨텐츠로 학습을 했었고 수1 서술에 힘을 더했으며 갈 수 있었던 가장 높은 의대에 재학 중입니다. 선생님에게 독자분께 드리는 편지 그리고 공부법을 부탁받아 글을 올립니다.

① 우직하게 공부하세요

저는 교육 특구와는 꽤 거리가 있는 지방고를 나왔고, 소위 잘 알려져 있다고 여겨지는 컨텐츠에 대해서도 일절 모르는 학창 생활을 보냈습니다. 심리적으로 흔들릴 때도 많았지만 제 공부량을 믿었고, 저 자신의 입시 성공을 항상 믿었으며, 쌤의 서술을 믿고 우직하게 나아갔습니다. 그리고 동기들과 여러 얘기를 나눠봤을 때 느낀 점은 세상에 컨텐츠는 굉장히 다양하고 목표 도달에 있어 믿고 따랐던 쌤들도 굉장히 다양하다는 것이었습니다. 독자분이 어떤 커리를 타고 있는지, 어떤 교재로 공부하고 계신지는 알 수 없으나 그 길을 정답으로 만드는 건 여러분이니 가고 계신 길에 대한 불안보다는 자기확신을 갖고 우직하게 나아가시길 바라요

② 질적 성장을 논하기 전에

과외를 하며 학생들에게 공통적으로 느낀 점은 공부 방법에 대해 생각하고 끊임없이 관심을 기울인다는 것입니다. 물론 단편적으로 잘못된 것은 아니고 성장을 위해 꼭 필요하다고 생각하나 문제라 여기는 점은 그에 대해 투자하는 시간이 과하거나 질적 성장만을 추구해 공부량을 놓친다는 것이었습니다. 제시하는 방안이 무조건 옳다는 것은 아니나 일례로 말씀드리면 저는 서점에서 흔히 볼 수 있는 기출문제집 10권을 사서 반복해서 풀었습니다. 당연히 제가 보기에 비효율적인 풀이라 여겨지는 해설도 있었고 소위 대치동 어둠의 스킬과는 거리가 먼 내용들이었을 겁니다. 아직도 전 그 어둠의 스킬이 뭔지 잘 모르지만... 결과적으로 수능에서 본 과목에서 틀린 문항은 없었습니다. 제가 느끼기에 쌤의 유일한 흠이 살짝 개연파(?) 이상주의가 좀 있으셔서 단언을 잘 안 하시는데 확언을 보태드리면 벡터의 방향성은 스칼라로 압도할 수 있습니다. <u>상대평가가 아닌 목표하는 등급 or 점수라는 확실한 목적지가 있는 절대평가 시험</u>이니 내가 선택한 길이 확실한 방향인지에 대한 불안의 파도에 휩쓸리기보다 자신에 대한 확신이 생길 만큼 공부량을 쌓아주세요.

여러분은 어떤 가수를 가장 좋아하시나요 전 꽤 마이너한 가수나 인디 음악을 좋아하는 편인지라 독자분이 좋아하시는 가수랑 제가 좋아하는 가수가 교집합이 아닐 가능성이 높습니다

누군가에게 최애 가수라 여겨지는 사람이 누군가에겐 최애가 아닐 수 있는 것처럼 공부 방향에 대한 정답은 스스로의 선택에 의해 구축되는 이상이지 천편일률적인 정답은 없다고 생각합니다.

여러분의 본 교재 선택은 이미 누군가에게 정답이었으니
독자분도 원하시는 바를 이루시길 진심을 다해 소망하겠습니다.

수 능 대 비
수 학 II
만점완성 디올 수 학

Prologue

2026 만점완성 디올 수학Ⅱ 입니다.

1. 수능 전날까지 펼쳐볼 수 있는 All in one

최근 경향의 수능 수학 시험에서 변별력을 가지는 문항은 순수 교과 지식만으로 해결하기 어렵습니다. 이는 교과 개념뿐만 아니라 경험과 사고 경험을 통한 수학적 직관을 바탕으로 수리 추론을 요구하기 때문입니다. 따라서 본 교재는 수능 수학 영역에서 출제되는 추론형 문항을 체계적으로 정복할 수 있도록 도움을 주는 것을 목표로 집필되었습니다.

[Schema]는 특정 유형의 발전 양상부터 지금까지 출제된 배경지식, 심화개념, 미출제 Point까지 모든 것을 정리한 집합입니다. 디올은 저자들의 성공적 수험 습관이었던 단권화를 형상화한 작품으로 저자들의 Schema에 더불어 독자 분이 함께한 기출, N제, 모의고사에 대한 단권화 교재로 활용하신다면 수능에서 훌륭한 결과를 거두실 수 있을 거라 단언합니다.

2. 교과 개념과 심화 개념, N제 내 적용 학습을 한 Set 내에

수능 수학 1등급 혹은 100점을 위해 요구되는 추론과 해석은 결국 교과 지식이 바탕이 되어야 하기에 본 교재는 한 세트 내에 수능 수학 기출 문항이 안내하는 방향성을 안내하고 저자들의 수학적 직관을 배양하여 독자 분의 성공적인 피날레를 돕는 것을 목표로 집필되었습니다. 그에 따라 고인물 관점과 더불어 교과 개념도 심화개념과 시너지를 이룰 수 있도록 상세히 수록하였습니다.

3. 필요하다면 충분히 Deep하게

이과가 응시하던 수학 가형 시절 상위 1% 성적을 쟁취하고 각 분야에서 괄목하다 여길 수 있는 성과를 쟁취한 저자들이 서술하여 작품의 완결성과 신뢰성을 높였고, 저자들이 생각하기에 본 작품의 범위는 공통이지만 미적분, 기하, 확률과 통계의 Schema를 지니고 있을 때 유리한 부분이 다소 있다고 판단하여 미적분, 기하, 확률과 통계, 더 나아가 선형대수학 등 전공 지식이 개념의 심층적 이해나 새로운 관점, Shortcut에 도움이 된다고 판단되면 수록하였습니다. 또한 교과서 상 할당된 분량이 적을지라도 이해에 도움이 된다고 판단된다면 충분히 자세히 서술하였습니다.

4. 대수적 사고와 기하적 사고의 종합적 배양

현행 수능 수학은 대수와 기하적 사고 중 어느 한 관점에 치우치기보다는 대수 관점과 기하적으로 바라볼 수 있는 관점을 자유롭게 전환할 수 있을 때 시간이 충분하도록 출제되고 있으며, 미적분, 기하에서 요구되는 관점은 선택이지만 선택이 아닙니다.

미적분 vs 기하 둘 중 하나만 또는 둘 다 선택하지 않는 체제로 선택하지 않은 과목의 태도에 대해서는 소홀하게 되는 경우가 많기에 적절히 미적분, 기하의 관점을 녹여냈습니다.

(도형 파트, 함수 파트 기존 교과 개념에 더해 추가로 수록)

5. 수1과 수2, 중학 수학, 고등 수학의 통합적 사고

현 체제 수능 수학은 꽤 많은 부분에서 고1 수학과 중등기하를 요구하기에 여러 교재를
유랑하지 않도록, 한 Set 내에 중등, 고등 수학의 만점에 필요한 모든 요소를 담았습니다.

수열의 함수적 해석, 함수의 수열적 해석 등 통합적 관점으로 현 수능을 정복하기에 적절하도
록 서술되어 있으며, 수열과 함수에 대한 이해는 특히 중요도가 높기에 가장 앞 부분에
배치 및 상술하여 학생 분들이 앞 부분 위주로 학습하여 뒷 부분 중요도가 높은 교과 내용
또는 심화개념에 소홀할 수 있는 점을 고려하여 서술했습니다.

[권장 독자 기준]
① 기본 개념서 or 개념 강좌 1회독 완료인 학생
② 수능 날 목표가 2등급 이상인 학생
③ 4 → 1 (등급 or %) 의 감각을 배양하고 싶은 학생
④ N제 또는 모의고사와 개념 학습의 간극을 메우고 싶은 학생.

6. 우리 모두는 완전히 노베는 아니기에

현행 교육과정상 수능 수학은 고3 한 시기에 응집되는 것이 아니라
초1~고2 11년의 기반 개념이 선행되기에 수능 대비에 있어 완전히 노베이스 학생은 거의
없으며 수능 수학 100점의 필요조건이 되는 수1, 수2 개념은 엄청나게 많지는 않습니다.

그에 따라 본 디올은 어떤 독자 분께는 친절하나 어떤 독자 분께는 친절하지 않을 수 있으
며 4등급 학생이 1등급 되기에, 1컷(4%) 학생이 1%에 들어오기에 적절하도록 구성하였습니다.

누군가에게는 발상적이라 여겨지는 것이 누군가에게는 당연의 경지인 것처럼
당연하게 이겨낼 수 있겠다는 확신을 가지실 수 있도록 구성하였습니다.

디올 교재는 여러 학생 분들의 의견을 수렴하고 오랜 기간 저자들의 회의를 거쳤으며
그에 따라 여러 번 수정하고 퇴고된 바 있습니다.

그에 따라 받은 고견 or 얻은 결론은 다음과 같습니다.
"시중 여러 교재들은 너무 방대하거나 기본적인 내용이다. 조금 더 Light했으면 좋겠다."
"마지막 날 정리할 때도 활용할 수 있도록 여러 번 펼쳐볼 수 있는 교재였으면 좋겠다."
"지면 상 서술의 한계를 넘어서면 조금 더 좋을 것 같다."
"출제 Point와 미출제 Point의 전수 제시는 좋지만 중요도가 추가되면 좋을 것 같다."

수능 수학은 교과 개념을 기반으로 한 수리 추론을 요구하는 문항들이 출제됩니다.
디올의 Insight가 여러분의 앞날을 비추는 등불과 같은 존재가 되기를,
성공적 피날레의 마침표가 되기를 기원합니다.

Contents

Contents

1
Chapter

함수

Chapter 1

함수

1

Theme

함수 [귀납]

함수 [귀납]

집합과 명제

집합과 원소의 표기
집합은 보통 알파벳 대문자 A, B, C, …로 나타내고, 원소는 알파벳 소문자 $a, b, c, …$로 나타낸다.

[중요도 ★★★★]

- 수능 함수에 제시되는 표현 이해에 있어 다음 집합 내용들은 기반 지식이다.

[집합]
1) 집합 　　: 어떤 기준에 따라 대상을 분명하게 정할 수 있을 때, 그 대상들의 모임
2) 원소 　　: 집합을 이루는 대상 하나하나

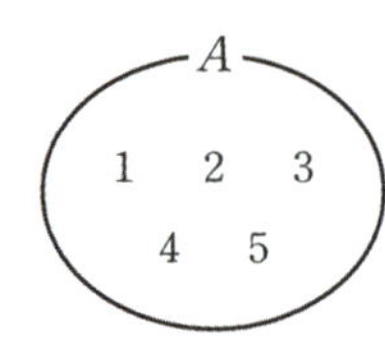

$$a \in A$$

a는 A에 속한다

[집합의 표현]
1) 원소나열법 　: $\{3, 6, 9, …, 99\}$
2) 조건제시법 　: $\{x | x$는 100 이하의 3의 배수$\}$

[원소의 개수]
1) $n(A) = 3$ 　　: 집합 A의 원소 개수는 3개
2) $\varnothing$ 　　　　: 원소가 하나도 없는 집합, $n(\varnothing) = 0$

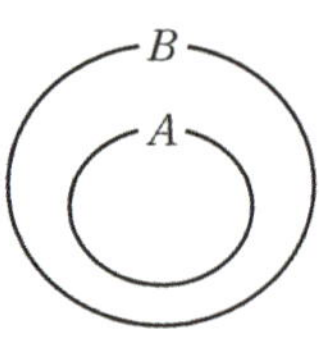

벤 다이어그램

[부분집합]
1) $A \subset B$ 　　: A의 모든 원소가 B에 속한다.
2) $A = B$ 　　: $A \subset B$이고 $B \subset A$이다. A와 B는 서로 같다.

$A \subset B$

[집합의 관계]
1) $A \cup B$ 　$= \{x | x \in A$ 또는 $x \in B\}$
2) $A \cap B$ 　$= \{x | x \in A$ 그리고 $x \in B\}$
3) 서로소 　: 공통인 원소가 없을 때, $A \cap B = \varnothing$
3) U 　　　: 어떤 집합에 대하여 부분집합을 생각할 때, 처음의 집합
4) A^C 　　$= \{x | x \in U$ 그리고 $x \not\in A\}$
5) $A - B$ 　$= \{x | x \in A$ 그리고 $x \not\in B\} = A \cap B^C$

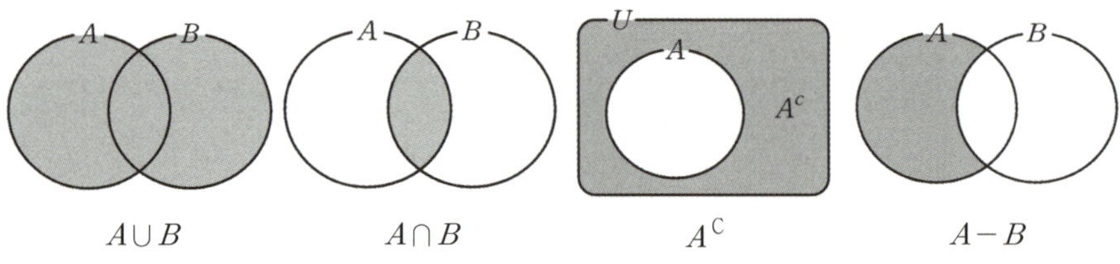

$A \cup B$ 　　　　 $A \cap B$ 　　　　 A^C 　　　　 $A - B$

[논리 용어]
1) 정의 　　용어의 뜻을 명확하게 정한 것 　　　예 두 변의 길이가 같은 삼각형을
　　　　　　　　　　　　　　　　　　　　　　　　이등변삼각형이라고 한다

2) 증명 　　정의나 명제의 가정 또는 이미 옳다고 밝혀진 성질을 이용하여
　　　　　　어떤 명제가 참임을 설명하는 것

집합과 명제

- 수능 함수에 제시되는 논리 이해에 있어 다음 명제 내용들은 기반 지식이다.

[명제]
1) 명제 　　: 참 또는 거짓을 명확하게 판별할 수 있는 문장이나 식
2) 조건 　　: 문장이나 식 중에서 변수의 값에 따라 참, 거짓을 판별할 수 있는 것
3) 진리집합 : U의 원소 중에서 조건 p를 참이 되게 하는 모든 원소의 집합
4) $\sim p$ 　　: 조건 p의 부정, p가 아니다

> 예　U : $\{x | x$ 는 자연수 전체의 집합$\}$
> 　　p 　: x는 홀수이다. 　　　　　　　　p의 진리집합 $P = \{1,\ 3,\ 5,\ \cdots\}$
> 　　$\sim p$: x는 홀수가 아니다. 　　　　　$\sim p$의 진리집합 $P^{C} = \{2,\ 4,\ 6,\ \cdots\}$

5) $p \to q$ 　: 두 조건 $p,\ q$로 이루어진 명제 'p이면 q이다.'를 기호로 나타낸 것

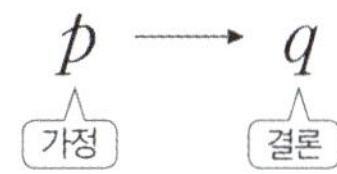

[명제의 진위]
1) 참 　　: $P \subset Q$이면 명제 $p \to q$는 참
　　　　　: 명제 $p \to q$가 참이면 $P \subset Q$
2) 거짓 　: $P \not\subset Q$이면 명제 $p \to q$는 거짓
　　　　　: 명제 $p \to q$가 거짓이면 $P \not\subset Q$

['모든'과 '어떤']
1) 모든 　: $P = U$이면 '모든 x에 대하여 p이다'는 참
　　　　　: $P \neq U$이면 '모든 x에 대하여 p이다'는 거짓
2) 어떤 　: $P \neq \varnothing$이면 '어떤 x에 대하여 p이다'는 참
　　　　　: $P = \varnothing$이면 '어떤 x에 대하여 p이다'는 거짓

[명제의 부정]

	원명제	부정
1)	모든 x에 대하여 p이다.	어떤 x에 대하여 $\sim p$이다.
2)	어떤 x에 대하여 p이다.	모든 x에 대하여 $\sim p$이다.

[논리 약어]
1) $\forall$ 　　　　: 모든
2) $\exists_x$ 　　　: 어떤 x에 대하여
3) $\exists_k$ 　　　: 적어도 k개 존재
4) $\exists!$ 　　　: 유일하게 존재
5) Let 　　: $\sim$라 하자 (첫 번째 설정)
6) $pf)$ 　　: $proof$
7) $WLOG$: 일반성을 잃지 않는 상황
8) $Sol)$ 　: $Solution$
9) $Ans)$ 　: $Answer$
10) $WTS)$: $What\ to\ show$ (목적지 조건)
11) S 　　　① $Like\ U$ (설정된 전체집합)
　　　　　　② $Setting$ (세팅 조건)
　　　　　　③ $Sample\ Space$ (표본공간)
　　　　　　④ $Sum,\ Space$ (합 or 차)
　　　　　　⑤ $Scale$ (범위, 크기)

함수 [귀납]

함수 [귀납]
Schema 1

집합과 명제

[역과 대우]

1) $q \rightarrow p$　　　: $p \rightarrow q$에서 가정과 결론을 서로 바꾼 명제

2) $\sim q \rightarrow \sim p$　: $p \rightarrow q$에서 가정과 결론을 각각 부정하여 서로 바꾼 명제

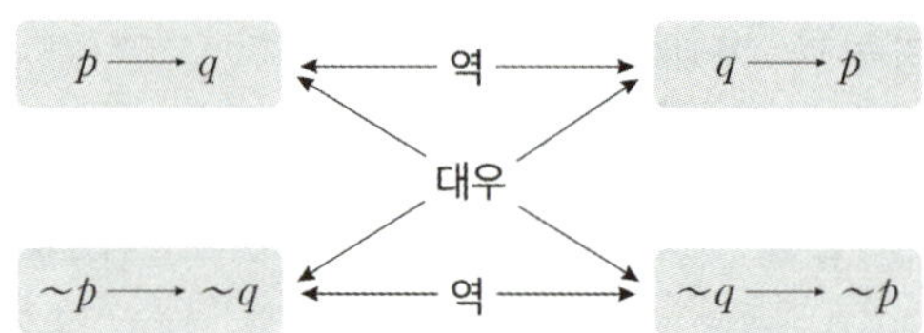

[대우의 진위]
1) $p \rightarrow q$가 참이면 그 대우 $\sim q \rightarrow \sim p$도 참이다.
2) $p \rightarrow q$가 거짓이면 그 대우 $\sim q \rightarrow \sim p$도 거짓이다.

[귀류법]
어떤 명제가 참임을 증명할 때, 그 명제 또는 명제의 결론을 부정하면 모순이
생긴다는 것을 통해 증명하는 방법

[충분조건과 필요조건]

1) 충분조건　: $p \rightarrow q$가 참일 때, 기호로 $p \Rightarrow q$라 한다.

　　　　　　　: p는 q이기 위한 충분조건

2) 필요조건　: q는 p이기 위한 필요조건

p이기 위한 필요조건

$$p \Longrightarrow q$$

q이기 위한 충분조건

　　예 'a는 6의 배수' $\Rightarrow$ 'a는 3의 배수'

　　　 'a는 6의 배수'는 'a는 3의 배수'이기 위한 충분조건

　　　 'a는 3의 배수'는 'a는 6의 배수'이기 위한 필요조건

[필요충분조건]

명제 $p \rightarrow q$에 대하여 $p \Rightarrow q$이고 $q \Rightarrow p$일 때, p는 q이기 위한 필요조건이라 하고
기호로 $p \Leftrightarrow q$와 같이 나타낸다.

　　예 'a는 짝수' $\Leftrightarrow$ 'a는 2의 배수'

함수와 그래프

[중요도 ★★★★]

- 함수는 변수 간 대응 관계이다.

① 대응

집합 X의 원소에 집합 Y의 원소를 짝지어 주는 것

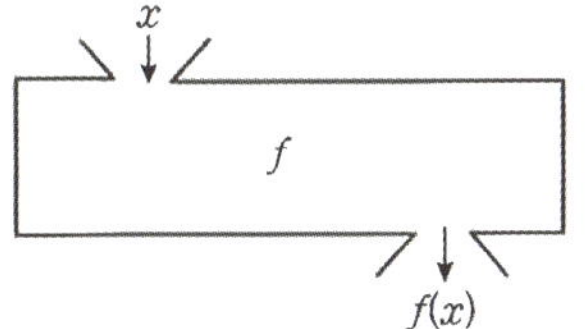

② 그래프

함수 $f : X \to Y$에서 정의역 X의 원소 x와 이에 대응하는
함숫값 $f(x)$의 순서쌍 $(x,\, f(x))$ 전체의 집합
$\{(x,\, f(x))|x \in X\}$를 함수 f의 그래프라고 한다.

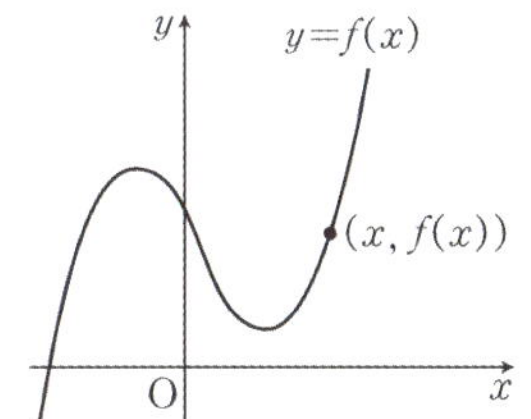

- 임의의 원소 $x \in X$에 대해, 그에 대응하는 원소
$y \in Y$가 유일하게 존재할 때 집합 X를 정의역, Y를
공역이라 한다.

x에 대응되는 원소를 함숫값, $f(x)$라 하고
함숫값을 모은 집합을 치역이라 한다.

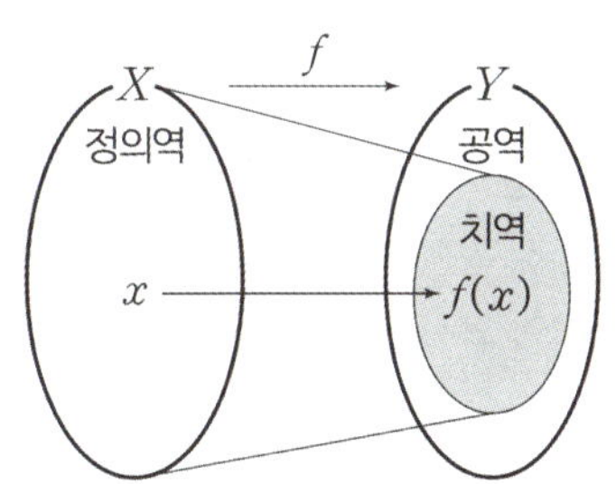

	대응 관계	
정의역		공역
X	$\mapsto$	Y

- 출제되는 함수는 크게 다음과 같이 분류된다.

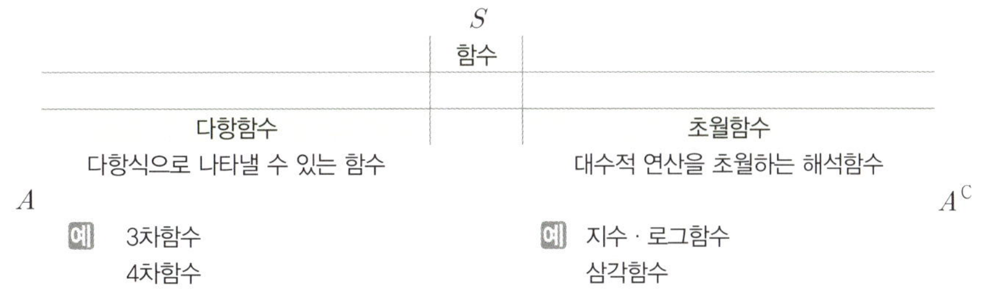

	S	
	함수	
다항함수		초월함수
다항식으로 나타낼 수 있는 함수		대수적 연산을 초월하는 해석함수
A		A^{C}
예 3차함수 4차함수		예 지수 · 로그함수 삼각함수

함수 [귀납]

변수 정리

[중요도 ★★★]

- 함수는 변수 간 관계의 집합으로 수능 수학을 해석하는 데
  활용되는 변수는 크게 4가지로 분류된다.

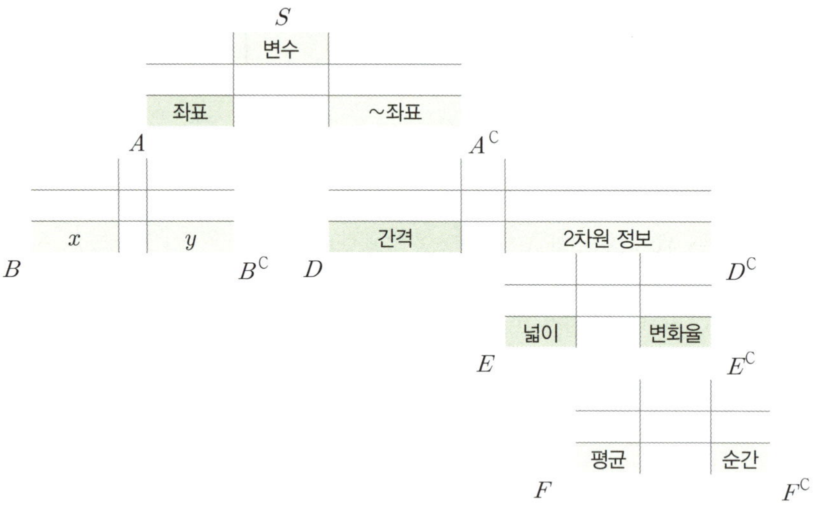

① 좌표

대수적 관점과 기하적 관점의 자유로운 전환은 수리 추론에서
중요한 요소이며 대수 관점의 대표적인 풀이가 좌표 해석이다.

예 $(a, f(a))$

② 간격

대수적 관점과 기하적 관점의 자유로운 전환은 수리 추론에서
중요한 요소이며 기하 관점의 대표적인 풀이가 간격 해석이다.

예 $\beta - \alpha,\ f(\beta) - f(\alpha)$

간격은 양극단 Point, 길이 정보 2가지 의미를 내포한다.

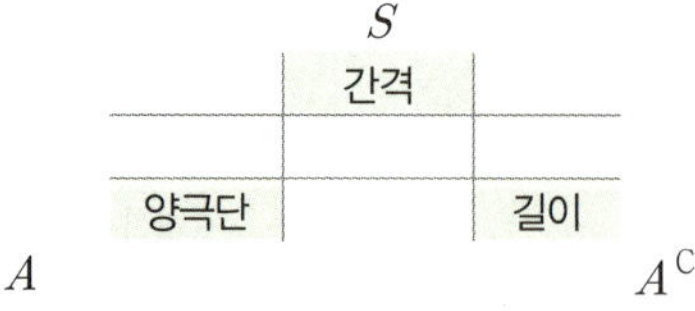

③ 넓이

곱해진 값을 관찰할 때 수식적으로도 계산할 수 있으나
기하적 관점으로 직교하는 관계를 관찰할 수 있다.

예 $\alpha\beta$

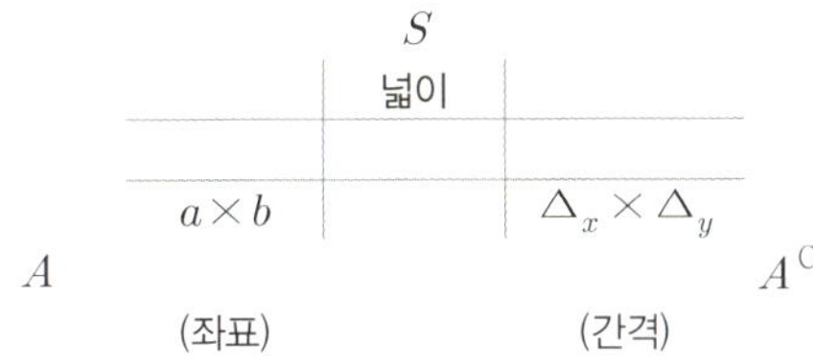

④ 변화

평균변화율, 순간변화율, 미소 변화의 관찰
기울기는 '변화율'의 의미를 내포한다.

예 $\dfrac{\beta}{\alpha}, \dfrac{\beta-0}{\alpha-0}, \dfrac{f(\beta)-f(\alpha)}{\beta-\alpha}, f'(\alpha), f(\alpha-), f'(\alpha+)$

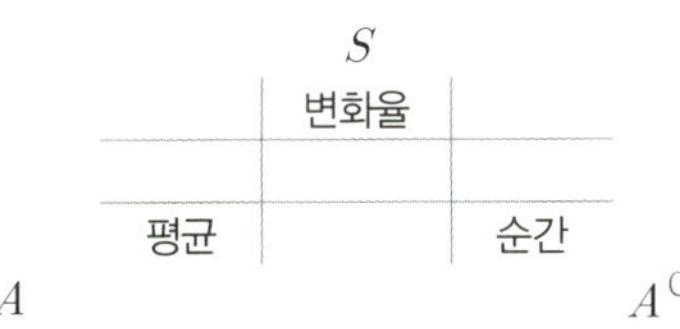

- 함수 $f(x)$, $x = \delta$에서 $f'(\delta)$, $f(\delta)$, $\displaystyle\int_a^b f(\delta)$를 관찰할 때

대수 관점과 기하 관점 양방향 전환에 자유로워야 해석에 있어 유리하다.

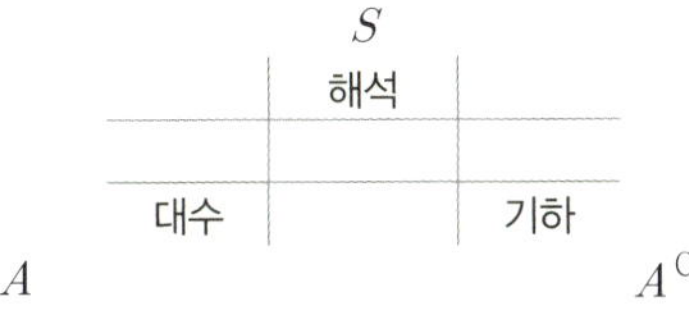

함수 [귀납]

함수 [귀납]
Schema 3

변수 정리

예 자료 구성 요소

$x > a$ 에서 정의된 함수 $f(x)$ 와 최고차항의 계수가 -1 인 사차함수 $g(x)$ 가
다음 조건을 만족시킨다. (단, a 는 상수이다.)

> (가) $x > a$ 인 모든 실수 x 에 대하여 $(x-a)f(x) = g(x)$ 이다.
> (나) 서로 다른 두 실수 α, β 에 대하여 함수 $f(x)$ 는 $x = \alpha$ 와 $x = \beta$ 에서 동일한 극댓값
> M 을 갖는다. (단, $M > 0$)
> (다) 함수 $f(x)$ 가 극대 또는 극소가 되는 x 의 개수는 함수 $g(x)$ 가 극대 또는 극소가 되는
> x 의 개수보다 많다.

$\beta - \alpha = 6\sqrt{3}$ 일 때, M 의 최솟값을 구하시오.

[조건 독해]

①

$\beta - \alpha$ 를 각각의 값을 직접 도출해서 – 연산할 수도 있으나 하나의 간격 (1번의 시행)
변수로 관찰할 수 있다는 생각을 <u>구하는 것</u>을 통해 행할 수 있다.

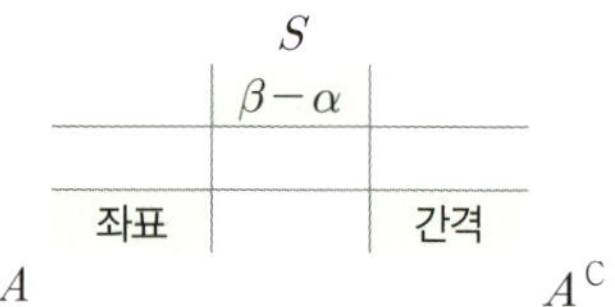

②

(가) 조건에서 $x > a$ 에서 정의되어 있으므로 $x - a > 0$ 처럼 이항해서
<u>간격변수의 정의역</u>처럼 관찰할 수 있다.

③

$x - a > 0$ 으로 정의역이 설정되어 있으므로 $f(x) = \dfrac{g(x)}{x-a}$ 으로 $f(x)$ 를
$(a,\,0)$ 와 $(x,\,g(x))$ 의 <u>평균변화율</u>처럼 관찰할 수 있다.

[중요도 ★★★]

- 함수의 이동 양상은 크게 평행이동과 대칭이동으로 분류된다.

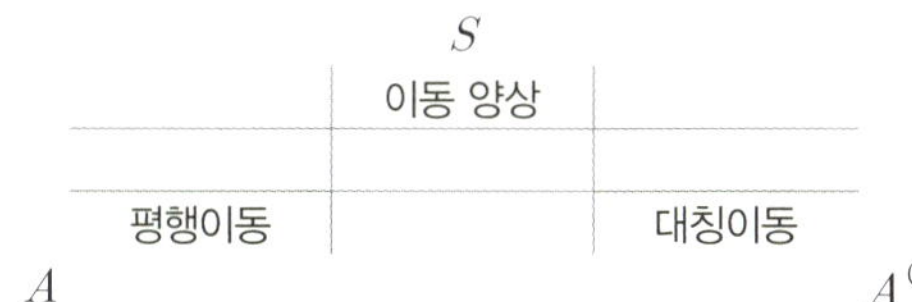

① **평행이동**

$$\int_a^b f(x+m)\,dx = \int_{a+m}^{b+m} f(x)\,dx$$

⇒ 넓이 or 그래프의 특징(예 증감, 요철) 은 평행이동에 일반성을 잃지 않는다.

② **대칭이동**

1) (y축 대칭) $\int_a^b f(-x)\,dx = \int_{-b}^{-a} f(x)\,dx$

2) ($x = k$ 대칭) $\int_a^b f(-x)\,dx = \int_{-b}^{-a} f(x)\,dx$

3) 선대칭을 2번 행하거나 점대칭을 행하면 회전이동처럼 생각할 수 있다.

예 $\int_a^b f(x+m)\,dx = \int_{a+m}^{b+m} f(x)\,dx$

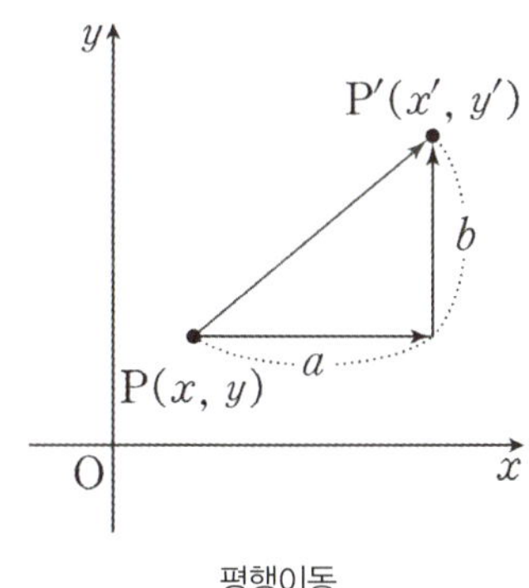

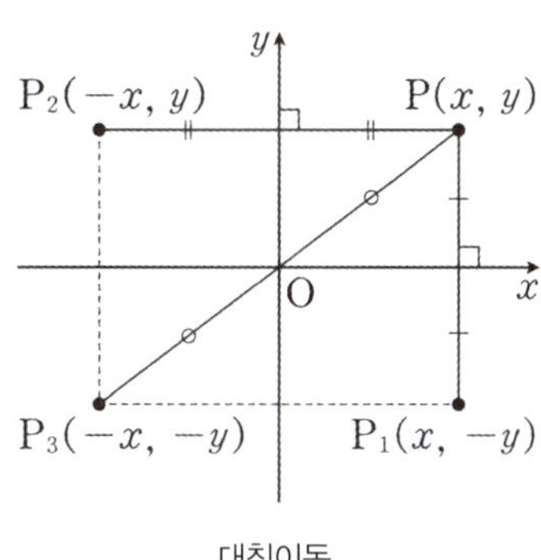

- 평행이동이나 대칭이동에 의해 변형된 함수를 해석할 때
  평행·대칭이동해도 변하지 않는 상수 조건들을 고려하여
  기본형의 특이 Point 그리고 성질을 활용해 해석하는 게 유리한 경우가 많다.

함수 [귀납]

대칭성

[중요도 ★★★]

- 대칭성을 내포하는 함수는 크게 우함수와 기함수가 있다.

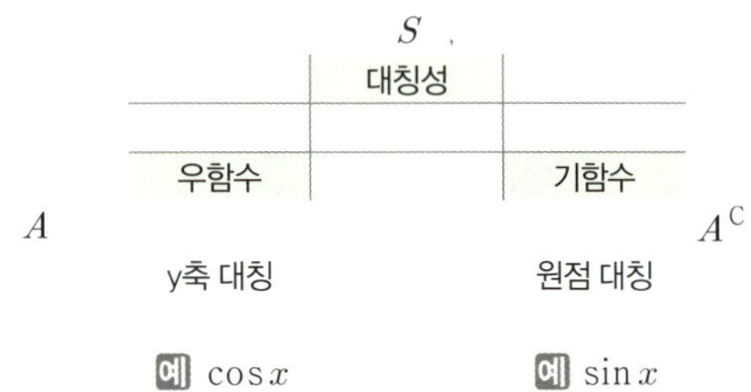

- 함수를 $f(x)$, 우함수를 $u(x)$, $v(x)$, 기함수를 $g(x)$, $h(x)$라 하자.

① 우함수

1) $f(-x) = f(x)$

2) (다항함수) All 짝수차항 or 상수항 구성

3) $f(x) = u(x) \times v(x)$

4) $f(x) = g(x) \times h(x)$

5) $p(x) = f(x) + f(-x)$, $p(x)$는 우함수

② 기함수

1) $f(-x) = -f(x)$

2) (다항함수) All 홀수차항 구성

3) $f(x) = u(x) \times g(x)$

4) $q(x) = f(x) - f(-x)$, $q(x)$는 기함수

예 $y = x^2$ [우함수], $y = x$ [기함수], $y = x^3 + ax$ [기함수]

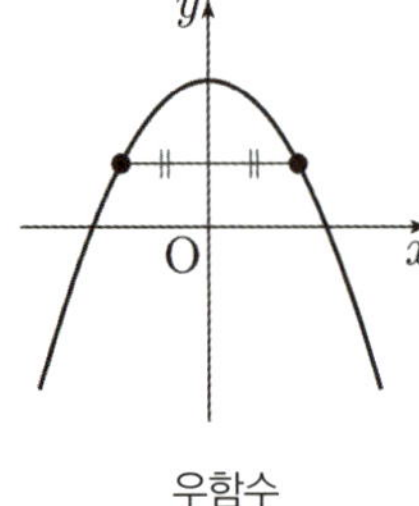

우함수

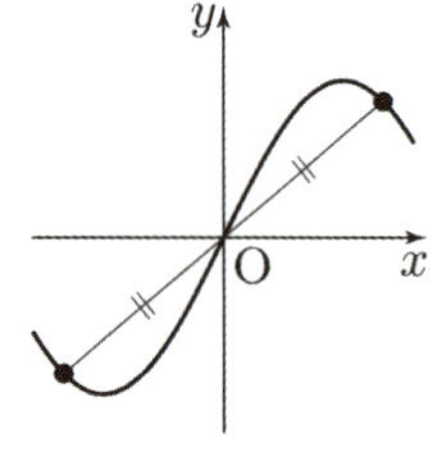

기함수

[중요도 ★★★]

- 함수 $f(x)$가 0이 아닌 상수 a와 정의역 내의 임의의 실수 x에 대하여
  $f(x+a)=f(x)$를 만족시키면, $f(x)$는 주기성을 갖는 함수이다.

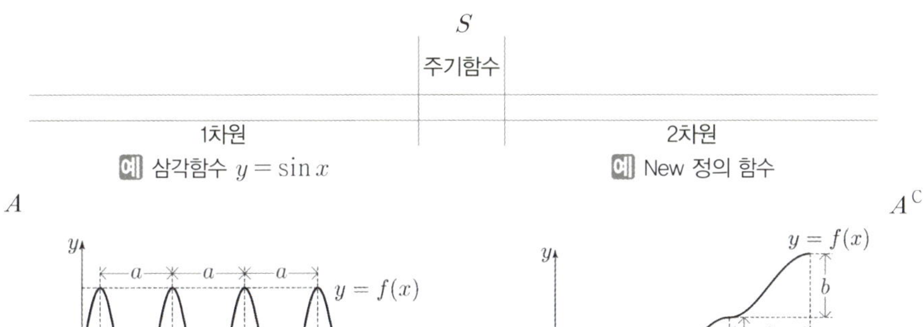

- 2차원 주기함수의 차수를 높여주면 미적분의 기본 정리(FTC)와 엮어 생각할 수 있고
  차수를 낮춰 해석할 경우 도함수는 1차원 주기함수로 변환된다.

미적분의 기본 정리

평균값 정리와 함께 미적분학의 근간이 되는 정리로 자세한 내용은 수Ⅱ 디올 p.266를 참고하도록 하자.

예

최고차항의 계수가 1인 삼차함수 $f(x)$에 대하여 함수 $g(x)$가 다음 조건을 만족시킨다.

(가) $0 \leq x < 2$일 때, $g(x)=\begin{cases} f(x) & (0 \leq x < 1) \\ f(2-x) & (1 \leq x < 2) \end{cases}$ 이다.

(나) 모든 실수 x에 대하여 $g(x+2)=g(x)$ 이다.

(다) 함수 $g(x)$는 실수 전체의 집합에서 미분가능하다.

$g(6)-g(3)=\dfrac{q}{p}$ 라 할 때, $p+q$의 값을 구하시오.

(단, p와 q는 서로소인 자연수이다.)

함수 [귀납]

주기성

Sol)

(가)와 (나)에서 $x = 1$ 선대칭이고 주기가 2이므로

실수 전체 집합에서 부드럽게 연결되려면 $f'(0) = f'(1) = 0$이어야겠다.

$$\therefore f'(x) = 3x(x-1)$$

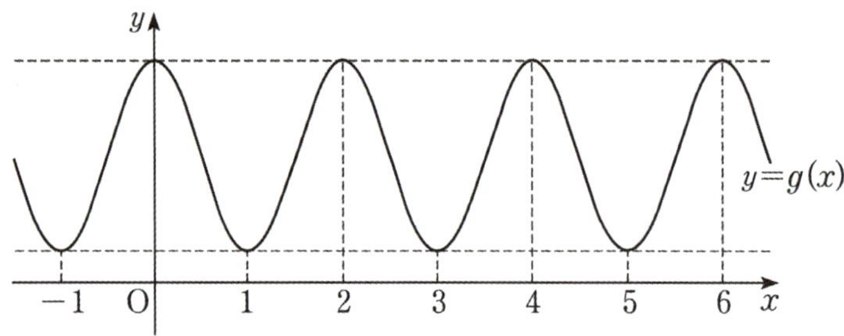

$$\therefore g(6) - g(3) = g(0) - g(1) = f(0) - f(1) = -\int_0^1 f'(x)dx = -\left(1 - \frac{3}{2}\right)$$

Ans)

$$\therefore p + q = 2 + 1 = 3$$

볼록성

[중요도 ★★★]

- 함수가 갖는 볼록한 성질을 볼록성이라 하고

  함수 $f(x)$에 대하여 $x = c$에서 함수 $y = f(x)$의 볼록성이 바뀔 때,
  점 $(c,\ f(c))$를 곡선 $y = f(x)$의 변곡점이라 한다.

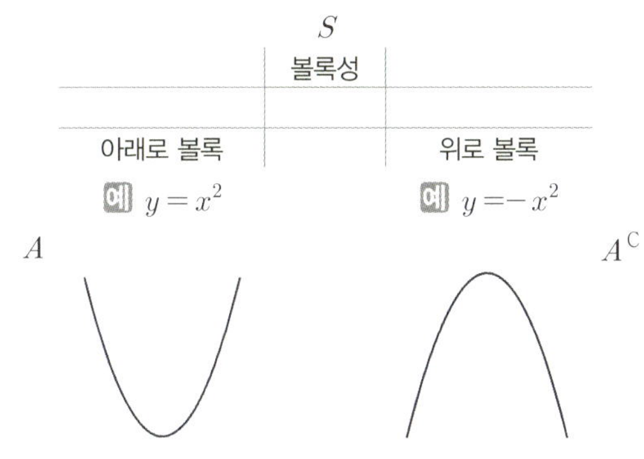

- 모든 이차 이상의 다항함수는 아래로 볼록인 곡선과 위로 볼록인 곡선의 합집합이다.

- $y = f(x)$가 증가하며 위로 볼록일 때, 다음이 성립한다.
  $(x_1 < c_1 < x_2 < c_2 < x_3 < x_4)$

	변화율 관점
①	$\dfrac{f(x_2) - f(x_1)}{x_2 - x_1} > \dfrac{f(x_3) - f(x_2)}{x_3 - x_2},\ f'(c_1) > f'(c_2),\ f''(x) < 0$
②	$\dfrac{f(x_3) - f(x_1)}{x_3 - x_1} > \dfrac{f(x_4) - f(x_2)}{x_4 - x_2}$
③	$\dfrac{f(x_2) - f(x_1)}{x_2 - x_1} > \dfrac{f(x_3) - f(x_1)}{x_3 - x_1}$

→ 아래로 볼록인 구간에서 곡선은 접선 위에 있다.
→ 아래로 볼록인 구간에서 내부 두 점을 이은 선분보다는 아래에 있다.

함수 [귀납]

함수 [귀납]
Schema 8

합성함수

[중요도 ★★★]

- 세 집합 X, Y, Z에 대하여 두 함수 $f : X \to Y$, $g : Y \to Z$가 주어질 때
  집합 X의 각 원소 x에 집합 Z의 원소 $g(f(x))$를 대응시키면 X를 정의역,
  Z를 공역으로 하는 새로운 함수를 정의할 수 있고, 이 새로운 함수를
  f와 g의 합성함수 $g \circ f$라고 한다.

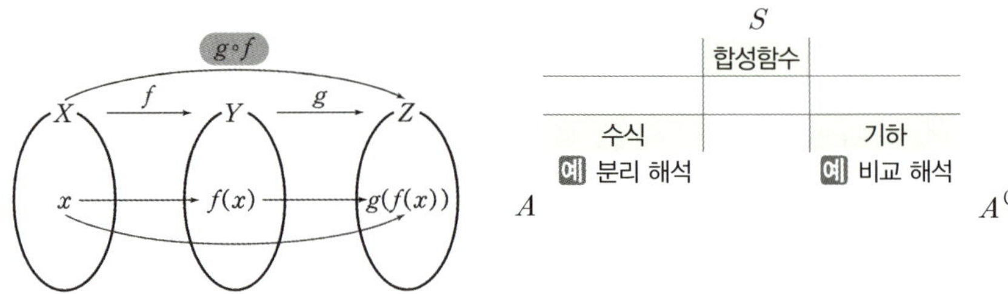

- $f(x)$의 치역이 $g(x)$의 정의역에 포함되어야 하고
  f의 y가 g의 x에 대응되어야 하므로

① 두 함수로 분리해서 해석
② 그래프 상 비교 해석

을 행할 수 있다.

예

$y = |f(x)|$를 $y = |x| \circ f(x)$와 같이 $y = |x|$와 $y = f(x)$의 양상으로 분리해서
$y = f(x)$를 판단할 수 있다.

합성함수

예

이차함수 $f(x)$ 가 다음 조건을 만족시킨다.

(가) $f(0) = f(2) = 0$
(나) 이차방정식 $f(x) - 6(x-2) = 0$의 실근의 개수는 1 이다.

방정식 $(f \circ f)(x) = -3$의 서로 다른 실근을 모두 곱한 값은?

예

이차함수 $g(x) = x^2 - 6x + 10$에 대하여 삼차함수 $f(x)$ 가 다음 조건을 만족시킨다.

(가) 방정식 $f(x) = 0$은 서로 다른 세 실근을 갖는다.
(나) 함수 $(g \circ f)(x)$ 의 최솟값을 m 이라 할 때,
　　방정식 $g(f(x)) = m$ 의 서로 다른 실근의 개수는 2 이다.
(다) 방정식 $g(f(x)) = 17$은 서로 다른 세 실근을 갖는다.

함수 $f(x)$ 의 극댓값과 극솟값의 합은?

함수 [귀납]

함수 [귀납]
Schema 8

합성함수

Sol)

(가)와 (나)에서 $f(x) = 3x(x-2)$

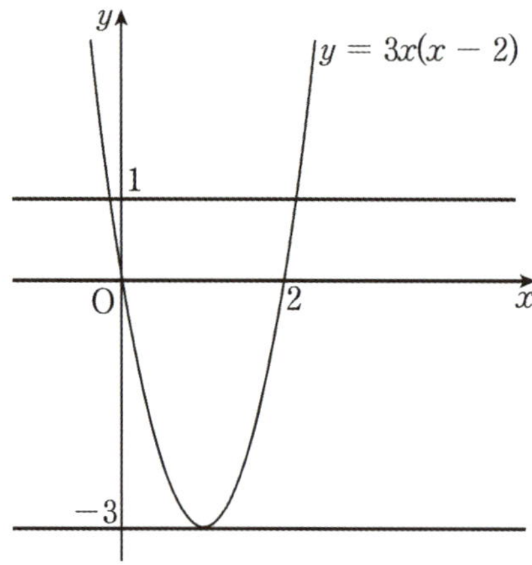

$(f \circ f)(x) = -3 \Leftrightarrow f(t) = -3, \; f(x) = t$

이므로

$(f \circ f)(x) = -3$의 서로 다른 실근 $\Leftrightarrow f(x) = 1$의 서로 다른 실근과 동치이다.

$\therefore f(x) = 1 \Leftrightarrow 3x^2 - 6x - 1 = 0$

Ans)

$\therefore (f \circ f)(x) = -3$의 서로 다른 실근을 모두 곱한 값은 $-\dfrac{1}{3}$ 이다.

($\because$ 근과 계수의 관계)

Sol)

속함수 $f(x)$의 치역이 겉함수 $g(x)$의 정의역이 되고 $f(x)$의 치역이 실수
전체 집합이므로 $g(x)$의 치역은 $g(x) = (x-3)^2 + 1 \geq 1$ 이다.

$\therefore m = 1$

(나) 조건은

$g(f(x)) = m$ 서로 다른 실근의 개수는 2 $\Leftrightarrow g(t) = 1$, $f(x) = t$의 x 2개와
동치이므로 방정식 $f(x) = 3$을 만족시키는 서로 다른 실근의 개수는 2이고

(다) 조건은

$g(f(x)) = 17$은 서로 다른 세 실근 $\Leftrightarrow f(x) = 7$, $f(x) = -1$의 x 3개와
동치이므로 다음으로 귀결된다.

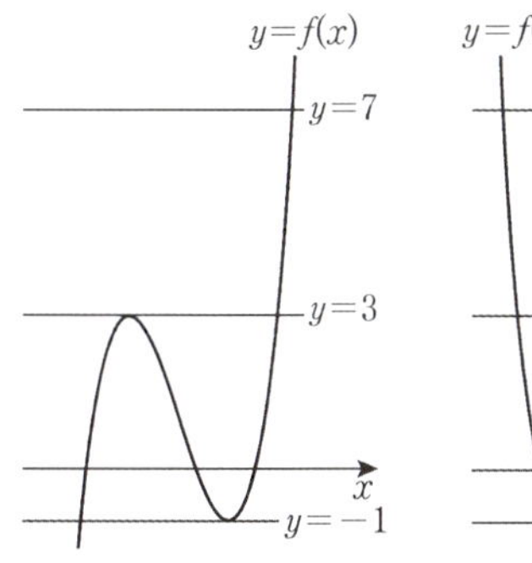

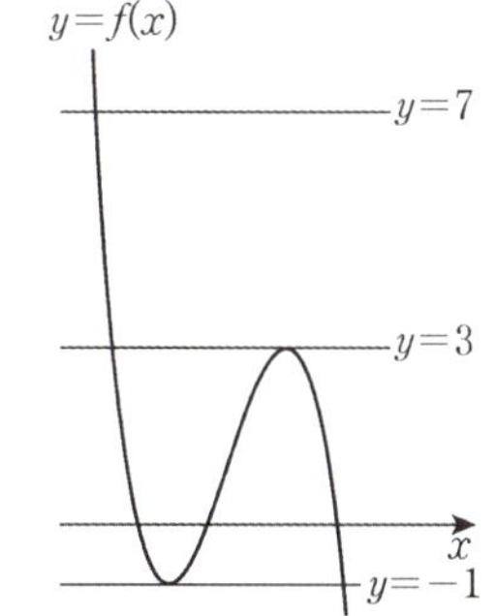

$\therefore f(x)$의 극댓값은 3, 극솟값은 -1

Ans)

$\therefore f(x)$의 극댓값과 극솟값의 합은 $3 + (-1) = 2$이다.

함수 [귀납]

역함수 구하기

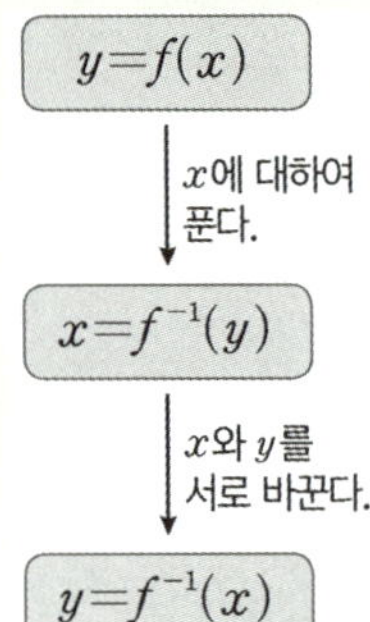

함수 [귀납]
Schema 9

역함수

[중요도 ★★★]

- 함수 $f : X \rightarrow Y$가 일대일대응이면 Y의 각 원소 y에 대하여 $f(x)=y$인 X의 원소 x가 오직 하나씩 존재한다

- 해석의 관점 방향을 바꿀 수 있는지에 대해 종종 질문한다.

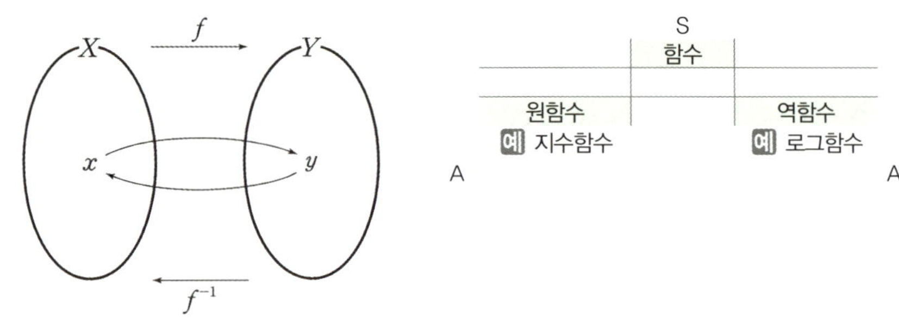

- $f(x)$가 연속함수일 때, 역함수가 존재한다 $\Leftrightarrow$ $f(x)$는 계속 증가하거나 계속 감소한다
  → 증감 해석에 앞서 연속성 판단이 우선 조건

- 함수 $y=f(x)$의 그래프와 그 역함수 $y=f^{-1}(x)$의 그래프는 $y=x$에 대하여 대칭이다.
  단독적으로도 의미를 가지나 관계를 관찰했을 때 활로가 보일 수 있으니
  자료 해석이 막히면 기준선 or 여사건 함수를 함께 생각하도록 하자.

예

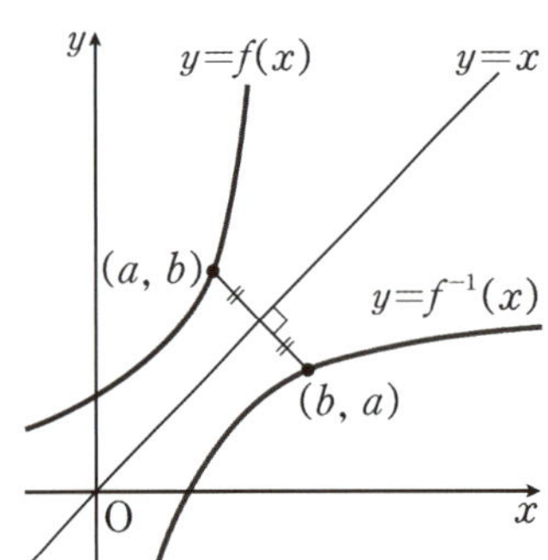

⇒ $y=x$을 기준으로 해석의 관점 방향을 바꿀 수 있다.

- $(f \circ f^{-1})(x)=x$ 이므로 역함수가 합성되어 있을 때
  적절히 원함수를 합성해서 생각할 수 있다.

$$(f^{-1} \circ f)(x)=f^{-1}(f(x))=f^{-1}(y)=x \; (x \in X)$$
$$(f \circ f^{-1})(y)=f(f^{-1}(y))=f(x)=y \; (y \in Y)$$

예

함수

$$f(x)=\begin{cases} ax+b & (x<1) \\ cx^2+\dfrac{5}{2}x & (x\geq 1) \end{cases}$$

이 실수 전체의 집합에서 연속이고 역함수를 갖는다. 함수 $y=f(x)$ 의 그래프와 역함수 $y=f^{-1}(x)$ 의 그래프의 교점의 개수가 3 이고, 그 교점의 x 좌표가 각각 -1, 1, 2 일 때, $2a+4b-10c$ 의 값을 구하시오.
(단, a, b, c는 상수이다.)

예

최고차항의 계수가 양수인 삼차함수 $f(x)$ 에 대하여 방정식 $(f\circ f)(x)=x$ 의 모든 실근이 0, 1, a, 2, b이다. $f'(1)<0$, $f'(2)<0$, $f'(0)-f'(1)=6$ 일 때, $f(5)$ 의 값을 구하시오. (단, $1<a<2<b$)

함수 [귀납]

함수 [귀납]
Schema 9

역함수

예

실수 k에 대하여 함수 $f(x)=x^3-3x^2+6x+k$의 역함수를 $g(x)$라 하자.
방정식

$$4f'(x)+12x-18=(f'\circ g)(x)$$

가 닫힌구간 $[0,\,1]$에서 실근을 갖기 위한 k의 최솟값을 m, 최댓값을 M이라 할 때,
m^2+M^2의 값을 구하시오.

함수 [귀납]

역함수

Sol)

실수 전체의 집합에서 연속이므로 $f(x) = \begin{cases} ax - a + c + \dfrac{5}{2} & (x < 1) \\ cx^2 + \dfrac{5}{2}x & (x \geq 1) \end{cases}$ 이고

역함수 $f^{-1}(x)$가 존재하므로 $f(x)$는 증가함수이거나 감소함수이다.

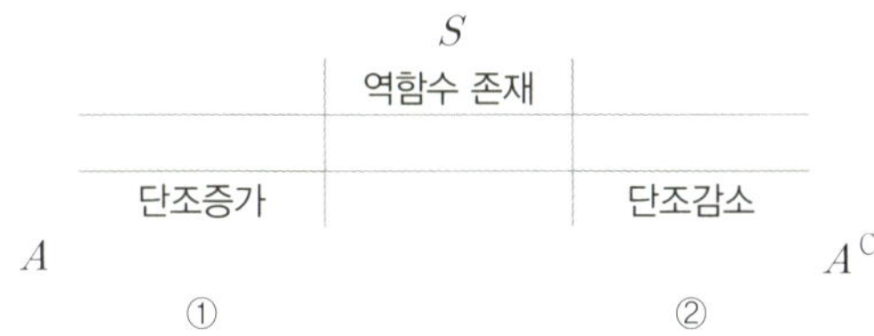

① 증가함수

$y = f(x)$와 $y = f^{-1}(x)$의 교점은 $y = x$ 위에만 존재하고

$f(-1) = -1,\ f(1) = 1,\ f(2) = 2$이며,

$f(1) = c + \dfrac{5}{2} = 1,\ f(2) = 4c + 5 = 2$이므로 모순이다.

② 감소함수

$y = f(x)$는 $y = x$와 한 점에서 만나고, $y = f^{-1}(x)$와 두 점에서 만난다.

두 교점은 $y = x$에 대하여 대칭이므로 $y = x$와 $x = 1$에서 만나고 $y = f^{-1}(x)$와

$x = -1,\ 2$에서 만난다.

→ 세 교점의 좌표는 $(-1,\ 2),\ (1,\ 1),\ (2,\ -1)$

→ $f(-1) = -a + b = 2,\ f(1) = a + b = c + \dfrac{5}{2} = 1,\ f(2) = 4c + 5 = -1$

→ $a = -\dfrac{1}{2},\ b = \dfrac{3}{2},\ c = -\dfrac{3}{2}$

Ans)

$\therefore 2a + 4b - 10c = -1 + 6 + 15 = 20$

함수 [귀납]

함수 [귀납]
Schema 9

역함수

Sol)

방정식 $(f \circ f)(x) = x$ 을 만족하는 해는 다음 2가지 경우 중 하나이다.

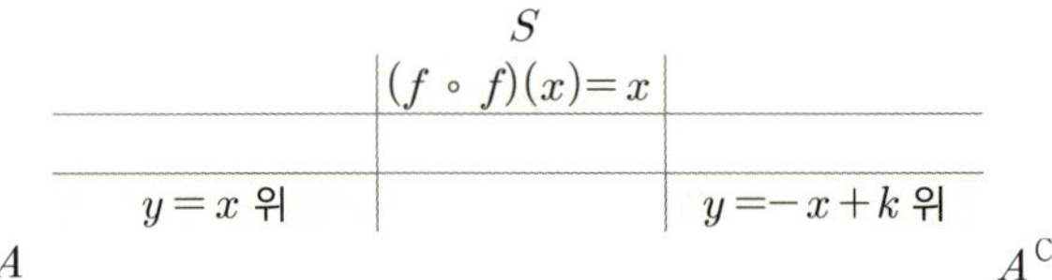

근이 $0,\ 1,\ a,\ 2,\ b$ 이고 $f'(1) < 0,\ f'(2) < 0$ 이므로 $1,\ 2$ 가 $y = x$ 대칭이고
$f(1) = 2,\ f(2) = 1$ 이다.

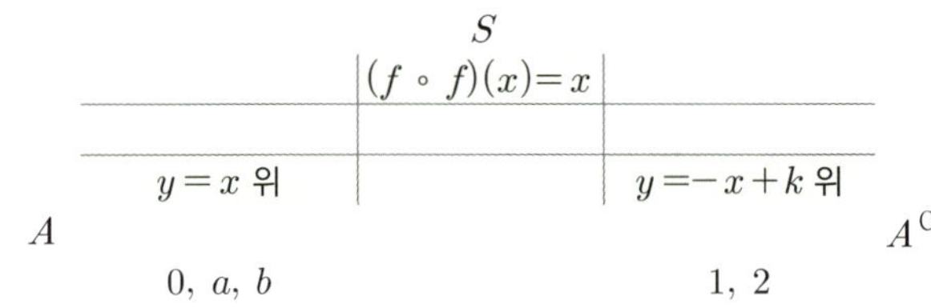

$\therefore f(x) - x = kx(x-a)(x-b)$ 이고 $f(1) = 2,\ f(2) = 1,\ f'(0) - f'(1) = 6$ 이므로
$k,\ a,\ b$ 가 결정된다.

$$\therefore f(x) = x^3 - \frac{9}{2}x^2 + \frac{11}{2}x$$

Ans)
$$\therefore f(5) = 40$$

역함수

Sol)

$4f'(x)+12x-18=(f' \circ g)(x)$ 에 $f(x)$를 합성하면

$4f'(f(x))+12f(x)-18=f'(x)$ 이고 $0 \le f(x) \le 1$인 실근 x를 갖는다는 것과 동치임을 알 수 있다.

$f(x)=x^3-3x^2+6x+k \to f'(x)=3x^2-6x+6$ 이므로

$\to \quad 12\{f(x)\}^2-12f(x)+6=3x^2-6x+6$

$\quad \{2f(x)-1\}^2=(x-1)^2$

$\quad \therefore f(x)=\dfrac{x}{2}$ or $f(x)=1-\dfrac{x}{2}$ $\qquad \cdots\cdots$ ㉠

$f'(x)=3x^2-6x+6 \ge 3$이므로 $f(x)$는 단조증가하고

$f(x)=x^3-3x^2+6x+k$과 두 직선 ㉠과의 관계를 생각했을 때
두 직선과 하나 이상의 교점을 가지는 범위는 $f(0) \le 1.\ f(2) \le 0$이다.

$\therefore -8 \le k \le 1$

Ans)

$\therefore m^2+M^2=(-8)^2+1^2=65$

함수 [귀납]

함수 [귀납]
Schema 10

절댓값 함수

[중요도 ★★★]

- 절댓값 함수 $|f(x)|$는 $|x|$와 $f(x)$의 합성함수 $|x| \circ f(x)$이다.

- 절댓값 함수의 해석은 다음과 같이 행할 수 있다.

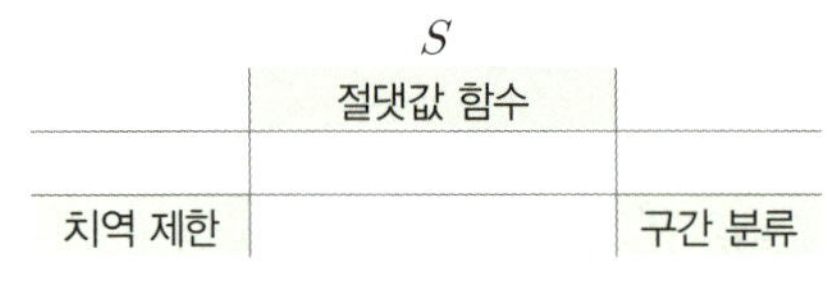

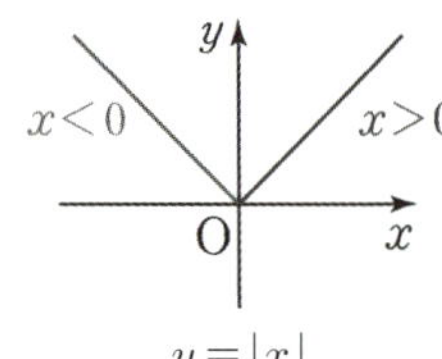

① 치역 제한
$$g(x) = |f(x)| \geq 0$$

$\Rightarrow g(x)$의 치역은 0 이상에서 정의된다.

② 구간 분류
$$\Rightarrow g(x) = \begin{cases} -f(x) & (f(x) < 0) \\ f(x) & (f(x) \geq 0) \end{cases}$$

①과 ②의 관점을 적절히 활용할 수 있다.

- 절댓값 함수는 다음 특징을 갖는다.

① $|x| \geq 0$

② $-|x| \leq x \leq |x|$

$$\Leftrightarrow |x| - x \geq 0 \Rightarrow \frac{|x| - x}{2} \geq 0$$
$$\Leftrightarrow |x| + x \geq 0 \Rightarrow \frac{|x| + x}{2} \geq 0$$

[중요도 ★★★]

- 두 요소 이상의 관계를 나타내는 관계함수는 크게 간격함수와 기울기 함수로 분류된다.

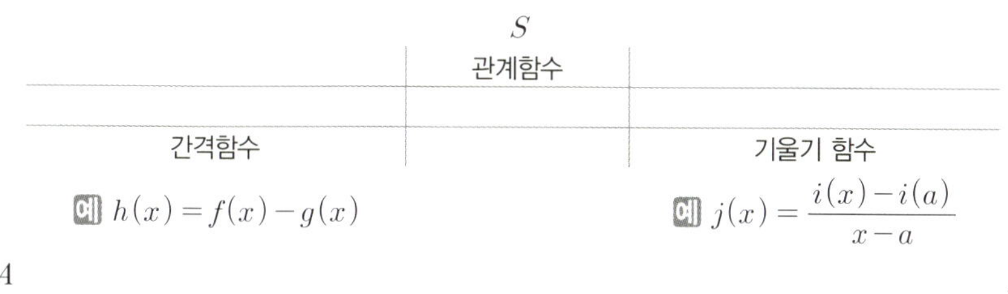

㉠ : 간격 자체의 집합으로 함수를 관찰하거나 하나의 함수로 관찰할 수 있다.
　　이때 두 관점에서 Δx와 Δy는 보존된다.

㉡ : 평균값 정리를 활용하거나 기울기 자체를 정점과 동점의 함수로 생각할 수 있다.

- $g(x) = |f(x) - k|$와 $y = n$ 상수함수의 관계 관찰과 같이
　절댓값 함수의 해석이 제시될 때, $g(x)$의 해석에 있어
　기본형 $f(x)$와 $y = n \pm k$의 그래프 간 관계로 동치 변형해서 해석할 수 있다.

예

그림과 같이 두 삼차함수 $f(x)$, $g(x)$의 도함수 $y = f'(x)$, $y = g'(x)$의 그래프가 만나는
서로 다른 두 점의 x좌표는 $a, b(0 < a < b)$이다. 함수 $h(x)$를 $h(x) = f(x) - g(x)$라 할 때,
<보기>에서 옳은 것만을 있는 대로 고르시오. (단, $f'(0) = 7$, $g'(0) = 2$)

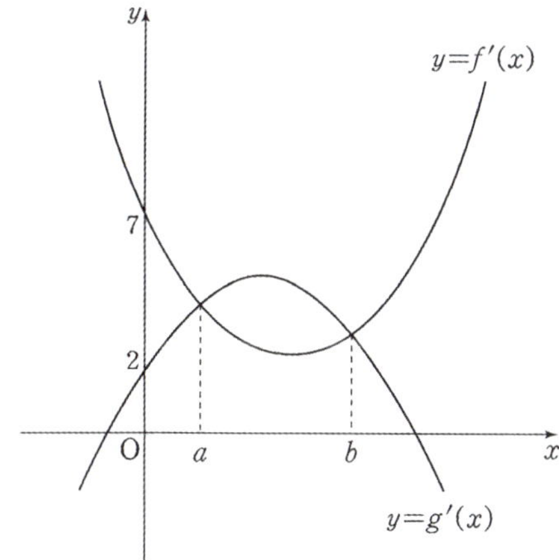

〈보 기〉

ㄱ. 함수 $h(x)$는 $x = a$에서 극댓값을 갖는다.

ㄴ. $h(b) = 0$이면 방정식 $h(x) = 0$의 서로 다른 실근의 개수는 2이다.

ㄷ. $0 < \alpha < \beta < b$인 두 실수 α, β에 대하여
　　$h(\beta) - h(\alpha) < 5(\beta - \alpha)$이다.

함수 [귀납]

함수 [귀납]
Schema 11

간격함수

Sol)

$h'(x)$는 주어진 두 함수 간 간격이므로 이를 나타내면 다음과 같다.

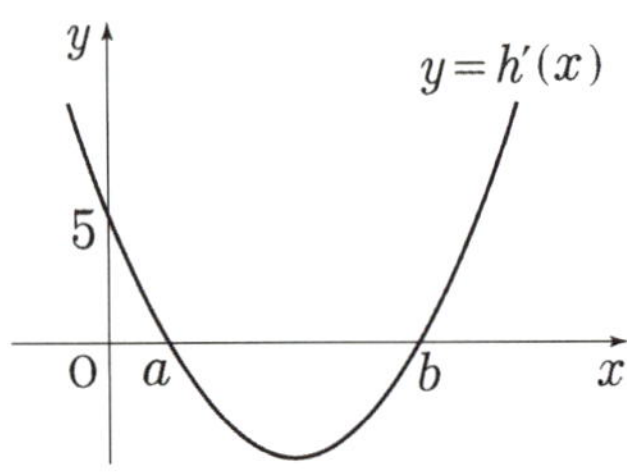

ㄱ. 함수 $h(x)$는 $x = a$에서 극댓값을 갖는다. (〇)

ㄴ. $h(b) = 0$일 때, 함수 $y = h(x)$의 그래프는 다음과 같으므로 옳다. (〇)

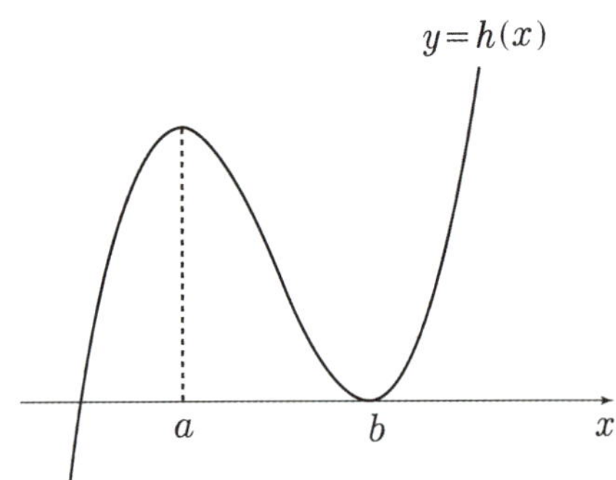

ㄷ. $\dfrac{h(\beta) - h(\alpha)}{\beta - \alpha} < 5 = h'(0)$이므로 평균변화율과 순간변화율의 비교로 옳다. (〇)

Ans)

∴ 옳은 것은 ㄱ, ㄴ, ㄷ이다.

Max, Min 함수

[중요도 ★★★]

\- 여러 값 중 큰 값을 선택하는 함수를 Max 함수, 작은 값을 선택하는 함수를 Min 함수라 한다.

[대수 해석]

① $g(x) = \dfrac{f(x) + |f(x)|}{2}$ $\qquad g(x) = \begin{cases} f(x) & (f(x) \geq 0) \\ 0 & (f(x) < 0) \end{cases}$

② $g(x) = \dfrac{f(x) - |f(x)|}{2}$ $\qquad g(x) = \begin{cases} 0 & (f(x) \geq 0) \\ f(x) & (f(x) < 0) \end{cases}$

③ $h(x) = \dfrac{1}{2}\{f(x) + g(x) + |f(x) - g(x)|\}$ $\qquad h(x) = \begin{cases} f(x) & (f(x) \geq g(x)) \\ g(x) & (f(x) < g(x)) \end{cases}$

[기하 해석]

$$Max(a,\ b) = \begin{cases} a & (a \geq b) \\ b & (a < b) \end{cases} = \frac{a+b+|a-b|}{2}$$

$$Min(a,\ b) = \begin{cases} a & (a \leq b) \\ b & (a > b) \end{cases} = \frac{a+b-|a-b|}{2}$$

$Max(a,\ b) =$ 평균 + 간격의 절반

$Min(a,\ b) =$ 평균 − 간격의 절반

예

두 함수 $f(x) = -x^2 + 4x$, $g(x) = 2x - a$에 대하여 함수

$h(x) = \dfrac{1}{2}\{f(x) + g(x) + |f(x) - g(x)|\}$가 극솟값 3을 가질 때,

$\displaystyle\int_0^4 h(x)dx$의 값을 구하시오. (단, a는 상수이다.)

함수 [귀납]

함수 [귀납]
Schema 12

Max, Min 함수

Sol)

주어진 함수는 $h(x) = \begin{cases} f(x) & (f(x) \geq g(x)) \\ g(x) & (f(x) < g(x)) \end{cases}$ 와 동치이고

$\max \{f(x),\, g(x)\}$ 와 동치이다.

값이 큰 그래프를 타고 움직이므로 3이 극솟값이면
$g(x) = 2x - a$ 는 점 $(3, 3)$ 을 지난다.

$$\therefore \int_0^4 h(x)\,dx = \int_0^3 (-x^2 + 4x)\,dx + \int_3^4 (2x - 3)\,dx$$
$$= \left[-\frac{1}{3}x^3 + 2x^2 \right]_0^3 + \left[x^2 - 3x \right]_3^4$$
$$= 13$$

Ans)

$\therefore 13$

선택 함수

[중요도 ★★★]

\- 함수가 가질 수 있는 여러 경로 중 하나를 선택해야 하는 함수가
연속, 미분, 적분 문제에서 종종 출제된다.

선택 함수 자료에서는 크게 두 가지가 주어진다.

① 경로 조건

함수 $f(x)$에 대한 여러 가지 경우의 수에 대해 조건으로 제시한다.

② 제한 조건

①을 만족하는 함수 $f(x)$ 중 일부 경로만 만족하도록 제한한다.

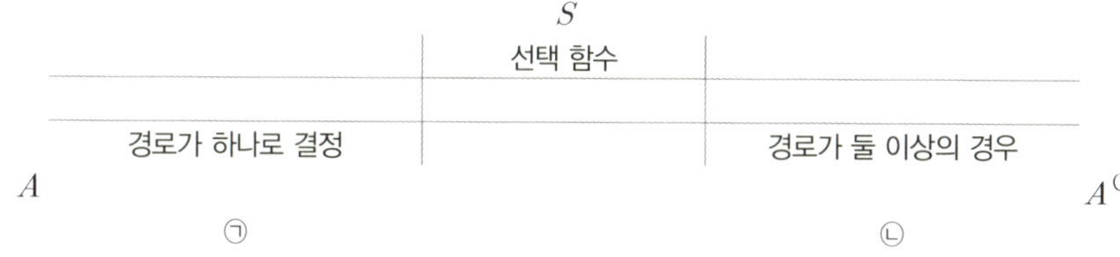

㉠ : 함수가 하나로 결정되었을 때, 연속성, 미분가능성, 적분값을 질문한다.
㉡ : 둘 이상의 경우가 남아 있는 경우 가능한 경우 중 Max, Min 등을 질문한다.

예

실수 전체의 집합에서 연속인 함수 $f(x)$가 모든 실수 x에 대하여

$$\{f(x)\}^3 - \{f(x)\}^2 - x^2 f(x) + x^2 = 0$$

을 만족시킨다. 함수 $f(x)$의 최댓값이 1이고 최솟값이 0일 때,
$f\left(-\dfrac{4}{3}\right) + f(0) + f\left(\dfrac{1}{2}\right)$의 값은?

함수 [귀납]

함수 [귀납]
Schema 13

선택 함수

Sol)

$$\{f(x)\}^3 - \{f(x)\}^2 - x^2 f(x) + x^2 = 0 \to \{f(x)-1\}\{f(x)+x\}\{f(x)-x\} = 0$$

$$\to f(x)=1, \ f(x)=-x, \ f(x)=x$$

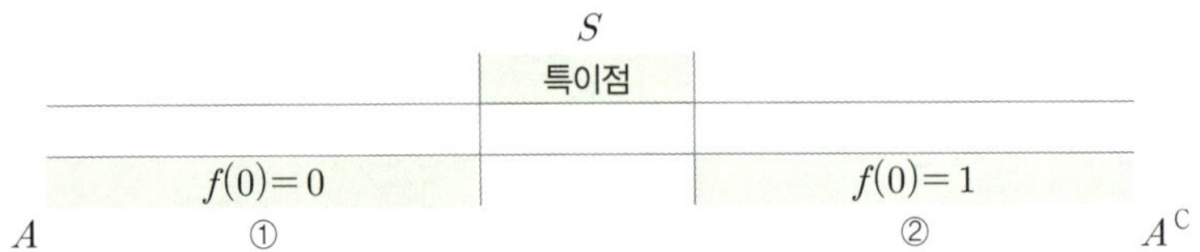

① $f(0)=0$

$$\to f(x)=\begin{cases} |x| & (|x| \leq 1) \\ 1 & (|x| > 1) \end{cases}$$

$$\to f\left(-\frac{4}{3}\right)=1, \ f(0)=0, \ f\left(\frac{1}{2}\right)=\frac{1}{2}$$

② $f(0)=1$

$$\to f(x)=1 \ (\text{모순 by 최솟값 조건})$$

Ans)

$$\therefore f\left(-\frac{4}{3}\right)+f(0)+f\left(\frac{1}{2}\right)=1+0+\frac{1}{2}=\frac{3}{2}$$

선택 함수

함수 [귀납]

2

Theme

함수 [연역]

함수 [연역]

일차함수

[중요도 ★★★]

- 일차함수 $y = ax + b$는 정의역이 실수 전체, 치역이 실수 전체이고
  x 절편과 y 절편이 반드시 1개씩 존재하며
  그래프 위의 어떤 점을 잡아도 그 점을 중심으로 하는 점대칭함수이다.

[$y = ax + b$의 개형]

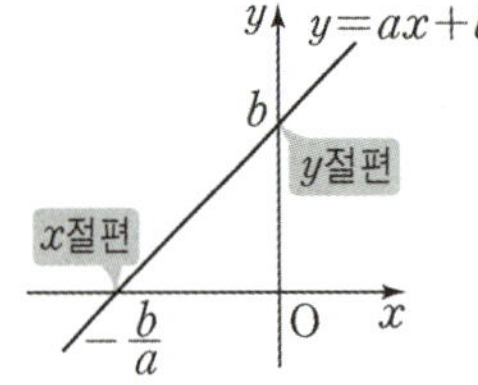

- 일차함수의 대표 특징은 기울기 ($\dfrac{\triangle y}{\triangle x}$) 일정이고

  정의역을 자연수로 제한하면 등차수열과 유사 양상으로 생각할 수 있다.

- 제시되는 상수 조건에 따라 일차함수를 적절히 구성할 수 있다.

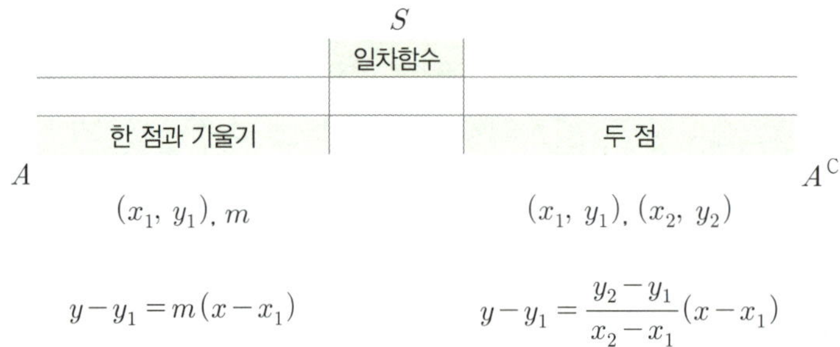

$$S$$

	일차함수	
한 점과 기울기		두 점
$(x_1,\ y_1),\ m$		$(x_1,\ y_1),\ (x_2,\ y_2)$
$y - y_1 = m(x - x_1)$		$y - y_1 = \dfrac{y_2 - y_1}{x_2 - x_1}(x - x_1)$

A ... A^{C}

- 서로 수직인 두 일차함수의 그래프의 기울기의 곱은 -1이다.
  → 일차함수 $y = ax + b$, $y = a'x + b'$의 그래프가 서로 수직이면 $aa' = -1$

예

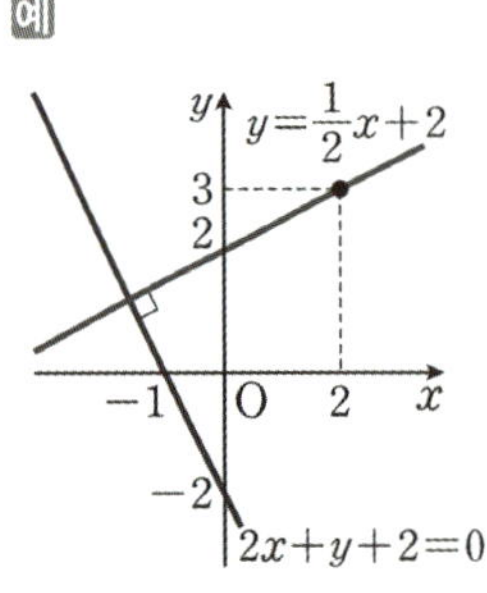

가우스 함수

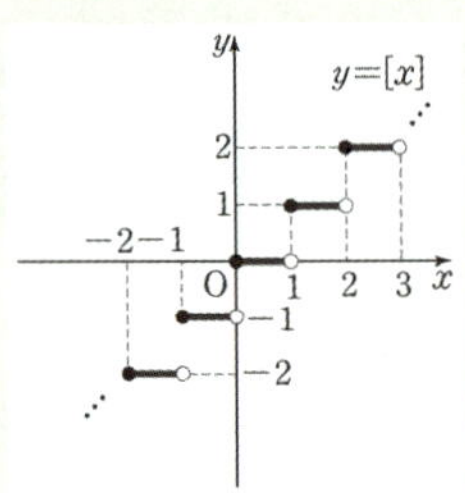

x의 값의 범위가 수 전체일 때, x에 대하여 x보다 크지 않은 최대의 정수를 $[x]$로 나타낸다.

이차함수

[중요도 ★★★★]

- 이차함수 $y = ax^2 + bx + c = a\left(x + \dfrac{b}{2a}\right)^2 - \dfrac{b^2 - 4ac}{4a}$ 는

정의역이 실수 전체, 치역이 제한되는 함수이고 $x = -\dfrac{b}{2a}$ 이 대칭축인 선대칭함수이다.

[$y = ax^2 + bx + c$의 개형]

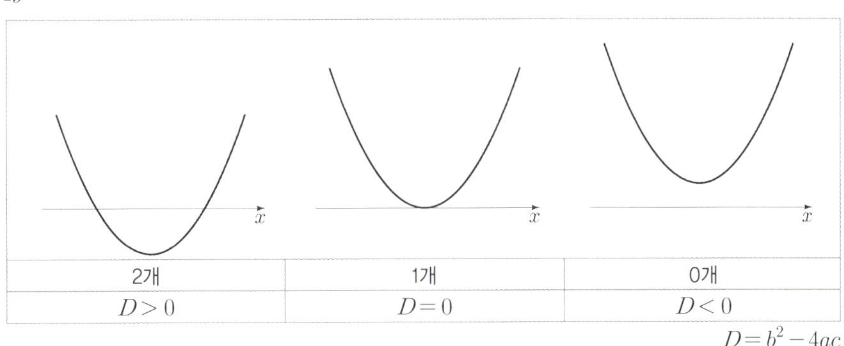

→ a는 이차함수의 폭과 관련이 있고
  b는 대칭축의 위치와, c는 y축과의 교점의 위치와 관련이 있다.

→ a의 절댓값이 클수록 그래프의 폭이 좁아지고
  $a > 0$일 때, 아래로 볼록, $a < 0$일 때 위로 볼록하다.

→ $y = ax^2 + bx + c$에서 그래프의 모양은 a에 의해서만 결정된다.

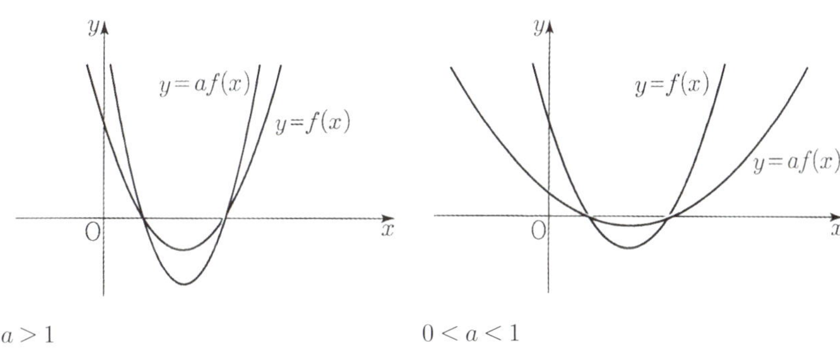

→ 축이 y축의 왼쪽에 있으면 a, b는 서로 같은 부호 ($ab > 0$)
  축이 y축의 오른쪽에 있으면 a, b는 서로 다른 부호 ($ab < 0$)

→ y축과 교점이 x축보다 위쪽이면 $c > 0$
  y축과 교점이 x축보다 아래쪽이면 $c < 0$

이차함수의 구성

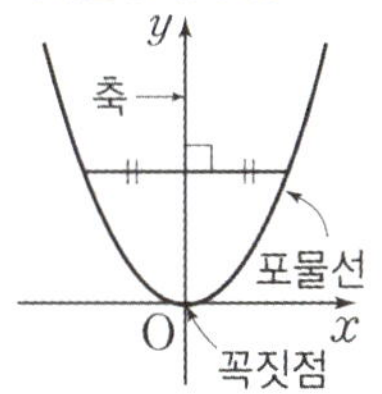

이차함수의 증감

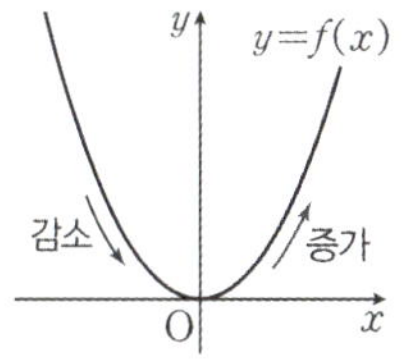

이차함수와 직선과의 관계

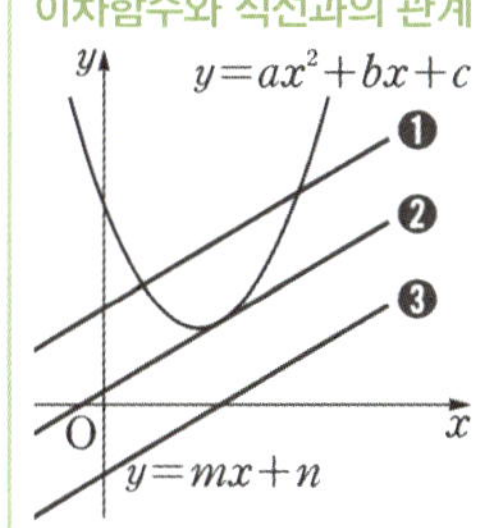

① $D > 0$
② $D = 0$
③ $D < 0$

함수 [연역]

함수 [연역]
Schema 2

이차함수

- 이차함수와 x축과 평행한 직선이 만날 수 있는 경우는
  Max 2개이며 접하는 경우를 기준으로 1 ± 1처럼 생각할 수 있다.

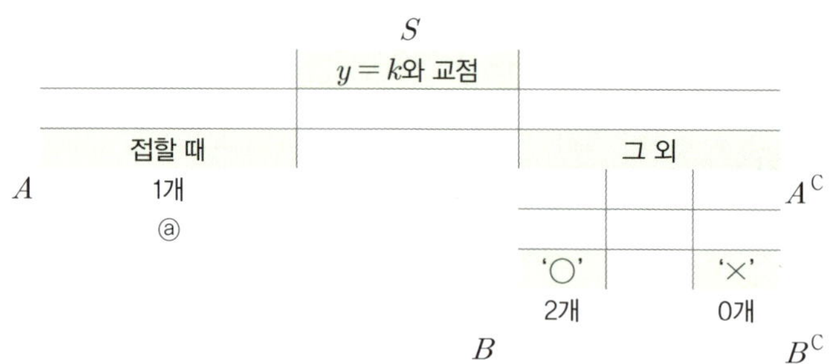

(○ : 교점 있음, × : 교점 없음)

$\Rightarrow$ 개수함수 $g(t)$의 기준선 ⓐ

$\Leftrightarrow |g(t+) - g(t-)| = 2$

- 이차함수는 표준형과 기본형으로 분류되고 언제든 상호 전환할 수 있으나

S
이차함수

A $y = a(x-p)^2 + q$ $\longleftrightarrow$ $y = ax^2 + bx + c$ A^C

표준형   기본형

주 특징 위주로 선순위 생각 후 필요하면 변환하도록 하자.

①	꼭짓점	$\left(-\dfrac{b}{2a}, \ -\dfrac{D}{4a}\right)$
②	대칭축	$x = -\dfrac{b}{2a}$
③	x절편	$\dfrac{-b \pm \sqrt{b^2 - 4ac}}{2a}$

이차함수

- 이차함수 $f(x) = ax^2 + bx + c$에 대하여 방정식 $f(x) = 0$의 두 실근이 α, β일 때

① $\alpha + \beta = -\dfrac{b}{a}$

② $\alpha\beta = \dfrac{c}{a}$

③ $|\alpha - \beta| = \dfrac{\sqrt{D}}{|a|}$

이 성립하고 ①과 ②를 근과 계수와의 관계라고 한다.

- 이차방정식 $ax^2 + bx + c = 0$의 근과 제한 조건을 비교하여 이차식의 계수를 완성하는 것을 근의 분리라 한다.

방정식의 해는 $f(x)$와 x축의 관계로 생각할 수 있으므로 이차함수 그래프 관점에서 해석할 수 있다.

예

$x > k$에서 이차방정식 $ax^2 + bx + c = 0$이 실근을 1개 가질 조건

	조건	분리	그래프
①	$f(k) > 0$	$D = b^2 - 4ac = 0,\ k < -\dfrac{b}{2a}$	
②	$f(k) = 0$	$k < -\dfrac{b}{2a}$	
③	$f(k) < 0$	$a,\ b,\ c$와 무관하게 1개	

예 $x > k$에서 이차방정식 $ax^2 + bx + c = 0$이 실근을 2개 가질 조건

① $f(k) > 0$ ② $k < -\dfrac{b}{2a}$ ③ $D = b^2 - 4ac > 0$

함수 [연역]

함수 [연역]
Schema 2

이차함수

- 이차함수 $f(x)$와 직선 $g(x)$이 만나는 경우 만나는 점을 기준으로
  식을 수립할 수 있다.

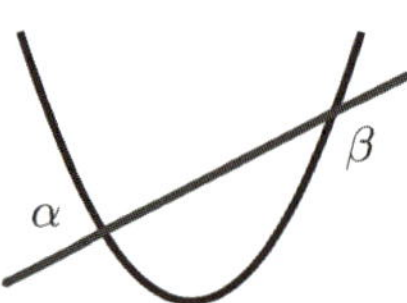

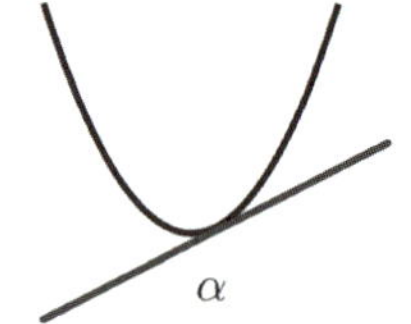

① 만날 때
$f(x) - g(x) = a(x - \alpha)(x - \beta)$

② 접할 때
$f(x) - g(x) = a(x - \alpha)^2$

- $\alpha \leq x \leq \beta$로 정의역이 제한된 이차함수 $f(x) = a(x - p)^2 + q$에서
  최대·최소는 양극단 또는 극값으로 제한된다.

S

	제한된 최대 · 최소	
끝값		극값

A $\qquad\qquad \longleftrightarrow \qquad\qquad$ A^C

① $a > 0$이면 x가 p와 가장 가까울 때 최솟값, 가장 멀 때 최댓값
② $a < 0$이면 x가 p와 가장 가까울 때 최댓값, 가장 멀 때 최솟값

- x축과 평행한 직선과 이차함수의 관계에서 다음을 만족한다.

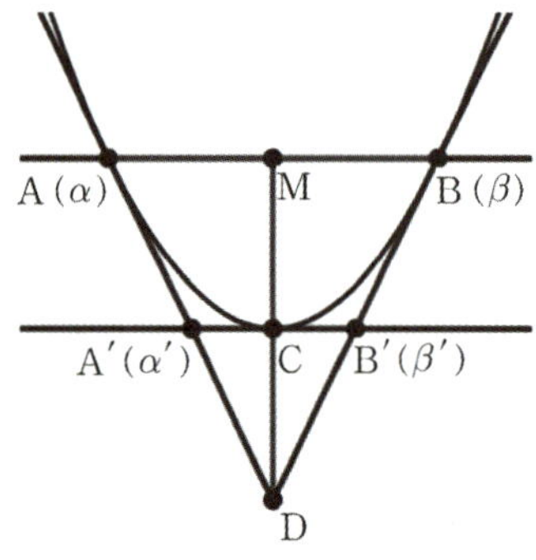

① 극간격 : $\overline{MC} = \dfrac{\overline{MD}}{2} = \dfrac{|a|}{4}(\beta - \alpha)^2 = |a|(\overline{MA})^2$

② 합 일정 : $\alpha + \beta = \alpha' + \beta' = -\dfrac{b}{a}$

이차함수

- 이차함수에 그을 수 있는 접선의 개수는 다음으로 분류된다.

  ① 이차함수 내부의 점 : 0개
  ② 이차함수 위의 점 : 1개
  ③ 이차함수 외부의 점 : 2개

- 이차함수 $f(x)$ 위 서로 다른 두 점 $x=a$, $x=b$에서의

  두 접선 간 교점의 x 좌표는 두 접점 간 중점인 $x=\dfrac{a+b}{2}$이다.

(= 접 - 교 - 접 간격 비 1 : 1)

2개의 접점과 1개 교점 중 2개를 알면 여사건 요소의 x 좌표를 도출해낼 수 있다.

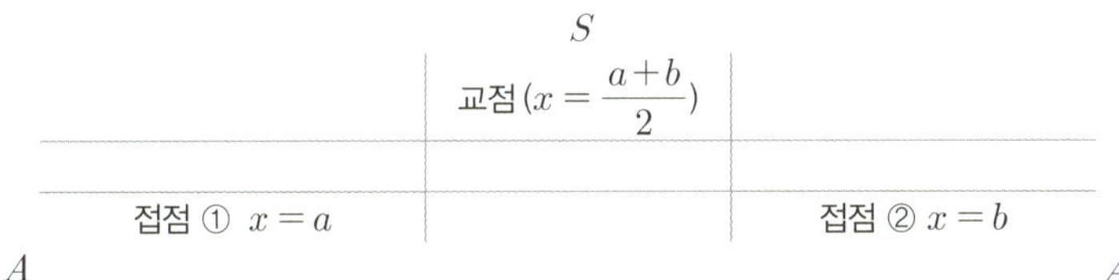

- 이차함수에서 양극단 평균변화율 = 중점 순간변화율이다.

  → 일차함수와 이차함수가 두 점에서 만날 때
    평균변화율 = 순간변화율인 x 좌표는 두 점의 중점이다.
    ($\because$ 도함수의 등간격 성질)

  → 3개의 미분계수는 등간격 관계에 있으므로
    3개 중 2개를 알면 여사건 요소를 도출해낼 수 있다.

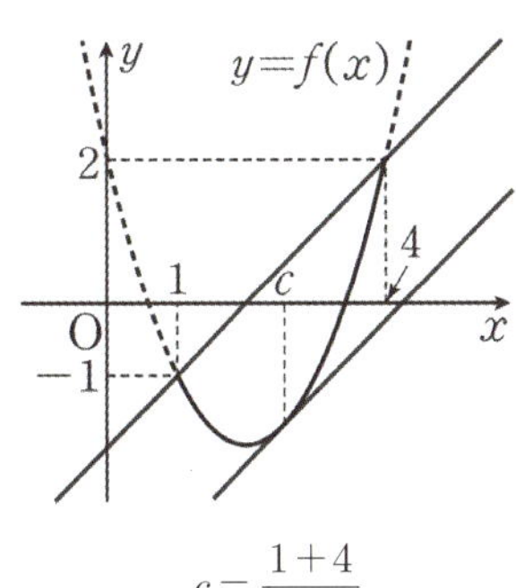

$$c=\dfrac{1+4}{2}$$

$$f'\left(\dfrac{a+b}{2}\right)=\dfrac{f'(a)+f'(b)}{2}$$

함수 [연역]

삼차함수

[중요도 ★★★★]

- 삼차함수의 도함수는 이차함수이고 삼차함수의 적분 함수는 사차함수이므로
  매개함수로 활용될 수 있어 중요도가 높은 다항함수이다.

- 삼차함수 $y = ax^3 + bx^2 + cx + d$는 정의역과 치역이 모두 실수 전체인 함수이고
  $(x,\,y) = (-\dfrac{b}{3a},\, f(-\dfrac{b}{3a}))$이 중심인 점대칭함수이다.

$\Rightarrow b = 0,\ d = 0$로 홀수차항만 있는 삼차함수는 원점 대칭이다.

[점대칭의 중심]

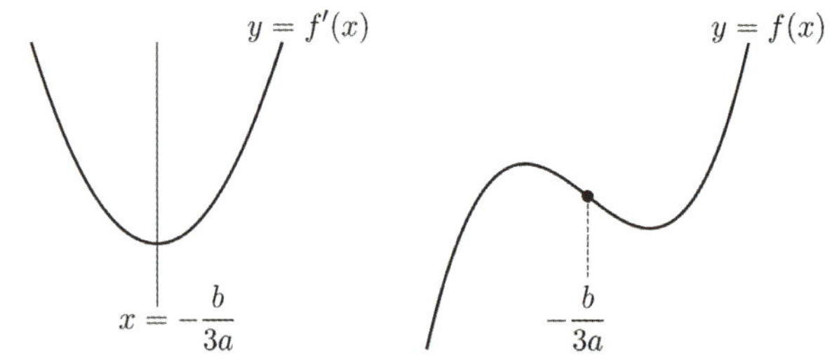

[개형 양상]

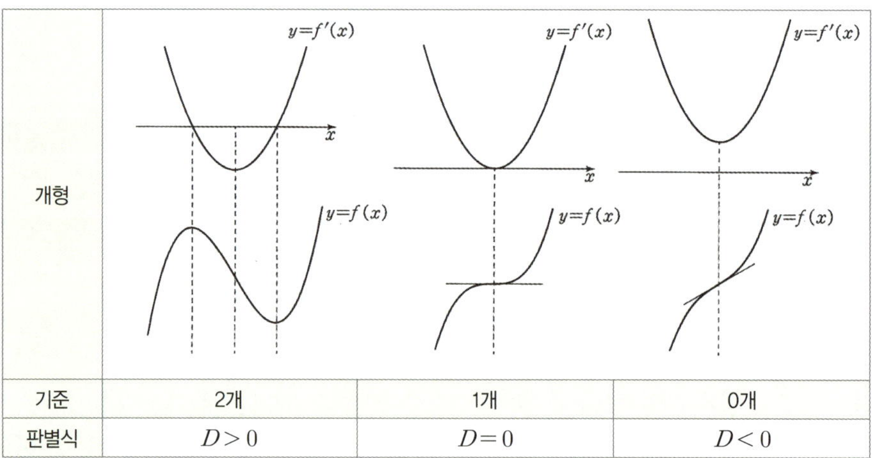

개형			
기준	2개	1개	0개
판별식	$D > 0$	$D = 0$	$D < 0$

$$D = b^2 - 4ac \ (\text{단},\ f'(x) = ax^2 + bx + c)$$

$\Rightarrow$ 원함수의 기울기 집합 내에서 변곡점의 기울기가 Max 또는 Min이다.

삼차함수

- 삼차함수 $y = ax^3 + bx^2 + cx + d$를 변형하면

$$= a(x^3 + \frac{b}{a}x^2) + cx + d$$

$$= a(x + \frac{b}{3a})^3 + (c - \frac{b^2}{3a})x + d - \frac{b^3}{27a^2}$$

$$= a(x - m)^3 + k(x - m) + n$$

$\therefore$ 삼차함수 $f(x)$는 항상 $(m,\ n)$ 점대칭이고, $(m,\ n)$은 변곡점이다.

그에 따라 모든 삼차함수를 $g(x) = a(x - m)^3$ 변곡점에서의 기본형과
$h(x) = k(x - m) + n$ 변곡접선과의 관계함수로 관찰할 수 있다.

$\rightarrow$ 변곡접선을 바탕으로 그래프 개형을 기하적으로 추론할 수 있다.

- 삼차함수 $f(x)$ 위 서로 다른 두 점 $x = a,\ x = b$에서 미분계수가 같으면
변곡점의 x 좌표는 두 접점 간 중점인 $x = \dfrac{a+b}{2}$ 이다.

2개의 점점과 1개 변곡점 중 2개를 알면 여사건 요소의 x 좌표를 도출해낼 수 있다.

$$S$$

	변곡점 $(x = \dfrac{a+b}{2})$	
접점 ① $x = a$		접점 ② $x = b$

A 　　　　　　　　　　　　　　　　　　　　　　　　 $A^{\,C}$

- 삼차함수는 변곡점 기준 점대칭함수이므로 다음이 성립한다.

[원명제]

$$(a,\ f(a))\ 변곡점 \qquad\qquad \int_{a-b}^{a+b} f(x) - f(a)\,dx = 0$$

$$p \qquad\qquad \Rightarrow \qquad\qquad q$$

[역명제]

$$\int_{a-b}^{a+b} f(x) - f(a)\,dx = 0 \qquad\qquad (a,\ f(a))\ 변곡점$$

$$q \qquad\qquad \Rightarrow \qquad\qquad p$$

함수 [연역]

삼차함수

- 삼차함수는 x축과 만나는 점을 0 인수라고 정의했을 때
  0 인수를 적어도 1종류 이상 갖고 최대 3종류까지 가질 수 있다.

⇒ 0 인수를 1종류 이상 최대 3종류까지 만들 수 있다.
⇒ $y = k$와의 개수 함수의 정의역이 [1, 2, 3]이다.

[기본형]

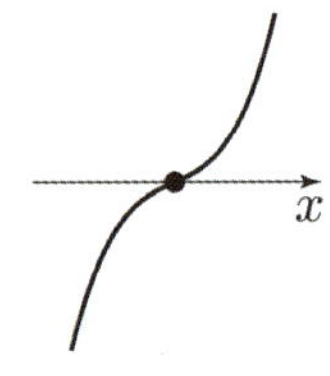
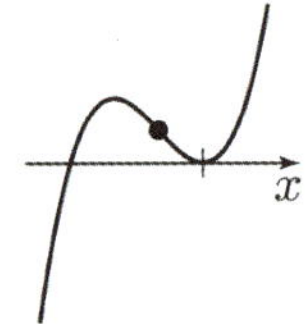
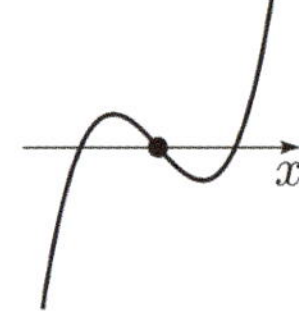

1종류　　　　　　2종류　　　　　　3종류

- 최고차항의 계수가 a인 삼차함수 $f(x)$와 직선 $g(x)$이 만나는 경우 식을 이항하면 기본형과
  동일한 양상으로 식을 수립할 수 있다.

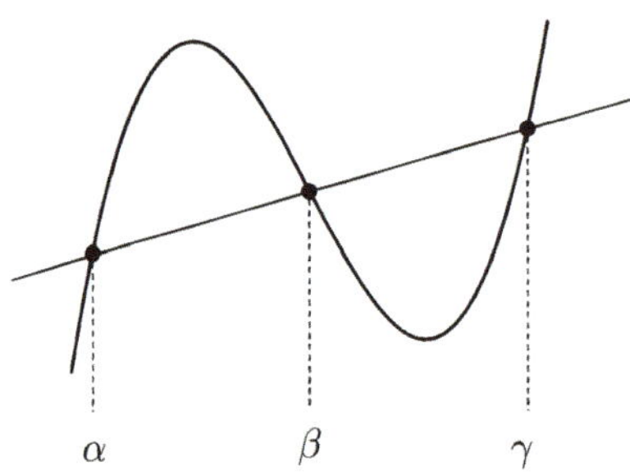
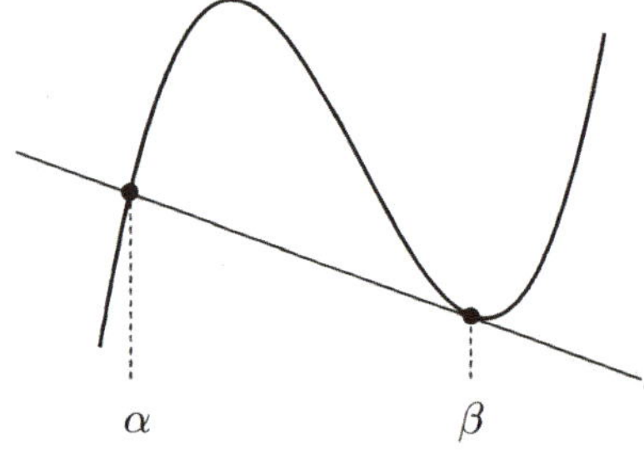

① 만날 때
$$f(x) - g(x) = a(x-\alpha)(x-\beta)(x-\gamma)$$

② 접할 때
$$f(x) - g(x) = a(x-\alpha)^2(x-\beta)$$

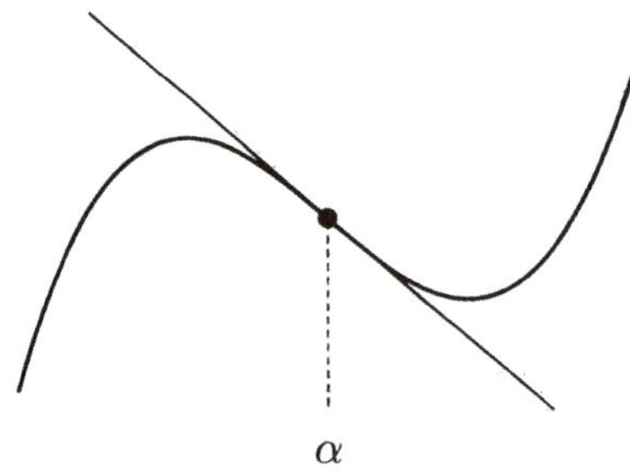

③ 변곡점에서 접할 때
$$f(x) - g(x) = a(x-\alpha)^3$$

삼차함수

- 삼차함수 그래프에서 0 인수가 2종류인 경우 가능한 기본형은 다음으로 분류된다.

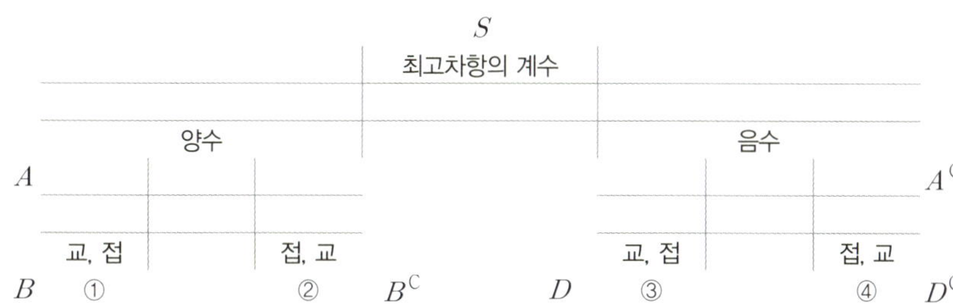

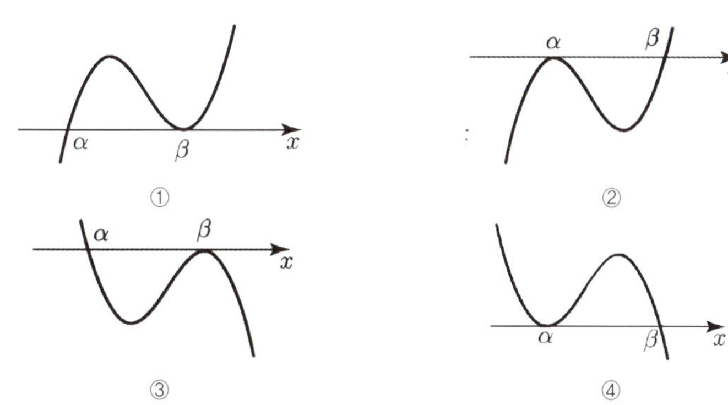

- 삼차함수 그래프에서 부호 변화 횟수는 다음으로 제한된다.

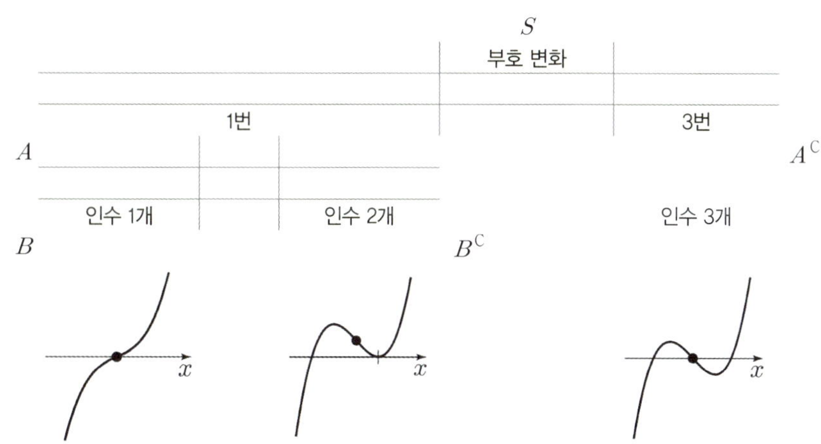

함수 [연역]

함수 [연역]
Schema 3

삼차함수

- 삼차함수의 단위 간격(비례상수 1에 대응되는 간격)을 △라 하면
  극값 간 가로 간격($\triangle_x$)은 $2\triangle$이고, 세로 간격($\triangle_y$)은 $4\triangle^3$이다.

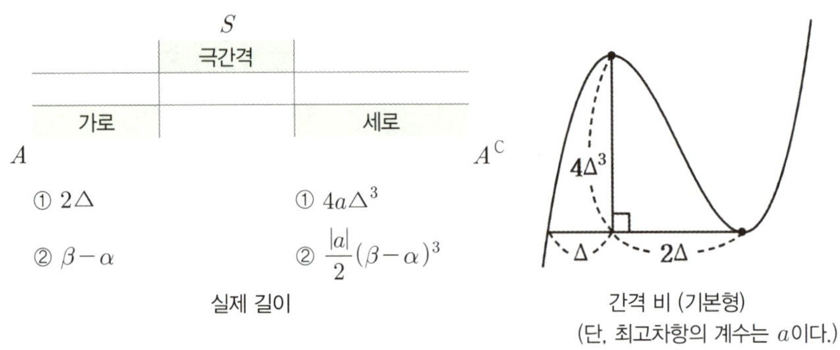

- 삼차함수 그래프 내에서 다음 간격 비가 나타난다.

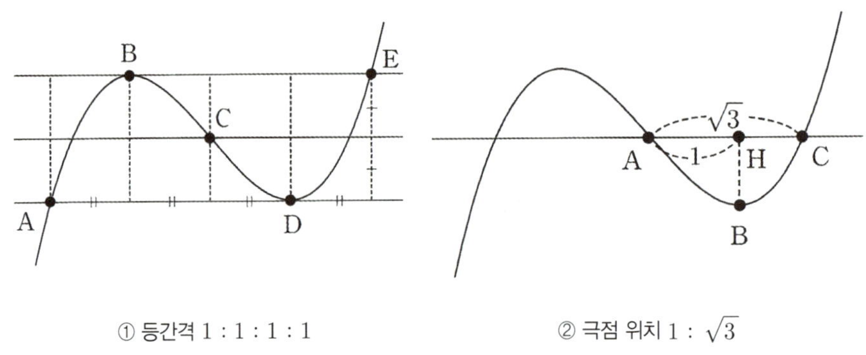

그에 따라 x축 또는 기울어진 축을 기준으로

① 극댓값 기준선
② 변곡점 기준선
③ 극솟값 기준선

3개의 기준선 내 x 좌표 중 2개만 알아도 여사건 요소를 도출해낼 수 있다.

- 삼차함수 그래프 내에서 변곡접선과 변곡점을 지나지 않는 접선 간 교점을
  종점으로 하는 벡터의 Δx 비는 변곡점 시점 : 접점 벡터 $= 2 : 1$ 이다.

삼차함수

- 삼차함수 $f(x)$에 대해 삼차방정식 $f(x) = ax^3 + bx^2 + cx + d = 0$의 세 근을 $\alpha,\ \beta,\ \gamma$라 하면 다음 관계가 성립한다.

① $\alpha + \beta + \gamma = -\dfrac{b}{a}$

② $\alpha\beta + \beta\gamma + \gamma\alpha = \dfrac{c}{a}$

③ $\alpha\beta\gamma = -\dfrac{d}{a}$

④ $\dfrac{1}{f'(\alpha)} + \dfrac{1}{f'(\beta)} + \dfrac{1}{f'(\gamma)} = 0$

- 삼차함수는 변곡점 대칭이므로 변곡점 기준 등간격 적분값을 0으로 수렴시킬 수 있다.

[필요충분조건]

$(a,\ f(a))$ 변곡점 $\qquad\qquad\qquad \displaystyle\int_{a-b}^{a+b} f(x) - f(a)\,dx = 0$

$\qquad p \qquad\qquad\qquad \Leftrightarrow \qquad\qquad\qquad q$

- 이차함수의 정적분 값으로 삼차함수의 극간격을 생각할 수 있다.

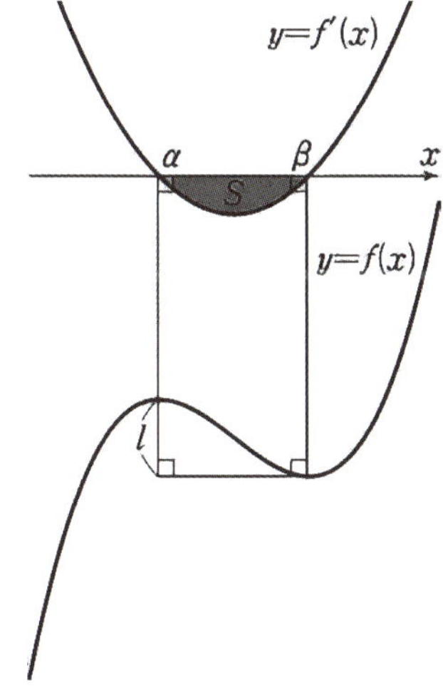

$$l = -\int_{\alpha}^{\beta} f'(x)\,dx$$
$$= f(\alpha) - f(\beta)$$
$$= \frac{|a|}{2}(\beta - \alpha)^3$$
$$= \frac{|3a|}{6}(\beta - \alpha)^3$$
$$= S$$

함수 [연역]

함수 [연역]
Schema 3

삼차함수

- $f(x) = ax^3 + bx^2 + cx + d$의 변곡점은 $(x, y) = \left(-\dfrac{b}{3a},\ f\left(-\dfrac{b}{3a}\right)\right)$이고

$$\frac{\alpha + \beta + \gamma}{3} = \frac{x_1 + x_2 + x_3}{3} = -\frac{b}{3a} = k \text{이다.}$$

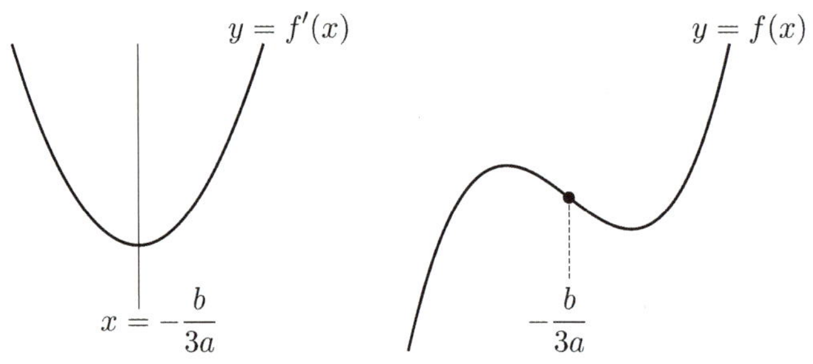

그에 따라

① 직선과의 세 교점의 x 좌표
② 직선과의 세 교점의 x 좌표의 합
③ $f(x) = 0$의 세 실근
④ $f(x) = 0$의 세 실근의 합
⑤ 최고차항과 2차항의 계수

중 하나만 알아도 점대칭의 중심을 파악할 수 있다.

- 모든 항의 계수가 양수인 삼차함수는 $x > 0$에서 x축과 교점을 갖지 않는다.

$$\therefore f(x) = ax^3 + bx^2 + cx + d$$

① $\alpha + \beta + \gamma = -\dfrac{b}{a} < 0$

② $\alpha\beta + \beta\gamma + \gamma\alpha = \dfrac{c}{a} > 0$

③ $\alpha\beta\gamma = -\dfrac{d}{a} < 0$

삼차함수

- $f(x)$가 3차 이하의 다항식일 때

$$\int_a^b f(x)\,dx = \frac{b-a}{6}\left\{f(a)+4f\left(\frac{a+b}{2}\right)+f(b)\right\}$$가 항상 성립한다.

- 이차함수의 도함수는 일차함수이므로
  이차함수에서 양극단 평균변화율 = 중점 순간변화율이고
  이를 토대로 삼차함수 $f(x)$에 대해 $\dfrac{f(x+2)-f(x)}{2}=f'(x+1)+a$임을
  도출할 수 있다. (a는 $f(x)$의 최고차항의 계수, $a>0$)

pf)
등식 기준 좌변은 평균변화율, 우변은 순간변화율 관점으로 해석할 수 있다.

$g(t)=f(t+2)-f(t)$ 라 하면 $g(t)=\displaystyle\int_t^{t+2}f'(x)dx$이고

이차함수에서 $\dfrac{f(x+2)-f(x)}{2-0}=f'(x+1)$이므로 $t=x+1$에서의 접선과

$[x,\ x+2]$ 구간 내에서 넓이 관점으로 해석하면
직각사다리꼴 넓이와 ⓐ 이차함수와 접선으로 둘러싸인 넓이의 합이다.

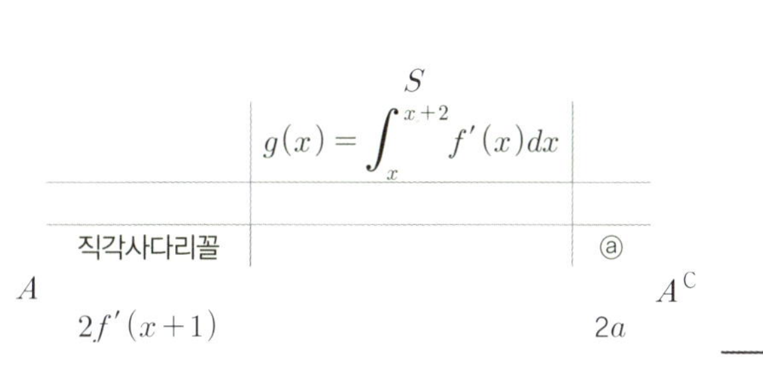

$$S$$

$$g(x)=\int_x^{x+2}f'(x)dx$$

	직각사다리꼴	ⓐ
	$2f'(x+1)$	$2a$

A $\qquad\qquad\qquad\qquad\qquad\qquad A^C$

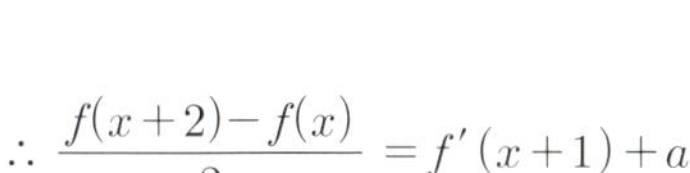

$$\therefore\ \frac{f(x+2)-f(x)}{2}=f'(x+1)+a$$

함수 [연역]

사차함수

[중요도 ★★★]

- 어떤 사차함수를 x축을 기준으로 대칭이동하면 동일한 개형 양상이므로
  개형 판단에 있어 최고차항의 계수를 양수로 첫 번째 설정을 행해도 일반성을 잃지 않고
  이와 같은 상황에서 극댓값 존재 여부를 기준으로 분류할 수 있다.

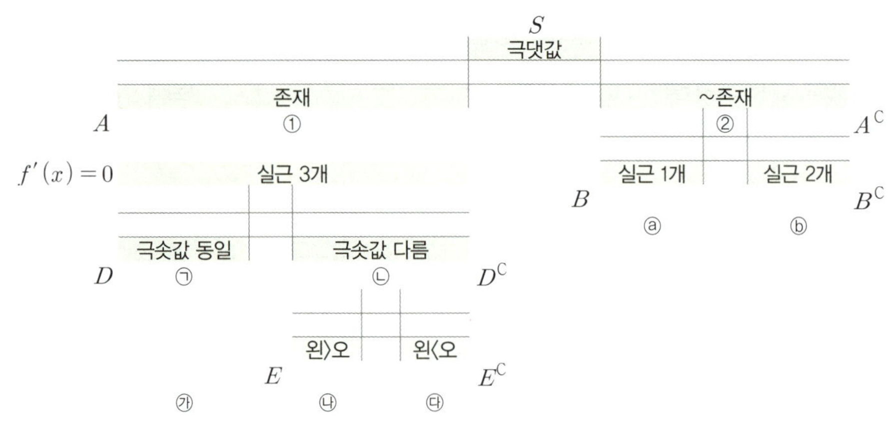

① 극댓값 존재

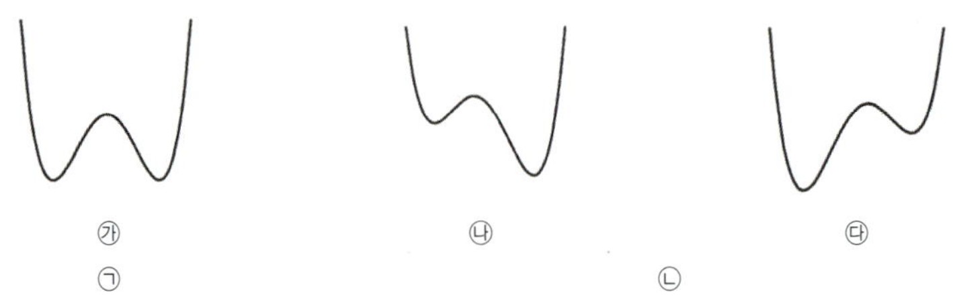

㉠ : $f'(x)=0$인 x를 크기 순으로 α, β, γ라 할 때, $\beta=\dfrac{\alpha+\gamma}{2}$ 이고

$x=\beta$ 기준 선대칭이다.

㉡ : $|f(\gamma)-f(\alpha)|$ (극간격) 은 도함수 넓이 차이다.

② 극댓값 존재 ×

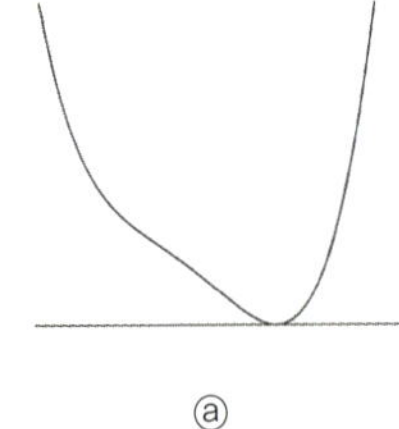

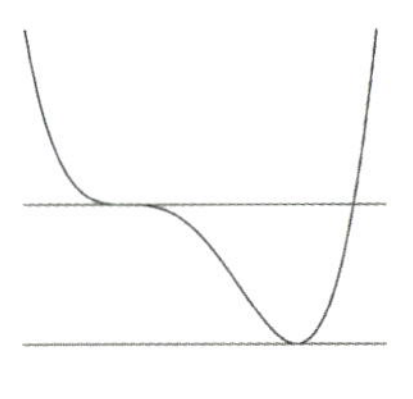

사차함수

ⓐ : $f'(x)=0$인 α가 단 하나 존재하고
　　$[-\infty,\ \alpha]$에서 $f'(x)$의 최댓값은 변곡접선일 때이다.

ⓑ : $f'(x)=0$인 x가 a, b 2개 존재하고
　　$f(a-)f(a+)<0$인 $x=a$에서 $f(x)=f(a)$는 3중근을 갖는다.
　　이때 $y=f(a)$와 $y=f(x)$ 사이의 3중근 a와 근 c는 다음 관계를 갖는다.

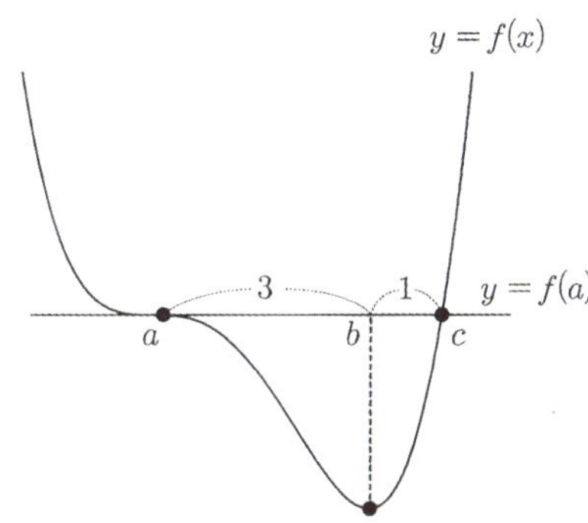

- 최고차항의 계수가 a인 사차함수 $f(x)$와 직선 $g(x)$이 만나는 경우 식을 이항하면 기본형과
동일한 양상으로 식을 수립할 수 있다.

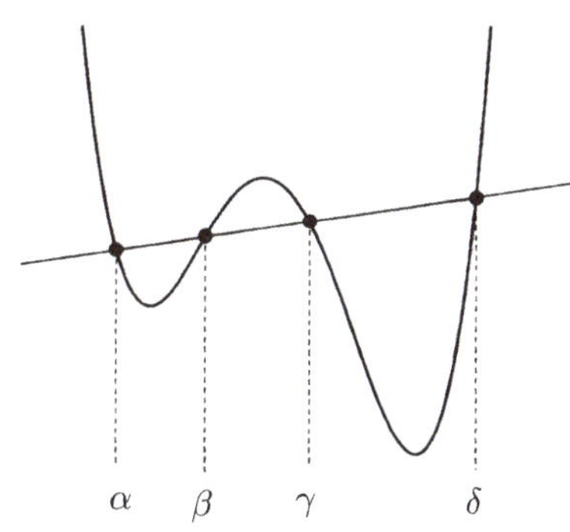

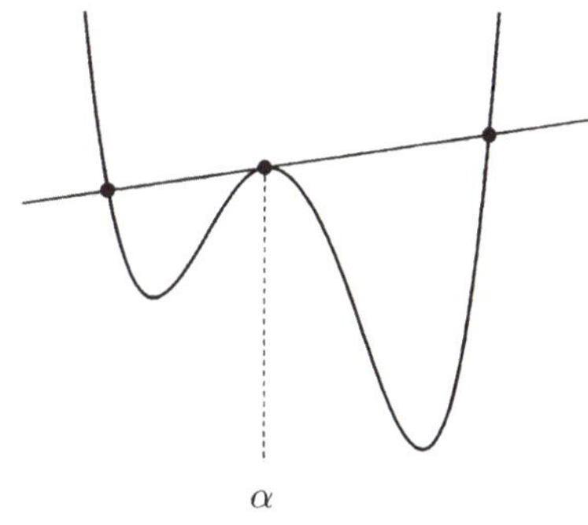

① 네 점에서 만날 때
$f(x)-g(x)=a(x-\alpha)(x-\beta)(x-\gamma)(x-\delta)$

② 한 점에서 접할 때
$f(x)-g(x)=a(x-\alpha)^2(x^2+mx+n)$

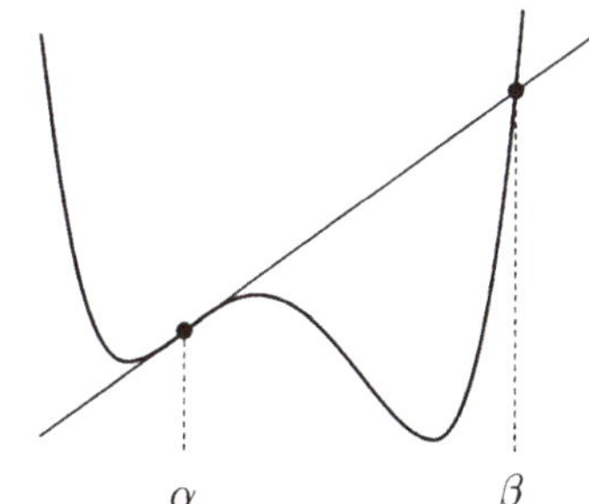

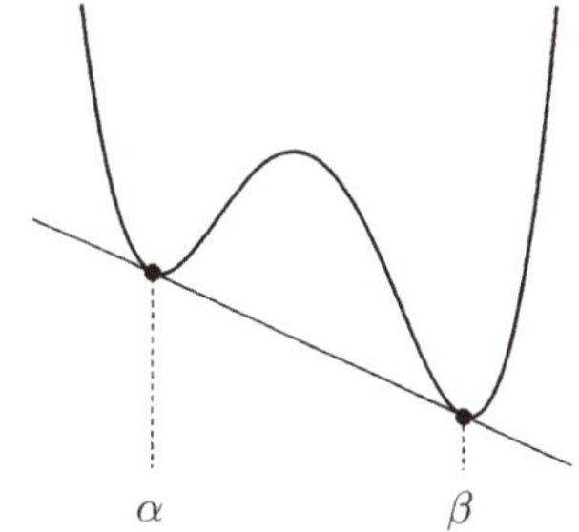

③ 변곡점에서 접할 때
$f(x)-g(x)=a(x-\alpha)^3(x-\beta)$

④ 두 점에서 접할 때
$f(x)-g(x)=a(x-\alpha)^2(x-\beta)^2$

함수 [연역]

함수 [연역]
Schema 4

사차함수

- 어떤 삼차함수의 부호 변화는 1번 또는 3번이므로

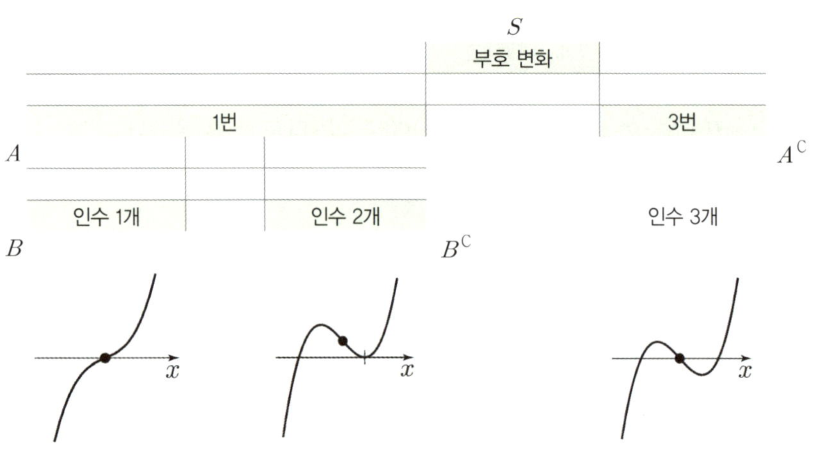

사차함수에 대해서 극점의 개수 또한 1개 또는 3개이고
상황에 맞는 분류 기준 중 하나로 생각할 수 있다.

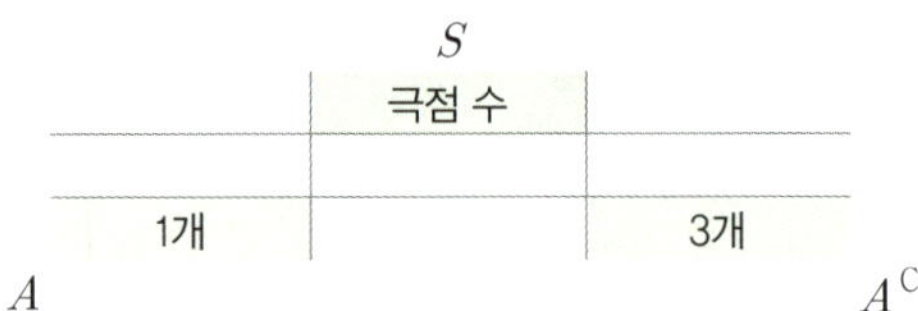

- 사차함수 그래프 내에서 다음 간격 비가 나타난다.

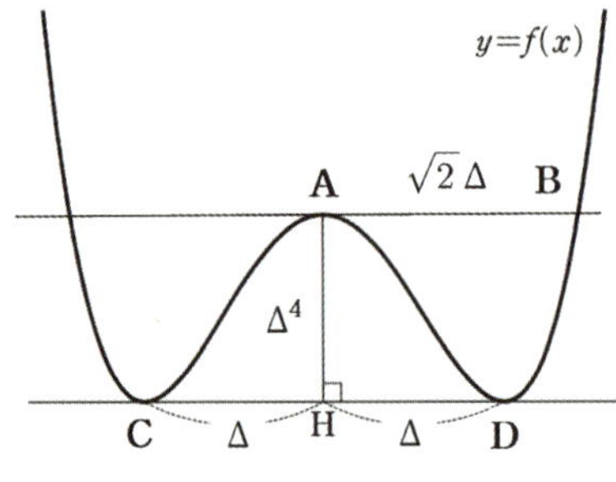

① $\overline{AB} : \overline{CH} : \overline{DH} = \sqrt{2} : 1 : 1$

② $\overline{AH} = |a|\overline{CH}^4$ (단, a는 최고차항의 계수)

　(단, A, C, D는 극점이다.)

① $\overline{AB} : \overline{BC} : \overline{CD} = 2 : 1 : 1$

② $\overline{CE} = 27|a|\overline{CD}^4$

　(단, A와 F는 변곡점, E는 극점이다.)

사차함수

- 사차함수를 원함수, 삼차함수를 도함수처럼 생각했을 때
  도함수의 넓이는 원함수의 극간격이므로 이를 토대로 개형 양상을 이해할 수 있다.

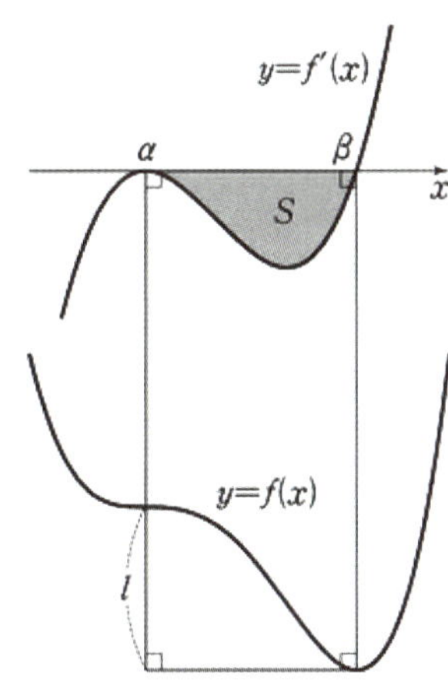

$$l = -\int_\alpha^\beta f'(x)\,dx$$
$$= f(\alpha) - f(\beta)$$
$$= \frac{|a|}{3}(\beta - \alpha)^4$$
$$= \frac{|4a|}{12}(\beta - \alpha)^4$$
$$= S$$

- 사차함수는 공통접선을 그을 수 있는 최소 차수의 다항함수로
  어떤 점으로부터 사차함수에 그을 수 있는 공통접선 개수의 정의역은 {0, 1}이다.

$f(x) = ax^4 + \sim$, 공통접선 $g(x) = mx + n$, $f(x) - h(x) = a(x-\alpha)(x-\beta)^2(x-\delta)$
라 할 때, 공통접선에 대해 끌어낼 수 있는 명제들을 정리하면 다음과 같다.

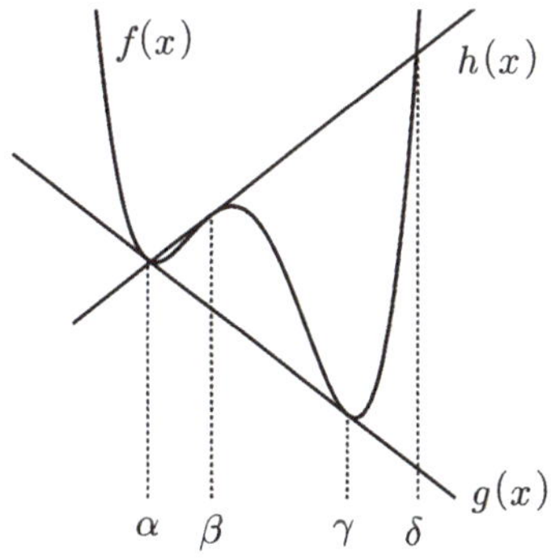

① $f(x) - g(x) = a(x-\alpha)^2(x-\gamma)^2$

② $f'(\alpha) = f'(\gamma) = \dfrac{f(\gamma) - f(\alpha)}{\gamma - \alpha} = m$

③ $\dfrac{\delta - \gamma}{\beta - \alpha} = 1$, $\dfrac{\gamma - \beta}{\beta - \alpha} = 2$

④ $x_1 \le x_2$인 모든 실수 x_1, x_2에 대하여 부등식

$$\int_{x_1}^{x_2} f(t)\,dt \ge \int_{x_1}^{x_2} \{f'(k)(t-k) + f(k)\}\,dt$$를 만족시키는 모든 실수 k 값의

범위가 $k \le \alpha$ 또는 $k \ge \gamma$이다.

함수 [연역]

유리함수

[중요도 ★★★]

- 정의역과 치역이 제한되며, 가로 점근선과 세로 점근선이 New 축으로 작용하는 함수이다

$$\left[y = \frac{k}{x-p} + q \text{의 그래프}\right]$$

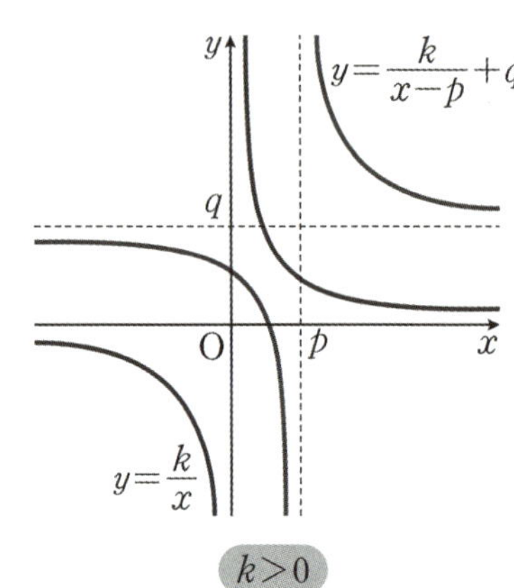

① 정의역   : $\{x \mid x \neq p$인 실수$\}$

② 치역   : $\{y \mid y \neq q$인 실수$\}$

③ 점근선   : $x = p$와 $y = q$

④ 점대칭 중심   : $(p,\ q)$

⑤ 최대 · 최소   :   기본형에서는 존재하지 않음 ⇒ 변형될 경우 생성됨

⑥ 극대 · 극소   :   기본형에서는 존재하지 않음 ⇒ New 요소 발생 시 생성됨

⇒ k를 몫, q를 나머지처럼 나머지정리를 활용하여 해석할 수 있다.

(∵ 분모 1차식)

$k < 0$인 경우

$y = \dfrac{k}{x-p} + q$

나머지정리

다항식 $f(x)$를 일차식 $x - a$ 로 나누었을 때의 나머지를 R 라 하면 $R = f(a)$

무리함수

[중요도 ★★★]

- 함수 $y = f(x)$에서 $f(x)$가 x에 대한 무리식일 때, 이 함수를 무리함수라고 하고
  정의역이 주어져 있지 않은 경우에는 근호 안의 식의 값이 0 이상이 되도록 하는
  실수 전체의 집합을 정의역으로 한다.

[$y = \sqrt{a(x-p)} + q \ (a \neq 0)$의 그래프]

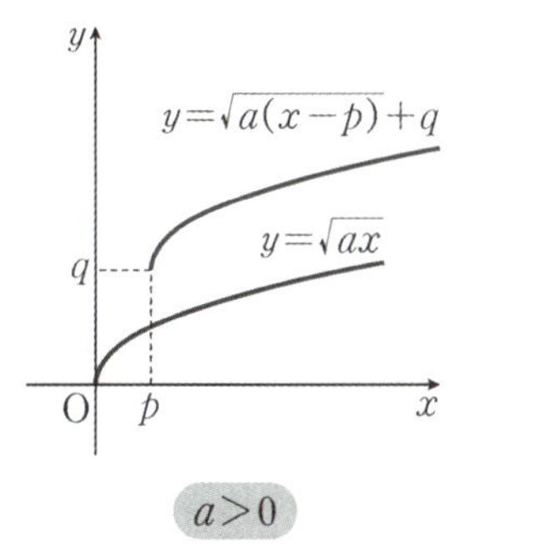

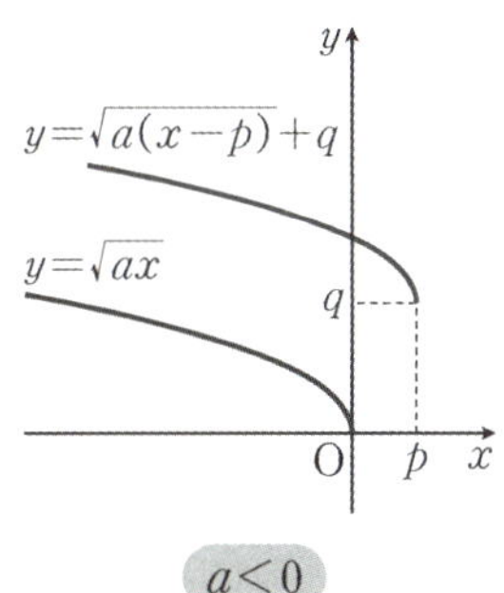

① 정의역 : $a > 0$일 때 $\{x \mid x \geq p\}$, $a < 0$일 때 $\{x \mid x \leq p\}$

② 치역　: $\{y \mid y \geq q\}$

③ 대칭성 : 2차함수와 역함수 관계

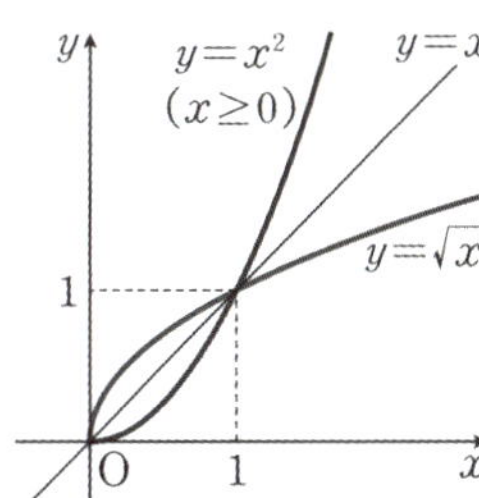

함수 [연역]

함수 [연역]
Schema 7

그래프

[중요도 ★★★]

- 함수 수식의 대수적 연산도 행할 수 있어야 하나
  그래프를 그려 기하적 판단을 행했을 때, 두 관점을 전환해가며 판단했을 때
  유리한 경우가 존재하여 두 관점의 자유로운 전환이 중요하다.

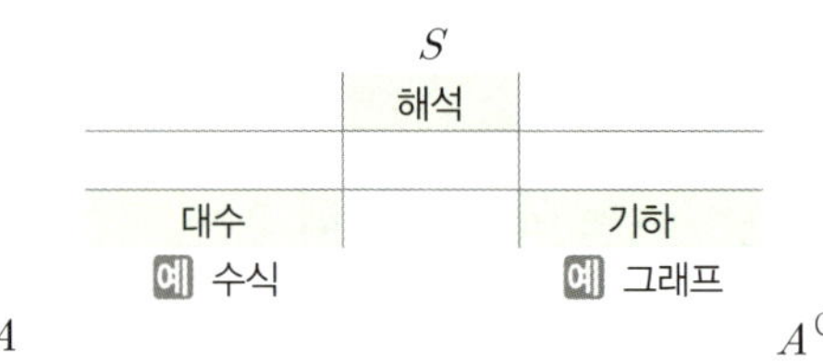

- 그래프 고려 요소들은 다음과 같다.

① 제한 범위

조건이나 주어진 식의 형태를 통해 정의역을 확인하여 함수의 가로 정보인
정의역에 제한이 생겼을 때, 그 제한이 생긴 곳 주변에서의 극한을 이용해
치역의 양상과 세로 정보를 확인할 수 있다.

ⓐ 분수 : (분모)≠0
ⓑ 무리함수 : $\sqrt{\ }$ 안 0 이상
ⓒ 로그함수 : (진수) > 0

② 극단 관찰

극한을 활용해 점근선 정보를 함께 생각할 수 있다.

ⓐ 가로 점근선 : $\lim\limits_{x\to\infty}f(x)=L$, $\lim\limits_{x\to-\infty}f(x)=L$

ⓑ 세로 점근선 : $\lim\limits_{x\to a+}f(x)=\infty$, $\lim\limits_{x\to a-}f(x)=\infty$

③ 함수의 성질

고려할 수 있는 함수의 성질에는 대칭성과 주기성이 있으며
대칭성에는 우함수, 기함수, 선대칭, 점대칭이 있다.

대칭성이 발견된다면 정의역의 반만 그려도 전체를 다 그릴 수 있고,
주기성이 발견된다면 한 주기만 그리면 전체를 다 그릴 수 있으며,
대칭성과 주기성이 모두 발견된다면 주기의 반만 그려도 전체를 알 수 있다.

ⓐ 우함수 $: f(-x) = f(x)$

ⓑ 기함수 $: f(-x) = -f(x)$

ⓒ $x = a$ 대칭

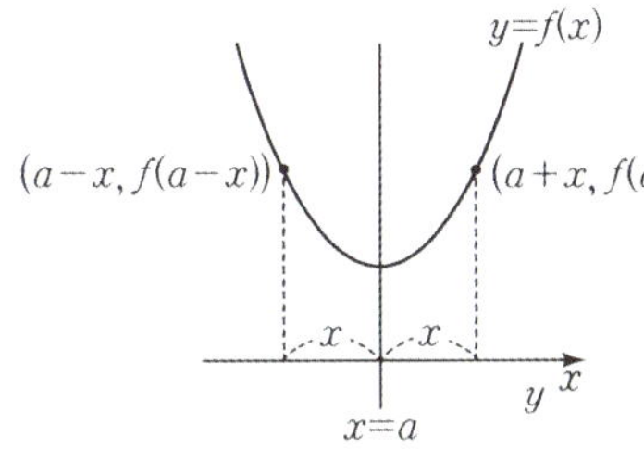

$$f(a-x) = f(a+x) \qquad f(2a-x) = f(x)$$

ⓓ 점 $(a,\ b)$ 대칭

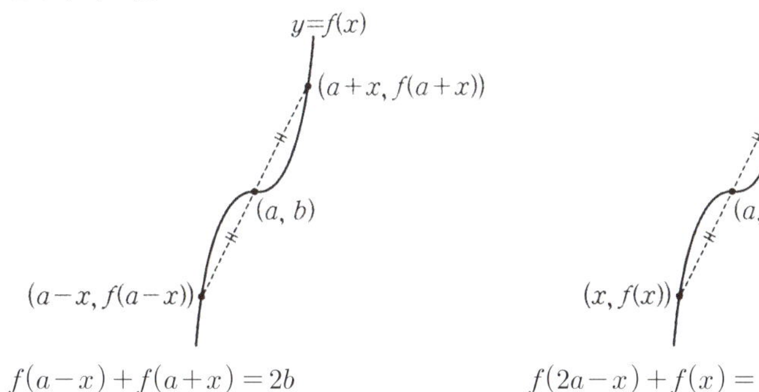

$$f(a-x) + f(a+x) = 2b \qquad f(2a-x) + f(x) = 2b$$

④ 정점

함수 자체의 정점, x 절편, y 절편

⑤ 증가와 감소, 극대와 극소

도함수 $f'(x)$를 이용하여 원함수의 증감과 극대·극소를 확인한다.

함수 [연역]

2

Chapter

극한

Chapter 2

극한

3
Theme

함수의 극한

함수의 극한

수렴과 발산

[중요도 ★★★]

- 함수 $f(x)$에서 x의 값이 a가 아니면서 a에 한없이 가까워질 때 $f(x)$의 값이
  일정한 수 L에 한없이 가까워지면,

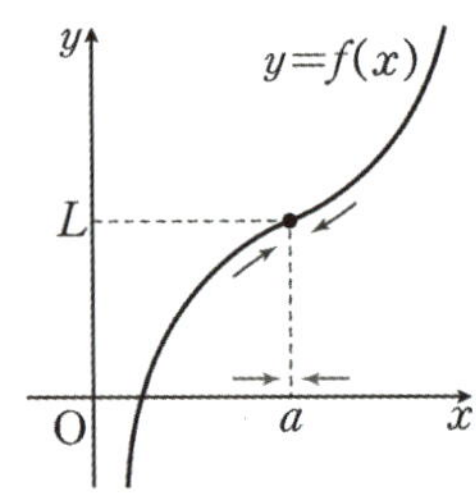

① 함수 $f(x)$는 L에 수렴

② 함수 $f(x)$가 수렴하지 않으면 함수 $f(x)$는 발산

③ L을 함수 $f(x)$의 $x = a$에서의 극한값 또는 극한

④ $\lim\limits_{x \to a} f(x) = L$

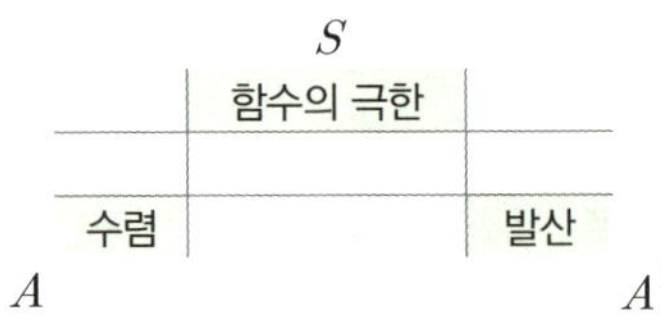

S	
함수의 극한	
수렴	발산
A	A^{C}

- 함수 $f(x)$에서 $x < a$에서 x가 a에 한없이 가까워질 때 $f(x)$가 일정한 값 α에
  가까워지면 α를 $f(x)$의 $x = a$에서의 좌극한값이라 하고, $\lim\limits_{x \to a-} f(x) = \alpha$라 한다.

  $Let)\ \lim\limits_{x \to a-} f(x) = f(a-) = \alpha$

- 함수 $f(x)$에서 $x > a$에서 x가 a에 한없이 가까워질 때 $f(x)$가 일정한 값 α에
  가까워지면 α를 $f(x)$의 $x = a$에서의 우극한값이라 하고, $\lim\limits_{x \to a+} f(x) = \alpha$라 한다.

  $Let)\ \lim\limits_{x \to a+} f(x) = f(a+) = \alpha$

→ 향하는 상수인 a에는 방향성이 있고, 극한값 α에는 방향성이 없는 목적지이다.

예 $f(x) = x + 1,\ g(x) = \dfrac{x^2 - 1}{x - 1}$

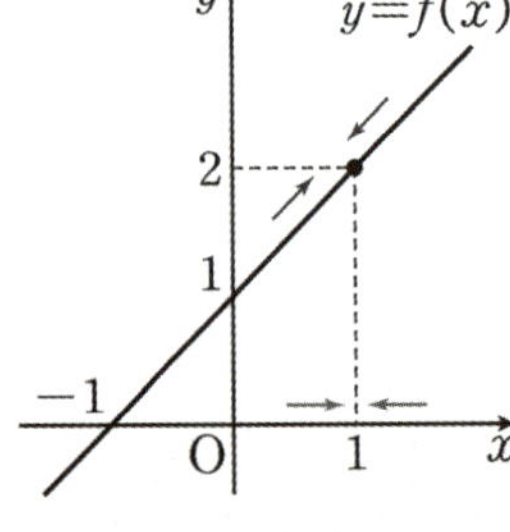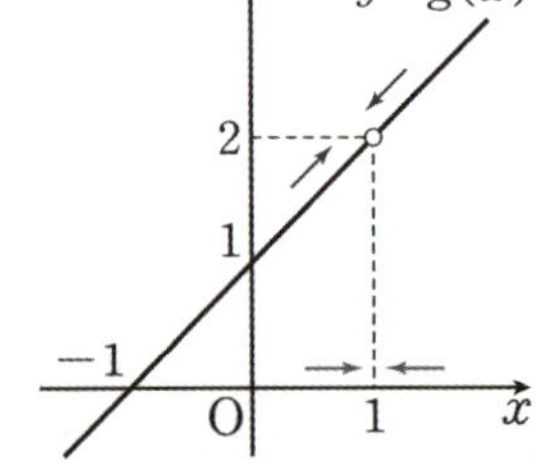

$f(1-) = f(1+) = 2 = f(2) \qquad f(1-) = f(1+) = 2 \neq g(2)$

수렴과 발산

- x의 값이 한없이 커지는 상태를 기호 ∞로 나타내고 무한대라 한다.

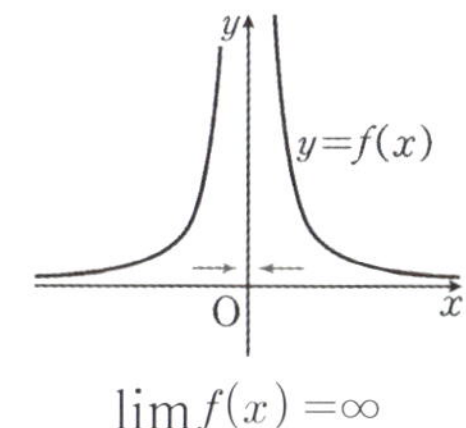

$$\lim_{x \to 0} f(x) = \infty$$

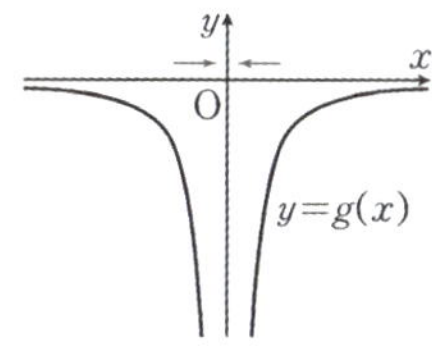

$$\lim_{x \to 0} g(x) = -\infty$$

- 함수 $f(x)$에서 x의 절댓값이 한없이 커질 때 $f(x)$의 값이
  일정한 수 L에 한없이 가까워지면,

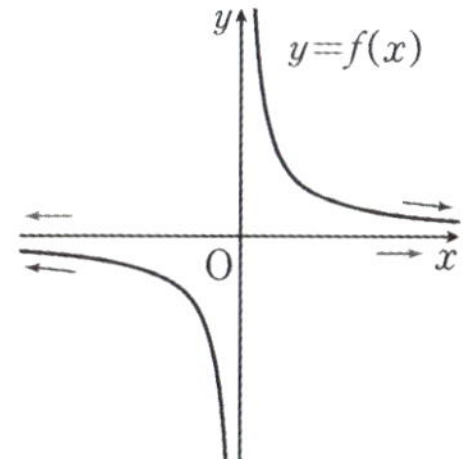

[x의 값 양수]
① 함수 $f(x)$는 L에 수렴
② $\displaystyle\lim_{x \to \infty} f(x) = L$

[x의 값 음수]
① 함수 $f(x)$는 L에 수렴
② $\displaystyle\lim_{x \to -\infty} f(x) = L$

- 극한 판단을 행할 때, 함수는 연속이 보장된 함수와
  불연속 의심 지점이 적어도 하나 이상 있는 함수로 분류된다.

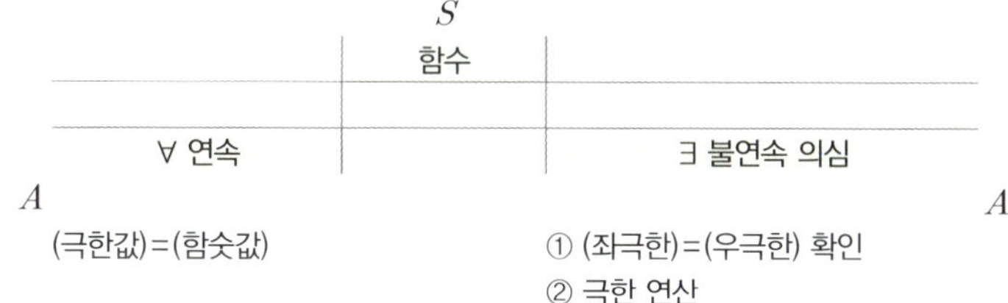

함수의 극한

예

함수 $y = f(x)$의 그래프가 그림과 같다.

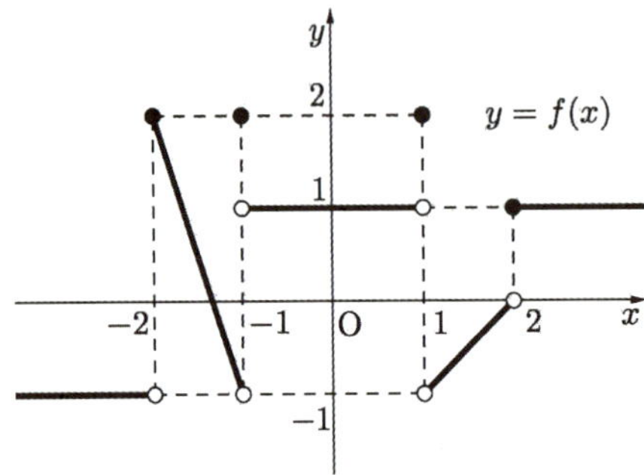

$$\lim_{x \to 1-} (f \circ f)(x) + \lim_{x \to -\infty} f\left(-2 - \frac{1}{x+1}\right)$$ 의 값은?

예

함수

$$f(x) = \begin{cases} x^2 + 1 & (x \leq 2) \\ ax + b & (x > 2) \end{cases}$$

에 대하여 $f(a) + \lim\limits_{x \to \alpha+} f(x) = 4$를 만족시키는 실수 α의 개수가 4이고,

이 네 수의 합이 8이다. $a + b$의 값은? (단, a, b는 상수이다.)

예

두 함수 $y = f(x)$ 와 $y = g(x)$ 의 그래프의 일부가 다음 그림과 같고, 모든 실수 x 에 대하여 $f(x+4)= f(x)$ 일 때, 옳은 것만을 <보기>에서 있는 대로 고르시오.

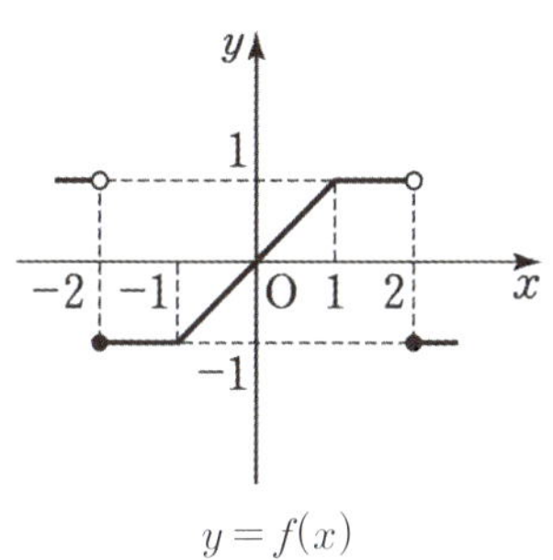

$y = f(x)$

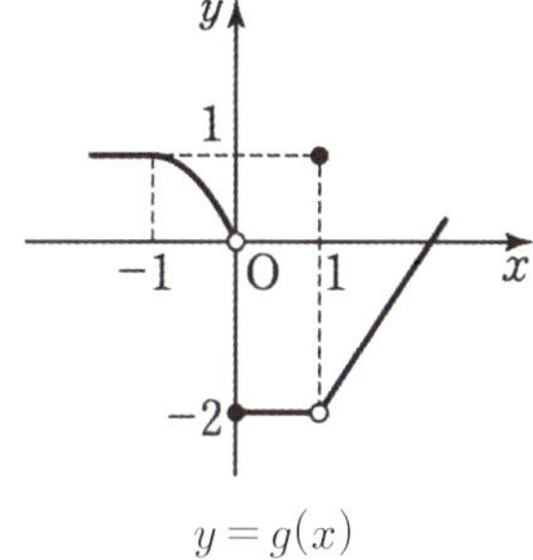

$y = g(x)$

<보 기>

ㄱ. $\displaystyle\lim_{x \to 0} g(f(x))= -2$

ㄴ. $\displaystyle\lim_{x \to 2} g(f(x))=1$

ㄷ. $\displaystyle\lim_{x \to \infty}\sum_{k=1}^{4} g\left(f\left(2k+\frac{1}{x}\right)\right)= -2$

예

실수 전체의 집합에서 정의된 함수 $y = f(x)$ 의 그래프가 그림과 같다.

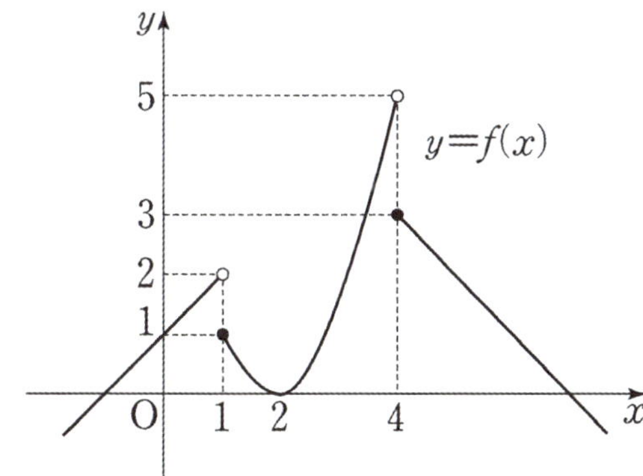

$$\lim_{t \to \infty} f\left(\frac{t-1}{t+1}\right)+ \lim_{t \to -\infty} f\left(\frac{4t-1}{t+1}\right) \text{ 의 값은?}$$

함수의 극한

수렴과 발산

Sol)

$t = f(x)$ 라 하면 $x \to 1-$ 일 때 $t = 1$ 이므로 $\displaystyle\lim_{x \to 1-} (f \circ f)(x) = f(1) = 2$

$s = -2 - \dfrac{1}{x+1}$ 라 하면 $x \to -\infty$ 일 때 $s \to -2+$ 이므로

$\displaystyle\lim_{x \to -\infty} f\left(-2 - \dfrac{1}{x+1}\right) = \lim_{s \to -2+} f(s) = 2$

Ans)

$\therefore \displaystyle\lim_{x \to 1-} (f \circ f)(x) + \lim_{x \to -\infty} f\left(-2 - \dfrac{1}{x+1}\right) = 4$

Sol)

경계값이 2이므로 다음과 같이 생각하는 게 좋아보인다.

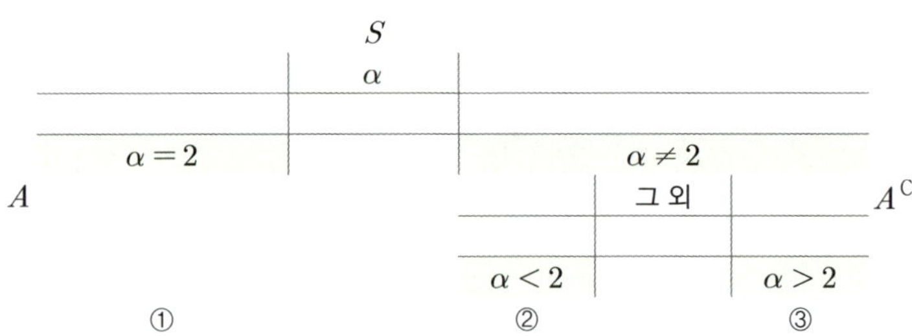

① $\alpha = 2$

$f(\alpha) = f(2) = 5$, $\displaystyle\lim_{x \to \alpha+} f(x) = \lim_{x \to 2+}(ax+b) = 2a+b$

$5 + (2a+b) = 4$, $2a+b = -1$

② $\alpha < 2$

$f(\alpha) = \alpha^2 + 1 = 2 \quad \therefore \alpha = \pm 1$

③ $\alpha > 2$

$f(\alpha) = a\alpha + b = 2$

$\to \alpha = 6 \ (\because$ 네 수의 합 8$)$

$\to 6a + b = 2$

Ans)

$\therefore a + b = -\dfrac{7}{4}$

Sol)

ㄱ. (×)

$x \to 0-$일 때 $f(x) \to 0-$이므로 $\displaystyle\lim_{x \to 0-} g(f(x)) = 0$이고

$x \to 0+$일 때 $f(x) \to 0+$이므로 $\displaystyle\lim_{x \to 0+} g(f(x)) = -2$이다.

$\to \displaystyle\lim_{x \to 0} g(f(x))$가 존재하지 않는다.

ㄴ. (○)

$\displaystyle\lim_{x \to 2-} f(x) = -1$이므로 $\displaystyle\lim_{x \to 2-} g(f(x)) = 1$

$\displaystyle\lim_{x \to 2+} f(x) = 1$이므로 $\displaystyle\lim_{x \to 2+} g(f(x)) = 1$

$\to \displaystyle\lim_{x \to 2} g(f(x)) = 1$

ㄷ. (○)

$\displaystyle\lim_{x \to \infty} g\left(f\left(2+\dfrac{1}{x}\right)\right) = \lim_{x \to \infty} g\left(f\left(6+\dfrac{1}{x}\right)\right) = 1$

$\displaystyle\lim_{x \to \infty} g\left(f\left(4+\dfrac{1}{x}\right)\right) = \lim_{x \to \infty} g\left(f\left(8+\dfrac{1}{x}\right)\right) = -2$

$\to \displaystyle\lim_{x \to \infty} \sum_{k=1}^{4} g\left(f\left(2k+\dfrac{1}{x}\right)\right) = 1-2+1-2 = -2$

Ans)

∴ 옳은 것은 ㄴ, ㄷ이다.

Sol)

$\displaystyle\lim_{t \to \infty} f\left(\dfrac{t-1}{t+1}\right)$에서 $s = \dfrac{t-1}{t+1}$로 놓으면 $\displaystyle\lim_{t \to \infty} f\left(\dfrac{t-1}{t+1}\right) = \lim_{s \to 1-} f(s) = 2$

$\displaystyle\lim_{t \to -\infty} f\left(\dfrac{4t-1}{t+1}\right)$에서 $s = \dfrac{4t-1}{t+1}$로 놓으면 $\displaystyle\lim_{t \to -\infty} f\left(\dfrac{4t-1}{t+1}\right) = \lim_{s \to 4+} f(s) = 3$

$\to \displaystyle\lim_{t \to \infty} f\left(\dfrac{t-1}{t+1}\right) + \lim_{t \to -\infty} f\left(\dfrac{4t-1}{t+1}\right) = 2+3 = 5$

Ans)

∴ $\displaystyle\lim_{t \to \infty} f\left(\dfrac{t-1}{t+1}\right) + \lim_{t \to -\infty} f\left(\dfrac{4t-1}{t+1}\right) = 5$

함수의 극한

함수의 극한
Schema 2

극한의 성질

[중요도 ★★★]

- 극한 연산을 행할 때, 알고 있는 함수에 대해서는 그래프 해석 or 정의로
  모르는 함수에 대해서는 정의대로 해석한다.

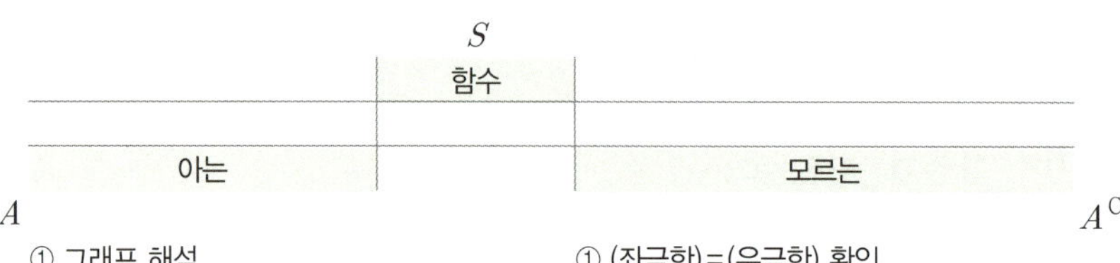

- 극한의 대소 비교에 있어 두 함수 $f(x)$, $g(x)$에서 $\lim_{x \to a} f(x) = \alpha$, $\lim_{x \to a} g(x) = \beta$
  (α, β는 실수)일 때 $f(x) \leq g(x)$이면 $\alpha \leq \beta$이다.

- 극한의 사칙연산은 결정형과 그 외의 경우인 부정형으로 분류된다

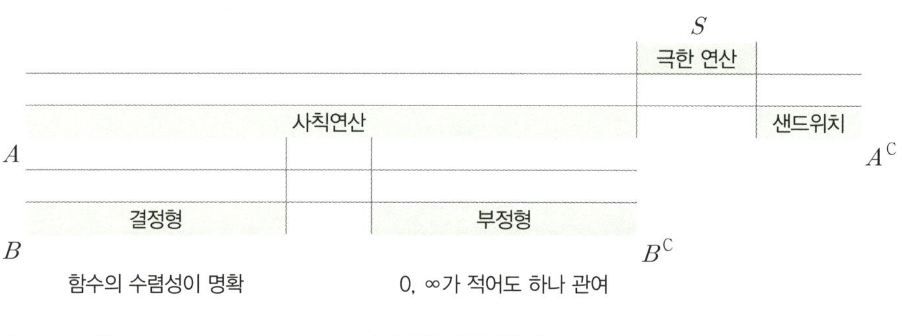

극한의 대소 관계
$x \longrightarrow a+, x \longrightarrow a-,$
$x \longrightarrow \infty, x \longrightarrow -\infty$
인 경우에도 성립한다.

- **[결정형 ①]**

$\lim_{x \to a} f(x) = \alpha$, $\lim_{x \to a} g(x) = \beta$일 때

① $\displaystyle \lim_{x \to a} kf(x) = k \lim_{x \to a} f(x) = k\alpha$

② $\displaystyle \lim_{x \to a} \{f(x) \pm g(x)\} = \lim_{x \to a} f(x) \pm \lim_{x \to a} g(x) = \alpha \pm \beta$

③ $\displaystyle \lim_{x \to a} f(x)g(x) = \lim_{x \to a} f(x) \times \lim_{x \to a} g(x) = \alpha\beta$

④ $\displaystyle \lim_{x \to a} \frac{g(x)}{f(x)} = \frac{\lim_{x \to a} g(x)}{\lim_{x \to a} f(x)} = \frac{\alpha}{\beta}$ (단, $\beta \neq 0$)

- **[결정형 ②]**

$\lim\limits_{x \to a} f(x) = \alpha$일 때

① $\lim\limits_{x \to a} kf(x) = k\lim\limits_{x \to a} f(x) = k\alpha$

② $\lim\limits_{x \to a} \{f(x) \pm g(x)\} = \alpha \pm \lim\limits_{x \to a} g(x)$

③ $\lim\limits_{x \to a} f(x)g(x) = \alpha \times \lim\limits_{x \to a} g(x)$ (단, $\alpha \neq 0$)

④ $\lim\limits_{x \to a} \dfrac{g(x)}{f(x)} = \dfrac{\lim\limits_{x \to a} g(x)}{\alpha}$ (단, $\alpha \neq 0$)

→ 둘 중 하나만 수렴하는 경우에도 활용할 수 있다

→ 부정형을 제외한 수렴성을 아는 부분을 우선적으로 떼어내 연산할 수 있다.

- 극한 $\lim\limits_{x \to a} f(x) = \alpha$에 대해 x에 가까워지는 상황을 보는 것이기 때문에
  $x \neq a$인 제한 내에서 식 정리를 행할 수 있다.

① $\lim\limits_{x \to a-} f(x) = \alpha$: $x < a$ 제한 내에서 극한식 조작 가능

② $\lim\limits_{x \to a+} f(x) = \alpha$: $x > a$ 제한 내에서 극한식 조작 가능

- **[부정형]**

부정형의 해석에 있어서는 상수 꼴 만들기가 핵심이다.

부정형에서 lim를 분배해서 최대한 결정형을 끌어낼 수 있다.

① $\dfrac{0}{0}$ ② $\dfrac{\infty}{\infty}$ ③ $0 \times \infty$ ④ $\infty - \infty$

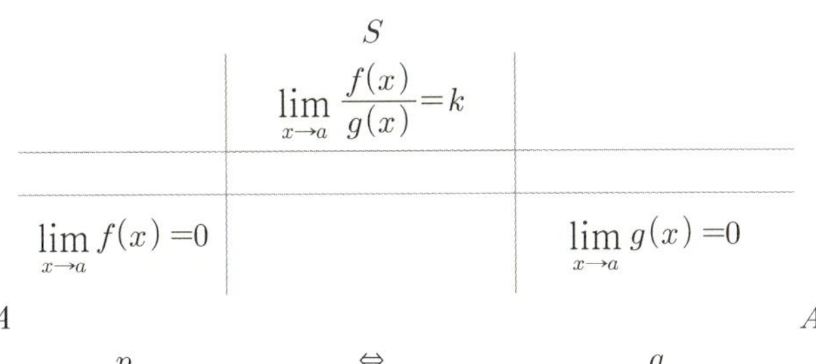

① $\lim\limits_{x \to a} \dfrac{f(x)}{g(x)} = k$라는 전제 내에서 $p \Leftrightarrow q$ 관계에 있다.

② 극한식은 정보를 2개 이상 담을 수 있다.

함수의 극한

함수의 극한
Schema 3

극한의 존재성

[중요도 ★★★]

- 함수 $f(x)$, $g(x)$, $h(x)$에 대하여 $f(x) \leq h(x) \leq g(x)$이고

$$\lim_{x \to a} f(x) = \alpha, \ \lim_{x \to a} g(x) = \beta \ (\alpha, \ \beta \text{는 실수}), \ \alpha = \beta \text{이면} \ \lim_{x \to a} h(x) = \alpha \text{이다.}$$

→ 극한값을 도출할 때 ⓐ 샌드위치 정리를 활용할 수 있다.

→ ⓐ는 왼쪽 함수와 오른쪽 함수를 같은 값으로 수렴시킬 수 있을 때 활용한다.

- $\lim\limits_{x \to a} f(x)$와 $\lim\limits_{x \to a} g(x)$의 값이 모두 존재하고 $\lim\limits_{x \to a} f(x) \neq 0$이면

$\lim\limits_{x \to a} \dfrac{g(x)}{f(x)}$의 값이 존재한다.

이는

① $\lim\limits_{x \to a} f(x)$와 $\lim\limits_{x \to a} g(x)$ 중 적어도 하나의 값이 존재하지 않는다.

② $\lim\limits_{x \to a} f(x) = 0$

①과 ②와 같은 지점들에서만 극한값이 존재하지 않을 수 있다는 것을 의미하고
이러한 극한의 존재성은 특정 의심 지점에 대해서 질문된다.

대수학의 기본 정리

[중요도 ★★★★]

\- 대수학의 기본 정리는 복소수 계수 다항식이 하나 이상의 근을 갖는다는 정리로

① n차방정식은 n개의 근을 갖는다.

② 자료는 답이 귀결되게 제시된다. (정보가 1:1 대응되거나, 과조건)

S

조건 양상

1:1 대응   ~1:1 대응
과조건

A $A^{\,C}$

\- 대수학의 기본 정리에서 $x - \alpha$의 개수 n을 중복도(0 인수)라 한다.

① $f(x) = (x-a)^n Q(x), \ Q(a) = k \ \ (k \neq 0)$

② $\displaystyle\lim_{x \to a} \frac{(x-a)f'(x)}{f(x)} = n$

S

0 인수 n개

$$f(x) = (x-a)^n Q(x) \qquad \lim_{x \to a} \frac{(x-a)f'(x)}{f(x)} = n$$

A ①   ② $A^{\,C}$

$\leftrightarrow$

함수의 극한

차수의 규칙

[중요도 ★★★]

- 다항함수 $f(x)$, $g(x)$에 대해 $\displaystyle\lim_{x \to \infty} \frac{f(x)}{g(x)} = k$일 때

  k가 0이 아닌 실수이면 $f(x)$와 $g(x)$의 최고차항의 차수가 같고

  k가 0이면 $f(x)$의 최고차항의 차수가 $g(x)$의 최고차항의 차수보다 작다.

$$f(x) = ax^m + a'x^{m-1} + \cdots, \quad g(x) = bx^n + b'x^{n-1} + \cdots$$

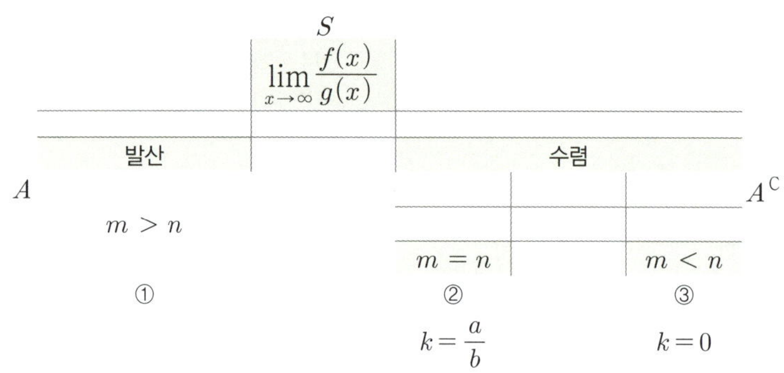

- 다항함수 $f(x)$에 대해

① $\displaystyle\lim_{x \to \infty} \frac{f(x)}{x^m} = a$ 이면 최고차항이 ax^m이다.

② $\displaystyle\lim_{x \to 0} \frac{f(x)}{x^n} = b$ 이면 최저차항이 bx^n이다.

③ $\displaystyle\lim_{x \to c} \frac{f(x)}{(x-c)^n} = k \ (k \neq 0)$이면

　$f(x) = (x-c)^n Q(x)$, $Q(c) = k$이고 $f(x)$의 n차항의 계수는 k이다.

　→ 0에 대한 중복도가 n이다.

　→ 0 인수가 n개이다.

　→ k가 등장하기 위한 $(x-c)$의 개수가 n개이다.

　→ $n < m$일 때 $(x-c)^m$은 인수로 갖지 않는다.

　(단, n, m은 자연수이다.)

④ $f(x)$의 $x=a$에서의 중복도를 $M(f(x))_{x=a}$라 하면

　$M(f(x)g(x))_{x=a} = M(f(x))_{x=a} + M(g(x))_{x=a}$이다.

⑤ $M(f(x))_{x=a} = n$이면 $M(f'(x))_{x=a} = n-1$

　$\Leftrightarrow f(x) = (x-a)^n Q(x)$이면 $f'(x) = (x-a)^{n-1}\{nQ(x) + (x-a)Q'(x)\}$

⑥ $\displaystyle\lim_{x \to a} \frac{(x-a)f'(x)}{f(x)} = M(f(x))_{x=a}$

예

두 함수 $f(x)$, $g(x)$가

$$\lim_{x \to 1} \frac{f(x)}{x-1} = 8, \ \lim_{x \to 1} \frac{g(x)}{x^2-1} = \frac{1}{2}$$

을 만족시킬 때, $\lim_{x \to 1} \dfrac{(x+1)f(x)}{g(x)}$ 의 값을 구하시오.

예

다음 조건을 만족시키는 모든 다항함수 $f(x)$에 대하여 $f(1)$의 최댓값은?

$$\lim_{x \to \infty} \frac{f(x) - 4x^3 + 3x^2}{x^{n+1} + 1} = 6, \ \lim_{x \to 0} \frac{f(x)}{x^n} = 4 \text{인 자연수 } n \text{이 존재한다.}$$

함수의 극한

함수의 극한
Schema 5

차수의 규칙

Sol)

$$\lim_{x \to 1} \frac{g(x)}{x^2-1} = \frac{1}{2} \text{이므로 } \lim_{x \to 1} \frac{x^2-1}{g(x)} = 2 \text{이고}$$

$$\lim_{x \to 1} \frac{f(x)}{x-1} = 8 \text{이므로 } \lim_{x \to 1} \frac{(x+1)f(x)}{g(x)} = \lim_{x \to 1} \left\{ \frac{f(x)}{x-1} \times \frac{x^2-1}{g(x)} \right\} = 8 \times 2 = 16 \text{이다.}$$

Ans)

$$\therefore \lim_{x \to 1} \frac{(x+1)f(x)}{g(x)} = \lim_{x \to 1} \left\{ \frac{f(x)}{x-1} \times \frac{x^2-1}{g(x)} \right\} = 8 \times 2 = 16$$

Sol)

$$\lim_{x \to \infty} \frac{f(x) - 4x^3 + 3x^2}{x^{n+1}+1} = 6 \Rightarrow \text{분자의 차수는 } n+1,$$

$$\lim_{x \to 0} \frac{f(x)}{x^n} = 4 \Rightarrow f(x) = x^n Q(x),\ Q(0) = 4$$

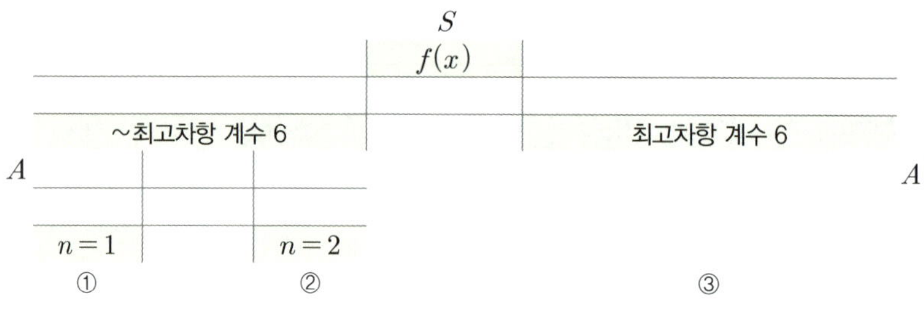

① $n=1$

$$f(x) = 4x^3 + 3x^2 + 4x,\ f(1) = 4+3+4 = 11$$

② $n=2$

$$f(x) = 10x^3 + 4x^2,\ f(1) = 10+4 = 14$$

③ $n \geq 3$

$$f(x) = 6x^{n+1} + 4x^n,\ f(1) = 6+4 = 10$$

Ans)

$\therefore f(1)$의 최댓값은 14이다.

[중요도 ★★★]

- 다항식 $f(x)$가 $x - \alpha$를 인수로 갖는다는 것은 다음과 필요충분조건이다.

$$\Leftrightarrow f(\alpha) = 0$$
$$\Leftrightarrow f(x) = (x - \alpha)Q(x)$$

- $f(\alpha) = k$로 조금 더 일반적인 상황에서 생각했을 때 다음이 성립한다.

[내림 정리 ①]

$$f(x) = a_n(x - \alpha)^n + a_{n-1}(x - \alpha)^{n-1} + \cdots + a_1(x - \alpha) + k$$

$f(\alpha) = k$와 $f'(\alpha) = b$의 2가지 정보를 담는

$\displaystyle \lim_{x \to \alpha} \frac{f(x) - k}{x - \alpha} = b \ (b \neq 0)$와 같은 극한의 정보가 제시될 경우 다음이 성립한다.

[내림 정리 ②]

$$f(x) = a_n(x - \alpha)^n + a_{n-1}(x - \alpha)^{n-1} + \cdots + b(x - \alpha) + k$$

→ 극한 식에서는 도출되는 정보가 2개 이상이다.

- 내림정리를 활용해 다항식을 다룰 때 조립제법을 적절히 활용할 수 있다.

예 $f(x) = x^3 - 2x^2 + 1$, $x + 2$ 인수

-2	1	0	-2	1
		-2	4	-4
	1	-2	2	-3
		-2	8	
	1	-4	10	
		-2		
	1	-6		

$$\to f(x) = (x + 2)^3 - 6(x + 2)^2 + 10(x + 2) - 3$$

- 다항함수 $f(x)$에 대하여 다음은 필요충분조건이다.

$$f(\alpha) = 0, \ f'(\alpha) = 0 \qquad \Leftrightarrow \qquad f(x) = (x - \alpha)^2 Q(x)$$

- 다항함수 $f(x)$에 대해 $\displaystyle \lim_{x \to \infty} \frac{f(x)}{x^m} = a$ 이고 $\displaystyle \lim_{x \to c} \frac{f(x)}{(x - c)^n} = b \ (b \neq 0)$이면

$f(x) = a(x - c)^m + \cdots + b(x - c)^n$이다.

조립제법

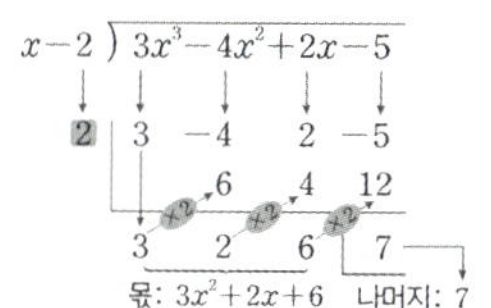

함수의 극한

함수의 극한
Schema 7

다항식 결정

[중요도 ★★★]
- 적절히 계수비교법을 활용해서 다항식 내 미정계수를 결정할 수 있다.

$Let)$ 두 다항함수 $f(x) = ax^m + bx^{m-1} + \cdots + c,\ g(x) = a' x^n + b' x^{n-1} + \cdots + c'$

$m \geq n,\ f(x)$의 부정적분 $F(x)$

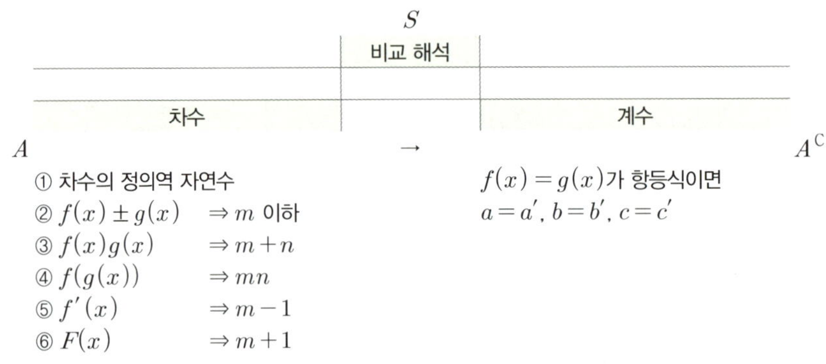

S
비교 해석

차수		계수

A $\rightarrow$ A^{C}

① 차수의 정의역 자연수
② $f(x) \pm g(x)$ $\Rightarrow m$ 이하
③ $f(x)g(x)$ $\Rightarrow m+n$
④ $f(g(x))$ $\Rightarrow mn$
⑤ $f'(x)$ $\Rightarrow m-1$
⑥ $F(x)$ $\Rightarrow m+1$

$f(x) = g(x)$가 항등식이면
$a = a',\ b = b',\ c = c'$

- $f(\alpha) = k$와 같이 함숫값이나 도함수의 함숫값이 0이 아닌 경우에
다항함수의 미정계수를 결정할 때 간격함수를 활용하거나 내림 정리를 활용하여
다항식을 결정할 수 있다.

S
계수 결정

간격함수		내림 정리

A A^{C}

① 간격함수
주어진 조건을 만족하는 가장 간단한 다항함수 $g(x)$를 도출한 후
$f(x) - g(x) = $(일차식의 곱) 형태로 변형할 수 있다.

예
최고차항 계수 3, 삼차함수 $f(x)$, $f(1) = 2$, $f(2) = 4$. $f(3) = 6$
$\rightarrow f(x) - g(x) = 3(x-1)(x-2)(x-3),\ g(x) = 2x$

② 내림정리
$f(\alpha) = a_0,\ f'(\alpha) = a_1,\ f''(\alpha) = 2a_2$와 같이 $x = \alpha$에 대한 여러 조건이 주어졌을 때
$f(x) = a_n(x-\alpha)^n + a_{n-1}(x-\alpha)^{n-1} + \cdots + a_2(x-\alpha)^2 + a_1(x-\alpha) + a_0$와 같이
나타낼 수 있다.

예
최고차항 계수 1, 삼차함수 $f(x)$, $f(1) = 2$, $f'(1) = 4$. $f''(1) = 6$
$\rightarrow f(x) = (x-1)^3 + 3(x-1)^2 + 4(x-1)^2 + 2$

예

최고차항의 계수가 1이고 다음 조건을 만족시키는 모든 삼차함수 $f(x)$에 대하여 $f(5)$의 최댓값을 구하시오.

> (가) $\lim\limits_{x \to 0} \dfrac{|f(x)-1|}{x}$ 의 값이 존재한다.
>
> (나) 모든 실수 x에 대하여 $xf(x) \geq -4x^2 + x$이다.

예

상수항과 계수가 모두 정수인 두 다항함수 $f(x)$, $g(x)$가 다음 조건을 만족시킬 때, $f(2)$의 최댓값은?

> (가) $\lim\limits_{x \to \infty} \dfrac{f(x)g(x)}{x^3} = 2$
>
> (나) $\lim\limits_{x \to 0} \dfrac{f(x)g(x)}{x^2} = -4$

예

최고차항의 계수가 1인 이차함수 $f(x)$ 가

$$\lim\limits_{x \to a} \frac{f(x)-(x-a)}{f(x)+(x-a)} = \frac{3}{5}$$

을 만족시킨다. 방정식 $f(x)=0$의 두 근을 α, β라 할 때, $|\alpha - \beta|$ 의 값은?

예

최고차항의 계수가 1인 두 삼차함수 $f(x)$, $g(x)$ 가 다음 조건을 만족시킨다.

> (가) $g(1)=0$
>
> (나) $\lim\limits_{x \to n} \dfrac{f(x)}{g(x)} = (n-1)(n-2)$ $(n=1,\ 2,\ 3,\ 4)$

$g(5)$ 의 값은?

함수의 극한

함수의 극한
Schema 7

다항식 결정

Sol)

$\lim\limits_{x \to 0}|f(x)-1|=0$이므로 $f(x)-1=xg(x)$ (단, $g(x)$은 이차식)

$$\lim_{x \to 0+}\frac{|f(x)-1|}{x}=\lim_{x \to 0+}\frac{|x||g(x)|}{x}=\lim_{x \to 0+}|g(x)|=|g(0)|$$

$$\lim_{x \to 0-}\frac{|f(x)-1|}{x}=\lim_{x \to 0-}\frac{|x||g(x)|}{x}=-\lim_{x \to 0-}|g(x)|=-|g(0)|$$

$\therefore g(0)=0$ ($\because$ 극한값 존재)

$\therefore f(x)-1=x^2(x+a)$

$\to x(x^3+ax^2+1)\geq -4x^2+x$

$\to x^2(x^2+ax+4)\geq 0$

모든 실수 x에 대하여 $x^2+ax+4\geq 0$이 성립하므로 $D=a^2-16\leq 0$

Ans)

$\therefore f(5)$의 최댓값 226 ($\because f(5)=25a+126,\ -4\leq a\leq 4$)

Sol)

(가)에서 $f(x)g(x)=2x^3+\sim$, (나)에서 $f(x)g(x)=x^2Q(x)$ ($Q(0)=-4$)

$$\lim_{x \to 0}\frac{f(x)g(x)}{x^2}=\lim_{x \to 0}(2x+k)=k=-4$$

$\therefore f(x)g(x)=2x^3-4x^2=2x^2(x-2)$

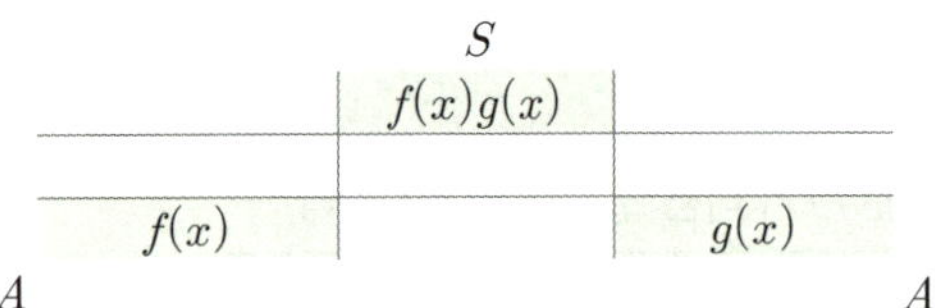

$f(x)$가 결정되면, $g(x)$가 자동 귀결되고
$f(2)$가 최대이려면 x 인수는 다수, $x-2$ 인수는 갖지 않아야 한다.

Ans)

$\therefore f(2)$의 최댓값 8 ($\because f(2)$의 값은 $f(x)=2x^2,\ g(x)=x-2$일 때 최대)

다항식 결정

Sol)

$$\lim_{x \to a} \frac{f(x) - (x-a)}{f(x) + (x-a)} \neq 1 \text{ 이므로 } \lim_{x \to a} f(x) = f(a) = 0$$

$\therefore a = \alpha \ (\because f(x) = (x-\alpha)(x-\beta),$ 첫 번째 설정 일반성 잃지 않음)

구하는 값이 간격 ($\because |\alpha - \beta|$) 이므로 각각은 모르더라도 1:1 대응을 행할 수 있어 보인다.

$$\therefore \lim_{x \to a} \frac{f(x) - (x-a)}{f(x) + (x-a)} = \lim_{x \to \alpha} \frac{(x-\beta) - 1}{(x-\beta) + 1} = \frac{\alpha - \beta - 1}{\alpha - \beta + 1} = \frac{3}{5}$$

Ans)

$\therefore |\alpha - \beta| = 4$

Sol)

(가)에서 $g(x) = (x-1)(x^2 + \sim)$, (나)에서 $f(x) = (x-1)^2(x-2) \ (\because n = 1, \ 2)$

조건 2개, 남은 변수 개수 2개로 1:1 대응되므로 확신을 갖고 연산을 행할 수 있다.

$$\frac{f(3)}{g(3)} = \frac{2}{9 + 3a + b} = 2, \ \frac{f(4)}{g(4)} = \frac{6}{16 + 4a + b} = 6 \text{으로 } a = -7, \ b = 13$$

$$\therefore g(x) = (x-1)(x^2 - 7x + 13)$$

Ans)

$\therefore g(5) = 4 \times 3 = 12$

함수의 극한

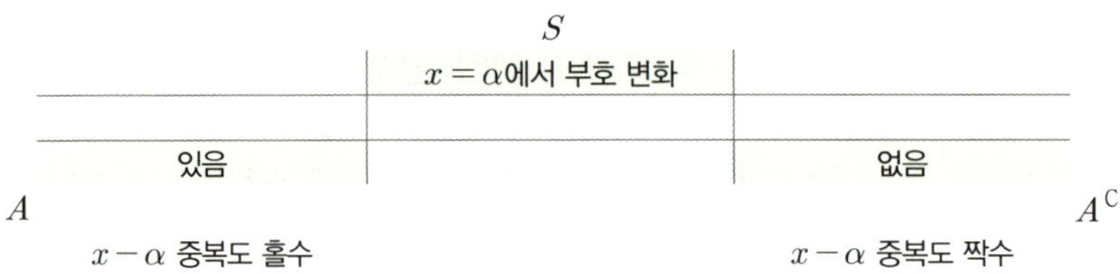

[중요도 ★★★]

- $x-\alpha$를 인수로 갖는 다항함수 $f(x)$에 대해 다음이 성립한다.

	S	
	$x=\alpha$에서 부호 변화	
있음		없음
A		A^{C}
$x-\alpha$ 중복도 홀수		$x-\alpha$ 중복도 짝수

- 두 다항함수 $f(x)$와 $g(x)$에 대해 다음 관계가 성립한다.

	S	
	$f(x)$와 $g(x)$의 관계	
$x=\alpha$에서 만남		$x=\alpha$에서 접함
A		A^{C}
$f(x)-g(x)=(x-a)\,Q(x)$		$f(x)-g(x)=(x-a)^{2}Q(x)$

- 두 다항함수 $f(x)$와 $g(x)$의 그래프가 만나는 서로 다른 점의 개수를 질문할 때

① $f(x)-g(x)$와 x축의 그래프 관계,
② $f(x)-g(x)$의 서로 다른 1차식 인수 개수

로 바꿔서 생각할 수 있다.

극한 함수

[중요도 ★★★]

- 극한으로 정의된 함수를 해석할 수 있는지
  극한을 그래프 관점으로 해석할 수 있는지에 대해 질문한다.

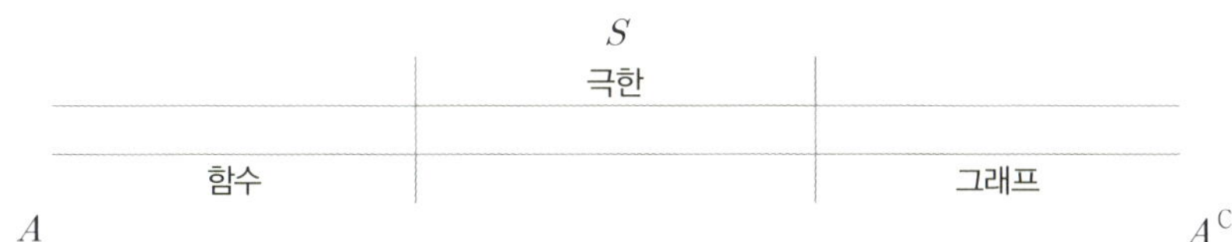

- 두 곡선 $f(x)$와 $g(x)$으로 구성된 극한에 대해 그래프의 관점으로 바라보면

① $\displaystyle\lim_{x \to a} \frac{f(x)-g(x)}{x-a}$ 의 값이 존재   ⇒ $f(x)$와 $g(x)$가 $x=a$에서 만남

② $\displaystyle\lim_{x \to a} \frac{f(x)-g(x)}{x-a} = k$ ⇒   1) $f(x)$와 $g(x)$가 $x=a$에서 만남
                                         2) 두 함수의 기울기 차$= k$

③ $\displaystyle\lim_{x \to a} \frac{f(x)-g(x)}{x-a} = 0$
$\displaystyle\lim_{x \to a} \frac{f(x)-g(x)}{|x-a|}$ 의 값이 존재   ⇒ $f(x)$와 $g(x)$가 $x=a$에서 접함
$\displaystyle\lim_{x \to a} \frac{f(x)-g(x)}{(x-a)^2}$ 의 값이 존재

④ $\displaystyle\lim_{x \to a} \frac{g(x)}{|(x-a)Q(x)|}$ 의 값이 존재
$\displaystyle\lim_{x \to a} \frac{g(x)}{(x-a)^2 Q(x)}$ 의 값이 존재   ⇒ $g(x)$가 x축과 접함

함수의 극한

극한 함수

예

양수 k에 대하여 함수 $f(x)$를 $f(x) = \left| \dfrac{kx}{x-1} \right|$ 라 하자. 실수 t에 대하여 곡선 $y = f(x)$와 직선 $y = t$가 만나는 점의 개수를 $g(t)$라 하자. 함수 $g(t)$가

$$\lim_{t \to 0+} g(t) + \lim_{t \to 2-} g(t) + g(4) = 5$$

를 만족시킬 때, $f(3)$의 값은?

예

실수 k와 함수

$$f(x) = \begin{cases} 2^{x-2} & (x < 2) \\ 2^{-x+2} & (x \geq 2) \end{cases}$$

에 대하여 함수 $g(x)$를 $g(x) = |f(x) - k| + k$라 하자. 직선 $y = 2k$와 함수 $y = g(x)$의 그래프가 만나는 점의 개수를 $h(k)$라 할 때,

$$\lim_{k \to \frac{1}{4}-} \left\{ h(k) h\left(k + \frac{1}{4} \right) \right\}의 \ 값은?$$

예

함수 $f(x)=x^3+ax^2+bx+4$가 다음 조건을 만족시키도록 하는 두 정수 a, b에 대하여 $f(1)$의 최댓값을 구하시오.

$$\text{모든 실수 } \alpha \text{ 에 대하여 } \lim_{x\to\alpha}\frac{f(2x+1)}{f(x)} \text{ 의 값이 존재한다.}$$

예

최고차항의 계수가 1인 삼차함수 $f(x)$에 대하여 함수 $g(x)$를

$$g(x)=\begin{cases}\dfrac{f(x+3)\{f(x)+1\}}{f(x)} & (f(x)\neq 0)\\ 3 & (f(x)=0)\end{cases}$$

이라 하자. $\lim\limits_{x\to 3}g(x)=g(3)-1$일 때, $g(5)$의 값은?

함수의 극한

Sol)

$f(x) = \left| \dfrac{kx}{x-1} \right| = \left| \dfrac{k}{x-1} + k \right|$ 이므로 이를 고려하여 $y = f(x)$의 개형을 나타내면 다음과 같다.

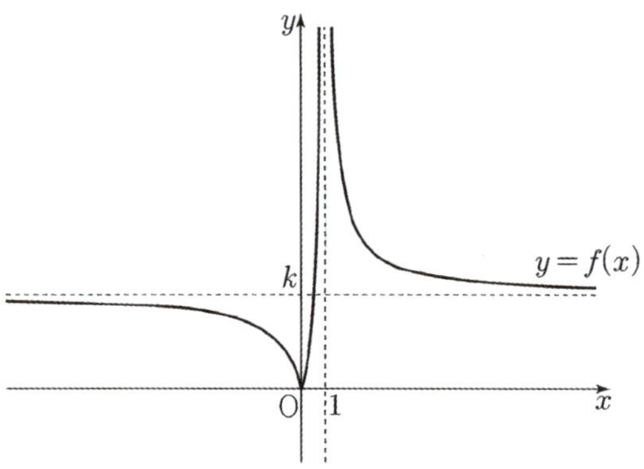

$g(t)$를 점근선 $y = k$ 기준으로 변화를 관찰하면 $g(t) = \begin{cases} 0 \ (t < 0) \\ 1 \ (t = 0 \ \text{또는} \ t = k) \\ 2 \ (0 < t < k \ \text{또는} \ t > k) \end{cases}$

$\rightarrow \quad g(4) = 1$ $\qquad\qquad\qquad\qquad \left(\because \lim\limits_{t \to 0+} g(t) = 2 , \lim\limits_{t \to 2-} g(t) = 2 \right)$

$\therefore \quad k = 4$

Ans)

$\therefore f(3) = \left| \dfrac{4 \times 3}{3 - 1} \right| = 6$

Sol)

$g(x)=|f(x)-k|+k=\begin{cases} f(x) & (f(x)\geq k) \\ -f(x)+2k & (f(x)<k) \end{cases}$ 이므로 $y=k$ 기준선을 바탕으로

$f(x)$, $h(k)$ 그래프를 나타내면 다음과 같다.

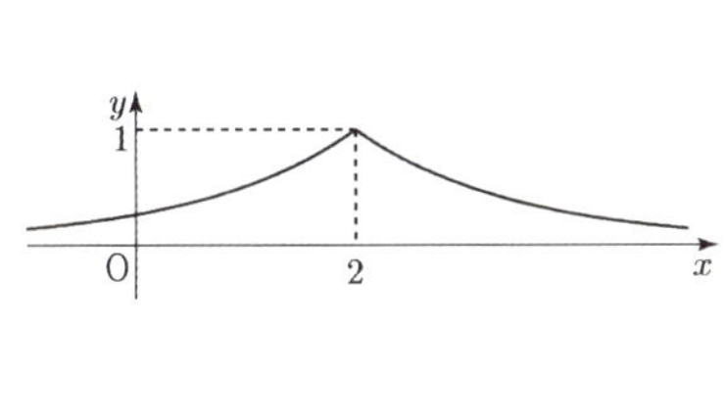

$f(x)$

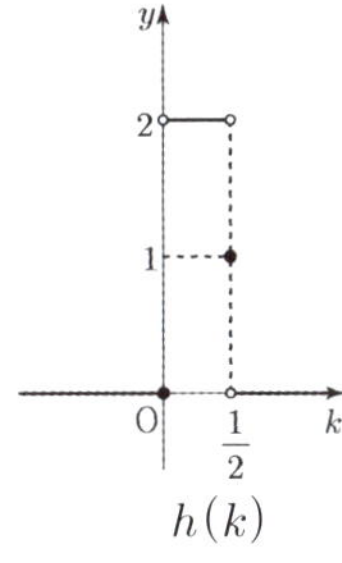

$h(k)$

Ans)

$\therefore \lim\limits_{k \to \frac{1}{4}^-} h(k)h\left(k+\frac{1}{4}\right)=4$ $\qquad$ $\left(\because \lim\limits_{k \to \frac{1}{4}^-} h(k)=2,\ \lim\limits_{k \to \frac{1}{4}^-} h\left(k+\frac{1}{4}\right)=2\right)$

함수의 극한

함수의 극한
Schema 9

극한 함수

Sol)

$\lim\limits_{x \to \alpha} \dfrac{f(2x+1)}{f(x)}$ 의 값이 존재하고 $\lim\limits_{x \to \alpha} f(x) = 0$ 외에는 모두 연속이므로

$\lim\limits_{x \to \alpha} f(x) = 0$ 이면 $\lim\limits_{x \to \alpha} f(2x+1) = 0$ 이어야 한다.

$\therefore \alpha = -1$ ($\because$ 삼차함수에서 $f(\alpha) = 0$의 개수 정의역 [1, 3])

$\therefore f(x) = (x+1)\{x^2 + (a-1)x + 4\}$ (by $\alpha = -1$)

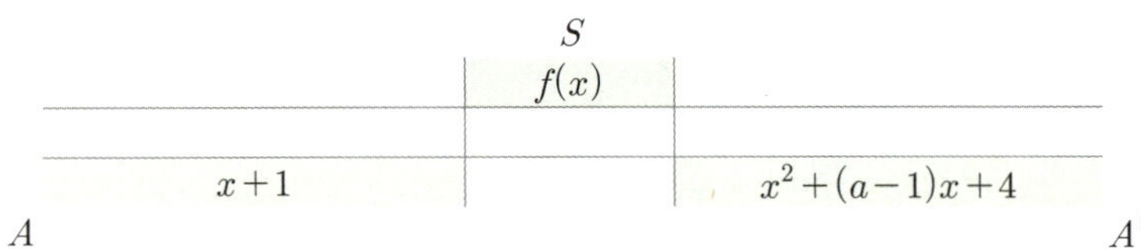

방정식 $f(x) = 0$의 실근은 $x = -1$ 뿐이어야 하므로 방정식 $x^2 - (a-1)x + 4 = 0$은
실근을 갖지 않고 $D = (a-1)^2 - 4^2 < 0$이어야 함을 알 수 있다.

$\therefore -3 < a < 5$

$\therefore f(1) = 2a + 8 \leq 16$ ($\because a$가 정수)

Ans)
$\therefore f(1)$의 최댓값은 16이다.

극한 함수

Sol)

$\lim\limits_{x \to 3} g(x) = g(3) - 1$ 이므로 함수 $g(x)$ 는 $x = 3$에서 불연속이고

$f(k) \neq 0$인 임의의 실수 k에 대하여

$$\lim_{x \to k} g(x) = \lim_{x \to k} \frac{f(x+3)\{f(x)+1\}}{f(x)} = \frac{f(k+3)\{f(k)+1\}}{f(k)}$$

$\lim\limits_{x \to k} g(x) = g(k)$ 이므로 함수 $g(x)$ 는 $x = k$에서 연속이다.

$\therefore f(3) = 0$

$g(3) = 3$이므로 $\lim\limits_{x \to 3} g(x) = 2$이고 $x \to 3$일 때 (분모) $\to 0$이고

극한값이 존재하므로 $\lim\limits_{x \to 3} [f(x+3)\{f(x)+1\}] = 0$

$\therefore f(6) = 0$

따라서 $f(x) = (x-3)(x-6)(x-\alpha)$이고 $\lim\limits_{x \to 3}\{f(x)+1\} = 1$이므로

$$\frac{f'(6)}{f'(3)} = \frac{(6-3)(6-\alpha)}{(3-6)(3-\alpha)} = 2$$이다.

$\therefore \alpha = 4$

$\therefore f(x) = (x-3)(x-4)(x-6)$

Ans)

$$\therefore g(5) = f(8) \times \frac{f(5)+1}{f(5)} = 20$$

함수의 극한

함수의 연속

함수의 연속

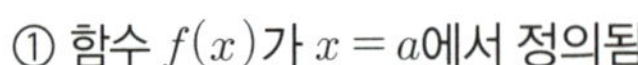

함수의 연속
Schema 1

연속의 정의

[중요도 ★★★]

- 함수 $f(x)$에 대해

① 함수 $f(x)$가 $x = a$에서 정의됨

② 극한값 $\lim\limits_{x \to a} f(x)$가 존재

③ $\lim\limits_{x \to a} f(x) = f(a)$

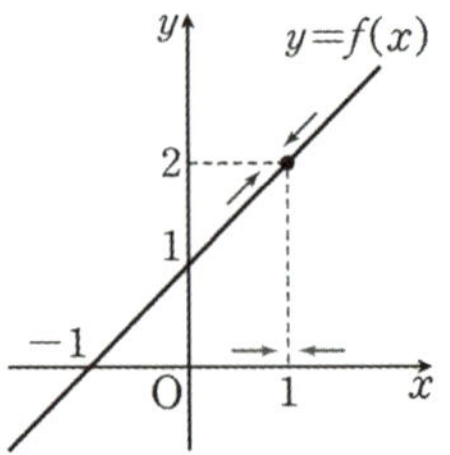

를 모두 만족하면 $f(x)$는 $x = a$에서 연속이라고 한다.

①~③ 중 하나라도 만족하지 않으면
$f(x)$는 $x = a$에서 불연속이다.

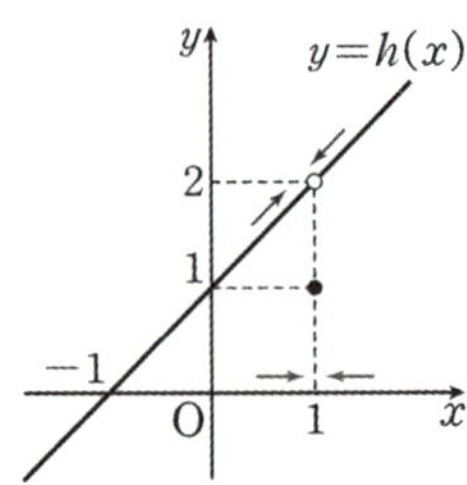

- 함수 $f(x)$가 $x = a$에서 연속이라는 것은 $\lim\limits_{x \to a} f(x) = f(a)$와 동치이고

$\lim\limits_{x \to a} f(x) = f(\lim\limits_{x \to a} x)$와 같이 $\lim$의 출입을 행할 수 있다는 것을 의미한다.

예

실수 전체의 집합에서 정의된 두 함수 $f(x)$ 와 $g(x)$ 에 대하여

$x < 0$ 일 때, $f(x)+g(x)=x^2+4$
$x > 0$ 일 때, $f(x)-g(x)=x^2+2x+8$

이다. 함수 $f(x)$ 가 $x=0$ 에서 연속이고 $\lim\limits_{x \to 0-} g(x) - \lim\limits_{x \to 0+} g(x) = 6$ 일 때, $f(0)$ 의 값은?

예

최고차항의 계수가 1인 삼차함수 $f(x)$ 에 대하여 실수 전체의 집합에서 연속인 함수 $g(x)$ 가 다음 조건을 만족시킨다.

> (가) 모든 실수 x 에 대하여 $f(x)g(x)=x(x+3)$ 이다.
> (나) $g(0)=1$

$f(1)$ 이 자연수일 때, $g(2)$ 의 최솟값은?

예

다음 그림은 실수 전체의 집합에서 정의된 함수 $y=f(x)$ 의 그래프이다.

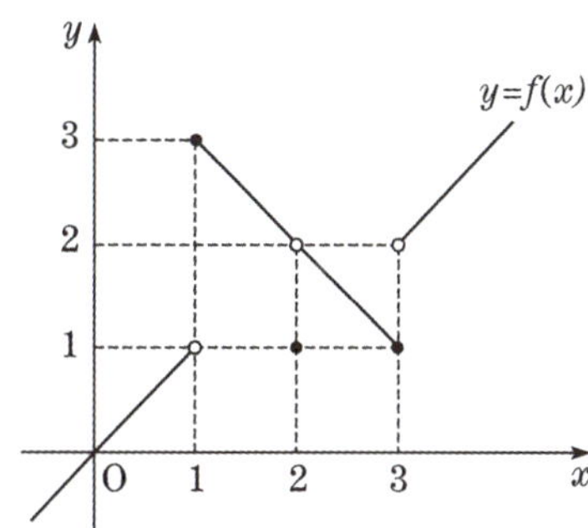

함수 $f(x)$ 는 $x=1$, $x=2$, $x=3$ 에서만 불연속이다.
이차함수 $g(x)=x^2-4x+k$ 에 대하여 함수 $(f \circ g)(x)$ 가 $x=2$ 에서 불연속이 되도록 하는 모든 실수 k 의 값의 합을 구하시오.

함수의 연속

함수의 연속
Schema 1

연속의 정의

Sol)

$$\lim_{x \to 0-} g(x) = \lim_{x \to 0-} \{-f(x) + x^2 + 4\} = -f(0) + 4$$

$$\lim_{x \to 0+} g(x) = \lim_{x \to 0+} \{f(x) - x^2 - 2x - 8\} = f(0) - 8 \text{이므로}$$

$$\lim_{x \to 0-} g(x) - \lim_{x \to 0+} g(x) = 6, \ \{-f(0) + 4\} - \{f(0) - 8\} = 6$$

Ans)

$$\therefore f(0) = 3$$

Sol)

(가)에서 $g(x) = \dfrac{x(x+3)}{f(x)} \ (f(x) \neq 0)$

(나)에서 $g(0) = \lim_{x \to 0} g(x) = 1$

→ $f(0) = 0$

→ $g(x) = \dfrac{x+3}{x^2 + ax + 3}$

→ $x^2 + ax + 3 = 0$의 판별식 $D < 0$ ($\because g(x)$가 실수 전체에서 연속)

$$\therefore -\sqrt{12} < a < \sqrt{12}$$

$g(2)$가 최소가 되려면 분모가 최대이므로 $a = 3$일 때 최솟값을 갖는다.

Ans)

$\therefore g(2)$의 최솟값은 $a = 3$일 때 $g(2) = \dfrac{5}{4 + 2a + 3} = \dfrac{5}{2a + 7} = \dfrac{5}{13}$이다.

$+\alpha$)

(가)와 같은 항등식은 대입, 미분, 적분, 동치 변형해서 관찰할 수 있다.

연속의 정의

Sol)

$g(x) = (x-2)^2 + k - 4$ 이므로 $x \to 2$일 때, $g(x) \to (k-4)+$ 이다.

$$\to \lim_{x \to 2} f(g(x)) = \lim_{t \to (k-4)+} f(t)$$

함수 $f(x)$의 그래프에서 $\lim\limits_{t \to (k-4)+} f(t)$ 의 값은 항상 존재하므로 함수 $(f \circ g)(x)$가 $x = 2$에서 불연속이려면 $\lim\limits_{t \to (k-4)+} f(t) \neq f(g(2))$ 이고

$f(g(2)) = f(k-4)$ 이므로 함수 $(f \circ g)(x)$가 $x = 2$에서 불연속이려면 $\lim\limits_{t \to (k-4)+} f(t) \neq f(k-4)$ 이다.

$\to k - 4 = 2$ 또는 $k - 4 = 3$
$\to k = 6$ 또는 $k = 7$

Ans)

$\therefore$ 모든 실수 k의 값의 합은 $6 + 7 = 13$ 이다.

함수의 연속

함수의 연속
Schema 2
연속 의심점

[중요도 ★★★]

- 함수의 연속성에 대해서는 전수 의심이 아닌 특정 Point에 한정해서 출제된다.

	구분	예	의심점
①	분수	$\dfrac{f(x)}{g(x)}$	(분모)=0
②	구간 정의 함수	$h(x)=\begin{cases} f(x) & (x \leq a) \\ g(x) & (x > a) \end{cases}$	구간이 바뀌는 지점, $x=a$
③	주기 함수	$f(x)=f(x+p)$	주기 양극단
④	절댓값 함수	$\lvert f(x) \rvert$	$-$
⑤	Max, Min	$Max\{f(x),\, g(x)\}$	$-$
⑥	지수함수	$\displaystyle\lim_{n \to \infty} \dfrac{f(x)^n + k}{f(x)^n - 1}$	$f(x)=\pm 1$
⑦	가우스 함수	$[f(x)]$	$f(x)=$정수
⑧	개수 함수	$h(k)$	변하는 지점
⑨	합성함수	$g(f(x))$	1) $f(x)$의 의심점 $x=a$ 2) $g(x)$의 의심점 　: $g(x)$가 $x=b$에서 불연속일 때, $f(a)=b$를 만족시키는 $x=a$

예

함수 $f(x)=x^2-x+a$에 대하여 함수 $g(x)$를

$$g(x)=\begin{cases} f(x+1) & (x \leq 0) \\ f(x-1) & (x > 0) \end{cases}$$

이라 하자. 함수 $y=\{g(x)\}^2$이 $x=0$에서 연속일 때, 상수 a의 값은?

예

최고차항의 계수가 1인 삼차함수 $f(x)$ 와 실수 전체의 집합에서 정의된 함수 $g(x)$ 가
모든 실수 x 에 대하여

$$(x-1)g(x)=|f(x)|$$

를 만족시킨다. 함수 $g(x)$ 가 $x=1$ 에서 연속이고 $g(3)=0$ 일 때, $f(4)$ 의 값은?

예

두 양수 a, b $(b>3)$ 과 최고차항의 계수가 1인 이차함수 $f(x)$ 에 대하여 함수

$$g(x)=\begin{cases} (x+3)f(x) & (x<0) \\ (x+a)f(x-b) & (x \geq 0) \end{cases}$$

이 실수 전체의 집합에서 연속이고 다음 조건을 만족시킬 때, $g(4)$ 의 값을 구하시오.

$$\lim_{x \to -3} \frac{\sqrt{|g(x)|+\{g(t)\}^2}-|g(t)|}{(x+3)^2}$$ 의 값이 존재하지 않는 실수 t 의 값은 -3 과 6 뿐이다.

함수의 연속

연속 의심점

Sol)

$y=\{g(x)\}^2$이 $x=0$에서 연속 → $\displaystyle\lim_{x\to-0}\{g(x)\}^2=\lim_{x\to+0}\{g(x)\}^2=\{g(0)\}^2$

$\displaystyle\lim_{x\to0-}\{g(x)\}^2=\lim_{x\to0-}\{f(x+1)\}^2=\{f(1)\}^2=a^2,$

$\displaystyle\lim_{x\to0+}\{g(x)\}^2=\lim_{x\to0-}\{f(x-1)\}^2=\{f(-1)\}^2=(2+a)^2,$

$\{g(0)\}^2=\{f(1)\}^2=a^2$

$\therefore a^2=(2+a)^2$

Ans)

$\therefore a=-1$

Sol)

$g(x)=\dfrac{|(x-1)(x-3)(x-a)|}{x-1}\quad(x\neq1)$

$\displaystyle\lim_{x\to1-}g(x)=\lim_{x\to1-}\frac{|(x-1)(x-3)(x-a)|}{x-1}=-2|1-a|$

$\displaystyle\lim_{x\to1+}g(x)=\lim_{x\to1+}\frac{|(x-1)(x-3)(x-a)|}{x-1}=2|1-a|$

$\therefore a=1,\ f(x)=(x-1)^2(x-3)$

Ans)

$\therefore f(4)=9$

Sol)

$$\lim_{x \to -3} \frac{\sqrt{|g(x)| + \{g(t)\}^2} - |g(t)|}{(x+3)^2} = \lim_{x \to -3} \frac{|g(x)|}{(x+3)^2 \{\sqrt{|g(x)| + \{g(t)\}^2} + |g(t)|\}}$$

→ $f(x) = (x+3)(x-\alpha)$ (∵ $t \neq -3, 6$에서 수렴)

→ $g(-3) = 0$, $g(6) = 0$ (∵ 조건)

→ $3f(0) = af(-b)$ (∵ 연속)

$$g(x) = \begin{cases} (x+3)(x+3)(x-\alpha) & (x < 0) \\ (x+a)(x-b+3)(x-\alpha+3) & (x \geq 0) \end{cases}$$

실근이 -3과 6뿐이므로 다음 둘 중 하나임을 알 수 있다.

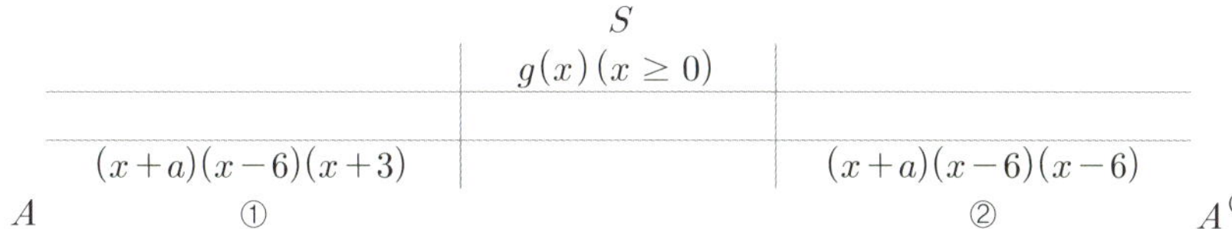

①에서 $f(x) = (x+3)(x+12)$ 이므로 양수 a 조건에 모순, ②로 귀결된다.

$$\therefore f(x) = (x+3)(x+3), \ a = \frac{3}{4}, \ b = 9, \ \alpha = -3$$

Ans)

$$\therefore g(4) = \frac{19}{4} \times 4 = 19$$

함수의 연속

함수의 연속
Schema 3

사칙연산과 연속성

[중요도 ★★★]

- [합함수]

$f(x)$가 $x = a$에서 연속일 때,

① $g(x)$가 $x = a$에서 연속 $\quad\Leftrightarrow\quad$ $f(x) + g(x)$가 $x = a$에서 연속
② $g(x)$가 $x = a$에서 불연속 $\quad\Leftrightarrow\quad$ $f(x) + g(x)$가 $x = a$에서 불연속

이다.

→ 합함수 $f(x) + g(x)$의 연속성 판단에 있어 함수 $f(x)$가 영향을 미치는 건
원함수 $f(x)$의 불연속 의심 지점이다.

→ 한 함수 $f(x)$가 $x = a$에서 불연속이고 $f(x) + g(x)$가 $x = a$에서 연속이면
$g(x)$도 $x = a$에서 불연속이어야 한다.

→ $f(x) + g(x)$의 연속 의심점에서 좌우 극한값과 함숫값 비교
$f(a+) + g(a+) = f(a) + g(a) = f(a-) + g(a-)$ 확인

- [곱함수]

$f(x)$가 $x = a$에서 연속이고, $f(a) \neq 0$일 때

① $g(x)$가 $x = a$에서 연속 $\quad\Leftrightarrow\quad$ $f(x)g(x)$가 $x = a$에서 연속
② $g(x)$가 $x = a$에서 불연속 $\quad\Leftrightarrow\quad$ $f(x)g(x)$가 $x = a$에서 불연속

이다.

→ 곱함수 $f(x)g(x)$의 연속성 판단에 있어 함수 $f(x)$가 영향을 미치는 건

1) 원함수 $f(x)$의 불연속 의심 지점
2) $f(x) = 0$이고 연속인 지점

이다.

→ 한 함수 $f(x)$가 $x = a$에서 불연속이고 $f(x)g(x)$가 $x = a$에서 연속이면
$g(x)$가 $x = a$에서 불연속이거나 $g(a) = 0$이어야 한다.

→ 곱함수 $f(x)g(x)$가 연속일 때 $x = a$에서 불연속이 의심되는 경우
좌우 극한값과 함숫값 비교했을 때
$f(a+)g(a+) = f(a)g(a) = f(a-)g(a-)$이어야 한다.

사칙연산과 연속성

- 곱함수 $f(x)g(x)$에 대한 연속성을 논할 때 경우는 다음으로 분류된다.

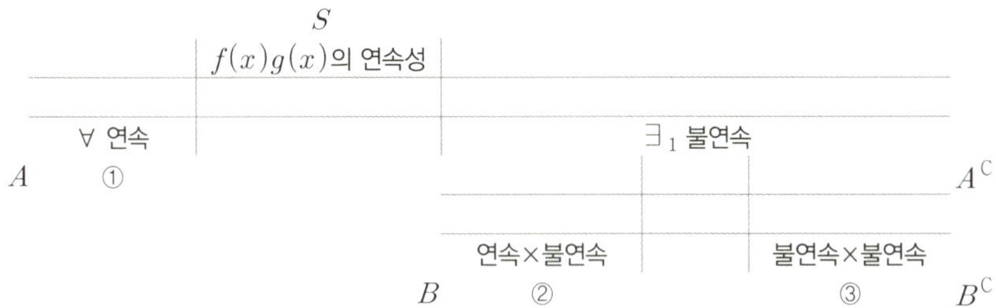

① 연속×연속

각각의 함수 내 연속성 확인

$x = a$에서 $f(x)$와 $g(x)$가 모두 연속이면 $f(x)g(x)$도 연속이다.

② 연속×불연속

$x = a$에서 $f(x)$가 불연속이고, $x = a$에서 $g(x)$가 연속일 때

$g(a) = 0$일 때 연속일 수 있다.

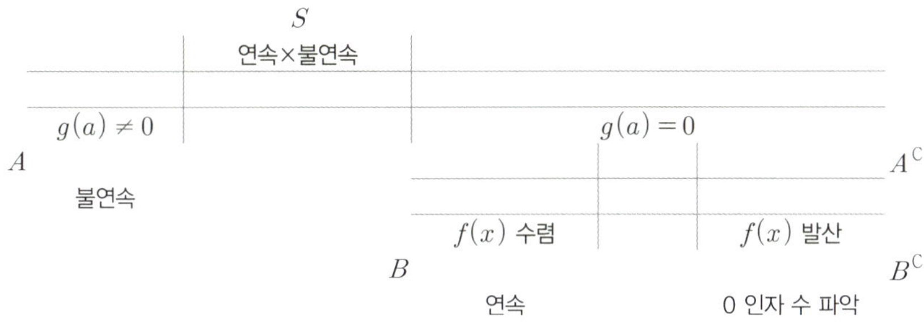

$x \to a$에서 $f(x)$의 극한값이 존재할 때 $x = a$에서 $f(x)$가 불연속이면
$(x-a)f(x)$는 연속이고 $f(x)$가 $x = a$에서 좌극한과 우극한을 모두 갖지만 두 값이 다른 경우
$g(a) = 0$은 $f(x)g(x)$가 $x = a$에서 연속이기 위한 필요충분조건이다.

	$f(x)$	$\times$	$g(x)$
$a-$	p		
a	$f(a)$	$\times$	0
$a+$	q		

→ 하나의 함수 내에서 불연속인 함수가 포함되어 있으면 (불연속)×(연속)으로 분리해서
연속성을 판단할 수 있다.

③ 불연속×불연속

좌우 극한값과 함숫값 비교

→ $f(a+)g(a+) = f(a)g(a) = f(a-)g(a-)$ 확인

함수의 연속

함수의 연속
Schema 3

사칙연산과 연속성

예

$a > 2$인 상수 a에 대하여 함수 $f(x)$를

$$f(x) = \begin{cases} x^2 - 4x + 3 & (x \le 2) \\ -x^2 + ax & (x > 2) \end{cases}$$

라 하자. 최고차항의 계수가 1인 삼차함수 $g(x)$에 대하여 실수 전체의 집합에서 연속인 함수 $h(x)$가 다음 조건을 만족시킬 때, $h(1) + h(3)$의 값은?

(가) $x \ne 1$, $x \ne a$일 때, $h(x) = \dfrac{g(x)}{f(x)}$이다.

(나) $h(1) = h(a)$

예

두 함수 $f(x) = \begin{cases} -2x + 3 & (x < 0) \\ -2x + 2 & (x \ge 0) \end{cases}$, $g(x) = \begin{cases} 2x & (x < a) \\ 2x - 1 & (x \ge a) \end{cases}$

가 있다. 함수 $f(x)g(x)$가 실수 전체의 집합에서 연속이 되도록 하는 상수 a의 값은?

사칙연산과 연속성

예

실수 m 에 대하여 직선 $y = mx$ 와 함수

$$f(x) = 2x + 3 + |x - 1|$$

의 그래프의 교점의 개수를 $g(m)$ 이라 하자. 최고차항의 계수가 1인
이차함수 $h(x)$ 에 대하여 함수 $g(x)h(x)$ 가 실수 전체의 집합에서 연속일 때,
$h(5)$ 의 값을 구하시오.

예

두 자연수 $a,\ b\ (a < b < 8)$ 에 대하여 함수 $f(x)$ 는

$$f(x) = \begin{cases} |x+3| - 1 & (x < a) \\ x - 10 & (a \le x < b) \\ |x-9| - 1 & (x \ge b) \end{cases}$$

이다. 함수 $f(x)$ 와 양수 k 는 다음 조건을 만족시킨다.

(가) 함수 $f(x)f(x+k)$ 는 실수 전체의 집합에서 연속이다.
(나) $f(k) < 0$

$f(a) \times f(b) \times f(k)$ 의 값을 구하시오.

사칙연산과 연속성

Sol)

$\lim\limits_{x \to 2-} f(x) \neq \lim\limits_{x \to 2+} f(x)$ 이고 $h(x) = \dfrac{g(x)}{f(x)}$ 에서 의심점은 $f(x) = 0$ 이므로

$h(x)$는 $x = 1,\ x = a,\ x = 2$에서 연속이어야 한다.

$\to g(1) = 0,\ g(a) = 0$ ($\because \lim\limits_{x \to 1} f(x) = f(1) = 0,\ \lim\limits_{x \to a} f(x) = f(a) = 0$)

$\to g(2) = 0$ ($\because \lim\limits_{x \to 2-} \dfrac{g(x)}{f(x)} = \lim\limits_{x \to 2+} \dfrac{g(x)}{f(x)}$)

$\therefore g(x) = (x-1)(x-2)(x-a)$

$\to \dfrac{1-a}{2} = -\dfrac{(a-1)(a-2)}{a}$ ($\because \lim\limits_{x \to 1} h(x) = \lim\limits_{x \to a} h(x)$)

$\therefore a = 4$

$\therefore h(x) = \dfrac{g(x)}{f(x)} = \begin{cases} \dfrac{(x-2)(x-4)}{x-3} & (x \leq 2) \\[2mm] -\dfrac{(x-1)(x-2)}{x} & (x > 2) \end{cases}$

Ans)

$\therefore h(1) + h(3) = -\dfrac{3}{2} + \left(-\dfrac{2}{3} \right) = -\dfrac{13}{6}$

사칙연산과 연속성

Sol)

$f(x)$와 $g(x)$에서 의심점은 $x = 0$ or a이므로 다음으로 분류된다.

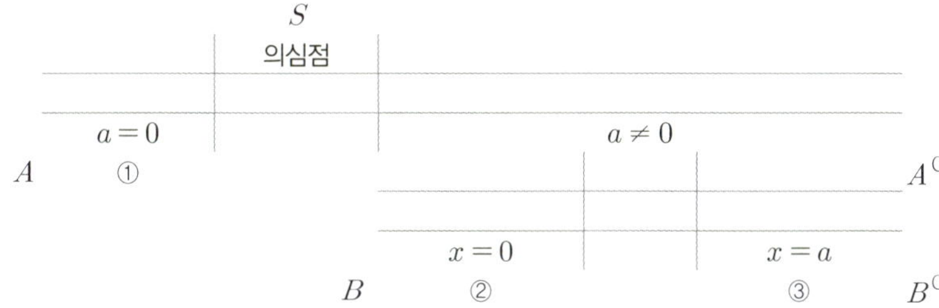

① $a = 0$

$$\lim_{x \to 0+} f(x)g(x) = 2 \cdot (-1) = -2$$

$$\lim_{x \to 0-} f(x)g(x) = 3 \cdot 0 = 0$$

$\therefore x = 0$에서 불연속

② $a \neq 0$, $x = 0$

$g(x)$는 연속, $f(x)$는 불연속이므로 $g(0) = 0$

③ $a \neq 0$, $x = a$

$f(x)$는 연속, $g(x)$는 불연속이므로 $f(a) = 0$

Ans)

$\therefore a = 1$

함수의 연속

함수의 연속
Schema 3

사칙연산과 연속성

Sol)

$y = mx$는 원점을 지나고 함수 각각의 기울기 $m = 1$,
$m = 3$를 기준으로 값이 변하는 것을
관찰할 수 있다

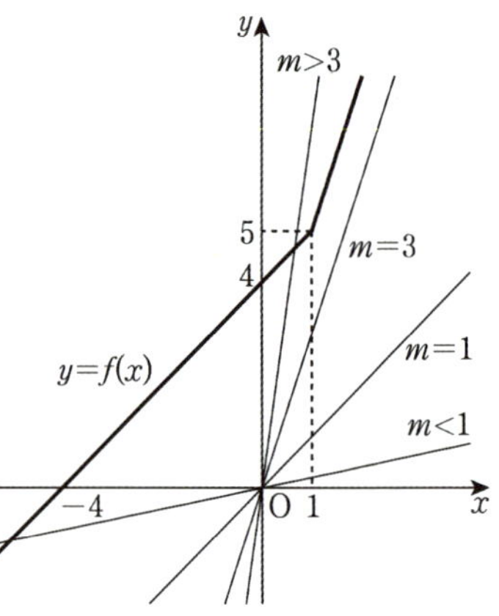

$$\therefore g(m) = \begin{cases} 1 & (m < 1 \text{ 또는 } m > 3) \\ 0 & (1 \le m \le 3) \end{cases}$$

따라서 연속 의심점은 다음과 같다.

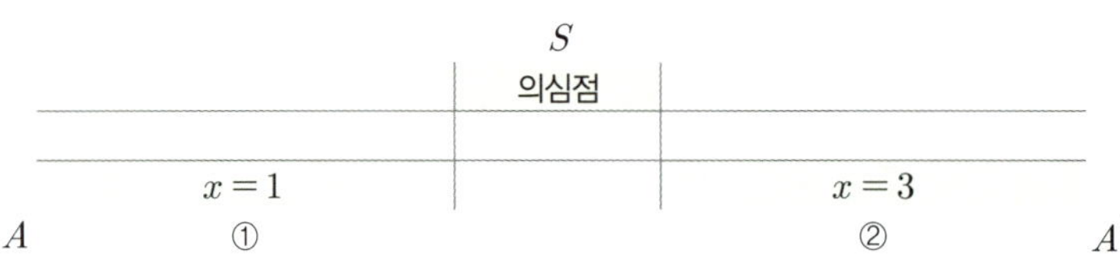

① $x = 1$

$$\lim_{x \to 1-} g(x)h(x) = 1 \times h(1) = h(1),$$

$$\lim_{x \to 1+} g(x)h(x) = 0 \times h(1) = 0$$

$$\therefore h(1) = 0$$

② $x = 3$

$$\lim_{x \to 3-} g(x)h(x) = 0 \times h(3) = 0,$$

$$\lim_{x \to 3+} g(x)h(x) = 1 \times h(3) = h(3)$$

$$\therefore h(3) = 0$$

$$\therefore h(x) = (x-1)(x-3)$$

Ans)

$$\therefore h(5) = 4 \times 2 = 8$$

사칙연산과 연속성

Sol)

함수 $f(x)$는 $x=a$와 $x=b$에서만 불연속이고, 함수 $f(x+k)$는 $x=a-k$와 $x=b-k$에서만
연속이므로 함수 $f(x)f(x+k)$가 $x=a$, $x=b$, $x=a-k$, $x=b-k$에서 연속이면 함수
$f(x)f(x+k)$는 실수 전체의 집합에서 연속이다.

$y=f(x)$ 그래프를 그려서 관찰했을 때 x축과의 교점의 집합은
$\{-4, -2, 8, 10\}$이고 두 불연속인 지점에서 k만큼 평행이동했을 때
연속 조건을 만족해야 하므로 경우는 두 가지로 분류된다.

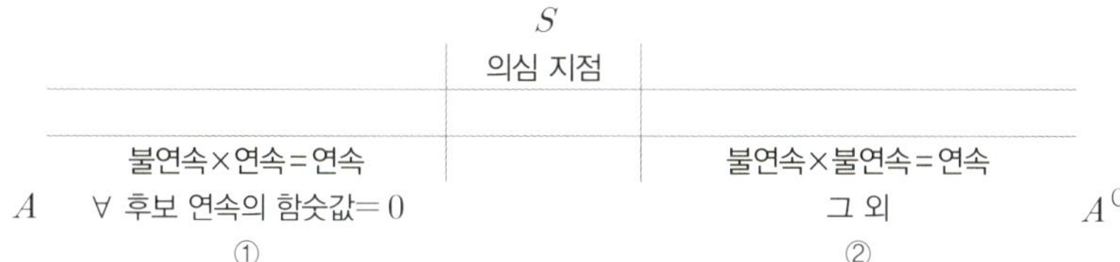

$$S$$

의심 지점

불연속×연속＝연속 　　　　 불연속×불연속＝연속

A 　 ∀ 후보 연속의 함숫값＝0 　　　　 그 외 　　　 A^{C}

① 　　　　　　　　　　　 ②

① 불연속×연속 = 연속

각 지점에서 연속이려면 연속인 지점에서 함숫값이 0이이어야 한다.
그에 따라 $f(a-k)=f(a+k)=f(b-k)=f(b+k)=0$이고
네 수 $a-k, a+k, b-k, b+k$는 방정식 $f(x)=0$의 서로 다른 네 실근이다.

$$\therefore \{a-k, a+k, b-k, b+k\}=\{-4, -2, 8, 10\}$$

$0<a+k<b+k$이고 $a-k<b-k$이므로 각 수 $a=2$, $b=4$, $k=6$이 대응되고
$f(k)>0$이므로 (나)에 모순이다.

② 불연속×불연속 = 연속

$f(x)$는 $x=a-k$에서 연속이므로 $f(a-k)=0$
$f(x)$는 $x=b+k$에서 연속이므로 $f(b+k)=0$

$f(x)f(x+k)$가 $x=a-k$와 $x=b+k$에서 모두 연속이려면
$a-k=-2$ 또는 -4이고, $b+k=8$ 또는 10이어야 한다.

$x=a+k$와 $x=b$에서 불연속이므로 $a=b-k$이어야 하고
$k=4$, $a=2$, $b=6$이다. ($\because a<b<8$, $k=b-a$는 자연수)

$$f(x)=\begin{cases} |x+3|-1 & (x<2) \\ x-10 & (2 \le x < 6) \\ |x-9|-1 & (x \ge 6) \end{cases}$$

Ans)

$$\therefore f(a)\times f(b)\times f(k)=f(2)\times f(6)\times f(4)=(-8)\times 2 \times(-6)=96$$

함수의 연속

함수의 연속
Schema 4

연속함수의 기본 정리

[중요도 ★★★★]

- 함수의 연속성과 관련된 기본 정리는 최대·최소 정리와 사잇값 정리가 있다.

① 최대·최소 정리

함수 $f(x)$가 닫힌 구간 $[a,\ b]$에서 연속이면, $f(x)$는 구간 내 최댓값 M과 최솟값 m을 갖는다.

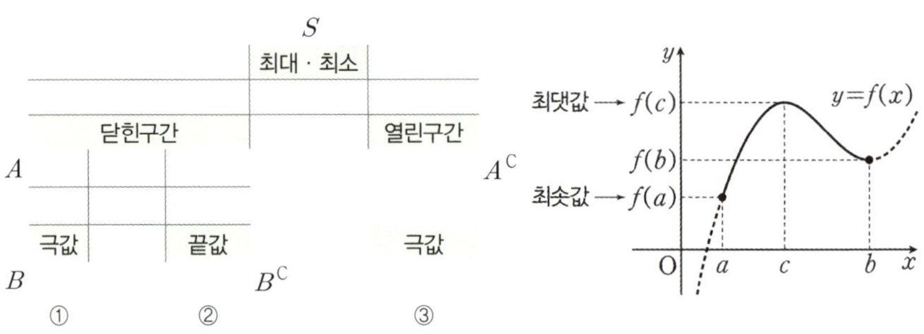

② 사잇값 정리

함수 $f(x)$가 닫힌구간 $[a,\ b]$에서 연속이고 $f(a) \neq f(b)$일 때
$f(a)$와 $f(b)$ 사이의 임의의 값 k에 대하여
$f(c) = k$인 c가 $(a,\ b)$에 적어도 하나 존재한다.

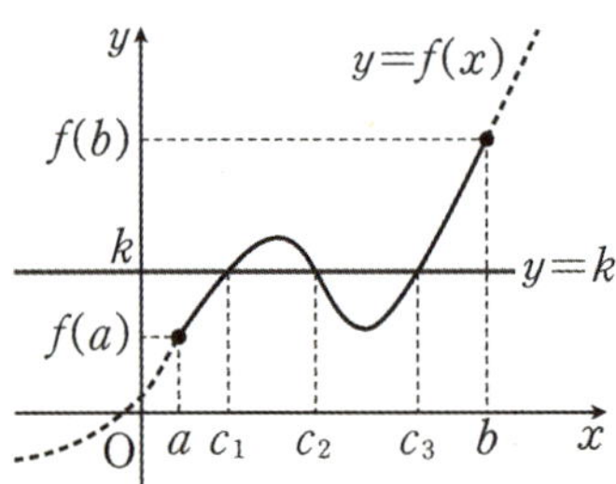

- 연속함수는 수렴하는 극한에 대해 $\lim$의 출입이 자유로워
$$\lim_{x \to a} g(f(x)) = g\left(\lim_{x \to a} f(x)\right)$$ 가 성립한다.

연속함수의 기본 정리

예

실수 전체의 집합에서 연속인 두 함수 $f(x)$, $g(x)$가 다음 조건을 만족시킨다.

> (가) 모든 실수 x에 대하여 $f(x)+f(-x)=1$이다.
>
> (나) $x^2-x-2 \neq 0$일 때, $g(x)=\dfrac{2f(x)-7}{x^2-x-2}$이다.

방정식 $f(x)=k$가 반드시 열린구간 $(0,\ 2)$에서 적어도 2개의 실근을 갖도록 하는 모든 정수 k의 개수는?

예

두 정수 a, b에 대하여 실수 전체의 집합에서 연속인 함수 $f(x)$가 다음 조건을 만족시킨다.

> (가) $0 \leq x < 4$에서 $f(x)=ax^2+bx-24$이다.
> (나) 모든 실수 x에 대하여 $f(x+4)=f(x)$이다.

$1 < x < 10$일 때, 방정식 $f(x)=0$의 서로 다른 실근의 개수가 5이다. $a+b$의 값은?

예

함수 $f(x)=x^2-8x+a$에 대하여 함수 $g(x)$를

$$g(x)=\begin{cases} 2x+5a & (x \geq a) \\ f(x+4) & (x < a) \end{cases}$$

라 할 때, 다음 조건을 만족시키는 모든 실수 a의 값의 곱을 구하시오.

> (가) 방정식 $f(x)=0$은 열린구간 $(0,\ 2)$에서 적어도 하나의 실근을 갖는다.
> (나) 함수 $f(x)g(x)$는 $x=a$에서 연속이다.

함수의 연속

함수의 연속
Schema 4

연속함수의 기본 정리

Sol)

$$f(0) = \frac{1}{2} \text{ 이고 } f(x) + f(-x) = 1 \text{ 이므로 } y = f(x) \text{ 는 } \left(0, \frac{1}{2}\right) \text{ 점대칭}$$

$$g(x) = \begin{cases} \dfrac{2f(x)-7}{(x+1)(x-2)} & (x \neq -1 \text{ 또는 } x \neq 2) \\ m & (x = -1) \\ n & (x = 2) \end{cases} \text{ 이고}$$

$$\rightarrow \lim_{x \to -1} \{2f(x) - 7\} = 0 \text{ 에서 } f(-1) = \frac{7}{2}, \ f(1) = -\frac{5}{2} \ (\because \ x \to -1, \ (\text{분모}) \to 0)$$

$$\rightarrow \lim_{x \to 2} \{2f(x) - 7\} = 0 \text{ 에서 } f(2) = \frac{7}{2}, \ f(-2) = -\frac{5}{2} \ (\because \ x \to 2, \ (\text{분모}) \to 0)$$

$$Let \ h(x) = f(x) - k, \ h(0) = \frac{1}{2} - k, \ h(1) = -\frac{5}{2} - k,$$

$$h(2) = \frac{7}{2} - k \text{ 이므로 } \left(k + \frac{5}{2}\right)\left(k - \frac{1}{2}\right) < 0, \ -\frac{5}{2} < k < \frac{1}{2}$$

$$(\because \ \text{사잇값 정리})$$

→ 조건을 만족시키는 정수 k의 값은 $-2, -1, 0$

Ans)

∴ 모든 정수 k의 개수는 3개이다.

연속함수의 기본 정리

Sol)

$f(x)=a(x-2)^2-4a-24$ $(\because f(4)=\lim\limits_{x\to 4-}f(x)=16a+4b-24$, $f(0)=f(4))$

$\to f(x)=a(x-2)^2-4a-24$

$\to 1<x<2$일 때 방정식 $f(x)=0$이 실근 1개 $(\because$ 이차함수의 대칭성$)$

$f(1)f(2)=(-3a-24)(-4a-24)=12(a+8)(a+6)<0$ $(\because$ 사잇값 정리$)$

$\therefore a=-7$ $(\because$ 정수 $a)$

$\therefore b=28$ $(\because b=-4a)$

Ans)

$\therefore a+b=-7+28=21$

Sol)

$f(0)=a>0,\ f(2)=a-12<0$ (사잇값 정리)

① $f(a)g(a)=7a^2(a-7)$

② $\lim\limits_{x\to a+}f(x)g(x)=7a^2(a-7)$

③ $\lim\limits_{x\to a-}f(x)g(x)=a(a-7)(a^2+a-16)$

$\to 7a^2(a-7)=a(a-7)(a^2+a-16)$ $(\because$ 함수의 연속$)$

$\therefore a=7$ 또는 $a=8$ $(\because 0<a<12)$

Ans)

$\therefore$ 모든 실수 a의 값의 곱은 56이다.

함수의 연속

3
Chapter

미분

Chapter 3

미분

Theme 5

미분계수와 도함수

미분계수와 도함수

미분계수와 도함수
Schema 1

변화율

[중요도 ★★★]

- 독립변수 x의 변화량을 x의 증분, $\triangle x$라고 하고
  종속변수 y의 변화량을 y의 증분, $\triangle y$라고 한다.

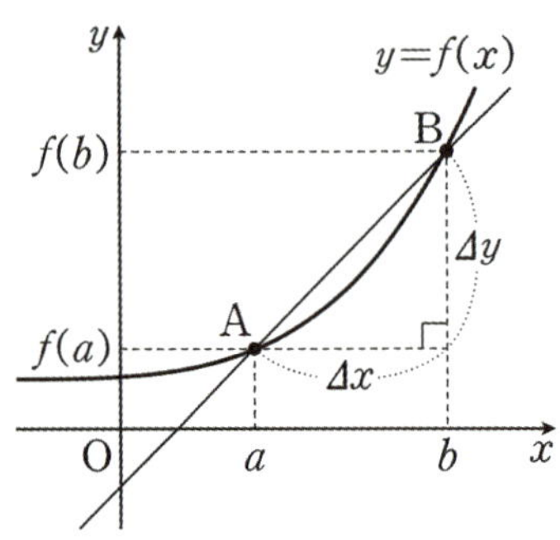

- 변화율은 두 점 사이 기울기를 나타내는 평균변화율과
  한 점에서 기울기를 나타내는 순간변화율로 분류된다.

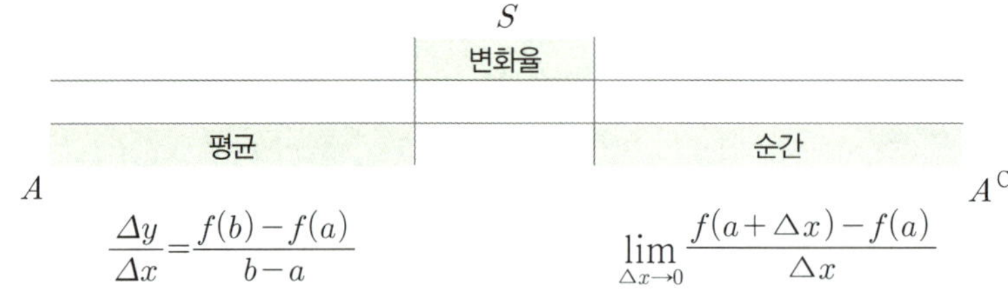

S

	변화율	
평균		순간

A $\qquad$ A^{C}

$$\frac{\triangle y}{\triangle x} = \frac{f(b) - f(a)}{b - a} \qquad\qquad \lim_{\triangle x \to 0} \frac{f(a + \triangle x) - f(a)}{\triangle x}$$

변화율

예

실수 a에 대하여 함수 $f(x)$를

$$f(x)=\begin{cases} (x-1)(x-a) & (x < 1) \\ 0 & (1 \le x < 2) \\ 1 & (x \ge 2) \end{cases}$$

라 하자. 양의 실수 t에 대하여 함수 $f(x)$에서 x의 값이 0에서 t까지 변할 때의 평균변화율을 $g(t)$라 할 때, <보기>에서 옳은 것만을 있는 대로 고르시오.

〈보 기〉

ㄱ. $a=1$일 때, $g(1)=-1$이다.

ㄴ. 함수 $g(t)$의 최댓값이 1일 때, $g(2)=\dfrac{1}{2}$이다.

ㄷ. $g(k)=g(k+1)=g(k+2)$를 만족시키는 $0 < k < 2$인 실수 k가 존재할 때,

함수 $y=f(x)$의 그래프와 직선 $y=-\dfrac{3}{2}$은 서로 다른 두 점에서 만난다.

예

사차함수 $f(x)$가 다음 조건을 만족한다.

(가) 5 이하의 모든 자연수 n에 대하여 $\displaystyle\sum_{k=1}^{n} f(k)=f(n)f(n+1)$이다.

(나) $n=3,\ 4$일 때, $f(x)$에서 x의 값이 n에서 $n+2$까지 변할 때의 평균변화율은
양수가 아니다.

$128 \times f\left(\dfrac{5}{2}\right)$의 값은?

미분계수와 도함수

미분계수와 도함수
Schema 1

변화율

Sol)

ㄱ. $g(1) = \dfrac{f(1)-1}{1} = -1$ (○)

ㄴ. $g(t)$는 평균변화율이므로 $y = x-1$을 기준으로 생각하는게 타당해보인다.

　$y = x-1$ 영역 위에서는 기울기 1 미만이므로 $a \leq -1$에서 옮겨가며 생각하면

　$g(t)$는 $t = 1$일 때 최댓값을 갖고 $g(1) = \dfrac{f(1)-a}{1} = -a$이다.

　$\therefore g(2) = \dfrac{f(2)-a}{2} = \dfrac{1-(-1)}{2} = 1$ (×)

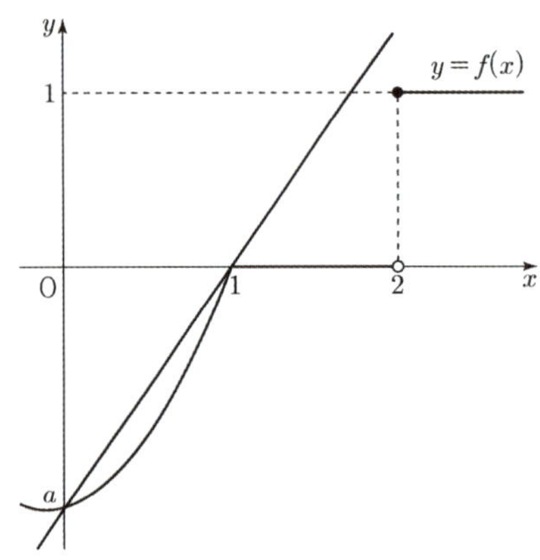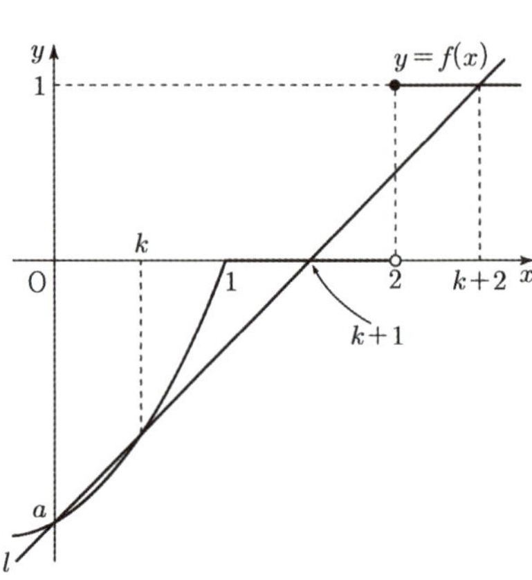

ㄷ. $g(k) = g(k+1) = g(k+2)$를 만족시키는 상황은 한 직선 위 세 점이
　등간격으로 존재해야 하고 기울기가 1인 구간이 존재해야 한다.

　$\therefore a = -k-1$ (∵ 기울기 1)

　$\therefore k = \dfrac{1}{2},\ a = -\dfrac{3}{2}$ (∵ $\triangle x$와 $\triangle y$가 동일)

$x = 1$과 $x = -\dfrac{3}{2}$의 중점에서 최솟값을 가지므로 $x = 0$에서의 y 그래프는 서로 다른 두 점에
서 만난다. (○)

Ans)
$\therefore$ 옳은 것은 ㄱ, ㄷ이다.

변화율

Sol)

① $f(1) = f(1)f(2)$ $(\because n = 1$ 대입$)$

② $f(n+1) = f(n+1)\{f(n+2) - f(n)\}$ $(\because S_n - S_{n-1} = a_n \ (n \geq 2))$ $(\because$ (가)$)$

$f(5) \leq f(3),\ f(6) \leq f(4)\ (\because$ (나)$)$

$\therefore f(4) = 0,\ f(5) = 0$

$n = 1$일 때 $f(1) = f(1)f(2)$
$n = 2$일 때 $f(1) + f(2) = f(2)f(3)$
$n = 3$일 때 $f(1) + f(2) + f(3) = 0\ (\because\ f(4) = 0)$

이고 $f(3)$에 대한 부등식과 등식 조건이 공존하므로 $f(3)$을 기준으로
생각하는 것이 타당해보인다.

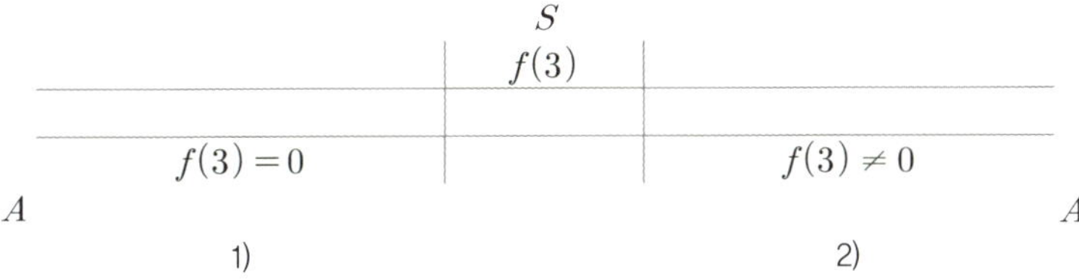

1) $f(3) = 0$
$f(1) = -1,\ f(2) = 1,\ f(3) = f(4) = f(5) = 0$

2) $f(3) \neq 0$
$f(1) = 0,\ f(2) = -1,\ f(3) = 1,\ f(4) = f(5) = 0$

[5, 6]에서 증가함수 경향이므로 $f(6) \leq f(4)$이 불가능하다.

$$\therefore\ f(x) = -\frac{1}{24}(5x - 6)(x - 3)(x - 4)(x - 5)$$

Ans)

$$\therefore\ 128 \times f\left(\frac{5}{2}\right) = 2^7 \times \left(-\frac{1}{24}\right)\left(-\frac{1}{2}\right)\left(-\frac{3}{2}\right)\left(-\frac{5}{2}\right)\left(\frac{25}{2} - 6\right) = 65$$

미분계수와 도함수

미분계수

[중요도 ★★★★]

- 함수 $f(x)$의 $x=a$에서의 미분계수는

$$f'(a)=\lim_{x\to a}\frac{f(x)-f(a)}{x-a}=\lim_{\triangle x\to 0}\frac{f(a+\triangle x)-f(a)}{\triangle x}$$

이다.

- 함수 $f(x)$의 $x=a$에서의 미분계수는
그래프 $y=f(x)$ 위의 점 $(a,\ f(a))$에서의 접선 l의 기울기와 같다.

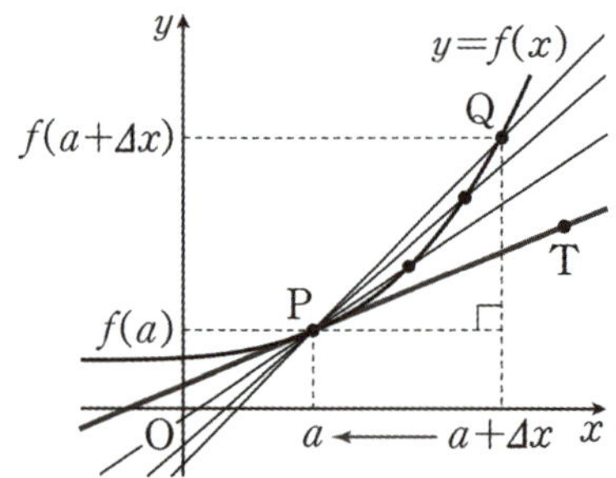

- 함수 $f(x)$가 $x=a$에서 미분가능하면
$\lim\limits_{x\to a}\dfrac{f(x)-f(a)}{x-a}$ 또는 $\lim\limits_{\triangle x\to 0}\dfrac{f(a+\triangle x)-f(a)}{\triangle x}$ 가 존재하고

① $\lim\limits_{x\to a}\dfrac{f(x)-f(a)}{x-a}$ 존재

② $x=a$에서 미분가능

③ $f'(a)$ 존재

①~③은 필요충분조건 관계에 있다.

미분계수

[미분계수 식 해석]

- $\displaystyle\lim_{h\to 0+}\left|\frac{f(a+h)-f(a)}{h}\right|$ 는 함수 $|f(x)|$의 $x=a$에서의 미분계수이다.

- $\displaystyle\lim_{h\to 0+}\left|\frac{f(a+h)-f(a)}{h}\right|$ 는 함수 $f(x)$의 $x=a$에서의 우미분계수의 절댓값이다.

- $\displaystyle\lim_{h\to 0+}\frac{f(a-3h)-f(a)}{h}$ 는 함수 $f(x)$의 $x=a$에서의 좌미분계수에
  -3을 곱한 값이다.

  $$\because -3\times\lim_{h\to 0+}\frac{f(a-3h)-f(a)}{-3h}=-3\times\lim_{\Delta\to 0-}\frac{f(a+\Delta)-f(a)}{\Delta}$$

- $\displaystyle\lim_{h\to 0-}\frac{g(f(a)+h)-g(f(a))}{h}$ 는 함수 $g(x)$의 $x=f(a)$에서의 좌미분계수이다.

- $\displaystyle\lim_{h\to 0-}\left\{\frac{\{f(a+h)\}^2-\{f(a)\}^2}{h}\right\}^3$ 는 함수 $\{f(x)\}^2$의 $x=a$에서의 좌미분계수의 세제곱이다.

미분계수와 도함수

미분계수와 도함수
Schema 2

미분계수

- 미분계수는 정점 $f(a)$를 기준으로 '변화율의 극한값'을 정의한 것으로 다음 표현들은 추가적으로 미분가능을 판단해야 한다.

$$① \lim_{h \to 0} \frac{f(a+h)-f(a-h)}{2h} = \lim_{h \to 0} \frac{f(a+h)-f(a-h)}{(a+h)-(a-h)}$$

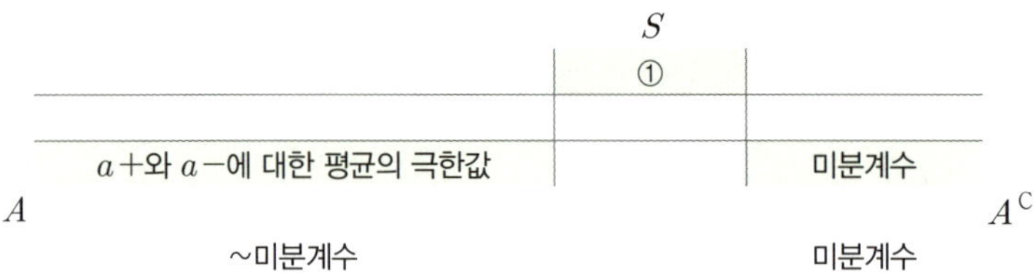

$$② \lim_{x \to 0} f'(x) \; : \; 도함수의 극한값$$

$$③ \lim_{n \to \infty} n \times \left\{ f\left(a + \frac{1}{n}\right) - f(a) \right\} = \lim_{h \to 0+} \frac{f(a+h)-f(a)}{h} \; : \; 우미분계수$$

- x축과 평행한 직선과 3개의 교점을 갖는 삼차함수에서 양극단 미분계수의 비는 간격 비이다.

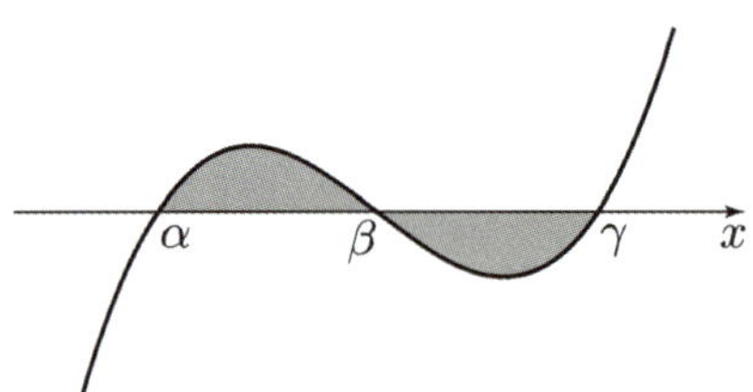

$$\to f'(\alpha) : f'(\gamma) = \beta - \alpha : \gamma - \beta$$

- 삼차방정식

  $f(x) = ax^3 + bx^2 + cx + d = 0$의 세 근을 α, β, γ라 하면 세 미분계수에 대한 역수의 합은 0이다.

$$\to \frac{1}{f'(\alpha)} + \frac{1}{f'(\beta)} + \frac{1}{f'(\gamma)} = 0$$

미분계수

예

두 다항함수 $f(x)$, $g(x)$가

$$\lim_{x \to 1} \frac{f(x) - a + 2}{x - 1} = 4, \ \lim_{x \to 1} \frac{g(x) + a - 2}{x - 1} = a$$

를 만족시킨다. 함수 $f(x)g(x)$의 $x = 1$에서의 미분계수가 -1일 때, 상수 a의 값은?

예

두 다항함수 $f(x)$, $g(x)$가 다음 조건을 만족시킨다.

$$(가) \ \lim_{x \to 1} \frac{f(x) - g(x)}{x - 1} = 5$$

$$(나) \ \lim_{x \to 1} \frac{f(x) + g(x) - 2f(1)}{x - 1} = 7$$

두 실수 a, b에 대하여 $\lim_{x \to 1} \dfrac{f(x) - a}{x - 1} = b \times g(1)$ 일 때, ab의 값은?

미분계수와 도함수

미분계수와 도함수
Schema 2

미분계수

Sol)

$$\lim_{x \to 1} \frac{f(x) - a + 2}{x - 1} = \lim_{x \to 1} \frac{f(x) - f(1)}{x - 1} = f'(1) = 4$$

$$\lim_{x \to 1} \frac{g(x) + a - 2}{x - 1} = \lim_{x \to 1} \frac{g(x) - g(1)}{x - 1} = g'(1) = a$$

$$f'(1)g(1) + f(1)g'(1) = 4 \times (-a + 2) + (a - 2) \times a = a^2 - 6a + 8 = -1$$

Ans)

$$\therefore a = 3$$

Sol)

$$\lim_{x \to 1} \frac{f(x) - g(x)}{x - 1} = 5 \Rightarrow f(1) = g(1)$$

$$\lim_{x \to 1} \frac{\{f(x) - f(1)\} - \{g(x) - g(1)\}}{x - 1} = 5 \Rightarrow f'(1) - g'(1) = 5$$

$$\lim_{x \to 1} \frac{f(x) + g(x) - 2f(1)}{x - 1} = \lim_{x \to 1} \frac{\{f(x) - f(1)\} + \{g(x) - g(1)\}}{x - 1} = 7 \Rightarrow f'(1) + g'(1) = 7$$

$$\to f'(1) = b \times f(1) = ab$$

Ans)

$$\therefore ab = 6$$

미분계수

예

최고차항의 계수가 1인 삼차함수 $f(x)$에 대하여 함수

$$g(x) = f(x-3) \times \lim_{h \to 0+} \frac{|f(x+h)| - |f(x-h)|}{h}$$

가 다음 조건을 만족시킬 때, $f(5)$의 값을 구하시오.

> (가) 함수 $g(x)$는 실수 전체의 집합에서 연속이다.
> (나) 방정식 $g(x) = 0$은 서로 다른 네 실근 α_1, α_2, α_3, α_4를 갖고
> $\alpha_1 + \alpha_2 + \alpha_3 + \alpha_4 = 7$이다.

미분계수와 도함수

미분계수와 도함수
Schema 2

미분계수

Sol)

$i(x) = |f(x)|$ 라 정의하면

$$\lim_{h \to 0+} \frac{i(x+h)-i(x)}{h}, \quad \lim_{h \to 0-} \frac{i(x+h)-i(x)}{h} \text{ 가 존재한다는 조건임을 알 수 있다.}$$

$$\to \lim_{h \to 0+} \frac{|f(x+h)|-|f(x-h)|}{h} = \lim_{h \to 0+} \frac{i(x+h)-i(x)}{h} + \lim_{h \to 0+} \frac{i(x-h)-i(x)}{-h}$$

$$\to g(x) = \begin{cases} f(x-3) \times \{-2f'(x)\} & (x < \alpha) \\ 0 & (x = \alpha) \\ f(x-3) \times \{2f'(x)\} & (x > \alpha) \end{cases}$$

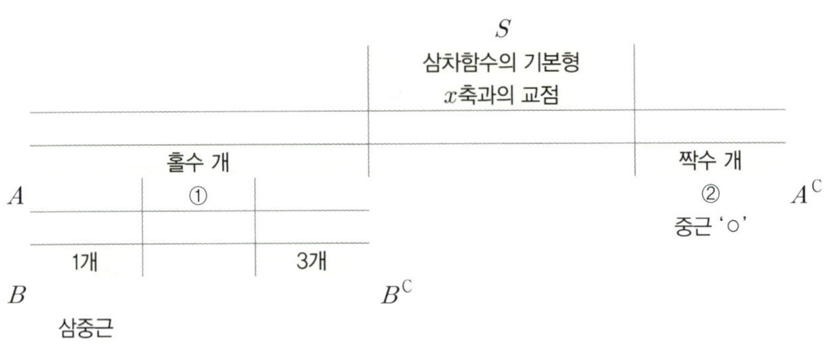

① 홀수 개

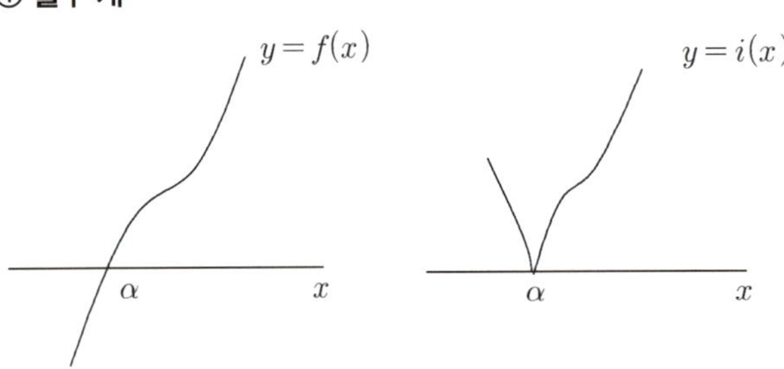

기본형을 세팅한 후 관찰했을 때 의심점 $x = \alpha$에서 + 방향으로
3칸 옮긴 지점 $f(\alpha - 3)$에서 0이 아니므로 모순이다.

② 짝수 개

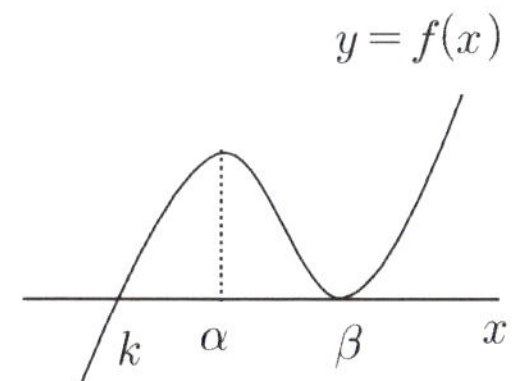
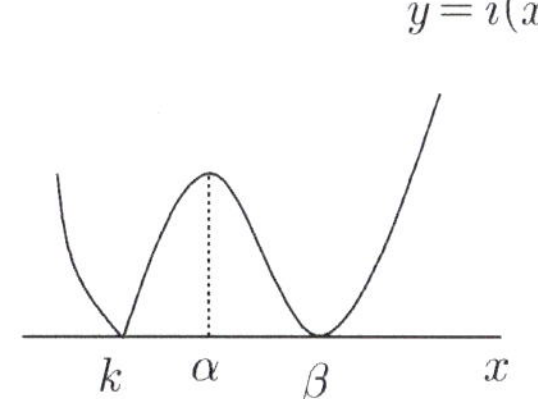

다음과 같은 기반 함수 세팅일 때 의심점 $x=\alpha$에서 $+$ 방향으로 3칸 옮긴 지점 $f(\alpha-3)$에서 0이 아니므로 모순이다

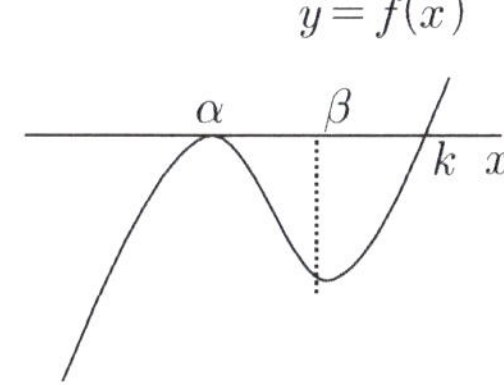
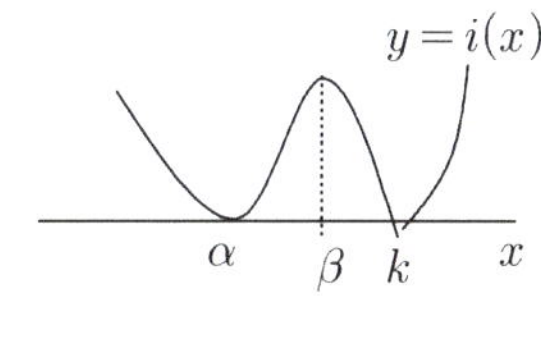

$\therefore k-\alpha=3$

서로 다른 네 실근의 합이 4이므로 $\alpha+\beta+k+k+3=7$이고 간격 비에 의해 β는 α와 k의 $2:1$ 내분점에 존재한다.

$\therefore k-\beta=1$

$\therefore \alpha=-1,\ \beta=1,\ k=2$

$Ans)$
$f(5)=(5+1)^2(5-2)=36\times 3=108$

미분계수와 도함수

미분계수와 도함수
Schema 3

미분가능

[중요도 ★★★★]

- $f(x)$가 $x=a$에서 미분가능하면

$$\lim_{x \to a}\frac{f(x)-f(a)}{x-a} \ \text{또는} \ \lim_{\triangle x \to 0}\frac{f(a+\triangle x)-f(a)}{\triangle x} \text{가 존재하고}$$

① $\lim_{x \to a}\dfrac{f(x)-f(a)}{x-a}$ 존재

② $x=a$에서 미분가능

③ $f'(a)$ 존재

①~③은 필요충분조건 관계에 있다.

- $f(x)$가 $x=a$에서 미분가능할 때 다음이 모두 성립한다.

① $\lim_{h \to 0}\dfrac{f(a+mh)-f(a)}{nh}=\dfrac{m}{n}f'(a)$

② $\lim_{h \to 0}\dfrac{f(a+h)-f(a-h)}{h}=2f'(a)$

③ $\lim_{h \to 0}\dfrac{f(a+ph)-f(a-qh)}{nh}=\dfrac{p-q}{n}f'(a)$

- 미분가능하면 연속임이 성립하지만
  연속이면 미분가능함은 판단 대상이다.

미분가능   연속

p $\Rightarrow$ q

예 $f(x)=|x|$

도함수

[중요도 ★★★★]

- 함수 $f(x)$의 미분가능한 모든 x에 미분계수 $f'(x)$를 대응시켜
  만든 새로운 함수를 $y = f(x)$의 도함수라 하고
  $y = f(x)$를 $y = f'(x)$의 원함수라고 한다.

[도함수 정의]

$$f'(x) = \lim_{\Delta \to 0} \frac{f(x + \Delta x) - f(x)}{\Delta x}$$

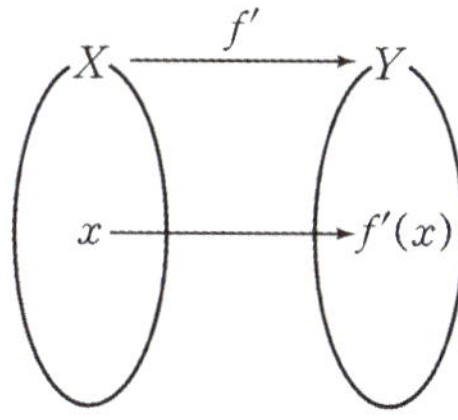

[도함수 표현]

① $f'(x)$ ② y' ③ $\dfrac{dy}{dx}$ ④ $\dfrac{d}{dx} f(x)$

- 원함수로부터 도함수를 도출해내서 미정계수를 구할 수도 있으나
  도함수로부터 원함수를 적분해서 미정계수를 구하는 것이 편할 수도 있어
  조건에 따라 관점 전환에 자유로워야 한다.

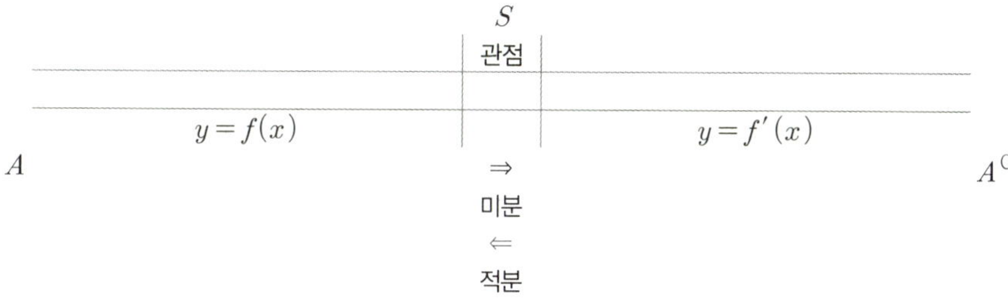

- 도함수는 다음 정보들을 모두 내포한다.

① 도함수 $f'(x)$의 부호 변화 지점은 원함수 $f(x)$의 증감 변화 지점이다.
   ⇒ 도함수 $f'(x)$의 부호는 함수 $f(x)$ 증감 정보와 대응된다.

② 도함수 $f'(x)$의 함숫값은 원함수 $f(x)$의 그래프의 접선의 기울기에 대응된다.

③ 도함수 $f'(x)$의 극값은 원함수 $f(x)$의 그래프의 변곡점에 대응된다.

이러한 사실들을 통해 함수의 개형을 파악할 수 있다.

미분계수와 도함수

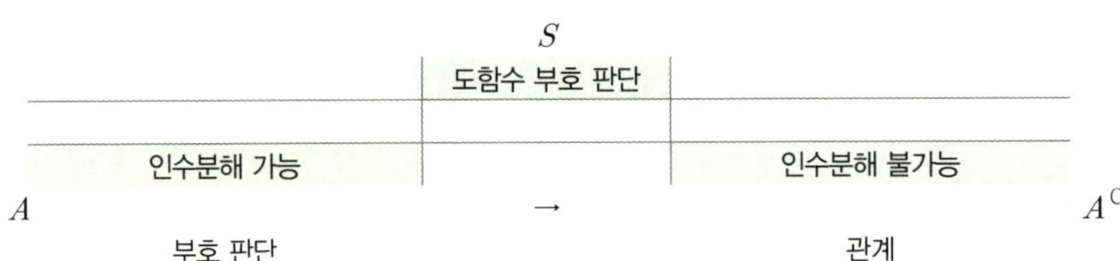

- 도함수 $f'(x)$의 부호를 통해 $f(x)$의 개형을 파악할 때 경우는 다음으로 분류된다.

S

도함수 부호 판단

A 인수분해 가능	$\rightarrow$	인수분해 불가능 A^C
부호 판단		관계

$f'(x)$가 인수분해가 되는 경우 이를 활용하여 부호 판단을 행하고
그렇지 않은 경우 그래프와 x축의 관계를 통해 부호를 파악한다.

1) $f'(x)$ **부호 + → - 변화 지점** : $f(x)$는 극대
2) $f'(x)$ **부호 - → + 변화 지점** : $f(x)$는 극소

예

최고차항의 계수가 4이고 서로 다른 세 극값을 갖는 사차함수 $f(x)$와 두 함수 $g(x)$,

$$h(x)= \begin{cases} 4x+2 & (x < a) \\ -2x-3 & (x \geq a) \end{cases}$$

가 있다. 세 함수 $f(x)$, $g(x)$, $h(x)$가 다음 조건을 만족시킨다.

(가) 모든 실수 x에 대하여

$$|g(x)|=f(x), \quad \lim_{t \to 0+} \frac{g(x+t)-g(x)}{t}=|f'(x)|$$

이다.

(나) 함수 $g(x)h(x)$는 실수 전체의 집합에서 연속이다.

$g(0) = \dfrac{40}{3}$일 때, $g(1) \times h(3)$의 값을 구하시오. (단, a는 상수이다.)

미분계수와 도함수

미분계수와 도함수
Schema 4

도함수

Sol)

$|g(x)| = f(x)$는 다음 2가지로 생각할 수 있다.

① 모든 x에 대해, $f(x) \geq 0$

② 어떤 k에 대해, $g(k) = f(k)$ 또는 $g(k) = -f(k)$

서로 다른 3개의 극값을 갖는 $f(x)$의 뼈대를 생각하면 다음과 같다.

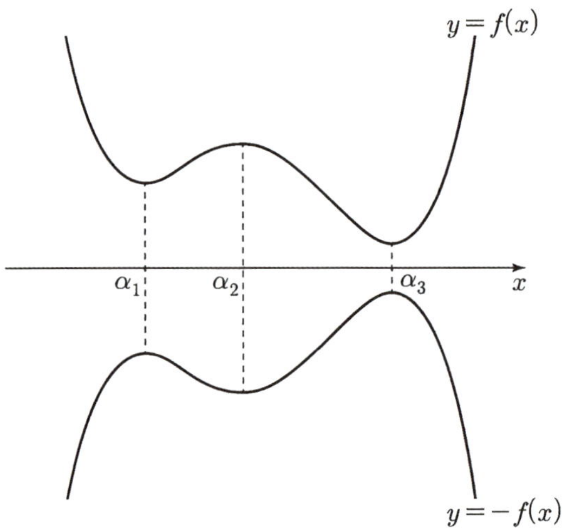

$$\lim_{t \to 0+} \frac{g(x+t)-g(x)}{t} = |f'(x)| \geq 0$$이므로 다음과 같이 환승함을 알 수 있다.

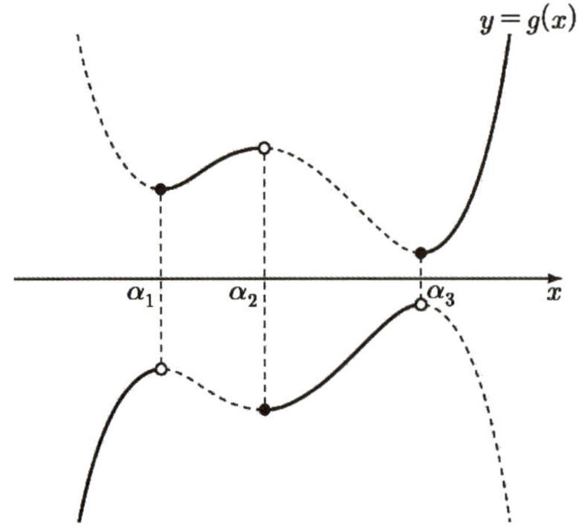

도함수

(나)에 의해 $h(k) = \lim_{x \to k+} h(x) = \lim_{x \to k-} h(x) = 0$ 이므로 $h(k+) = h(k-)$ 를 고려했을 때

$a = \dfrac{1}{2}$ 이고 $h(x) = \begin{cases} 4x+2 & (x < a) \\ -2x-3 & (x \geq a) \end{cases}$ 와 x축과 만나는 개수함수의 정의역은

$\max$ 2개이므로 $g(x)$는 $x = -\dfrac{1}{2}$, $x = \dfrac{1}{2}$ 에서만 불연속이고

다음 두 가지 케이스로 분류됨을 알 수 있다.

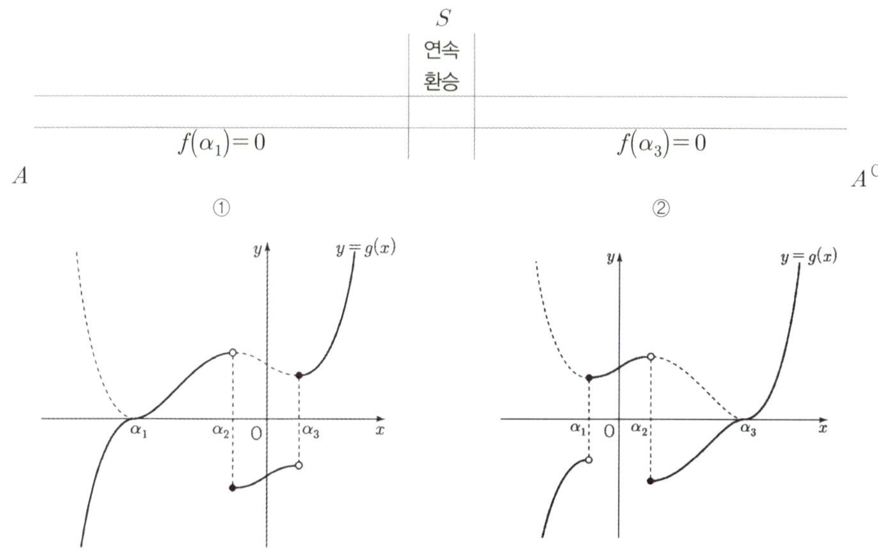

0은 $x = -\dfrac{1}{2}$, $x = \dfrac{1}{2}$ 의 중점이므로 $g(0) = \dfrac{40}{3}$ 을 고려했을 때 ②이다.

$$\therefore f'(x) = 16\left(x + \frac{1}{2}\right)\left(x - \frac{1}{2}\right)(x - \alpha_3)$$

미지수 1개에 적분상수는 $g(0) = \dfrac{40}{3}$ 으로 상수 조건이며, $f(\alpha_3) = 0$ 이므로

모든 미정계수가 도출될 것을 예상하며 연산할 수 있다.

$$\to f(x) = 4x^4 - \frac{32}{3}x^3 - 2x^2 + 8x + \frac{40}{3},$$

$Ans)$

$$g(1) \times h(3) = \left(-\frac{38}{3}\right) \times (-9) = 114$$

미분계수와 도함수

미분계수와 도함수
Schema 5

미분법

[중요도 ★★★]

- 함수 $f(x)$에서 도함수 $f'(x)$를 구하는 것을 '$f(x)$를 x에 대하여 미분한다'라고
  하고, 그 계산법을 미분법이라고 한다.

- 두 함수 $f(x)$, $g(x)$가 미분가능할 때

  ① $\{cf(x)\}' = cf'(x)$ (단, c는 상수이다.)
  ② $\{f(x) \pm g(x)\}' = f'(x) \pm g'(x)$
  ③ $\{f(x)g(x)\}' = f'(x)g(x) \pm f(x)g'(x)$

  이다.

  ⇒ 합, 차, 실수배, 미분에는 교환법칙이 성립한다.
  ⇒ 미분하고 연산 = 연산하고 미분

- 다항함수 $y = x^n$ (n은 양의 정수)와 상수함수의 도함수는 다음과 같다.

	원함수	도함수
①	$y = x$	$y' = 1$
②	$y = x^n$	$y' = nx^{n-1}$
③	$y = c$	$y' = 0$

→ 차수가 n인 다항함수 $f(x)$에 대하여 $\displaystyle\lim_{x \to \infty} \frac{xf'(x)}{f(x)} = n$이 성립한다.

→ 다항함수 $f(x)$의 최고차항의 차수가 n, 계수가 a이면
  $f'(x)$의 최고차항의 계수는 na, 차수는 $n-1$이다.

→ 다항함수 $f(x)$에 대하여 $x = a$에 대한 0 인자 수가 n일 때
  $\displaystyle\lim_{x \to a} \frac{(x-a)f'(x)}{f(x)} = n$ 이 성립한다.

미분법

예

두 다항함수 $f(x)$, $g(x)$가

$$\lim_{x \to 0}\frac{f(x)+g(x)}{x}=3,\ \lim_{x \to 0}\frac{f(x)+3}{xg(x)}=2$$

를 만족시킨다. 함수 $h(x)=f(x)g(x)$에 대하여 $h'(0)$의 값은?

예

두 다항함수 $f(x)$, $g(x)$가

$$f(1)=2,\ g(1)=0,\ f'(1)=0,\ g'(1)=2$$

일 때, $\displaystyle\lim_{x \to \infty}\sum_{k=1}^{4}\left\{xf\left(1+\frac{3^k}{x}\right)g\left(1+\frac{3^k}{x}\right)\right\}$의 값은?

예

다항함수 $f(x)$가 다음 조건을 만족시킬 때, $f(1)$의 값을 구하시오.

(가) 모든 실수 x에 대하여 $2f(x)-(x+2)f'(x)-8=0$이다.

(나) x의 값이 -3에서 0까지 변할 때, 함수 $f(x)$의 평균변화율은 3이다.

미분계수와 도함수
Schema 5

미분법

Sol)

$$\lim_{x \to 0} \frac{f(x) + g(x)}{x} = 3 \Rightarrow f(0) + g(0) = 0,\ f'(0) + g'(0) = 3$$

$$\lim_{x \to 0} \frac{f(x) + 3}{x g(x)} = 2 \Rightarrow f(0) = -3,\ \frac{f'(0)}{g(0)} = 2$$

Ans)

$$h'(0) = f'(0)g(0) + f(0)g'(0) = 18 + 9 = 27$$

Sol)

$$Let\ \frac{1}{x} = h,\ p(x) = f(x)g(x)$$

$$\to \lim_{h \to 0} \sum_{k=1}^{4} \frac{p(1 + 3^k h)}{h}$$

$$\to \lim_{h \to 0} \sum_{k=1}^{4} \frac{p(1 + 3^k h) - p(1)}{3^k h} \cdot 3^k$$

$$\to \sum_{k=1}^{4} p'(1) \cdot 3^k = \{ f'(1)g(1) + f(1)g'(1) \} \sum_{k=1}^{4} 3^k$$

Ans)

$$\therefore \lim_{x \to \infty} \sum_{k=1}^{4} \left\{ x f\left(1 + \frac{3^k}{x}\right) g\left(1 + \frac{3^k}{x}\right) \right\} = 4 \times \frac{3(3^4 - 1)}{3 - 1} = 480$$

미분법

Sol)

$f(x)$의 최고차항을 ax^n라 하면 $2f(x)-(x+2)f'(x)$의 최고차항은

$2ax^n - x \times nax^{n-1} = (2-n)ax^n$ 이므로 $n=2$

$f'(x)=2ax+b$ 이므로 $2f(x)-(x+2)f'(x)-8=(b-4a)x+2c-2b-8$ 이고

$(b-4a)x+2c-2b-8=0$ 이 성립하므로 $b=4a,\ c=4a+4$

$\therefore f(x)=ax^2+4ax+4a+4$

(나)에서 $\dfrac{f(0)-f(-3)}{0-(-3)}=3$ 이므로 $\dfrac{(4a+4)-(a+4)}{3}=3,\ a=3$

$\rightarrow f(x)=3x^2+12x+16$

Ans)

$f(1)=31$

미분계수와 도함수

미분계수와 도함수
Schema 6

평균값 정리

[중요도 ★★★]

- 함수 $f(x)$가 닫힌구간 $[a,\ b]$에서 연속이고 열린구간 $(a,\ b)$에서 미분가능할 때,

$$\frac{f(b)-f(a)}{b-a}=f'(c)$$

인 c가 열린구간 $(a,\ b)$에서 적어도 하나 존재한다.

즉, $f'(c)$의 존재성에 대한 정리이다.

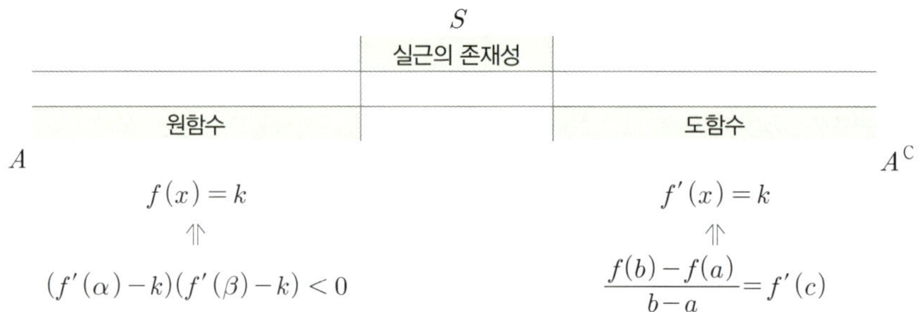

이를 도함수의 범위, 원함수의 평균변화율, 미분계수의 존재성 판단에 활용할 수 있다.

- 함수 $F'(x)=f(x)$일 때 미분하여 $f(x)$가 되는 함수는
  $F(x)+C$꼴이 유일함을 평균값의 정리를 통해 규명할 수 있다.

  → 미적분의 기본 정리와 함께 생각할 수 있다.

- **[평균값 정리의 기하적 해석]**
  접선을 이용한 방·부등식을 해석하다 막연할 때
  특수 Point와 범위 논리를 활용할 수 있다.

  $y=f(x)$ 위의 두 점 $(a, f(a))$와 $(b, f(b))$를 지나는 선분에 대하여
  $[a, b]$에서 곡선 $y=f(x)$ 위의 어떤 접선이 이 선분에 평행하다

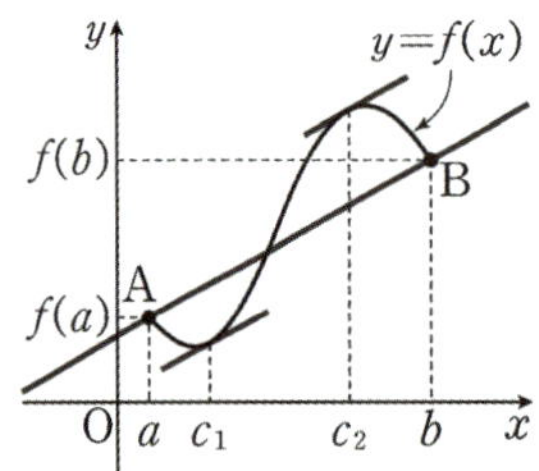

예

실수 전체의 집합에서 미분가능하고 다음 조건을 만족시키는 모든 함수 $f(x)$에 대하여
$f(5)$의 최솟값은?

(가) $f(1) = 3$
(나) $1 < x < 5$인 모든 실수 x에 대하여 $f'(x) \geq 5$이다.

예

정수 $a \ (a \neq 0)$에 대하여 함수 $f(x)$를

$$f(x) = x^3 - 2ax^2$$

이라 하자. 다음 조건을 만족시키는 모든 정수 k의 값의 곱이 -12가 되도록 하는 a에 대하여
$f'(10)$의 값을 구하시오.

함수 $f(x)$에 대하여

$$\left\{ \frac{f(x_1) - f(x_2)}{x_1 - x_2} \right\} \times \left\{ \frac{f(x_2) - f(x_3)}{x_2 - x_3} \right\} < 0$$

을 만족시키는 세 실수 $x_1,\ x_2,\ x_3$이 열린구간 $\left(k,\ k + \dfrac{3}{2} \right)$에 존재한다.

미분계수와 도함수

미분계수와 도함수
Schema 6
평균값 정리

Sol)

$\dfrac{f(5)-f(1)}{5-1}=f'(c)$를 만족하는 상수 c가 열린구간 $(1, 5)$에 적어도 하나 존재하고

$f'(c) \geq 5$이므로 $\dfrac{f(5)-3}{4} \geq 5$이다.

Ans)

$\therefore f(5) \geq 23$이므로 $f(5)$의 최솟값은 23이다.

Sol)

함수 $f(x)$는 $x=0$과 $x=\dfrac{4a}{3}$에서 극값을 가지므로

$0 \in \left(k, k+\dfrac{3}{2}\right)$ 또는 $\dfrac{4a}{3} \in \left(k, k+\dfrac{3}{2}\right)$이다.

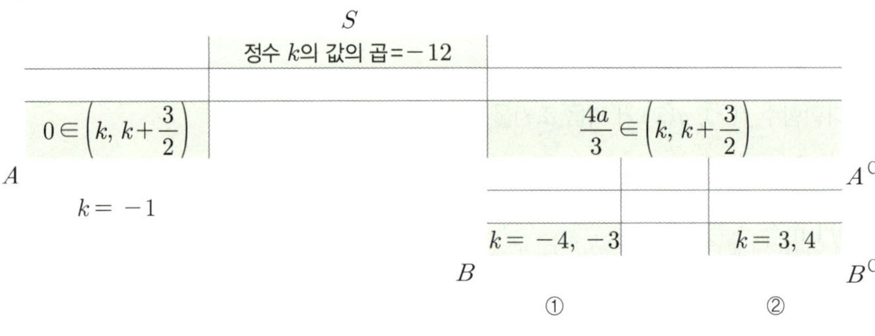

S		
	정수 k의 값의 곱$=-12$	
$0 \in \left(k, k+\dfrac{3}{2}\right)$		$\dfrac{4a}{3} \in \left(k, k+\dfrac{3}{2}\right)$
A		A^{C}
$k=-1$		
	$k=-4, -3$	$k=3, 4$
B		B^{C}
	①	②

① $k=-4, -3$

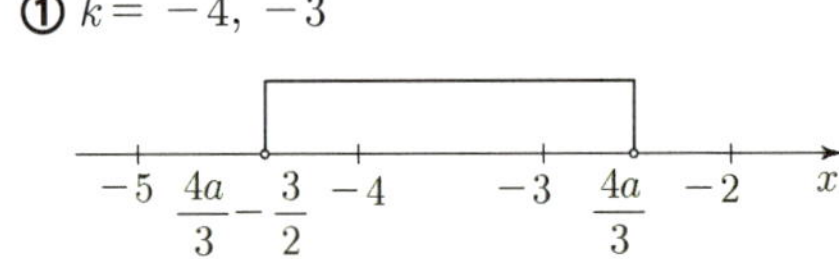

$\therefore -\dfrac{9}{4} < a < -\dfrac{15}{8},\ a=-2\ (\because a$는 정수$)$

② $k=3, 4$

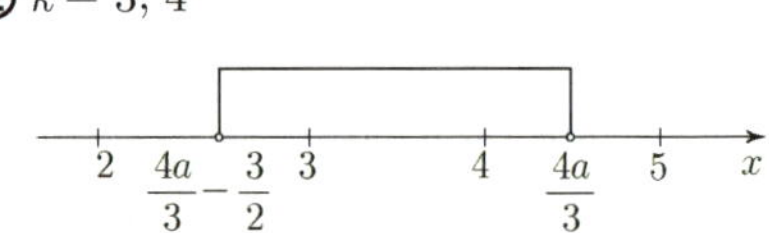

$\therefore 3 < a < \dfrac{27}{8}$, 불능 by 정수 조건

$\rightarrow a=-2,\ f(x)=x^3+4x^2,\ f'(x)=3x^2+8x$

Ans)

$\therefore f'(10)=300+80=380$

예

최고차항의 계수가 1인 삼차함수 $f(x)$와 실수 전체의 집합에서 연속인 함수 $g(x)$가 다음 조건을 만족시킬 때, $f(4)$의 값을 구하시오.

> (가) 모든 실수 x에 대하여 $f(x)=f(1)+(x-1)f'(g(x))$이다.
>
> (나) 함수 $g(x)$의 최솟값은 $\dfrac{5}{2}$이다.
>
> (다) $f(0)=-3$, $f(g(1))=6$

예

최고차항의 계수가 1인 삼차함수 $f(x)$가 다음 조건을 만족시킨다.

> 함수 $f(x)$에 대하여
> $$f(k-1)f(k+1)<0$$
> 을 만족시키는 정수 k는 존재하지 않는다.

$f'\left(-\dfrac{1}{4}\right)=-\dfrac{1}{4}$, $f'\left(\dfrac{1}{4}\right)<0$일 때, $f(8)$의 값을 구하시오.

미분계수와 도함수

평균값 정리

Sol)

$f(x) = f(1) + (x-1)f'(g(x))$이므로 다음으로 분류된다.

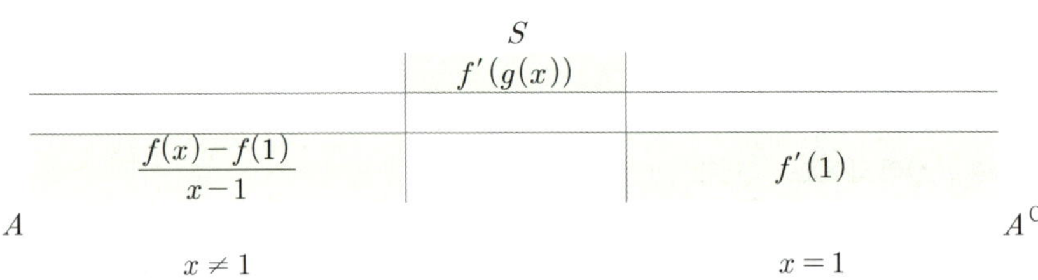

$f'(x)$는 최고차항의 계수가 3인 이차함수이므로 근을 Max 2개 갖고

$f'(1) = f'(g(1))$은 한 가로 내에 있다.

$\therefore$ 개형 기본형 결정

$(1, f(1)), \left(\dfrac{5}{2}, f\left(\dfrac{5}{2}\right)\right)$를 지나는 직선은 $\left(\dfrac{5}{2}, f\left(\dfrac{5}{2}\right)\right)$에서 접하는 직선이므로 $\left(\because g(x) \geq \dfrac{5}{2}\right)$

변곡점의 x 좌표는 2이다. $\left(\because 1 + \dfrac{5}{2} + \dfrac{5}{2} = 6\right)$

$\therefore g(1) = 3 \; (\because x = 2 \text{ 대칭})$

$f(x) = x^3 - 6x^2 + ax - 3 \;\; (\because x = 2 \text{ 변곡점}, f(0) = -3)$ 이고

$f(g(1)) = f(3) = 6$으로 미지수-조건이 1:1 대응되므로 구하는 값이 도출되겠다.

Ans)

$f(4) = 13$

Sol)

$f'\left(-\dfrac{1}{4}\right)=-\dfrac{1}{4}$, $f'\left(\dfrac{1}{4}\right)<0$으로 극단값의 정보가 제시되어 있고,

정수로 k가 제한되어 있으므로 중점 $x=0$을 같이 생각하는 게 타당해보인다.

	S	
	$f'(g(x))$	
$f'\left(-\dfrac{1}{4}\right)=-\dfrac{1}{4}$, $f'\left(\dfrac{1}{4}\right)<0$		$f'(0)<0$
A		A^{C}

$\Rightarrow f(x)$는 두 극점을 가짐

두 극점을 갖는 3차함수의 기본 개형 분류는 x축과의 교점이 홀수 개일 때
1개 또는 3개이고 짝수 개일 때는 중근을 갖고

정수 2 간격에서 모두 영역이 같아야하므로
평균값 정리에 의해 적어도 연이은 두 정수 근을 가져야 한다.

	S		
	근 양상		
연속된 두 정수 근		연속된 세 정수 근	
A			A^{C}
		모순	
$-1,\ 0$	$0,\ 1$		
B 1)	2) B^{C}	$\left(\because f'\left(-\dfrac{1}{4}\right)=-\dfrac{1}{4}\right)$	

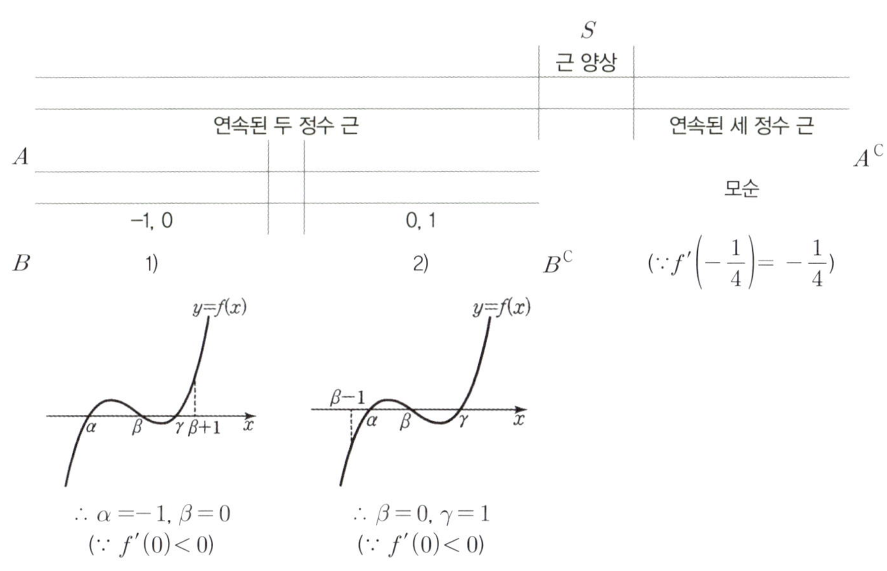

1)에서 $0<\gamma<1$이고 $f(x)=x(x+1)(x-\gamma)$이므로 모순이다. $\left(\because f'\left(-\dfrac{1}{4}\right)=-\dfrac{1}{4}\right)$

2)에서 $-1<\gamma<0$이고 $f(x)=x(x+1)(x-\gamma)$이며, $f'\left(-\dfrac{1}{4}\right)=-\dfrac{1}{4}$에서 $\gamma=-\dfrac{5}{8}$이고

조건을 모두 만족하고 $f(x)=x(x-1)\left(x+\dfrac{5}{8}\right)$임을 알 수 있다.

Ans)

$f(8)=8\times7\times\dfrac{69}{8}=483$

미분계수와 도함수

미분계수와 도함수
Schema 7

접선의 방정식

[중요도 ★★★]

\- 두 함수가 접할 때 위치관계는 다음으로 분류된다.

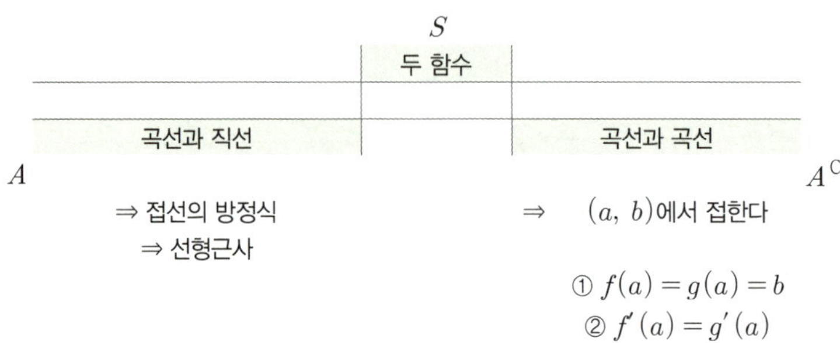

\- 제시된 상수 조건이 무엇인지에 따라 접선의 방정식을 구할 수 있다.

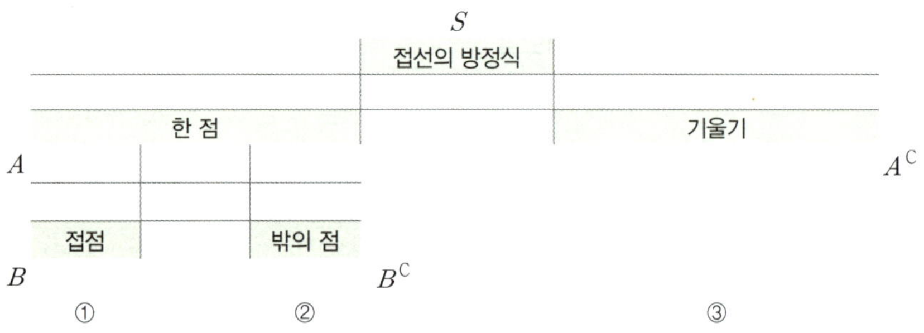

① 접점 $(a,\ f(a))$
$$y - f(a) = f'(a)(x - a)$$

② 밖의 점 $(\alpha,\ \beta)$
점점 $(t,\ f(t))$ 설정, $y - f(t) = f'(t)(x - t)$

③ 기울기 m
점점 $(t,\ f(t))$ 설정, $y - f(t) = m(x - t)$

\- 삼차함수와 접점을 알게 되면 간격함수 관점에 있어 자유로워진다.

S

$\alpha + \alpha + \beta = -\dfrac{b}{a} = k$

접점	그 외의 점
A	A^{C}
$\Rightarrow (x - \alpha)^2$	$\Rightarrow (x - \beta)^2$

$$f(x) - (mx + n) = a(x - \alpha^2)(x - \beta)$$

→ 3개 중 2개를 알면 여사건 요소가 도출된다.

접선의 방정식

- 어떤 함수 $f(x)$에 그을 수 있는 접선 $g(x)$의 종류는
  함수를 관통하는 경우와 관통하지 않는 경우로 분류된다.

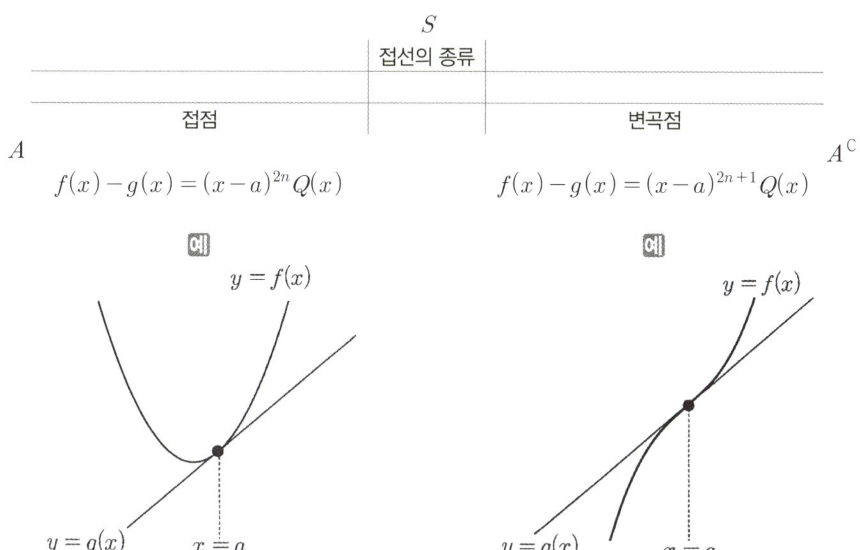

- 삼차함수 $f(x)$에 그을 수 있는 접선 $g(x)$의 종류는
  변곡점을 지나는 변곡접선과 만나는 점이 2개인 경우로 분류된다.

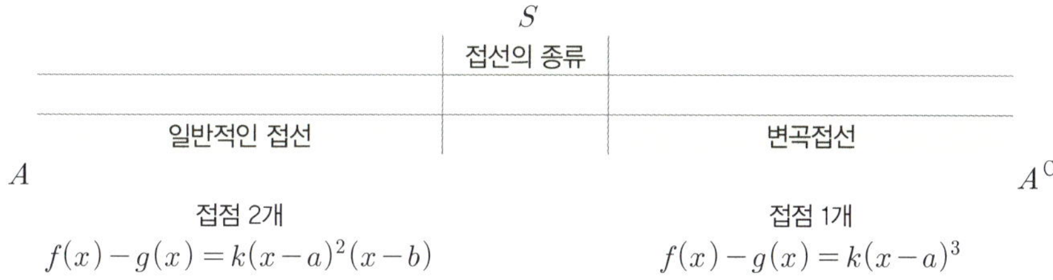

→ 모든 삼차함수는 변곡접선과의 관계함수로 환원해서 기하적으로 생각할 수 있다.

- 접선의 방정식을 구성할 때, 미분계수의 기하적 의미를 통해
  $\triangle x$와 $\triangle y$의 정보를 삼각비와 직각삼각형을 활용해서 해석할 수 있다.

- 곡선 $f(x)$와 접선 $g(x)$에서 $g(x)$의 기울기와 같은 미분계수를 갖는 지점의 위치는 함수
  $f(x) - g(x)$의 인수 간 내분점에 존재한다.

→ $f(x) - g(x) = (x-\alpha)^p (x-\beta)^q$에 대해 $f'\left(\dfrac{p\beta+q\alpha}{p+q}\right) = \dfrac{g(\beta)-g(\alpha)}{\beta-\alpha}$ 이다.

미분계수와 도함수

접선의 방정식

- 최고차항의 계수가 a인 사차함수 $y = f(x)$ 위의 서로 다른 두 점에서 공통으로
  접하는 직선의 방정식을 $l : y = g(x)$이라 하면 $f(x) - g(x) = a(x-\alpha)^2(x-\beta)^2$이고
  α와 β의 중점 γ에서 공통접선의 기울기와 동일한 기울기를 갖는 접선
  $m : y = h(x)$가 존재한다.

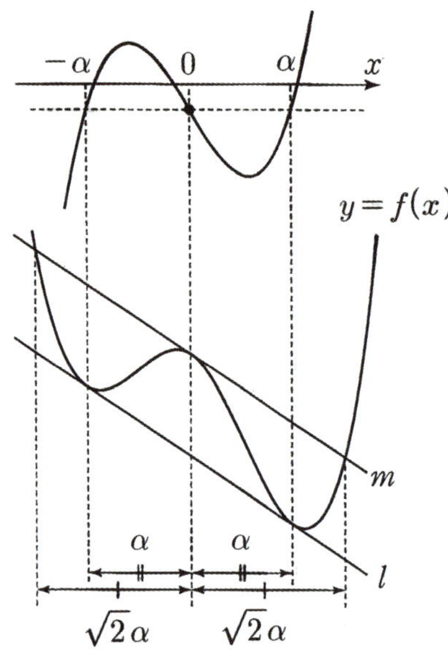

→ 접접의 인수가 2 : 2 이므로 1 : 1 내분점에 존재

[곡선과 접선의 관계 *with* 평행이동, 변곡점 $x = 0$]
① $f(x) - g(x) = a(x-\Delta)^2(x+\Delta)^2$
② $f(x) - h(x) = ax^2(x - \sqrt{2}\,\Delta)(x + \sqrt{2}\,\Delta)$

- 곡선 $f(x)$ 위의 점 $(a,\ f(a))$에서의 접선과 수직이고
  $(a,\ f(a))$을 지나는 직선의 방정식은 $y = -\dfrac{1}{f'(a)}(x-a) + f(a)$이고
  이를 법선이라 한다.

  점과 곡선 $f(x)$ 사이의 거리 중 최솟값은 법선 위에 존재한다.

- 기울기가 m인 직선 l과 곡선 $f(x)$ 사이의 거리의
  최댓값 또는 최솟값을 구할 때

  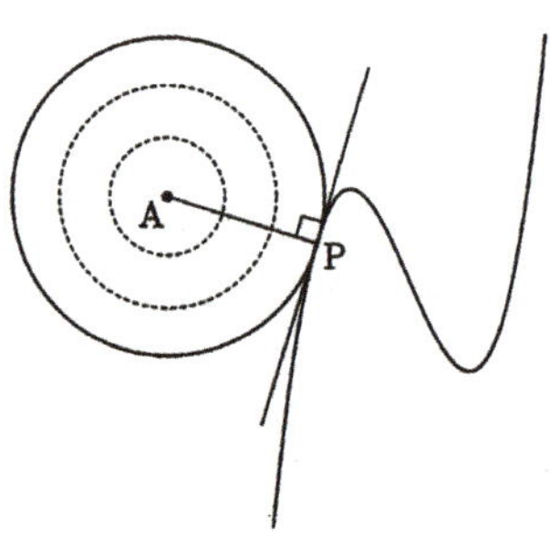

  ① 점 P $(t,\ f(t))$ 설정
  ② $f'(t) = m$에서 P의 좌표 결정
  ③ P와 l 간 점과 직선 사이 거리 도출

  순으로 도출할 수 있다.

예

함수

$$f(x) = \frac{1}{3}x^3 - kx^2 + 1 \ (k > 0 \text{인 상수})$$

의 그래프 위의 서로 다른 두 점 A, B에서의 접선 l, m 의 기울기가 모두 $3k^2$ 이다.
곡선 $y = f(x)$에 접하고 x축에 평행한 두 직선과 접선 l, m 으로 둘러싸인 도형의 넓이가
24일 때, k의 값은?

예

$a > \sqrt{2}$인 실수 a에 대하여 함수 $f(x)$를

$$f(x) = -x^3 + ax^2 + 2x$$

라 하자. 곡선 $y = f(x)$ 위의 점 $O(0, 0)$에서의 접선이 곡선 $y = f(x)$와 만나는 점 중
O가 아닌 점을 A라 하고, 곡선 $y = f(x)$ 위의 점 A에서의 접선이 x축과 만나는 점을 B라 하자.
점 A가 선분 OB를 지름으로 하는 원 위의 점일 때, $\overline{OA} \times \overline{AB}$의 값을 구하시오.

미분계수와 도함수

미분계수와 도함수
Schema 7

접선의 방정식

Sol)

l, m 의 기울기가 $3k^2$으로 같으므로 접점의 x 좌표는 $x(x-2k)=3k^2$, $x=-k$, $x=3k$이고 러싸인 도형은 다음과 같이 평행사각형임을 식 양상을 통해 알 수 있다.

$$(\because f(x)-1=\frac{1}{3}x^2(x-3k),\ 간격\ 비)$$

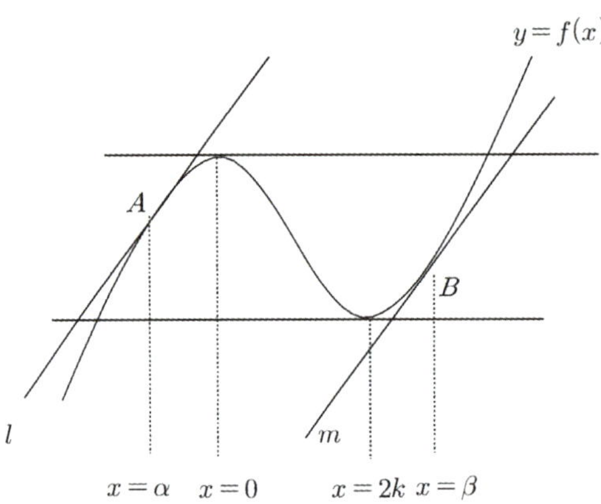

$f(0)-f(2k)$가 $\triangle_y$이고 $y=1$과의 l, m 의 x 교점 간격이 $\triangle_x$이므로 각각을 구하면

$$\triangle_y=f(0)-f(2k)=\frac{4}{3}k^3,\ \triangle_x=x_2-x_1=3k+\frac{5}{9}k=\frac{32}{9}k$$

Ans)

$$\therefore \frac{4}{3}k^3 \times \frac{32}{9}k=24,\ k=\frac{3}{2}$$

Sol)

$O(0,0)$에서 접선이 $y=2x$이고 $A(a, 2a)$이므로 A에서 접선의 방정식은

$$y=-\frac{1}{2}(x-a)+2a=-\frac{1}{2}x+\frac{5}{2}a\ (\because ①\ 0+0+x=a,\ ②\ \angle OAB=90°)$$

$$\therefore \overline{OA}=\sqrt{5}\,a,\ \overline{AB}=2\sqrt{5}\,a\ (\because 1:2:\sqrt{5}\ 직각삼각형)$$

Ans)

$$\therefore \overline{OA}\times\overline{AB}=10a^2=25$$

접선의 방정식

예

최고차항의 계수가 1인 삼차함수 $f(x)$와 함수 $g(x)=|f(x)|$가 다음 조건을 만족시킬 때, $g(8)$의 값을 구하시오.

(가) 함수 $y=f'(x)$의 그래프는 직선 $x=2$에 대하여 대칭이다.

(나) 함수 $g(x)$는 $x=5$에서 미분가능하고,

곡선 $y=g(x)$ 위의 점 $(5,\ g(5))$에서의 접선은

곡선 $y=g(x)$와 점 $(0,\ g(0))$에서 접한다.

미분계수와 도함수

Sol)

$f'(x)=3(x-2)^2+a$이므로 $f(x)=(x-2)^3+ax+b$이다, (∵ (가))

(나)에서 $x=a$에서 접할 때 인수는 $(x-a)^2$이므로 공통접선을 가지려면

서로 다른 곡선이어야 하고 대칭축 $x=2$을 기준 더 먼 $x=5$가 접힐 것을 알 수 있다.

이를 토대로 곡선 $y=g(x)$, 접선 $y=h(x)$을 나타내면 다음과 같다.

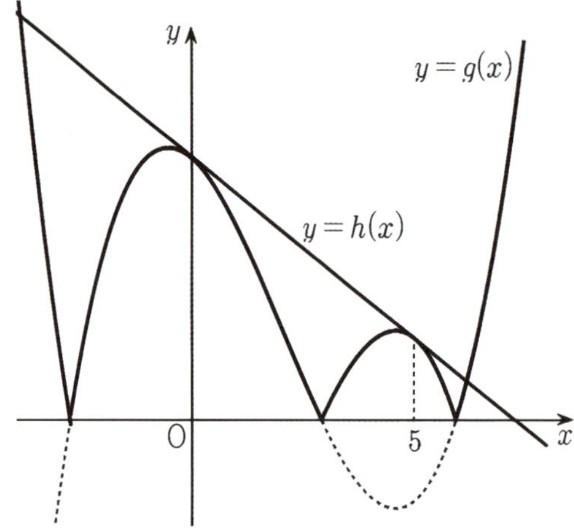

$$12+a=-27-a \quad \therefore a=-\frac{39}{2} \ (\because f'(0)=-f'(5))$$

$$\frac{-f(5)-f(0)}{5-0}=f'(0) \quad \therefore b=58 \ (\because \text{평균변화율} = \text{순간변화율})$$

Ans)

$$\therefore g(8)=|f(8)|=118$$

접선의 방정식

예

최고차항의 계수가 1인 사차함수 $f(x)$ 에 대하여 네 개의 수 $f(-1)$, $f(0)$, $f(1)$, $f(2)$ 가
이 순서대로 등차수열을 이루고, 곡선 $y = f(x)$ 위의 점 $(-1, f(-1))$ 에서의 접선과
점 $(2, f(2))$ 에서의 접선이 점 $(k, 0)$ 에서 만난다. $f(2k) = 20$ 일 때, $f(4k)$ 의 값을 구하시오.
(단, k는 상수이다.)

예

함수 $f(x) = x^2(x-2)^2$ 이 있다. $0 \le x \le 2$ 인 모든 실수 x 에 대하여

$$f(x) \le f'(t)(x-t) + f(t)$$

를 만족시키는 실수 t 의 집합은 $\{t \mid p \le t \le q\}$ 이다. $36pq$의 값을 구하시오.

미분계수와 도함수

접선의 방정식

Sol)

$f(-1),\ f(0),\ f(1),\ f(2)$ 는 $\dfrac{\triangle_y}{\triangle_x}$ 가 동일하므로 한 직선 위 점이고

$$f(x)-(mx+n)=x(x+1)(x-1)(x-2)$$

$f(x)$ 위 한 점 $(t,\ f(t))$ 에서 접선의 방정식을 구하기 위해
$y-f(t)=f'(t)(x-t)$ 이고 위 점을 대입하자

$(-1,\ f(-1)):y=(m-6)x+n-6$
$(2,\ f(2)):y=(m+6)x+n-12$

두 직선은 $(k,\ 0)$ 을 공유하므로 $(m-6)k+n-6=(m+6)k+n-12$

$\therefore\ k=\dfrac{1}{2},\ \dfrac{m}{2}+n=9,\ f(2k)=f(1)=m+n=20$

Ans)
$\therefore\ f(4k)=f(2)=44-2=42$

Sol)

닫힌구간 $[0, 2]$에서 $(t, f(t))$에서의 접선이

$y = f(x)$보다 위에 있어야 하는 상황이므로 기준은 0, 2, 볼록성이고 다음이 기준이겠다.

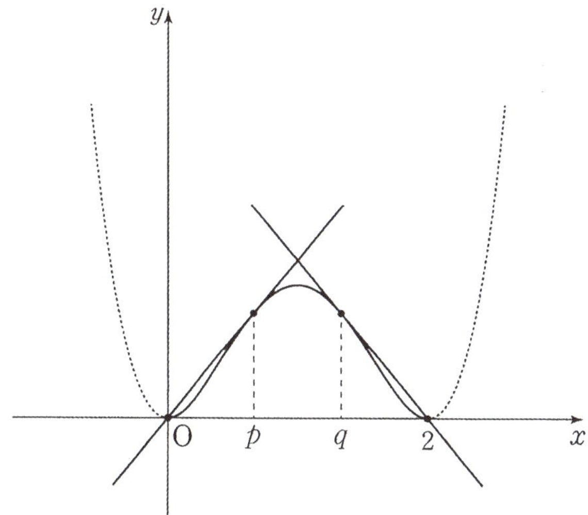

정점 O를 기준으로 접점의 x 좌표를 구하는 상황이므로

(평균변화율) = (순간변화율)로 해석하면 $\dfrac{f(p)}{p} = f'(p) \Rightarrow p = \dfrac{2}{3}$

Ans)

$\therefore 36pq = 32 \ (\because q = \dfrac{4}{3} \ by \ x = 1 \ 선대칭)$

cf)

사차함수 $f(x) = x^2(x-2)^2$와 일차함수 $g(x) = mx$의 관계이므로

원점 $(0, 0)$을 제외하면 삼차함수 $y = x(x-2)^2$와 직선 $y = m$의 관계로

동치 변형해서 해석할 수 있고 간격 비에 의해 접점 $p = 2 \times \dfrac{1}{3}$임 또한 알 수 있다.

미분계수와 도함수

미분계수와 도함수
Schema 8

증가와 감소

[중요도 ★★★★]

- 함수 $f(x)$가 어떤 구간에 속하는 임의의 두 수 x_1, x_2에 대하여

  $x_1 < x_2$일 때 $f(x_1) < f(x_2)$이면, $f(x)$는 이 구간에서 증가한다고 하고

  $x_1 < x_2$일 때 $f(x_1) > f(x_2)$이면, $f(x)$는 이 구간에서 감소한다고 한다.

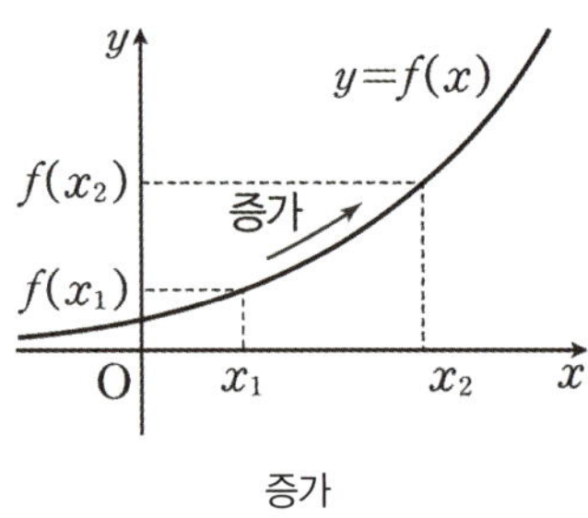

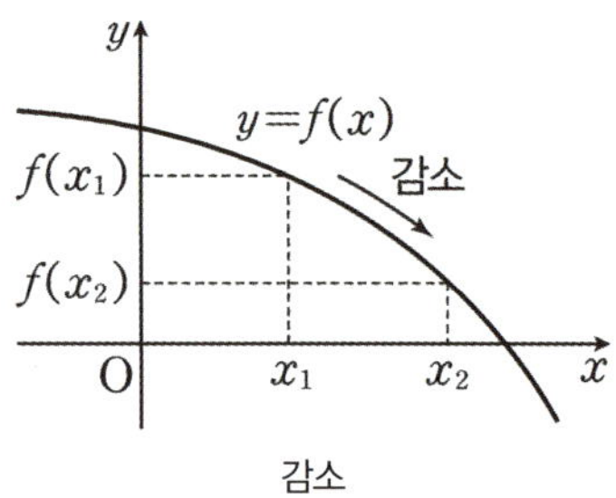

- 함수 $f(x)$가 ⓐ 열린구간에서 미분가능하고 ⓐ에 속하는 모든 x에 대해

  ① $\underset{p}{f'(x) > 0}$ $\Rightarrow$ $\underset{q}{f(x)\text{는 증가}}$

  ② $\underset{p}{f'(x) < 0}$ $\Rightarrow$ $\underset{q}{f(x)\text{는 감소}}$

  ③ $\underset{p}{f(x)\text{는 증가}}$ $\Rightarrow$ $\underset{q}{f'(x) \geq 0}$

  ④ $\underset{p}{f'(x) \geq 0}$ $\Leftrightarrow$ $\underset{q}{f(x)\text{는 증가}}$ (단, 전 구간에서 상수함수 구간이 없다.)

  이 성립한다. 즉, 도함수의 부호와 원함수의 증감은 상관관계를 갖는다.

- 함수 $f(x)$가 증가하는 함수일 때 $f(\dfrac{a+b}{2}) \geq f(\sqrt{ab})$가 성립한다.

  (단, 등호는 $a = b$일 때 성립)

- 유사한 의미를 갖는 표현을 정리하면 다음과 같다.

  ① 증가(or 감소)함수이다.
  ② 역함수가 존재한다.
  ③ 극값이 존재하지 않는다.
  ④ 일대일 함수이다.

증가와 감소

예

두 실수 a, b에 대하여 함수

$$f(x)=\begin{cases} -\dfrac{1}{3}x^3-ax^2-bx & (x<0) \\[2mm] \dfrac{1}{3}x^3+ax^2-bx & (x\geq 0) \end{cases}$$

이 구간 $(-\infty,\ -1]$에서 감소하고 구간 $[-1,\ \infty)$에서 증가할 때,
$a+b$의 최댓값을 M, 최솟값을 m이라 하자. $M-m$의 값은?

예

최고차항의 계수가 1인 삼차함수 $f(x)$가 다음 조건을 만족시킨다.

> (가) $1<x<2$인 모든 실수 x에 대하여 $f'(x)<0$이고
> $\quad f'(x-1)f'(x+1)<0$이다.
> (나) 함수 $f(|x|)$는 모든 실수 x에서 미분가능하다.

$f(0)-f(-2)$의 값은?

예

사차함수 $f(x)$의 도함수 $f'(x)$가

$$f'(x)=(x+1)(x^2+ax+b)$$

이다. 함수 $y=f(x)$가 구간 $(-\infty,\ 0)$에서 감소하고 구간 $(2,\ \infty)$에서 증가하도록 하는
실수 a, b의 순서쌍 $(a,\ b)$에 대하여, a^2+b^2의 최댓값을 M, 최솟값을 m이라 하자.
$M+m$의 값은?

미분계수와 도함수

미분계수와 도함수
Schema 8

증가와 감소

Sol)

$f'(-1)=0 \Rightarrow b=2a-1$ $(\because (-\infty,\,-1]$에서 감소하고, 닫힌구간 $[-1,\,0]$에서 증가)

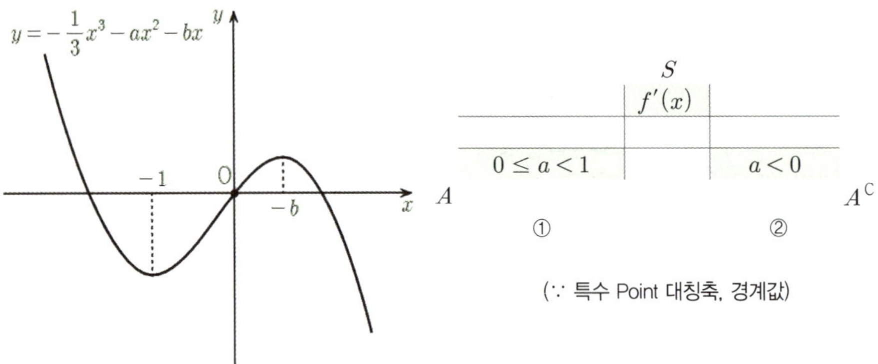

$(\because$ 특수 Point 대칭축, 경계값)

① $0 \le a < 1$

$-b > -1,\ -b \ge 0 \Rightarrow a \le \dfrac{1}{2}$ $(\because (-\infty,\,-1]$에서 감소하고, 닫힌구간 $[-1,\,0]$에서 증가)

② $a < 0$

$\dfrac{D}{4}=a^2+2a-1 \le 0 \Rightarrow -1-\sqrt{2} \le a < 0$ $(\because x > 0$에서 $g(x) \ge 0)$

Ans)

$\therefore M-m=\dfrac{9}{2}+3\sqrt{2}$ $\left(\because M=\dfrac{1}{2},\ m=-4-3\sqrt{2}\right)$

Sol)

$f'(0)=0$ $(\because g(x)$는 모든 실수 x에서 미분가능, $-f'(0)=f'(0))$

① 원함수의 최고차항의 계수 1
② $1 < x < 2$인 모든 실수 x에 대하여 $f'(x) < 0$이고
③ $f'(x-1)f'(x+1) < 0$이므로

$\to f'(x)=3x(x-2)$

Ans)

$\therefore f(0)-f(-2)=\displaystyle\int_{-2}^{0} f'(x)dx=20$

증가와 감소

Sol)

$y = f(x)$가 구간 $(-\infty, 0)$에서 감소하고 구간 $(2, \infty)$에서 증가하고 $x+1$에 대한 중복도는 짝수여야 하므로 $f'(x) = (x+1)(x^2 + ax + b) = (x+1)^2(x-\alpha)$이다. (단, $\alpha \neq 1$)

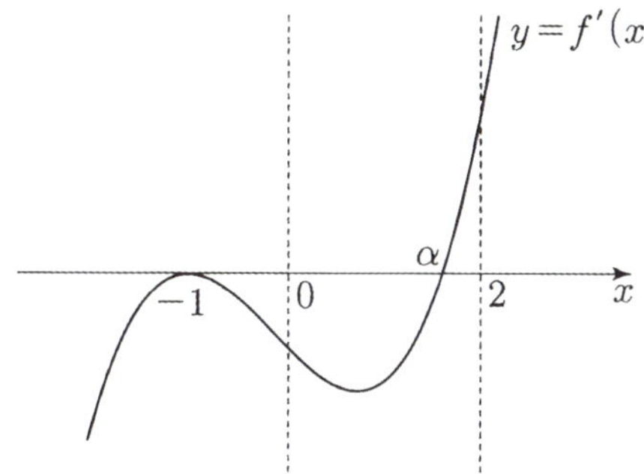

① $(-1)^2 - a + b = 0$
② $f'(0) = b \leq 0$
③ $f'(2) = 3(4 + 2a + b) \geq 0$

$a^2 + b^2 = (1 - \alpha)^2 + (-\alpha)^2$이므로 특정 구간 $0 \leq \alpha \leq 2$에서 이차함수의 최대·최소와 동치이다.

$\rightarrow M = (-1)^2 + (-2)^2 = 5,\ m = \left(\dfrac{1}{2}\right)^2 + \left(-\dfrac{1}{2}\right)^2 = \dfrac{1}{2}$

Ans)

$\therefore M + m = \dfrac{11}{2}$

미분계수와 도함수

미분계수와 도함수
Schema 9

극대와 극소

[중요도 ★★★★]

- $x = a$를 포함하는 열린 구간에 속하는 모든 x에 대하여

1) *Local Max*
$$f(x) \leq f(a)$$

이면 함수 $f(x)$는 $x = a$에서 극대라고 하고,
$f(a)$를 극댓값이라고 한다.

2) *Local Min*
$$f(x) \geq f(a)$$

이면 함수 $f(x)$는 $x = a$에서 극소라고 하고,
$f(a)$를 극솟값이라고 한다.

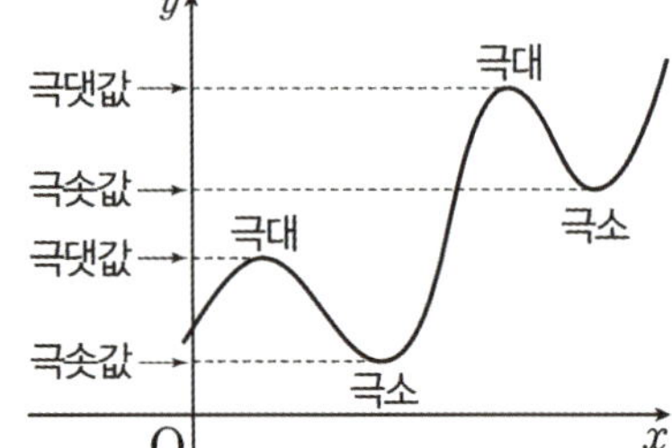

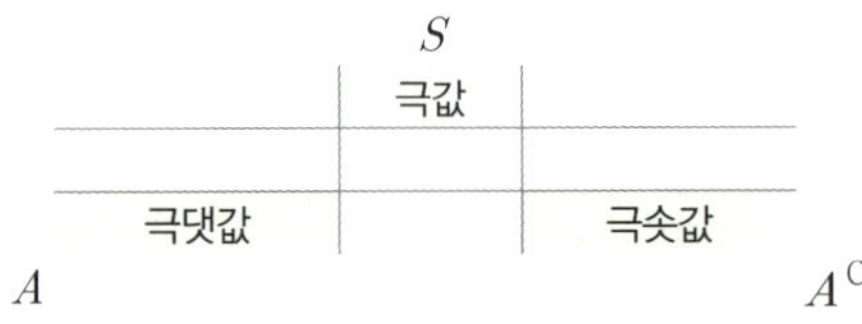

- 극대·극소 판단에 있어 미분가능이 전제되지 않은 경우
  ① 상수함수 ② 불연속 지점에 유의하여 그래프 해석을 행하도록 하자.

- <u>미분가능한 함수 $f(x)$에서</u>

1) $f'(a) = 0$
2) $f'(a-) > 0$
3) $f'(a+) < 0$

을 동시에 만족하면 미분가능한 함수 $f(x)$는
$x = a$에서 극대라고 하고,

1) $f'(b) = 0$
2) $f'(b-) < 0$
3) $f'(b+) > 0$

을 동시에 만족하면 미분가능한 함수 $f(x)$는
$x = b$에서 극소라고 한다.

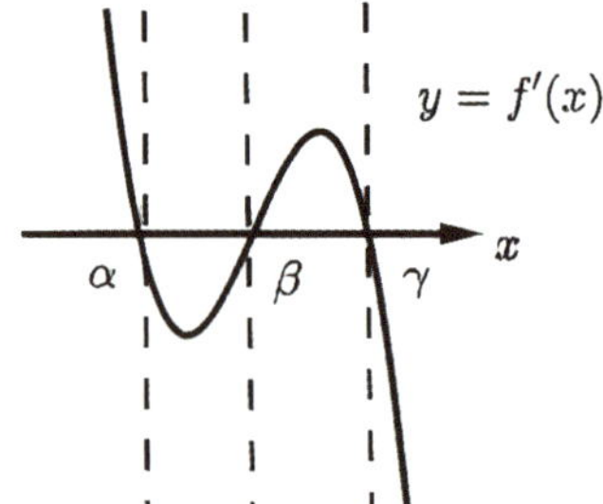

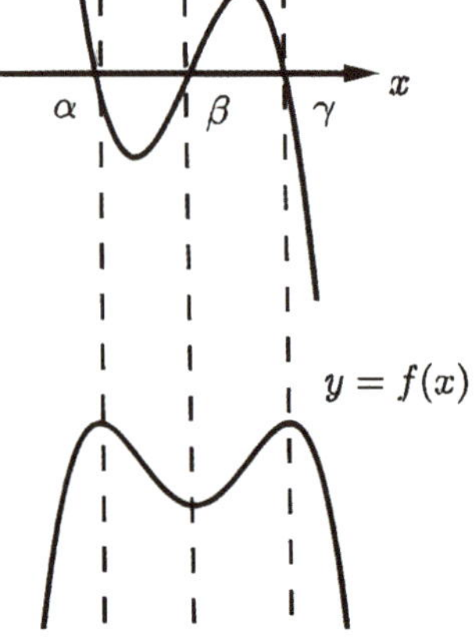

극대와 극소

- 서로 다른 극댓값을 α, γ $(\alpha < \gamma)$라고 정의하자.

    1) $f'(\alpha) = 0$ / $f'(\gamma) = 0$
    2) $f'(\alpha-) > 0$ / $f'(\gamma-) > 0$
    3) $f'(\alpha+) < 0$ / $f'(\gamma+) < 0$

    이때 사잇값 정리에 의해 $\alpha < \beta < \gamma$일 때

    1) $f'(\beta) = 0$
    2) $f'(\beta-) < 0$
    3) $f'(\beta+) > 0$

    인 β가 존재한다.

    $\therefore$ 미분가능할 때 극대-극소의 정의에 의해 $f(\beta)$은 극솟값이다.

    $\therefore$ 사잇값 정리에 의해 두 극댓값 사이에는 <u>적어도 하나</u>의 극솟값이 존재한다.

    $\therefore$ $f(x)$가 사차함수라면 두 극댓값 사이에는
      하나의 극솟값이 존재한다. ($\because$ 다항함수의 성질, $f'(x)$ 3차함수)

- 극값의 정의와 성질은 부등식으로 구성되므로 $f(x)$, $f'(x)$에 대한 부등식 조건이
  제시되어 있을 때 극값과 연결지어 생각할 수 있다.

미분계수와 도함수

미분계수와 도함수
Schema 9

극대와 극소

- 극대·극소 조건이 상수 조건으로 제시된 경우 그래프 관점으로
  극대·극소 조건이 판단 대상인 경우 도함수의 부호 변화를 관찰하는 게 대체로 유리하다.

도함수의 부호 변화는 인수분해를 통한 대수적 판단을 행해도 되고
그래프 상 곡선과 직선의 관계를 통해 간격함수 관점에서 해석할 수 있다.

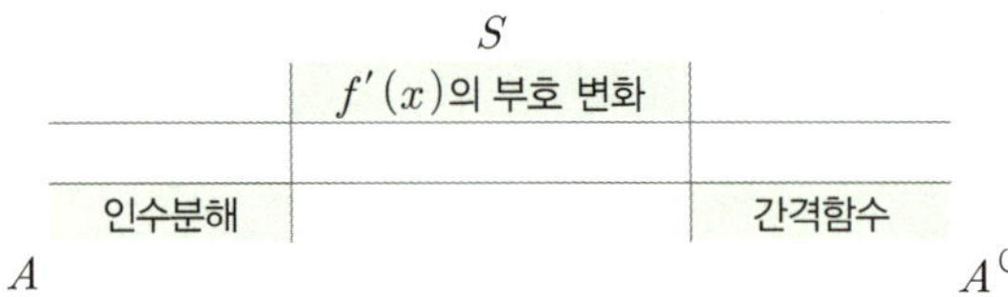

예 $x^3 - 6x^2 + 9x - 2 = 0$의 서로 다른 실근의 개수

$$f(x) = x^3 - 6x^2 + 9x - 2$$
$$f'(x) = 3x^2 - 12x + 9 = 3(x-1)(x-3)$$

$$f(x) = x^3 - 6x^2 + 9x = x(x-3)^2, \ g(x) = 2$$
$$h(x) = f(x) - g(x) = x^3 - 6x^2 + 9x - 2$$

x	$\cdots$	1	$\cdots$	3	$\cdots$
$f'(x)$	+	0	−	0	+
$f(x)$	↗	2	↘	−2	↗

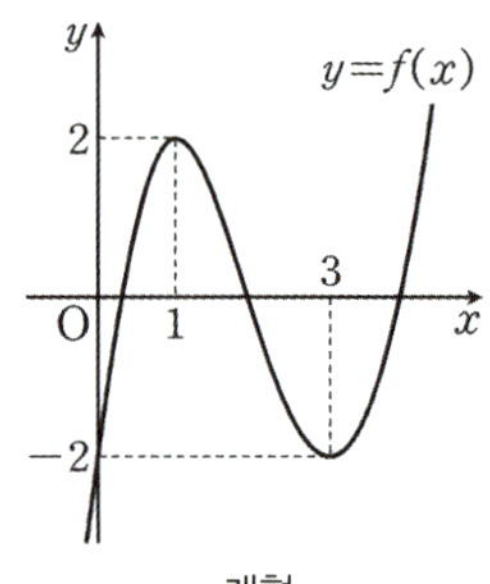

증감표   개형

- 다항함수 $f(x)$에 대하여 극점과 중복도는 다음 관계를 갖는다.

$f(x)$가 $x = a$에서 극값을 갖는다.   ⇔ $f'(x)$의 $x - a$ 중복도 홀수

$f(x)$가 $x = a$에서 극값을 갖지 않는다.   ⇔ $f'(x)$의 $x - a$ 중복도 짝수

- 함수 $f(x)$가 미분불가능한 지점에서도 $f'(x)$의 부호 변화를 통해
  $f(x)$의 극값 여부를 관찰할 수 있다.

예 $y = |x|$

극대와 극소

- 미분가능이 전제된 함수 $f(x)$에서 $x = \alpha$에서 극댓값 M이 존재한다 조건은
  다음과 같이 해석할 수 있다.

  1) $f(\alpha) = M$ 2) $f'(\alpha) = 0$ 3) $f'(\alpha-) > 0$ 4) $f'(\alpha+) < 0$

- 1차식 인수 2종류로 구성된 다항함수에서 극값의 위치는 인수 간 내분점에 존재한다.

  $\rightarrow f(x) = (x-\alpha)^p (x-\beta)^q$에 대해 $f'(\dfrac{p\beta + q\alpha}{p+q}) = 0$이다.

- 합성함수 $f(g(x))$의 최대·최소와 다르게
  합성함수 $f(g(x))$의 극대·극소는 $f(x)$ 뿐만 아니라 $g(x)$의 개형 양상도
  영향을 미치므로 $g(x) = t$로 분리해서 해석하는 게 유리할 수 있다.

미분계수와 도함수

미분계수와 도함수
Schema 9

극대와 극소

예

최고차항의 계수가 1인 삼차함수 $f(x)$에 대하여 함수 $g(x)$를

$$g(x)= \begin{cases} f(x) & (x < 1) \\ -f(x) & (x \geq 1) \end{cases}$$

이라 하자. 함수 $g(x)$가 실수 전체의 집합에서 미분가능하고 $x = -1$에서 극값을 가질 때, 함수 $f(x)$의 극댓값은?

예

원점을 지나는 최고차항의 계수가 1인 사차함수 $y = f(x)$가 다음 두 조건을 만족한다.

> (가) $f(2+x) = f(2-x)$
> (나) $x = 1$에서 극솟값을 갖는다.

$f(x)$의 극댓값을 a라 할 때, a^2의 값을 구하시오.

극대와 극소

예

최고차항의 계수가 1인 사차함수 $f(x)$ 에 대하여 함수 $g(x)=|f(x)|$ 가
다음 조건을 만족시킨다.

(가) $g(x)$ 는 $x=1$ 에서 미분가능하고 $g(1)=g'(1)$ 이다.
(나) $g(x)$ 는 $x=-1$, $x=0$, $x=1$ 에서 극솟값을 갖는다.

$g(2)$ 의 값은?

예

자연수 n 에 대하여 최고차항의 계수가 1이고 다음 조건을 만족시키는 삼차함수 $f(x)$ 의
극댓값을 a_n 이라 하자.

(가) $f(n)=0$
(나) 모든 실수 x 에 대하여 $(x+n)f(x) \geq 0$ 이다.

---

a_n 이 자연수가 되도록 하는 n 의 최솟값은?

미분계수와 도함수

미분계수와 도함수
Schema 9

극대와 극소

Sol)

$f(x)$는 $(x-1)^2$을 인수를 갖고 ($\because$ 연속 $f(1)=0$, 미분가능 $f'(1)=0$)

$g(x)$는 $x=-1$에서 극값을 가지므로 $g'(-1-)\times g'(-1+)<0$를 만족해야한다.

$$g'(x)=\begin{cases} f'(x) & (x<1) \\ -f'(x) & (x>1) \end{cases}=\begin{cases} 3(x-1)(x-a) & (x<1) \\ -3(x-1)(x-a) & (x>1) \end{cases}\text{라 세팅했을 때}$$

$x=-1$에서 x축을 뚫으려면 $a=-1$이어야 한다.

$\therefore f(x)=x^3-3x+2$

Ans)
$\therefore f(x)$의 극댓값은 4이다.

Sol)

$f(2+x)=f(2-x)$이므로 $x=2$에 대하여 대칭이고, $x=1$에서 극소이므로, $x=3$에서 극소이고, $x=2$에서 극대임을 알 수 있다.

$\therefore f'(x)=4(x-1)(x-2)(x-3)$

$\rightarrow f(x)=x^4-8x^3+22x^2-24x$

$x=2$에서 극대이므로 극댓값 a는 $a=f(2)=-8$

Ans)
$\therefore a^2=64$

극대와 극소

Sol)

$g(1) = g'(1)$이고 $x = 1$에서 극솟값을 가지므로 $g(1) = g'(1) = 0$

$\therefore f(1) = f'(1) = 0$

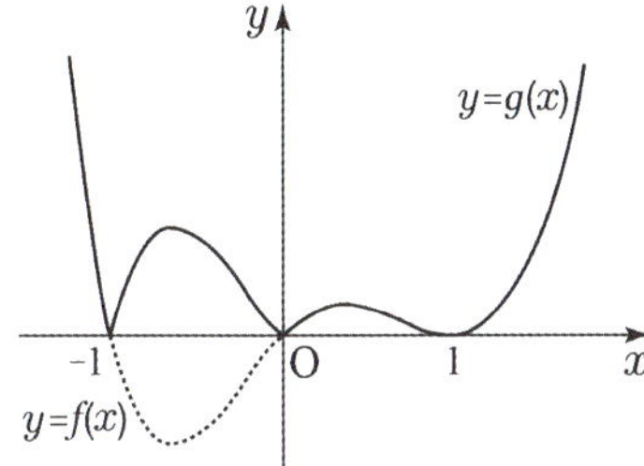

$\to f(x) = (x-1)^2\, x\, (x+1)$

$\to g(x) = \left| (x-1)^2\, x\, (x+1) \right|$

Ans)

$\therefore g(2) = 6$

Sol)

함수 $f(x)$는 최고차항의 계수가 1인 삼차함수이므로 $f(x) = (x-n)\left(x^2 + ax + b\right)$이고
(나)에서 모든 실수 x에 대하여 $(x+n)f(x) \geq 0$이어야 하므로
$f(x) = (x+n)(x-n)^2$이다. ($\because$ (가), (나))

$f'(x) = 0$에서 $x = -\dfrac{n}{3}$ 또는 $x = n$이고 극댓값의 위치는 $f'(x) = 0$가 되는

두 값의 $1 : 2$ 내분점이므로 $x = -\dfrac{n}{3}$에서 극댓값 $\dfrac{32}{27}n^3$을 갖는다.

$\to a_n = \dfrac{32}{27}n^3$

Ans)

$\therefore a_n$이 자연수가 되기 위한 n의 최솟값은 3이다.

미분계수와 도함수

미분계수와 도함수
Schema 10

최대와 최소

[중요도 ★★★★]

- 함수의 최대·최소로 가능한 지점은 다음과 같다.

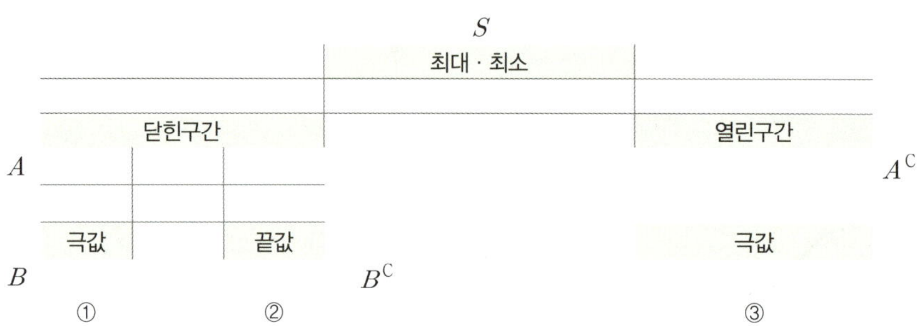

→ 최대·최소는 ①~③ 내에서 나타난다.
→ 닫힌구간 내 최대·최소는 개형 파악 후 양끝 함숫값과 극값을 고려하여 해석한다.
→ 열린구간 내 최대·최소는 각각 극댓값, 극솟값과 동일하다.

- 최대·최소 문항을 해석할 때 최대·최소를 구하는 구간 내에서 개형을 파악한 후
  개형 내에서 조건을 해석한다.

- 삼차함수 $y = ax^3 + bx^2 + cx + d$는 정의역과 치역이 모두 실수 전체인 함수이므로
  최대·최소에 대해 질문한다면 구간 제한이 행해지거나 특수한 지점으로 한정된다.

- 함수 $f(x)$가 최댓값 M을 가지기 위한 조건
  ① 모든 x에 대하여 $f(x) \leq M$ ② $f(x) = M$인 x 존재

  함수 $f(x)$가 최솟값 m을 가지기 위한 조건
  ① 모든 x에 대하여 $f(x) \geq m$ ② $f(x) = m$인 x 존재

- 함수 $f(x)$가 $x = a$에서 최대일 때,
  모든 x에 대하여 $f(x) \leq 0$을 만족시킬 조건   : $f(a) \leq 0$

  함수 $f(x)$가 $x = a$에서 최소일 때,
  모든 x에 대하여 $f(x) \geq 0$을 만족시킬 조건   : $f(a) \geq 0$

→ 구간 내에서 함수의 최댓값 또는 최솟값만 부등식을 만족시키면
  구간 전체에서 함수가 부등식을 만족시킨다.

- 합성함수 $f(g(x))$의 최대·최소는 $f(x)$가 결정하므로
  최대·최소를 생각할 때 $g(x) = t$로 치환해서 생각할 수 있다.

최대와 최소

예

최고차항의 계수가 1인 사차함수 $f(x)$에 대하여 함수 $g(x)$를

$$g(x) = \begin{cases} f(x) & (f(x) \geq a) \\ 2a - f(x) & (f(x) < a) \end{cases}$$

라 하자. 두 함수 $f(x)$, $g(x)$가 다음 조건을 만족시킨다.

> (가) 함수 $g(x)$는 $x = 4$에서만 미분가능하지 않다.
>
> (나) 함수 $g(x) - f(x)$는 $x = \dfrac{7}{2}$에서 최댓값 $2a$를 가진다.

$f\left(\dfrac{5}{2}\right)$의 값은? (단, a는 상수이다)

예

다음 조건을 만족시키는 모든 삼차함수 $f(x)$에 대하여 $\dfrac{f'(0)}{f(0)}$의 최댓값을 M, 최솟값을 m이라 하자. Mm의 값은?

> (가) 함수 $|f(x)|$는 $x = -1$에서만 미분가능하지 않다.
> (나) 방정식 $f(x) = 0$은 닫힌구간 $[3, 5]$에서 적어도 하나의 실근을 갖는다.

미분계수와 도함수

미분계수와 도함수
Schema 10

최대와 최소

Sol)

$g(x)$의 구간 별로 정의된 두 함수의 관계는 $y = a$ 대칭이고 $g(x)$는 $x = 4$에서만
미분가능하지 않으므로 다음과 같이 3 : 1 지점에 극값이 위치하는 4차함수임을 알 수 있다.

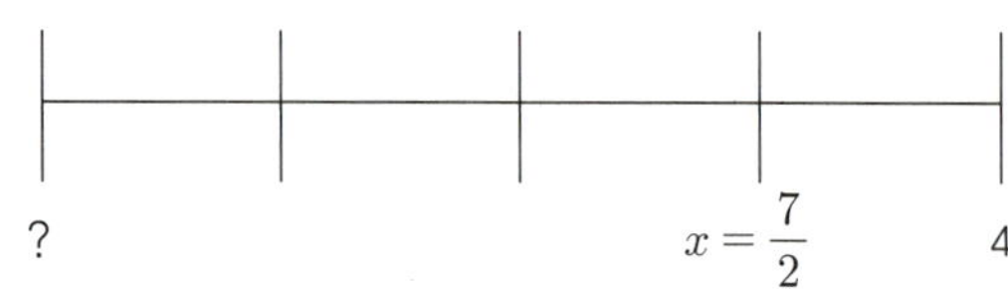

$$\therefore\ ? = 2$$

$$\therefore f(x) - a = (x-2)^3(x-4)\ (\because\ 3 : 1)$$

$$\rightarrow \triangle_y \text{가 최대일 때 최대} \Rightarrow \text{극값이 최대}\ \left(\because\ g(x) - f(x) = \begin{cases} 0 & (f(x) \geq a) \\ 2(a - f(x)) & (f(x) < a) \end{cases}\right)$$

$$\therefore a = \frac{27}{16}$$

Ans)

$$\therefore f\left(\frac{5}{2}\right) = \frac{3}{2}$$

Sol)

$$f(x) = k(x+1)(x-\alpha)^2\ (k \neq 0,\ 3 \leq \alpha \leq 5)\ (\because\ \text{(가)})$$

$$\Rightarrow \frac{f'(0)}{f(0)} = 1 - \frac{2}{\alpha},\ \frac{1}{3} \leq 1 - \frac{2}{\alpha} \leq \frac{3}{5}$$

Ans)

$$\therefore Mm = \frac{3}{5} \times \frac{1}{3} = \frac{1}{5}$$

예

함수

$$f(x) = x^3 - 3px^2 + q$$

가 다음 조건을 만족시키도록 하는 25 이하의 두 자연수 $p,\ q$의
모든 순서쌍 $(p,\ q)$의 개수를 구하시오.

(가) 함수 $|f(x)|$가 $x = a$에서 극대 또는 극소가 되도록 하는 모든 실수 a의 개수는
　　5이다.

(나) 닫힌구간 $[-1,\ 1]$에서 함수 $|f(x)|$의 최댓값과
　　닫힌구간 $[-2,\ 2]$에서 함수 $|f(x)|$의 최댓값은 같다.

미분계수와 도함수

미분계수와 도함수
Schema 10

최대와 최소

Sol)

$f'(x) = 3x^2 - 6px$, $x = 0$에서 극댓값, $x = 2p$에서 극솟값

절댓값에 의해 3개의 극점이 새로 생성되므로 $f(x) = 0$은 서로 다른 세 실근을 갖고
$f(0)f(2p) < 0$이어야 한다.

$f(0) = q > 0$, $f(2p) = -4p^3 + q < 0 \Rightarrow q < 4p^3$

(나)에 의해 $[-1, \ 1]$에서 $[-2, \ 2]$로 구간의 확장이 일어나도
최댓값이 변하지 않고 $f(-2) \geq -f(0)$, $f(2) \geq -f(0)$과 필요충분조건이다.

$f(-1) = -1 - 3p + q$, $f(0) = q$, $f(1) = 1 - 3p + q$,
$f(2) = 8 - 12p + q$, $f(-2) = -8 - 12p + q$ 이므로

최댓값은 $f(0) = q$일 때이고 ($\because$ 최대·최소 성질)
$f(-2) \geq -q$이면 만족함을 알 수 있다.

$\therefore 4 + 6p \leq q$

$\therefore 4 + 6p \leq q < 4p^3$

$p = 2$일 때 $16 \leq q \leq 25$
$p = 3$일 때 $22 \leq q \leq 25$

Ans)
$\therefore$ 14개

예

최고차항의 계수가 1인 사차함수 $f(x)$와 실수 t에 대하여 구간 $(-\infty, t]$에서 함수 $f(x)$의 최솟값을 m_1이라 하고, 구간 $[t, \infty)$에서 함수 $f(x)$의 최솟값을 m_2라 할 때,

$$g(t) = m_1 - m_2$$

라 하자. $k > 0$인 상수 k와 함수 $g(t)$가 다음 조건을 만족시킨다.

> $g(t) = k$를 만족시키는 모든 실수 t의 값의 집합은 $\{t \mid 0 \le t \le 2\}$이다.

$g(4) = 0$일 때, $k + g(-1)$의 값을 구하시오.

예

함수 $f(x) = |x^3 - 3x + 8|$과 실수 t에 대하여 닫힌구간 $[t, t+2]$에서의 $f(x)$의 최댓값을 $g(t)$라 하자. 서로 다른 두 실수 α, β에 대하여 함수 $g(t)$는 $t = \alpha$와 $t = \beta$에서만 미분가능하지 않다. $\alpha\beta = m + n\sqrt{6}$일 때, $m + n$의 값을 구하시오. (단, m, n은 정수이다.)

미분계수와 도함수

미분계수와 도함수
Schema 10

최대와 최소

Sol)

극솟값 1개인 경우 상수 구간이 나타나지 않으므로

새로 정의된 함수 $g(t)$를 파악하기 위해 극솟값 2개 기반 함수의 개형을 관찰해보자.

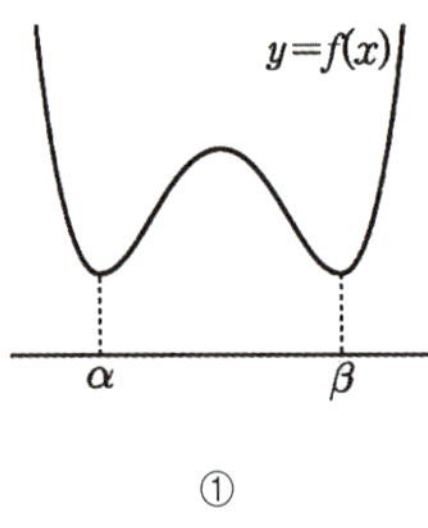

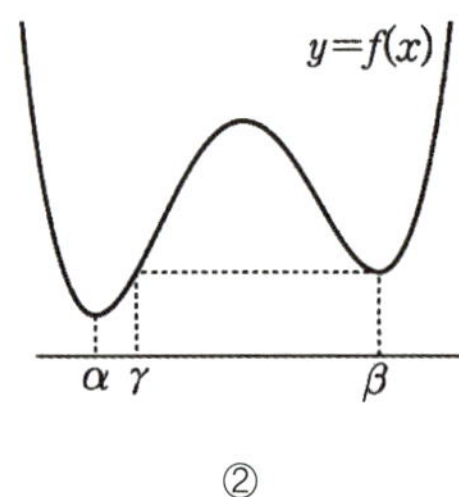

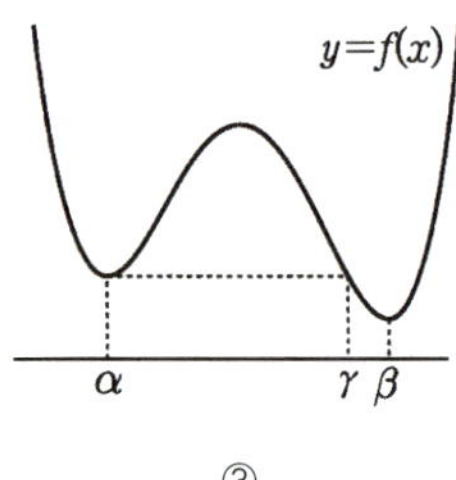

① $g(t)$의 상수 구간이 $g(t)=0$으로만 나타나므로 모순이다.

② $g(t)$의 상수 구간이 음수의 집합으로 나타나므로 모순이다.

$\therefore$ ③에서 $k=a-b$, $\alpha=0$, $\gamma=2$ ($\because$ 개형 관찰)

$\rightarrow f(x)-f(0)=x^2(x-2)(x-p)$

$\rightarrow f(x)=x^2(x-2)(x-5)+f(0)$ ($\because f'(4)=0$)

$\rightarrow k=f(\alpha)-f(\beta)=f(0)-f(4)=32$

$\rightarrow g(-1)=f(-1)-f(4)=\{18+f(0)\}-\{-32+f(0)\}=50$

Ans)

$\therefore k+g(-1)=82$

Sol)

간격 2의 의미를 살려 $f(x)$를 표현하면 다음과 같다. $(\because [t,\, t+2])$

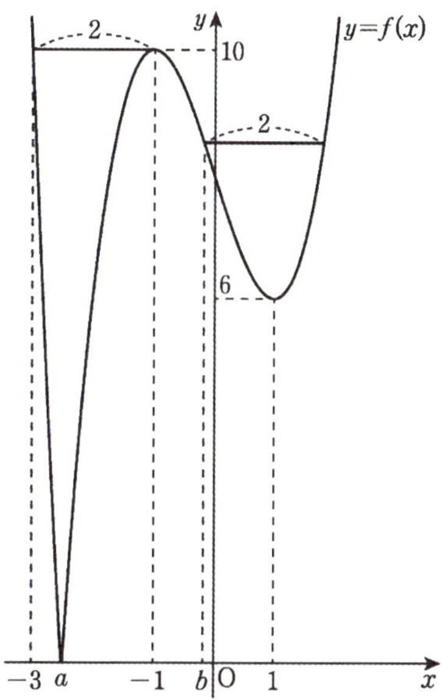

그래프 양상을 타고 최댓값을 추적하면 다음과 같음을 알 수 있다.

$$g(t)=\begin{cases} -t^3+3t-8 & (t<-3) \\ 10 & (-3\le t\le-1) \\ t^3-3t+8 & (-1<t\le b) \\ t^3+6t^2+9t+10 & (b<t) \end{cases}$$

$\therefore t=-3,\ t=b$에서 미분 불가능

$\to \alpha=-3,\ \beta=\dfrac{-3+\sqrt{6}}{3},\ \alpha\beta=3-\sqrt{6}$

Ans)

$\therefore m+n=2$

미분계수와 도함수

6
Theme

미분의 활용

미분의 활용

미분의 활용
Schema 1

상수 조건

[중요도 ★★★]

- $f(x) = ax^3 + bx^2 + cx + d$의 세 근이 각각 α, β, γ이고
  $f(x)$와 직선 $y = mx + n$과의 교점의 x 좌표가 각각 x_1, x_2, x_3일 때
  $\alpha + \beta + \gamma = x_1 + x_2 + x_3 = -\dfrac{b}{a} = k$이다.

즉, 삼차함수와 직선들의 관계를 파악해야 할 때
직선은 삼차함수의 3차항과 2차항의 계수에 영향을 미치지 않는다.

⇒ 접하거나 세 점에서 만날 때, 직선들과의 세 근의 S는 일정하다.

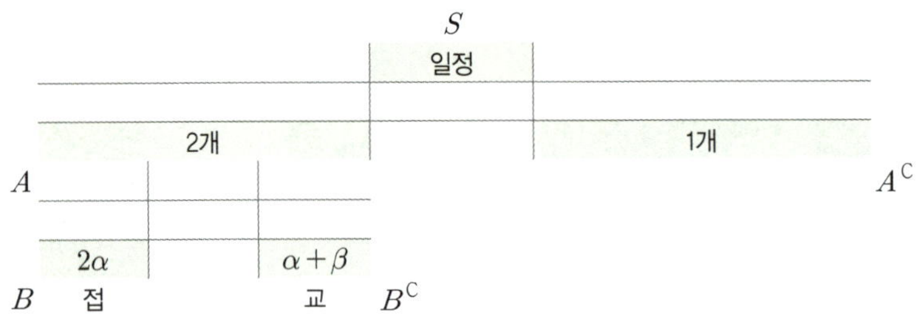

- 삼차함수 그래프의 접선의 관계에서

① 3차항과 2차항의 계수
② 접점의 x 좌표
③ 교점의 x 좌표

중 2개를 알면 여사건 요소는 필요하면 도출할 수 있다.

예

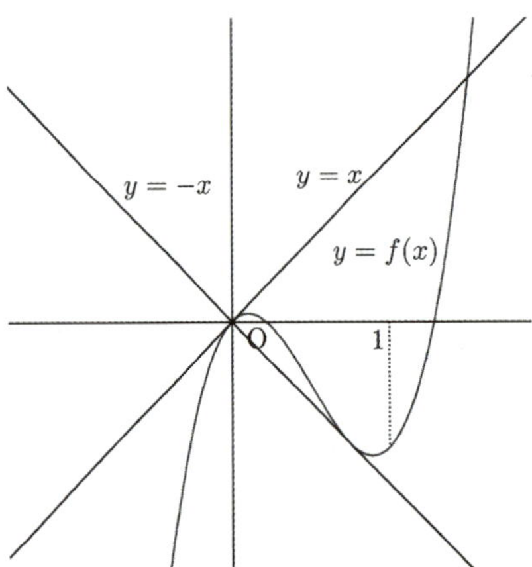

$y = -x$와의 접점과 $y = x$와의 교점의 x 좌표 비는 1 : 2이다.

상수 조건

- 모든 근이 실근임이 규명된 상황에서 n차함수(도함수)와 $n+1$차함수(원함수)
  그래프 관계에 있어 근의 평균(근평균)은 일정하다.

$pf)$

① $k=1$

$Let\ f(x) = ax^2 + bx + c,\ f'(x) = 2ax + b$

$f(x) = 0$의 근평균 : $-\dfrac{b}{a} \times \dfrac{1}{2}$

$f'(x) = 0$의 실근 : $-\dfrac{b}{2a}$

$\therefore -\dfrac{b}{a} \times \dfrac{1}{2} = -\dfrac{b}{2a}$

② $k=n$

$f(x) = ax^{n+1} + bx^n + \cdots$

$f'(x) = a(n+1)x^n + bnx^{n-1} + \cdots$

$f(x)$의 근평균 : $-\dfrac{b}{a} \times \dfrac{1}{n+1}$

$f'(x)$의 근평균 : $-\dfrac{bn}{a(n+1)} \times \dfrac{1}{n}$

$\therefore f(x) = 0$의 근평균 $= f'(x) = 0$의 근평균

n차함수에서 n는 자연수 정의역이므로 수학적 귀납법에 의해 모든 상황에서 성립한다.

- 같은 원리로 사차함수와 이차함수 or 직선이 두 점에서 접하거나 교점이 3개 이상일 때 근의
  S는 일정하고, 삼차함수와 동일하게 접하는 지점들은 서로 다른 근으로 생각한다.

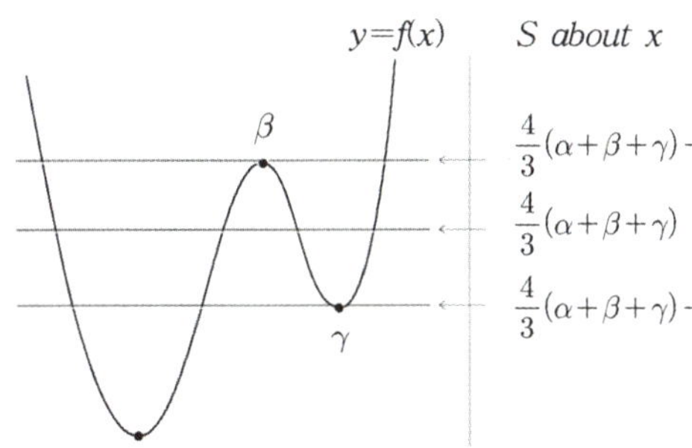

미분의 활용

미분의 활용
Schema 1

상수 조건

예

최고차항의 계수가 양수인 삼차함수 $f(x)$가 다음 조건을 만족시킨다.

> (가) 방정식 $f(x)-x=0$의 서로 다른 실근의 개수는 2이다.
> (나) 방정식 $f(x)+x=0$의 서로 다른 실근의 개수는 2이다.

$f(0)=0$, $f'(1)=1$일 때, $f(3)$의 값을 구하시오.

예

삼차함수 $f(x)$에 대하여 곡선 $y = f(x)$ 위의 점 $(0, 0)$에서의 접선의 방정식을 $y = g(x)$라 할 때, 함수 $h(x)$를 $h(x) = |f(x)| + g(x)$라 하자. 함수 $h(x)$가 다음 조건을 만족시킨다.

> (가) 곡선 $y = h(x)$ 위의 점 $(k, 0)\,(k \neq 0)$에서의 접선의 방정식은 $y = 0$이다.
> (나) 방정식 $h(x) = 0$의 실근 중에서 가장 큰 값은 12이다.

$h(3) = -\dfrac{9}{2}$일 때, $k \times \{h(6) - h(11)\}$의 값은? (단, k는 상수이다.)

미분의 활용

미분의 활용
Schema 1

상수 조건

Sol)

(가)와 (나)에서 곡선 $y=f(x)$는 두 직선 $y=x$, $y=-x$와 각각 두 점에서 만나고

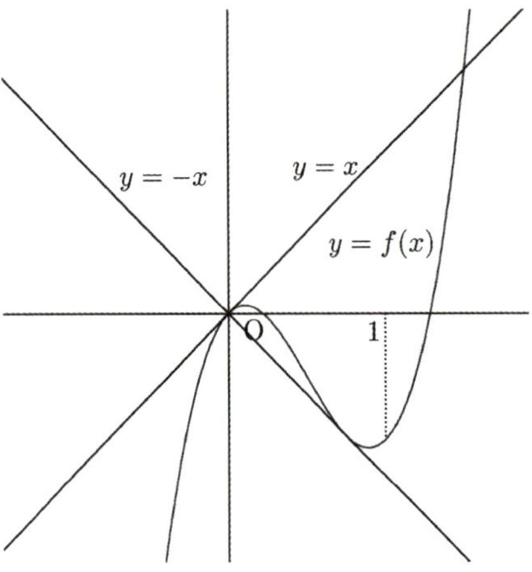

$f(0)=0$, $f'(1)=1$ 이므로 원점에서 접하고 $y=x$와 $y=f(x)$의 교점은 $(\frac{3}{2}, \frac{3}{2})$이다.

$$(\because 간격\ 비 = 2:1)$$

$y=-x$와 $y=f(x)$의 접점의 x 좌표를 k라 하면 $0+0+\frac{3}{2}=0+k+k$이고 $k=\frac{3}{4}$

$$(\because y=f(x)\ 의\ 계수\ 상수\ 조건이므로\ 근의\ 합이\ 일정)$$

$$f(x)-x=ax^2(x-\frac{3}{2}) \to f(x)=\frac{32}{9}x^2(x-\frac{3}{2})+x$$

$$(\because f(\frac{3}{4})=-\frac{3}{4})$$

Ans)

$$\therefore f(3)=32\times 3-16\times 3+3=51$$

상수 조건

Sol)

삼차함수의 기본형을 토대로 관찰했을 때 (가)와 (나)에서 두 함수 $y = f(x)$와
$y = g(x)$의 그래프가 다음과 같은 경우에 조건을 만족함을 알 수 있다

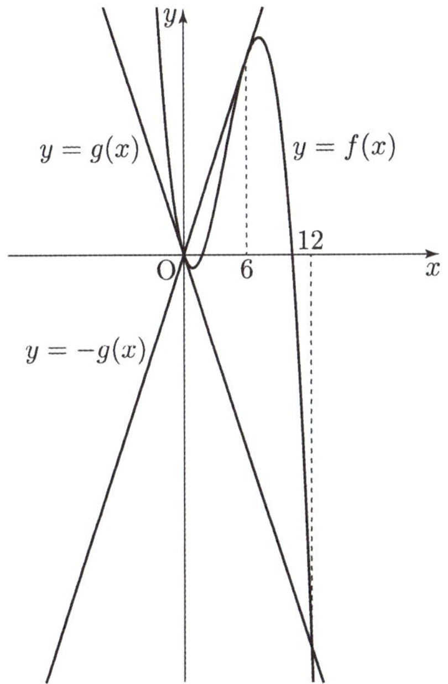

($\because$ 교 : 접 = 1 : 2 = 6 : 12)

$$f(x) + g(x) = ax(x-6)^2, \; -f(x) + g(x) = -ax^2(x-12)$$

$$\rightarrow f(x) = ax(x^2 - 12x + 18)$$
$$\rightarrow f(x) = -\frac{1}{6}x(x^2 - 12x + 18) \; (\because h(3) = a \times 3 \times (3-6)^2 = 27a = -\frac{9}{2})$$

$$h(6) = 0, \; h(11) = \frac{1}{6} \times 11^2 \times (-1) = -\frac{121}{6}$$

Ans)

$$\therefore k \times \{h(6) - h(11)\} = 6 \times \left\{0 - \left(-\frac{121}{6}\right)\right\} = 121$$

미분의 활용

상수 조건

예

삼차함수 $f(x)$가 다음 조건을 만족시킨다.

> (가) 방정식 $f(x) - x = 0$의 서로 다른 실근의 개수는 2이다.
> (나) 방정식 $f(x - f(x)) = 0$의 서로 다른 실근의 개수는 3이다

$f(1) = 4$, $f'(1) = 1$, $f'(0) > 1$일 때, $f(0) = \dfrac{q}{p}$이다. $p + q$의 값은?

(단, p와 q는 서로소인 자연수이다.)

예

최고차항의 계수가 1인 사차함수 $f(x)$에 대하여 곡선 $y = f(x)$와 직선 $y = \dfrac{1}{2}x$가

원점 O에서 접하고 x좌표가 양수인 두 점 A, B $\left(\overline{\mathrm{OA}} < \overline{\mathrm{OB}}\right)$에서 만난다.

곡선 $y = f(x)$와 선분 OA로 둘러싸인 영역의 넓이를 S_1, 곡선 $y = f(x)$와 선분 AB로

둘러싸인 영역의 넓이를 S_2라 하자. $\overline{\mathrm{AB}} = \sqrt{5}$ 이고 $S_1 = S_2$일 때, $f(1)$의 값은?

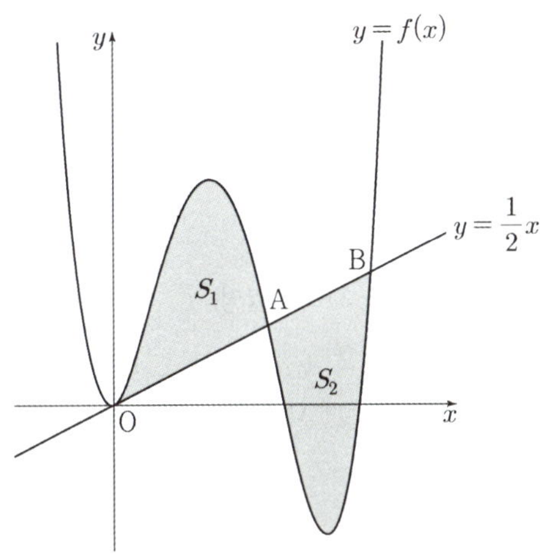

미분의 활용

미분의 활용
Schema 1

상수 조건

Sol)

(가)와 (나)에서 곡선 $y = f(x)$ 는 x축과 두 점에서 만나고

직선 $y = x - \alpha,\ y = x - \beta$를 그렸을 때 교점이 3개이므로 기반 개형이 결정된다.

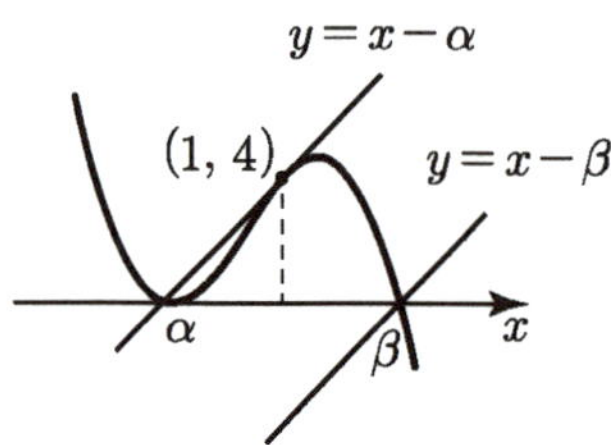

$\therefore \alpha = -3$ $(\because (1,\ 4)$에서 $y' = 1$ 접합$)$

$\therefore \beta = 5$ $(\because (-3) + 1 + 1 = (-3) + (-3) + \beta$ 일정$)$

$\rightarrow f(x) = -\dfrac{1}{16}(x+3)^2(x-5)$ $(\because (1,\ 4)$ 지남$)$

$\quad \rightarrow f(0) = 9 \times \dfrac{5}{16} = \dfrac{45}{16}$

Ans)

$\therefore p + q = 16 + 45 = 61$

Sol)

$g(x) = f(x) - \dfrac{1}{2}x$의 부정적분을 $G(x)$라 하고

A의 x 좌표를 α라 하면 B의 x 좌표는 $\alpha + 2$이다. $\left(\because \dfrac{\triangle_y}{\triangle_x} = \dfrac{1}{2}\right)$

$g(x)$의 근평균은 $\dfrac{0+0+\alpha+(\alpha+2)}{4} = \dfrac{2\alpha+2}{4}$

$G(x)$의 근평균은 $\dfrac{0+0+0+2(\alpha+2)}{5} = \dfrac{2\alpha+4}{5}$이므로

$\alpha = 3 \left(\because \dfrac{2\alpha+2}{4} = \dfrac{2\alpha+4}{5}\right)$

Ans)

$f(1) = \dfrac{17}{2} \ (\because g(x) = f(x) - \dfrac{1}{2}x = x^2(x-3)(x-5))$

미분의 활용

벡터 공간

벡터와 벡터 연산, 차원의 이해, 선형 변환과 선형성 등을 다루는 선형대수학 용어로 고등 수학 범위에서는 적용에 초점을 맞추도록 하자.

[중요도 ★★★]

- 벡터는 시점과 종점으로 정의되는 크기와 방향을 갖는 양이다.

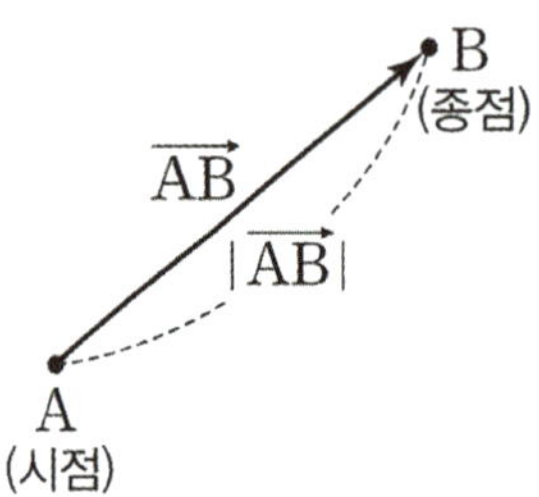

특히 크기가 1인 벡터를 단위벡터 $\hat{v}$ 라 한다.

- 함수, 미분계수, 속도 등의 요소는 벡터로 표현할 수 있다.
  좌표 변수로 정의하는 공간을 좌표공간, 벡터로 정의하는 공간을 벡터 공간이라 하자.

- 이차함수와 사차함수를 매개하는 삼차함수의 그래프 $f(x) = (x-\alpha)(x-\beta)(x-\gamma)$는
  변수 x를 시점으로, 각 x 절편을 종점으로 정의한 세 벡터의 곱으로 관찰할 수 있으므로

  공간 내

  ① 직선
  ② 삼각형

  처럼 생각하여 관계를 관찰할 수 있다.

[삼각 관계]

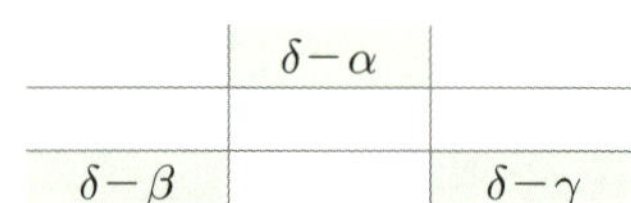

	$\delta - \alpha$	
$\delta - \beta$		$\delta - \gamma$

- $f(x) = (x-\alpha)(x-\beta)(x-\gamma)$ 이므로
  함숫값 $f(\delta)$는 세 꼭짓점의 곱이다.

  → 다항함수 $f(x)$에 대해 Δy는 모든 Δx들의 곱처럼 생각할 수 있다.
  → 곱하는 횟수는 인수의 개수와 동일하다.

  $f'(x) = (x-\alpha)(x-\beta) + (x-\alpha)(x-\gamma) + (x-\beta)(x-\gamma)$ 이므로
  미분계수 $f'(\delta)$는 세 변 곱의 합이다.

예

최고차항의 계수가 1인 삼차함수 $f(x)$와 실수 t에 대하여 곡선 $y=f(x)$ 위의 점 $(t, f(t))$에서의 접선의 y절편을 $g(t)$라 하자. 두 함수 $f(x)$, $g(t)$가 다음 조건을 만족시킨다.

$|f(k)|+|g(k)|=0$을 만족시키는 실수 k의 개수는 2이다.

$4f(1)+2g(1)=-1$ 일 때, $f(4)$의 값은?

예

최고차항의 계수가 1인 삼차함수 $f(x)$와 최고차항의 계수가 2인 이차함수 $g(x)$가 다음 조건을 만족시킨다.

(가) $f(\alpha)=g(\alpha)$이고 $f'(\alpha)=g'(\alpha)=-16$인 실수 α가 존재한다. (나) $f'(\beta)=g'(\beta)=16$인 실수 β가 존재한다.

$g(\beta+1)-f(\beta+1)$의 값을 구하시오.

미분의 활용
Schema 2

벡터 공간

Sol)

$\Rightarrow |f(k)| + |g(k)| = 0$을 만족시키는 실수 k의 개수가 2개이므로
그래프 개형은 다음과 같다.

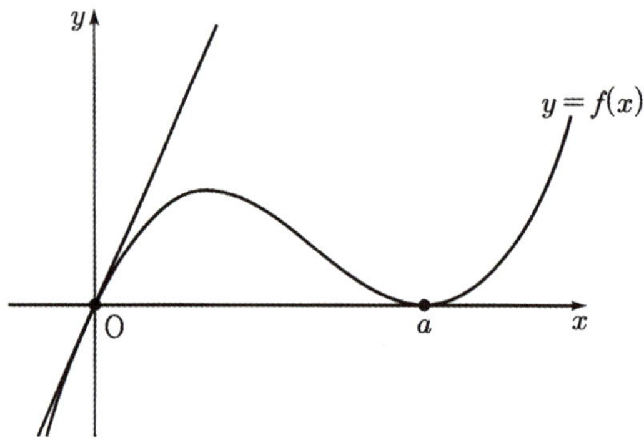

$\Rightarrow g(t) = -tf'(t) + f(t)$이므로

$4f(1) + 2g(1) = 6f(1) - 2f'(1) = -10$이고

1을 시점으로 한 삼각 관계는 다음과 같다.

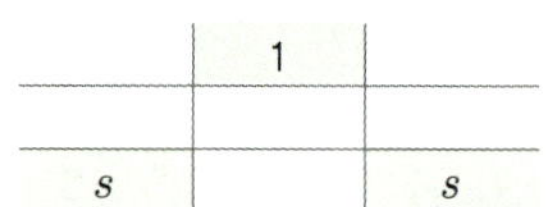

$\therefore 6s^2 - 2(s^2 + 2s) = -1$

$\therefore s = \dfrac{1}{2}$

Ans)

$\therefore f(4) = (4 - 0) \times (4 - \dfrac{1}{2})^2 = 49$

Sol)

구하는 값이 $g(\beta+1)-f(\beta+1)$ 으로 관계함수의 함숫값 형태이고
$f(x)$와 $g(x)$, $f'(x)$와 $g'(x)$의 동치 조건 2개가 제시되어 있으므로
$f(x)-g(x)=h(x)$로 해석을 행할 수 있어 보인다.

$\rightarrow h(x)=(x-\alpha)^2(x-\gamma)$

$(\because$ 인수정리$)$

$g(x)-k=2(x-\alpha)(x-\beta)$이므로 $\beta-\alpha=8$이고
가로 극간격이 8이므로 γ는 2 : 3 외분점에 존재하고 $\gamma-\alpha=12$이다.

$(\because$ 대칭성, 간격 비$)$

구하는 값이 $-h(\beta+1)$이므로 β에서 한 칸 오른쪽으로부터
각 지점까지의 관계를 관찰하면 다음과 같다.

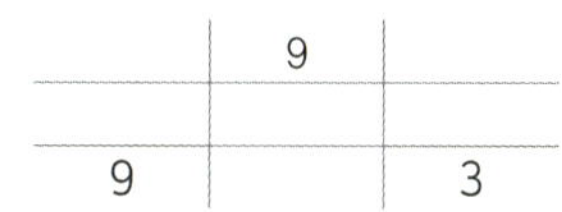

Ans)
$\therefore -h(\beta+1)=243$

미분의 활용

미분의 활용
Schema 3

동치 변형

[중요도 ★★★★]

- 다항식으로 구성된 방정식을 관찰해야 할 때 함수 간 그래프로 관찰할 수 있고

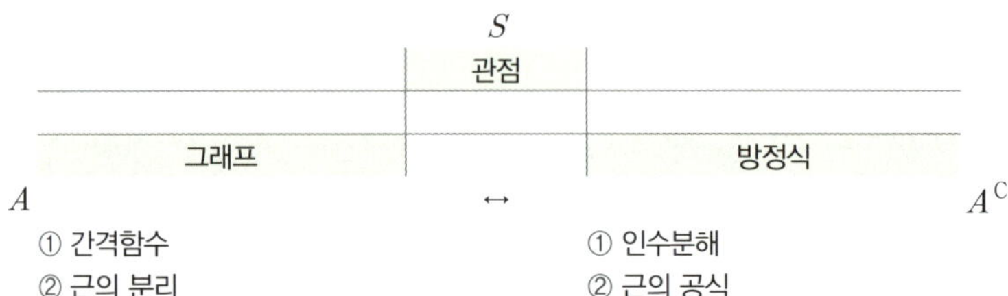

그래프 관점에서 해석하기 좋은 방향으로

① 합차 연산 (+, −)

예 $f(x)=\left|x^3-12x+k\right| \to f(x)=\left|g(x)-(-k)\right|$: $y=g(x)$ 그래프와 $y=k$의 관계

② 차수 조절 (×, ÷)

예 $f(x)=x^2(x-3)^2$와 $g(x)=m(x-3)$

: $x=\dfrac{3}{2}$ 선대칭 사차함수 $f(x)$와 정점 $(3,\,0)$을 지나는 기울기 m인 직선의 관계

$\to p(x)=x^2(x-3)$와 $q(x)=m$

: $x=1$에서 변곡점, $x=2$에서 극점을 갖는 삼차함수 $f(x)$와 직선 $y=m$의 관계

예 $f(x)$의 개형을 통한 미분계수 관찰 $\leftrightarrow$ $f'(x)$의 함숫값 관찰

$\to$ 상수 조건이 많은 방향 vs 관찰하기 편한 방향

③ *Min, Max* 함수

예 $f(x)+\left|f(x)+x\right|=6x+k \to$, $2\times\dfrac{f(x)-x+\left|f(x)+x\right|}{2}=5x+k$

동치 변형하여 관찰할 수 있다.

동치 변형

[x축 기준]

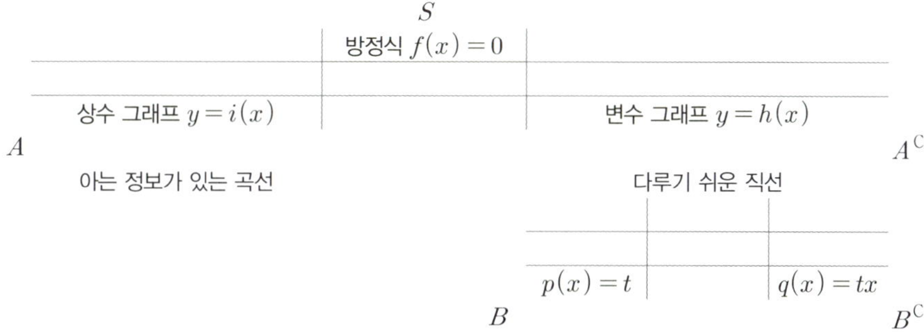

[간격함수 기준]

→ 방정식 $f(x) = g(x)$를 적절히 이항하여 $h(x) = k$ or $h(x) = kx$의 꼴로 변형이 되면
$y = h(x)$와 직선의 교점의 개수로 상황을 바꿔 생각할 수 있다.

- 삼차함수 $y = ax^3 + bx^2 + cx + d$를 $f(x) = a(x-m)^3 + k(x-m) + n$로 변형할 수 있고
$f(x)$는 $(m,\ n)$ 점대칭이고 $(m,\ n)$은 변곡점이므로
$h(x) = k(x-m) + n$은 변곡접선이다.

즉, 모든 삼차함수를 $g(x) = a(x-m)^3$ 변곡점에서의 기본형과
$h(x) = k(x-m) + n$ <u>변곡접선과의 관계함수</u>로 동치 변형해서 관찰할 수 있다.

→ 함수의 수식을 그래프 관점으로 전환할 수 있다.

- 정수 조건으로 상황이 제한되어 있는 경우 (일차식)×(일차식)=(정수) 꼴로
변형하여 부정방정식으로 해석할 수 있다.

- 곡선 밖의 점 $(a,\ b)$에서의 접선의 방정식은 다음과 같이 이항해서
변화율 관점으로 해석할 수 있다.

	식	의미
①	$b = f'(t)(a-t) + f(t)$	접선의 방정식
②	$\dfrac{f(t)-b}{t-a} = f'(t)$	평균변화율 = 순간변화율

미분의 활용
Schema 3

동치 변형

예

양수 k에 대하여 함수 $f(x)$를

$$f(x) = \left| x^3 - 12x + k \right|$$

라 하자. 함수 $y = f(x)$의 그래프와 직선 $y = a \ (a \geq 0)$이 만나는 서로 다른 점의 개수가 홀수가 되도록 하는 실수 a의 값이 오직 하나일 때, k의 값은?

예

함수 $f(x) = \dfrac{1}{2}x^3 - \dfrac{9}{2}x^2 + 10x$에 대하여 x에 대한 방정식

$$f(x) + \left| f(x) + x \right| = 6x + k$$

의 서로 다른 실근의 개수가 4가 되도록 하는 모든 정수 k의 값의 합을 구하시오.

동치 변형

예

두 함수 $f(x)=x^3-12x$, $g(x)=a(x-2)+2(a\neq 0)$에 대하여 함수 $h(x)$는

$$h(x)=\begin{cases} f(x) & (f(x)\geq g(x)) \\ g(x) & (f(x)<g(x)) \end{cases}$$

이다. 함수 $h(x)$가 다음 조건을 만족시키도록 하는 모든 실수 a의 값의 범위는 $m<a<M$이다.

> 함수 $y=h(x)$의 그래프와 직선 $y=k$가 서로 다른 네 점에서 만나도록 하는 실수 k가 존재한다.

$10\times(M-m)$의 값을 구하시오.

예

함수 $f(x)=x^3-3x^2-9x-1$과 실수 m에 대하여 함수 $g(x)$를

$$g(x)=\begin{cases} f(x) & (f(x)\geq mx) \\ mx & (f(x)<mx) \end{cases}$$

라 하자. $g(x)$가 실수 전체의 집합에서 미분가능할 때, m의 값을 구하시오.

미분의 활용

Sol)

$f(x) = |g(x) - (-k)|$ 라 하고 $g(x)$의 식을 $h(x) = -k$과의 관계 관점으로 관찰했을 때
원점 대칭인 함수 $g(x)$와 x축과 평행한 직선 $h(x)$의 관계임을 알 수 있다.

따라서 직선 $y = a \ (a \geq 0)$이 만나는 서로 다른 점의 개수가 홀수가 되도록 하는
실수 a의 값이 오직 하나라는 말은 극점에서 접혀 올라가고
그 극점에서의 y 좌표가 $-k$라는 말로 $f(x) = |g(x) - (-k)|$를 해석할 수 있다.

$g'(x) = 3x^2 - 12 = 3(x+2)(x-2)$이고 $x = 2$에서 $g(2) = -16$이므로 $k = 16$이다.

Ans)
$\therefore k = 16$

Sol)

수식의 특징을 파악했을 때 $f(x) = \dfrac{1}{2}x^3 - \dfrac{9}{2}x^2 + 10x = \dfrac{1}{2}x(x-4)(x-5)$이고

주어진 등식은 $2 \times \dfrac{f(x) - x + |f(x) + x|}{2} = 5x + k$와 동치 상황이므로

$y = \max\left(2f(x), \ -2x\right)$ 와 $y = 5x + k$ 그래프를 토대로 교점의 개수를 확인하면

$O(0, 0)$을 지날 때 3개, $(1, 12)$에서 접할 때 3개이므로 $(\because (5, 0) \text{ 대칭})$
실수 k의 값의 범위는 $0 < k < 7$이다.

Ans)
$\therefore$ 모든 정수 k의 값의 합은 $1 + 2 + 3 + \cdots + 6 = 21$이다.

Sol)

$h(x) = \begin{cases} f(x) & (f(x) \geq g(x)) \\ g(x) & (f(x) < g(x)) \end{cases}$ 는 $y = \max(f(x),\ g(x))$와 동치 상황이고

$y = k$가 서로 다른 네 점에서 만나는 상황을 작도해보면 다음과 같다.

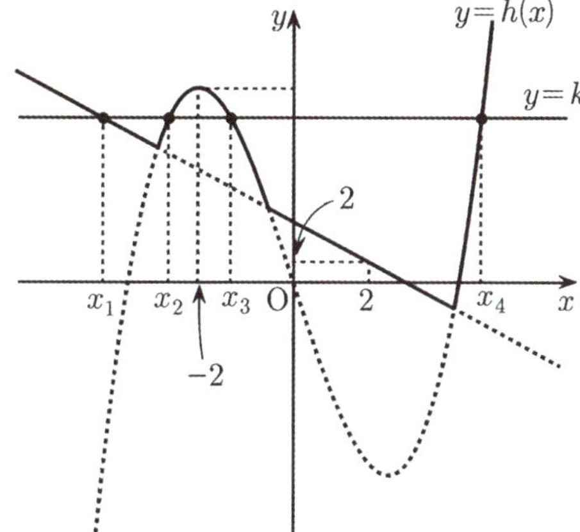

① $y = g(x)$의 기울기는 음수, ② $f(-2) > g(-2)$

두 조건을 충족해야 서로 다른 네 점에서 만나므로 $-\dfrac{7}{2} < a < 0$이다.

$\therefore m = -\dfrac{7}{2},\ M = 0$

Ans)

$\therefore 10 \times (M - m) = 10 \times \left\{ 0 - \left(-\dfrac{7}{2} \right) \right\} = 35$

Sol)

$h(x) = f(x) - mx$라 하면 $g(x) = \begin{cases} h(x) & (h(x) \geq 0) \\ 0 & (h(x) < 0) \end{cases}$ 와 동치 상황이고

이는 $g(x) = \max(h(x),\ 0)$과 동치 상황이다.

$h(x)$가 실수 전체의 집합에서 미분가능하면 미분가능 의심 지점에서
중복도가 모두 2 이상이어야 하므로 2 + 1이 불가능하고, 3중근을 가져야 한다.

$\rightarrow h(x) = f(x) - mx = (x - \alpha)^3 = x^3 - 3x^2 - (9 + m)x - 1$
$\rightarrow$ 2차항 계수와 1차항 계수의 합 = 0

Ans)

$\therefore m = -12$

미분의 활용

[중요도 ★★★★]

- 방정식 $f(x) = 0$의 실근은 함수 $f(x)$의 그래프와 x축의 교점의 x좌표
와 같다. 따라서 방정식 $f(x) = 0$의 서로 다른 실근의 개수는

① $f(x)$의 그래프와 x축의 교점의 개수를 조사하여 구할 수 있다.
② $y = g(x)$의 그래프와 $y = h(x)$의 그래프의 교점의 개수를 조사하여 구할 수 있다.

(단, $f(x) = g(x) - h(x)$)

예 방정식 $x^3 - 3x - k = 0$이 서로 다른 세 실근을 갖도록 하는 실수 k 값의 범위는?

$Let\ g(x) = x^3 - 3x$ (상수 그래프), $h(x) = k$ (변수 그래프)

알고 있는 함수 $f(x)$ (변곡점 기준, 극점, 교점 = $0 : 1 : \sqrt{3}$)를 바탕으로
$g(x)$의 변화를 관찰하며 해석할 수 있다.

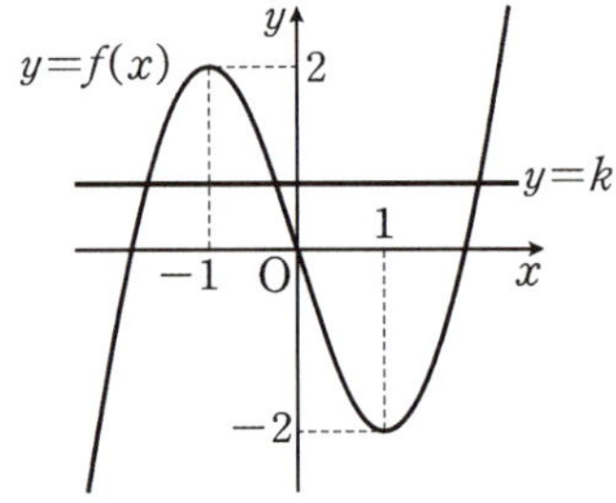

$\therefore\ -2 < k < 2$

- x에 대한 방정식 $f(x) = t$의 서로 다른 실근의 개수는
함수 $f(x)$의 그래프와 직선 $y = t$가 만나는 서로 다른 교점의 개수와 동일하고
$f(x)$가 연속함수인 경우 실근의 개수는 극값, 점근선과 밀접한 관계를 갖는다.

→ $f(x)$가 연속함수일 때, 방정식 $f(x) = t$의 실근의 개수가 바뀌는 경우

① $f(x)$의 극값
② 점근선의 y 좌표

이다.

- 함수 $|f(x) - t|$ 가 미분불가능한 점의 개수는
방정식 $f(x) = t$의 서로 다른 실근 중 $f'(x) \neq 0$인 x의 개수와
$f'(x) = 0$인 지점의 부호 변화를 고려하여 해석할 수 있다.

예

최고차항의 계수가 1인 삼차함수 $f(x)$가 다음 조건을 만족시킨다.

> (가) $f'\left(\dfrac{11}{3}\right)<0$
> (나) 함수 $f(x)$는 $x=2$에서 극댓값 35를 갖는다.
> (다) 방정식 $f(x)=f(4)$는 서로 다른 두 실근을 갖는다.

$f(0)$의 값은?

예

최고차항의 계수가 1인 삼차함수 $f(x)$가 다음 조건을 만족시킨다.

> (가) $\displaystyle\lim_{x\to 0}\dfrac{f(x)-3}{x}=0$
> (나) 곡선 $f(x)$와 직선 $y=-1$의 교점의 개수는 2이다.

$f(4)$의 값은?

미분의 활용

Sol)

조건을 통해 $f(x) - 35 = (x-2)^2(x-\alpha)$이고 $\alpha = 4$ 또는 $\alpha = 5$임을 알 수 있다.

($\because$ 함수 $y = f(x) - f(4)$ 의 그래프가 $x = 4$와 만나는 경우와 $x = 4$에서 접하는 경우)

$x = \dfrac{11}{3}$ 와 x축과 만나는 점들과의 관계를 관찰했을 때 $x = \dfrac{11}{3}$ 는 2와 4의 2 : 1

내분점보다 오른쪽에 있고 2와 5의 2 : 1 내분점보다 왼쪽에 있으므로 $\alpha = 5$이다.

($\because$ 간격 비)

$\to f(x) - 35 = (x-2)^2(x-5)$

$\to f(0) - 35 = (0-2)^2(0-5)$

Ans)

$\therefore f(0) = 15$

Sol)

$\Rightarrow$ 조건 (가)와 (나)를 통해 직선과의 관계를 알 수 있다.

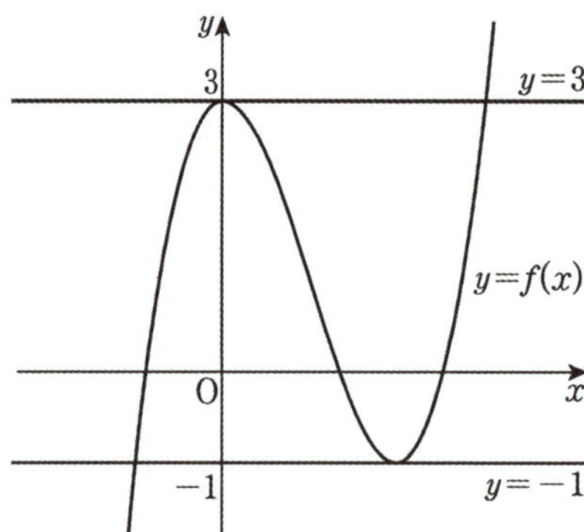

Sol 1)

① $f(x) - f(0) = x^2(x - 3\triangle)$

② $f(2\triangle) = -1$

$\therefore f(4) = 19$

Sol 2)

극간격이 4이고 최고차항의 계수가 1이므로 단위 간격 $\triangle = 1$이다.

$\therefore f(4) - 3 = (4-0)^2(4-3)$

Ans)

$\therefore f(4) = 19$

예

최고차항의 계수가 1이고 $x=3$에서 극댓값 8을 갖는 삼차함수 $f(x)$가 있다.
실수 t에 대하여 함수 $g(x)$를

$$g(x)=\begin{cases} f(x) & (x \geq t) \\ -f(x)+2f(t) & (x < t) \end{cases}$$

라 할 때, 방정식 $g(x)=0$의 서로 다른 실근의 개수를 $h(t)$라 하자.
함수 $h(t)$가 $t=a$에서 불연속인 a의 값이 두 개일 때, $f(8)$의 값을 구하시오.

예

두 정수 a, b에 대하여 함수 $f(x)$는

$$f(x)=\begin{cases} x^2 - 2ax + \dfrac{a^2}{4} + b^2 & (x \leq 0) \\ x^3 - 3x^2 + 5 & (x > 0) \end{cases}$$

이다. 실수 t에 대하여 함수 $y=f(x)$의 그래프와 직선 $y=t$가
만나는 점의 개수를 $g(t)$라 하자. 함수 $g(t)$가 $t=k$에서 불연속인 실수 k의 개수가
2가 되도록 하는 두 정수 a, b의 모든 순서쌍 (a, b)의 개수는?

미분의 활용

미분의 활용
Schema 4
실근의 개수

Sol)

$y = -f(x) + 2f(t)$는 $y = f(x)$를 x축에 대하여 대칭이동한 후, y축의 방향으로 $2f(t)$만큼

평행이동한 것이고 $g(x) = 0$의 서로 다른 실근의 개수는 함수 $y = g(x)$의 그래프와

x축과의 교점의 개수와 같으므로 $y = f(x)$의 뼈대를 토대로

$$y = \begin{cases} 0 & (x \geq t) \\ 2f(t) & (x < t) \end{cases}$$를 옮겨가며 양상을 관찰하면

다음과 같은 경우에 불연속이 되도록 하는 a 값이 2개가 됨을 알 수 있다.

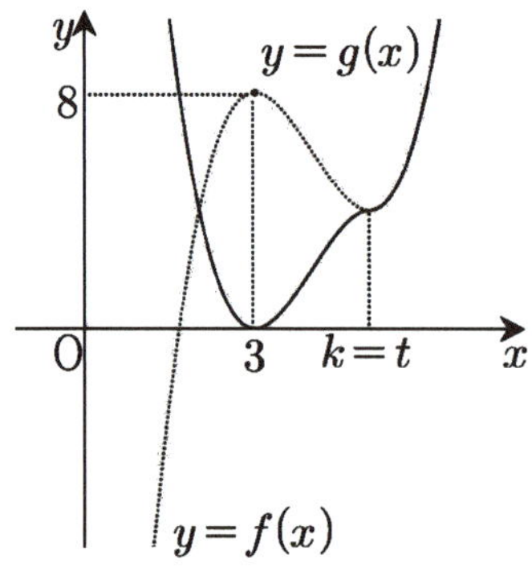

$$\therefore f(x) - 4 = (x-2)(x-5)^2 \left(\because f(3) = 8, \ \frac{1}{2}\triangle_y^{\ 3} = 4 \right)$$

Ans)

$$\therefore f(8) = 58$$

Sol)

$x > 0$에서 $f(x) = x^3 - 3x^2 + 5$는 상수 조건,

$x \leq 0$에서 $f(x) = x^2 - 2ax + \dfrac{a^2}{4} + b^2 = (x-a)^2 - \dfrac{3}{4}a^2 + b^2$는 변수 조건이므로

$x > 0$에서 $y = f(x)$의 뼈대를 토대로
$x \leq 0$에서 $x = a$ (대칭축)의 부호를 기준으로 생각하면 다음과 같다.

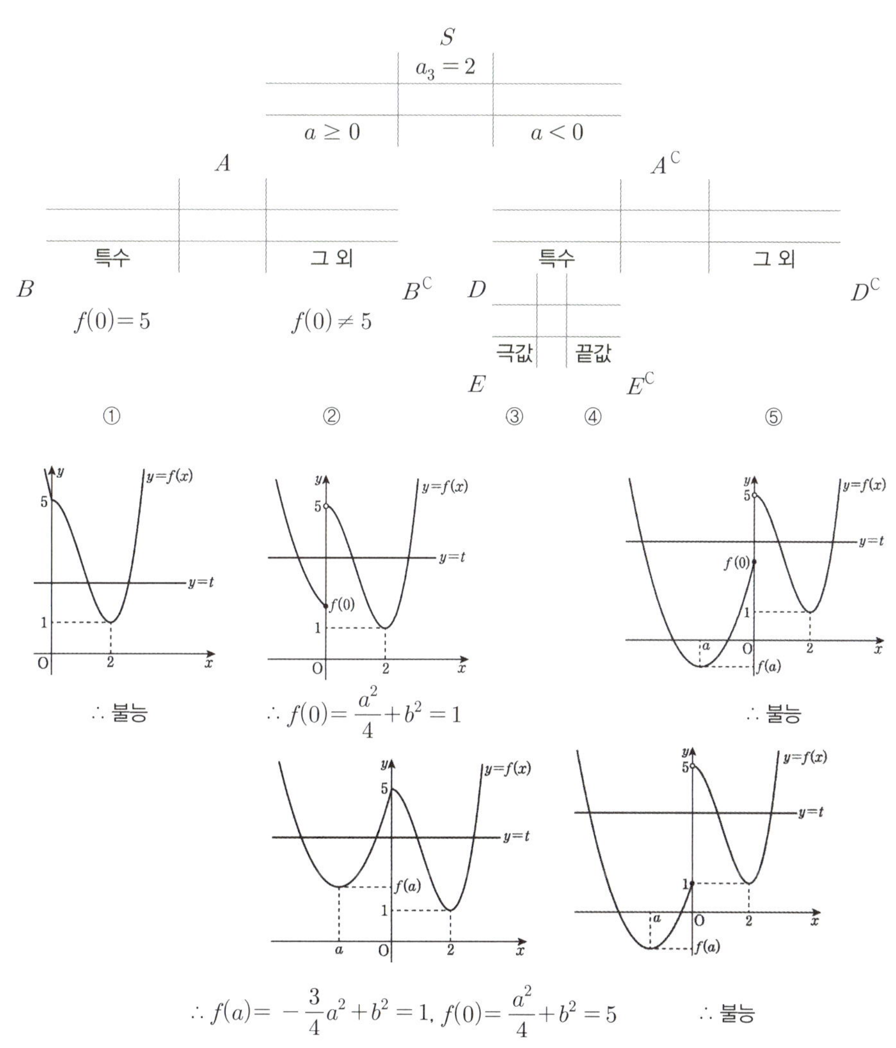

$\rightarrow (a, b) = (0, 1),\ (0, -1),\ (2, 0),\ (-2, 2),\ (-2, -2)$

Ans)

∴ 모든 순서쌍 (a, b)의 개수는 5개이다.

미분의 활용

미분의 활용
Schema 4

실근의 개수

예

함수 $f(x)=x^3-12x$ 와 실수 t 에 대하여 점 $(a, f(a))$ 를 지나고 기울기가 t 인 직선이 함수 $y=|f(x)|$ 의 그래프와 만나는 점의 개수를 $g(t)$ 라 하자.

함수 $g(t)$ 가 다음 조건을 만족시킨다.

> 함수 $g(t)$ 가 $t=k$ 에서 불연속이 되는 k 의 값 중에서 가장 작은 값은 0이다.

$\displaystyle\sum_{n=1}^{36} g(n)$ 의 값을 구하시오.

예

두 자연수 a, b에 대하여 함수 $f(x)$는

$$f(x)=\begin{cases}2x^3-6x+1 & (x\leq 2)\\a(x-2)(x-b)+9 & (x>2)\end{cases}$$

이다. 실수 t에 대하여 함수 $y=f(x)$의 그래프와 직선 $y=t$가 만나는
점의 개수를 $g(t)$라 하자.

$$g(k)+\lim_{t\to k-}g(t)+\lim_{t\to k+}g(t)=9$$

를 만족시키는 실수 k의 개수가 1이 되도록 하는 두 자연수 a, b의
순서쌍 $(a,\,b)$에 대하여 $a+b$의 최댓값은?

미분의 활용

Sol)

$y = |f(x)|$의 개형을 뼈대로 관찰하자

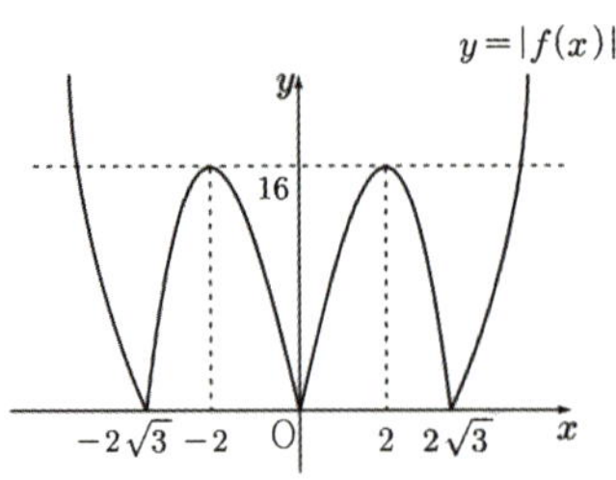

$g(t)$ 가 $t=0$에서 불연속이 되는 경우는 $f(a)=0$ 또는 $f(a)=16$인 경우뿐이고 다음이 전수임을 알 수 있다.

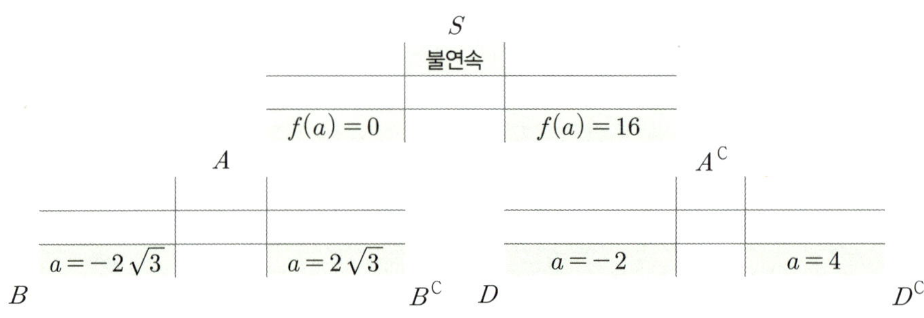

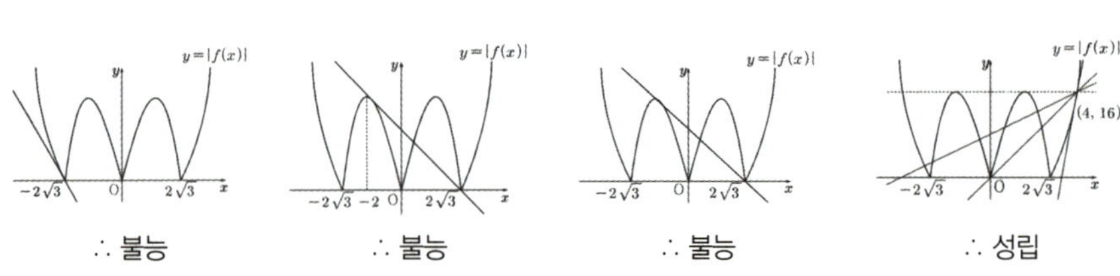

→ 경계 지점 36 by 접선

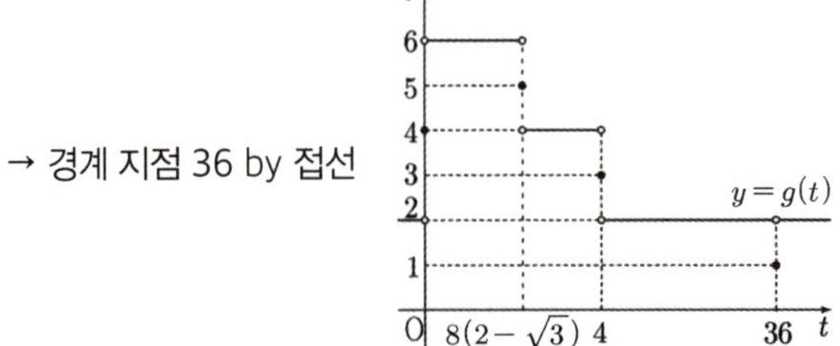

Ans)

$$\therefore \sum_{n=1}^{36} g(n) = 6 \times 2 + 4 + 3 + 2 \times 31 + 1 = 82$$

Sol)

$h(x) = 2x^3 - 6x + 1 \ (x \le 2)$이라 하면 $h(x)$는 상수, 여집합 함수가 변수임을

알 수 있으므로 $h(x)$에 대해 각 요소를 관찰하고 여사건 요소를 관찰하는 게 좋아 보인다.

	$h(k)$	$h(k-)$	$h(k+)$
$k < -3$	1	1	1
$k = -3$	2	1	3
$-3 < k < 5$	3	3	3
$k = 5$	2	3	0
$k > 5$	0	0	0

$$A \qquad\qquad\qquad A^C$$

$$y = a(x-2)(x-b) + 9 \ (x > 2)$$

이를 토대로 그래프를 옮겨가며 관찰했을 때 $g(k) + \lim\limits_{t \to k-} g(t) + \lim\limits_{t \to k+} g(t) = 9$인 k의 개수가

1이면 $b \ge 3$, $f\left(\dfrac{b+2}{2}\right) = -3$임을 알 수 있다.

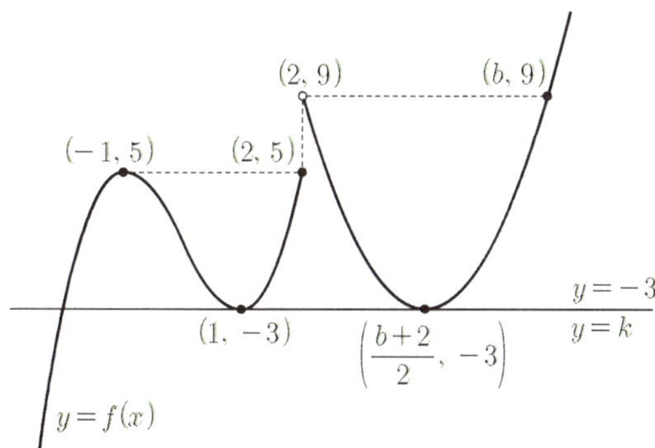

$f\left(\dfrac{b+2}{2}\right) = -3$에서 $a(b-2)^2 = 48$이고 a, b는 자연수이므로 $m \times n^2$꼴로 생각하면

① 3×4^2 또는 ② 12×2^2 또는 ③ 48×1^2 이다.

Ans)

$\therefore a + b$의 최댓값은 $a = 48, b = 3$일 때 51 이다.

미분의 활용

미분의 활용
Schema 4

실근의 개수

예

최고차항의 계수가 1이고 $f(2)=3$인 삼차함수 $f(x)$에 대하여 함수

$$g(x)=\begin{cases}\dfrac{ax-9}{x-1} & (x<1) \\ f(x) & (x\geq 1)\end{cases}$$

이 다음 조건을 만족시킨다.

> 함수 $y=g(x)$의 그래프와 직선 $y=t$가 서로 다른 두 점에서만 만나도록 하는
> 모든 실수 t의 값의 집합은 $\{t\mid t=-1$ 또는 $t\geq 3\}$이다.

$(g\circ g)(-1)$의 값을 구하시오. (단, a는 상수이다.)

예

최고차항의 계수가 1 이고, $f(0)=3$, $f'(3)<0$인 사차함수 $f(x)$ 가 있다.
실수 t에 대하여 집합 S를

$$S=\{a\mid 함수\ |f(x)-t|\ 가\ x=a에서\ 미분가능하지\ 않다.\ \}$$

라 하고, 집합 S의 원소의 개수를 $g(t)$ 라 하자. 함수 $g(t)$ 가 $t=3$과 $t=19$에서만
불연속일 때, $f(-2)$ 의 값을 구하시오.

예

최고차항의 계수가 1인 사차함수 $f(x)$가 있다. 실수 t에 대하여 함수 $|f(x)-t|$가 미분가능하지 않은 서로 다른 점의 개수를 $g(t)$라 할 때, 함수 $f(x)$, $g(t)$가 다음 조건을 만족시킨다.

(가) 방정식 $f'(x)=0$의 실근은 1, 4뿐이다.

(나) 함수 $g(t)$는 $t=2$와 $t=-25$에서만 불연속이다.

(다) 방정식 $f(x)=0$은 4보다 큰 실근을 갖는다.

$f(-1)$의 값을 구하시오.

예

최고차항의 계수가 1인 사차함수 $f(x)$가 있다. 실수 t에 대하여 함수 $g(x)$를 $g(x)=|f(x)-t|$라 할 때, $\lim\limits_{x \to k}\dfrac{g(x)-g(k)}{|x-k|}$의 값이 존재하는 서로 다른 실수 k의 개수를 $h(t)$라 하자. 함수 $h(t)$는 다음 조건을 만족시킨다.

(가) $\lim\limits_{t \to 4+} h(t)=5$

(나) 함수 $h(t)$는 $t=-60$과 $t=4$에서만 불연속이다.

$f(2)=4$이고 $f'(2)>0$일 때, $f(4)+h(4)$의 값을 구하시오.

미분의 활용

실근의 개수

Sol)

$x < 1$일 때, 함수 $g(x)$는 $y = \dfrac{ax-9}{x-1} = \dfrac{a(x-1)+a-9}{x-1} = \dfrac{a-9}{x-1} + a$이고

기본형 $y = \dfrac{a-9}{x}$을 x축의 방향으로 1만큼, y축의 방향으로 a만큼 평행이동시킨

그래프임을 알 수 있다.

$\therefore$ 세로 점근선 $x = 1$

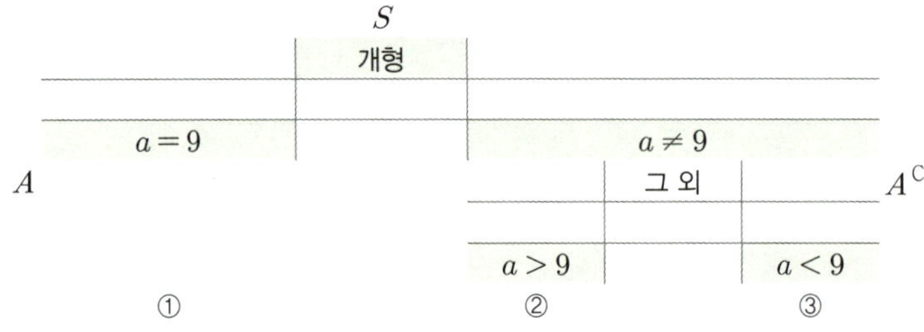

$t \geq 3$에서 $y = t$가 서로 다른 두 점에서만 만나야하므로 삼차함수와 더불어
발산하는 양상이 1개 더 나타나야하고 가능한 개형은 ③ $a < 9$가 유일하다.

또한 $t = 3$을 포함하므로 $y = 3$과 삼차함수는 접하고,
유리함수의 가로 점근선은 $y = 3$임을 알 수 있다.

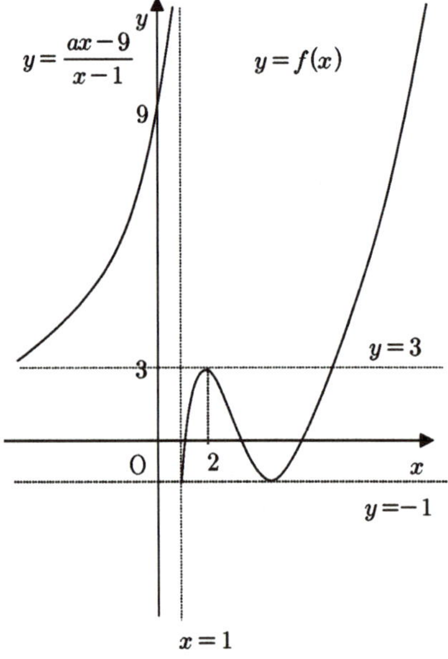

$\therefore a = 3,\ f(x) - 3 = (x-2)^2(x-5)\ (\because \text{간격 비})$

Ans)

$\therefore\ (g \circ g)(-1) = g(g(-1)) = g(6) = 19$

Sol)

$f(x)$는 사차함수이므로 극점은 1개이거나 3개이다.

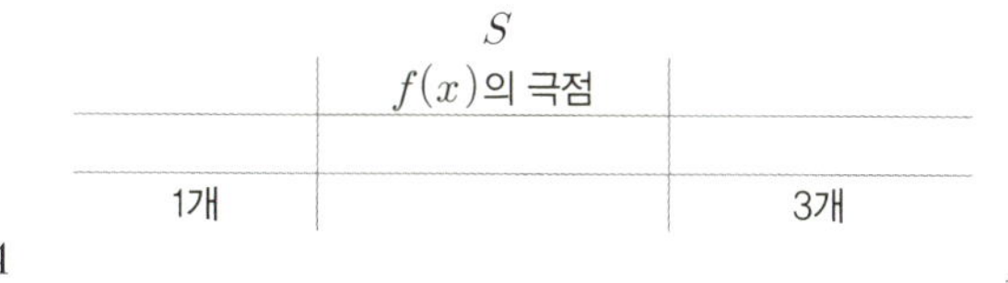

극점이 1개인 경우 $g(t)$가 불연속인 점은 하나이거나 $f'(3) < 0$에 위배되므로 모순이다.

$\therefore y = f(x)$의 그래프는 두 개의 극솟점과 하나의 극댓점을 가진다.

$g(t)$가 $t = 3$과 $t = 19$에서만 불연속이므로 두 개의 극솟점의 값은 3으로 같아야 하고,
극댓값은 19이어야 한다.

$\therefore f(x) = x^2(x-\alpha)^2 + 3$

함수 $f(x) = x^2(x-\alpha)^2 + 3$는 두 0 인자의 중점에서 극값을 가지므로

$f(\dfrac{\alpha}{2}) = 19$이고 $\alpha = 4$이다.

$\therefore f(x) = x^2(x-4)^2 + 3$

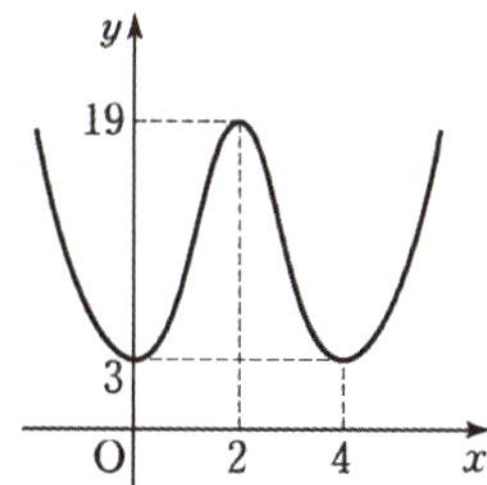

Ans)

$\therefore f(-2) = 4 \times 36 + 3 = 147$

미분의 활용

미분의 활용
Schema 4

실근의 개수

Sol)

방정식 $f'(x)=0$의 실근이 1, 4뿐이므로 둘 중 하나의 근은 중복도가 2이다.

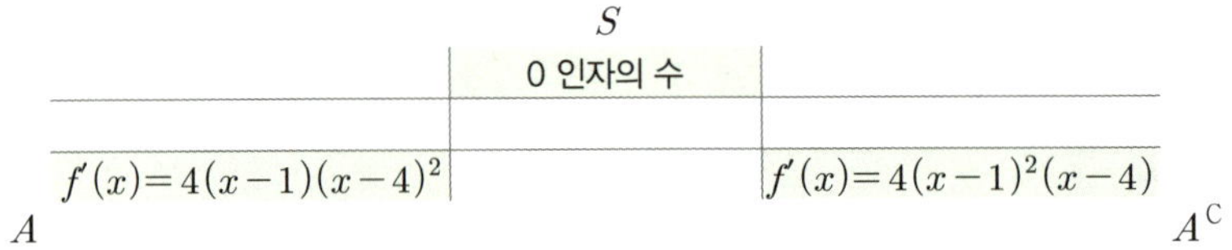

$f'(x)=4(x-1)(x-4)^2$인 경우 $g(t)$ 가 $t=2$와 $t=-25$ 에서만 불연속이므로 $f(1)=-25$, $f(4)=2$이고 이는 $y=f(x)$ 그래프와 x축이 $x=4$ 오른쪽에서 교점을 갖는다에 모순이다. ($\because$ 구간 $(1,\ 4)$에서 증가)

$\therefore\ f'(x)=4(x-1)^2(x-4)$

$\therefore\ f(1)=2,\ f(4)=-25$

$f'(x)=4(x-1)^2(x-4)$이고 $f(1)=2$이므로

$f(x)=x^4-8x^3+18x^2-16x+7$이다.

Ans)

$\therefore\ f(-1)=50$

미분의 활용
Schema 4

실근의 개수

Sol)

$\lim_{x \to k} \dfrac{g(x)-g(k)}{|x-k|}$의 값이 존재하므로 $\lim_{x \to k-} \dfrac{g(x)-g(k)}{|x-k|} = \lim_{x \to k+} \dfrac{g(x)-g(k)}{|x-k|}$이다.

$$\lim_{x \to k-} \frac{g(x)-g(k)}{|x-k|} = \lim_{x \to k-} \left(\frac{g(x)-g(k)}{x-k} \times \frac{x-k}{|x-k|} \right) = \lim_{x \to k-} \frac{g(x)-g(k)}{x-k} \times (-1)$$

$$\lim_{x \to k+} \frac{g(x)-g(k)}{|x-k|} = \lim_{x \to k+} \left(\frac{g(x)-g(k)}{x-k} \times \frac{x-k}{|x-k|} \right) = \lim_{x \to k+} \frac{g(x)-g(k)}{x-k} \times 1$$

두 값이 같아야 하므로 $\lim_{x \to k} \dfrac{g(x)-g(k)}{x-k} = 0$ 또는 $\lim_{x \to k_-} \dfrac{g(x)-g(k)}{x-k}$와 $\lim_{x \to k^+} \dfrac{g(x)-g(k)}{x-k}$의 절댓값이 같고 부호가 반대이어야 한다.

→ $g(x)$가 $x=k$에서 미분가능하거나 첨점이어야 한다.
→ $f'(k)=0$이거나 $f(k)=t$이다.

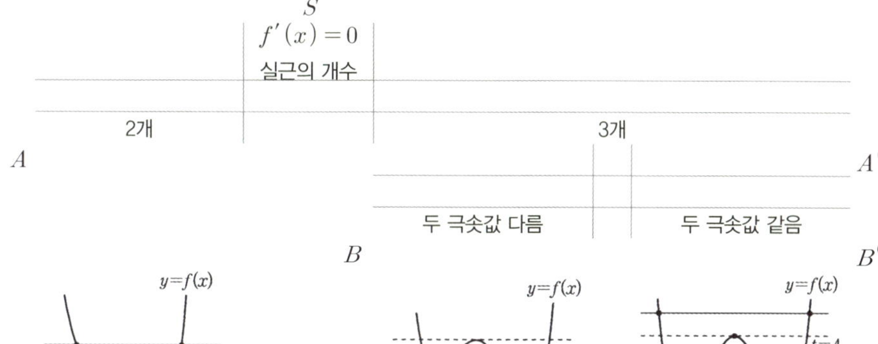

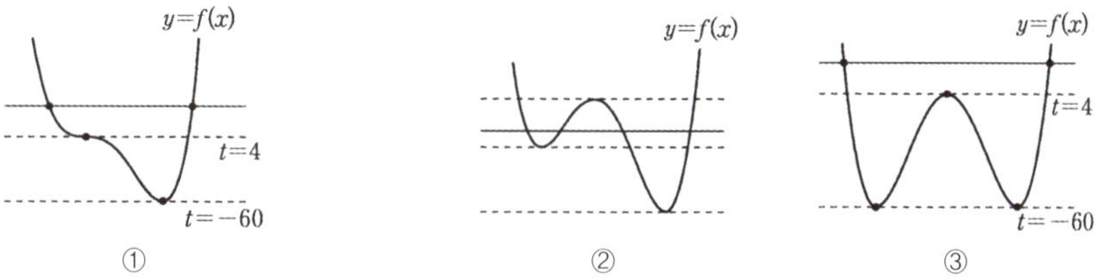

① 2개

$\lim_{t \to 4+} h(t)=4$ 가 되어 조건 (가)를 만족하지 않는다.

② 3개 (두 극솟값 다름)

$h(t)$가 불연속이 되는 서로 다른 실수 t가 3개 존재해서 불가능하다.

③ 3개 (두 극솟값 같음)

(나)를 만족하고 함수 $f(x)$의 극댓값이 4이면 $\lim_{t \to 4+} h(t)=5$ 이므로 (가)도 만족한다.

$f(2)=4$이고 $f'(2)>0$이므로 $f(x)-4=(x-2)(x-2+2\alpha)(x-2+\alpha)^2$이고
극솟값이 -60임을 활용하면 $\alpha=4$이다. $\therefore f(x)=(x+2)^2(x-2)(x+6)+4$

Ans)

$\therefore f(4)+h(4)=724+5=729$

미분의 활용

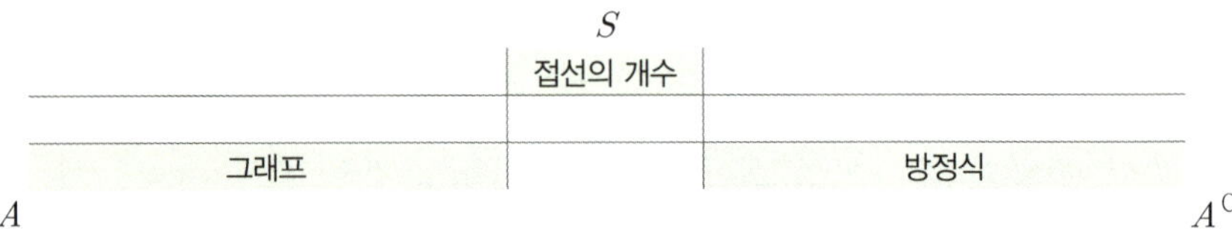

미분의 활용
Schema 5

접선의 개수

[중요도 ★★★]

접선의 개수를 도출해야 할 때 크게 그래프 관점과 방정식 관점으로 나뉜다.

- 접선의 개수를 파악해야 하는 문항에서 접점의 x 좌표를 변수로 세팅하면 다른 모든 변수와
  연관지어 해석할 수 있어 접점의 x 좌표를 변수로 보고 식을 전개해갈 수 있다.

[그래프 관점]

→ 정점 P에서 곡선 $y = f(x)$에 그은 접선의 개수를 파악할 때 곡선 위
  동점 $Q(t, f(t))$를 $(-\infty, \infty)$에서 움직이며 파악한다.

[방정식 관점]

곡선 $y = f(x)$ 위의 점 $(t, f(t))$에서의 접선의 방정식은 $y - f(t) = f'(t)(x - t)$이고
$x = a, y = b$를 대입하면 $b - f(t) = f'(t)(a - t)$이고

이 방정식 $b - f(t) = f'(t)(a - t)$의 서로 다른 실근의 개수가
곡선 $y = f(x)$에 접할 때 접점의 개수와 동일하다.

즉, 실근의 개수는 $f(x) = k$의 관계로 치환해서 생각할 수 있었다면
접선의 개수는 $\dfrac{f(x) - b}{x - a} = f'(x)$의 관계로 치환해서 생각할 수 있다.

- 공통접선이 존재하는 경우 접점의 개수와 접선의 개수가 다를 수 있고
  접점의 개수≥접선의 개수이다.

  (∵ 공통접선이 존재하면 한 접선에 2개 이상의 접점이 존재)

- 어떤 함수 $f(x)$에 그을 수 있는 접선 $g(x)$의 개수는
변곡점을 지나는 접선(변곡접선)과 곡선 그 자체, 끝값에 따라 영역이 변화한다.

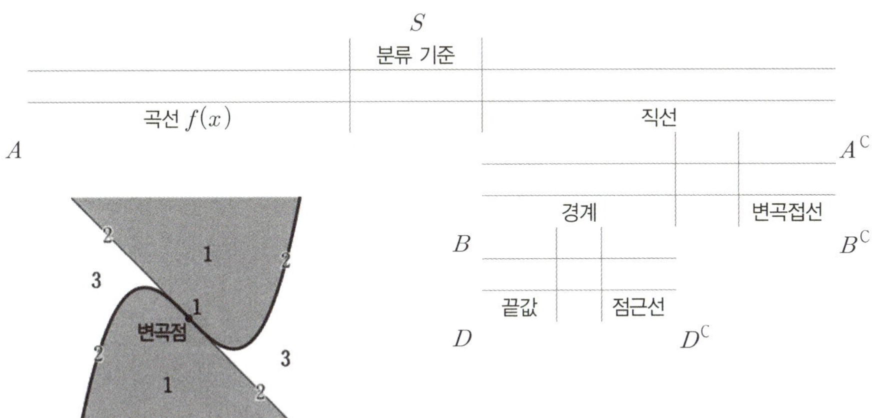

[예] 3차함수 $f(x)$와 변곡접선

1) 변곡접선 위에서 1개
2) 곡선 위에서 2개
3) 변곡접선 왼쪽, 위로 볼록에서 3개
4) 변곡접선 오른쪽, 아래로 볼록에서 1개

→ $f''(x)$의 부호가 변하는 변곡접선이 개수 변화의 경계

[예]

상수 a, b에 대하여 삼차함수 $f(x) = x^3 + ax^2 + bx$ 가 다음 조건을 만족시킨다.

> (가) $f(-1) > -1$
> (나) $f(1) - f(-1) > 8$

<보기>에서 옳은 것만을 있는 대로 고르시오.

> 〈보 기〉
>
> ㄱ. 방정식 $f'(x) = 0$은 서로 다른 두 실근을 갖는다.
> ㄴ. $-1 < x < 1$일 때, $f'(x) \geq 0$이다.
> ㄷ. 방정식 $f(x) - f'(k)x = 0$의 서로 다른 실근의 개수가 2 가 되도록 하는 모든
>   실수 k의 개수는 4 이다.

미분의 활용

미분의 활용
Schema 5

접선의 개수

Sol)
(가)와 (나)에서 $f(-1) = -1 + a - b > 1$,
$f(1) - f(-1) = 1 + a + b - (-1 + a - b) = 2 + 2b > 8$

$\therefore a > b > 3$ …… ㉠

ㄱ. $f'(x) = 3x^2 + 2ax + b$이고 $D/4 = a^2 - 3b > 0$이므로 옳은 선지이다. ($\because$ ㉠)

ㄴ. $f'(x) = 3x^2 + 2ax + b$의 최솟값은 $x = -\dfrac{a}{3}$일 때이고 $-\dfrac{a}{3} < -1$ ($\because$ ㉠)이므로

  $f'(-1) \geq 0$과 동치 명제이다. $f'(-1) = 3 - 2a + b < 0$이므로 틀린 선지이다.

ㄷ. $f(x) = f'(k)x$라 두면 $y = f'(k)x$는 $(0,\ 0)$을 지나는 직선이고
  2개의 교점을 가지려면 직선은 $f(x)$의 변곡점이 아닌 점에서의 접선이어야 한다.

  변곡점의 위치는 $x = -\dfrac{a}{3} < -1$이고 ㄱ에 의해 극점이 2개인 개형이며 원점이 접점인

  경우와 교점인 경우가 변곡점 대칭으로 나타나므로 모든 k의 개수는 4개임을 알 수 있다.

  $\therefore k$의 개수는 4개이다.

Ans)
$\therefore$ 옳은 것은 ㄱ, ㄷ이다.

예

양의 실수 t와 최고차항의 계수가 1인 삼차함수 $f(x)$에 대하여 함수

$$g(t) = \frac{f(t) - f(0)}{t}$$

이라 하자. 두 함수 $f(x)$와 $g(t)$가 다음 조건을 만족시킨다.

> (가) 함수 $g(t)$의 최솟값은 0이다.
>
> (나) x에 대한 방정식 $f'(x) = g(a)$를 만족시키는 x의 값은 a와 $\dfrac{5}{3}$이다. (단,
> $a > \dfrac{5}{3}$인 상수이다.)

자연수 m에 대하여 집합 A_m을

$$A_m = \{x \mid f'(x) = g(m),\ 0 < x \le m\}$$

이라 할 때, $n(A_m) = 2$를 만족시키는 모든 자연수 m의 값의 합을 구하시오.

미분의 활용
Schema 5

접선의 개수

Sol)

(가)에서 $f(x)$의 그래프는 점 $(k, f(k))$에서 직선 $y = f(0)$과 접하고
형태를 통해 $g(t)$를 정점 $(0, f(0))$과 동점 $(t, f(t))$으로 정의된 기울기 함수처럼
생각할 수 있다.

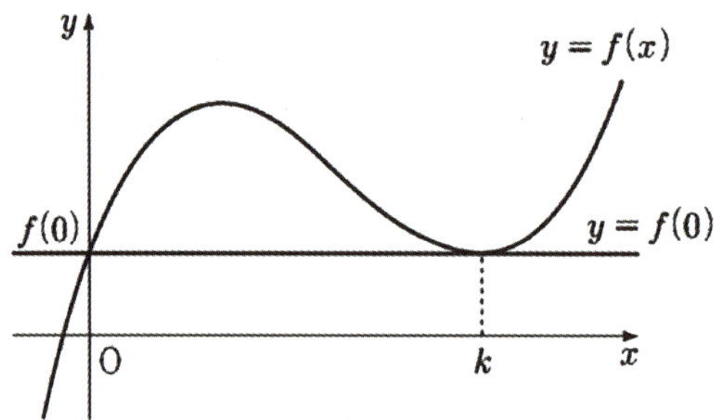

(나)에서 $f'(x) = g(a)$를 만족시키는 x의 값은 a와 $\dfrac{5}{3}$ 2개이고

($x = a$에서 순간변화율) = (정점 $(0, f(0))$으로부터 $(a, f(a))$까지 평균변화율)
의 의미를 지니므로 $a = 5$이다. (∵ 그래프 관찰, 삼차함수 간격 비)

$$\therefore f(x) - f(0) = x(x-5)^2$$

$A_m = \{x \mid f'(x) = g(m),\ 0 < x \le m\}$ 또한 (나)와 동일한 의미를 갖고
(순간변화율) = ($(0, f(0))$으로부터 평균변화율)을 만족하는 범위 내 x의 개수이므로
기준선은 $y = f(0)$과 $y = f'(0)x$이 되고, 기준선 영역 내에서 2개, 영역 밖에서 1개를 가짐을
알 수 있다.

→ $f'(0) = 25$ (∵ 1차항 계수 25),
→ $x(x-5)^2 = 25x$의 $x = 0$ 외의 교점 α
→ $\alpha \doteqdot 10$

$$\therefore 5 \le m < 10$$

Ans)

∴ 모든 자연수 m의 값의 합은 $5 + 6 + 7 + 8 + 9 = 35$이다.

예

좌표평면 위의 점 $(0,\ t)$를 지나고 곡선

$$y = x^3 - ax^2 + 3x - 5 \ (a는\ 자연수)$$

에 접하는 서로 다른 모든 직선의 개수를 $f(t)$라 할 때, 함수 $f(t)$에 대하여
합성함수 $g(t) = (f \circ f)(t)$라 하자. 다음 조건을 만족시키는 a의 최솟값을 m이라 할 때,
$m + g(m)$의 값은?

(가) 모든 실수 t에 대하여 $g(t) > 1$이다.
(나) 함수 $g(t)$의 치역의 원소의 개수는 1이다.

미분의 활용

미분의 활용
Schema 5

접선의 개수

Sol)

$p(x) = x^3 - ax^2 + 3x - 5$라 하면 $p(x)$의 변곡점의 x 좌표는 $x = \dfrac{1}{3}a$이므로

변곡접선 $q(x)$는 $q(x) - p(\dfrac{a}{3}) = p'(\dfrac{a}{3})(x - \dfrac{a}{3})$이고 $x = 0$에서 $p(0) = -5$,

변곡접선 위 $q(0) = \dfrac{1}{27}a^3 - 5$이다.

이를 토대로 접선의 개수는 다음 양상임을 알 수 있다.

$$f(t) = \begin{cases} 1 & (t < -5) \\ 2 & (t = -5) \\ 3 & \left(-5 < t < \dfrac{a^3}{27} - 5\right) \\ 2 & \left(t = \dfrac{a^3}{27} - 5\right) \\ 1 & \left(t > \dfrac{a^3}{27} - 5\right) \end{cases} \qquad g(t) = f(f(t)) = \begin{cases} f(1) & (t < -5) \\ f(2) & (t = -5) \\ f(3) & \left(-5 < t < \dfrac{a^3}{27} - 5\right) \\ f(2) & \left(t = \dfrac{a^3}{27} - 5\right) \\ f(1) & \left(t > \dfrac{a^3}{27} - 5\right) \end{cases}$$

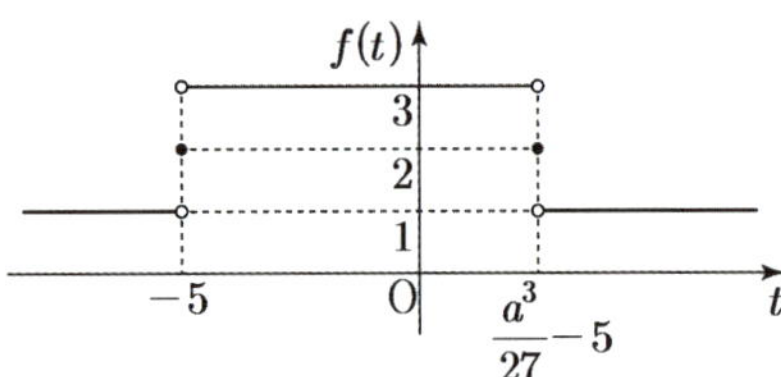

(가), (나)에서 치역의 원소의 개수는 1으로 고정되어야 하므로 $\dfrac{a^3}{27} - 5 > 3$이다.

→ $a^3 > 8 \times 27 = 6^3$

→ 자연수 a의 최솟값 $m = 7$, $g(m) = f(f(7)) = 3$

Ans)

$\therefore m + g(m) = 7 + 3 = 10$

예

최고차항의 계수가 1인 삼차함수 $f(x)$와 최고차항의 계수가 -1인 이차함수 $g(x)$가
다음 조건을 만족시킨다.

> (가) 곡선 $y = f(x)$ 위의 점 $(0, 0)$에서의 접선과 곡선 $y = g(x)$
>   위의 점 $(2, 0)$에서의 접선은 모두 x축이다.
> (나) 점 $(2, 0)$에서 곡선 $y = f(x)$에 그은 접선의 개수는 2이다.
> (다) 방정식 $f(x) = g(x)$는 오직 하나의 실근을 가진다.

$x > 0$인 모든 실수 x에 대하여

$$g(x) \le kx - 2 \le f(x)$$

를 만족시키는 실수 k의 최댓값과 최솟값을 각각 α, β라 할 때. $\alpha - \beta = a + b\sqrt{2}$ 이다.
$a^2 + b^2$의 값을 구하시오.
(단, a, b는 유리수이다.)

예

최고차항의 계수가 양수인 사차함수 $f(x) = ax^4 + bx^2 + c$ $(a,\ b,\ c$는 상수$)$가
다음 조건을 만족시킨다.

> (가) 방정식 $f(x) = 0$의 모든 실근이 α, β, γ이다.
> $$(단,\ \alpha < \beta < \gamma)$$
> (나) $f(1) = -\dfrac{3}{4}$, $f'(-1) = 1$

방정식 $|\,f(x)\,| = k(x - \alpha)$의 서로 다른 실근의 개수가 3이 되도록 하는

양수 k의 범위가 $p < k < q$일 때, $\dfrac{p}{q} = \dfrac{r}{s}$이다. $r + s$ 값은?

$$(단,\ r과\ s는\ 서로소인\ 자연수이다.)$$

미분의 활용

미분의 활용
Schema 5

접선의 개수

Sol)

(가)에서 $f(x) = x^2(x+p)$, $g(x) = -(x-2)^2$이고

(나), (다)에서 $f(x) = x^3$임을 알 수 있다.

$f(x) = x^3$, $g(x) = -(x-2)^2$를 뼈대로 $(0,\ 2)$으로부터 접선 양상을 관찰했을 때

$f(x)$에 접할 때 기울기 k의 최댓값 $\alpha = 3$, $g(x)$에 접할 때 k의 최솟값 $\beta = -2\sqrt{2} + 4$을

갖는다.

$\rightarrow \alpha - \beta = 2\sqrt{2} - 1$

Ans)

$\therefore a^2 + b^2 = 5$

Sol)

$f(x)=f(-x)$이고 방정식 $f(x)=0$의 서로 다른 실근의 개수가 3이므로

$f(0)=c=0,\ f(1)=a+b+=-\dfrac{3}{4},\ f'(-1)=-4a-2b=1$

$\therefore a=\dfrac{1}{4},\ b=-1,\ f(x)=\dfrac{1}{4}x^4-x^2$

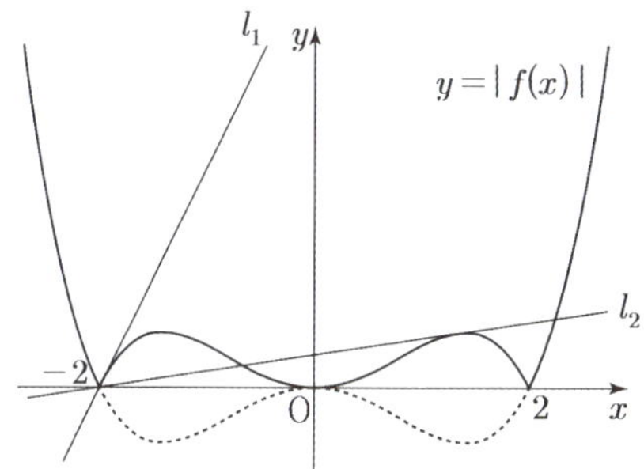

정점으로부터 접점 좌표를 구하는 상황이므로
(평균변화율) = (순간변화율)으로 생각할 수 있고 $p<k<4=-f'(-2)$이므로

$\dfrac{f(x)-f(-2)}{x-(-2)}=f'(x)=-p \Rightarrow x=\dfrac{4}{3}\ \text{or}\ x=-2$

$\therefore p=-f'\left(\dfrac{4}{3}\right)=\dfrac{8}{27}$

$\rightarrow \dfrac{p}{q}=\dfrac{r}{s}=\dfrac{2}{27}$

Ans)

$\therefore r+s=29$

$+)\ y=|f(x)|$의 그래프와 직선 $y=k(x+2)$의 교점의 개수 $h(k)$는

$$h(k)=\begin{cases} 2 & (k\geq 4) \\[2mm] 3 & \left(\dfrac{8}{27}<k<4\right) \\[2mm] 4 & \left(k=\dfrac{8}{27}\right) \\[2mm] 5 & \left(0<k<\dfrac{8}{27}\right) \end{cases}$$

미분의 활용

미분의 활용
Schema 6

접하는 세팅

[중요도 ★★★]

- 방·부등식 해석의 기준은 접하는 세팅으로 제시되는 경우가 많고
  직접적으로 접하는 상황을 상수 조건으로 제시하기보다
  미분을 활용하여 간접적으로 제시해주는 경우가 다수이다.

접하는 상황을 제시할 수 있는 방법을 정리하면 다음과 같다.

① 극한과 접선

미분가능한 두 함수 $f(x)$와 $g(x)$

$$\lim_{x \to a} \frac{f(x) - g(x)}{x - a} = 0 \qquad \Leftrightarrow \qquad f(x)\text{와 } g(x)\text{가 } x = a\text{에서 접한다.}$$

곡선 $f(x)$와 직선 $g(x)$

$$\lim_{x \to a} \frac{f(x) - g(x)}{x - a} = 0 \qquad \Leftrightarrow \qquad g(x)\text{는 } f(x)\text{의 } x = a\text{에서의 접선}$$

② 부등식과 접선

미분가능한 두 함수 $f(x)$와 $g(x)$, 모든 실수 x에 대해 $f(x) \geq g(x)$

$$f(a) = g(a) \qquad \Leftrightarrow \qquad f(x)\text{와 } g(x)\text{가 } x = a\text{에서 접한다.}$$

미분가능한 함수 $f(x)$와 직선 $g(x)$, 모든 실수 x에 대해 $f(x) \geq g(x)$

$$f(a) = g(a) \qquad \Leftrightarrow \qquad g(x)\text{는 } f(x)\text{의 } x = a\text{에서의 접선}$$

- 어떤 구간에서 부등식 $f(x) \geq 0$이 성립함을 보일 때

① $f(x)$의 그래프가 x축 아래에 있지 않음을 활용할 수 있다.
② $y = g(x)$의 그래프와 $y = h(x)$의 그래프의 관계를 관찰할 수 있다.
③ 해석에 있어 등호가 성립하는 상황을 우선적으로 확인할 수 있다.

(단, $f(x) = g(x) - h(x)$)

	S	
	부등식 $f(x) \geq 0$	
상수 그래프 $y = g(x)$		변수 그래프 $y = h(x)$
A 아는 정보가 있는 곡선		다루기 쉬운 직선 A^C

- 곡선 $y = g(x)$와 직선 $y = h(x)$의 위치 관계를 파악할 때 기준은
  접점, 경계, 불연속 지점, 점근선에 따라 변화한다.

  특히 직선 $y = h(x)$의 y 절편이나 기울기를 변화시켜가며 곡선 $y = g(x)$와의
  위치 관계를 파악할 때, 접하는 상황에서 주로 위치 관계가 변화한다.

- 세 곡선에 대한 부등식 $f(x) \leq g(x) \leq h(x)$에서 $f(x)$, $g(x)$, $h(x)$가
  각각 a차, b차, c차 다항함수$(a \leq c)$이면 $a \leq b \leq c$이다.

- 세 곡선에 대한 부등식 $f(x) \leq g(x) \leq h(x)$에서
  $f(x)$, $g(x)$, $h(x)$가 x 좌표가 t인 점에서 접하면

  ① $f(t) = g(t) = h(t)$
  ② $f'(t) = g'(t) = h'(t)$

  로 해석할 수 있다.

- 어떤 구간에서 $f(x) \geq g(x)$인 두 곡선이 한 직선과 접하는 경우 다음으로 분류된다.

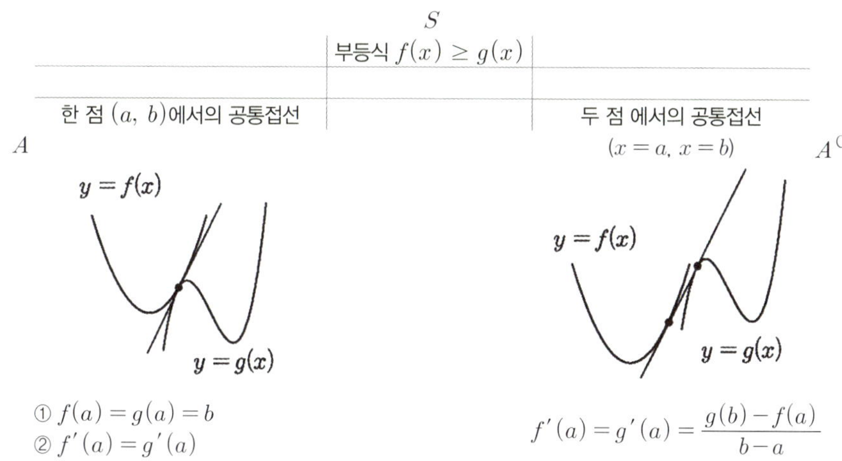

- 두 곡선 $f(x)$와 $g(x)$에 대해 방정식 $f(x) = g(x)$의 서로 다른 실근의 개수는
  두 곡선 $y = f(x)$와 $y = g(x)$가 서로 만나는 점의 개수와 같고
  이 또한 두 곡선이 서로 접하는 상황을 경계로 변화한다.

미분의 활용

미분의 활용
Schema 6

접하는 세팅

예

최고차항의 계수가 1인 사차함수 $f(x)$가 다음 조건을 만족시킨다.

> (가) $f'(0)=0$, $f'(2)=16$
> (나) 어떤 양수 k에 대하여 두 열린구간 $(-\infty,\ 0)$, $(0,\ k)$에서 $f'(x)<0$이다.

다음의 정오를 판정하시오.

- $f(0)=0$이면, 모든 실수 x에 대하여 $f(x) \geq -\dfrac{1}{3}$이다. (○, ×)

예

최고차항의 계수가 1인 다항함수 $f(x)$가 다음 조건을 만족시킬 때, $f(3)$의 값은?

> (가) $f(0)=-3$
> (나) 모든 양의 실수 x에 대하여 $6x-6 \leq f(x) \leq 2x^3-2$이다.

예

다음 조건을 만족시키는 모든 삼차함수 $f(x)$에 대하여 $f(2)$의 최솟값은?

> (가) $f(x)$의 최고차항의 계수는 1이다.
> (나) $f(0)=f'(0)$
> (나) $x \geq -1$인 모든 실수 x에 대하여 $f(x) \geq f'(x)$이다.

예

최고차항의 계수가 1인 사차함수 $f(x)$가 다음 조건을 만족시킨다.

> (가) $f'(a) \leq 0$인 실수 a의 최댓값은 2이다.
> (나) 집합 $\{x \mid f(x)=k\}$의 원소의 개수가 3 이상이 되도록 하는 실수 k의
>   최솟값은 $\dfrac{8}{3}$이다.

$f(0)=0$, $f'(1)=0$일 때, $f(3)$의 값을 구하시오.

미분의 활용

접하는 세팅

Sol)

(가), (나)를 만족시키는 함수 $y = f(x)$ 의 그래프와 도함수 $y = f'(x)$ 의 그래프 양상은 다음과 같음을 알 수 있다.

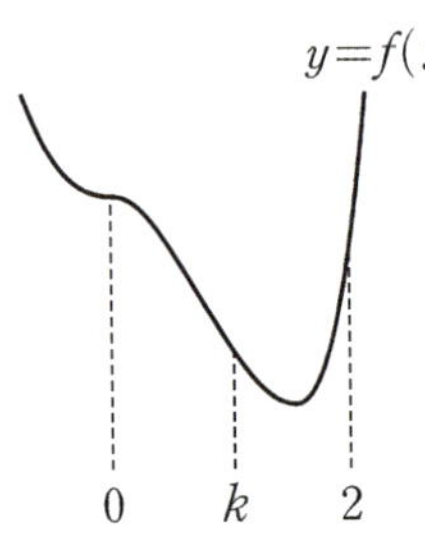
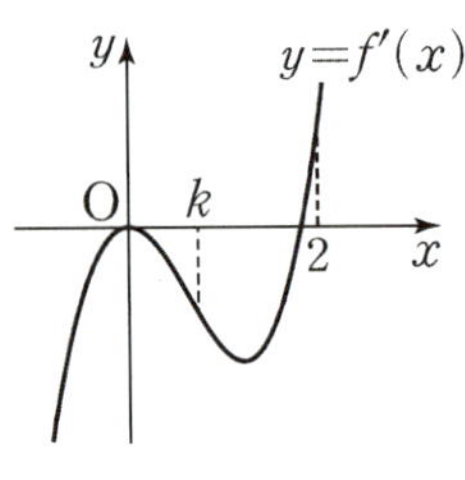

$f(0) = 0$ 이고, $f'(2) = 16$ 이므로 $f(x) = x^3 \left(x - \dfrac{4}{3} \right)$ 이고

$y = f(x)$ 의 그래프는 그림과 같다.

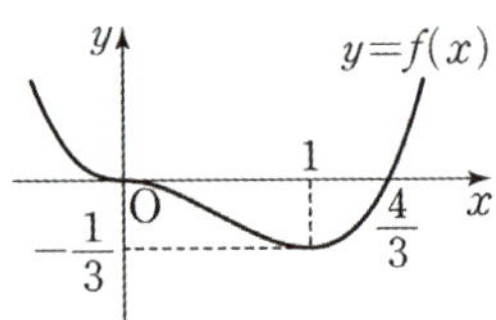

Ans)

$\therefore$ '○'

Sol)

다항함수 $f(x)$ 가 조건을 만족시키기 위해 삼차 이하의 다항함수이고

$f(1) = 0$, $f'(1) = 6$ 이어야 한다. ($\because$ 샌드위치 정리)

$\therefore f(x) - (6x - 6) = (x-1)^2 Q(x)$ (단, $Q(x)$ 의 최고차항의 계수는 1)

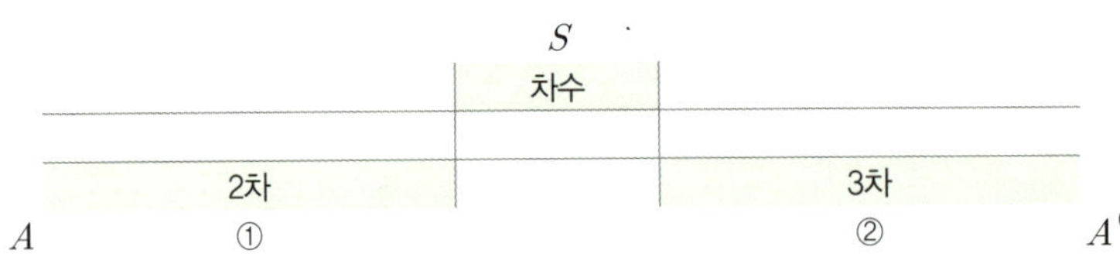

① $f(x)$ 가 이차함수인 경우

$f(0) = -3$, $f(1) = 0$, $f'(1) = 6$ 을 동시에 만족할 수 없다.

($\because 0 \leq Q(x) \leq 2x + 4$, $Q(0) = 3$)

② $f(x)$ 가 삼차함수인 경우

$f(x) = (x-1)^2 (x+3) + 6x - 6$ ($\because f(0) = -3$, $f(1) = 0$, $f'(1) = 6$)

Ans)

$\therefore f(3) = 24 + 12 = 36$

Sol)

$g(x)=f(x)-f'(x)$ 라 하면 $g(0)=0$ 이고 $x \geq -1$ 인
모든 실수 x 에 대하여 $g(x) \geq 0$ 이므로 $g(x)$ 는 $x=0$ 에서
극솟값을 갖는다.

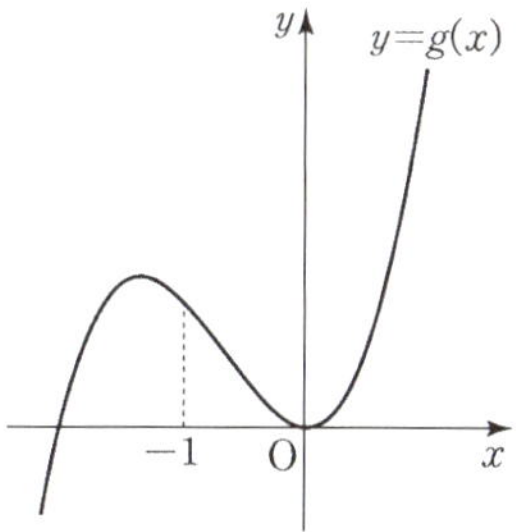

$g(0)=0$ 이므로 $f(x)$ 의 1차항의 계수 = 상수항이고
$g'(0)=0$ 이므로 $f(x)$ 의 1차항의 계수 = $2 \times$ (2차항의 계수)
이다.

$\therefore f(x)=x^3+ax^2+2ax+2a$

$g(x)=0$ 에서 $x=0$ 또는 $x=3-a$ 이므로 $3-a \leq -1$ 이어야 한다.

$\therefore a \geq 4$,

Ans)

$\therefore f(2)=10a+8 \geq 48$, $f(2)$ 의 최솟값은 48 이다.

Sol)

(나)에서 집합 $\{x \mid f(x)=k\}$ 의 원소의 개수가 3 이상이 되도록 하는 실수 k 의 값이 존재하
므로 $y=f(x)$ 와 $y=k$ 의 교점이 3개 이상인 것과 동치이고 그에 따라 사차함수 $f(x)$ 는 극
값을 3개 갖는다. (가)에서 $f'(a) \leq 0$ 인 실수 a 의 최댓값이 2 이므로 $f'(2)=0$ 이고 $x>2$
에서 함수 $f(x)$ 가 증가한다. $f'(1)=0$ 이므로 $x=1$ 은 ㉠의 여집합 두 교점 중 하나이고,
$f(0)=0$ 이므로 $f(x)$ 의 기본 개형이 ㉡으로 확정된다.

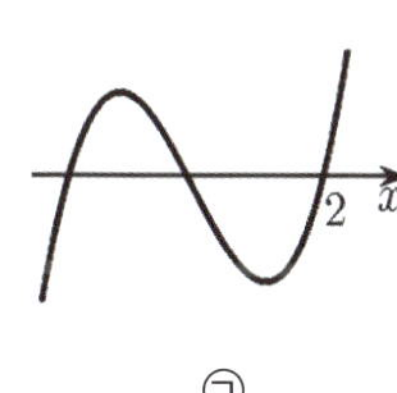 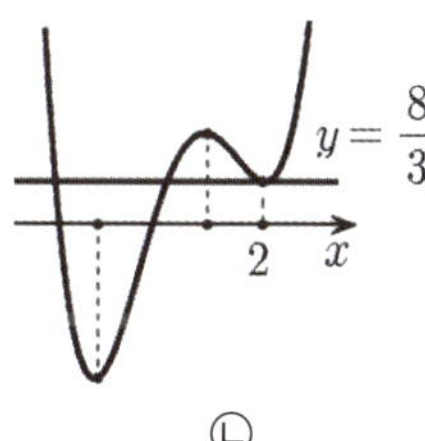

㉠   ㉡

$\rightarrow f(x)-\dfrac{8}{3}=(x-2)^2(x^2+\alpha x+\beta)$ $\left(\because \text{최고차항의 계수 } 1, \ y=\dfrac{8}{3} \text{이 } x=2 \text{에서 접함} \right)$

결정 조건이 $f(0)=0$, $f'(1)=0$ 2개 존재하므로 모든 미지수를 결정할 수 있겠다.

$\rightarrow \alpha=\dfrac{4}{3}$, $\beta=-\dfrac{2}{3}$

Ans)

$\therefore f(3)=15$

미분의 활용

미분의 활용
Schema 7

미분가능성

[중요도 ★★★★]

- 수2 범위에서 다뤄지는 다항함수는 제한조건이 없다면 항상 미분가능하므로
  미분불가능 요소를 부여한 후 자료 해석을 요한다.

① 절댓값 함수

$f(x)$가 다항함수일 때 $f(0) = 0$인 지점이 의심 지점이고
$f'(0) = 0$를 만족해야 하므로 $f(x) = (x-a)^2 Q(x)$이다.

절댓값 함수 $|f(x)|$가 미분불가능 의심 지점 $x = a$에서 미분가능하면
$f'(a) = 0$과 필요충분조건이다.

미분가능한 함수 $f(x)$와 $g(x)$에 대하여 $|f(x) - g(x)|$의 미분가능성에 대해
미분가능성 의심 지점은 $f(x) = g(x)$인 $x = a$이고
$f'(a) = g'(a)$이면 미분가능하고, $f'(a) \neq g'(a)$이면 미분가능하지 않다.

② 구간 함수

구간별로 정의된 함수 $h(x) = \begin{cases} f(x) & (x \geq \alpha) \\ g(x) & (x < \alpha) \end{cases}$ 에서

전 구간 미분가능하면 $f(\alpha) = g(\alpha)$, $f'(\alpha) = g'(\alpha)$이어야 하므로
$f(x) - g(x) = (x-a)^2 Q(x)$이다.

③ Max, Min 함수

$h(x) = \max(f(x),\ g(x))$에서 대소 관계가 바뀔 때
미분불가능 의심 지점이 생성된다.

$h(x)$가 미분불가능 의심 지점 $x = a$에서 다른 함수로 환승할 때
$h(x)$가 $x = a$에서 미분가능할 필요충분조건은 $f'(a-) = f'(a+)$이다.

④ 최대·최소 함수

실수 t에 대해 ⓐ 구간 $[t,\ t+1]$에서 함수 $f(x)$의 최댓값을 $g(t)$라 할 때
$g(t)$의 집합을 ⓐ에서의 최대 함수라고 하자.

함수의 최댓값은 ㉠ 구간 양끝 ㉡ 극댓값 중 가장 큰 값이므로
㉠과 ㉡을 고려하여 $g(t)$의 그래프를 그릴 수 있다.

- 함수 $f(x)$가 $x = a$에서 미분가능하면 미분계수 $f'(a) = \lim\limits_{x \to a} \dfrac{f(x) - f(a)}{x - a}$ 가 존재하므로

  $f(x)$는 $x = a$에서 연속이고, (좌극한) = (우극한) = (함숫값)이 성립한다.

- [최대 함수 $g(t)$ 그리기]

  1) 기본형 $f(x)$를 기반으로 $y = f(t)$를 그린다.

  2) $y = f(t)$를 t축 방향으로 -1만큼 평행이동시켜 $y = f(t+1)$를 그린다.

  3) $f(t)$의 극댓점과 $f(t+1)$의 극댓점을 x축에 평행하게 잇는다.

  4) 1)~3)의 가장 윗부분이 $y = g(t)$의 그래프이다.

  → x축과 평행한 직선의 기울기는 0이고 기본형에서 극댓값의

    좌미분계수 = 우미분계수 = 0이므로 극댓값 부근에서는 미분가능하다.

  → $y = g(t)$의 그래프에서 <u>New 생성된 극솟값</u>이 미분불가능 의심점이다.

- [최소 함수 $g(t)$ 그리기]

  1) 기본형 $f(x)$를 기반으로 $y = f(t)$를 그린다.

  2) $y = f(t)$를 t축 방향으로 -1만큼 평행이동시켜 $y = f(t+1)$를 그린다.

  3) $f(t)$의 극솟값과 $f(t+1)$의 극솟값을 x축에 평행하게 잇는다.

  4) 1)~3)의 가장 윗부분이 $y = g(t)$의 그래프이다.

  → x축과 평행한 직선의 기울기는 0이고 기본형에서 극댓값의

    좌미분계수 = 우미분계수 = 0이므로 극솟값 부근에서는 미분가능하다.

  → $y = g(t)$의 그래프에서 <u>New 생성된 극댓값</u>이 미분불가능 의심점이다.

⑤ 유리함수

모든 실수 x에 대하여 $h(x) = f(x) \times g(x)$일 때 $g(x) \neq 0$에 대해 $\dfrac{h(x)}{g(x)} = f(x)$이고

$g(x) = 0$에 대한 $f(x)$ 값은 항등식에서 도출되지 않고 다음과 같이 구간 함수가 된다.

$$f(x) = \begin{cases} \dfrac{h(x)}{g(x)} & (x \neq \alpha) \\ f(a) & (x = \alpha) \end{cases}$$

($x = \alpha$는 $g(x) = 0$을 만족시키는 값이다.)

이와 같은 유리함수에서 미분불가능 의심점은 $x = \alpha$이다.

미분의 활용

미분의 활용
Schema 7

미분가능성

- 단위 구간을 제시한 후 관계식을 통해 구간을 확장해나가는 자료가 종종 출제된다.

예

(가) 구간 [0, 1]에서 $f(x) = 2x$

(나) 모든 x에 대하여 $f(x+1) = f(x) + 4$

이와 같이 관계식으로 정의되는 함수의 미분가능성의

① $f(x+p)$와 $f(x)$

포함되는 구간 끝 중 한 지점에서만 미분가능을 확인하면
타 지점에서는 동일한 양상으로 미분가능이 규명된다.

→ 단위 구간 $[0, p]$, 의심점 $x = p$

② $f(x)$와 $f(-x)$

함수 $f(x)$가 모든 양의 실수 x에 대해 $f(-x) = af(x) + b$라 할 때
어떤 $x = p$에 대한 함숫값에 따라 $x = -p$에서의 함숫값이 도출된다.

→ 실수 전체 집합에서 $f(x)$가 결정된다.
→ 단위 구간 $[0, \infty)$, 의심점 $x = 0$

- $f(x)$가 $x = a$에서 미분가능할 때

① $g(x)$가 $x = a$에서 미분가능   ⇔ $f(x) + g(x)$가 $x = a$에서 미분가능
② $g(x)$가 $x = a$에서 미분불가능   ⇔ $f(x) + g(x)$가 $x = a$에서 미분불가능

이다.

→ 합함수 $f(x) + g(x)$의 미분가능성 판단에 있어 함수 $g(x)$가 영향을 미치는 건
원함수의 미분가능 의심 지점이다.

→ 한 함수 $f(x)$가 $x = a$에서 미분불가능하고 $f(x) + g(x)$가 $x = a$에서 미분가능하면

1) $g(x)$는 $x = a$에서 미분불가능
2) $f(x) + g(x)$는 $x = a$에서 연속
3) $f(x) + g(x)$의 좌미분계수 = 우미분계수

이다.

예

$f(1) = 0$인 삼차함수 $f(x)$에 대해 함수 $g(x) = |f(x)| - |2x - 4|$가 실수 전체 집합에서 미분가능할 때, $f(3)$의 값은?

→ $y = |2x - 4|$가 $x = 2$에서 미분불가능하므로 $y = |f(x)|$도 $x = 2$에서 미분불가능

→ 미분불가능 의심점 $x = 1$에서도 미분가능하므로 $f(x) = a(x-1)^2(x-2)$

→ $let\ h(x) = 2x - 4,\ h'(x) = (2x-4)' = 2,\ f'(x) = 2a(x-1)(x-2) + a(x-1)^2$이고

　　$h'(2) = f'(2)$이므로 $a = 2,\ f(x) = 2(x-1)^2(x-2),\ f(3) = 8$

- 도함수의 우극한, 좌극한과 우미분계수. 좌미분계수는 엄밀히는 다르다.

예를 들어 $f(x) = \begin{cases} |x| & (x \neq 0) \\ 2 & (x = 0) \end{cases}$에서

도함수의 우극한과 좌극한은 존재하지만
우미분계수와 좌미분계수는 존재하지 않는다.

단, 연속함수 내에서는 동일하게 확인할 수 있어
정의로 판단하기에 복잡한 연속함수에서는 미분법을 활용하여 미분 후
(도함수의 우극한) = (도함수의 좌극한)으로 판단을 행할 수 있다.

→ 함수 $f(x)$가 $x = a$에서 연속이고 $\lim\limits_{x \to a+} f'(x) = k$이면 $f'(a+) = k$이다.

→ $f'(x+)$가 $x = a$에서 연속 $\Leftrightarrow$ 함수 $f(x)$가 $x = a$에서 미분가능하다.

- $x = a$에서 미분이 불가능한 함수 $f(x)$와 미분가능한 함수 $g(x)$의 곱함수
　$f(x)g(x)$의 미분가능 조건은 다음과 같다.

$$S$$

	미분가능 조건	
$f(x)$ 극한값 존재		$f(x)$ 극한값 존재 ×
$g(a) = 0$		$g(a) = g'(a) = 0$
①		②

A　　　　　　　　　　　　　　　　　　　　　　　　　　A^C

① 타 함수가 주목하는 함수의 미분불가능 지점에서 인수를 가짐
② 타 함수가 주목하는 함수의 불연속 지점에서 중근을 가짐

미분의 활용

미분의 활용
Schema 7

미분가능성

- 미분가능한 함수 $f(x)$와 직선 $g(x)$에 대하여 함수 $h(x)$가

구간 함수 $h(x) = \begin{cases} f(x) & (x < a) \\ g(x) & (x \geq a) \end{cases}$ 일 때

$h(x)$가 $x = a$에서 미분가능 $\qquad \Leftrightarrow \qquad g(x)$는 $f(x)$의 $x = a$에서의 접선이다.

- 미분가능한 함수 $f(x)$와 직선 $g(x)$에 대하여 함수 $h(x) = |f(x) - g(x)|$, $h(a) = 0$

$h(x)$가 $x = a$에서 미분가능 $\qquad \Leftrightarrow \qquad g(x)$는 $f(x)$의 $x = a$에서의 접선이다.

- 미분가능한 함수 두 함수 $f(x)$와 $g(x)$에 대하여 함수 $h(x)$가

구간 함수 $h(x) = \begin{cases} f(x) & (x < a) \\ g(x) & (x \geq a) \end{cases}$ 일 때

$h(x)$가 $x = a$에서 미분가능 $\qquad \Leftrightarrow \qquad f(x)$와 $g(x)$가 $x = a$에서 접한다.

예

최고차항의 계수가 1이고 $f'(0) = f'(2) = 0$인 삼차함수 $f(x)$가 있다.
양수 p와 함수 $f(x)$에 대하여 함수

$$g(x) = \begin{cases} f(x) & (f(x) \geq x) \\ f(x-p) + 3p & (f(x) < x) \end{cases}$$

가 실수 전체의 집합에서 미분가능할 때, $f(0)$의 값은?

예

다음 조건을 만족시키며 최고차항의 계수가 음수인 모든 사차함수 $f(x)$에 대하여
$f(1)$의 최댓값은?

(가) 방정식 $f(x) = 0$의 실근은 0, 2, 3뿐이다.
(나) 실수 x에 대하여 $f(x)$와 $|x(x-2)(x-3)|$ 중 크지 않은 값을
　　$g(x)$라 할 때, 함수 $g(x)$는 실수 전체의 집합에서 미분가능하다.

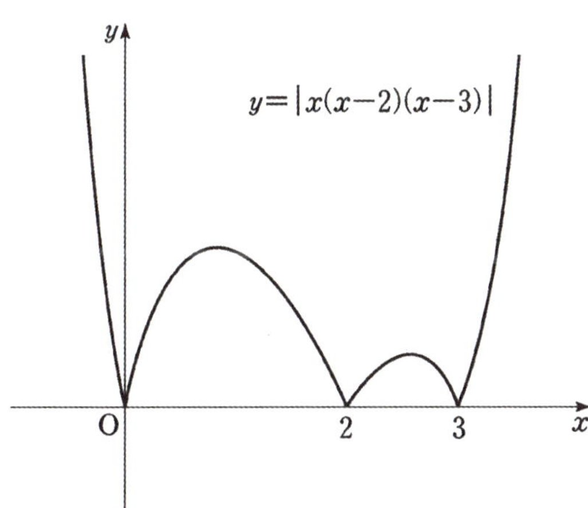

미분의 활용

미분의 활용
Schema 7

미분가능성

Sol)

경계 지점인 $x=k$ 이외의 전 구간 미분가능하므로 $g(x)=\begin{cases} f(x) & (f(x)\geq x) \\ f(x-p)+3p & (f(x)<x) \end{cases}$ 에서

어떤 $x=k$ 에서 상하 함수의 함숫값과 미분계수가 같아야 하므로

$(k,\ k)$에서 공통 접선을 가짐을 알 수 있다.

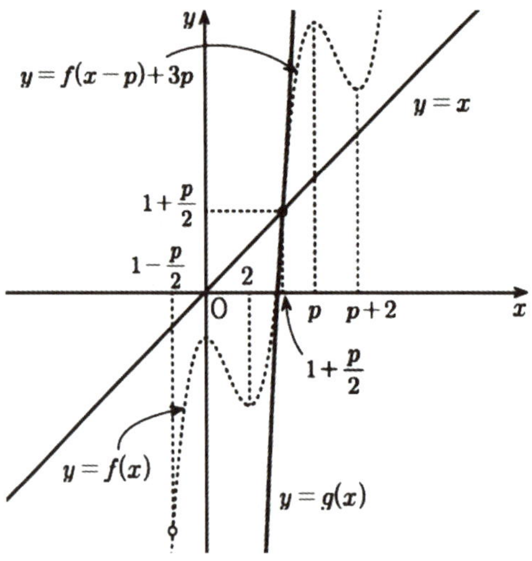

$\rightarrow k^3-3k^2+3-p=k \ \left(\because f\left(1+\dfrac{p}{2}\right)=1+\dfrac{p}{2}\right)$

$\rightarrow (k-1)(k^2-2k-5)=0 \ (\because p=2k-2)$

$\rightarrow k=1+\sqrt{6},\ p=2\sqrt{6} \ (\because k>1)$

$\therefore \ f(x)=x^3-3x^2+3-2\sqrt{6}$

Ans)

$\therefore \ f(0)=3-2\sqrt{6}$

Sol)

$f(x)=ax(x-2)(x-3)(x-\alpha) \ (a<0,\ \alpha\in\{0,\ 2,\ 3\})$, $h(x)=|x(x-2)(x-3)|$ 라 하면

$g(x)=\min(f(x),\ h(x))$이 전구간 미분가능과 동치 상황이고 미분가능 의심 지점은

$f(x)=h(x)$이다. 이는 $a(x-\alpha)=\dfrac{|x(x-2)(x-3)|}{x(x-2)(x-3)}$ 이 0, 2, 3 이외의 실근을 갖지 않는 것

과 동치이므로 ($\because$ (상수함수) = (직선) 관계) 정점 $(\alpha,\ 0)$으로부터 왼쪽 직선을 오른쪽 그래프를

기반으로 관찰하면 $f(1)=2a(1-\alpha)$의 최댓값은 $\alpha=3$, $a=-\dfrac{1}{3}$일 때 $\dfrac{4}{3}$이다.

Ans)

$\therefore \ f(1)=2a(1-\alpha)=\dfrac{4}{3}$

미분가능성

예

함수 $f(x)$는 최고차항의 계수가 1인 삼차함수이고, 함수 $g(x)$는 일차함수이다.
함수 $h(x)$를

$$h(x)=\begin{cases} |\,f(x)-g(x)\,| & (x < 1) \\ f(x)+g(x) & (x \geq 1) \end{cases}$$

이라 하자. 함수 $h(x)$가 실수 전체의 집합에서 미분가능하고,
$h(0)=0$, $h(2)=5$일 때, $h(4)$의 값을 구하시오.

미분의 활용

미분의 활용
Schema 7

미분가능성

Sol)

미분가능 의심 지점은 ① 절댓값 = 0, ② 경계값 이므로

① 절댓값 = 0

1) $h(0) = |f(0) - g(0)| = 0$

2) $h'(0) = 0$, $f'(0) = g'(0)$

을 만족하고 $x < 1$ 에서 $h(x) = |f(x) - g(x)|$ 가 미분가능하므로
$(\infty, 1)$ 에서 $y = f(x) - g(x) = x^2 Q(x) \leq 0$ 이다.

② 경계값

1) $-f(1) + g(1) = f(1) + g(1)$

2) $-f'(1) + g'(1) = f'(1) + g'(1)$

$\therefore f(1) = 0,\ f'(1) = 0$

$\rightarrow f(x) = (x - \alpha)(x - 1)^2$

$\rightarrow g(x) = (1 + 2\alpha)x - \alpha\ (\because f(x),\ g(x)$ 가 $x = 0$ 에서 접함$)$

$\rightarrow \alpha = \dfrac{1}{2}\ (\because h(2) = f(2) + g(2) = 5)$

$\therefore f(x) = \left(x - \dfrac{1}{2}\right)(x - 1)^2,\ g(x) = 2x - \dfrac{1}{2}$

Ans)

$\therefore h(4) = f(4) + g(4) = \dfrac{7}{2} \times 3^2 + \dfrac{15}{2} = \dfrac{78}{2} = 39$

$+\alpha$)

각각의 함수 관점에서 해석했으나 관계함수 관점에서 해석했을 때
$h(x)$ 가 $x = 1$ 에서 $p(x) = g(x) - f(x)$ 가 $q(x) = f(x) + g(x)$ 로 바뀌므로
$q(x) - p(x) = (x - 1)^2 Q(x)$ 의 관점으로도 해석할 수 있다.

예

삼차함수 $f(x)$가 다음 조건을 만족시킨다.

> (가) $f(1) = f(3) = 0$
> (나) 집합 $\{x \mid x \geq 1$이고 $f'(x) = 0\}$의 원소의 개수는 1이다.

상수 a에 대하여 함수 $g(x) = |f(x)f(a-x)|$가 실수 전체의 집합에서 미분가능할 때, $\dfrac{g(4a)}{f(0) \times f(4a)}$의 값을 구하시오.

예

두 양수 p, q와 함수 $f(x) = x^3 - 3x^2 - 9x - 12$에 대하여 실수 전체의 집합에서 연속인 함수 $g(x)$가 다음 조건을 만족시킬 때, $p+q$의 값은?

> (가) 모든 실수 x에 대하여 $xg(x) = |\, xf(x-p) + qx \,|$이다.
> (나) 함수 $g(x)$가 $x = a$에서 미분가능하지 않은 실수 a의 개수는 1이다.

미분의 활용

미분의 활용
Schema 7

미분가능성

Sol)

조건 (가)에서 $f(x) = p(x-1)(x-3)(x-q)$ $(p,\ q$는 상수$)$, (나)에서 $q < 1$

$g(x) = |f(x)f(a-x)|$가 실수 전체의 집합에서 미분가능하려면

$g(x) = p^2|(x-\alpha)^2(x-\beta)^2(x-\gamma)^2|$ 꼴로 차수가 1인 인수가 존재하지 않아야하므로

$f(x) = 0$과 $f(a-x) = 0$의 실근은 일치해야 한다. $\left(\therefore \dfrac{a}{2} = 1\right)$

$f(x)f(a-x) = -p^2(x-1)(x-3)(x-q) \times (x-a+1)(x-a+3)(x-a+q)$이므로

$a = 2,\ q = -1$ $(\because a-3 = q,\ a-1 = 1,\ a-q = 3)$

$\therefore g(x) = |f(x)f(a-x)| = f(x)^2$

Ans)

$\therefore \dfrac{g(4a)}{f(0) \times f(4a)} = \dfrac{p \times 9 \times 7 \times 5}{p \times 1 \times (-1) \times (-3)} = 105$

미분의 활용

Sol)

조건 (가)에서 $g(x) = \dfrac{|\,x\,|\,|\,f(x-p)+q\,|}{x}\ (x \neq 0)$이고

$g(x)$는 실수 전체에서 연속이므로 $\displaystyle\lim_{x \to 0+} g(x) = \lim_{x \to 0-} g(x) = g(0)$

$\therefore f(-p) = -q,\ g(0) = 0$

$$\therefore g(x) = \begin{cases} \dfrac{|\,x\,|\,|\,f(x-p)+q\,|}{x} & (x \neq 0) \\ g(0) & (x = 0) \end{cases}$$

평행이동 전 기반 함수를 $h(x) = \dfrac{|\,x\,|\,|\,f(x)\,|}{x}$ (단, $x \neq 0$)로 정의하자.

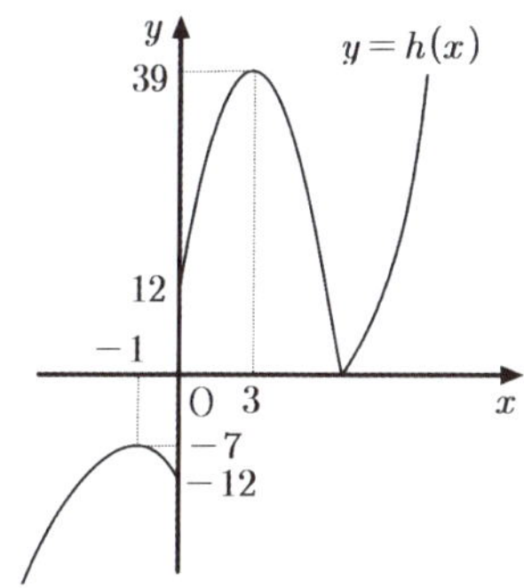

미분불가능한 점이 2개이므로 결과함수에서 극점 중 한 개가 원점에 와야 한다.

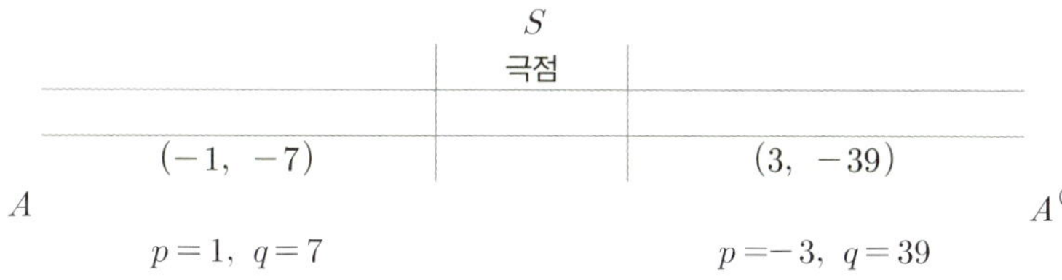

	S	
	극점	
$(-1,\ -7)$		$(3,\ -39)$
$p=1,\ q=7$		$p=-3,\ q=39$

A 좌측, $A^{\complement}$ 우측

$\therefore p=1,\ q=7\ (p>0,\ q>0)$

Ans)

$\therefore p+q = 1+7 = 8$

미분의 활용

미분의 활용
Schema 8

1DT

[중요도 ★★★]

- 연속성과 미분가능성의 판단에 있어 1DT를 적절히
  활용할 수 있다.

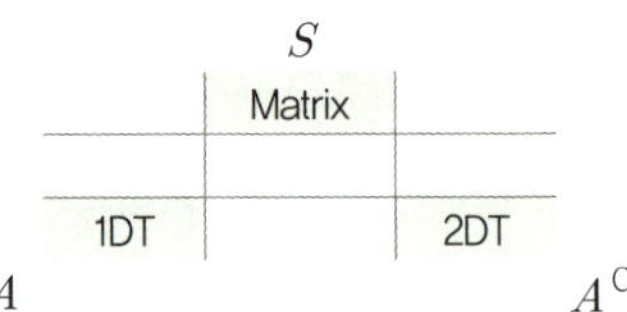

예

함수 $f(x)$의 미분가능성 의심 지점 $x = a$

0 인자 차수	0	1	2	3	4
0 인자 계수	2	3	2	2	1

→ $f(x) = (x-a)^4 + 2(x-a)^3 + 2(x-a)^2 + 3(x-a) + 2$

→ 다항함수의 차수와 계수를 조절하여 미분가능성을 판단할 수 있다.

- 두 다항함수 $f(x)$와 $g(x)$의 $x = a$에서 연속성을 판단할 때는
  1번째 칸의 요소가 동일해야 하고

  $f(x)$와 $g(x)$의 $x = a$에서 미분가능성을 판단할 때는
  1번째 칸과 2번째 칸의 요소가 모두 동일해야 한다.

[$x = a$ 연속 조건]

0 인자 수		0	1	2	3	4
계수	$f(x)$	a_0	a_1	a_2	a_3	a_4
	$g(x)$	b_0	b_1	b_2	b_3	b_4

$\Rightarrow a_0 = b_0$

[$x = a$ 미분가능 조건]

0 인자 수		0	1	2	3	4
계수	$f(x)$	a_0	a_1	a_2	a_3	a_4
	$g(x)$	b_0	b_1	b_2	b_3	b_4

$\Rightarrow a_0 = b_0,\ a_1 = b_1$

1DT

예

삼차함수 $f(x) = x^3 - x^2 - 9x + 1$ 에 대하여 함수 $g(x)$ 를

$$g(x) = \begin{cases} f(x) & (x \geq k) \\ f(2k-x) & (x < k) \end{cases}$$

라 하자. 함수 $g(x)$ 가 실수 전체의 집합에서 미분가능하도록 하는 모든 실수 k의 값의 합을 $\dfrac{q}{p}$ 라 할 때, $p^2 + q^2$ 의 값을 구하시오. (단, p와 q는 서로소인 자연수이다.)

예

상수 a $\left(a \neq 3\sqrt{5}\right)$ 와 최고차항의 계수가 음수인 이차함수 $f(x)$ 에 대하여 함수

$$g(x) = \begin{cases} x^3 + ax^2 + 15x + 7 & (x \leq 0) \\ f(x) & (x > 0) \end{cases}$$

이 다음 조건을 만족시킨다.

(가) 함수 $g(x)$ 는 실수 전체의 집합에서 미분가능하다.
(나) x 에 대한 방정식 $g'(x) \times g'(x-4) = 0$ 의 서로 다른 실근의 개수는 4이다.

$g(-2) + g(2)$ 의 값은?

미분의 활용

미분의 활용
Schema 8

1DT

Sol)

경계 지점인 $x=k$ 이외의 전 구간 미분가능하고 두 함수는 $x=k$ 선대칭이므로
$x-k$를 인수로 갖는 두 함수의 1DT 내 첫 번째 칸과 두 번째 칸이 모두 동일해야 한다.

그에 따라 $x \geq k$에서의 함수를 $p(x)$, $x < k$에서의 함수를 $q(x)$라 하면 $p'(k) = q'(k)$이다.

$\to 3k^2 - 2k - 9 = -(3k^2 - 2k - 9)$

$\to 3k^2 - 2k - 9 = 0$

모든 실수 k의 값의 합은 $\dfrac{2}{3}$이므로 $p = 3$, $q = 2$이다.

($\because$ 근과 계수의 관계)

Ans)

$\therefore p^2 + q^2 = 13$

Sol)

함수 $g(x)$ 는 실수 전체의 집합에서 미분가능하고 의심 지점은 $x = 0$이므로 다음이 같다.

0 인자 수		0	1	2	3
계수	$p(x)$	7	15	a	1
	$f(x)$				

$\rightarrow f(x) = px^2 + 15x + 7 \;\; (p < 0)$

$g'(x) = \begin{cases} 3x^2 + 2ax + 15 & (x \leq 0) \\ 2px + 15 & (x > 0) \end{cases}$ 이고 $a \leq 0$이면 x축과 만나는 점이 1개이므로

$a > 0$이어야하고 $a > 0$일 때 $g'(x)$는 x축과 교점 범위가 [2, 3]임을 알 수 있다.

$(\because$ 단조 감소$)$

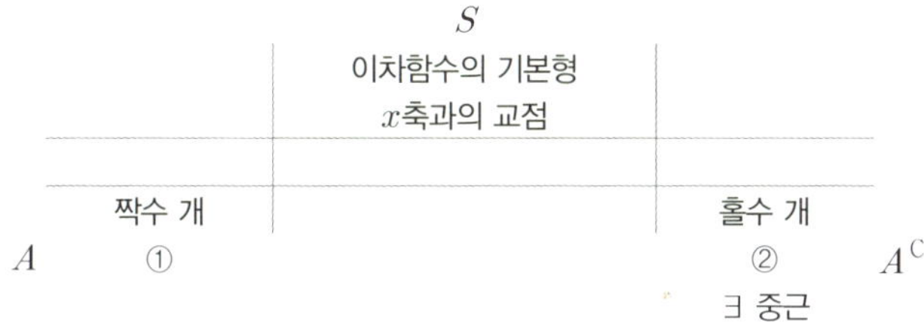

$x \leq 0$에서 $g'(x)$는 $a \neq 3\sqrt{5}$이므로 $D/4 > 0$이고 ①이어야 한다.

$\therefore g'(x)$는 x축과 교점이 3개이고, 평행이동한 함수와 두 교점이 중복된다 (= 간격 4)

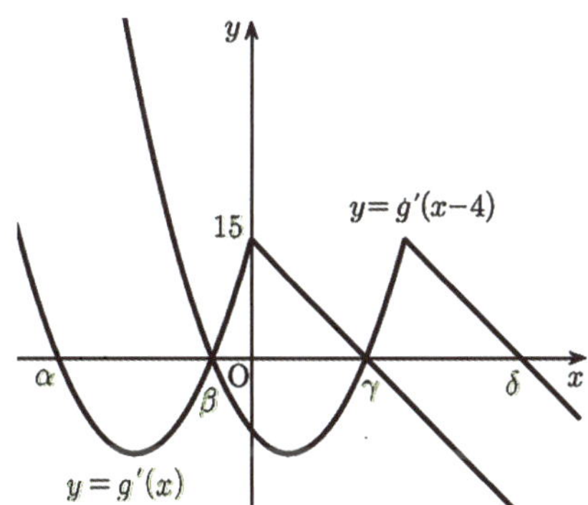

$\therefore \alpha + \beta = -\dfrac{2a}{3}, \; \alpha\beta = 5, \; \beta - \alpha = 4, \; \gamma = -\dfrac{15}{2p}$ $(\because$ 근과 계수와의 관계, 간격, x절편$)$

$\therefore g(x) = \begin{cases} x^3 + 9x^2 + 15x + 7 & (x \leq 0) \\ -\dfrac{5}{2}x^2 + 15x + 7 & (x > 0) \end{cases}$

Ans)

$g(-2) + g(2) = 5 + 27 = 32$

미분의 활용

4
Chapter

적분

Chapter 4

적분

7
Theme

부정적분과 정적분

부정적분과 정적분

부정적분과 정적분
Schema 1

부정적분

[중요도 ★★★★]

- 함수 $F(x)$의 도함수가 $f(x)$일 때, 즉 $F'(x) = f(x)$일 때
  $F(x)$를 $f(x)$의 부정적분이라고 한다.

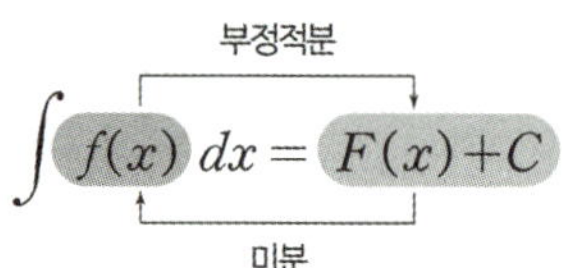

- 함수 $f(x)$의 한 부정적분을 $F(x)$라 하면 $f(x)$의 모든 부정적분을
  $F(x) + C$ (C는 상수) 로 나타낼 수 있고, 기호로 $\displaystyle\int f(x)dx$와 같이 나타낸다.

  이때 C를 적분상수라고 한다.

- $y = x^n$ (n은 0과 양의 정수) 의 부정적분은 다음과 같다.

  ① $y = x^n$ (n은 양의 정수) 이면 $\displaystyle\int x^n dx = \dfrac{1}{n+1}x^{n+1} + C$ 　　(단, C는 적분상수)

  ② $y = x^0 = 1$이면 $\displaystyle\int x^0 dx = x + C$ 　　(단, C는 적분상수)

→ 차수가 n인 다항함수 $f(x)$에 대하여 $\displaystyle\lim_{x \to \infty} \dfrac{xf'(x)}{f(x)} = n$이 성립한다.

→ 다항함수 $f(x)$의 최고차항의 차수가 n, 계수가 a이면
  $\displaystyle\int f(x)dx$의 최고차항의 계수는 $\dfrac{a}{n+1}$, 차수는 $n+1$이다.

→ 다항함수 $f(x)$에 대하여 $x = a$에 대한 0 인자 수가 n일 때

$$\lim_{x \to a} \dfrac{\displaystyle\int_a^x f(t)dt}{(x-a)f(x)} = \dfrac{1}{n+1}$$

이 성립하고

$\displaystyle\int_a^x f(t)dt$의 $x = a$에 대한 중복도는 $n+1$이다.

부정적분

- 함수의 실수배, 합, 차의 부정적분은 다음과 같다.

① $\displaystyle\int kf(x)dx = k\int f(x)dx$ (단, k는 0이 아닌 실수)

② $\displaystyle\int \{f(x)+g(x)\}dx = \int f(x)dx + \int g(x)dx$

③ $\displaystyle\int \{f(x)-g(x)\}dx = \int f(x)dx - \int g(x)dx$

예

최고차항의 계수가 1인 삼차함수 $f(x)$가 다음 조건을 만족시킨다.

> (가) 모든 실수 x에 대하여 $f(1+x)+f(1-x)=0$이다.
>
> (나) $\displaystyle\int_{-1}^{3} f'(x)dx = 12$

$f(4)$의 값은?

예

최고차항의 계수가 1이고 $f(0)=1$인 삼차함수 $f(x)$와 양의 실수 p에 대하여 함수 $g(x)$가 다음 조건을 만족시킨다.

> (가) $g'(0)=0$
>
> (나) $g(x)=\begin{cases} f(x-p)-f(-p) & (x<0) \\ f(x+p)-f(p) & (x \geq 0) \end{cases}$

$\displaystyle\int_{0}^{p} g(x)dx = 20$일 때, $f(5)$의 값을 구하시오.

부정적분과 정적분

부정적분

Sol)

조건 (가)에서 $f(1)=0$, $f(3)+f(-1)=0$이고

(나)에서 $\displaystyle\int_{-1}^{3} f'(x)dx = f(3)-f(-1)=12$이므로 모든 미지수를

결정할 수 있음을 생각할 수 있다.

$$\therefore f(x) = x(x-1)(x-2)$$

Ans)
$$\therefore f(4) = 24$$

Sol)
$$f'(-p)=f'(p)=0 \ (\because g(0)=0,\ g'(0)=0)$$

$$\therefore f'(x)=3(x+p)(x-p)=3x^2-3p^2$$

$$\rightarrow \int_0^p g(x)dx = \int_0^p \{f(x+p)-f(p)\}dx = \left[\frac{x^4}{4}+px^3\right]_0^p = \frac{5}{4}p^4 = 20$$

$$\therefore f(x)=x^3-12x+1 \ (\because p>0)$$

Ans)
$$\therefore f(5)=66$$

부정적분

부정적분

예

최고차항의 계수가 1인 사차함수 $f(x)$의 도함수 $f'(x)$에 대하여 방정식 $f'(x)=0$의
서로 다른 세 실근 $\alpha,\ 0,\ \beta(\alpha<0<\beta)$가 이 순서대로 등차수열을 이룰 때,
함수 $f(x)$는 다음 조건을 만족시킨다.

> (가) 방정식 $f(x)=9$는 서로 다른 세 실근을 가진다.
> (나) $f(\alpha)=-16$

함수 $g(x)=\mid f'(x)\mid-f'(x)$에 대하여 $\displaystyle\int_0^{10}g(x)dx$의 값은?

예

두 다항함수 $f(x)$, $g(x)$에 대하여 $f(x)$의 한 부정적분을 $F(x)$라 하고 $g(x)$의
한 부정적분을 $G(x)$라 할 때, 이 함수들은 모든 실수 x에 대하여 다음 조건을 만족시킨다.

> (가) $\displaystyle\int_1^x f(t)dt=xf(x)-2x^2-1$
> (나) $f(x)\,G(x)+F(x)g(x)=8x^3+3x^2+1$

$\displaystyle\int_1^3 g(x)dx$의 값은?

부정적분과 정적분

부정적분과 정적분
Schema 1

부정적분

Sol)

$f'(x) = 4x(x-\alpha)(x+\alpha)$ $(\because \alpha,\ 0,\ \beta(\alpha < 0 < \beta)$ 등차수열)

$\rightarrow f(0) = 9$ $(\because y = f(x)$의 그래프는 y축 대칭)

$\rightarrow f(x) = x^4 - 2\alpha^2 x^2 + 9$

$\rightarrow \alpha = -\sqrt{5}$ $(\because f(\alpha) = \alpha^4 - 2\alpha^4 + 9 = -16)$

$\therefore f'(x) = 4x(x-\sqrt{5})(x+\sqrt{5})$

$$g(x) = \begin{cases} 0 & (f'(x) \geq 0) \\ -2f'(x) & (f'(x) < 0) \end{cases}$$

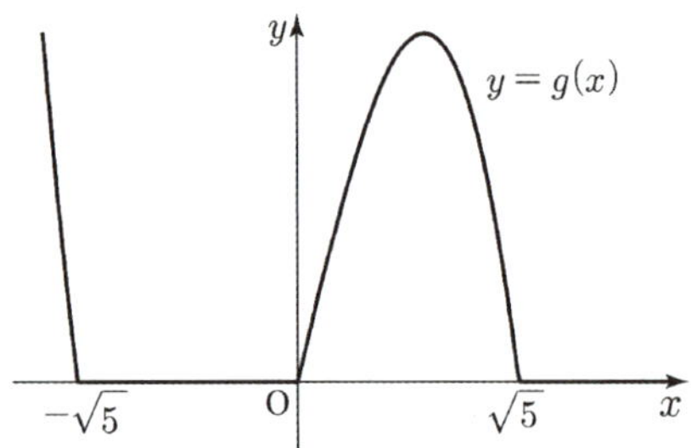

$$\therefore \int_0^{10} g(x)\,dx = -2\int_0^{\sqrt{5}} f'(x)\,dx = -2\Big[f(x)\Big]_0^{\sqrt{5}} = -2\{f(\sqrt{5}) - f(0)\} = 50$$

Ans)

$$\therefore \int_0^{10} g(x)\,dx = 50$$

부정적분

Sol)

(가)의 $\displaystyle\int_1^x f(t)dt = xf(x) - 2x^2 - 1$에서 $f(1) = 3$, $xf'(x) = 4x$이고

$f'(x)$는 다항함수이므로 모든 실수에 대하여 $f'(x) = 4$이다.

$\therefore f(x) = 4x - 1 \ (\because f(1) = 3)$

(나)의 $f(x)G(x) + F(x)g(x) = \{F(x)G(x)\}' = 8x^3 + 3x^2 + 1$이므로

$F(x)G(x) = 2x^4 + x^3 + x + C$이다.

$F(x)$, $G(x)$가 모두 다항함수이고 $F(x)$가 최고차항의 계수가 2인 이차함수이므로 $G(x)$는 최고차항의 계수가 1인 이차함수이다.

$F(x) = \displaystyle\int f(x)\,dx = 2x^2 - x + a$, $G(x) = x^2 + bx + c$라 하면

$(2x^2 - x + a)(x^2 + bx + c) = 2x^4 + x^3 + x + C$이고 우변 계수 3개가 결정되어 있고,
미지수가 3개이므로 계수를 비교하면 되겠다.

① $-1 + 2b = 1$ (3차항)
② $a - b + 2c = 0$ (2차항)
③ $ab - c = 1$ (1차항)

$a = 1$, $b = 1$, $c = 0$, $G(x) = x^2 + x$

Ans)

$\therefore \displaystyle\int_1^3 g(x)dx = G(3) - G(1) = 12 - 2 = 10$

부정적분과 정적분

부정적분과 정적분
Schema 2

정적분

아래끝과 위끝

$\displaystyle\int_a^b f(x)dx$에서

a를 아래끝, b를 위끝이라 한다.

적분 구간

정적분의 연산에서 $[a,\ b]$를 적분 구간이라 하고,

정적분 $\displaystyle\int_a^b f(x)dx$의 값을 구하는 것을 '$a$에서 b까지 적분한다'고 한다.

[중요도 ★★★★]

- $F(b)-F(a)$ 값은 간격이므로 C의 값과 무관하게 하나로 결정되고

  $f(x)$의 한 부정적분이 $F(x)$일 때 $F(b)-F(a)$를 $f(x)$의 a에서 b까지의 정적분이라 하고

  기호로 $\displaystyle\int_a^b f(x)dx$와 같이 나타낸다.

- 정적분은 다음 관점들을 전환해가며 상황에 맞게 해석할 수 있다.

  ① 하나의 상수
  ② 간격의 집합
  ③ 부호가 있는 넓이

- $F(b)-F(a)$를 간단히 $\left[\,F(x)\,\right]_a^b = F(b)-F(a)$라고 나타낸다.

[정적분의 연산]

① 닫힌구간 $[a,\ b]$에서 연속인 함수 $f(x)$의 한 부정적분을 $F(x)$라 할 때

$$\int_a^b f(x)dx = \left[\,F(x)\,\right]_a^b = F(b)-F(a)$$

② $a=b$일 때, $\displaystyle\int_a^a f(x)dx = 0$

③ $a>b$일 때, $\displaystyle\int_a^b f(x)dx = -\int_b^a f(x)dx$

[정적분의 성질]

① $\displaystyle\int_a^b kf(x)dx = k\int_a^b f(x)dx$

(단, k는 상수이다.)

② $\displaystyle\int_a^b \{f(x)+g(x)\}dx = \int_a^b f(x)dx + \int_a^b g(x)dx$

③ $\displaystyle\int_a^b \{f(x)-g(x)\}dx = \int_a^b f(x)dx - \int_a^b g(x)dx$

④ $\displaystyle\int_a^c f(x)dx + \int_c^b f(x)dx = \int_a^b f(x)dx$

- $\displaystyle\int_a^b |f(x)|dx$ 와 같이 절댓값 포함된 정적분의 값은

  절댓값 기호 안의 식을 0으로 하는 x의 값을 경계로 적분 구간을 나누어 계산한다.

+) $\displaystyle\int |x|dx = \frac{1}{2}x|x|+C$

정적분

예

최고차항의 계수가 정수인 삼차함수 $f(x)$에 대하여 $f(1)=1$, $f'(1)=0$이다. 함수 $g(x)$를

$$g(x)=f(x)+|f(x)-1|$$

이라 할 때, 함수 $g(x)$가 다음 조건을 만족시키도록 하는 함수 $f(x)$의 개수를 구하시오.

(가) 두 함수 $y=f(x)$, $y=g(x)$의 그래프의 모든 교점의 x좌표의 합은 3이다.

(나) 모든 자연수 n에 대하여 $n < \displaystyle\int_0^n g(x)\,dx < n+16$이다.

예

실수 전체의 집합에서 미분가능한 함수 $f(x)$가 다음 조건을 만족시킨다.

(가) 닫힌구간 $[0,\ 1]$에서 $f(x)=x$이다.

(나) 어떤 상수 a, b에 대하여 구간 $[0,\ \infty)$에서 $f(x+1)-xf(x)=ax+b$이다.

$60 \times \displaystyle\int_1^2 f(x)\,dx$의 값은?

부정적분과 정적분

부정적분과 정적분
Schema 2

정적분

Sol)

조건 (가)에서 $f(x)=1$을 만족하는 서로 다른 실근의 합이 3이고

$x=1$을 중근으로 가지므로 다른 한 근은 2이다. $(\because f(1)=1,\ f'(1)=0)$

$\therefore f(x)=a(x-1)^2(x-2)+1$

(나)에서 $0<\displaystyle\int_0^n \{g(x)-1\}\,dx<16$이므로 $g(x)=\begin{cases} 2f(x)-1 & (f(x)\geq 1) \\ 1 & (f(x)<1) \end{cases}$ 에서

$g(x)-1=\begin{cases} 2f(x)-2 & (f(x)\geq 1) \\ 0 & (f(x)<1) \end{cases}=\begin{cases} 2a(x-1)^2(x-2) & (f(x)\geq 1) \\ 0 & (f(x)<1) \end{cases}$ 와 같이

동치 변형을 행할 수 있다.

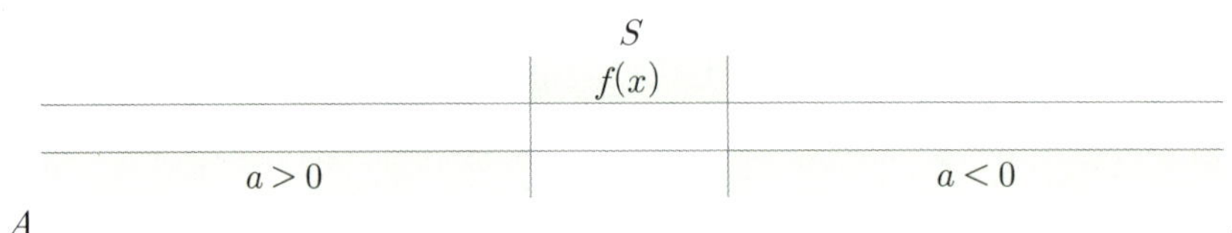

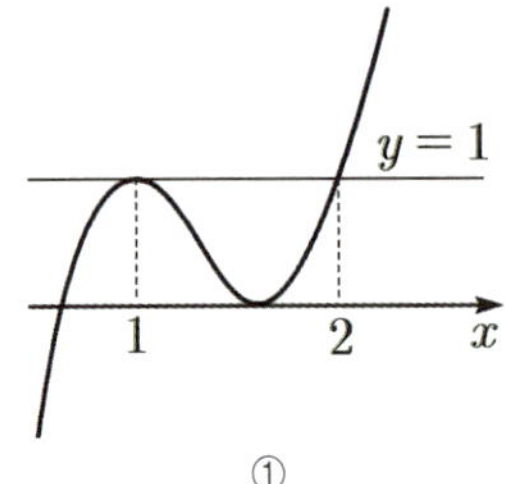

①은 $n=1$일 때 $\displaystyle\int_0^n \{g(x)-1\}\,dx=0$이므로 모순이고

②에서 $n=2$일 때 만족하면 모든 자연수에 대해 만족한다.

$$\int_0^2 \{g(x)-1\}\,dx=\int_0^2 2a(x-1)^2(x-2)\,dx=-\frac{4}{3}a$$

$\therefore -12<a<0$

Ans)

$\therefore$ 함수 $f(x)$ 의 개수는 11개다.

정적분

Sol)

$f(x+1) - xf(x) = ax + b$에 $x = 0$을 대입했을 때 $f(1) = b$이고
$[0,\ 1]$에서 $f(x) = x$이므로 $b = 1$이다.

$f(x+1) = xf(x) + ax + 1 = x^2 + ax + 1$에서 $x + 1 = t$로 치환하면
$\rightarrow f(t) = (t-1)^2 + a(t-1) + 1 = t^2 + (a-2)t + 2 - a\ (1 \leq t \leq 2)$
$\rightarrow f'(t) = 2t + (a-2)$

$\therefore a = 1\ (\because f'(1) = 1)$

$$\begin{aligned}
\int_1^2 f(x)\,dx &= \int_1^2 (x^2 - x + 1)\,dx \\
&= \left[\frac{1}{3}x^3 - \frac{1}{2}x^2 + x \right]_1^2 \\
&= \frac{8}{3} - \frac{5}{6} = \frac{11}{6}
\end{aligned}$$

Ans)

$\therefore 60 \times \int_1^2 f(x)\,dx = 60 \times \frac{11}{6} = 110$

부정적분과 정적분

부정적분과 정적분
Schema 2

정적분

양수 a에 대하여 최고차항의 계수가 1인 이차함수 $f(x)$와 최고차항의 계수가 1인 삼차함수 $g(x)$가 다음 조건을 만족시킨다.

> (가) $f(0)=g(0)$
>
> (나) $\displaystyle\lim_{x\to 0}\frac{f(x)}{x}=0,\ \lim_{x\to a}\frac{g(x)}{x-a}=0$
>
> (다) $\displaystyle\int_0^a \{g(x)-f(x)\}dx=36$

$3\displaystyle\int_0^a |f(x)-g(x)|\,dx$의 값을 구하시오.

[예]

최고차항의 계수가 1이고 $f(0)=0$인 삼차함수 $f(x)$가 다음 조건을 만족시킨다.

> (가) $f(2)=f(5)$
>
> (나) 방정식 $f(x)-p=0$의 서로 다른 실근의 개수가 2가 되게 하는 실수 p의 최댓값은 $f(2)$이다.

$\displaystyle\int_0^2 f(x)dx$의 값을 구하시오.

정적분

예

$t \geq 6 - 3\sqrt{2}$ 인 실수 t에 대하여 실수 전체의 집합에서 정의된 함수 $f(x)$가

$$f(x) = \begin{cases} 3x^2 + tx & (x < 0) \\ -3x^2 + tx & (x \geq 0) \end{cases}$$ 일 때, 다음 조건을 만족시키는 실수 k의 최솟값을 $g(t)$라 하자.

(가) 닫힌구간 $[k-1,\, k]$에서 함수 $f(x)$는 $x = k$에서 최댓값을 갖는다.

(나) 닫힌구간 $[k,\, k+1]$에서 함수 $f(x)$는 $x = k+1$에서 최솟값을 갖는다.

$3\displaystyle\int_2^4 \{6g(t) - 3\}^2\, dt\, dx$의 값을 구하시오.

부정적분과 정적분

부정적분과 정적분
Schema 2

정적분

Sol)

(가), (나)에서 $f(0)=0,\ f'(0)=0,\ g(0)=0,\ g(a)=0,\ g'(a)=0$

$\therefore f(x)=x^2,\ g(x)=x(x-a)^2$

$$\therefore \int_0^a \{g(x)-f(x)\}dx = \int_0^a \{x^3-(2a+1)x^2+a^2x\}dx$$
$$= \left[\frac{1}{4}x^4 - \frac{2a+1}{3}x^3 + \frac{a^2}{2}x^2\right]_0^a$$
$$= \frac{1}{12}a^4 - \frac{1}{3}a^3 = 36$$

$\therefore (a-6)(a^3+2a^2+12a+72)=0$

$\therefore a=6\ (\because a>0)$

$$\therefore \int_0^6 |f(x)-g(x)|\,dx = \int_0^4 \{g(x)-f(x)\}dx + \int_4^6 \{f(x)-g(x)\}dx$$
$$= \left[\frac{1}{4}x^4 - \frac{13}{3}x^3 + 18x^2\right]_0^4 + \left[-\frac{1}{4}x^4 + \frac{13}{3}x^3 - 18x^2\right]_4^6$$
$$= \frac{340}{3}$$

Ans)

$$\therefore 3\int_0^a |f(x)-g(x)|\,dx = 340$$

Sol)

(가), (나)에서 $f(x)-p=(x-2)^2(x-5)$

$\therefore p=20\ (\because f(0)=0)$

$$\therefore \int_0^2 f(x)\,dx = \int_0^2 (x^3-9x^2+24x)\,dx$$
$$= \left[\frac{1}{4}x^4 - 3x^3 + 12x^2\right]_0^2 = 28$$

Ans)

$$\therefore \int_0^2 f(x)\,dx = 28$$

Sol)

$f(x)$의 그래프는 원점에 대하여 대칭이고, $x < 0$일 때, $f'(x) = 6x + t$, $x > 0$일 때,

$f'(x) = -6x + t$이므로 함수 $f(x)$는 $x = -\dfrac{t}{6}$에서 극소, $x = \dfrac{t}{6}$에서 극대이다.

$f_1(x) = 3x^2 + tx$, $f_2(x) = -3x^2 + tx$라 하면 그래프 양상은 둘 중 하나이다.

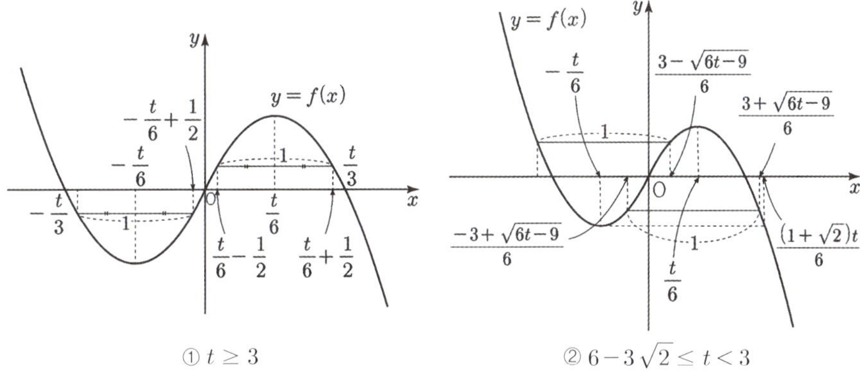

① $t \geq 3$ 　　　　　　　　　　　　　② $6 - 3\sqrt{2} \leq t < 3$

① $t \geq 3$

$f_1(x)$ 그래프 내에서 최대 함수를 관찰했을 때 $f_1(k-1) = f_1(k)$를 만족시키는 k의 값은

$k = -\dfrac{t}{6} + \dfrac{1}{2}$이고 $f_2(x)$ 내에서 $f_2(k-1) = f_2(k)$를 만족시키는 k의 값은 $k = \dfrac{t}{6} + \dfrac{1}{2}$이므로

(가)를 만족시키는 k의 값의 범위는 $-\dfrac{t}{6} + \dfrac{1}{2} \leq k \leq \dfrac{t}{6}$이고 최소 함수를 관찰했을 때

(나)를 만족시키는 $k+1$의 값의 범위는 $k+1 \leq -\dfrac{t}{6}$　또는 $k+1 \geq \dfrac{t}{6} + \dfrac{1}{2}$이다.

$\therefore g(t) = \dfrac{t}{6} - \dfrac{1}{2} = \dfrac{t-3}{6}$ (by $\dfrac{t}{6} - \dfrac{1}{2} \leq k \leq \dfrac{t}{6}$)

② $6 - 3\sqrt{2} \leq t < 3$

$t \geq 3$일 때와 동일하게 관찰하면 (가)를 만족시키는 k의 값의 범위는 $\dfrac{3 - \sqrt{6t-9}}{6} \leq k \leq \dfrac{t}{6}$,

(나)를 만족시키는 $k+1$의 값의 범위는 $k+1 \leq -\dfrac{t}{6}$ 또는 $k+1 \geq \dfrac{3 + \sqrt{6t-9}}{6}$이다.

$\therefore g(t) = \dfrac{3 - \sqrt{6t-9}}{6}$ (by $\dfrac{3 - \sqrt{6t-9}}{6} \leq k \leq \dfrac{t}{6}$)

Ans)

$\therefore 3\displaystyle\int_2^4 \{6g(t) - 3\}^2 dt = 3\int_2^3 \left(6 \times \dfrac{3 - \sqrt{6t-9}}{6} - 3\right)^2 dt = 18 + 19 = 37$

부정적분과 정적분

부정적분과 정적분
Schema 3

미적분의 기본 정리

[중요도 ★★★★]

- 미분과 적분은 서로 역연산 관계에 있으며
  일반적으로 적분과 미분 사이에는 다음과 같은 관계가 성립한다.

[적분과 미분의 관계]

함수 $f(t)$가 닫힌구간 $[a,\ b]$에서 연속일 때, $\dfrac{d}{dx}\displaystyle\int_a^x f(t)\,dt = f(x)$ (단, $a < x < b$)

- 미적분의 기본 정리(FTC)는 평균값 정리와 함께
  미적분의 근간이 되는 정리 중 하나로 다음과 같이 활용할 수 있다.

[미적분의 제1 기본 정리]

함수 $f(x)$가 $[a,\ b]$에서 연속이고 $g(x)=\displaystyle\int_a^x f(t)\,dt$일 때

$$\frac{d}{dx}\int_a^x f(t)\,dt = \lim_{h\to 0}\frac{1}{h}\int_x^{x+h} f(t)\,dt = f(x)$$ 이므로 $g'(x)=f(x)$가 성립한다.

즉, $f(x)$의 정적분을 이용해 정의한 함수 $g(x)$가
<u>$f(x)$의 부정적분들 중 하나</u>라는 것을 의미한다.

[활용]

미분하여 $f(x)$가 되는 함수는 <u>$F(x)+C$꼴이 유일</u>
⇒ 원함수와 도함수의 관계 파악

- **[미적분의 제2 기본 정리]**

  함수 $f(x)$가 $[a,\ b]$에서 연속이고 $F(x)$가 $f(x)$의 임의의 부정적분일 때

  $$\int_a^b f(t)\,dt = F(b) - F(a)$$ 가 성립한다.

  즉, 미분의 역연산으로 부정적분(역도함수)과 정적분의 관계를
  해당 정리로 파악할 수 있다.

[제 2 기본 정리의 활용]

$$\int_a^b f'(t)\,dt = f(b) - f(a)$$

⇒ 원함수의 <u>간격</u>은 도함수의 정적분
⇒ 도함수의 <u>간격</u>은 이계도함수의 정적분
⇒ 간격과 면적의 관계

예

최고차항의 계수가 1이고 $f'(0)=0$인 사차함수 $f(x)$가 있다. 실수 전체의 집합에서 정의된 함수 $g(t)$가 다음 조건을 만족시킨다.

(가) 방정식 $f(x)=t$의 실근이 존재하지 않을 때, $g(t)=0$이다.

(나) 방정식 $f(x)=t$의 실근이 존재할 때, $g(t)$는 $f(x)=t$의 실근의 최댓값이다.

함수 $g(t)$가 $t=k$, $t=30$에서 불연속이고

$$\lim_{t \to k+} g(t) = -2, \quad \lim_{t \to 30+} g(t) = 1$$

일 때, 실수 k의 값을 구하시오. (단, $k < 30$)

부정적분과 정적분

부정적분과 정적분
Schema 3

미적분의 기본 정리

Sol)

함수 $g(t)$가 $t=k$, $t=30$에서 불연속이므로 $f(x)$의 극점의 개수는 3개로 결정되고
왼쪽 극솟값이 오른쪽 극솟값보다 작은 형태로 결정된다.

$\lim\limits_{t \to k+} g(t) = -2$, $\lim\limits_{t \to 30+} g(t) = 1$에 의해 기준 접선은 $y=30$, $y=k$임을 알 수 있다.

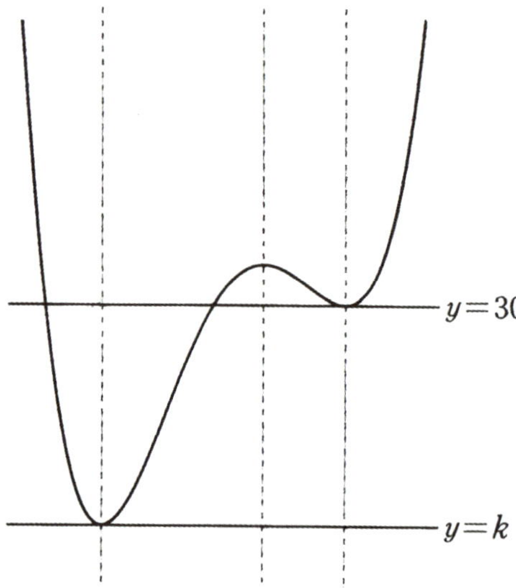

$\therefore f'(x) = 4x(x+2)(x-1)$

$$
\begin{aligned}
\therefore k &= f(-2) \\
&= f(1) - \int_{-2}^{1} f'(x)\,dx \\
&= 30 - \int_{-2}^{1} 4x(x+2)(x-1)\,dx \\
&= 21
\end{aligned}
$$

Ans)

$\therefore k = 21$

예

함수 $f(x) = \begin{cases} -3x^2 & (x < 1) \\ 2(x-3) & (x \geq 1) \end{cases}$ 에 대하여 함수 $g(x)$ 를

$$g(x) = \int_0^x (t-1)f(t)dt$$

라 할 때, 실수 t 에 대하여 직선 $y = t$ 와 곡선 $y = g(x)$ 가 만나는 서로 다른 점의 개수를 $h(t)$ 라 하자.

$$\left| \lim_{t \to a+} h(t) - \lim_{t \to a-} h(t) \right| = 2$$

를 만족시키는 모든 실수 a 에 대하여 $|a|$ 의 값의 합을 S 라 할 때, $30S$ 의 값을 구하시오.

예

최고차항의 계수가 1 인 삼차함수 $f(x)$ 가 모든 정수 k 에 대하여

$$2k - 8 \leq \frac{f(k+2) - f(k)}{2} \leq 4k^2 + 14k$$

를 만족시킬 때, $f'(3)$ 의 값을 구하시오.

부정적분과 정적분

부정적분과 정적분
Schema 3

미적분의 기본 정리

Sol)

$g(x)$에 0을 대입하면 $g(0)=0$, $g(x)$를 미분하면

$$g'(x)=\begin{cases} -3x^3+3x^2 & (x<1) \\ 2x^2-8x+6 & (x\geq 1) \end{cases}$$ 이고 $g'(1)=0$이므로

함수 $g(x)$는 $x=1$에서 연속이다.

$$g(x)=\begin{cases} -\dfrac{3}{4}x^4+x^3 & (x<1) \\ \dfrac{2}{3}x^3-4x^2+6x-\dfrac{29}{12} & (x\geq 1) \end{cases} \quad (\because g(0)=0)$$

이때 $g(x)$는 $x=1$과 $x=3$에서 극값을 가지므로

$$g(1)=\int_0^1 (t-1)f(t)dt=\frac{1}{4},\ g(3)-g(1)=\int_1^3 (t-1)f(t)dt=-\frac{8}{3}$$ 이다.

질문하는 실수 a의 값은 극값에서 발생하므로 $\sum |a|=\triangle_y$이다.

$$\therefore\ S=\triangle_y=g(1)-g(3)=-\int_1^3 (t-1)f(t)dt=\frac{8}{3}$$

cf.

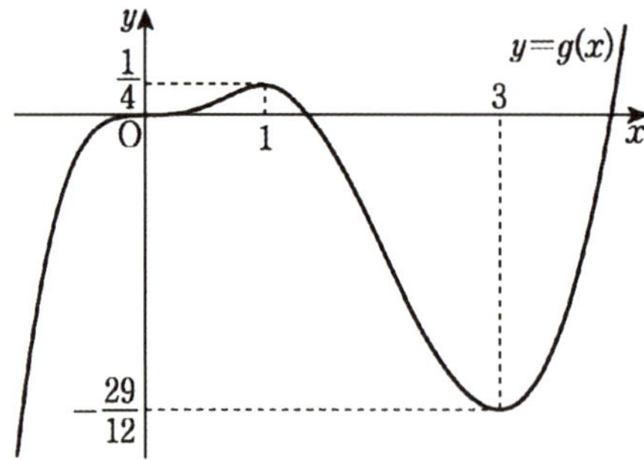

$$h(t)=\begin{cases} 1 & \left(t<-\dfrac{29}{12}\ \text{또는}\ t>\dfrac{1}{4}\right) \\ 2 & \left(t=-\dfrac{29}{12}\ \text{또는}\ t=\dfrac{1}{4}\right) \\ 3 & \left(-\dfrac{29}{12}<t<\dfrac{1}{4}\right) \end{cases}$$

Sol)

정수로 정의역이 제한되어 있고, $\dfrac{f(x+2)-f(x)}{2}$ 의 최고차항 계수는 3이므로

$$\dfrac{f(x+2)-f(x)}{2}-(2x-8)=3(x+1)(x+2) \text{이다.}$$

$$\to \dfrac{f(x+2)-f(x)}{2}=\dfrac{1}{2}\int_{x}^{x+2}f'(t)dt=\dfrac{1}{2}\times(2f'(x)+2)=f'(x)+1$$

(∵ 삼차함수 Schema)

$$\therefore f'(x)+1=3(x+1)(x+2)+(2x-8)$$

Ans)
$$\therefore f'(3)=31$$

부정적분과 정적분

부정적분과 정적분
Schema 4

기하적 해석

[중요도 ★★★★]

- 구분구적법은 선분을 쌓았을 때 넓이라는 의미를 갖고
  이는 <u>동일한 함수 내 선분을 쌓을 때</u> <u>직사각형처럼</u> 해석할 수 있다.

- 함수의 이동이 내포된 함수에 있어 구간을 적절히 변환하여 적분을 해석할 수 있다.

  $\forall_x$ 연속함수 $f(x)$, a, b 임의의 실수

  ① $\displaystyle\int_a^b f(x+m)\,dx$ $\qquad\Rightarrow\qquad$ $\displaystyle\int_{a+m}^{b+m} f(x)\,dx$

  $(\because$ 평행이동$)$

  ② $\displaystyle\int_0^a f(a-x)\,dx$ $\qquad\Rightarrow\qquad$ $\displaystyle\int_0^a f(x)\,dx$

  $(\because x=\dfrac{a}{2}$ 대칭$)$

  ③ $\displaystyle\int_a^b f(-x)\,dx$ $\qquad\Rightarrow\qquad$ $\displaystyle\int_{-b}^{-a} f(x)\,dx$

  $(\because y$축 대칭$)$

- 평균과 차이 관점에서 함수의 대칭성을 해석할 수 있다.

  $\forall_x$ 연속함수 $f(x)$, a, b 임의의 실수

  ① $f(a-x)=f(b+x)$ (정의역 평균 상수) $\qquad\Rightarrow\quad$ 평균 기준 대칭성 $at\ x$
  ② $f(a-2x)=f(-2x)$ (정의역 차가 상수) $\qquad\Rightarrow\quad$ 차이 기준 주기성
  ③ $f(a-2x)+f(-2x)=k$ (함숫값 평균 상수) $\Rightarrow$ 평균 기준 대칭성 $at\ x, y$

- 주기성이 내포된 함수에 있어 다음을 판단할 수 있다.

  $\forall_x$, 연속함수 $f(x)$, $f(x)=f(x+p)$, a, b 임의의 실수, 정수 n

  ① $\displaystyle\int_0^{np} f(x)\,dx$ $\qquad\Rightarrow\qquad$ $n\displaystyle\int_0^p f(x)\,dx$

  ② $\displaystyle\int_a^b f(x-np)\,dx$ $\qquad\Rightarrow\qquad$ $\displaystyle\int_a^b f(x)\,dx$

  ③ $\displaystyle\int_{a+np}^{b+np} f(x)\,dx$ $\qquad\Rightarrow\qquad$ $\displaystyle\int_a^b f(x)\,dx$

  ④ $\displaystyle\int_b^{b+np} f(x)\,dx$ $\qquad\Rightarrow\qquad$ $\displaystyle\int_a^{a+np} f(x)\,dx$

기하적 해석

- 2차원 주기함수 $f(x+a) = f(x) + b$에 대해
  미분과 적분을 통해 적절히 기하적 해석을 행할 수 있다.

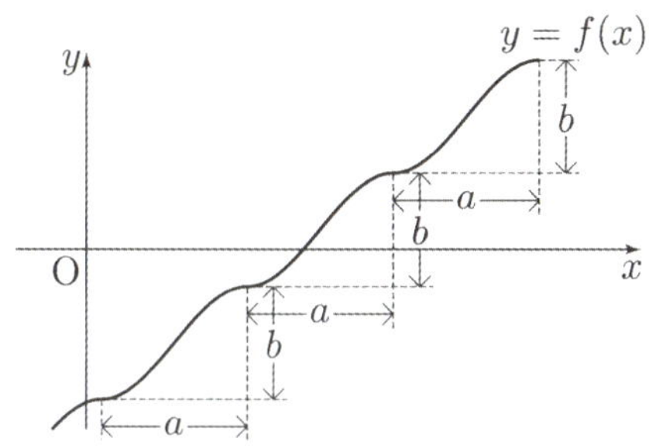

$\forall_x$ 연속함수 $f(x)$, a, b 임의의 실수

$$\int_x^{x+a} f(t)\, dt = bx + C$$
$(\because$ 1차함수 → 등차수열$)$

$up \quad \uparrow$
$$f(x+a) = f(x) + b$$
$down \downarrow$
$$f'(x+a) = f'(x)$$
$(\because$ 1차원 주기함수$)$

- 변형된 2차원 주기함수 $f(x+a) = -f(x) + b$의 경우,
  대수 해석과 기하적 해석을 적절히 전환해가며 생각할 수 있다.

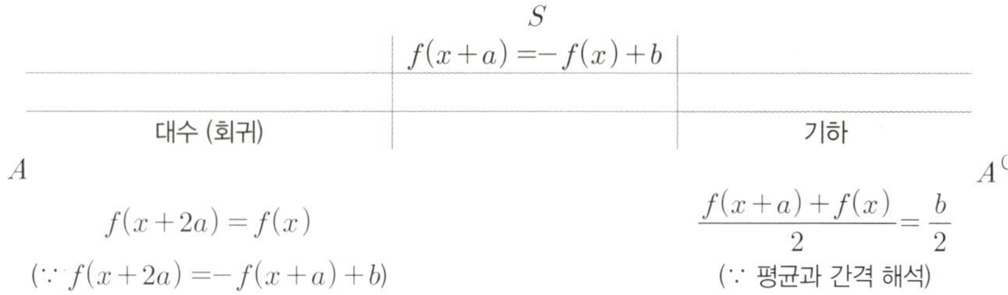

	S	
	$f(x+a) = -f(x) + b$	
대수 (회귀)		기하
A		A^{C}
$f(x+2a) = f(x)$		$\dfrac{f(x+a) + f(x)}{2} = \dfrac{b}{2}$
$(\because f(x+2a) = -f(x+a) + b)$		$(\because$ 평균과 간격 해석$)$

- 관계식과 주기를 활용해 적절히 단위 구간으로 정보를 몰아서 해석해나가는 자료가
  종종 출제된다.

부정적분과 정적분

부정적분과 정적분
Schema 4

기하적 해석

- 대칭성이 내포된 함수에 있어 부분의 적분을 통해 전체를 판단할 수 있다.

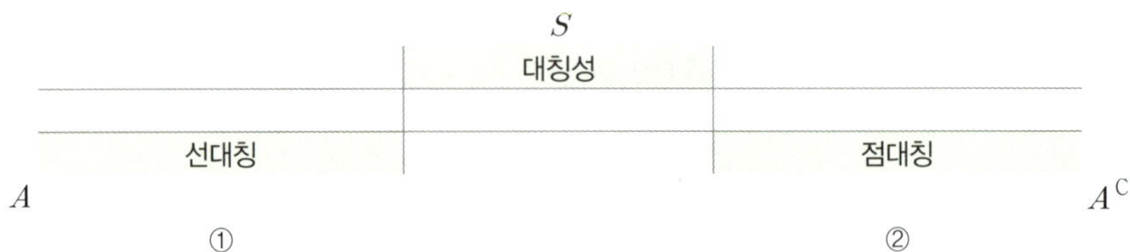

$\forall_x$ 연속함수 $f(x)$, $f(x) = f(x+p)$, 임의의 실수 a, 간격 Δ

① $\quad f(-x) = f(x) \qquad\qquad \Rightarrow \quad \displaystyle\int_{-a}^{a} f(x)\,dx = 2\int_{0}^{a} f(x)\,dx$

예 $f(x) = x^4 + x^2 + 1$

$$\int_{a-\Delta}^{a+\Delta} f(x)\,dx = 2\int_{a}^{a+\Delta} f(x)\,dx$$

($f(x)$가 $x = a$ 선대칭)

② $\quad f(-x) = -f(x) \qquad\qquad \Rightarrow \quad \displaystyle\int_{-a}^{a} f(x)\,dx = 0$

예 $f(x) = x^3 + x$

$$\int_{a-\Delta}^{a+\Delta} f(x)\,dx = 2b\Delta$$

($f(x)$가 $(a,\ b)$ 점대칭)

- 점대칭 함수에서 변곡점을 기준으로 좌우 같은 간격만큼을 적분하면 다음이 성립한다.

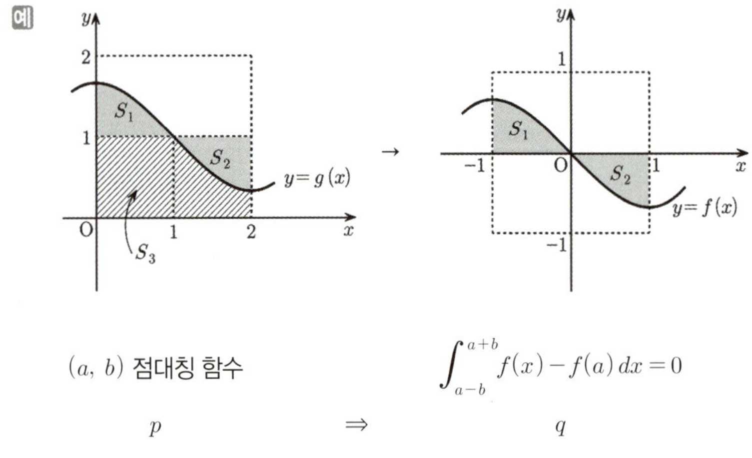

$(a,\ b)$ 점대칭 함수 $\qquad\qquad \displaystyle\int_{a-b}^{a+b} f(x) - f(a)\,dx = 0$

$p \qquad\qquad \Rightarrow \qquad\qquad q$

($\because (0,\ 0)$에서 점대칭인 함수 $\displaystyle\int_{-b}^{b} f(x)\,dx = 0$를 평행이동)

이는 필요충분조건으로 역명제도 성립한다.

기하적 해석

- 삼차함수는 변곡점 대칭의 성질을 가지므로 적절히 차수를 낮춰 정적분을 해석할 수 있다.

[원명제]

$$(a,\ b)\ \text{변곡점} \qquad\qquad \int_{a-b}^{a+b} f(x)-f(a)\,dx = 0$$

$$p \qquad\qquad \Rightarrow \qquad\qquad q$$

[역명제]

$$\int_{a-b}^{a+b} f(x)-f(a)\,dx = 0 \qquad\qquad (a,\ b)\ \text{변곡점}$$

$$q \qquad\qquad \Rightarrow \qquad\qquad p$$

예

$$\int_0^2 x(x-2)(x-5)\,dx \Rightarrow \quad = \int_0^2 \{x(x-1)(x-2) - 4x(x-2)\}\,dx$$

$$= -4\int_0^2 x(x-2)\,dx$$

$$= (-4)\times\frac{1}{6}\times 2^3 = -\frac{16}{3} \qquad\qquad \left(\because S = \frac{|a|}{6}\Delta^3\right)$$

- 이를 일반화하면 $(a,\ b)$ 점대칭 함수 $f(x)$와 $x=a$ 선대칭 함수 $g(x)$ 간 곱함수의 정적분에서 $\displaystyle\int_{a-\Delta}^{a+\Delta} f(x)g(x)\,dx = b\int_{a-\Delta}^{a+\Delta} g(x)\,dx$ 이다.

- 최고차항의 계수가 k인 삼차함수 $f(x)$에 대하여 등간격 구간의 부분 넓이는

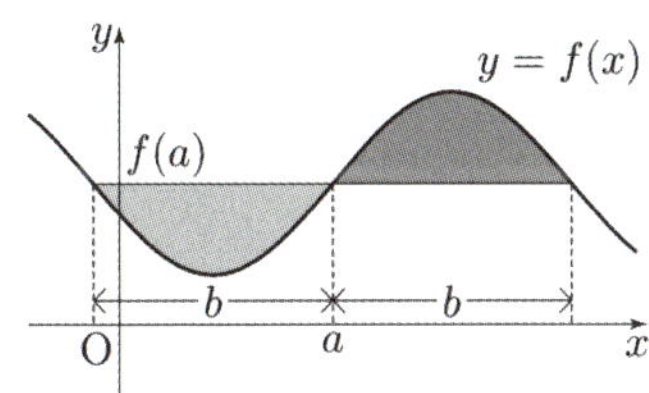

$$S = \int_a^{a+b} f(x)-f(a)\,dx = \frac{|k|}{4}b^4 \text{이다.}$$

$(\because pf\ by\ \text{미적분의 기본 정리})$

부정적분과 정적분

부정적분과 정적분
Schema 4

기하적 해석

- 우함수와 기함수의 곱연산와 합성 결과는 대칭성이 유효하게 나타나고
  이는 우함수 x^2, 기함수 x로 양상을 끌어내도 일반성을 잃지 않는다.

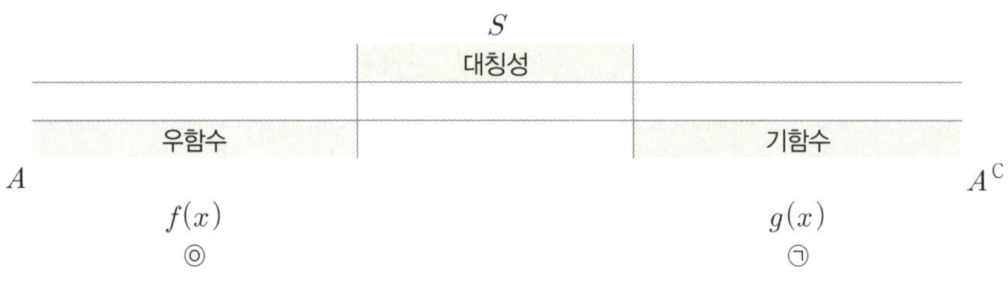

$$S$$

	대칭성	
우함수		기함수

A $f(x)$ $g(x)$ A^{C}
            ◎   ㉠

① $f(x) \times f(x)$ $\Rightarrow$ ◎

   $f(x) \times g(x)$ $\Rightarrow$ ㉠

   $g(x) \times g(x)$ $\Rightarrow$ ◎

     $\therefore \ \forall$ 동일 ◎, 그 외 ㉠

② $f(x) \circ f(x)$ $\Rightarrow$ ◎

   $f(x) \circ g(x)$ $\Rightarrow$ ◎

   $g(x) \circ f(x)$ $\Rightarrow$ ◎

   $g(x) \circ g(x)$ $\Rightarrow$ ㉠

     $\therefore$

$$S$$

	대칭함수의 합성	
$\forall\, g(x)$		$\exists_{1}\, f(x)$

A ㉡   ◎ A^{C}

- 부정적분이나 정적분에서 적절히 △의 변화를 관찰할 수 있다.

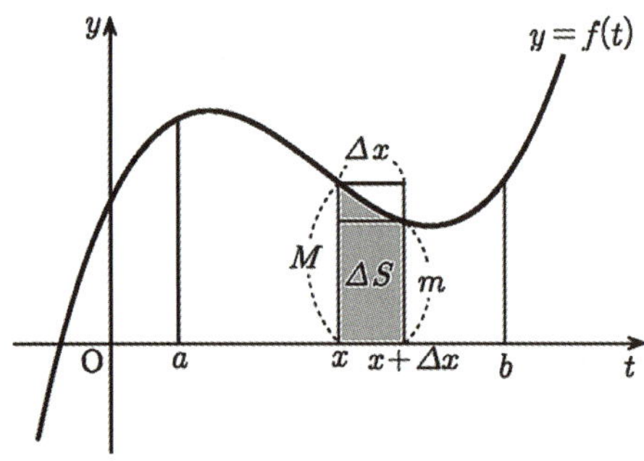

기하적 해석

예

최고차항의 계수가 양수인 이차함수 $f(x)$ 가 다음 조건을 만족시킨다.

> (가) 모든 실수 t에 대하여 $\displaystyle\int_0^t f(x)dx = \int_{2a-t}^{2a} f(x)dx$ 이다.
>
> (나) $\displaystyle\int_a^2 f(x)dx = 2,\ \int_a^2 |f(x)|dx = \frac{22}{9}$

$f(k)=0$ 이고 $k<a$ 인 실수 k에 대하여 $\displaystyle\int_k^2 f(x)dx = \frac{q}{p}$ 이다.

$p+q$의 값을 구하시오.

(단, a는 상수이고, p와 q는 서로소인 자연수이다.)

부정적분과 정적분

기하적 해석

Sol)

$$\int_0^t f(x)\,dx = \int_{2a-t}^{2a} f(x)\,dx \text{ 이므로}$$

함수 $y = f(x)$ 의 그래프는 $x = a$ 에 대해 대칭이다.

(나)에서 $0 < \displaystyle\int_a^2 f(x)\,dx < \int_a^2 |f(x)|\,dx$ 이므로 $a < 2$ 이고

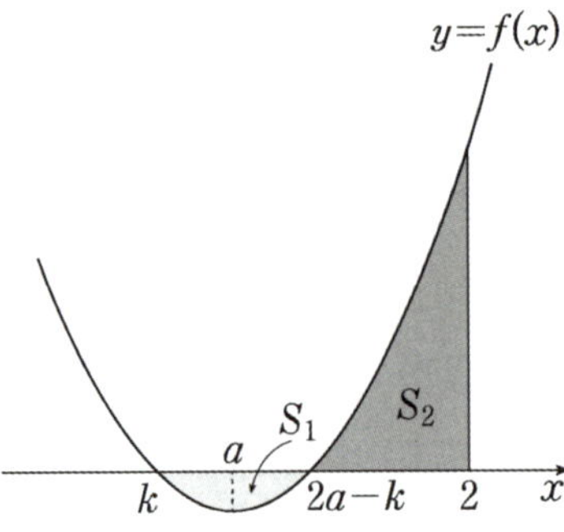

$$① \int_a^2 f(x)\,dx = -\frac{S_1}{2} + S_2 = 2$$

$$② \int_a^2 |f(x)|\,dx = \frac{S_1}{2} + S_2 = \frac{22}{9}$$

$$\therefore S_1 = \frac{4}{9},\ S_2 = \frac{20}{9}$$

$$\therefore \int_k^2 f(x)\,dx = -S_1 + S_2 = \frac{16}{9}$$

Ans)

$$\therefore p + q = 25$$

예

다항함수 $f(x)$ 가 다음 조건을 만족시킨다.

(가) $\lim\limits_{x \to \infty} \dfrac{f(x)}{x^4} = 1$

(나) $f(1) = f'(1) = 1$

$-1 \leq n \leq 4$ 인 정수 n에 대하여 함수 $g(x)$를

$$g(x) = f(x-n) + n \, (n \leq x < n+1)$$

이라 하자. 함수 $g(x)$ 가 열린구간 $(-1, 5)$ 에서 미분가능할 때, $\displaystyle\int_0^4 g(x)\,dx = \dfrac{q}{p}$ 이다. $p+q$의 값은?

(단, p, q는 서로소인 자연수이다.)

부정적분과 정적분

부정적분과 정적분
Schema 4

기하적 해석

Sol)

(가)에서 $f(x) = x^4 + \sim$ 이고 $(-1, 5)$에서 미분가능하려면 $[0, 1]$에서 동일 n 간격만큼 평행이동한 그래프들이 미분가능하게 이어져야하므로 $f(1) = f'(1) = 1$ 이고

$[0, 1]$에서 $f(x) - x = x^2(x-1)^2$의 조각이 $[0, 1]$ 이외의 영역에서도 동일하게 나타나는 것을 파악할 수 있다.

$$\therefore \int_0^4 g(x)dx \quad = 4 \times \int_0^1 g(x)dx + 8 \; (\because [0, 4] \text{ 직각이등변삼각형})$$

$$= 4 \times \int_0^1 x^2(x-2)^2 dx + 8$$

$$= \frac{122}{15}$$

Ans)

$\therefore p + q = 137$

기하적 해석

예

구간 $[0, 8]$에서 정의된 함수 $f(x)$는

$$f(x) = \begin{cases} -x(x-4) & (0 \le x < 4) \\ x-4 & (4 \le x \le 8) \end{cases}$$

이다. 실수 $a(0 \le a \le 4)$에 대하여 $\displaystyle\int_a^{a+4} f(x)dx$의 최솟값은 $\dfrac{q}{p}$이다. $p+q$의 값은?

(단, p와 q는 서로소인 자연수이다.)

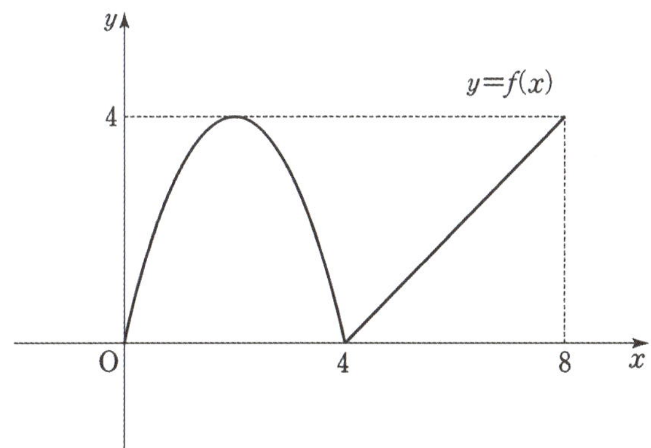

예

함수 $f(x)$가 다음 조건을 만족시킨다.

> (가) $0 \le x \le 1$에서 $f(x) = x^2 + 1$이다.
> (나) 모든 실수 x에 대하여 $f(-x) = f(x)$이다.
> (다) 모든 실수 x에 대하여 $f(1-x) = f(1+x)$이다.

수열 $\{a_n\}$에 대하여

$$a_1 + 2a_2 + 3a_3 + \cdots + na_n = \int_{-n}^{n} f(x)dx \quad (n = 1, 2, 3, \cdots)$$

일 때, $a_7 = \dfrac{q}{p}$이다. $p+q$의 값을 구하시오.

(단, p, q는 서로소인 자연수이다.)

Sol)

$0 \leq a \leq 4$에서 $g(a) = \displaystyle\int_a^{a+4} f(x)\,dx$이고 $g'(a) = f(a+4) - f(a)$이다.

최솟값을 구하는 상황이므로 $g'(a) = f(a+4) - f(a) = 0$인 지점을 찾으면
$a = 3$이고 $g(a)$는 $a = 3$에서 최솟값을 갖는다.

$$\therefore \int_3^7 f(x)dx = \int_0^4 f(x)dx - \int_0^3 \{f(x) - x\}\,dx$$
$$= \frac{(4-0)^3}{6} - \frac{(3-0)^3}{6} = \frac{37}{6}$$

Ans)
$$\therefore p + q = 43$$

Sol)

(가), (나)에서 함수 $y = f(x)$의 그래프는 y축과 직선 $x = 1$에 대하여 대칭이고
주기가 2인 함수임을 알 수 있다.

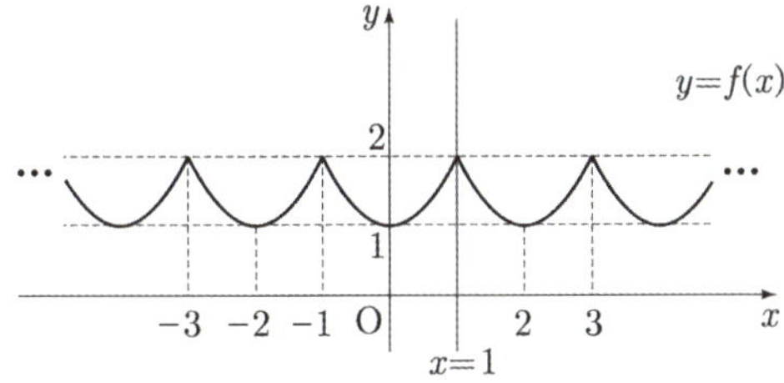

$$\therefore \int_{-n}^{n} f(x)\,dx = n \times \int_{-1}^{1} (x^2 + 1)\,dx = 2n \times \int_{0}^{1} (x^2 + 1)\,dx$$

$$= 2n \times \left[\frac{x^3}{3} + x \right]_{0}^{1} = \frac{8}{3}n$$

$$\therefore na_n = \sum_{k=1}^{n} ka_k - \sum_{k=1}^{n-1} ka_k = \frac{8}{3}$$

$$\therefore a_7 = \frac{1}{7} \times \frac{8}{3} = \frac{8}{21}$$

Ans)

$$\therefore p + q = 29$$

부정적분과 정적분
Schema 5

극대와 극소

[중요도 ★★★]

- 적분 함수 $F(x) = \int_0^x f(t)dt$는 미분가능이 전제되어 있어 적분 함수에서

  1) $f(a) = 0$
  2) $f(a-) > 0$
  3) $f(a+) < 0$

을 동시에 만족하면 $F(x)$는 $x = a$에서 극대이고

  1) $f(b) = 0$
  2) $f(b-) < 0$
  3) $f(b+) > 0$

을 동시에 만족하면 $F(x)$는 $x = b$에서 극소이다.

- 적분 함수 $F(x)$에서 $x = \alpha$에서 극댓값 M이 존재한다 조건은
  다음과 같이 해석할 수 있다.

  1) $F(\alpha) = M$ 2) $f(\alpha) = 0$ 3) $f(\alpha-) > 0$ 4) $f(\alpha+) < 0$

- 적분 함수를 미분해서 극대 극소를 관찰할 수도 있으나 $\int_a^x l(t) = S(x)$이므로
  간격의 관점에서 변화를 관찰하여 극대와 극소를 판단할 수 있다.

S

	적분 함수의 극대 · 극소	
도함수의 부호 변화	$\longleftrightarrow$	원함수의 Δ 변화
A		A^{C}

극대와 극소

예

양수 a 와 일차함수 $f(x)$ 에 대하여 실수 전체의 집합에서 정의된 함수

$$g(x) = \int_0^x (t^2 - 4)\{|f(t)| - a\}\,dt$$

가 다음 조건을 만족시킨다.

(가) 함수 $g(x)$ 는 극값을 갖지 않는다.
(나) $g(2) = 5$

$g(0) - g(-4)$ 의 값은?

부정적분과 정적분

부정적분과 정적분
Schema 5

극대와 극소

Sol)

$g(x)$를 미분하면 $g'(x) = (x^2-4)\{\,|f(x)|-a\}$ 이고 $g(x)$가 극값을 갖지 않아야 하므로
$x=-2$와 $x=2$의 좌우에서 $g'(x)$의 부호가 변하지 않아야 하고

도함수 부호 변화를 $h(x) = |f(x)|-a$와 함께 생각했을 때
이는 $y=|f(x)|$와 $y=a$ 교점이 $x=-2$와 $x=2$이다와 동치임을 알 수 있다.

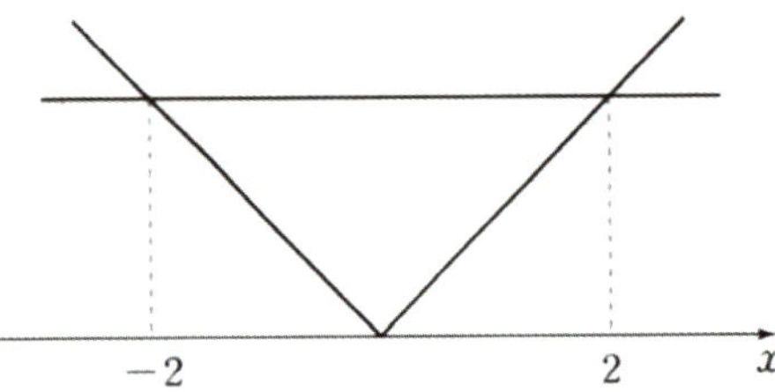

$$\therefore\ |k| = \frac{a}{2}\,,\ f(x) = kx$$

(나)에서 $g(2)$

$$\begin{aligned}
g(2) &= \int_0^2 (t^2-4)\{\,|f(t)|-a\}\,dt \\[4pt]
&= \int_0^2 (t^2-4)\left(\frac{a}{2}\,|t|-a\right)dt \\[4pt]
&= \frac{a}{2}\int_0^2 (t^2-4)(t-2)\,dt \\[4pt]
&= \frac{a}{2}\left[\frac{1}{4}t^4 - \frac{2}{3}t^3 - 2t^2 + 8t\right]_0^2 \\[4pt]
&= \frac{10}{3}a = 5
\end{aligned}$$

$$\therefore\ a = \frac{3}{2}\,,\ |k| = \frac{3}{4}$$

Ans)

$$\begin{aligned}
\therefore\ g(0)-g(-4) &= -g(-4) = -\int_0^{-4}(t^2-4)\left(\frac{3}{4}\,|t|-\frac{3}{2}\right)dt \\[4pt]
&= -\frac{3}{4}\int_0^{-4}(t^2-4)(-t-2)\,dt \\[4pt]
&= 16
\end{aligned}$$

극대와 극소

예

양수 a와 최고차항의 계수가 1인 삼차함수 $f(x)$에 대하여 함수

$$g(x) = \int_0^x \{f'(t+a) \times f'(t-a)\}dt$$

가 다음 조건을 만족시킨다.

> 함수 $g(x)$는 $x = \dfrac{1}{2}$과 $x = \dfrac{13}{2}$에서만 극값을 갖는다

$f(0) = -\dfrac{1}{2}$일 때, $a \times f(1)$의 값은?

부정적분과 정적분

부정적분과 정적분
Schema 5

극대와 극소

Sol)

$g(x)$를 미분하면 $g'(x) = f'(x+a) \times f'(x-a)$이고 $g(x)$가 $x = \dfrac{1}{2}$과 $x = \dfrac{13}{2}$에서만

극값을 가지므로 $x = \dfrac{1}{2}$와 $x = \dfrac{13}{2}$ 이외에는 $g'(x)$의 부호가 변하지 않아야 한다.

따라서 $y = f'(x+a)$, $y = f'(x-a)$의 그래프의 개형은 다음으로 결정된다.

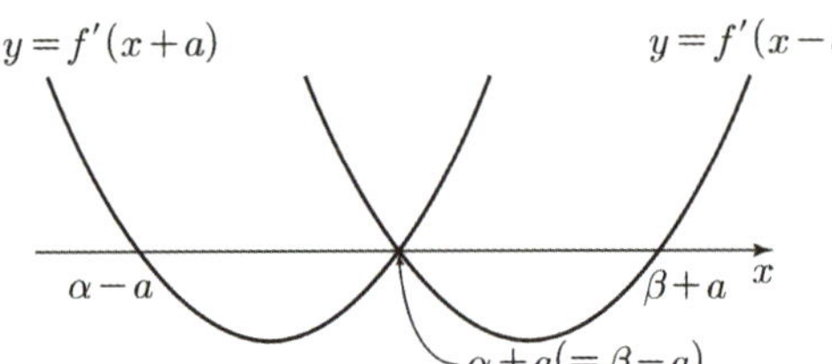

① $\alpha - a = \dfrac{1}{2}$

② $\beta + a = \dfrac{13}{2}$

③ $\alpha + a = \dfrac{7}{2}$ $(\because \text{중점})$

$$\therefore a = \frac{3}{2}, \quad f'\left(x+\frac{3}{2}\right) = 3\left(x-\frac{1}{2}\right)\left(x-\frac{7}{2}\right)$$

$$\therefore f'(x) = 3(x-2)(x-5)$$

$$f(x) = \int (3x^2 - 21x + 30)\,dx$$

$$= x^3 - \frac{21}{2}x^2 + 30x - \frac{1}{2} \quad \left(\because f(0) = -\frac{1}{2}\right)$$

$$\therefore f(1) = 20$$

Ans)

$$\therefore a \times f(1) = \frac{3}{2} \times 20 = 30$$

극대와 극소

예

실수 a와 함수 $f(x)=x^3-12x^2+45x+3$에 대하여 함수

$$g(x)=\int_a^x \{f(x)-f(t)\}\times \{f(t)\}^4 dt$$

가 오직 하나의 극값을 갖도록 하는 모든 a의 값의 합을 구하시오.

예

$x=-3$과 $x=a(a>-3)$에서 극값을 갖는 삼차함수 $f(x)$에 대하여 실수 전체의 집합에서 정의된 함수

$$g(x)=\begin{cases} f(x) & (x<-3) \\ \int_0^x |f'(t)|dt & (x\geq -3) \end{cases}$$

이 다음 조건을 만족시킨다.

(가) $g(-3)=-16$, $g(a)=-8$
(나) 함수 $g(x)$는 실수 전체의 집합에서 연속이다.
(다) 함수 $g(x)$는 극솟값을 갖는다.

$$\left| \int_a^4 \{f(x)+g(x)\}dx \right|$$ 의 값은?

부정적분과 정적분

부정적분과 정적분
Schema 5

극대와 극소

Sol)

$$g(x)=\int_a^x \{f(x)-f(t)\}\times\{f(t)\}^4 dt = f(x)\int_a^x \{f(t)\}^4 dt - \int_a^x \{f(t)\}^5 dt$$

양변을 미분하면

$$
\begin{aligned}
g'(x) &= f'(x)\int_a^x \{f(t)\}^4 dt + f(x)\times\{f(x)\}^4 - \{f(x)\}^5 \\
&= f'(x)\int_a^x \{f(t)\}^4 dt \\
&= (3x^2-24x+45)\int_a^x \{f(t)\}^4 dt \\
&= 3(x-3)(x-5)\int_a^x \{f(t)\}^4 dt
\end{aligned}
$$

극값이 오직 하나이므로 $\int_a^x \{f(t)\}^4 dt = 0$이 $x=3$ 또는 $x=5$를 반드시 근으로 가져야 한다.

Ans)

$$\therefore \sum a = 3+5 = 8$$

극대와 극소

Sol)

모든 실수 t에 대해서 $|f'(t)| \geq 0$이고, $g(a) = \displaystyle\int_0^a |f'(t)|\, dt = -8 < 0$이므로

$a < 0$, $x \geq -3$에서 $|f'(x)| \geq 0$이므로 함수 $g(x) = \displaystyle\int_0^x |f'(t)|\, dt$는 증가한다.

삼차함수 $f(x)$는 $x = -3$과 $x = a(a > -3)$에서 극값을 가지므로 $f(x)$의 최고차항의 계수가
양수이면 $x < -3$에서 $f(x)$는 증가하고, 이는 함수 $g(x)$는 극솟값을 갖는다는 조건에
모순이므로 $f(x)$의 최고차항의 계수는 음수이다.

$g(x) = \displaystyle\int_0^x |f'(t)|\, dt$는 원점을 지나는 $f(x)$의 자취를 나타내는 함수이고
$g(-3) = -16$, $g(a) = -8$, $g(0) = 0$으로 등간격 관계에 있으므로
a는 $2 : 1$ 내분 지점에 위치한다.

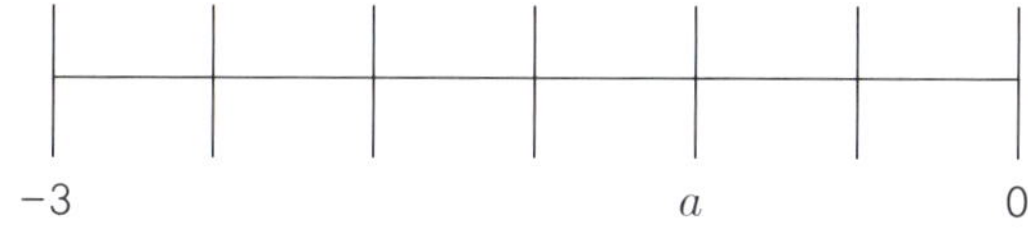

$$(\because \text{삼차함수 간격 비})$$

$\therefore a = -1$

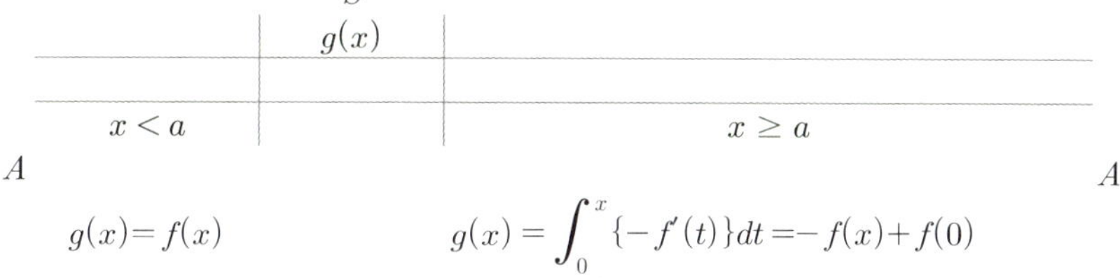

$$g(x) = \int_0^x \{-f'(t)\}\, dt = -f(x) + f(0)$$
$$= -f(x) - 16$$

$$\therefore \int_a^4 \{f(x) + g(x)\}\, dx = \int_{-1}^4 \{f(x) + (-f(x) - 16)\}\, dx$$
$$= \int_{-1}^4 (-16)\, dx = -16 \times 5 = -80$$

Ans)

$$\therefore \left| \int_a^4 \{f(x) + g(x)\}\, dx \right| = 80$$

부정적분과 정적분

부정적분과 정적분
Schema 6

최대와 최소

[중요도 ★★★]

- 적분 함수의 최대·최소로 가능한 지점은 다음과 같다.

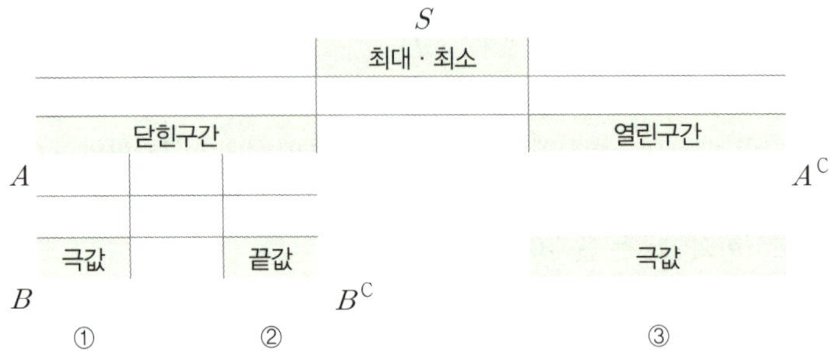

- 적분 함수 $F(x)$가 최댓값 M을 가지기 위한 조건은

① $\forall_x,\ F(x) \leq M$
② $F(x) = M$인 x 존재

- 적분 함수 $F(x)$가 최솟값 m을 가지기 위한 조건은

① $\forall_x,\ F(x) \geq m$
② $F(x) = m$인 x 존재

- 제시된 조건의 방향에 따라

① 직접 관찰 (예 적분 함수, 최대·최소 함수)
② 도함수 관찰

관점에 따라 최대·최소 해석의 유불 리가 다소 다를 수 있어
상황에 맞는 관점 전환을 행할 수 있으면 좋다.

최대와 최소

예

실수 전체의 집합에서 연속인 함수 $f(x)$가 다음 조건을 만족시킨다.

> $n-1 \le x < n$일 때, $|f(x)| = |6(x-n+1)(x-n)|$이다.
> (단, n은 자연수이다.)

열린구간 $(0, 4)$에서 정의된 함수

$$g(x) = \int_0^x f(t)\,dt - \int_x^4 f(t)\,dt$$

가 $x = 2$에서 최솟값 0을 가질 때, $\displaystyle\int_{\frac{1}{2}}^4 f(x)\,dx$의 값은?

부정적분과 정적분

부정적분과 정적분
Schema 6

최대와 최소

Sol)

열린구간 $(0, 4)$ 에서 함수 $g(x)$ 는 미분가능하고, 함수 $g(x)$ 가 $x = 2$ 에서
최솟값 0를 가지므로 $g(2) = 0$, $g'(2) = 0$ 이고

$$g(x) = \int_0^x f(t)dt - \int_x^4 f(t)dt \text{에서 } g'(x) = 2f(x) \text{이고}$$

$g(x)$ 가 $x = 2$ 에서 최솟값을 가지므로 $x = 2$ 에서 극솟값을 가져야 한다.

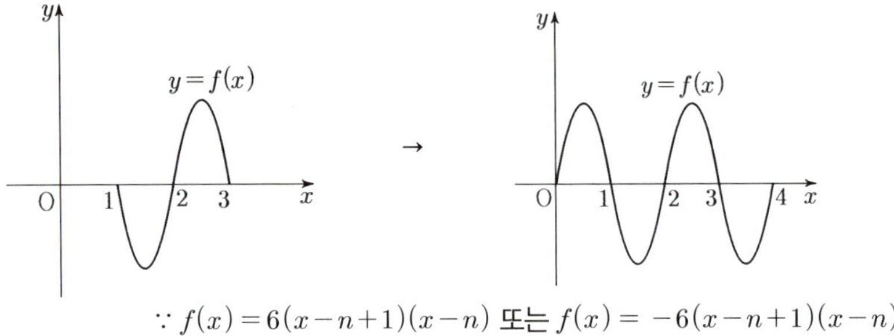

$$\therefore f(x) = 6(x-n+1)(x-n) \text{ 또는 } f(x) = -6(x-n+1)(x-n)$$

$$
\begin{aligned}
\therefore \int_{\frac{1}{2}}^{4} f(x)dx &= \int_{\frac{1}{2}}^{1} f(x)dx + \int_{1}^{2} f(x)dx + \int_{2}^{3} f(x)dx + \int_{3}^{4} f(x)dx \\
&= -\int_0^{\frac{1}{2}} f(x)dx \\
&= \int_0^{\frac{1}{2}} (6x^2 - 6x)dx \\
&= \left[2x^3 - 3x^2 \right]_0^{\frac{1}{2}}
\end{aligned}
$$

Ans)

$$\therefore \int_{\frac{1}{2}}^{4} f(x)dx = -\frac{1}{2}$$

최대와 최소

🔲 예

함수

$$f(x) = \begin{cases} 1+x & (-1 \leq x < 0) \\ 1-x & (0 \leq x \leq 1) \\ 0 & (|x| > 1) \end{cases}$$

에 대하여 함수 $g(x)$를

$$g(x) = \int_{-1}^{x} f(t)\{2x - f(t)\}dt$$

라 할 때, 함수 $g(x)$의 최솟값은?

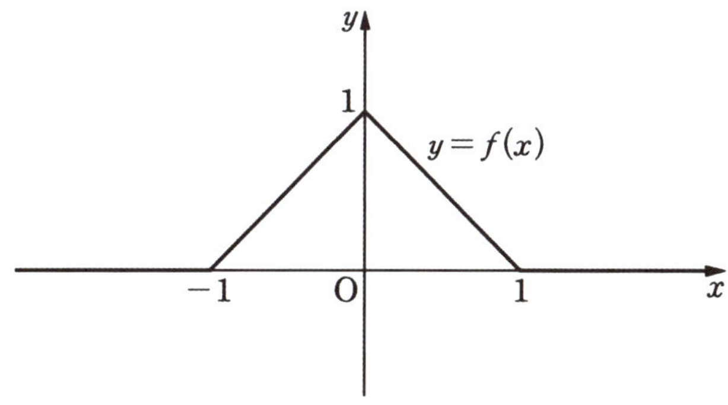

부정적분과 정적분
Schema 6

최대와 최소

Sol)

양변을 x에 대하여 미분하면

① $x < -1$ $\to g'(x) = 2\int_{-1}^{x} 0\,dt + 2x \cdot 0 - \{0\}^2 = 0$

② $-1 \le x < 0$ $\to g'(x) = 2\int_{-1}^{x}(1+t)\,dt + 2x(1+x) - (1+x)^2 = 2x(x+1)$

③ $0 \le x < 1$ $\to g'(x) = 2\left\{\int_{-1}^{0}(1+t)\,dt + \int_{0}^{x}(1-t)\,dt\right\} + 2x(1-x) - (1-x)^2$

                       $\to -2x(2x-3)$

④ $x \ge 1$ $\to g'(x) = 2\left\{\int_{-1}^{0}(1+t)\,dt + \int_{0}^{1}(1-t)\,dt + \int_{1}^{x} 0\,dt\right\} + 2x \cdot 0 - (0)^2$

                       $\to 2$

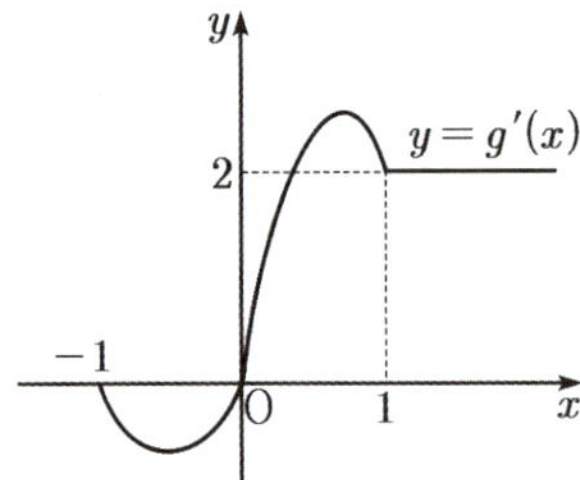

$\therefore \; x = 0$일 때, 극소이면서 최소

Ans)

$\therefore g(0) = 2 \cdot 0 \cdot \int_{-1}^{0}(1+t)\,dt - \int_{-1}^{0}(1+t)^2\,dt = -\dfrac{1}{3}$

최대와 최소

예

최고차항의 계수가 1인 삼차함수 $f(x)$와 상수 k $(k \geq 0)$에 대하여 함수

$$g(x) = \begin{cases} 2x - k & (x \leq k) \\ f(x) & (x > k) \end{cases}$$

가 다음 조건을 만족시킨다.

(가) 함수 $g(x)$는 실수 전체의 집합에서 증가하고 미분가능하다.

(나) 모든 실수 x에 대하여

$$\int_0^x g(t)\{\,|t(t-1)| + t(t-1)\,\}dt \geq 0$$이고

$$\int_3^x g(t)\{\,|(t-1)(t+2)| - (t-1)(t+2)\,\}dt \geq 0$$이다.

$g(k+1)$의 최솟값은?

예

최고차항의 계수가 4인 삼차함수 $f(x)$와 실수 t에 대하여 함수 $g(x)$를

$$g(x) = \int_t^x f(s)ds$$

라 하자. 상수 a에 대하여 두 함수 $f(x)$와 $g(x)$가 다음 조건을 만족시킨다.

(가) $f'(a) = 0$

(나) 함수 $|g(x) - g(a)|$가 미분가능하지 않은 x의 개수는 1이다.

실수 t에 대하여 $g(a)$의 값을 $h(t)$라 할 때,
$h(3) = 0$이고 함수 $h(t)$는 $t = 2$에서 최댓값 27을 가진다.

$f(5)$의 값은?

부정적분과 정적분

최대와 최소

Sol)

(가)에서 $f(k)=k$, $f'(k)=2$

(나)에서 $p(t)=|t(t-1)|+t(t-1)$, $q(t)=|(t-1)(t+2)|-(t-1)(t+2)$라 하면

$p(t)=2\times max(t(t-1),\ 0)$, $q(t)=-2\times min((t-1)(t+2),\ 0)$

$$\int_0^x g(t)p(t)dt \geq 0 \qquad \Leftrightarrow \qquad t<0\ \text{에서}\ g(t)\leq 0,\ t>1\ \text{에서}\ g(t)\geq 0$$

$$\Leftrightarrow \qquad 0\leq k\leq 2\ (\because 2t-k=0)$$

$$\int_3^x g(t)q(t)dt \geq 0 \qquad \Leftrightarrow \qquad -2\leq t\leq 1\ \text{에서}\ g(t)\leq 0$$

$$\Leftrightarrow \qquad k\geq 2\ (\because 2t-k=0)$$

$$\therefore f(x)=(x-2)^3+a(x-2)^2+2(x-2)+2\ (\because f(k)=k,\ f'(k)=2,\ k=2)$$

$$f'(x) = 3(x-2)^2+2a(x-2)+2$$
$$= 3\left(x-\frac{6-a}{3}\right)^2+14-4a-\frac{(6-a)^2}{3}$$

$$\therefore a\geq -\sqrt{6}\ (\because x\geq 2\ \text{에서}\ f'(x)\geq 0)$$

$$\therefore g(x)=\begin{cases}2x-2 & (x\leq 2)\\(x-2)^3+a(x-2)^2+2x-2 & (x>2)\end{cases},\ g(3)=a+5$$

Ans)

$\therefore g(k+1)$의 최솟값은 $g(3)\geq 5-\sqrt{6}$이므로 $5-\sqrt{6}$이다.

Sol)

$g(x) = \displaystyle\int_t^x f(s)\,ds$는 최고차항의 계수가 1인 사차함수이고 함수 $|g(x) - g(a)|$은

$g(x) - g(a) \neq 0$인 모든 x에서 미분가능하므로 $g(x) - g(a) = 0$, $g'(x) = f(x) \neq 0$인 x가 단 하나 존재하고 $g(x)$의 개형은 다음으로 결정된다.

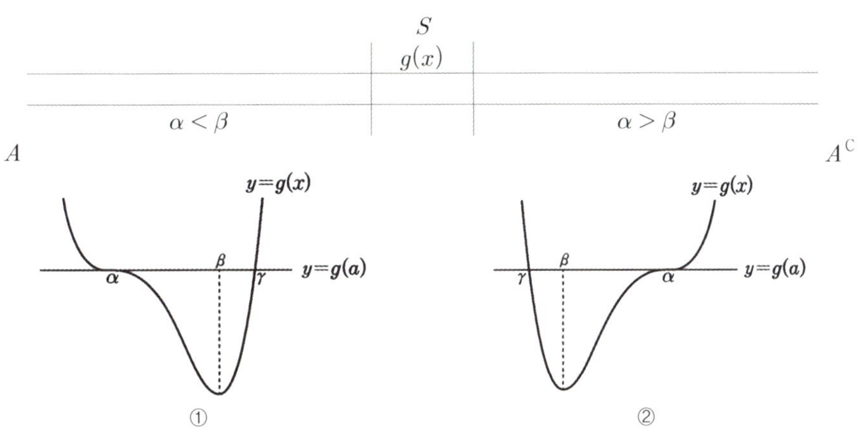

$\therefore \alpha = a$ $(\because g(x)$가 $(x-\alpha)^3$ 인수 $\rightarrow f(x)$가 $(x-\alpha)^2$ 인수, $f'(a) = 0)$

$h(t) = g(a) = \displaystyle\int_t^a f(s)\,ds = -\int_a^t f(s)\,ds$에서 $h'(t) = -f(t)$이고

함수 $h(t)$가 $t = 2$에서 최댓값을 가지므로 $h'(2) = -f(2) = 0$, $\beta = 2$

$h(3) = \displaystyle\int_3^a f(s)\,ds = 0$, $h(2) = \displaystyle\int_2^a f(s)\,ds = 27$이므로

$h(2) - h(3) = \displaystyle\int_2^3 f(s)\,ds = 27$이고 $a = -1$이다. $(\because f(x) = 4(x-a)^2(x-2))$

$\therefore f(x) = 4(x+1)^2(x-2)$

Ans)

$\therefore f(5) = 4 \times 36 \times 3 = 432$

부정적분과 정적분

부정적분과 정적분
Schema 7

합성함수 해석

[중요도 ★★★]

- 적분구간 양끝 변수의 계수가 하나라도 1이 아닌 경우
  적절히 대칭이동 관점이나 넓이 관점에서 해석할 수 있다.

  이때 합성함수의 미분은 미적분 범위로, 있는 그대로의 관찰이 주가 된다.

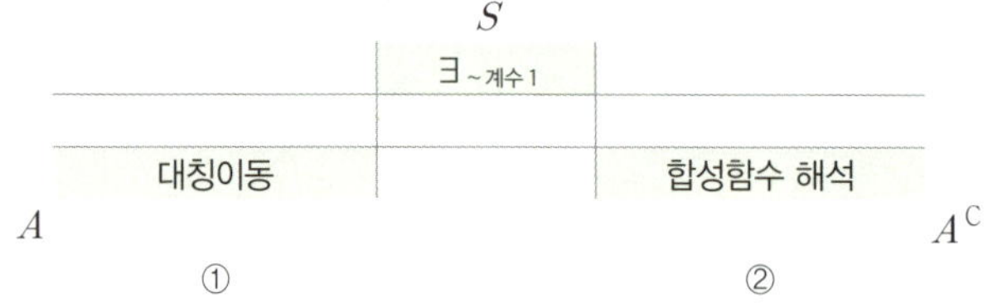

- **① 대칭이동**
  함수의 이동 관점을 활용해 위끝과 아래끝을 변형할 수 있다

  예

$$\frac{d}{dx}\int_{-x}^{a-x} f(t)\,dt \qquad \rightarrow \frac{d}{dx}\int_{x-a}^{x} f(-t)\,dt$$

$$\rightarrow f(-x)-f(-x+a)$$

② 함수 관점
합성함수 or 정적분의 성질을 활용해 위끝과 아래끝을 변형할 수 있다

예

$$\frac{d}{dx}\int_{-x}^{a-x} f(t)\,dt \qquad \rightarrow \frac{d}{dx}\int_{x-a}^{x} f(-t)\,dt$$

$$\rightarrow \frac{d}{dx}\int_{x-a}^{0} f(-t)\,dt + \frac{d}{dx}\int_{0}^{x} f(-t)\,dt$$

$$\rightarrow f(-x)-f(-x+a)$$

③ 넓이 관점
적분 구간 내에서 $y=f(t)$와 t축 사이의 넓이의 변화 관점에서 해석할 수 있다.

합성함수 해석

예

사차함수 $f(x) = x^4 + ax^2 + b$에 대하여 $x \geq 0$에서 정의된 함수

$$g(x) = \int_{-x}^{2x} \{f(t) - |f(t)|\}\,dt$$

가 다음 조건을 만족시킨다.

(가) $0 < x < 1$에서 $g(x) = c_1$ (c_1은 상수)

(나) $1 < x < 5$에서 $g(x)$는 감소한다.

(다) $x > 5$에서 $g(x) = c_2$ (c_2는 상수)

$f(\sqrt{2})$의 값은? (단, a, b는 상수이다.)

부정적분과 정적분

부정적분과 정적분
Schema 7

합성함수 해석

Sol)

사차함수 $f(x) = x^4 + ax^2 + b$의 그래프는 y축에 대칭이고

$$f(t) - |f(t)| = \begin{cases} 0 & (f(t) \geq 0) \\ 2f(t) & (f(t) < 0) \end{cases} \text{에서 } f(t) - |f(t)| \leq 0\text{이므로}$$

$g(x) = \displaystyle\int_{-x}^{2x} \{f(x) - |f(x)|\}dx$는 상수함수인 구간과 감소하는 구간으로 이루어진다.

(가)에서 $g(x)$는 상수함수이므로 $0 \leq x \leq 2$에서 $f(x) \geq 0$

(나)에서 $g(x)$는 감소함수이므로 $2 < x < 5$에서 $f(x) < 0$

(다)에서 $g(x)$는 상수함수이므로 $x > 5$에서 $f(x) > 0$

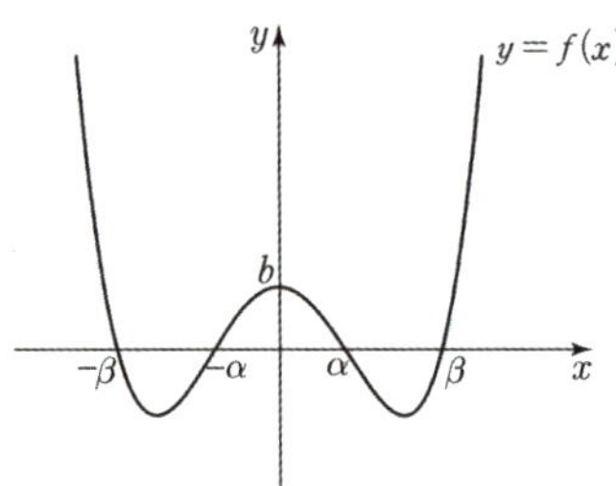
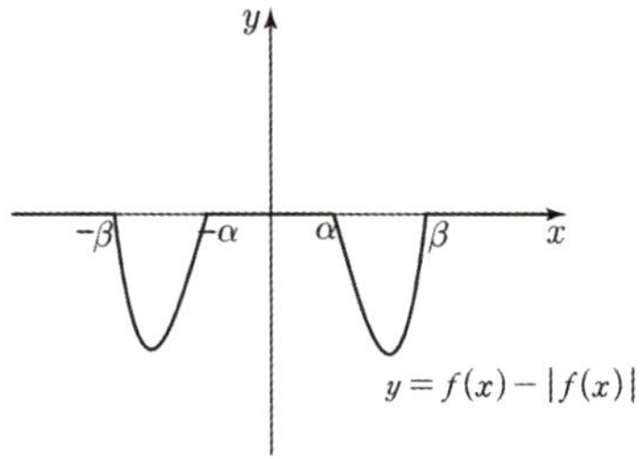

$\therefore \alpha = 2,\ \beta = 5$

$f(x) = 0$은 $x = -2,\ 2,\ -5,\ 5$를 해로 가지므로

$f(x) = (x^2 - 4)(x^2 - 25)$이고 $f(\sqrt{2}) = (-2)(-23) = 46$이다.

Ans)

$\therefore f(\sqrt{2}) = 46$

[중요도 ★★★]

- 정적분 값은 하나의 상수로 $\displaystyle\int_a^b f(x)dx=\int_a^b f(t)dt=\int_a^b f(s)ds=k$ 이다.

$f(x)=g(x)+\displaystyle\int_a^b f(t)dt$ 의 식을 해석할 때 $\displaystyle\int_a^b f(t)dt=k$ 로 놓고

$\displaystyle\int_a^b f(x)dt=\int_a^b \{g(x)+k\}dt=k$ 와 같은 등식의 k 를 구하는 방향으로

치환 후 연산할 수 있다.

- $\displaystyle\lim_{x\to a}\frac{1}{x-a}\int_a^x f(t)dt=f(a)$, $\displaystyle\lim_{h\to 0}\frac{1}{h}\int_a^{a+h} f(t)dt=f(a)$

예

함수 $f(x)$ 가 모든 실수 x 에 대하여 $f(x)=x^3-4x\displaystyle\int_0^1 |f(t)|dt$ 를

만족시킨다. $f(1)>0$ 일 때, $f(2)$ 의 값은?

예

다항함수 $f(x)$ 의 한 부정적분 $g(x)$ 가 다음 조건을 만족시킨다.

$$\text{(가) } f(x)=2x+2\int_0^1 g(t)dt$$
$$\text{(나) } g(0)-\int_0^1 g(t)dt=\frac{2}{3}$$

$g(1)$ 의 값은?

예

두 함수 $f(x)$, $g(x)$ 에 대하여 $f(x)=2x+\displaystyle\int_0^1 \{f(t)+g(t)\}dt$,

$g(x)=3x^2+\displaystyle\int_0^1 \{f(t)-g(t)\}dt$ 가 성립할 때, $f(1)+g(2)$ 의 값은?

부정적분과 정적분

부정적분과 정적분
Schema 8

상수 관찰

Sol)

$$\int_0^1 |f(t)|dt = a$$ 라 하면 $a > 0$ 이고 $f(x) = x^3 - 4ax$ 이다.

$f(1) = 1 - 4a > 0$ 에서 $a < \dfrac{1}{4}$ 이므로 $0 < a < \dfrac{1}{4}$

$$
\begin{aligned}
\therefore a\ &= \int_0^{2\sqrt{a}} \{-f(t)\}dt + \int_{2\sqrt{a}}^1 f(t)dt \\
&= \int_0^{2\sqrt{a}} (-t^3 + 4at)dt + \int_{2\sqrt{a}}^1 (t^3 - 4at)dt \\
&= \left[-\frac{1}{4}t^4 + 2at^2\right]_0^{2\sqrt{a}} + \left[\frac{1}{4}t^4 - 2at^2\right]_{2\sqrt{a}}^1 \\
&= 8a^2 - 2a + \frac{1}{4}
\end{aligned}
$$

$$\therefore a = \frac{1}{8}$$

$$\therefore f(x) = x^3 - \frac{1}{2}x$$

Ans)

$$\therefore f(2) = 2^3 - \frac{1}{2} \times 2 = 7$$

Sol)

$$\int_0^1 g(t)dt = a \text{라 하면 } f(x) = 2x + 2a \text{이고 } g(x) = \int f(x)dx = x^2 + 2ax + C \text{이다.}$$

(나)에서 $C - \int_0^1 (t^2 + 2at + C)dt = \dfrac{2}{3}$ 이므로 $a = -1$

$\int_0^1 g(t)dt = a$ 에서 $\left[\dfrac{1}{3}t^3 - t^2 + Ct\right]_0^1 = -1$ 이므로 $C = -\dfrac{1}{3}$

$$\therefore g(x) = x^2 - 2x - \dfrac{1}{3}$$

Ans)

$$\therefore g(1) = 1 - 2 - \dfrac{1}{3} = -\dfrac{4}{3}$$

Sol)

$$\int_0^1 \{f(t) + g(t)\}dt = a, \quad \int_0^1 \{f(t) - g(t)\}dt = b \text{ 라 놓으면}$$

$f(x) = 2x + a, \ g(x) = 3x^2 + b$ 이므로

$$\int_0^1 \{f(t) + g(t)\}dt = \int_0^1 (2t + a + 3t^2 + b)dt$$
$$= \left[t^3 + t^2 + (a+b)t\right]_0^1 = 2 + a + b = a$$

$$\therefore \ b = -2$$

$$\int_0^1 \{f(t) - g(t)\}dt = \int_0^1 (2t + a - 3t^2 - b)dt$$
$$= \left[-t^3 + t^2 + (a-b)t\right]_0^1 = a - b = b$$

$$\therefore \ a = 2b = -4$$

$$\therefore f(x) = 2x - 4, \ g(x) = 3x^2 - 2$$

Ans)

$$\therefore f(1) + g(2) = -2 + 10 = 8$$

부정적분과 정적분

부정적분과 정적분
Schema 9

변수 판단

[중요도 ★★★]

- 적분 식 내에서 상수와 변수의 역할을 이해하고 구분하는 행위는 유의미하다.

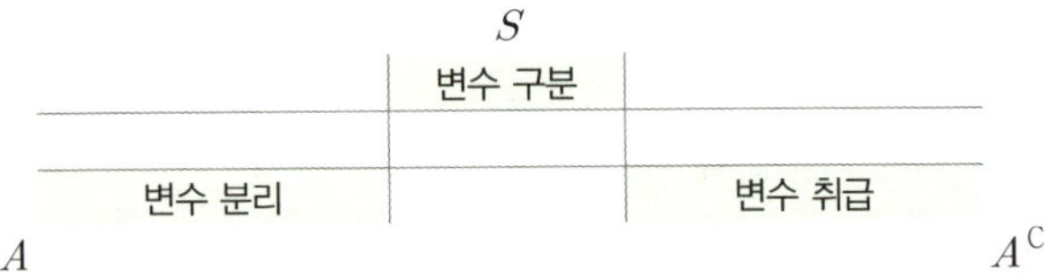

적분 형태에서 적절히 상수와 변수를 구분해서 분리할 수 있고
상수를 변수 취급해서 New 함수를 정의하여 해석할 수 있다.

① 변수 분리
피적분함수에서 적분변수와 적분변수에 대한 함수를 제외한
여사건 변수들은 상수 취급한다.

$$Let\ g(x) = \int_a^x (x-t)f(t)\,dt,\ g(x)는\ 다항식$$

$$① \frac{d}{dx}\int_a^x (x-t)f(t)\,dt = \frac{d}{dx}\left(x\int_a^x f(t)\,dt - \int_a^x tf(t)\,dt\right)$$
$$= \int_a^x f(t)\,dt$$

$$\therefore g(a) = 0,\ g'(a) = 0,\ (x-a)^2\ 인수$$

예

$$p(x) = \int_a^x \{f(x) - f(t)\}g(t)\,dt = f(x)\int_a^x g(t)\,dt - \int_a^x f(t)g(t)\,dt$$

$$p'(x) = f'(x)\int_a^x g(t)\,dt$$

$$Let\ h(x) = \int_a^x (x-t)^2 f(t)\,dt,\ h(x)는\ 다항식$$

$$② \frac{d}{dx}\int_a^x (x-t)^2 f(t)\,dt = \frac{d}{dx}\left(x^2\int_a^x f(t)\,dt - 2x\int_a^x tf(t)\,dt - \int_a^x t^2 f(t)\,dt\right)$$
$$= \int_a^x 2(x-t)f(t)\,dt$$

$$\therefore h(a) = 0,\ h'(a) = 0,\ h''(a) = 0\ (x-a)^3\ 인수$$

변수 판단

② 변수 취급

넓이 $\displaystyle\int_{a}^{a+2} f(t)\,dt$의 최소 $\quad\Leftrightarrow$ 함수 $g(a)=\displaystyle\int_{a}^{a+2} f(t)\,dt$의 최소

$\qquad\qquad\qquad\qquad\qquad\Leftrightarrow g'(a)=f(a+2)-f(a)$의 부호 변화 관찰

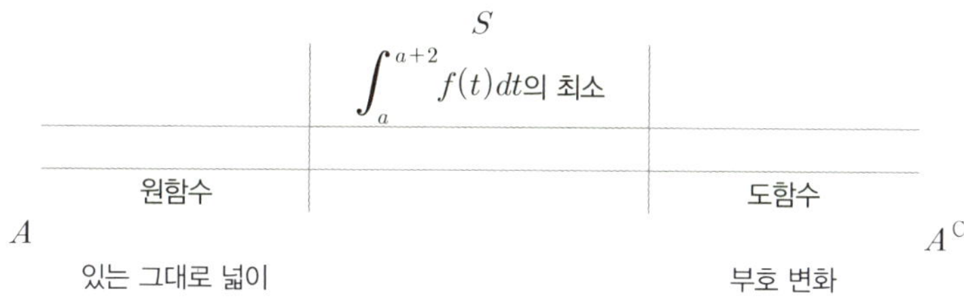

	S	
	$\displaystyle\int_{a}^{a+2} f(t)\,dt$의 최소	
원함수		도함수
A		A^{C}
있는 그대로 넓이	$\leftrightarrow$	부호 변화

$\dfrac{d}{dx}\displaystyle\int_{0}^{2} f(t+x)\,dt \qquad \rightarrow$ 피적분함수 t에 대한 함수, x는 상수

$\qquad\qquad\qquad\qquad\quad \rightarrow \dfrac{d}{dx}\displaystyle\int_{x}^{x+2} f(t)\,dt$

$\qquad\qquad\qquad\qquad\qquad\quad = f(x+2)-f(x)$

예

다항함수 $f(x)$가 모든 실수 x에 대하여

$$\int_{0}^{x}(x-t)^2 f'(t)\,dt = \frac{3}{4}x^4 - 2x^3$$

을 만족한다. $f(0)=1$일 때, $\displaystyle\int_{0}^{1} f(x)\,dx$의 값은?

예

함수 $f(x)=(x-1)^4(x+1)$에 대하여 이차함수 $g(x)$, $h(x)$가

$$f(x)=g(x)+\int_{0}^{x}(x-t)^2 h(t)\,dt$$

를 만족시킬 때, $g(2)+h(2)$의 값을 구하시오.

부정적분과 정적분
Schema 9

변수 판단

Sol)

$$\int_0^x (x-t)^2 f'(t)\,dt$$

$$= x^2 \int_0^x f'(t)\,dt - 2x \int_0^x t f'(t)\,dt + \int_0^x t^2 f'(t)\,dt = \frac{3}{4}x^4 - 2x^3$$

양변을 미분하면

$$\rightarrow 2x \int_0^x f'(t)\,dt - 2 \int_0^x t f'(t)\,dt = 3x^3 - 6x^2$$

0 대입 시 등식이므로 다시 미분하면

$$\rightarrow 2 \int_0^x f'(t)\,dt = 9x^2 - 12x$$

$$\rightarrow f(x) = \frac{9}{2}x^2 - 6x + 1$$

Ans)

$$\therefore \int_0^1 f(x)\,dx = \left[\frac{3}{2}x^3 - 3x^2 + x \right]_0^1 = -\frac{1}{2}$$

변수 판단

Sol)

$x = 0$을 대입하면, $f(0) = g(0)$이므로 $g(x) = ax^2 + bx + 1$라 하고

$f(x) = g(x) + \displaystyle\int_0^x (x-t)^2 h(t)dt$의 양변을 미분하면

$$(x-1)^3(5x+3) = 2ax + b + 2x\int_0^x h(t)dt - 2\int_0^x th(t)dt$$

$x = 0$을 대입하면, $-3 = b$

다시 양변을 미분하면 $(x-1)^2(20x+4) = 2a + 2\displaystyle\int_0^x h(t)dt$

$x = 0$을 대입하면, $a = 2$

다시 양변을 미분하면 $12(x-1)(5x-1) = 2h(x)$

$\therefore g(x) = 2x^2 - 3x + 1,\ h(x) = 6(x-1)(5x-1)$

Ans)

$\therefore g(2) + h(2) = 3 + 54 = 57$

부정적분과 정적분

부정적분과 정적분
Schema 10

경로 선택

[중요도 ★★★]

- 함수가 가질 수 있는 여러 경로 중 하나를 선택해서 적분하는 경우가 출제된다.

경로 선택 자료에서는 크게 두 가지가 주어진다.

① 경로 조건

함수 $f(x)$의 여러 가지 경우의 수에 대해 조건으로 제시한다.

경로 선택 판단은 보통 두 그래프의 교점에서 일어난다.

② 제한 조건

①을 만족하는 함수 $f(x)$ 중 일부 경로만 만족하도록 제한한다.

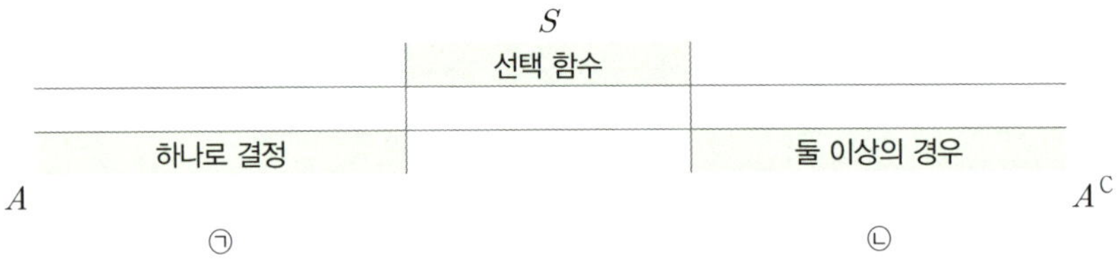

S

선택 함수

| 하나로 결정 | | 둘 이상의 경우 |

A ㉠   ㉡ A^{C}

㉠ : 함수가 하나로 결정되었을 때 적분값을 질문한다.

㉡ : 둘 이상의 경우가 남은 경우 가능한 경우 중 적분의 Max, Min 등을 질문한다.

경로 선택

예

실수 전체의 집합에서 연속인 두 함수 $f(x)$와 $g(x)$가 모든 실수 x에 대하여
다음 조건을 만족시킨다.

> (가) $f(x) \geq g(x)$
> (나) $f(x) + g(x) = x^2 + 3x$
> (다) $f(x)g(x) = (x^2 + 1)(3x - 1)$

$\displaystyle\int_0^2 f(x)\,dx$의 값은?

예

실수 전체의 집합에서 도함수가 연속인 함수 $f(x)$가 다음 조건을 만족시킬 때,
$\displaystyle\int_0^4 f(x)\,dx$의 값을 구하시오.

> (가) 모든 실수 x에 대하여 $(f'(x) + 2)(f'(x) - 2) = x(x - 4)$ 이다.
> (나) $f(0) < f(4)$, $f(2) = 1$

부정적분과 정적분

부정적분과 정적분
Schema 10

경로 선택

Sol)

합이 $f(x)+g(x)=x^2+3x$, 곱이 $f(x)g(x)=(x^2+1)(3x-1)$가 되는 두 함수는 x^2+1과 $3x-1$이고 $f(x)$는 두 함수의 그래프 위에 있는 선택 함수이다.

$$f(x)=\begin{cases} x^2+1 & (0 \le x < 1) \\ 3x-1 & (1 \le x \le 2) \end{cases}$$

Ans)

$$\therefore \int_0^2 f(x)\,dx = \int_0^1 (x^2+1)\,dx + \int_1^2 (3x-1)\,dx = \left[\frac{1}{3}x^3+x\right]_0^1 + \left[\frac{3}{2}x^2-x\right]_1^2 = \frac{29}{6}$$

Sol)

(가)에서 $\{f'(x)-x+2\}\{f'(x)+x-2\}=0$이고
$f'(x)=x-2$ 또는 $f'(x)=-x+2$이다.

$$\therefore f'(x)=\begin{cases} -x+2 & (x<2) \\ x-2 & (x \ge 2) \end{cases}$$

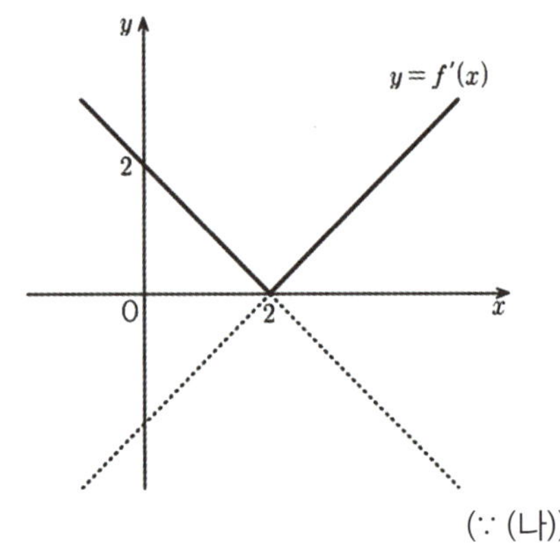

$(\because$ (나)$)$

$$\therefore f(x)=\begin{cases} -\dfrac{1}{2}x^2+2x-1 & (x<2) \\ \dfrac{1}{2}x^2-2x+3 & (x \ge 2) \end{cases} \quad (\because f(2)=1,\ \text{도함수 연속})$$

$$\begin{aligned}
\int_0^4 f(x)\,dx &= \int_0^2 f(x)\,dx + \int_2^4 f(x)\,dx \\
&= \int_0^2 \left(-\frac{1}{2}x^2+2x-1\right)dx + \int_2^4 \left(\frac{1}{2}x^2-2x+3\right)dx \\
&= \left[-\frac{1}{6}x^3+x^2-x\right]_0^2 + \left[\frac{1}{6}x^3-x^2+3x\right]_2^4
\end{aligned}$$

Ans)

$$\therefore \int_0^4 f(x)\,dx = \frac{2}{3}+\frac{10}{3}=4$$

경로 선택

예

실수 전체의 집합에서 미분가능한 함수 $f(x)$ 가 모든 실수 x 에 대하여

$$\{f(x)\}^2 = 2\int_3^x (t^2 + 2t) f(t)\, dt$$

를 만족시킬 때, $\displaystyle\int_{-3}^0 f(x)\, dx$ 의 최댓값을 M, 최솟값을 m 이라 하자.
$M - m$ 의 값을 구하시오.

예

함수 $f(x) = x^2 - 2x$ 와 최고차항의 계수가 1인 삼차함수 $g(x)$ 에 대하여
실수 전체의 집합에서 연속인 함수 $h(x)$ 가 다음 조건을 만족시킨다.

(가) 모든 실수 x에 대하여 $\{h(x) - f(x)\}\{h(x) - g(x)\} = 0$이다.
(나) $h(k)h(k+2) \leq 0$을 만족시키는 서로 다른 실수 k의 개수는 3이다.

$\displaystyle\int_{-3}^2 h(x)dx = 26$이고 $h(10) > 80$일 때, $h(1) + h(6) + h(9)$의 값을 구하시오.

부정적분과 정적분
Schema 10

경로 선택

Sol)
적분 함수를 해석하자.

① $x = 3$을 대입 $\rightarrow f(3) = 0$

② 미분 $\rightarrow 2f(x)\{f'(x) - x^2 - 2x\} = 0$

                     $\rightarrow f(x) = 0$ 또는 $f'(x) = x^2 + 2x$

                     $\rightarrow f(x) = 0$ 또는 $f(x) = \dfrac{1}{3}x^3 + x^2 + C$

선택 함수 $f(x)$ 가 실수 전체의 집합에서 미분가능하게 연결되어야 하므로
의심 지점에서 0 인수를 적어도 2개 이상 가져야 한다.

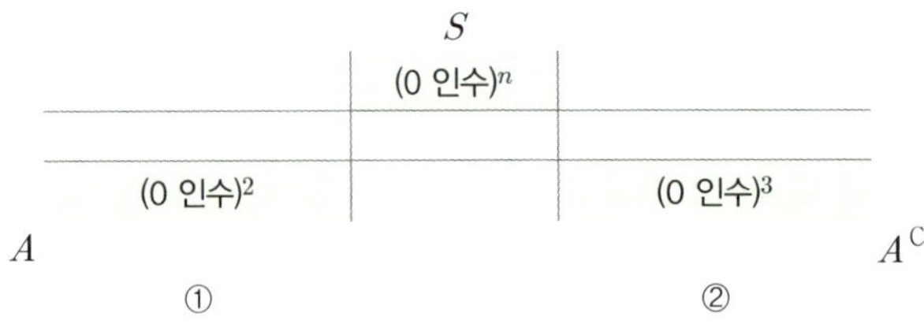

① (0 인수)^2
$f'(x) = x^2 + 2x = 0$인 두 지점에서 가능하다.

$$f(x) = \begin{cases} \dfrac{1}{3}x^3 + x^2 - \dfrac{4}{3} & (x < -2) \\ 0 & (x \geq -2) \end{cases} \qquad f(x) = \begin{cases} \dfrac{1}{3}x^3 + x^2 & (x < 0) \\ 0 & (x \geq 0) \end{cases}$$

㉠   ㉡

② (0 인수)^3
$f(x) = \dfrac{1}{3}x^3 + x^2 + C$ 이 단 하나의 x축과의 교점을

$f(x) = \dfrac{1}{3}x^3 + x^2 + C$ 이 단 하나의 x축과의 교점을 가져야 한다.

$\therefore f(x) = \dfrac{1}{3}x^3 + x^2 - 18 \cdots\cdots$ ㉢

$\therefore$ ㉡일 때 Max, ㉢일 때 Min

Ans)

$\therefore M - m = \displaystyle\int_{-3}^{0} 18\,dx = 54$

경로 선택

Sol)

$h(x) = f(x)$ 또는 $h(x) = g(x)$ ($\because$ (가))

$h(x) < 0$인 구간이 존재하면 해의 개수가 무수히 많으므로 $\forall_x,\ h(x) \geq 0$이다.

$\therefore h(k)h(k+2) = 0$ 실근이 3개

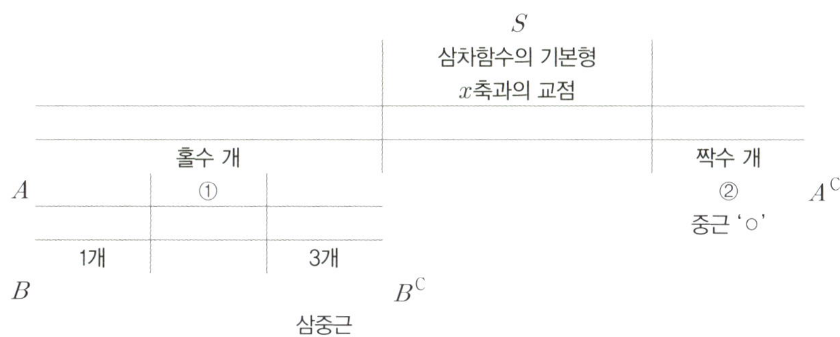

① 홀수 개
x축과의 교점이 1개인 경우 실근이 2개로 모순이고
x축과의 교점이 3개인 경우 실근이 적어도 4개이므로 모순이다.

② 짝수 개
x축과의 교점이 2개인 경우 실근이 3개가 되려면 2 간격이어야하고
모든 x에 대하여 $h(x) \geq 0$이어야하므로 두 지점은 극솟값이다.

환승 양상을 관찰하기 위해 상수 조건을 그려서 3차함수를 덧대보자

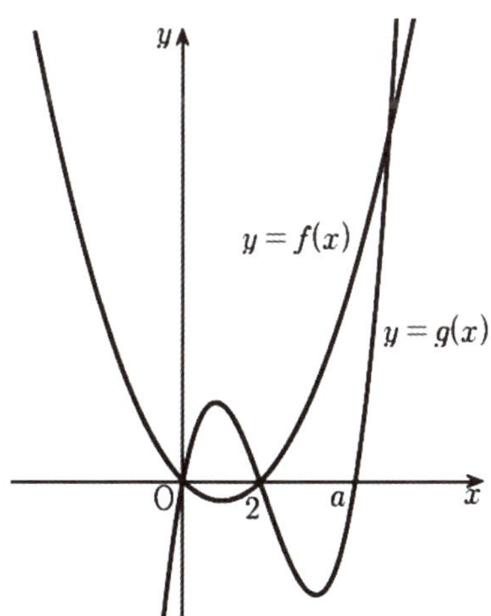

경로 선택

$$\therefore g(x) = x(x-2)(x-a)$$

$$\int_{-3}^{2} h(x)\,dx = 26 \implies a = 7$$

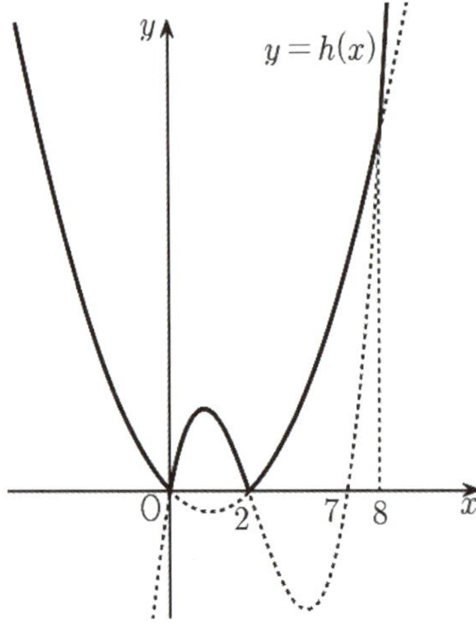

$$\therefore h(x) = \begin{cases} x^2 - 2x & (x < 0) \\ x(x-2)(x-7) & (0 \le x < 2) \\ x^2 - 2x & (2 \le x < 8) \\ x(x-2)(x-7) & (x \ge 8) \end{cases}$$

$Ans\,)$

$$\therefore h(1) + h(6) + h(9) = 6 + 24 + 126 = 156$$

경로 선택

예

두 함수 $f(x)$ 와 $g(x)$ 가

$$f(x)=\begin{cases} 0 & (x \leq 0) \\ x & (x > 0) \end{cases},\ g(x)=\begin{cases} x(2-x) & (|x-1| \leq 1) \\ 0 & (|x-1| > 1) \end{cases}$$

이다. 양의 실수 $k,\ a,\ b\ (a < b < 2)$에 대하여, 함수 $h(x)$를

$$h(x)=k\{f(x)-f(x-a)-f(x-b)+f(x-2)\}$$

라 정의하자. 모든 실수 x에 대하여 $0 \leq h(x) \leq g(x)$일 때,
$\displaystyle\int_0^2 \{g(x)-h(x)\}dx$의 값이 최소가 되게 하는 $k,\ a,\ b$에 대하여
$60(k+a+b)$의 값을 구하시오.

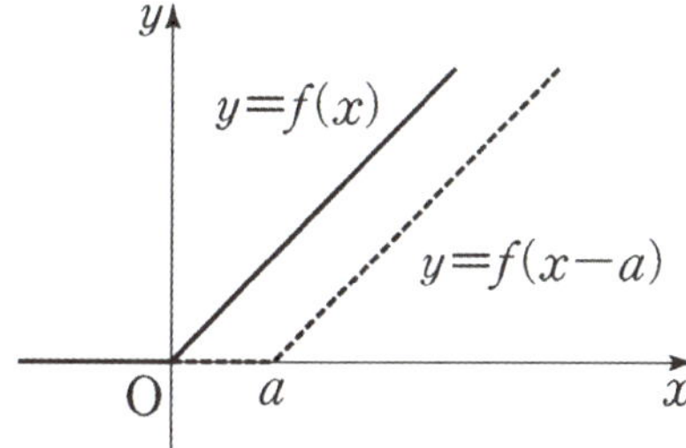

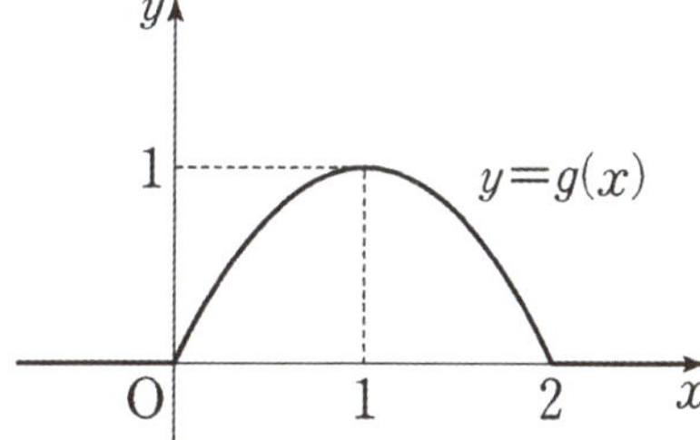

부정적분과 정적분

부정적분과 정적분
Schema 10

경로 선택

Sol)

$$f(x-a) = \begin{cases} 0 & (x \le a) \\ x-a & (x > a) \end{cases}, \quad f(x-b) = \begin{cases} 0 & (x \le b) \\ x-b & (x > b) \end{cases},$$

$$f(x-2) = \begin{cases} 0 & (x \le 2) \\ x-2 & (x > 2) \end{cases} \text{이므로 } [0, 2]\text{에서}$$

$$h(x) = \begin{cases} kx & (0 \le x \le a) \\ ka & (a < x \le b) \\ k(-x+a+b) & (b < x \le 2) \end{cases} \text{이고 이는 사다리꼴 형태임을 알 수 있다.}$$

[경로 선택]

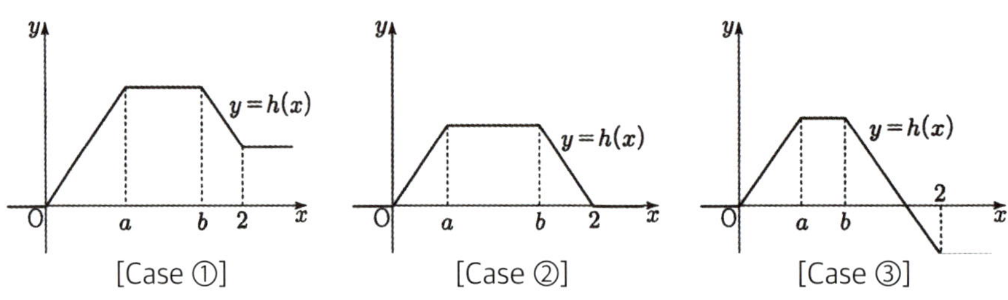

$0 \le h(x) \le g(x)$이고 $\displaystyle\int_0^2 \{g(x) - h(x)\}dx$의 값이 최소가 되려면

$k \le 2-a$를 만족해야하므로 $k = 2-a$이고 가능한 3가지 경로 중

$x = 1$ 선대칭일 때 $\displaystyle\int_0^2 \{g(x) - h(x)\}dx$의 값이 최소이고 사다리꼴 넓이는 최대이다.

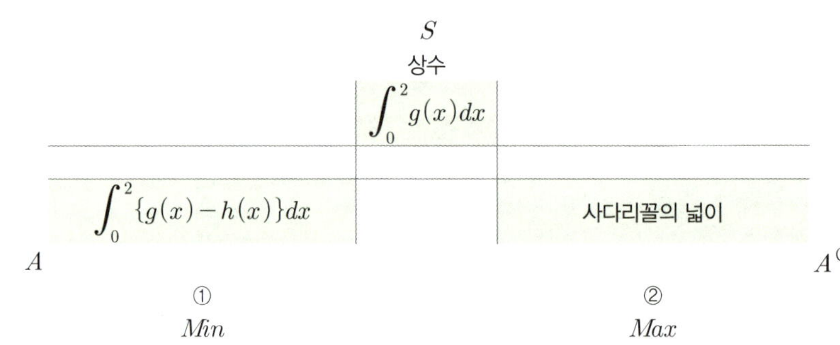

$g(x) = h(x)$인 두 점을 $A(t,\ t(2-t))$, $B(2-t,\ t(2-t))$라 두면
②의 넓이 =

$$\begin{aligned} S(t) &= \frac{1}{2} \times \{2 + (2-2t)\} \times t(2-t) \\ &= t^3 - 4t^2 + 4t \end{aligned}$$

$$S'(t) = 3t^2 - 8t + 4 = (3t-2)(t-2)$$

$$\therefore t = \frac{2}{3}\text{에서 극대}$$

$$\therefore k = \frac{4}{3},\ a = \frac{2}{3},\ b = \frac{4}{3}$$

$Ans)$

$$\therefore 60(k+a+b) = 60 \times \frac{10}{3} = 200$$

부정적분과 정적분

8
Theme

적분의 활용

적분의 활용

[중요도 ★★★★]

넓이는 간격의 적분으로

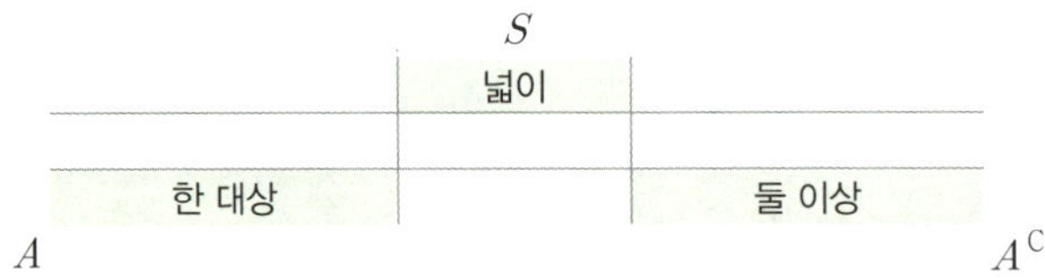

있는 그대로 넓이를 변수로 해석할 수도 있고, 차수를 조절해서
간격 관점으로 해석할 수 있다.

- 함수 $f(x)$가 닫힌구간 $[a, b]$에서 연속이고 $f(x) \geq 0$일 때,

  정적분 $\int_a^b f(x)dx$는 곡선 $y = f(x)$와 x축 및 두 직선

  $x = a$, $x = b$로 둘러싸인 도형의 넓이 S와 같다.

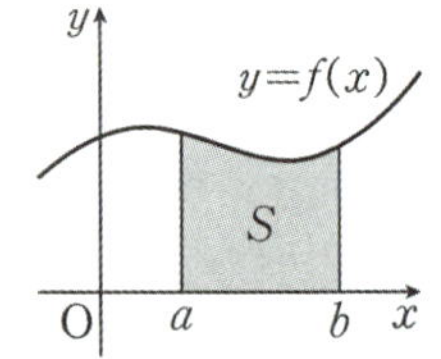

- 닫힌구간 $[a, b]$에서 연속이고 $f(x) \geq 0$인 구간과

  $f(x) < 0$인 구간이 공존할 때, 곡선 $y = f(x)$와 x축 및

  두 직선 $x = a$, $x = b$로 둘러싸인 도형의 넓이 S는

  $S = S_1 + S_2 = \int_a^b |f(x)|dx$이다.

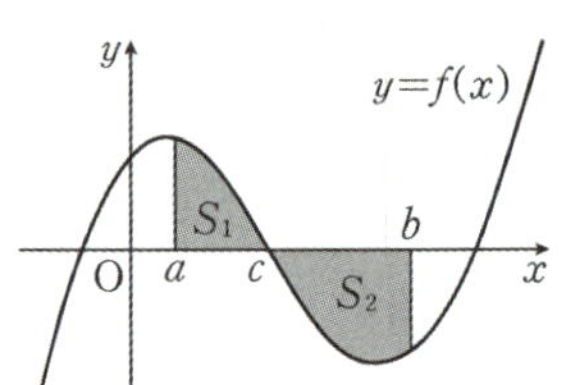

- 두 함수 $f(x)$, $g(x)$가 닫힌구간 $[a, b]$에서 연속일 때,

  두 곡선 $y = f(x)$, $y = g(x)$ 및 두 직선 $x = a$, $x = b$로

  둘러싸인 도형의 넓이 S는

  $$S = \int_a^c \{f(x) - g(x)\}dx + \int_c^b \{g(x) - f(x)\}dx$$

  $$= \int_a^b |f(x) - g(x)|dx$$이다.

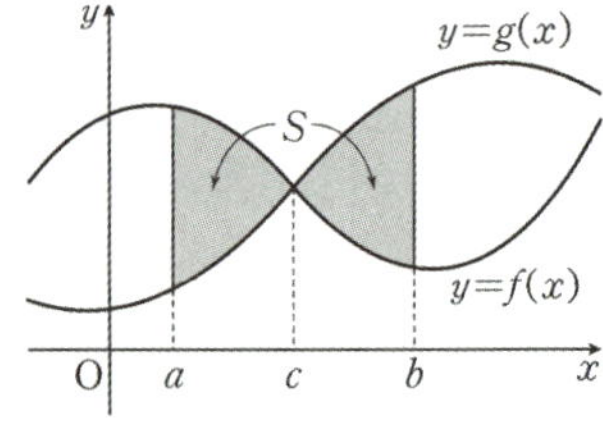

- 다항함수와 직선으로 구성된 한 도형의 넓이를 구해야 하는 상황에서
  다음은 알고 활용할 수 있다.

[다항함수와 넓이]

1) 이차함수와 한 직선

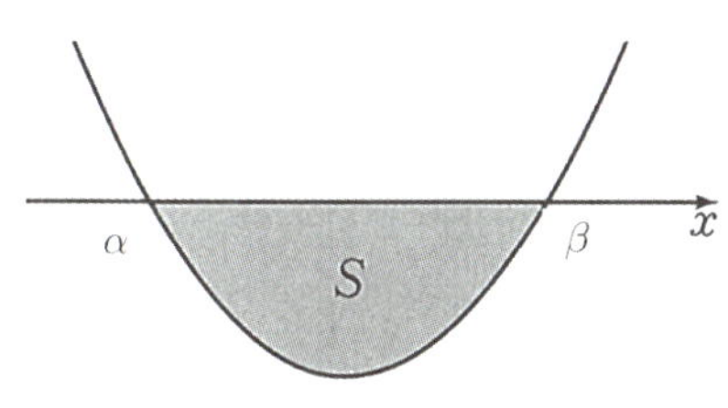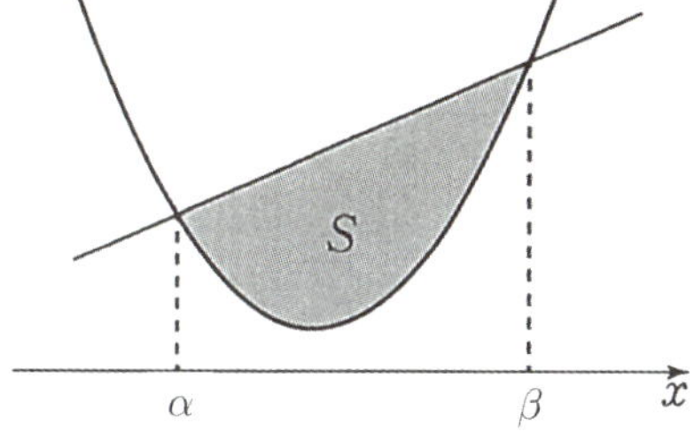

$$S = \frac{|a|}{2 \times 3}(\beta - \alpha)^3$$

2) 이차함수와 두 직선

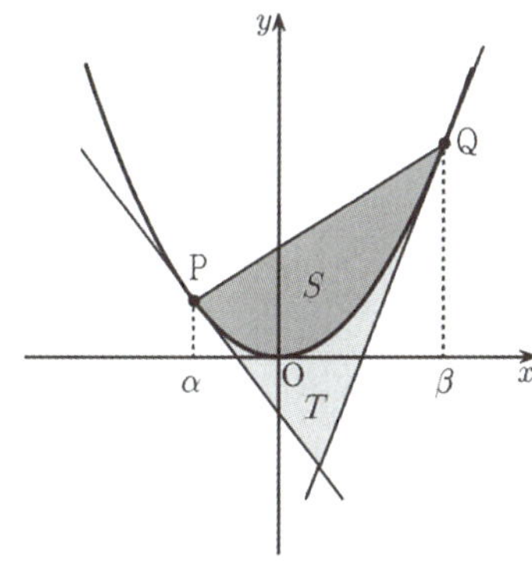

$$T = \frac{|a|}{12}(\beta - \alpha)^3$$

3) 삼차함수와 x축

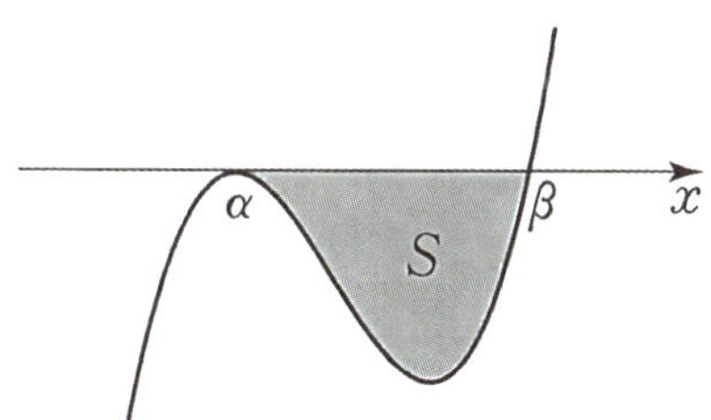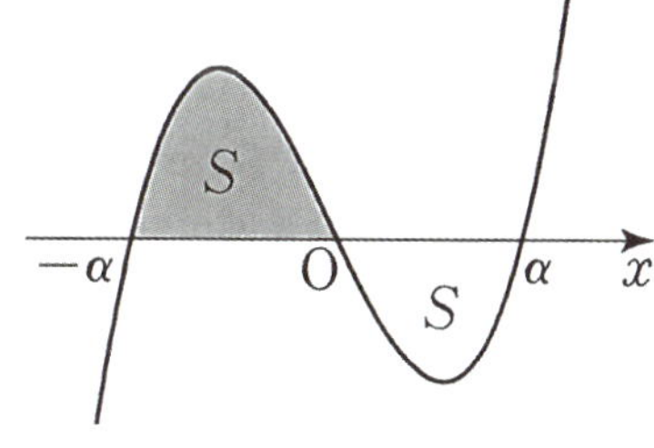

$$S = \frac{|a|}{3 \times 4}(\beta - \alpha)^4 \qquad S = \frac{|a|}{4}\alpha^4$$

적분의 활용

4) 삼차함수와 직선

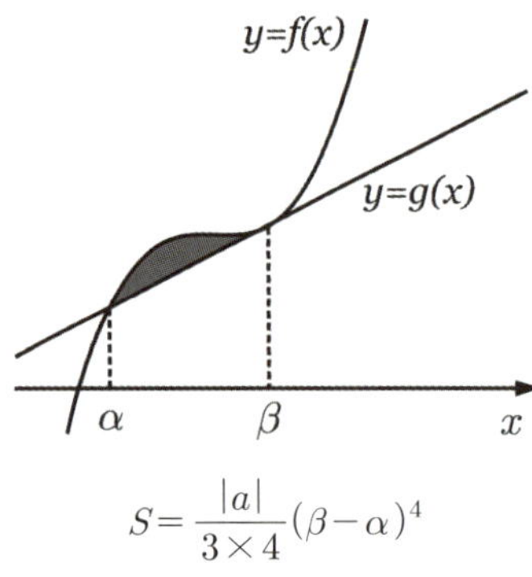

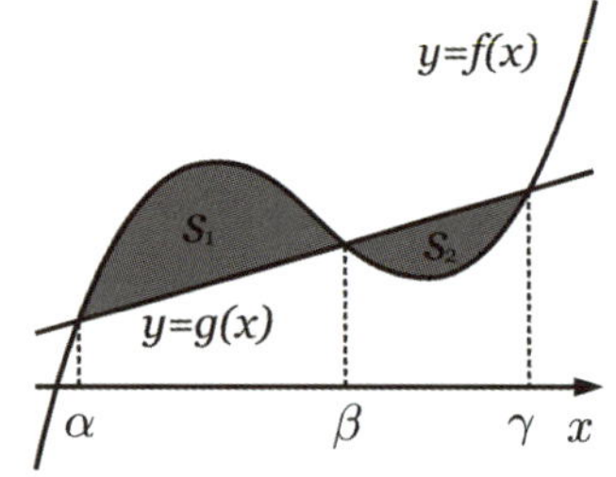

$$S = \frac{|a|}{3 \times 4}(\beta - \alpha)^4$$

$$S_1 = \frac{|a|}{3 \times 2}(\beta - \alpha)^3 \left| \gamma - \frac{\alpha + \beta}{2} \right|$$

$$S_2 = \frac{|a|}{3 \times 2}(\beta - \alpha)^3 \left| \alpha - \frac{\beta + \gamma}{2} \right|$$

5) 사차함수와 x축

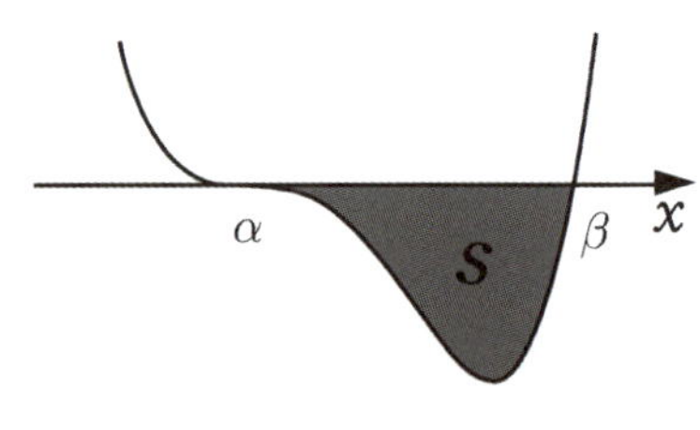

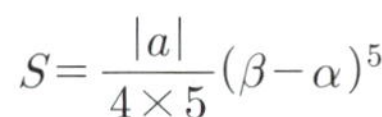

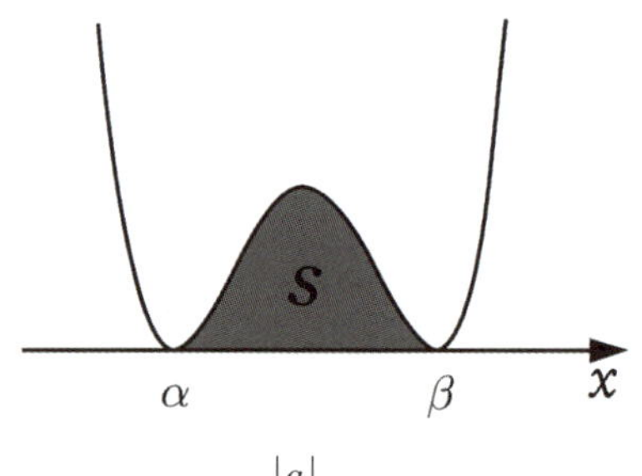

$$S = \frac{|a|}{4 \times 5}(\beta - \alpha)^5$$

$$S = \frac{|a|}{5 \times 6}(\beta - \alpha)^5$$

6) 일반화

$$\int_\alpha^\beta |a(x-\alpha)^m (x-\beta)^n| \, dx = \left| \frac{a \, m! \, n! \, (\beta - \alpha)^{m+n+1}}{(m+n+1)!} \right|$$

- 이차함수와 직선으로 구성된 도형의 넓이를 구해야 하는 상황에서

① 기본형 (⇒ 이차함수와 직선의 교점 $x = \alpha$, $x = \beta$, 넓이 $\dfrac{|a|(\beta - \alpha)^3}{6}$)

② 평균변화율 활용 (⇒ 양극단 평균변화율 = 중점 순간변화율)

③ 다각형이나 원과 같은 도형 조각의 넓이

등을 적절히 활용할 수 있다.

넓이가 특이하게 제시되어 있더라도 적분 + 다각형 조합으로
해결되도록 출제된다는 것을 인지하고 넓이에 접근하도록 하자.

- 삼차함수와 직선으로 구성된 도형의 넓이를 구해야 하는 상황에서
  점대칭의 성질을 활용하여 차수를 이차로 낮춰 넓이를 해석할 수 있다.

예

실수 $t \left(\sqrt{3} < t < \dfrac{13}{4} \right)$에 대하여 두 함수

$$f(x) = |x^2 - 3| - 2x, \ g(x) = -x + t$$

의 그래프가 만나는 서로 다른 네 점의 x좌표를 작은 수부터 크기순으로 $x_1,\ x_2,\ x_3,\ x_4$라 하자. $x_4 - x_1 = 5$일 때, 닫힌구간 $[x_3,\ x_4]$에서 두 함수 $y = f(x)$, $y = g(x)$의 그래프로 둘러싸인 부분의 넓이는 $p - q\sqrt{3}$이다. $p \times q$의 값을 구하시오. (단, $p,\ q$는 유리수이다.)

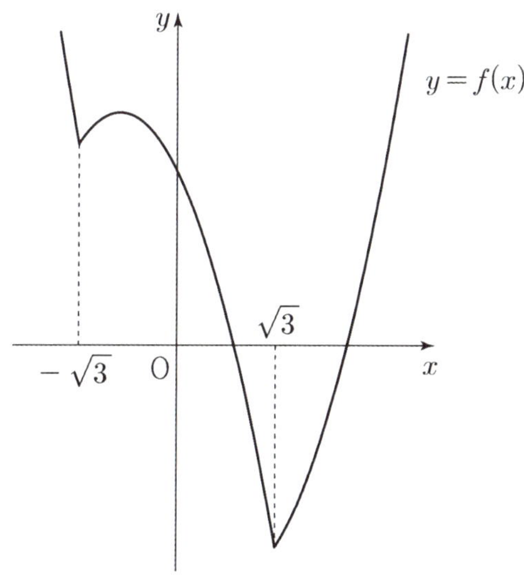

적분의 활용

넓이 해석

Sol)

$x_4 - x_1 = 5$이고 $x_1 = \alpha$, $x_4 = \beta$라 하면

$\alpha + \beta = 1$, $\alpha\beta = -3 - t$이므로 $\alpha = -2$, $\beta = 3$, $t = 3$이다.

$$(\because \text{근과 계수의 관계})$$

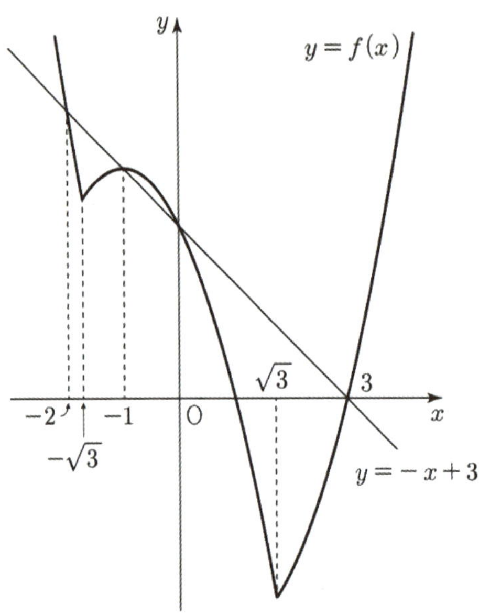

$$\therefore \quad \left(\frac{9}{2} + 6\sqrt{3}\right) - \left[3 + \frac{3\sqrt{3}}{2} + \frac{(\sqrt{3})^3}{6} + 3\sqrt{3} - 3 - \frac{(3 - \sqrt{3})^3}{6}\right]$$

$$(\because \text{직각사다리꼴} - (\text{왼쪽 조각} + \text{오른쪽 조각}))$$

$$= \frac{27}{2} - 4\sqrt{3}$$

Ans)

$$\therefore p \times q = 54$$

예

양의 실수 a에 대하여 함수 $f(x)$를

$$f(x) = \begin{cases} \dfrac{3}{a}x^2 & (-a \le x \le a) \\ 3a & (x < -a \ \text{또는} \ x > a) \end{cases}$$

라 하자. 함수 $y = f(x)$의 그래프와 x축 및 두 직선 $x = -3$, $x = 3$으로
둘러싸인 부분의 넓이가 8이 되도록 하는 모든 a의 값의 합은 S이다.
$40S$의 값을 구하시오.

예

그림과 같이 곡선 $y = x^2$과 양수 t에 대하여 세 점 $O(0, 0)$, $A(t, 0)$, $B(t, t^2)$을 지나는
원 C가 있다. 원 C의 내부와 부등식 $y \le x^2$이 나타내는 영역의 공통부분의 넓이를
$S(t)$라 할 때, $S'(1) = \dfrac{p\pi + q}{4}$이다. $p^2 + q^2$의 값을 구하시오. (단, p, q는 정수이다.)

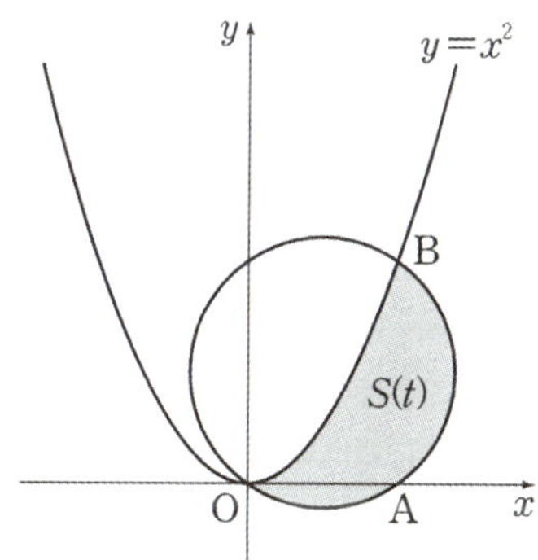

적분의 활용

적분의 활용
Schema 1

넓이 해석

Sol)

주어진 그래프는 우함수이므로 오른쪽 넓이가 4이다.

이때 기준선이 $x = 3$이므로 다음으로 분류된다.

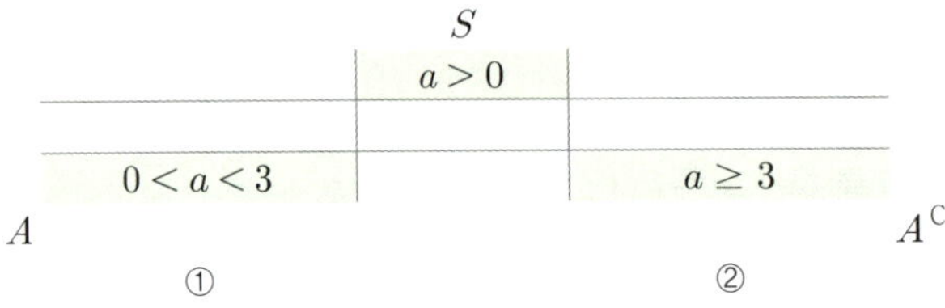

① $0 < a < 3$

$$\int_0^a \frac{3}{a} x^2 dx + (3-a) \times 3a = \left[\frac{x^3}{a} \right]_0^a + 9a - 3a^2 = -2a^2 + 9a$$

$$\therefore a = \frac{1}{2} \ (\because \ 0 < a < 3)$$

② $a \geq 3$

$$\int_0^3 \frac{3}{a} x^2 dx = \left[\frac{x^3}{a} \right]_0^3 = \frac{27}{a} = 4$$

$$\therefore a = \frac{27}{4}$$

①과 ②에서 $S = \dfrac{29}{4}$

Ans)

$$\therefore 40S = 40 \times \frac{29}{4} = 290$$

적분의 활용
Schema 1

넓이 해석

Sol)

세 점 $O(0, 0)$, $A(t, 0)$, $B(t, t^2)$을 꼭짓점으로 하는 삼각형 OAB는 직각삼각형이므로

원 C의 반지름의 길이 r는 $r = \dfrac{1}{2}\overline{OB} = \dfrac{1}{2}\sqrt{t^2 + t^4}$이다.

$S(t) = S_1(t) + S_2(t)$ 이고

$$S_1(t) = \int_0^t x^2 dx = \left[\frac{1}{3}x^3\right]_0^t = \frac{1}{3}t^3$$

$$\begin{aligned} S_2(t) &= (\text{반원의 넓이}) - (\triangle OAB의\ 넓이) \\ &= \frac{1}{2}\pi\left(\frac{1}{2}\sqrt{t^2+t^4}\right)^2 - \frac{1}{2}\times t\times t^2 \\ &= \frac{1}{8}(t^2+t^4)\pi - \frac{1}{2}t^3 \end{aligned}$$

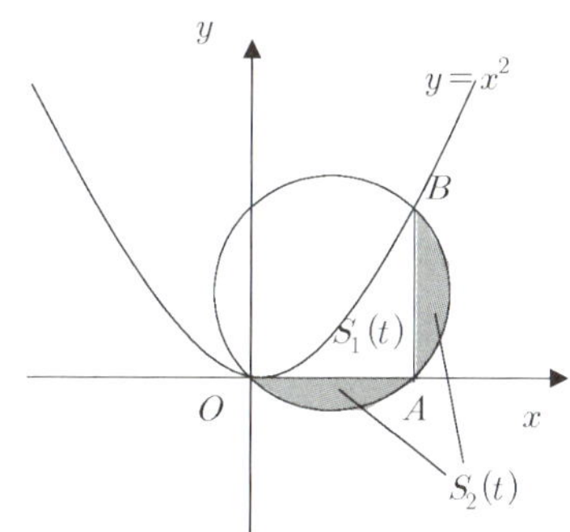

이므로

$$\begin{aligned} S(t) &= S_1(t) + S_2(t) \\ &= \frac{1}{8}(t^2+t^4)\pi - \frac{1}{6}t^3 \end{aligned}$$

$$S'(t) = \frac{1}{8}(2t+4t^3)\pi - \frac{1}{2}t^2$$

$$\therefore S'(1) = \frac{1}{8}(2+4)\pi - \frac{1}{2} = \frac{3\pi - 2}{4}$$

$$\therefore p = 3,\ q = -2$$

Ans)

$$\therefore p^2 + q^2 = 9 + 4 = 13$$

$+\alpha$)

$$\begin{aligned} S(t) &= (\text{반원의 넓이}) - (y = x^2과\ 선분\ OB로\ 둘러싸인\ 넓이) \\ &= \frac{1}{8}(t^2+t^4)\pi - \frac{1}{6}t^3 \end{aligned}$$

로도 해석할 수 있다.

$$\left(\because \int_0^t |tx - x^2| dx = \frac{t^3}{6}\right)$$

적분의 활용

적분의 활용
Schema 2

관계 파악

[중요도 ★★★★]

- 둘 이상의 넓이가 등장했을 때는 둘의 관계를 파악하거나
  여집합이나 교집합 영역을 매개로 생각했을 때 유리한 경우가 많다.

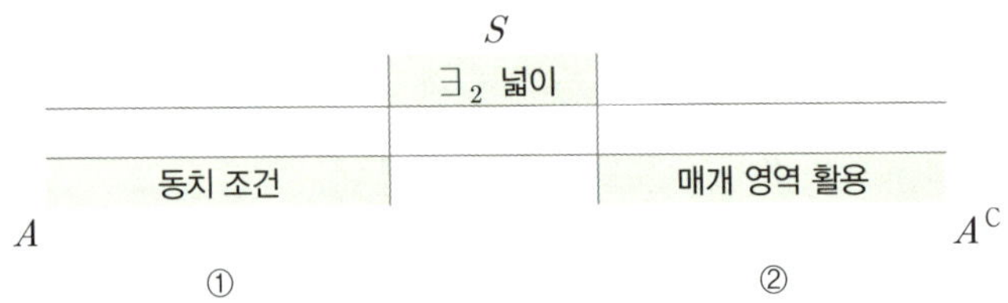

- 두 함수 $f(x)$, $g(x)$가 닫힌구간 $[a,\ b]$에서 연속이고,
  닫힌구간 $[a,\ c]$와 닫힌구간 $[c,\ b]$에서 두 곡선 $y=f(x)$와 $y=g(x)$로
  둘러싸인 부분의 넓이를 S_1, S_2라 할 때,

① 정적분

$S_1 = S_2$이면 $\displaystyle\int_a^b \{f(x)-g(x)\}\,dx = 0$이다.

② 매개 영역

$S_1 = S_2$이면 $\displaystyle\int_a^b \{f(x)-A\}\,dx - \int_a^b \{g(x)-A\}\,dx = 0$이다.

- 넓이의 관계 파악에 있어 다음 관점 전환에 있어 자유로우면 좋다.

① 두 곡선 $f(x)$와 $g(x)$로 둘러싸인 넓이
② 곡선 $f(x)-g(x)$와 x축으로 둘러싸인 넓이
③ 두 곡선 $f(x)-h(x)$와 $g(x)-h(x)$로 둘러싸인 넓이

- 함수 $f(x)$가 닫힌구간 $[a,\ b]$에서 증가하고 $\displaystyle\int_a^b f(x)dx = 0$이면,
  열린구간 $(a,\ b)$에서 $f(c)=0$인 c가 단 하나 존재하고

$$S = -\int_a^c f(x)dx = \int_c^b f(x)dx$$이다.

- 다항함수 $f(x) = ax^n$에서 $S_1 : S_2 = n : 1$이고 $S_1 = \dfrac{n}{n+1}ap^{n+1}$, $S_2 = \dfrac{1}{n+1}ap^{n+1}$이다.

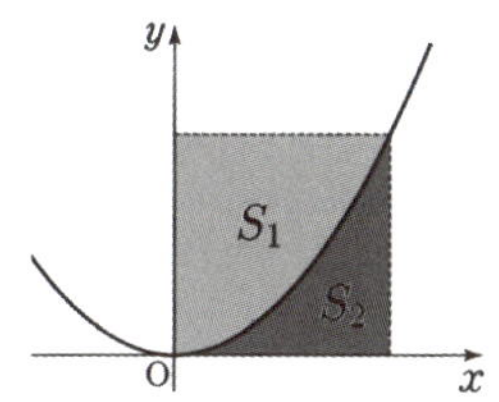
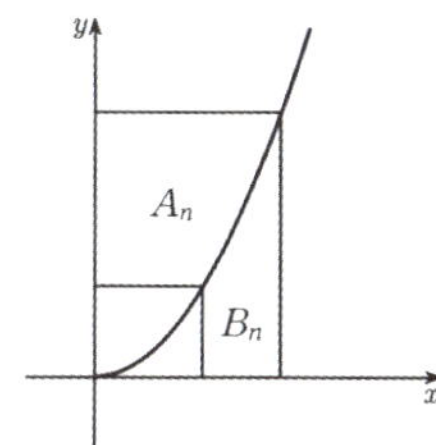

→ 최고차항의 계수 a와 무관하며,

특정 구간에서 $y = x^n$의 역함수인 $y = \sqrt[n]{x}$에서도 축을 바꿔 활용할 수 있다.

- 2차, 3차함수와 직선과의 관계에서 $S_1 = S_2$이면 다음이 성립한다.

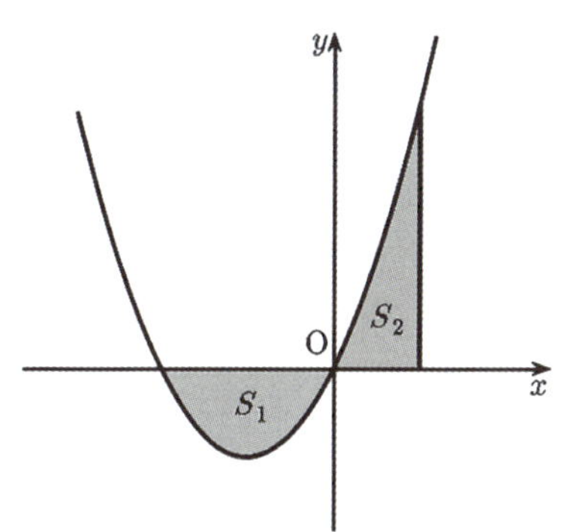
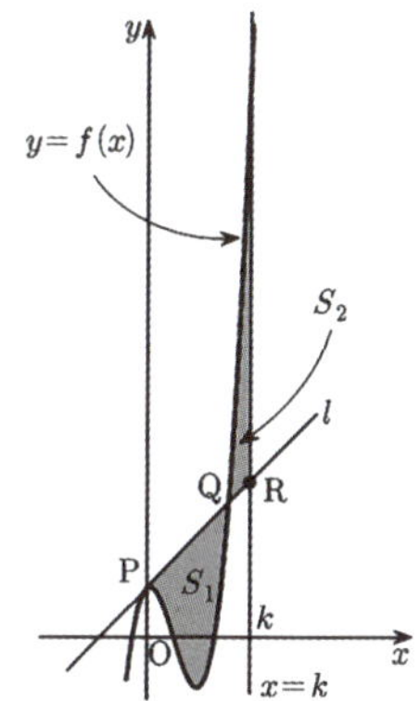

－ $S_1 = S_2 \Leftrightarrow$ 가로 간격 비 $2 : 1$
  ($\because$ 삼차함수 간격 비 $2 : 1$)

－ $S_1 = S_2 \Leftrightarrow$ 가로 간격 비 $3 : 1$
  ($\because$ 사차함수 간격 비 $3 : 1$)

- 4차함수와 직선과의 관계에서 $S_1 = S_2$이면 다음이 성립한다.

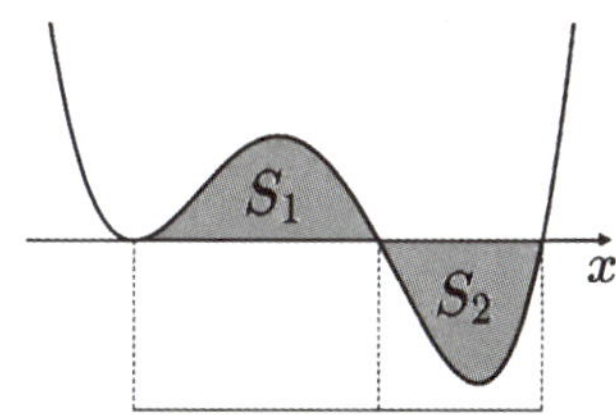
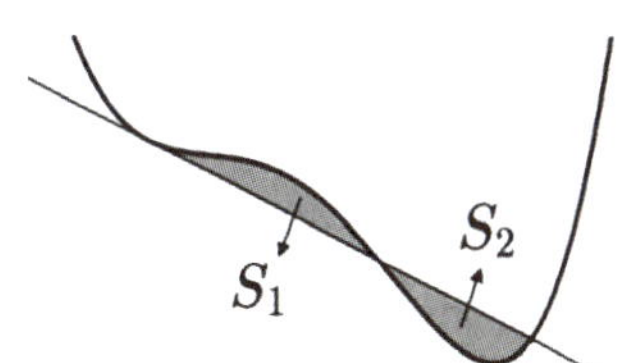

① $\displaystyle\int_{\alpha}^{\gamma} \{f(x) - g(x)\}dx = 0$

② $S_1 = S_2 \Leftrightarrow$ 간격 비 $3 : 2$

($\because$ 부정적분 인수의 차수 비 $3 : 2$)

적분의 활용

적분의 활용
Schema 2

관계 파악

예

다음 그림과 같이 삼차함수 $f(x) = x^3 - 6x^2 + 8x + 1$의 그래프와 최고차항의 계수가
양수인 이차함수 $y = g(x)$의 그래프가 점 $A(0, 1)$, 점 $B(k, f(k))$에서 만나고,
곡선 $y = f(x)$ 위의 점 B에서의 접선이 점 A를 지난다. 곡선 $y = f(x)$와 직선 AB로
둘러싸인 부분의 넓이를 S_1, 곡선 $y = g(x)$와 직선 AB로 둘러싸인 부분의 넓이를 S_2라 하자.
$S_1 = S_2$일 때, $\displaystyle\int_0^k g(x)dx$의 값은? (단, k는 양수이다.)

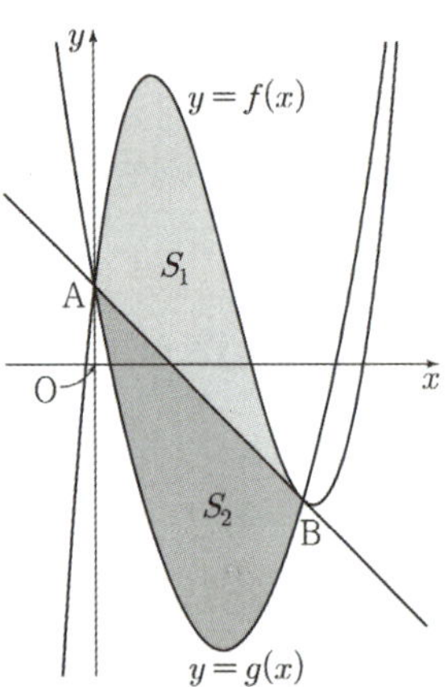

예

최고차항의 계수가 1인 이차함수 $f(x)$에 대하여 곡선 $y = f(x)$와 직선 $y = x - 3$이
x좌표가 양수인 두 점 A, B에서 만난다. 직선 $y = x - 3$과 y축이 만나는 점을 C라 하자.
곡선 $y = f(x)$와 y축 및 선분 AC로 둘러싸인 부분의 넓이를 S_1, 곡선 $y = f(x)$와 선분 AB로
둘러싸인 부분의 넓이를 S_2라 하자. 곡선 $y = f(x)$와 선분 AB로 둘러싸인 부분의 넓이를
직선 $x = 3$이 이등분하고, $S_2 - 2S_1 = 6$일 때, $f(-1)$의 값은?
(단, 점 A의 x좌표는 3보다 작고, 점 B의 x좌표는 3보다 크다.)

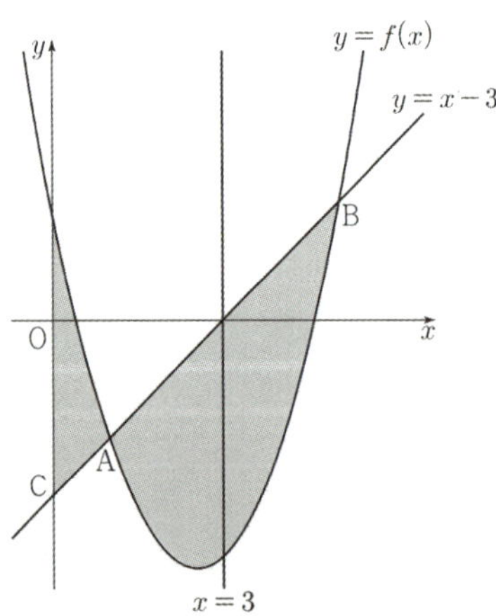

예

곡선 $y = \dfrac{1}{4}x^3 + \dfrac{1}{2}x$와 직선 $y = mx + 2$ 및 y축으로 둘러싸인 부분의 넓이를 A,

곡선 $y = \dfrac{1}{4}x^3 + \dfrac{1}{2}x$와 두 직선 $y = mx + 2$, $x = 2$로 둘러싸인 부분의 넓이를 B라 하자.

$B - A = \dfrac{2}{3}$일 때, 상수 m의 값은? (단, $m < -1$)

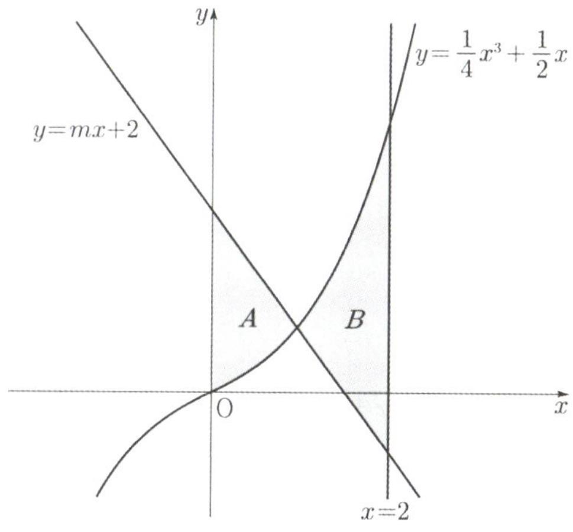

예

최고차항의 계수가 1인 삼차함수 $f(x)$가 $f(1) = f(2) = 0$, $f'(0) = -7$을 만족시킨다.
원점 O와 점 $P(3, f(3))$에 대하여 선분 OP가 곡선 $y = f(x)$와 만나는 점 중 P가
아닌 점을 Q라 하자. 곡선 $y = f(x)$와 y축 및 선분 OQ로 둘러싸인 부분의 넓이를 A,
곡선 $y = f(x)$와 선분 PQ로 둘러싸인 부분의 넓이를 B라 할 때, $B - A$의 값은?

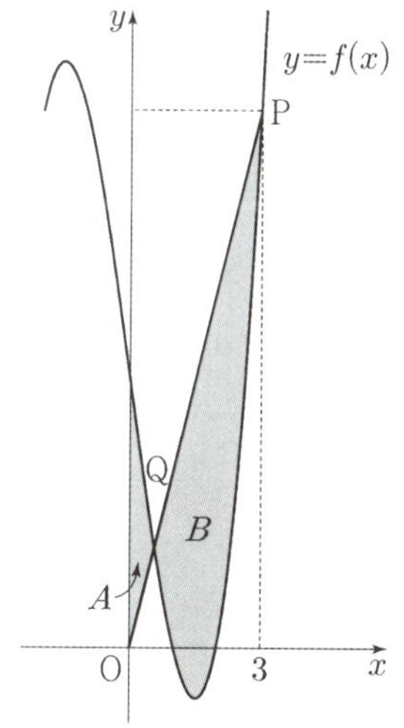

적분의 활용

적분의 활용
Schema 2

관계 파악

Sol)

주어진 3차식에서 변곡점 x 좌표는 2이고 B는 A를 시점으로 했을 때
2 : 3 외분 지점이므로 B$(3, -2)$이다.

$\therefore k = 3$, 직선 AB의 방정식은 $y = -x + 1$

$$\therefore \quad S_1 = \int_0^3 |f(x) - (-x+1)|\, dx$$

$$S_2 = \int_0^3 |g(x) - (-x+1)|\, dx$$

$$\therefore \int_0^3 g(x)\, dx = \int_0^3 \{-f(x) - 2x + 2\}\, dx \qquad (\because S_1 = S_2)$$

$$= \int_0^3 (-x^3 + 6x^2 - 10x + 1)\, dx$$

$$= \left[-\frac{1}{4}x^4 + 2x^3 - 5x^2 + x \right]_0^3$$

$$= -\frac{81}{4} + 54 - 45 + 3$$

Ans)

$$\therefore \int_0^k g(x)\, dx = -\frac{33}{4}$$

Sol)

이차함수와 이차함수를 통과하는 직선과의 두 교점에 대해 제시되고 있으므로
ⓐ <u>중점 $x = 3$에서의 접선</u>을 함께 생각해서 관계를 관찰하자.

곡선 $y = f(x)$와 y축, ⓐ로 둘러싸인 넓이는 $2 \times \frac{1}{6} \times (3-0)^3 = 9$이고

$S_2 - 2S_1 = 6$이므로 $y = f(x)$와 y축, ⓐ, $y = x - 3$로 둘러싸인 평행사변형의 넓이는
$3 \times 4 = 12$이다.

$\rightarrow$ ⓐ : $y = x - 7$

$\rightarrow$ $f(x) - (x-7) = (x-3)^2$

$\rightarrow$ $f(x) = x^2 - 5x + 2$

Ans)
$\therefore f(-1) = 8$

Sol)

$f(x)=\dfrac{1}{4}x^3+\dfrac{1}{2}x,\ g(x)=mx+2$ 라 하고 두 함수 $y=f(x),\ y=g(x)$ 의

그래프가 만나는 점의 x 좌표를 $t\ (0<t<2)$ 라 하면

$A=\displaystyle\int_0^t\{g(x)-f(x)\}dx,\ B=\displaystyle\int_t^2\{f(x)-g(x)\}dx$ 이다.

$$\begin{aligned}
\therefore\quad B-A &=\int_t^2\{f(x)-g(x)\}dx-\int_0^t\{g(x)-f(x)\}dx\\
&=\int_0^2\{f(x)-g(x)\}dx\\
&=\int_0^2\left(\frac{1}{4}x^3+\frac{1}{2}x-mx-2\right)dx\\
&=\left[\frac{1}{16}x^4+\frac{1}{4}x^2-\frac{m}{2}x^2-2x\right]_0^2\\
&=-2m-2\\
&=\frac{2}{3}
\end{aligned}$$

Ans)

$\therefore m=-\dfrac{4}{3}$

Sol)

최고차항의 계수가 1 인 삼차함수 $f(x)$ 가 $f(1)=f(2)=0$ 이고 $f'(0)=-7$ 이므로
$f(x)=(x-1)(x-2)(x+3)$

$y=f(x)$ 위의 점 $\mathrm{P}(3,\,12)$ 에 대하여 직선 OP 의 방정식은 $y=4x$ 이므로 점 Q 의

x 좌표를 t 라 하면 $A=\displaystyle\int_0^t\{f(x)-4x\}dx,\ B=\displaystyle\int_t^3\{4x-f(x)\}dx$ 이다.

$$\begin{aligned}
\therefore\quad B-A &=\int_t^3\{4x-f(x)\}dx-\int_0^t\{f(x)-4x\}dx\\
&=\int_0^3\{4x-f(x)\}dx\\
&=\int_0^3\left(-x^3+11x-6\right)dx\\
&=\left[-\frac{1}{4}x^4+\frac{11}{2}x^2-6x\right]_0^3\\
&=\frac{45}{4}
\end{aligned}$$

Ans)

$\therefore B-A=\dfrac{45}{4}$

적분의 활용

적분의 활용
Schema 3

속도와 가속도

[중요도 ★★★★]

- 점 P가 수직선 위를 움직일 때, 시각 t에서의 점 P의 위치를 x라 하면 x는 t에 대한 함수이므로 $x = f(t)$와 같이 나타낼 수 있다.

P
━━━━━━━●━━━━━━━→
0    $x=f(t)$ x

- 시각 t에서 $t + \Delta t$까지의 점 P의 위치의 변화량 Δx은 $\Delta x = f(t + \Delta t) - f(t)$이고 다음과 같이 Δx, 속도와 평균속도, 움직인 거리를 나타낼 수 있다.

① 평균속도 $\dfrac{\Delta x}{\Delta t} = \dfrac{f(t + \Delta t) - f(t)}{\Delta t}$

② 속도 $v(t) = \lim\limits_{\Delta t \to 0} \dfrac{\Delta x}{\Delta t} = \dfrac{f(t + \Delta t) - f(t)}{\Delta t} = \dfrac{dx}{dt} = f'(t)$

③ 위치의 변화량 $\Delta x = x(b) - x(a) = \displaystyle\int_a^b v(t)\,dt$

④ 움직인 거리 $s = \displaystyle\int_a^b |v(t)|\,dt$

- 속도 v의 시각 t에서의 순간변화율을 시각 t에서의 점 P의 가속도라 하며 가속도 a는 $a = \lim\limits_{\Delta t \to 0} \dfrac{\Delta v}{\Delta t} = \dfrac{dv}{dt} = v'(t)$이다.

속도 v를 기준으로 위치, 속도, 가속도의 관계를 정리하면 다음과 같다.

	위치		속도		가속도
	$\displaystyle\int v(t)$	$\leftrightarrow$	$v(t)$	$\leftrightarrow$	$a(t) = v'(t)$

- 수직선 위를 움직이는 점 P의 운동 방향은 속도 $v = f'(t)$의 부호에 따라 다음과 같이 분류된다.

① $f'(t) = v < 0$ 음의 방향으로 움직임
② $f'(t) = v > 0$ 양의 방향으로 움직임

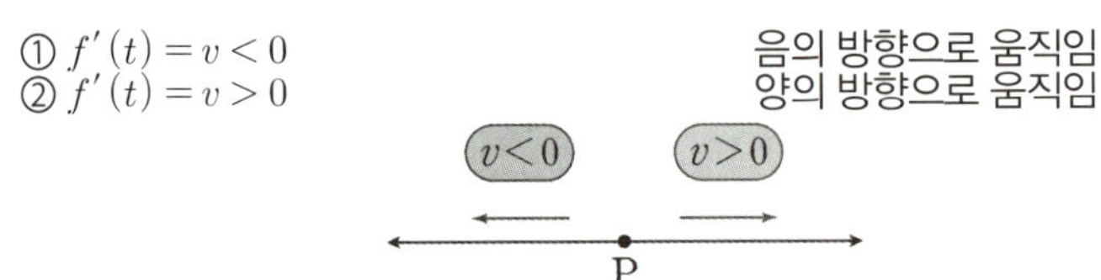

③ $f'(t) = v = 0$, $t = a$의 앞뒤에서 부호 변화
$\Leftrightarrow t = a$에서 운동 방향 변화

④ 시각 $t = a$에서 시각 $t = b$까지 위치의 변화량과 움직인 거리가 같다.

$\Leftrightarrow \displaystyle\int_a^b v(t)\,dt = \int_a^b |v(t)|\,dt$
$\Leftrightarrow (a,\ b)$에 속하는 모든 t에 대해 $v(t) \geq 0$

속도와 가속도

예

실수 a $(a \geq 0)$에 대하여 수직선 위를 움직이는 점 P의 시각 t $(t \geq 0)$에서의
속도 $v(t)$를 $v(t) = -t(t-1)(t-a)(t-2a)$라 하자. 점 P가 시각 $t = 0$일 때
출발한 후 운동 방향을 한 번만 바꾸도록 하는 a에 대하여,
시각 $t = 0$에서 $t = 2$까지 점 P의 위치의 변화량의 최댓값은?

예

시각 $t = 0$일 때 동시에 원점을 출발하여 수직선 위를 움직이는 두 점 P, Q의
시각 t $(t \geq 0)$에서의 속도가 각각 $v_1(t) = t^2 - 6t + 5$, $v_2(t) = 2t - 7$이다.
시각 t에서의 두 점 P, Q 사이의 거리를 $f(t)$라 할 때, 함수 $f(t)$는 구간 $[0, a]$에서
증가하고, 구간 $[a, b]$에서 감소하고, 구간 $[b, \infty)$에서 증가한다.
시각 $t = a$에서 $t = b$까지 점 Q가 움직인 거리는? (단, $0 < a < b$)

적분의 활용

적분의 활용
Schema 3

속도와 가속도

Sol)

실수 $a\,(a \geq 0)$ 에 대하여 수직선 위를 움직이는 점 P 의 시각 $t\,(t \geq 0)$ 에서의
속도를 $v(t)$ 라 할 때 $v(t) = -t(t-1)(t-a)(t-2a)$ 이므로
점 P 가 시각 $t = 0$ 일 때 출발한 후 운동 방향을 한 번만 바꾸는 경우는 다음과 같다.

① $a = 0$ 일 때
$t = 1$ 에서 운동 방향을 바꾸며 시각 $t = 0$ 에서 $t = 2$ 까지 점 P 의 위치의 변화량은

$$\int_0^2 (-t^4 + t^3)\,dt = \left[-\frac{t^5}{5} + \frac{t^4}{4} \right]_0^2 = -\frac{12}{5}$$

② $a = \dfrac{1}{2}$ 일 때

$t = \dfrac{1}{2}$ 에서 운동 방향을 바꾸며 시각 $t = 0$ 에서 $t = 2$ 까지 점 P 의 위치의 변화량은

$$\int_0^2 \left(-t^4 + \frac{5}{2}t^3 - 2t^2 + \frac{1}{2}t \right)dt = \left[-\frac{t^5}{5} + \frac{5}{8}t^4 - \frac{2}{3}t^3 + \frac{1}{4}t^2 \right]_0^2 = -\frac{11}{15}$$

③ $a = 1$ 일 때
$t = 2$ 에서 운동 방향을 바꾸며 시각 $t = 0$ 에서 $t = 2$ 까지 점 P 의 위치의 변화량은

$$\int_0^2 (-t^4 + 4t^3 - 5t^2 + 2t)\,dt = \left[-\frac{1}{5}t^5 + t^4 - \frac{5}{3}t^3 + t^2 \right]_0^2 = \frac{4}{15}$$

Ans)

$\therefore$ P 의 위치의 변화량의 최댓값은 $\dfrac{4}{15}$ 이다.

Sol)

시각 $t=0$일 때 동시에 원점을 출발하여 수직선 위를 움직이는 두 점 P, Q의 시각
$t\,(t \geq 0)$에서의 위치를 각각 $x_1(t)$, $x_2(t)$라 하면

$$x_1(t) = \int_0^t (t^2 - 6t + 5)dt = \frac{1}{3}t^3 - 3t^2 + 5t$$

$$x_2(t) = \int_0^t (2t - 7)dt = t^2 - 7t$$

$$f(t) = \left| \frac{1}{3}t^3 - 3t^2 + 5t - (t^2 - 7t) \right| = \left| \frac{1}{3}t^3 - 4t^2 + 12t \right|$$ 이고 개형을 토대로 구간

$[0, 2]$에서 증가하고, 구간 $[2, 6]$에서 감소하고, 구간 $[6, \infty)$에서 증가함을 알 수 있다.

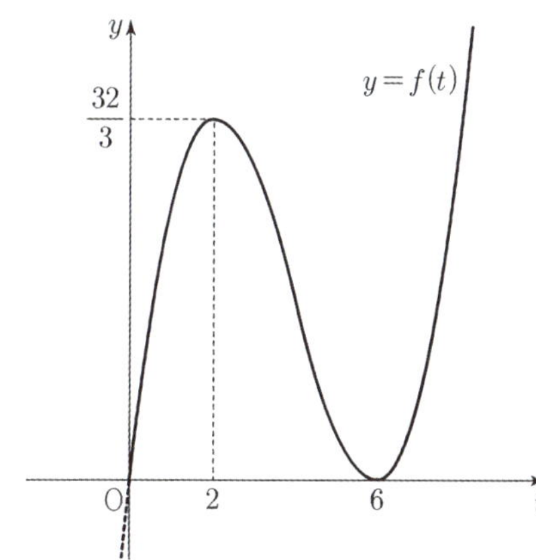

$a = 2,\ b = 6$

$$\therefore \quad l = \int_2^6 |2t - 7|\,dt$$

$$= \int_2^{\frac{7}{2}} (-2t + 7)dt + \int_{\frac{7}{2}}^6 (2t - 7)dt$$

$$= \left[-t^2 + 7t \right]_2^{\frac{7}{2}} + \left[t^2 - 7t \right]_{\frac{7}{2}}^6$$

$$= \frac{17}{2}$$

Ans)

$\therefore t = a$에서 $t = b$까지 점 Q가 움직인 거리는 $\dfrac{17}{2}$ 이다.

적분의 활용

적분의 활용
Schema 4

적분 함수

[중요도 ★★★★]

- 닫힌구간 $[a, b]$에서 연속인 함수 $f(t)$가 $a < x < b$이면

$$\int_a^x f(t)dt$$는 x의 값에 따라 그 값이 하나씩 정해지므로 x에 대한 함수이다.

- 수2 범위에서 $f(x)$는 다항함수이므로 $\int_a^x f(t)dt$ 또한 차수가 1 높은 다항함수이다.

- $\int_a^b f(t+x)dt$와 같이 피적분함수에 dt와 다른 독립 변수 x가 제시되어 있으면

$$\int_a^b f(t+x)dt$$는 x에 대한 함수 $g(x)$로 둘 수 있다.

- $g(x) = \int_a^x f(t)dt$는 ① $g(a) = 0$, ② $g'(x) = f(x)$ 와 동치이므로

$f(x)$가 계수가 모두 상수 조건인 다항함수인 경우 C의 값도 결정된다.

즉, $\int f(t)dt$에 비해 대입 정보가 하나 더 존재하고
식 하나에서 적어도 2개 이상의 정보를 끌어낼 수 있다.

→ a는 x축 결정 조건
→ $f(x)$는 $g(x)$의 도함수

- $\int_a^x f(t)dt$는 함수이므로 함수의 이동 양상, 확대 축소, 합성 논리 등을
그대로 적용할 수 있다.

$$\forall_x, \ g(x) = \int_a^x f(t)dt$$

① $h(x) = \int_a^{-x} f(t)dt$ $\Rightarrow$ $g(-x) = h(x)$ ($\because y$축 대칭)

② $h(x) = \int_{-x}^a f(t)dt$ $\Rightarrow$ $g(-x) = -h(x)$ ($\because$ 원점 대칭)

③ $h(x) = \int_a^{x-b} f(t)dt$ $\Rightarrow$ $g(x-b) = h(x)$ ($\because x$축 방향 평행이동)

④ $h(x) = \int_b^x f(t)dt$ $\Rightarrow$ $h(x) = \int_b^x f(t)dt \ = \int_b^a f(t)dt + \int_a^x f(t)dt$

$$= -\int_a^b f(t)dt + g(x)$$
$$= g(x) - g(b)$$

($\because y$축 방향 평행이동)

⑤ $h(x) = \int_a^{kx} f(t)dt$ $g(kx) = h(x)$ ($\because \dfrac{1}{k}$ 배 확대·축소)

⑥ $h(x) = \int_a^{|x|} f(t)dt$ $g(|x|) = h(x)$ ($\because g(x) \circ |x|$ 합성 해석)

적분 함수

- 적분 함수를 원함수처럼 생각했을 때,

  도함수 $f(x)$와 원함수 $\displaystyle\int_a^x f(t)dt$의 관계를 정리하면 다음과 같다.

$$\forall x, \; g(x) = \int_a^x f(t)dt$$

	도함수 $f(x)$		**원함수** $g(x)$
①	함숫값	↔	미분계수
②	부호 변화	↔	극대·극소
③	정적분 값	↔	함숫값 차이
④	극대·극소	↔	변곡점
⑤	$x=p$ 선대칭	↔	$(p,\ q)$ 점대칭
⑥	$(p,\ 0)$ 점대칭	↔	$x=p$ 선대칭
⑦	연속성	↔	미분가능성
⑧	$|f(x)|$의 정적분	↔	함숫값의 이동 거리

적분의 활용

적분의 활용
Schema 4

적분 함수

예

두 다항함수 $f(x)$, $g(x)$ 는 모든 실수 x 에 대하여 다음 조건을 만족시킨다.

$$(가)\ \int_1^x tf(t)\,dt + \int_{-1}^x tg(t)\,dt = 3x^4 + 8x^3 - 3x^2$$

$$(나)\ f(x) = xg'(x)$$

$\displaystyle\int_0^3 g(x)\,dx$ 의 값은?

예

다항함수 $f(x)$ 가 모든 실수 x에 대하여

$$xf(x) = 2x^3 + ax^2 + 3a + \int_1^x f(t)\,dt$$

를 만족시킨다. $f(1) = \displaystyle\int_0^1 f(t)\,dt$일 때, $a + f(3)$의 값은?

(단, a는 상수이다.)

적분 함수

예

실수 전체의 집합에서 연속인 함수 $f(x)$와 최고차항의 계수가 1이고 상수항이 0인 삼차함수 $g(x)$가 있다. 양의 상수 a에 대하여 두 함수 $f(x)$, $g(x)$가 다음 조건을 만족시킨다.

(가) 모든 실수 x에 대하여 $x\,|g(x)| = \displaystyle\int_{2a}^{x} (a-t)f(t)\,dt$이다.

(나) 방정식 $g(f(x)) = 0$의 서로 다른 실근의 개수는 4이다.

$\displaystyle\int_{-2a}^{2a} f(x)\,dx$의 값은?

예

실수 $a\,(a>1)$에 대하여 함수 $f(x)$를 $f(x) = (x+1)(x-1)(x-a)$라 하자.

함수 $g(x) = x^2 \displaystyle\int_{0}^{x} f(t)\,dt - \displaystyle\int_{0}^{x} t^2 f(t)\,dt$가 오직 하나의 극값을 갖도록 하는 a의 최댓값은?

적분의 활용

적분의 활용
Schema 4

적분 함수

Sol)

(가)에서 $x\{f(x)+g(x)\}=12x^3+24x^2-6x$이고 $f(x)+g(x)=12x^2+24x-6$

(나)에서 $f(x)=xg'(x)$ 이므로

$\to xg'(x)+g(x)=12x^2+24x-6$

$\to xg(x)=4x^3+12x^2-6x \ (\because xg'(x)+g(x)=\{xg(x)\}')$

$\to g(x)=4x^2+12x-6$

$$\therefore \int_0^3 (4x^2+12x-6)\,dx=\left[\frac{4}{3}x^3+6x^2-6x\right]_0^3$$

Ans)

$$\therefore \int_0^3 g(x)\,dx=72$$

Sol)

$$xf(x)=2x^3+ax^2+3a+\int_1^x f(t)dt, \ \cdots\cdots \ ㉠$$

$$f(1)=\int_0^1 f(t)dt \ \cdots\cdots \ ㉡ \ 에서$$

두 식 관계 파악을 위해 0과 1을 대입하는 게 옳아 보인다.

① 1 대입 　　: $f(1)=2+4a$

② 0 대입 　　: $0=3a+\displaystyle\int_1^0 f(t)dt \to \int_0^1 f(t)dt=3a=f(1)$

$$\therefore a=-2, \ f(1)=-6$$

㉠을 미분하면 $f'(x)=6x+2a=6x-4 \ \cdots\cdots \ ㉢$

㉢을 적분하면 $f(x)=3x^2-4x-5 \ (\because f(1)=-6)$

Ans)

$$\therefore a+f(3)=-2+10=8$$

Sol)

(가)에서 $(a-x)f(x)$가 실수 전체의 집합에서 연속이므로

오른쪽 $\int_{2a}^{x}(a-t)f(t)dt$는 실수 전체의 집합에서 미분가능하고

왼쪽 $x|g(x)|$도 실수 전체의 집합에서 미분가능하다.　　　$\cdots$ ㉠

① $2a \times g(2a) = 0 \Rightarrow g(2a) = 0$　　　(∵ 대입)　　$\cdots$ ㉡

② $\dfrac{d}{dx}x|g(x)|\,\big|_{x=a} = 0$　　　(∵ 미분 및 우변 $x=a$)　　$\cdots$ ㉢

상수항이 $0 \Leftrightarrow$ 인수로 x를 갖는다

와 동치이므로 $g(0)=0$이고 ㉡에서 $g(2a)=0$이며 ㉠에서 $|g(x)|$는 $x \neq 0$에서 미분가능하고 최고차항의 계수가 1이므로 $g(x)=x(x-2a)^2$이다.

(가)에서 $\int_{2a}^{x}(a-t)f(t)dt = \begin{cases} -x^2(x-2a)^2 & (x<0) \\ x^2(x-2a)^2 & (x \geq 0) \end{cases}$ 이고 미분하면

$\rightarrow (a-x)f(x) = \begin{cases} -4x(x-a)(x-2a) & (x<0) \\ 4x(x-a)(x-2a) & (x \geq 0) \end{cases}$

$\rightarrow f(x) = \begin{cases} 4x(x-2a) & (x<0) \\ -4x(x-2a) & (x \geq 0) \end{cases}$

(나)는 $f(x)=0$ 또는 $f(x)=2a$의 서로 다른 실근의 개수가 4개이다와 동치이므로

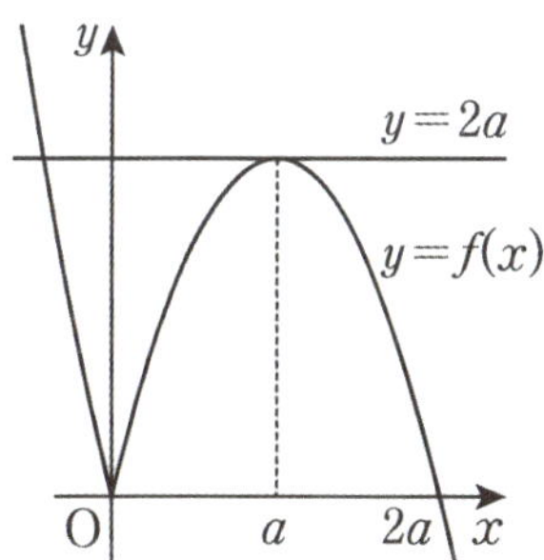

$\therefore y=2a$와 $x=a$에서 접한다. $\Leftrightarrow f(a)=2a$

$\therefore a = \dfrac{1}{2}$

Ans)

$\therefore \displaystyle\int_{-2a}^{2a}f(x)dx = \int_{-1}^{1}f(x)dx = \int_{-1}^{0}(4x^2-4x)dx + \int_{0}^{1}(-4x^2+4x)dx$

$$= \left[\frac{4}{3}x^3 - 2x^2\right]_{-1}^{0} + \left[-\frac{4}{3}x^3 + 2x^2\right]_{0}^{1} = 4$$

적분의 활용

Sol)

$g'(x) = 2x \displaystyle\int_0^x f(t)\,dt$ 이고 $g(x)$ 가 극값을 하나만 가지려면 $g'(x)$ 의 부호 변화가 한 번만 나타나야 한다.

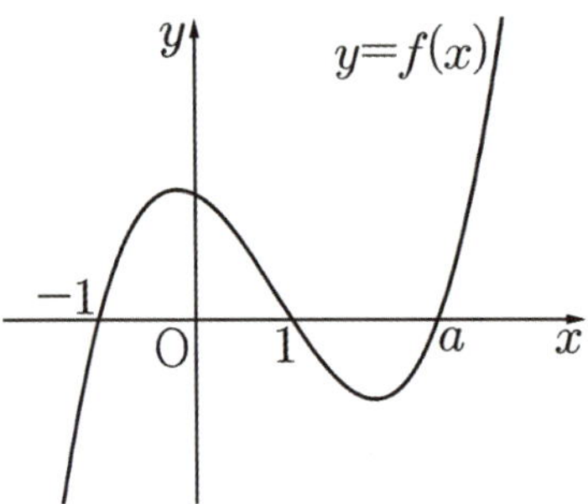

$h(x) = \displaystyle\int_0^x f(t)\,dt$ 의 도함수 $f(x)$ 의 양상을 통해 $x < -1$ 인 어떤 지점 $x = k$ 에서

$g'(x)$ 가 $-\ \rightarrow\ +$ 로 바뀌므로 $x = k$ 이외의 구간에서는 부호 변화가 나타나면 안된다.

$\rightarrow\quad x > 0$ 에서 $\displaystyle\int_0^x f(t)\,dt \geq 0$

$\rightarrow\quad \displaystyle\int_0^1 f(x)\,dx = -\int_1^a f(x)\,dx$ 일 때 최대

$\rightarrow\quad \displaystyle\int_0^a f(x)\,dx = 0$ 일 때 최대

$$\therefore \int_0^a f(x)\,dx = \left[\frac{1}{4}x^4 - \frac{1}{3}ax^3 - \frac{1}{2}x^2 + ax\right]_0^a$$

$$= \frac{1}{4}a^4 - \frac{1}{3}a^4 - \frac{1}{2}a^2 + a^2$$

$$= a^2(a^2 - 6) = 0$$

Ans)

$\therefore a$ 의 최댓값은 $\sqrt{6}$ 이다.

[Letter ③]

안녕하세요 저는 수험 생활 내내 쭉 소망하던 서울대학교 물리천문학부에 정시로 수석 입학하고 수능 수학 100점을 받았던 저자 김보명입니다. 선생님에게 독자분께 드리는 편지 그리고 공부법을 부탁받아 글을 올립니다.

수능 관련해서 매번 누군가가 공부 방법 물어보거나 할 때마다 드리는 이야기는 수능특강과 교과서에 있는 모든 개념을 백지에 외워서 쓰는 게 가능해야 그때부터 진정한 공부 시작이 가능하고 그 뒤부터 모든 시험은 기출과의 싸움이다라고 하는데 수능 수학 같은 경우 09학년도부터 25학년도까지 17년치 기출을 최소한 3번씩은 돌려보시길 바라요 이렇게 3회독 하고 나면 고정 96-100이 나오더라고요 (제 후배 또한 그렇게 만들었고요)

수학이든 과탐이든 유형별로 문제 접근 방식은 미리 몸이 기억해둬야 충분히 시간 절약이 가능해지고 특히 수학은 84-88점은 아무리 길어도 50분 안에 받는다고 생각하고 단련하는 게 중요하다고 생각하고, 수능 수학이나 과학은 100분, 30분 잡고 연습하면 안된다는 것도 중요할 듯해요. 일례로 저는 작년에 88점까지 29분이 걸렸네요

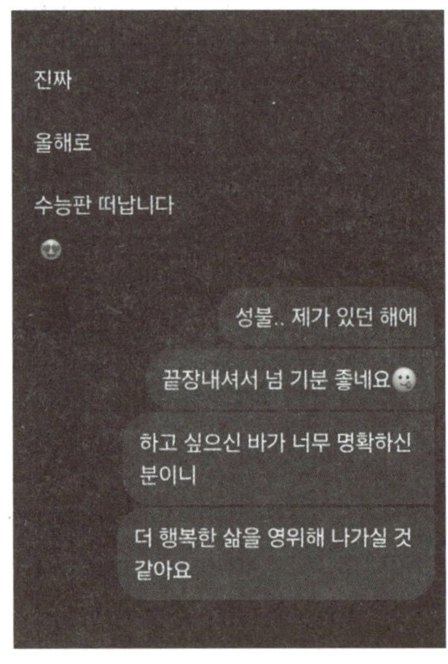

제가 수능을 성공적으로 치른 후에 처음으로 관측한 천체랍니다. 참 재밌게도 첫 수능을 실패한 후에도 저걸 처음 관측했었지요 가을에서 겨울 넘어가는 11월 말의 밤하늘은 누군가에게 참 아름다운 하늘이지만 또 다른 누군가에겐 그저 멀게만 느껴지는 그런 밤하늘이 될 수도 있을 거예요

올해 수능 날 찬란하게 빛나는 밤하늘을 맞이하시길 바라며 마칩니다 감사합니다.